HUAXUE RECHULI SHIYONG JISHU

化学热处理实用技术

齐宝森　王忠诚　主编

化学工业出版社

·北京·

内 容 提 要

《化学热处理实用技术》在简述化学热处理基本概念、基本过程、提高化学热处理过程速率和质量途径的基础上，剖析了高温化学热处理（渗碳、碳氮共渗、渗硼、渗金属等）、低温化学热处理（渗氮、氮碳共渗、渗硫、渗锌等）、多元共渗以及复合处理的工艺特点，以及应用实例等。

全书知识性与实用性并重，强化对新技术、新工艺的说明，侧重于结合生产实际应用及实例来进一步强化基础知识，以满足现实生产及其快速发展的实际需要。

本书主要适用于机械类各专业特别是热处理行业的工程技术人员、管理人员及高级技术工人，同时也可供相关专业的在校师生参考。

图书在版编目（CIP）数据

化学热处理实用技术/齐宝森，王忠诚主编. —北京：化学工业出版社，2020.8

ISBN 978-7-122-37018-1

Ⅰ.①化⋯ Ⅱ.①齐⋯②王⋯ Ⅲ.①化学热处理 Ⅳ.①TG156.8

中国版本图书馆 CIP 数据核字（2020）第 083266 号

责任编辑：邢　涛　　　　　　　　　　　　文字编辑：林　丹　毕梅芳
责任校对：赵懿桐　　　　　　　　　　　　装帧设计：韩　飞

出版发行：化学工业出版社有限公司（北京市东城区青年湖南街 13 号　邮政编码 100011）
印　　装：三河市延风印装有限公司
787mm×1092mm　1/16　印张 31　字数 813 千字　　2021 年 1 月北京第 1 版第 1 次印刷

购书咨询：010-64518888　　　　　　　　　售后服务：010-64518899
网　　址：http://www.cip.com.cn
凡购买本书，如有缺损质量问题，本社销售中心负责调换。

定　价：158.00 元

前　言

化学热处理技术属于表面工程技术范畴，涉及多种学科领域，是一项既充满活力、又不断发展的基础工艺技术。化学热处理技术在汽车、机床等机械产品热处理中所占比重较大，内容最为丰富，对机械产品寿命的影响也最为显著。化学热处理技术是提高机械零件表面的耐磨性、耐蚀性、耐热性及抗疲劳强度等力学性能的重要方法。随着可持续发展战略的深入实施，对产品质量、服役寿命要求的不断提高，化学热处理技术对节能、节材、保护环境、促进社会可持续发展发挥着重要作用，它已成为从事制造业产品设计、生产、维修、再制造工程技术人员的必备知识。

本书为化学热处理技术方面的实用图书，在简述化学热处理基本概念、基本过程、提高化学热处理过程速率和质量途径的基础上，剖析了高温化学热处理（渗碳、碳氮共渗、渗硼、渗金属等）、低温化学热处理（渗氮、氮碳共渗、渗硫、渗锌等）、多元共渗以及复合处理的工艺特点，以及应用实例等。在编写过程中，力求理论联系实际、图文并茂、深入浅出、简明实用，突出新技术、新工艺的应用，以满足广大机械工业生产一线科技工作者、技术和管理人员的需要。

本书由齐宝森、王忠诚主编，参加编写工作的还有王新峰、李静等。

本书在编写过程中，参考和引用了国内外同行的文献和资料，收集了大量宝贵的应用实例和技术资料，谨向有关人员表示最诚挚的谢意！

由于编者水平有限，不妥和疏漏之处，敬请广大读者斧正。

编者
2020 年 3 月

目　录

第 4 章 渗氮工艺及其应用

第5章 氮碳共渗工艺及其应用   **256**

第 6 章　渗硼、渗金属等奥氏体状态的化学热处理工艺及其应用　　308

第7章　渗硫、渗锌等铁素体状态的化学热处理工艺及其应用　　381

第8章　多元共渗工艺及其应用　　407

第 **1** 章

化学热处理概论

1.1 有关化学热处理的基本概念

1.1.1 化学热处理的定义及主要特征

化学热处理的定义、重要性、主要特征及驱动力见表1.1。

表 1.1 化学热处理的定义、重要性、主要特征及驱动力

项目	内　　容
定义	将工件置于适当的活性介质中加热、保温,使一种或几种元素渗入其表层,以改变其化学成分、组织和性能的热处理,称为化学热处理
重要性	化学热处理技术在现代工业中占有很高的比重,机床工业约40%,汽车工业约80%。这是因为其可在很大程度上提高工件"表硬内韧"的性能,满足工件表面高强度、高硬度、高耐磨性等力学性能,抗咬合性能、抗疲劳性能以及特殊的耐蚀性、抗高温氧化性能等要求,同时工件自身还应保持原有良好塑韧性等基本性能,从而提高机器零件在各种复杂工况下的耐用度
主要特征	固态扩散渗入,既改变工件表面层的化学成分,又改变其组织,渗层与基体之间有扩散层,可获得单一材料难以获得的性能或进一步提高工件的使用性能
驱动力	驱动力是浓度梯度。所形成渗层的结构遵守相图,其结构是连续的,属于冶金结合

1.1.2 化学热处理的分类

化学热处理的分类方法见表1.2和表1.3。

表 1.2 化学热处理的分类方法 (一)

序号	分类依据	具体内容
1	渗入元素的种类	可分为渗碳、渗氮(氮化)、渗硼、渗铝、渗硫、渗硅、碳氮共渗、碳铬复合渗等。 由于渗入的元素不同,会使工件表面具有不同性能。例如渗碳、碳氮共渗可提高钢的硬度、耐磨性及疲劳强度;氮化、渗硼、渗铬可提高工件表面硬度,显著提高耐磨性和耐蚀性;渗铝可提高耐热、抗高温氧化性;渗硫可提高减摩性;渗硅可提高耐酸性等
2	渗入元素的种类和先后顺序	①单元渗。渗入单一种元素,如渗碳(单元渗碳)、渗硼(单元渗硼)等。 ②二元共渗。同时渗入两种元素,如同时渗入碳、氮两种元素即称碳氮二元共渗(简称碳氮共渗)。 ③多元共渗。同时渗入两种以上元素,如同时渗入碳、氮、硼三种元素即称碳氮硼三元共渗。 ④二元复合渗。先后渗入两种元素,如先后渗入钨和碳两种元素即称钨碳二元复合渗等。 ⑤多元复合渗。先后渗入两种以上元素,如氮碳硫三元复合渗等

化学热处理实用技术

序号	分类依据	具体内容
3	渗入元素的活性介质所处状态的不同	①固体法。包括粉末填充法、膏剂(料浆)法、电热旋流法等。 ②液体法。包括盐浴法、电解盐浴法、水溶液电解法等。 ③气体法。包括真空法、固体气体法、间接气体法、流动离子炉法等。 ④离子轰击法。包括离子轰击渗碳、离子轰击氮化、离子轰击渗金属等
4	表面化学成分的变化特点	扩散渗入又可分为四个类别:渗入各种非金属元素,渗入各种金属元素,同时渗入金属-非金属元素,扩散消除杂质元素等
5	渗入元素与钢中元素形成的相结构	①渗入元素溶于溶剂元素的晶格中形成固溶体。 ②反应扩散,此类又可分两种:第一种是渗入元素与钢中元素反应形成有序相(金属化合物),如渗氮(俗称氮化);第二种是渗入元素在溶剂元素晶格中的溶解度很小,渗入元素与钢中元素反应形成化合物相,如渗硼
6	渗入元素对工件表面性能的作用(或化学热处理的目的)	①提高工件表面硬度、强度、疲劳强度和耐磨性。如渗碳、氮化、碳氮共渗等。 ②提高工件表面的硬度、耐磨性。如渗硼、渗钒、渗铌等。 ③减少摩擦系数,提高抗咬合、抗擦伤性能。如渗硫、氧氮化、硫氮共渗处理等。 ④提高抗腐蚀性。如渗硅、渗铬、渗氮等。 ⑤提高抗高温氧化性。如渗铝、渗铬、渗硅等
7	工件在化学热处理时的组织状态(或所处温度范围)	见表1.3 钢处于铁素体状态下时,化学热处理温度一般均低于600℃,故将处于铁素体状态下的化学热处理又称低温化学热处理;而钢处于奥氏体状态下的化学热处理温度一般均高于600℃,则称为高温化学热处理。低温化学热处理工艺具有处理温度低,节能,工件畸变小,耐腐蚀和抗咬合性好,硬度高,耐磨、减摩性能好等优点。由表1.3还可看出钢的化学热处理通常以渗入不同的元素来命名,如渗碳、渗氮、碳氮共渗等

表 1.3 化学热处理的分类方法 (二)

	奥氏体状态(高温)化学热处理						铁素体状态(低温)化学热处理					
渗碳	碳氮共渗	渗硼,硼铝共渗,硼硅共渗,硼锆共渗,硼碳复合渗,硼碳氮复合渗等	渗铬,铬铝共渗,铬硅共渗,铬氮共渗,铬钛共渗等	渗铝,铝镍共渗,铝稀土共渗等	渗硅	渗钒,渗铌,渗钛等	渗氮	氮碳共渗	氧氮共渗,氧氮碳共渗等	渗硫	硫氮共渗,硫氮碳共渗等	渗锌

1.1.3 化学热处理的特点

化学热处理的特点,见表1.4。表1.5列出了常用化学热处理方法、特点及主要应用范围,供读者参考。

表 1.4 化学热处理的特点

序号	化学热处理的特点
1	通过渗入不同元素,可有效改变工件表面的化学成分和组织,以获得不同的表面性能,从而满足不同工作条件对工件的性能要求
2	一般化学热处理的渗层深度可根据工件的技术要求来调节,而且渗层的成分、组织和性能由表向里是逐渐变化的,渗层与基体属于冶金结合,结合牢固,渗层不易脱落或剥落
3	渗入原子通常在工件表层形成压应力层,有利于提高工件的疲劳强度
4	通常化学热处理不受工件几何形状的限制,无论形状如何复杂均可使外壳和内腔获得所求的渗层或局部渗层,不像表面淬火、滚压、冷压、冷轧等冷作硬化处理那样,要受到工件形状的限制
5	绝大部分化学热处理具有工件变形小、精度高、尺寸稳定性好等特点。如氮化、软氮化、离子氮化等工艺,均可使工件保持较高的精度、较低的表面粗糙度和良好的尺寸稳定性

序号	化学热处理的特点
6	所有化学热处理均可获得改善工件表面性能的综合效果,大部分化学热处理在提高表面力学性能的同时,还能提高工件表面层的耐蚀性、抗氧化性、减摩性、抗咬合性、耐热性等多种性能
7	一般化学热处理对提高机械产品质量、挖掘材料潜力、延长使用寿命具有更为显著的效果,使被处理材料具有(表面-心部)复合材料的特点,因此可节约较贵重的金属材料,降低成本,经济效益显著
8	多数化学热处理既是一个复杂的物理化学过程,也是一个复杂的冶金过程,它需要在一定的活性介质中进行加热,通过界面上的物理化学反应和由表向里的冶金扩散来完成。因而其工艺较复杂,处理周期长,而且对设备的要求也较高

表 1.5　常用化学热处理方法、特点及主要应用范围

方法	渗层深度及组织	特点	主要应用范围
渗碳	0.2~3.0mm,马氏体+渗碳体+残留奥氏体	表面强度高,硬度高(60~63HRC),耐磨损、耐疲劳性能好	变速齿轮和传动齿轮、转向行星齿轮、变速器主被动齿轮、喷油器针阀体
碳氮共渗	0.2~0.8mm,马氏体+碳、氮化合物+残留奥氏体		
渗氮	0.02~0.8mm,合金氮化物及含氮固溶体	表面硬度高(650~1200HV),热硬性、耐磨性、耐蚀性及抗咬合性能好。处理温度低,零件变形小	发动机气缸套、曲轴
氮碳共渗(软氮化)	0.2~0.5mm,氮化物及含氮固溶体		
渗硫	5~15μm,FeS	降低摩擦系数,提高抗咬合性能	齿轮及工模具等摩擦条件下工作的零件
硫氮共渗	$Fe_{1-x}S$ 及氮化物	降低摩擦系数,提高抗咬合性能,还可提高耐磨性,改善抗疲劳性能	齿轮、工模具、曲轴等在较大载荷、高速度、长时间工况下工作的零件
硫碳氮共渗	FeS、Fe_3O_4 及碳氮化合物		
渗铝	$FeAl$、$FeAl_2$ 等	耐高温氧化,提高在含硫介质中的耐酸性	叶片、喷嘴、化工管道等在高温或高温+磨蚀环境中工作的零件
渗硼	0.05~0.4mm,FeB 及 Fe_2B	高硬度(1200~2000HV),耐磨性、耐蚀性、热硬性高	在腐蚀条件下耐磨的零件,如缸套、活塞杆、模具等
渗铬	α固溶体(250~300HV)+$Cr_{23}C_6$+Cr_7C_3(1600~1800HV)	耐蚀性、耐磨性、热硬性高	代替不锈钢作耐腐蚀和抗高温氧化的零件,也用于热锻模等零件
渗硅	Si 在 α-Fe 中的固溶体	耐蚀性、减摩性好,可提高电工钢的磁性	用于水泵轴、管道配件等化工、石油行业要求耐酸蚀的钢件、铸件。此外,用于低碳电工钢以提高电磁性能
渗锌	Zn 与 Fe 形成的金属间化合物	提高钢件对大气的耐蚀性	薄板、螺钉、螺母、铁基粉末冶金件等

1.1.4　化学热处理的目的

（1）提高金属表面的强度、硬度和耐磨性　如渗氮可使金属表面硬度达 950~1200HV;渗硼可使金属表面硬度达 1400~2000HV 等,进而使金属表面具有极高的耐磨性。

（2）提高金属材料的疲劳强度　如渗碳、渗氮、渗铬等渗层中由于相变使体积发生变化,导致其表层产生很大的残留压应力,从而提高金属材料的疲劳强度。

（3）使金属表面具有良好的抗黏着、抗咬合能力,降低其摩擦系数　如渗硫等。

（4）提高金属表面的耐蚀性　如渗氮、渗铝等。

1.2　化学热处理的基本过程和条件

1.2.1　化学热处理的基本过程

化学热处理是一个将活性介质（渗剂）中的原子渗入金属表面的过程。要实现所需化学元素渗入工件表层，需要经历一系列物理和化学反应，通常包括分解（活性介质的分解）、吸收（活性原子在工件表面被吸收）以及扩散（活性原子从工件表层向内部的扩散）三个基本过程。详见表 1.6。

表 1.6　化学热处理的基本过程

序号	名称	基本过程
1	渗剂分解与活性原子的形成	化学热处理是将金属工件放在含有渗入元素的活性介质中进行的。分解是从活性介质（渗剂）中形成渗入元素活性原子（离子）的过程。只有活性原子（初生态原子）才易于被金属表面所吸收。为增加活性介质的活性，有时还需加入催渗剂，以加速反应过程，降低反应所需温度，缩短反应时间。分解过程主要的化学反应有如下三类： （1）分解反应　渗碳：$CH_4 \longrightarrow 2H_2 + [C]$，$2CO \longrightarrow CO_2 + [C]$；渗氮：$2NH_3 \longrightarrow 3H_2 + 2[N]$ （2）置换反应　渗铬：$CrCl_2 + Fe \longrightarrow FeCl_2 + [Cr]$；渗铝：$AlCl_3 + Fe \longrightarrow FeCl_3 + [Al]$ （3）还原反应　渗铬：$CrCl_2 + H_2 \longrightarrow 2HCl + [Cr]$；渗硅：$SiCl_4 + 2H_2 \longrightarrow 4HCl + [Si]$ 式中 [C]、[N]、[C]、[Al]、[Si] 等分别表示渗入元素的活性原子。 分解的速率主要取决于渗剂的浓度、分解温度以及催渗剂的作用等因素
2	活性原子被金属表面吸收	吸收是活性原子（离子）在金属表面的吸附和溶解于基体金属或与基体中的组元形成化合物的过程。吸附是自发过程，渗入元素需在金属基体中有可溶性，吸附通常优先发生在基体表面晶界、位错露头等缺陷处，吸收打破了化学反应的平衡，促进和加速了渗剂的分解。如渗碳的吸收过程，由于碳在铁素体中的溶解度几乎为零，只有将工件加热到高温奥氏体状态才能加速溶解；而渗氮时由于氮原子能被铁素体所吸收，故不必将工件加热到高温。 碳、氮、硼等原子半径较小，它们是以间隙方式进入铁原子晶格的；而铝、硅、铬等原子半径较大，它们则是以置换方式进入铁原子晶格。但碳可与钢中强碳化物元素直接形成碳化物，氮可溶于 α-Fe 中形成过饱和固溶体，然后再形成氮化物。吸收的强弱主要取决于被处理工件的成分、组织结构、表面状态和渗入元素的性质、渗入元素活性原子的形成速率以及渗入元素原子向工件内部扩散的速率等因素
3	活性原子向金属内部扩散	在固态介质中，原子在浓度梯度等化学势梯度驱使下而引起的物质的宏观定向迁移，称之为扩散。化学热处理工艺正是依靠渗入元素的大量活性原子在钢中的扩散，以获得一定深度的渗层。因此，研究渗入元素在钢中的扩散对掌握化学热处理有关规律是很重要的。扩散现象的宏观规律遵循 Fick 扩散第一定律和第二定律。溶入元素向基体材料中的扩散首先是溶入基体合金，形成固溶体。当浓度超过固溶极限时，产生新相。这种产生新相的扩散即称为反应扩散。反应扩散形成的新相可借助溶质元素-溶剂元素二元系相图判断确定。常规化学热处理是点阵扩散的纯热扩散，由于扩散激活能大，为得到足够的渗速，往往要采用相当高的温度，扩渗时间也较长，耗能大。特别是渗金属，大多在 900℃ 以上高温。 对于离子轰击化学热处理、机械能助渗化学热处理等，由于离子动能、运动粒子动能冲击工件表面点阵原子，使其脱位形成空位、位错等缺陷，降低了扩散激活能，改变了扩散机制，变为点阵缺陷扩散，使渗铝等金属的扩渗温度由 900℃ 降至 600℃ 以下，渗氮时间由原几十小时缩至几小时，节能效果十分显著。其他能量如动能、光、电、磁、超声波等助扩渗将是其发展方向

总之，化学热处理过程中的分解、吸收和扩散是三个相对独立、交错进行而又互相配合、相互制约的过程。其中，渗剂的分解是前提，通过渗剂的分解为工件表面提供充足的化学原子。同时，吸收和扩散的速度也应协调。

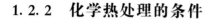

1.2.2　化学热处理的条件

1.2.2.1　必要条件

（1）基体金属和渗入元素可组成二元或多元相图　这是化学热处理的依据。只有当渗入元素能溶入基体金属中或与基体金属形成化合物时，才能进行相应的化学热处理。例如铁碳相图中的 γ-Fe 可溶解较大量的碳（C 的质量分数最大为 2.11%），故可进行渗碳；又如 Fe-B 相图指出，Fe 可与 B 形成 Fe_2B 和 FeB 化合物，因此可以渗硼并可获得相应的化合物层；再如 Cu-W 相图，Cu 和 W 这两种元素既不互溶、也不形成化合物，所以即使在高温下也不可能实现 Cu 的渗 W 处理。总之，相图不仅指出了化学热处理的可能性，而且还可用来预计化学热处理后表面层的组成相。

（2）渗入元素与基体金属元素的相互作用　在预测多元共渗结果时，既要考虑到共渗介质内提供各渗入元素的物质之间的相互作用，还要研究每一渗入元素与基体金属的相互作用及各渗入元素在基体金属内扩散时的相互作用，参与形成扩散层的各元素之间的化学亲和力将影响共渗的结果。

（3）渗入元素在介质中具有较高的化学势　为使可能渗入的元素由介质传递到工件表面，要求渗入元素在介质内的化学势必须高于基体金属内相应元素的化学势。它们之间的化学势差是实现渗入元素传递的驱动力。在其他条件相同的情况下，该化学势差越大通常有越高的渗速。例如渗碳时要求介质中碳的化学势（或碳势）高于工件表面上碳的化学势。若前者低于后者，则会出现脱碳。介质中某元素的化学势取决于其组成和温度。工件表面上某一元素的化学势则取决于化学成分和温度。为使渗入元素从工件表面渗入基体以形成一定深度的渗层，同样要求工件表面上渗入元素的化学势大于基体金属内该元素的化学势，这种化学势梯度是引起该元素由表面向内部扩散的驱动力。由于渗入元素的化学势与基体金属的化学成分和温度有关，故化学成分不同的钢渗碳能力是不同的，例如 Si、B 和 Al 可提高钢中碳的化学势，所以 Si 含量较高的钢渗碳后表面碳含量和渗层深度都较低。又如向钢中渗入 B、Si 或 Al 时，由于这些元素由表面渗入，提高了表面碳的化学势，故在渗入这些元素的同时将引起碳由表向里扩散，造成渗层下面碳原子的富集。

上述三个条件是实现化学热处理的必要条件。

1.2.2.2　充分条件

为使某一化学热处理有应用价值，还要求有足够大的产生渗入元素的相界面在工件表面上进行反应和一定的扩散速率，它们是实现化学热处理的充分条件，这关系到渗速和生产率。

1.3　化学热处理技术的新发展

先进化学热处理技术的主要控制目标应是少或无污染、少或无氧化和节能的绿色化学热处理技术。化学热处理技术的发展，应从以下几个方面入手。

1.3.1　采用新工艺，不断优化化学热处理技术

通过采用新工艺，不断优化化学热处理技术，如表 1.7 所示。

表 1.7　采用新工艺及其说明

序号	新工艺名称	说　明
1	分段控制新工艺	在化学热处理的渗剂"分解"阶段,采用高活性的渗剂(炉气)和较低的工艺温度,提高渗入元素在渗层的浓度和浓度梯度;其后的"吸收"阶段,提高工艺温度,并将炉气的活性降低到工件渗层要求的浓度,实现强渗阶段渗层具有高浓度梯度及高扩散速度,以实现加速化学热处理过程,同时又能保证渗层渗入元素浓度符合要求
2	洁净的短时渗氮技术	铁素体 N-C 共渗具有被处理件耐磨性好、疲劳强度高、耐腐蚀、变形小、处理温度低、时间短、节能等一系列优点。但是各种气体 N-C 共渗炉气中 HCN 的含量为 10^{-4} 数量级,大大超过安全标准;多数 N-C 共渗盐浴中含 CN^- 达 3%,严重污染环境。现已研究成功不加任何渗 C 成分的洁净短时渗 N 工艺,用以替代传统的气体 N-C 共渗。该工艺保留了 N-C 共渗的全部优点而从根本上消除了 CN^- 的污染
3	添加适量的催渗剂,提高渗剂或工件表面的活性	例如气体渗 N 时,先向炉内添加少量的氯化铵,它分解后产生的氯化氢气体可清除零件表面的钝化膜,使工件表面活化。又如固体渗 C 渗剂中添加碳酸盐,可提高渗剂的活性,从而加速化学热处理过程
4	在化学热处理中进行时效处理	如在渗 N 时,一旦形成 ε 相,N 原子在 ε 相中扩散系数很小,致使渗速大大下降。若在渗 N 过程中加入纯扩散或高温扩散的时效处理,使 ε 相调幅分解为亚稳定相 α″,而 N 原子在 α″ 相中的扩散速度较快,从而达到加速渗 N 的目的
5	采用化学热循环处理	传统的化学热处理工艺由于存在着一些缺点,如保温时间长、能耗大、生产率低等,其应用受到很大限制。采用化学热循环处理可克服此缺点。采用化学热循环处理来强化工件表面,其实质是在相变或无相变区间进行反复加热和冷却的热循环作用于材料表面,使吸附、扩散过程与热处理过程相结合。化学热循环渗 C、渗 N、C-N 共渗等工艺具有下列优点:①不仅可加快钢的吸附和扩散过程,而且可改善被加工材料的组织和性能;②吸收和扩散过程与热处理过程相结合,可缩短整个强化过程的时间;③用热循环作用加速实现吸收过程,可缩短化学热处理扩散阶段的时间;④在工件的强化层内和心部可获得细化了的组织,从而可提高综合力学性能和使用性能
6	适当提高扩渗温度	物质的扩散系数与温度呈指数关系增长,即提高温度能够有效地提高化学热处理过程中原子在固体中的扩散速度。然而温度的提高是受限制的,因为扩渗温度的选择首先要满足产品的质量要求和设备的承受能力。例如钢在普通热处理设备中进行渗 C 时,温度高,渗 C 时间长,有时造成钢的基体晶粒粗大。然而应用真空热处理炉进行渗 C 时,其渗速比常规渗 C 高 1～2 倍,这除了在真空条件下工件表面充分洁净、有利于 C 原子的吸收外,在较高温度(通常＞1000℃)下进行处理,是其高渗速的主要原因

1.3.2　稀土元素在化学热处理中的作用

　　稀土元素电子结构特殊、原子半径大、电负性低、化学活性极强,因此稀土元素在化学热处理中的加入能显著提高元素渗入速度,改善渗层组织,提高渗层性能,充分显示了稀土元素在化学热处理领域应用的良好前景。例如对稀土渗碳及碳氮共渗、稀土渗氮及氮碳共渗、稀土多元共渗、稀土渗硼及硼铝共渗、稀土渗金属等,均可净化金属表面,起到催渗作用。

　　鉴于我国稀土资源丰富,应充分利用这一优势,研究和开发出更多、更优异的稀土化学热处理工艺,并全面拓展其应用领域,使稀土化学热处理应用的巨大潜力发挥出来。

1.3.3　化学催渗在化学热处理中的作用

　　化学催渗是在渗剂中加入催渗剂,促使渗剂分解,活化工件表面,提高渗入元素的渗入能力。化学催渗在化学热处理中的作用：

① 通过化学反应来洁净和清除钝化膜，改善零件表面的状态。

② 通过化学催化剂作用或降低有害气体的分压来改变反应过程，以提高渗剂的活性。

1.3.4 物理催渗在化学热处理中的作用

物理催渗在化学热处理中的作用，见表1.8，其典型示例如等离子体化学热处理，脉冲离子渗氮与活性屏离子渗氮技术，双层辉光离子渗金属技术，流态床化学热处理，真空化学热处理，真空渗碳与真空渗碳高压气淬，真空脉冲渗氮与真空离子渗碳，机械能助渗化学热处理，可控气氛化学热处理分别见表1.9～表1.19。

表1.8 物理催渗及其在化学热处理中的作用

物理催渗法	在化学热处理中的作用
将工件放在特定的物理场中(如真空、等离子场、机械能、高频电磁场、高温、高压、电场、磁场、辐照、超声波等)进行的化学热处理,称为物理催渗法	可加速化学热处理过程,提高渗速

表1.9 等离子体化学热处理的分类、特点和基本原理

定义	分类	特点	基本原理
利用稀薄气体的辉光放电加热工件表面和电离化学热处理介质,使之实现在金属表面渗入预渗元素的工艺称为辉光放电离子化学热处理,简称离子化学热处理,因其主要工作空间内是等离子体,故又称等离子体化学热处理	采用不同成分的放电气体,可在金属表面渗入不同元素。根据渗入元素的不同,有离子渗氮、离子渗碳、离子碳氮共渗、离子渗硼、渗金属、离子多元共渗等	i.高能粒子的轰击作用可去除工件表面的氧化膜和钝化膜,使易氧化或钝化的金属能进行有效的化学热处理。 ii.渗层质量高,处理温度范围宽,可通过调节电参数、渗剂气体成分和压力等来控制化学热处理渗层的组织,使工件满足各种工况的要求。 iii.渗透速度快,生产周期短,可节省时间15%～50%,工件变形小,热效率高,节约能源,而且无烟雾、烟尘和废气污染。 iv.易于实现工艺过程的计算机控制。 总之,等离子体化学热处理技术节能、节材、环保。一般可节能30%以上,节省工作气体70%～90%,无烟雾、无废气污染,处理后工件表面洁净,工作环境好	将工件置于真空室内,其间充以适当分压的渗剂气体(氮气或烃类),在外加直流电压的作用下,电子从工件向真空室壁运动,当含渗剂的混合气体分子被电子碰撞离化时,产生辉光放电。辉光放电形成大量的正离子,在电场力的作用下以极快速度冲向作为阴极的工件表面,在工件表面发生下述复杂的物理和化学过程： i.热交换：正离子具有很大的动能,大部分与工件(阴极)碰撞而转变为热能,使工件升温； ii.溅射：高速正离子从工件表面轰击出Fe、C、O等原子和二次电子,Fe、C、O等原子在阴极附近参加复杂的化学反应,二次电子使放电持续进行； iii.正离子渗入阴极表面,向内扩散或形成化合物； iv.光辐射形成辉光。 以上过程使工件渗入所需元素,工件表面获得所需渗层。德国克罗克诺尔公司对离子渗氮提出了如图1.1所示的模型,在离子轰击作用下,从阴极表面冲击出Fe原子,与等离子区的N离子及电子结合而形成FeN,FeN被工件表面吸附,进而逐渐分解为低价氮化物和氮原子,氮原子向内部渗入及扩散

表1.10 脉冲离子渗氮和活性屏离子渗氮技术

脉冲离子渗氮技术	活性屏离子渗氮技术
为消除直流离子渗氮电弧,发明了脉冲离子渗氮和活性屏离子渗氮。 脉冲离子渗氮是利用斩波器,使电流呈脉冲输出,使弧光一旦生成立即熄灭	活性屏离子渗氮是在真空室内放置钢制的网状圆筒,与直流高压负极相连接;工件置于网状圆筒内,真空室在通入渗氮气氛下发生辉光放电,对圆筒进行溅射轰击,产生高活性均匀分布的纳米粒子对工件进行渗氮。这种技术使工件得到均匀的辐射加热,避免正极与工件之间发生直接的辉光放电,从而避免工件边角处的过热和打弧。控制进入炉内的气体流量能获得传统渗氮法得到的化合物层(C′或E相)。改变气体流量和产生离子(粒子)的速率,可以精确控制化合物层的深度或扩散层深度并取得很好的处理重现性。图1.2是活性屏离子渗氮装置示意图,由于它克服了离子轰击化学热处理渗层不均匀的缺点,提高了离子渗氮的质量,用于改造我国为数众多的离子渗氮设备具有重大价值

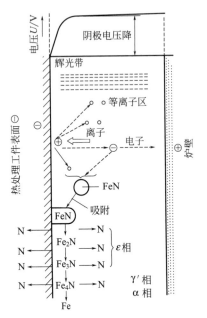

图 1.1 克罗克诺尔公司离子渗氮模型

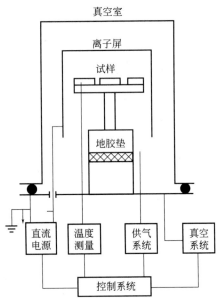

图 1.2 活性屏离子渗氮装置示意图

表 1.11 双层辉光离子渗金属技术及其基本原理、技术特点、性能与应用

含义	基本原理	技术特点	性能与应用
双层辉光离子渗金属技术，或双层辉光等离子表面冶金技术，是在真空条件下，利用双层辉光放电现象及其所产生的低温等离子体，实现材料表面合金化的表面工程技术	在离子渗氮设备的真空容器里，在阴极和阳极之间设置一个第三极。该第三极由要被渗入的合金元素制成，并作为合金元素的供给极，故称之为源极。在源极和阳极之间以及工件与阳极之间各设一个可控直流电源。当真空室抽真空后，充入适量的氩气，接通电源，便会在源极与阳极之间、工件与阳极之间分别产生辉光放电，故称之为双层辉光放电现象。利用辉光放电所产生的氩离子轰击源极，使要被渗入的合金元素从源极表面被溅射出来，通过空间输运到达工件表面并被工件表面吸附。与此同时，氩离子轰击工件使其加热至高温，从而使工件表面吸附的合金元素向内部扩散而形成具有特殊物理化学性能的合金层	在材料表面所形成的合金层成分随表面深度的变化而呈梯度分布。一般是以与基体形成固溶体的形式形成合金扩散层，结合力很好，不易剥落。它的一个重要特点是可通过调整渗金属工艺参数得到充足的合金元素供给量。这是一般渗金属技术所无法达到的。因此，采用双层辉光技术形成的合金层，通常由沉积层、扩散层和基体组成。 该技术可提高材料表面耐磨性、耐腐蚀性、抗高温氧化性和抗黏着能力等。其技术特征是：利用低真空条件下的气体放电所产生的低温等离子体，在普通的价格低廉的金属材料及其他导电材料表面形成具有特殊物理、化学及力学性能的合金扩散层或沉积层＋扩散层。例如在钢铁材料表面形成 Mo-Cr-V-C、W-Mo-C、W-Mo-Co-C、W-Mo-Nb-C 等各种表面高速钢层、表面合金高碳耐磨层；还可形成高 Cr、Cr-Ni、Cr-Ni-Si、Cr-Ni-Al、Cr-Ni-Mo-N、Cr-Ni-Mo-Nb 等各种抗高温氧化合金层、耐腐蚀不锈钢层；以及形成表面各种超合金层如：Ni 基合金、Co 基合金、Ti 基合金等	利用该技术研制成功的离子渗金属手用锯条和机用锯条，与当今世界先进的双金属、高速钢机用锯条寿命相当；在胶体磨转子和定子上应用离子 W-Mo 共渗技术，使用寿命提高 5 倍以上；某化工厂用表面不锈钢法兰来代替整体不锈钢取得了满意效果；在汽车排气门上应用离子渗钼＋离子氮化技术，提高寿命 3～5 倍；在改善钛及钛合金表面耐磨性方面，提高寿命数倍甚至上千倍；钛及钛合金表面形成阻燃合金层已经取得突破性进展；提高钛及钛合金表面抗高温氧化性能数倍以上；应用在铜合金上能够大幅度改善表面抗黏着性和耐磨性；表面沉淀硬化不锈钢、表面时效硬化高速钢、表面低合金高速钢、表面不锈钢板、表面镍基合金板、高尔夫球头及球杆、拔丝滚轮、高温轴承座以及一些抗腐蚀、抗氧化件等产品和零件上的研究和开发应用推广，预示着该技术具有广阔的应用前景。因此，双层辉光离子渗金属技术是一项非常适合于高熔点金属表面进行合金化或以金属材料为基体在其表面实施高熔点金属合金化的新型热处理技术

表 1.12　流态床化学热处理及其工艺特点、发展趋势

含义	工艺特点	发展趋势
在流态粒子炉内通入渗剂进行的气体渗碳、碳氮共渗等化学热处理，称为流态床化学热处理	ⅰ.加热强度大，加热速度快。流态床的传热系数比自然对流高15～25倍，比高速对流高5～8倍；加热速度比普通加热炉快3倍。由于加热速度快，热效率高，所以节能效果特别好。 ⅱ.炉温均匀性好，使用温度范围宽，无三废污染。其炉温偏差一般控制在±2℃以内；使用温度范围宽，可从室温至1200℃；无三废问题。 ⅲ.效果优异，渗速快，效率高。例如20CrMnTi钢在950℃的沸腾床中碳氮共渗2h，获得1～2mm深度共渗层，比一般气体渗碳快3～5倍。又如要求渗氮层为0.10～0.12mm的H13热作模具钢，用井式气体渗氮时需72h，而用流态床渗氮仅16h。 ⅳ.炉气易调节，化学热处理质量重现性好，一炉多用。英国Can-Eng公司开发的新型流态炉，8h内可完成渗氮、光亮回火、渗碳等四炉次化学热处理工序，全部实行计算机控制。 ⅴ.冷却范围窄。流态床的冷速介于油和空气之间，可作为高合金钢的淬火、分级淬火和等温淬火的冷却介质，也可替代盐浴淬火、铅浴淬火的冷却介质	目前，我国流态化热处理技术已日臻完善和成熟，无论是内热式还是外热式流态炉，在炉子结构、粒子回收、流态化效果、环境净化等方面均有了根本的改观，形成了系列化产品，并向多功能化发展。目前，国外在流态床化学热处理方面的新发展有：ⅰ.将计算机控制技术引进流态床渗碳的在线控制上。ⅱ.探讨采用流态床沉积超硬层（TD法）、渗金属等新工艺。ⅲ.由于目前国内外流态床仍不同程度存在粉尘污染问题，因此尚需进一步减少或消除粒子飞扬和粉尘污染，并对尾气进行净化处理等

表 1.13　真空化学热处理及其物理和化学过程、优缺点和应用

含义	物理和化学过程	优缺点	应用
在真空条件下加热工件，渗入金属或非金属元素，从而改变材料表面化学成分、组织结构和性能的热处理方法	由以下三个基本的物理和化学过程所组成。 ⅰ.活性介质在真空加热条件下，可防止工件氧化，分解、蒸发形成的活性分子活性更强，数量更多； ⅱ.真空中，工件表面光亮无氧化，有利于活性原子的吸收； ⅲ.真空条件下，由于工件表面吸收的活性原子的浓度高，与内层形成更大的浓度差，有利于表层原子向内部扩散	ⅰ.优点：可用于渗碳、渗氮、渗硼等各种非金属和金属元素，工件不氧化、不脱碳，表面光亮，变形小，质量好；渗入速度快，热效率高，可实现快速升温和降温，节省能源；环境污染少，劳动条件好。 ⅱ.缺点：设备投资费用大，操作技术要求高	不仅能缩短工期，还能获得优良性能，可替代可控气氛化学热处理技术，现已广泛应用于模具、汽车零件等领域。工业先进国家的真空热处理设备约占热处理设备总拥有量的15%～20%。研发生产高质量、价格低廉的真空化学热处理设备，推广先进的真空化学热处理技术是当务之急

表 1.14　真空渗碳及其工艺特点、工艺方式、应用与真空渗碳高压气淬

含义	工艺特点	工艺方式与应用	真空渗碳高压气淬技术
在低于一个大气压的条件下进行气体渗碳称为真空渗碳。其原理与气体渗碳基本相同	ⅰ.渗碳时间显著缩短，可实施高温（900～1100℃）渗碳，时间为普通渗碳的1/2～1/3。真空对钢件表面有净化和活化效果，有利于吸收碳原子，加速渗碳过程。 ⅱ.提高钢件渗碳质量，表面光洁，不脱碳，不产生晶界氧化，提高了疲劳强度。 ⅲ.表面碳浓度和渗层深度控制效果好，既能获得极浅或很深（厚）的渗层，也可获得特高或特低的表面碳浓度。渗碳后能实施高压气淬或油淬。 ⅳ.真空渗碳可使气压脉冲波动产生物理搅拌的特殊功能，除使结构复杂零件的渗层更趋均匀外，用于不通孔狭缝的内表面渗碳时，效果良好。 ⅴ.作业环境好，无公害，渗碳气体消耗少。其缺点是易产生炭黑，设备费用高	可按如图1.3所示的三种方式通入渗碳气体，即一段式渗碳，适用于轴类、齿轮类零件；脉冲式渗碳，适用于窄缝、细长及不通孔的内表面渗碳零件；摆动式渗碳，是不停炉内渗碳抽完继续渗碳，适用范围与脉冲式相同。 可用于结构件和齿轮等，可提高渗碳层质量，无表面氧化层（黑色组织），还可减少变形，可直接装配使用，节约工时。还可进行高温渗碳，提高渗碳速度，是热处理节能的重要方法之一	真空渗碳高压气淬技术是真正意义上的绿色环保热处理技术。高压气流可通过控制气体的压力、流量及改变气体的冷却特性，与钢的过冷奥氏体转变曲线相结合，实现最理想的淬火冷却。这是由于真空高压气冷提高了冷却速度，可代替传统的气冷、部分油冷或分级淬火，实现控制冷却，达到合理冷却的目的。其关键是对重要的合金结构钢、工模具钢和不锈钢等进行测试，确定不同淬火压强的临界淬透直径，以指导真空加压气淬热处理生产

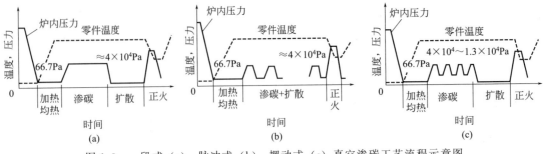

图 1.3　一段式（a）、脉冲式（b）、摆动式（c）真空渗碳工艺流程示意图

表 1.15　真空脉冲渗氮与真空离子渗碳的工艺特点

真空脉冲渗氮	真空离子渗碳
ⅰ.不需太高的真空度,因而价格便宜。国内已有生产真空脉冲炉系列产品,供用户使用。 ⅱ.真空脉冲渗氮法所用氨气量大为减少,从炉中排出的废气通入水中中和,保护环境。 ⅲ.在渗氮过程中,真空泵是周期性短时间开动的,产生的噪声时间短,车间安静。 ⅳ.其生产过程中的通氨采用间歇式换气通氨方式,在同样渗氮时间内,其通氨气时间远短于普通气体渗氮法。这既节省了氨气,又使氨气在炉内得到充分的有效利用,并且出炉时无氨味,避免普通气体渗氮带来的氨气刺激和对人体的危害。 ⅴ.采用低真空渗氮,工件表面无氧化,还有一定的脱脂作用。 ⅵ.可配备计算机,实现全自动操作,提高产品质量,降低劳动强度。 ⅶ.可通过改变炉压、氨气流量、渗氮周期及时间等因素,调控渗层组织、渗层深度及硬度。 ⅷ.对有深孔、小孔、盲孔、狭孔的工件,其内壁均可获得均匀渗层。 真空渗氮处理后,渗层中的化合物层是 ε 单相组织,没有其他脆性相(如 Fe_3C、Fe_3O_4)存在,所以硬度高、韧性好、分布优。而且,普通渗氮处理后产生的白层,也可以用真空炉进行退氮以减少或消除白层,改善原来的脆性	离子渗碳时,在气体种类、流量、气压、温度确定后,类似于碳势的碳通量是电流密度的函数,并开发出离子流传感器。用计算机自动补偿负载面积的变化,准确地测控放电电流,实现对渗碳层质量的控制,防止尖角处的过剩渗碳。如国际上离子渗碳用于航空齿轮时,其渗层质量比气体渗碳均匀得多,齿根渗碳层深为节圆处的 86%。离子渗金属有空心阴极、阴极电弧源、膏剂法多种工艺,不等电位空心阴极离子渗金属已经从单一渗入发展到渗入 Cr、80% Ni 的不锈钢类,和渗入 30% Cr、50% Mo 的高温合金类等

表 1.16　机械能助渗化学热处理技术的原理、机理、工艺优点及应用

原理	机理	工艺优点及应用
利用运动的粉末粒子冲击被加热的工件表面,粒子运动带来的机械能激活工件表面的点阵原子、形成空位,从而降低了扩散激活能,将纯热扩散的点阵扩散变为点阵缺陷扩散,从而明显降低了扩散温度和扩散时间,节能效果十分显著	可认为是滚动的粉末粒子不但增加了滚筒内部温度均匀性,缩短了加热时间,还增加了渗剂各成分间接触机会和渗剂的活性,更为重要的是运动的粒子将其动能(机械能)传递给工件表面、激活表面点阵原子,使其脱位形成空位等晶体缺陷,为原子扩散创造了有利条件,大幅度降低了扩散激活能,特别是空位式扩散的激活能,改变了扩散机制,将纯热扩散的点阵扩散变为点阵缺陷扩散。因此称为机械能助渗。实现低温渗金属主要是从改变原子扩散路径进行的,渗金属时扩散是空位迁移机制。扩散激活能由空位形成功和扩散原子迁移能两部分组成。由扩散系数公式可知,如果使温度 T 保持在很低温度下时,只有降低激活能 Q 才能保证活性原子有足够大的扩散系数进行扩散,而空位形成功和扩散原子迁移所所需要的能量是一定的,所以为了降低激活能 Q,只有增加工件表面的空位浓度,形成原子稀疏区,甚至形成原子扩散通道,才能降低原子的迁移能。另外,使工件表面产生点阵原子,使点阵原子激活脱位,形成空位,以取代热激活产生空位所需要的能量	机械能助渗将渗铝、渗硅、渗锰、渗铜及锌铝共渗温度等,由常规的高于 900℃ 高温,降低到 <600℃ 的低温,将扩渗时间由常规的 4~10h 缩短到 1~4h,它比常规工艺节省 2/3 到 3/4。例如,机械能助渗铝,抗高温氧化性好,780℃ 以下可长期使用,可满足电厂及各类锅炉钢管厂工作条件需要;机械能助渗铝和铝硅共渗也可满足汽车(含农用车、摩托车)的排气管、消音器及其零部件的工作条件需要,常用于航天等尖端工业中苛刻工作条件下工件的防护;机械能助渗铜的钢件可用于代替有色金属制作的轴瓦等减摩件;机械能助渗锰可使渗锰温度由常规的 1000℃ 降低至 300~460℃,20 钢经 300℃×1h 得到 10~20μm 渗锰层,其渗层的相结构为 $\alpha-Fe+FeMn_4$,渗锰可作为与海水接触的水泥建筑用钢筋的防护处理。机械能助氮碳共渗温度为 480~560℃,扩渗时间为 1~3h。它是采用固体粉末法,扩渗时间短,成本低,无环境污染,可代替液体氮碳共渗 QPQ(氮碳氧)和碳氮硫共渗及部分渗硼件,适用于高速钢刀具、热作模具、冷作模具以及各类摩擦件等。总之,机械能助渗将机械能与热能相结合,大幅度降低了扩渗温度,缩短了扩渗时间,节能效果显著,具有十分广阔的应用前景

表1.17 可控气氛化学热处理及其工艺特点

含　义	工艺特点
为实现少、无氧化、无脱碳加热,控制渗碳等介质成分,获得表面组织和力学性能良好的工件,常向热处理炉中加入两种介质:一种是含有多余渗入元素的富化气;另一种是渗入元素不足或不含渗入元素的稀释气。通过调节这两种气体比例实现渗入介质的成分控制,以获得表面成分、组织、性能良好的工件。这种气体即称为可控气氛。应用可控气氛进行的化学热处理称为可控气氛化学热处理	ⅰ.减少零件加热时的烧损,节约材料,提高零件的质量。 ⅱ.减少或防止零件加热过程中的脱碳,提高其化学热处理后的耐磨性和疲劳强度等性能。 ⅲ.可控气氛渗碳或碳氮共渗,能严格控制零件表面的碳含量、表层碳含量分布状况及渗层深度。渗碳或碳氮共渗可得到高质量渗层,确保零件高的力学性能。因此,可取代液体渗碳或碳氮共渗,节约大量氰盐,减少对氰化物的处理和对环境的污染,环保且改善工作条件。 ⅳ.可利用可控气氛热处理,对脱碳的零件进行复碳修复处理。 ⅴ.对某些形状特别复杂、硬度要求高的零件,先用低碳钢加工成形,然后采用可控气氛穿透渗碳使零件成为高碳零件,再通过淬回火达到对零件高硬度要求,大大简化加工工序。 ⅵ.采用可控气氛化学热处理有利于机械化、自动化的实现,从而提高劳动生产率,减少工人劳动强度

表1.18 可控气氛化学热处理常用的几种可控气氛的名称、特点及应用

序号	名称	特点及应用
1	吸热式气氛	目前使用最多、最广泛的一种可控气氛。将原料气(天然气、丙烷、城市煤气、液化石油气、甲醇、乙酸乙酯等)与空气按一定比例混合,通过装有催化剂外部加热的反应罐,然后急速冷却,获得含有 $0 \sim 24\%$ CO、$0 \sim 40\%$ H_2、$38\% \sim 45\%$ N_2 及含有微量 CO_2、H_2O、CH_4、O_2 的吸热式气氛。其产生过程中需吸收一定的热量方可形成保护气氛,因此称吸热式气氛。由于 CO、H_2、N_2 的含量基本恒定,只需通过对 H_2O(露点)或 CO_2 的调节即可控制气氛的碳势。其缺点是对铬有氧化反应,不适用高铬钢,不锈钢,在低于700℃时与空气混合具有爆炸性,并易积炭黑,不能用于高温回火。 　某厂引进变速箱项目,设计时采用了周期式密封箱式多用途炉生产线,同时采用转底炉和齿轮淬火压床。保护气氛采用吸热式气氛,吸热式气氛作为齿轮渗碳的载体气,天然气为富化气,氮气用于安全气和高温回火的保护气体。该生产线自动化程度高、设备先进、柔性好、适应性强,解决了该厂变速箱齿轮生产周期长、变形大、质量不稳定、废品率及返修品率高等问题,同时可节省人力、降低劳动强度、减少清理工序、降低成本、增加工厂效益。
2	放热式气氛	用天然气作为原料气,天然气与空气混合燃烧,冷却后经过滤生成放热式气氛。其在生产过程中,天然气与空气混合的比例应保证天然气完全燃烧。在制备过程中不会吸收热量而是释放热量,因此称为放热式气氛。它也有使用丙烷气、城市煤气、液化石油气、木炭、轻柴油以及氨部分燃烧等制备
3	氮基气氛	一种在热处理炉内直接反应生成的保护气氛,具有不需发生器,减少设备投资,操作灵活,适应性广,不易积炭黑,减少氢脆和内氧化,提高热处理质量,安全节能,气源丰富和适用面广的特点,已成为我国节能环保热处理技术的一个重要发展方向。在氮基气氛渗碳或渗氮处理时,氮气可减少原料气的消耗,减少炭黑的生成;氮基气氛还具有促进和加速渗碳或渗氮过程的作用,同时可降低工件渗碳时的内氧化程度,提高工件的疲劳强度。常用的氮基气氛有以下几种类型: 　ⅰ.$N_2 + H_2$ 是在纯氮中加入少量的 H_2(一般为 $2\% \sim 5\%$)而成。气氛呈还原性,可用作放热式气氛、氨分解气氛及氨燃烧气氛的代用品。$N_2 + H_2$ 十烃类的气氛可成为不脱碳的还原性气氛,此时氢含量一般限制在 $5\% \sim 10\%$ 之间,加入的烃类在 1% 以内或稍多,主要由炉型和密封性决定。 　ⅱ.$N_2 + CH_4$(或 C_3H_8)当用作保护气氛时,可加入 $2\% \sim 5\%$ 的 CH_4。这种混合气体有较高的碳势,用作渗碳时,N_2 作为载体气,CH_4 是活性气体,渗碳期 CH_4 量为 $20\% \sim 25\%$,扩散期可降到 $2\% \sim 3\%$。CH_4(C_3H_8)在最初分解时形成的碳有产生炭黑的趋势。 　ⅲ.$N_2 + CH_3OH$ 是 60% 氮与 40% 甲醇的混合气。可在工作炉内制成与吸热式气氛成分基本相同的气氛,称为"合成吸热式气氛",是一种兼具氮基气氛特点的吸热式气氛,而碳势控制又比较容易
4	滴注式气氛	将液体有机化合物如甲醇、乙醇、丙酮、煤油等直接滴入热处理工作炉产生气氛,或者先滴入另一裂解炉产生气氛后再通入热处理工作炉。可用于中、小零件的光亮淬火、渗碳、碳氮共渗等。气氛的成分和碳势可以通过选择不同的有机液体配比来调节,通过适当的滴注机构和控制仪表,便可以自动控制碳势气氛。由于滴注式气氛所需装置比较简易,不需发生器,原料易取得,设备价格较低,旧的井式气体渗碳炉稍加改装便可推广。尤其在液化石油气供应有困难的地区,具有很大的吸引力。缺点是有机原料甲醇的价格昂

序号	名称	特点及应用
4	滴注式气氛	贵,耗气量大,产气成本是几种保护气氛中最高的,在大批量生产采用时应慎重考虑。另外易产生网状碳化物。 某车桥专用生产厂,采用滴注式保护气氛渗碳,齿轮渗碳后直接淬火工艺,导致被动伞齿轮的轴向弯曲变形量超差,为 0.1~0.15mm,个别齿轮为 0.2mm,变形比例为 50%~80%,不能满足齿轮的技术要求,给校正带来很大困难,常因变形量大无法校正而报废。针对上述问题,采用了氮基气氛保护渗碳工艺,渗碳缓冷后在转底炉中二次加热,在齿轮淬火压床上采用压力淬火工艺,可将被动伞齿轮的轴向弯曲变形量控制在 0.04~0.05mm 以内
5	直生式气氛	将原料气体或液体和空气直接通入工作炉内,在炉内直接生成保护气氛或渗碳气氛。所用的原料气体种类有天然气、丙烷、丙酮、异丙醇。原料气体或液体是定数,炉内所需的碳势通过调节空气输入量来控制。直生式气氛的最大优点是节省原材料、降低成本、缩短渗碳周期。例如,炉膛尺寸为 760mm×1220mm×760mm,装炉量1000kg 的多用炉,采用传统吸热式气氛时在标准状态下需消耗 12m²/h 的氨气及 1.0m²/h 的天然气;采用直生式气氛时,仅需 1.3m²/h 天然气或 0.7m²/h 丙烷或 1.0L/h 丙醇,原料气消耗降低 70%~75%。北京机电所多用炉进行直生式气体渗碳试验,结果和吸热式气体相比,可节约原料 89%,生产成本降低 49%。但直生式气氛是一种非平衡气氛,主要是炉内 CO 含量不稳定,CH_4 含量受温度影响较大。直生式气氛的组成与原料种类、原料与空气的比例及炉内温度等有关。直生式气氛由于炉内气氛不稳定,CH_4 含量较高,需采用特殊氧探头,以及 O_2、CO、温度 T 三参数微机碳势控制。直生式气氛在许多方面都具明显优势,但也存在一定局限性。850℃时直生式气氛中 CH_4 含量增高,CO 含量降低,而许多工艺如碳氮共渗等,工件入炉温度均在 850℃ 左右。为解决这一问题,易渗森公司开发研制了在原系统中增加甲醇的供给系统,并通过检测炉内 CO 含量控制甲醇含量。据有关用户反映,渗碳深度在 0.2~0.5mm 时的薄层渗碳,碳势不易控制,低温下工件入炉极易积炭黑
	发展趋势	氮基气氛及直生式气氛的应用在工业发达国家发展迅速,从近几年我国引进的密封箱式多用炉的情况来看,基本上是以这两种气氛为主。近几年随着制氮技术的进步,为推广氮基气氛热处理技术提供了保障。直生式气氛热处理成套技术的开发在我国还处于起步阶段,但该项技术已引起热处理界有关人士的重视。可以预见,鉴于这两种气氛热处理,尤其是直生式气氛热处理在节省原材料方面的巨大优势,它将取代传统的吸热式气氛,并取得较大的发展

表 1.19　常用的可控气氛化学热处理工艺类型的名称、特点

序号	工艺名称	特　点
1	可控气氛渗碳	要求在保证炉温均匀性和温度精确控制前提下,采用碳势传感器和碳控仪进行碳势控制。在滴注式气氛和直生式氧气条件下,还需用红外仪对 CH_4 和 CO 进行控制。可控气氛渗碳采取的控制方案主要有氧探头控制、红外仪控制、电阻探头控制等。常用的是氧探头控制,从单一参数控制逐渐发展到氧势-CO-温度三参数控制,碳势控制精度为±(0.025~0.05)%C。单液煤油渗碳对深层渗碳很难达到深度要求,主要有以下几方面发展: ⅰ.双液滴入式渗碳法:向渗碳炉内同时滴入两种液体:一种液体的裂解气碳势较低,作运载气;另一种碳势较高,作富化气。调节两种液体的滴入比例,控制炉内气体的碳势,达到控制钢件渗碳的目的。通常用甲醇的热裂解气作为运载气,而乙醇、异丙醇、丙酮等的热裂解气作为富化气。此法兼有控制气氛发生器和滴入法的优点。 ⅱ.直生式渗碳法:它是采用煤油的热裂解气作为富化气,同时向炉内通入氧化性气氛,如空气或 CO_2。煤油滴量不变,碳势高低主要由空气或 CO_2 流量决定。其参数可控性好,渗层均匀,渗速快,具有良好操作性能。 ⅲ.快速渗碳法:渗碳是汽车、拖拉机工业应用最广的热处理工艺方法之一。然而,渗碳淬火时间长、能耗大、成本高,要提高渗碳的经济性,就要缩短处理时间。 a.高温渗碳技术:一般在 980~1100℃ 之间进行。其优点是渗碳速度快,节能效果显著,需在设备条件和零件材料允许情况下进行,并要严格控制碳势和渗层深度,保证炉内气氛快速循环,从而实现均匀渗碳。 b.稀土催渗法:把稀土处理后,制成稀土溶液作为稀土催渗剂,和有机溶剂一起滴入炉内,实现快速渗碳。采用稀土催渗法,在同一渗碳温度(920℃)条件下,可缩短渗碳时间 15%~30%,或降低渗碳温度 20~50℃ 时可保持降低温度前非催渗时的渗碳速度。稀土催渗不仅能缩短渗碳周期,而且还可改善渗碳层组织,提高渗碳质量,从而提高工件的力学性能。稀土还可对渗氮、碳氮共渗、氮碳共渗、离子渗、渗金属等均有催渗作用。 c.高压渗碳法:采用高炉压、大剂量煤油和滴注一定量的甲醇进行渗碳,形成的渗碳气氛碳势为 2.0%~2.6%,工件表面无炭黑沉积。渗碳层中碳化物呈粒状分布,渗层的显微硬度高达 900HV$_{0.1}$。采用高压渗碳的渗碳效果与稀土催渗的渗碳效果相近

序号	工艺名称	特　点
2	可控气氛碳氮共渗	将钢件置于碳氮合成气氛中进行分解、吸收和扩散，使钢件表面形成一定碳氮浓度和厚度的渗层，再进行淬回火，使工件表面达高硬度和高耐磨性，心部获高强度和高韧性。在多用炉内进行碳氮共渗后淬回火，是汽车、轻纺行业中常见热处理工艺。碳氮共渗零件的组织、性能及变形，主要取决于共渗温度及介质成分。碳氮共渗的加热温度比渗碳低，工件变形小，在渗层深度为 0.6mm 以下时的渗速，接近于930℃渗碳，因而也是一种节能热处理工艺。生产中采用的共渗温度一般为 820～880℃，此时零件的晶粒不致长大，变形较小，渗速中等，并可直接淬火。 钢件碳氮共渗时，易出现反常组织，淬火后表面硬度有下降现象，经金相分析，渗层组织为含氮的高碳马氏体，并有一定数量残留奥氏体和碳氮化合物，而造成硬度下降的原因是残余奥氏体含量的增加。因氮降低钢的 M_s 点，增加过冷奥氏体稳定性，使碳氮共渗淬火组织中的残留奥氏体比渗碳要多。因此，应针对不同钢种及不同使用性能要求，确定渗层中的最佳碳氮含量，调节共渗气氛的活性浓度及含碳氮介质的比例
3	可控气氛渗氮	提高渗氮控制精度，改善渗氮层质量和稳定性是当前化学热处理另一重要方向。精密渗氮基本要求是炉子有良好密封，保证炉内正压，炉温均匀性（±3～±5）℃，气氛均匀，达到渗氮层偏差 0.05～0.1mm，渗氮层组织在 1～4 级，波动范围 2 级，白亮层≤0.01mm，氨分解率波动±1%～±1.5%。一种方案是采用氢分析仪或氨分析仪控制，另一种是采用氢探头控制。 　　精密气体渗氮技术： 　　ⅰ. 采用氨高温裂解作为载气，有助于炉内氮势精确调整，又可在少量工件渗氮时，不用添加陪衬料而实现可控渗氮。 　　ⅱ. 实现氮势精确控制，通过传感器、精密流量阀和氮控仪实现闭路控制。 　　ⅲ. 渗氮数据库和专家系统，可制定渗氮工艺和仿真控制。 　　ⅳ. 去除不锈钢钝化膜技术，较好地解决不锈钢渗氮工艺
4	底装料立式多用炉技术	可控气氛热处理的重要发展，除具少或无氧化脱碳、控制精确的特点外，还可选择各种不同淬火介质，以满足不同材料和零件对淬火冷却的不同要求，使热处理零件获得最佳性能和质量，最大限度地减少热处理畸变。它具有温度和气氛恢复与转换快的特点，可实现保护淬火、渗碳、渗氮等多种工艺快速转换，提高生产效率，降低成本；还可实现少或无内氧化渗碳、表面碳势可控的薄层与超薄层渗碳等高质量化学热处理。它采用加热炉与淬火槽独立的结构，可灵活选用不同淬火介质，代替盐浴炉和铅浴炉热处理，减少环境污染，实现清洁热处理

1.3.5　表面工程与化学热处理复合处理技术的应用和发展

　　将表面工程技术与化学热处理工艺合理组合，以便更有效地改善工件使用性能的复合处理工艺，称为表面工程与化学热处理复合处理技术。

　　复合处理技术是通过最佳协同效应使工件表面体系在技术指标、可靠性、寿命、质量和经济性等方面获得最佳效果，克服了单一表面工程技术存在的局限性，解决了一系列工业关键技术和高新技术发展中特殊技术问题。如电镀与化学热处理的复合、化学热处理与喷丸强化的复合等。伴随复合处理技术的发展，梯度涂层技术也获得了较大发展，以适应不同涂覆层之间的性能过渡，从而达到最佳的优化效果。

1.3.6　金属表面自纳米化对化学热处理过程的影响

　　金属表面自纳米化对化学热处理过程的影响，见表 1.20～表 1.22。

表 1.20　金属表面自纳米化及其实现方法与原理

概念	实现方法	表面机械处理法的基本原理
通过对金属表面进行强烈塑性变形以使自身表面层原始晶粒转换成纳米晶结构，同时保持材料的化学	目前实现金属表面自纳米化的主要方法有表面机械处理法和非平衡加热法。其他采用的强烈塑性变形方法主	在材料表面在外加载荷重复作用下，使金属多晶体表面的自由能增加，从而产生强烈的塑性变形，细化晶粒。在接触力的作用下材料表面的某些特定的滑移系被激活，产生高密度位错；如改变接触力的方向，材料表面的另一特定滑移系

续表

概念	实现方法	表面机械处理法的基本原理
组成不变。其主要特征是晶粒尺寸沿厚度方向逐渐增大,纳米结构表层与基体之间无明显界面,处理前后材料的外形尺寸基本不变	要有:表面机械研磨处理法、超声喷丸、高能喷丸、高压气流驱动的粒子撞击处理、超音速颗粒轰击法、超声撞击法、激光冲击整平法以及表面轧制法等	被激活,导致产生该取向的高密度的位错。由此可知: ⅰ. 变形使材料产生由高密度位错列组成的剪切带; ⅱ. 位错湮灭和重组使小角度晶界发展为大晶界,以至形成独立的小晶粒; ⅲ. 相邻晶粒间的取向发生改变,从而使材料的整体取向趋于随机。如此反复交替,位错交互作用,使得材料表面的晶粒细化至纳米量级

表1.21　金属表面自纳米化的结构特征及其对性能的影响

结构特征	对性能的影响
金属表面自纳米化处理后,使得表面形成纳米晶,且具有晶粒尺寸随距表面距离增加而增大的梯度结构,见图1.4。一般根据表面纳米结构层中晶粒尺寸和应变大小将其分为四个层次,即表面纳米晶层、表面细晶层、粗晶应变层和无明显变化的基体	组织结构的改变,导致了材料表面性能得到提高,同时对其综合性能也有显著提高。表面自纳米化可在材料表面形成纳米层,从而提高金属表面的硬度和强度,同时材料内部仍保持粗晶的良好塑性,使得金属的综合力学性能显著提高。如低碳钢表面自纳米化后其最表层的显微硬度比心部基体硬度提高了3倍左右;表面自纳米化处理的316L不锈钢,其屈服强度由280MPa提高到550MPa,极限拉伸应力大约提高了13%。另外,硬度的提高有助于增强材料的摩擦磨损性能。纳米组织能有效地抑制表面裂纹的产生,同时心部的粗晶组织又会阻止裂纹扩展,从而提高材料的抗疲劳性能。采用强烈塑性变形方法在金属材料表面得到的纳米晶层,产生的大量有缺陷的晶界可作为原子的快速扩散通道。增强表面的扩散能够有效地提高材料表面渗碳、渗氮及渗金属过程的速度和渗层的质量。 表面自纳米化处理后材料所获得的优异性能都是以表层结构保持一定热稳定性为基础的。然而在服役条件下,随温度升高,表层纳米结构有自发向稳定态转变的趋向,常表现为晶粒长大、第二相析出、相变,导致表面硬度下降、抗疲劳性能降低以及其他优异性能的改变。因此应充分考虑材料的使用温度等条件。表面自纳米化处理对不同材料的耐腐蚀性能影响不同。活性金属参与腐蚀反应的活性原子增加,使材料易于发生腐蚀反应;但对于惰性金属,表面更易形成致密的钝化膜,反而可提高材料的抗腐蚀性能

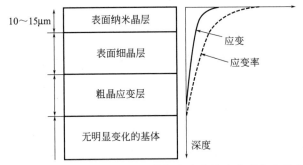

图1.4　表面自纳米化层的组织特征和应变及应变率分布示意图

表1.22　金属表面自纳米化对化学热处理过程的影响

理论分析	应用举例	结论
金属材料表面化合物层的生长速度取决于化学反应和原子扩散两个因素。经表面自纳米化处理后,金属材料表面形成一定厚度(通常为几十微米)的纳米化层,表面纳米晶具有较高活性,可加快表面化学反应,而且处于晶界的原子活性高且纳米化层内晶界所占体积分数大,成为原子扩散的有利通道,从而大大提高了晶界扩散系数,因此,金属表面自纳米化可使金属表面的化学热处理过程更容易进行	表面自纳米化预处理对低碳钢气体渗氮行为的影响:可明显提高渗氮速度,在渗氮条件相同的情况下,化合物厚度成倍增加;可提高氮原子在基体中的扩散系数和表面反应传递系数(后者提高幅度较大),而且降低氮势门槛值。该研究为高速、低温、节能渗氮和渗碳开拓了新思路。表面自纳米化处理同样可促进金属原子(如铬、铝)在金属基体中的扩散。例如表面自纳米化处理后,铁在350℃时就可进行渗铬处理。与常规渗铬处理相比,处理温度可降低300~400℃	表面自纳米化处理能显著降低金属材料化学热处理的温度、时间和氮势等,不仅降低了成本,也解决了金属材料因高温变形和心部强度下降而无法进行化学热处理的难题,从而为化学热处理在金属材料上的广泛应用创造了条件。另外,金属表面自纳米化处理能使化学热处理后的材料的表面和整体性能进一步提高,这不仅使材料的性能潜力得到了充分的发挥,也使得利用廉价材料取代昂贵材料成为可能

1.3.7 化学热处理过程的计算机模拟与智能化

1.3.7.1 化学热处理过程的计算机模拟

CAD（计算机辅助设计）作为计算机集成化学热处理系统的单元技术，近年来异军突起。热处理专家系统可以使化学热处理工艺参数的制定真正由"经验"定量转变为"科学"定量，实现最优化，并能够准确预测化学热处理后的组织与性能。应用化学热处理辅助技术，进行计算机模拟仿真和虚拟生产，以实现化学热处理计算机智能化控制。

微型计算机动态可控渗氮与渗碳技术已列入国家级科技成果重点推广计划。利用计算机控制渗碳、渗氮以及工艺气氛、参数、程序等应用近五年将达到或超过 30%。在我国，氧探头的出现和计算机在可控气氛热处理中的应用是汽车工业热处理技术发展的里程碑，这项新技术的应用已逐步由自动化向智能化转变，由单一参数控制向多元素最优化系统控制转变。渗碳工艺过程模拟控制系统的成功应用就是典型代表，此系统不仅可快速模拟生产过程、优化工艺设计、准确预测结果，还可精确控制生产过程。随着可控气氛设备自动化程度的逐渐提高和渗碳过程模拟控制系统的成功应用，国产热处理可控气氛设备已成为汽车工业热处理主要生产设备，如连续式气体渗碳自动生产线、密封箱式渗碳炉生产线、转底炉和网带炉等，其功能和控制精度已接近或达到国际先进水平。

1.3.7.2 化学热处理过程的智能化

智能化学热处理是采用数学建模（数值模拟）、物理模拟、实验测试相结合的方法，在准确预测材料组织性能变化规律的基础上，优化化学热处理工艺的多学科交叉集成技术。其基本要素包括化学热处理工艺的设计与优化，化学热处理装备的设计与优化，化学热处理工艺过程的智能控制，这三者之间是相互联系又密不可分的。化学热处理计算机模拟是智能化学热处理的核心技术，它是使化学热处理从传统经验技艺跨越为科学计算机技术的重要手段；而智能化学热处理装备是实现智能化学热处理的物质基础。因此，智能化技术是我国发展清洁、节能、精密、高效的化学热处理不可或缺的技术。

总之，现代科学技术的飞速发展为实现"绿色环保，节约能源"创造了条件。从发展前景来看，必须强调的是，一定要运用高科技、采用高新技术来武装化学热处理技术，还要加快研究开发和推广应用诸如高能束化学热处理，真空、离子化学热处理，流态床化学热处理等新工艺、新技术、新装备，逐步淘汰能耗大、有污染的传统化学热处理工艺技术。

1.3.8 化学热处理发展的总目标与发展趋势

化学热处理的总目标可概括为 8 个字："优质、高效、低耗、洁净"。其发展趋势包括以下几个方面。

① 稳定与提高传统化学热处理工艺的质量、强化工艺过程、缩短处理周期、节约能源与降低成本。

② 传统工艺中引入新技术，探索新工艺，以满足制造工业对零件越来越高的质量、外观和经济效益的要求，如激光、离子与电子束等新技术的引入，多种元素复合渗、多层薄膜复合、多种工艺复合等。

③ 智能技术与计算机的应用和发展，如各种化学热处理过程数学模型的研究与控制，

计算机应用于能源、自动控制过程参数、产品质量与车间管理，从而全面改变化学热处理生产面貌。

④ 加强工艺基础理论的研究，如在化学热处理过程中，固相、液相、气相间的化学反应，吸附与扩散的热力学与动力学，材料与工艺因素对化学热处理过程、渗层组织、应力状态与性能的影响等。

第 **2** 章

渗碳工艺及其应用

2.1 概述

所谓渗碳是将工件放入渗碳气氛中,并在 $900\sim950℃$ 的温度下加热、保温,使其表面层增碳的一种工艺操作。它是金属材料最常见、应用最为广泛的一种化学热处理工艺。即渗碳是向金属表面层渗入碳原子的过程,其目的是使工件在继续经过相应热处理后表面具有高硬度和耐磨性,而心部仍保持一定强度和较高韧性。渗碳工艺广泛用于飞机、汽车和拖拉机等的机械零件,如齿轮、轴、凸轮轴等。

2.1.1 渗碳工艺特点及对渗碳层的技术要求

2.1.1.1 渗碳工艺的特点

渗碳是一种历史悠久、应用广泛的化学热处理工艺,它具有表2.1所列的特点。

表 2.1 渗碳化学热处理工艺的特点

序号	特点	说　明
1	加热温度较高	钢制工件渗碳加热温度通常都$>A_{c3}$,因为: i 碳在奥氏体中的溶解度远高于在铁素体中的溶解度,且随温度的升高,溶解度增加幅度较大,因而工件表面奥氏体中的碳浓度可达相当高数值,渗碳过程中渗层中可具较大浓度梯度; ii 在较高温度下碳在奥氏体中的扩散系数具有相当高的数值; iii 浓度梯度增大,扩散系数增大,都会使渗速加快
2	渗速快	与渗氮相比,渗碳速度大约是渗氮速度的 10 倍
3	渗层深度深	渗碳工件的渗层深度通常在 1mm 左右,深层渗碳渗层有时会$>2mm$
4	渗后需淬回火	渗碳仅使工件表层碳含量提高,并不像渗氮直接形成高硬度化合物层和扩散层。因此需在渗碳后进行淬火+低温回火,使工件表层组织为高碳回火马氏体+少量残余奥氏体+碳化物,才能使工件具有良好耐磨性
5	渗碳件承载能力强	渗碳件淬火后,渗层组织为高碳 M,心部为低碳 M。渗层深度比一般渗氮层深得多,工件心部强韧性比一般渗氮件高。因此渗碳件比渗氮件的接触和弯曲疲劳强度高。与表面淬火件相比,渗碳件的表面硬度、耐磨性、心部强韧性、接触和弯曲疲劳强度也较高
6	可用渗剂品种多	从早期木炭屑+催渗剂的固体渗剂,到各种各样的熔盐液体渗剂,再到形形色色气体渗剂,生产中可根据工件批量,对工件技术要求,渗剂供应情况及设备条件等加以选择
7	工件形状畸变较严重	由于渗碳温度高,工件渗碳后又要整体淬火,与渗氮和表面淬火相比,渗碳工件形状畸变要严重得多

2.1.1.2 渗碳工艺的适用场合

对于在交变载荷、冲击载荷、较大接触应力和严重磨损条件下工作的机器零件，如齿轮、活塞销和凸轮轴等，要求工件表面具有很高的耐磨性、疲劳强度和抗弯强度，而心部具有足够的强度和韧性，采用渗碳工艺可满足其性能要求。

2.1.1.3 对渗碳层的技术要求

对渗碳层的技术要求见表2.2。

表2.2 对渗碳层的技术要求

序号	技术要求	说　明
1	渗层的表面碳浓度	其对零件的力学性能影响较大，对不同力学性能的影响也有所不同。 ⅰ.随表面碳浓度的增加耐磨性也增加，见图2.1(a)； ⅱ.随表面碳浓度的增加，抗弯强度和冲击值反而下降，见图2.1(b)、(c)； ⅲ.表面碳浓度为0.8%～1.05%时，扭转强度达最大值，见图2.1(d)； ⅳ.关于渗碳层的碳浓度对弯曲疲劳强度的影响见表2.3，可以看出，弯曲疲劳强度随表面碳浓度的增加而升高，表面碳浓度为0.93%左右时，弯曲疲劳强度达到最大值，而表面碳浓度>1.1%时，渗层中K(碳化物)不均匀性增加，易形成大块或网状K，使渗层脆性增大，弯曲疲劳强度下降。 综合考虑表面碳浓度对渗碳件力学性能的影响，渗碳件表面碳浓度应控制在0.7%～1.05%之间为宜。若表层碳浓度过高，则表面易形成大块或网状K，造成渗层的脆性增大而易在工作中发生剥落，同时淬火后A_r增加，降低了工件疲劳强度；若表面碳浓度过低，则会使淬火后表面硬度不足，回火后得到硬度较低的$M_回$组织，达不到所要求的高硬度和高耐磨性。对于承受冲击疲劳载荷的零件，表面碳浓度应为0.7%～0.9%；对于承受弯曲疲劳载荷的零件，表面碳浓度应为0.8%～1.05%；对于承受高接触疲劳载荷和需要抗磨性很高的零件，表面碳浓度应提高到1.15%
2	渗层深度	取决于零件的工作条件及心部硬度。零件经渗碳热处理后，表面强度要高于心部强度。而当零件受扭转或弯曲等载荷作用时，表面应力最大，并向心部逐渐减弱。因此渗层深度应保证传递到心部的应力要小于心部强度。见图2.2。 对齿轮等渗碳零件常出现的接触疲劳破坏进行分析后，发现其裂纹多起源于渗层的过渡层或渗层与心部的交界处。这是由过渡层或心部强度不足而引起的。为防止这种破坏，可提高心部强度或增加渗层深度，也可两者并举。对于心部强度较低的碳钢和低合金钢，在表面碳浓度和渗层组织一样的情况下，增加渗碳层深度，可使疲劳强度大大提高，而且零件的抗弯强度也随之增加。故在实际生产中，渗碳层深度选择厚一些为宜。但渗层深度也不宜过厚，因渗层深度的增加，往往伴随着表面碳浓度的升高，渗层中将出现大块或网状K，并使淬火后A_r量增多，其结果反而降低了疲劳强度和冲击韧性，见图2.3，可以看出，随渗碳层深度的增加，抗弯强度也增加。Cr-Mn-Mo钢的冲击值随渗碳层深度的增加而下降。 目前，渗碳层深度往往用经验公式来确定，各种齿轮的渗碳层深度可参考表2.4中的数据确定。渗碳层深度的增加会使渗碳时间增加，当气氛控制不稳定时渗碳层深度的增加往往伴随着表面碳浓度的增加，对表层组织和性能会产生不良影响，同时对内应力的分布也会产生不利的影响，故渗碳层深度必须选择适当，不可片面追求过厚的渗碳层。在实际生产中要综合考虑各种性能来确定渗碳层深度，对于非齿轮件，总结出了渗碳层深度和零件的断面半径有一适宜的比例关系： $$\delta = (0.1～0.2)R$$ 式中，δ为渗碳层深度；R为零件断面半径。 因此某种零件的最佳渗碳层深度，可通过多次试验找出规律。渗碳层深度应根据工件的尺寸、工作条件和渗碳钢的化学成分来决定。通常制定工艺的原则为：大工件渗碳层深度2～3mm，小截面及薄壁零件的渗碳层深度以小于零件断面半径的20%为宜，但对特殊工件不受此限制。如对大型轴渗碳层深度达4～10mm，渗层太薄脆性大，会引起表面压陷和剥落。渗层太厚则影响零件的抗冲击能力。对于机床零件的渗碳层深度可参考表2.5。渗碳后尚需磨削加工的零件，所以应把磨削余量计算进去。齿轮、齿条等渗碳件承受接触压应力，会出现渗层剥落形式的接触疲劳破坏。这种裂纹起源往往处于渗层的过渡区，其原因是相接触的物体所产生的最大切应力作用于表层下一定深度处，如渗层过薄或过渡层、心部硬度不足，就易引起接触疲劳破坏

序号	技术要求	说　　明
3	渗层碳浓度梯度	反映碳浓度沿渗层下降的指标,其间接反映了热处理后渗层的硬度梯度变化。碳浓度下降得越平稳越好,以保证渗层与基体牢固结合,若浓度梯度太陡,则相邻组织间的碳含量差距太大,应力变化不均匀,在使用过程中可能产生渗层的大块剥落,造成零件的早期失效
4	渗碳件硬度要求	具体的硬度要求与渗碳零件对韧性、耐磨性、零件的结构尺寸和钢材淬透性、淬硬性要求有关,一般渗碳层硬度 56～64HRC,心部硬度 30～45HRC

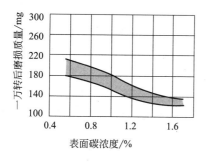

(a) 对18CrMnTi钢耐磨性的影响

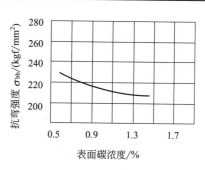

(b) 对18CrMnMo钢抗弯强度的影响

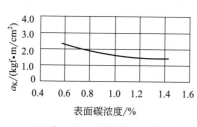

(c) 对18CrMnMo钢冲击值的影响

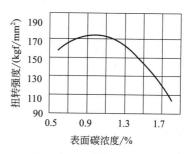

(d) 对18CrMnT钢扭转强度的影响

图 2.1　表面碳浓度对钢的力学性能的影响

表 2.3　表面碳浓度对 20CrMnTi 钢弯曲疲劳强度的影响

表面碳浓度/%	0.8	0.93	1.15	1.42
弯曲疲劳强度/(kgf/mm^2)	87	94	84	68

注:1kgf=9.81N。

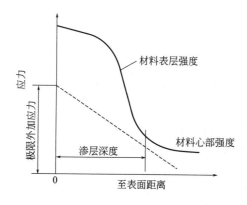

图 2.2　渗层深度和心部强度对零件承载能力的影响

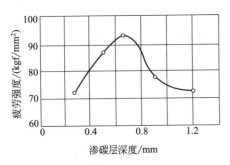

(a) 18CrMnTi钢渗碳层深度对疲劳强度的影响

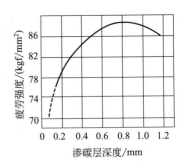

(b) 18CrMnMo钢直接淬火后对疲劳强度的影响

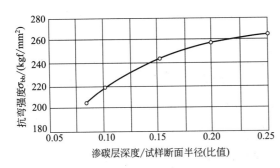

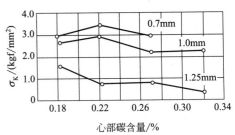

(c) 渗碳层深度对抗弯强度的影响和对Cr-Mn-Mo钢冲击值的影响

图 2.3　渗碳层深度对钢力学性能的影响

表 2.4　各种齿轮渗碳层深度的推荐值

齿轮种类	δ 推荐值/m[①]	数据来源
汽车齿轮	0.20～0.30	国内汽车行业
拖拉机齿轮	0.18≤δ≤2.1	国内拖拉机行业
机床齿轮	0.15～0.20	—
重型齿轮	0.25～3	国内重型行业

① m 为齿轮模数。

表 2.5　机床渗碳零件的渗碳层深度

渗碳层深度/mm	应用举例
0.2～0.4	厚度小于1.2mm的摩擦片、样板等
0.2～0.7	厚度小于2mm的摩擦片、小轴、小型离合器、样板等
0.7～1.1	轴、套筒、活塞、支撑销、离合器等
1.1～1.5	主轴、套筒、大型离合器等
1.5～2.0	镶钢导轨、大轴、大轴承等

2.1.2　渗碳层的测定

渗碳层的测定方法见表2.6。

表 2.6 渗碳层的测定方法

序号	名称	测定方法
1	宏观分析法	主要用于炉前分析。方法是将缓冷后的试样切断,在细砂纸上磨平,用 4%~10% 的硝酸乙醇溶液腐蚀,使渗碳层呈暗黑色,再用目测或读数放大镜测定其深度
2	显微分析法	能精确测定渗碳层深度。目前测定标准尚未统一,零件渗碳层测定一般按以下三种方法: i.15Cr、20Cr、20CrMo、20CrMnTi、12Cr2Ni4A、20Cr2Ni4A 等钢制造的渗碳齿轮,按标准 JB 1673—75 的规定测定其深度,由表面测至原始组织处,即过共析层、共析层和亚共析层三者的总和作为渗层厚度。用这些钢制造的其他零件也可按此标准测定渗碳层深度。 ii.由表面到亚共析层 1/2 处的厚度作为渗层厚度,多用于碳钢。 iii.由表面到亚共析层的 2/3 处的厚度作为渗层厚度,如含铬的渗碳钢($18CrNiWA$、$12CrNi_3A$ 等)。 作为测定渗碳层深度的试样,其组织应为平衡态,若试样已经淬火,则推荐采用表 2.7 的规范进行热处理
3	硬度法测定有效硬化层深度	目前多采用此法,以代替金相法测定渗层深度。其测定部位规定为节圆附近及轮齿根部,以保证轮齿的抗压陷性能和齿根的抗弯强度,因此用硬度法测定有效硬化层深度更能体现零件的性能,也更能与国际标准接轨。标准规定,当载荷为 1kgf 时,有效硬化层深度为从表面至 550HV 处;当载荷为 5kgf 时,有效硬化层深度为从表面至 515HV 处。也有的厂家根据产品特点及使用要求制定自己的有效硬化层深度界限硬度值,如德国 ZF 公司规定当载荷为 1kgf 时,有效硬化层深度为从表面至 610HV 处。有效硬化层深度与渗碳层深度之间的关系与试样大小、冷却条件、渗碳淬火工艺以及试样的淬透性有关。在生产中可以通过试验在二者之间建立起一定的关系来加以修正。表 2.8 就是其中的一例

表 2.7 渗碳淬火试样进行渗层深度检查前的热处理规范

钢号	加热		等温		冷却
	温度/℃	时间/min	温度/℃	时间/min	
10、20	850	20	—	—	空冷
15Cr、20Cr	850	15~20	650	10~20	空冷
20CrMnTi	850	15~20	640	30~60	空冷
12Cr2Ni4A	850	15~20	620	180~240	空冷

表 2.8 20CrNi2MoA 钢不同试样截面所得渗碳层深度与有效硬化层深度间关系

试样截面/mm	淬火冷却剂	表面硬度(HRC)	550(HV)[52(HRC)] 处的含碳量/%	渗碳层深度 $\delta = \dfrac{\delta_{有效}}{K}$	有效硬化层 $\delta_{有效}$
$\phi 30$	静止油	60	0.34	$\delta = \dfrac{\delta_{有效}}{1.15}$	$K = 1.15$
$\phi 50$	静止油	60	0.40	$\delta = \dfrac{\delta_{有效}}{1.0}$	$K = 1.0$
$\phi 70$	静止油	60	0.46	$\delta = \dfrac{\delta_{有效}}{0.85}$	$K = 0.85$
$\phi 30$	静止油	55	0.38	$\delta = \dfrac{\delta_{有效}}{1.1}$	$K = 1.1$
$\phi 50$	静止油	55	0.52	$\delta = \dfrac{\delta_{有效}}{0.80}$	$K = 0.80$
$\phi 70$	静止油	55	0.62	$\delta = \dfrac{\delta_{有效}}{0.70}$	$K = 0.70$

2.1.3 渗碳用钢及渗碳前的预备热处理

2.1.3.1 渗碳用钢

渗碳用钢的化学成分特点见表2.9。典型渗碳钢的特点及应用见表2.10。表2.11为不同条件下使用的各种低速重载及高速齿轮用渗碳钢。常用渗碳钢的牌号、化学成分、热处理、力学性能及用途见表2.12。

表2.9 渗碳用钢的化学成分特点

序号	名称	化学成分特点
1	碳含量	渗碳钢的碳含量一般在0.15%～0.25%之间,经渗碳淬火后可获得高硬度表面及具有足够韧性的心部。对于冲击载荷大、承受重载荷零件,为提高其心部强度,钢的碳含量可提高到0.3%,如30CrMnTi钢
2	合金元素	对于截面较大、形状复杂、表面耐磨性和心部力学性能要求较高的零件,都采用合金渗碳钢。其合金元素主要有Cr、Mn、Ni、W、Mo、Ti、B、Si等

表2.10 典型渗碳钢的特点及应用

类别	钢号	特点	应用
低淬透性($D_{0水}$为20～35mm)渗碳钢	20	渗碳及淬回火后,表面硬度56～62HRC,但淬透性差,晶粒易长大,心部强度较低	用于制造受力不大、要求耐磨性的小型零件,如轴套、链条等
	20Cr	淬透性和心部强度均比20钢高。在渗碳温度下长期保温时,晶粒仍会长大,不易直接淬火	主要用于受力较轻、要求耐磨的零件,如汽车、拖拉机的凸轮、活塞销等
中淬透性($D_{0油}$为25～60mm)渗碳钢	20CrMnTi	油淬临界直径40mm,具有较高强度和韧性,渗碳时不易过热,可降温直接淬火	一般用来制造截面直径30mm以下,高速、重载和承受冲击载荷及摩擦的齿轮、齿轮轴等重要零件
高淬透性($D_{0油}$＞100mm)渗碳钢	18Cr2Ni4W	具有很高的淬透性和高的强度及韧性	可用于制造截面较大、承载很重、受力复杂零件,如航空发动机的齿轮、轴等

表2.11 不同条件下使用的各种低速重载及高速齿轮用渗碳钢

齿轮种类	性能要求	钢号
起重、运输、冶金、采矿、化工等设备的普通减速机小齿轮	耐磨、承载能力较高	20CrMo、20CrMnTi、20CrMnMo
冶金、化工、电站设备及铁路机车、宇航、船舶等的汽车发动机、工业汽轮机、燃气轮机、高速鼓风机、透平压缩机等的齿轮	运行速度快,周期长,安全可靠性高	12CrNi2、12CrNi3、12Cr2Ni4、20CrNi3
大型轧钢机减速器齿轮、人字齿轮、机座齿轮、大型皮带运输机传动轴齿轮、大型锥齿轮、大型挖掘机传动箱主动齿轮、井下采煤机传动箱齿轮、坦克齿轮等	传递功率大,齿轮表面载荷高;耐冲击;齿轮尺寸大,要求淬透性高	20CrNi2Mo、20Cr2Ni4、18Cr2Ni4W、20Cr2Mn2Mo

表 2.12　常用渗碳钢的牌号、化学成分、热处理、力学性能及用途

类别	钢号	统一数字代号	化学成分① /%（质量分数）					毛坯尺寸/mm	热处理温度② /℃（冷却剂）			力学性能（≥）					退火硬度 HBW（≤）	用途举例
			C	Mn	Si	Cr	其他		第一次淬火	第二次淬火	回火	R_m /MPa	R_e /MPa	A/%	Z/%	KU_2 /J		
低淬透性	15	U20152	0.12~0.18	0.35~0.65	0.17~0.37	—	—	25	—	—	—	375	225	27	55	—	—	小轴、小模数齿轮、活塞销等小型渗碳件
	20	U20202	0.17~0.23	0.35~0.65	0.17~0.37	—	—	25	—	—	—	410	245	25	55	—	—	小轴、小模数齿轮、活塞销等小型渗碳件
	20Mn2	A00202	0.17~0.24	1.40~1.80	0.17~0.37	—	—	15	850（水、油）	—	200（水、空）	785	590	10	40	47	187	代替 20Cr 作小齿轮、小轴、活塞销、十字销头等
	15Cr	A20152	0.12~0.18	0.40~0.70	0.17~0.37	0.70~1.00	—	15	880（水、油）	780~820（水、油）	200（水、空）	735	490	11	45	55	179	船舶主机螺钉、齿轮、活塞销、凸轮、滑阀、轴等
	20Cr	A20202	0.18~0.24	0.50~0.80	0.17~0.37	0.70~1.00	—	15	880（水、油）	780~820（水、油）	200（水、空）	835	540	10	40	47	179	机床变速箱齿轮、齿轮轴、活塞销、凸轮、蜗杆等
	20MnV	A01202	0.17~0.24	1.30~1.60	0.17~0.37	—	V 0.07~0.12	15	880（水、油）	—	200（水、空）	785	590	10	40	55	187	同上，也用作锅炉、高压容器、大型高压管道等
中淬透性	20CrMn	A22202	0.17~0.23	0.90~1.20	0.17~0.37	0.90~1.20	—	15	850（油）	—	200（水、空）	930	735	10	45	47	187	齿轮、轴、蜗杆、活塞销、摩擦轮
	20CrMnTi	A26202	0.17~0.23	0.80~1.10	0.17~0.37	1.00~1.30	Ti 0.04~0.10	15	880（油）	870（油）	200（水、空）	1080	850	10	45	55	217	汽车、拖拉机上的齿轮、齿轮轴、十字头等
	20MnTiB	A74202	0.17~0.24	1.30~1.60	0.17~0.37	—	Ti 0.04~0.10 B 0.0005~0.0035	15	860（油）	—	200（水、空）	1130	930	10	45	55	187	代替 20CrMnTi 制造汽车、拖拉机截面较小、中等负荷的渗碳件
	20MnVB	A73202	0.17~0.23	1.20~1.60	0.17~0.37	—	V 0.07~0.12 B 0.0005~0.0035	15	860（油）	—	200（水、空）	1080	885	10	45	55	207	代替 2CrMnTi、20Cr、20CrNi 制造重型机床的齿轮和汽车齿轮
高淬透性	18Cr2Ni4WA	A52183	0.13~0.19	0.30~0.60	0.17~0.37	1.35~1.65	Ni 4.0~4.5 W 0.8~1.2	15	950（空）	850（空）	200（水、空）	1180	835	10	45	78	269	大型渗碳齿轮、轴类和飞机发动机齿轮
	20Cr2Ni4	A43202	0.17~0.23	0.30~0.60	0.17~0.37	1.25~1.65	Ni 3.25~3.65	15	880（油）	780（油）	200（水、空）	1180	1080	10	45	63	269	大截面渗碳件，如大型齿轮、轴类等
	12Cr2Ni4	A43122	0.10~0.16	0.30~0.60	0.17~0.37	1.25~1.65	Ni 3.25~3.65	15	860（油）	780（油）	200（水、空）	1080	835	10	50	71	269	承受高负荷的齿轮、蜗轮、蜗杆、轴、方向接头叉等

① 各牌号钢的 $w(S)$≤0.035%、$w(P)$≤0.035%。

② 15、20 钢的力学性能为正火状态值，15 钢正火温度为 920℃，20 钢正火温度为 910℃。

2.1.3.2 渗碳钢中合金元素的主要作用

合金元素在渗碳钢中的主要作用，见表 2.13。

表 2.13 合金元素在渗碳钢中的主要作用

序号	主要作用	说　明
1	提高淬透性	Cr、Mn、Ni、B 等元素可使截面较大的渗碳零件心部也能淬透，从而改善了心部的组织和性能。淬火时采用油冷，还可减小变形与开裂倾向
2	减少过热倾向	V、Ti、W、Mo 等元素使钢在渗碳温度下长期保温时，奥氏体晶粒不发生显著长大，这对渗碳层和心部强度和韧性都有好处。另外，还可为零件在渗碳后直接淬火创造条件。Mn 虽然可提高淬透性，但它又能促进奥氏体晶粒长大，故其含量应加以控制
3	影响渗碳速度、渗层深度和表面碳浓度	非 K 形成元素 Ni、Si、Co 等加速碳在 950℃时在奥氏体中的扩散。与此同时，这些元素降低碳在奥氏体中的溶解度并降低渗层的最大碳含量。同样，K 形成元素会降低碳在奥氏体中的扩散系数，如在含 1.2%Si 的钢中，加入 1% 的 Mn、Mo、V、W、Cr 元素，在渗碳温度下观察到减慢碳扩散的顺序为 Mn、Mo、V、W、Cr。 以 K 形成元素合金化的钢与碳钢相比较，K 形成元素可提高表层的最大碳浓度，这与表层形成强烈 K 相关，见图 2.4。合金元素对渗碳层深度的影响取决于其对扩散系数和表面碳浓度的影响，图 2.5 系 925℃渗碳时渗碳层深度和合金元素的关系

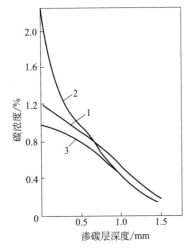

图 2.4 沿钢的渗碳层深度的碳浓度分布
1—碳钢；2—以碳化物元素合金化的钢；
3—以非碳化物元素合金化的钢

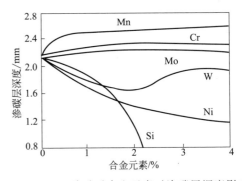

图 2.5 925℃渗碳时合金元素对渗碳层深度影响

2.1.3.3 渗碳钢渗碳前的预备热处理

为改善钢的切削加工性，使其心部组织均匀，减少渗碳淬火后的变形，渗碳前钢坯应实施正火或正火＋回火处理，以获得粒状或细片状珠光体（P）＋少量铁素体（F）或索氏体（S）组织。常用渗碳钢的预备热处理工艺、显微组织和硬度见表 2.14。

2.1.3.4 渗碳件的表面清理与防渗处理

工件渗碳之前应进行脱脂、除锈及除垢处理。通常采用质量分数为 1.5%～3.0% 的碳酸钠水溶液，也可用专用脱脂剂。若铁锈较重，可采用喷砂处理。清洗后应将工件充分干燥，不允许将水分带入渗碳炉。

工件非渗碳表面可采用增大加工余量法、镀铜法、涂料防渗法、紧密固定钢套及轴环保护，不允许渗碳部位等进行防渗处理。各种防渗处理方法的技术要求见表2.15～表2.17。

表2.14　常用渗碳钢的预备热处理工艺、显微组织和硬度

钢　种	预备热处理工艺规范	相应显微组织	硬度（HBW）
10、20	890～900℃正火	F＋片状P	130～190
15CrA、20CrA	880℃正火	F＋P	≤179
12CrNi3A、12Cr2Ni4A	890℃正火＋650～680℃回火空冷	粒状P＋F	160～255
20CrMnTi、20CrMn2TiB、20CrMo、20CrV	950～970℃正火	片状P＋F	190～220
20CrN3A、20Cr2Ni4A	880～940℃正火＋650～680℃回火空冷	粒状或细片状P＋少量F	≤240
18Cr2Ni4WA			190～270
14CrMnSiNi2MoA			≤235
20Cr2Ni4A、18Cr2Ni4WA（锻坯晶粒粗大时）	（610±20）℃，6～12h回火空冷，（920±20）℃，4～6h正火＋（680±20）℃，4～6h回火空冷	粒状或细片状P＋少量F	220～280

表2.15　非渗碳面预留加工余量（于渗碳后切除）

渗碳层深度/mm	0.2～0.4	0.4～0.7	0.7～1.1	1.1～1.5	1.5～2.0
单面加工余量/mm	1.1	1.4	1.8	2.2	2.7

表2.16　防渗碳镀铜层厚度

渗碳层深度/mm	0.8～1.2	＞1.2
镀铜层厚度/mm	0.03～0.04	0.05～0.07

表2.17　常用防渗碳涂料的组成及使用方法

编号	涂料的组成（质量分数）		使用方法
1	氯化亚铜　2质量份 铅丹　1质量份	a	将a、b分别混合均匀后，用b将a调成稀糨糊状，用软毛刷向工件防渗部位涂刷，涂层厚度大于1mm，并应致密无孔，无裂纹
	松香　1质量份 乙醇　2质量份	b	
2	熟耐火砖粉　40% 耐火黏土　60%		混匀后用水玻璃调配成干稠状，填入轴孔处并捣实，然后经风干或低温烘干
3	玻璃粉（粒径≥0.071mm）　70%～80% 滑石粉　20%～30%		用水玻璃（适量）调匀，涂层厚度一般为0.5～2.0mm，涂后经130～150℃烘干
4	石英粉　85%～90% 硼砂　1.5%～2.0% 滑石粉　10%～15%		用水玻璃调匀后使用
5	铅丹　4% 氧化铝　8% 滑石粉　16% 水玻璃　72%		调匀后使用，涂抹两层。此涂料适用于高温渗碳

续表

编号	涂料的组成(质量分数)		使用方法
6	氧化硼(B$_2$O$_3$) 钛白粉(TiO$_2$) 氧化铜粉 聚苯乙烯 甲苯	37% 5% 8% 10% 40%	先将甲苯与聚苯乙烯互溶,再把其他物质以粉末态(0.080mm左右)加入,配成糊状。可采取浸涂、刷涂、喷涂等方法,涂层厚度为0.4~0.5mm,适用于930℃以下
7	熟料黏土 水玻璃 水	52% 32% 16%	黏土的粒度越细越好,并要经920℃焙烧2h以上
8	氧化铝 氧化硅 碳化硅 硅酸钾 水	29.6% 22.2% 22.2% 7.4% 18.6%	烘干使用,常用于高温渗碳

2.1.4 渗碳介质与碳势控制

2.1.4.1 渗碳介质

常用渗碳剂的主要组成、特点及使用方法见表2.18。在渗碳过程中,按介质作用的不同又可分为渗碳剂和稀释剂两种。几种常见渗碳剂分解后的产气量与产生炭黑的量见表2.19。

表2.18 常用渗碳剂的主要组成、特点及使用方法

类别	渗碳剂名称	主要组成及特点	使用方法
液体	煤油	煤油为石蜡烃、烷烃及芳香烃的混合物。一般照明用煤油含硫量小于0.04%者,均可使用。其特点是:价格低廉,来源方便,渗碳活性强,应用最为普遍,但易形成炭黑	直接滴入炉中,通过调节滴入量来控制工件表面的碳浓度。用甲醇+丙酮,甲醇+乙酸乙酯或甲醇+煤油时,靠调整丙酮、乙酸乙酯或煤油滴入量来控制炉气碳势,从而可实现滴注式可控气氛渗碳
	甲醇+丙酮 甲醇+乙酸乙酯 甲醇+煤油	甲醇(CH$_3$OH)、丙酮(CH$_3$COCH$_3$)、乙酸乙酯(CH$_3$COCH$_2$H$_5$)分子结构较简单,高温下易分解,不易产生焦油和炭黑,价格较贵	
	苯 二甲苯	苯(C$_6$H$_6$)、二甲苯[C$_6$H$_4$(CH$_3$)$_2$]均为石油产品,透明液体,有毒,较易形成炭黑,但成分稳定,杂质少,便于控制和稳定生产,价格高,除某些军工部门外很少使用	
气体	天然气	主要组成是甲烷(CH$_4$),并含有不同数量的乙烷和氮等	由于天然气及液化石油气中烃类较多,如直接用作渗碳剂会析出大量炭黑和焦油,故使用时多加入一定比例的吸热式气氛予以稀释。一般以吸热式气氛作载流气,用天然气或液化石油气作富化气调整控制炉气碳势
	液化石油气	主要成分是(C$_3$H$_8$)及少量丁烷(C$_4$H$_{10}$),是炼油厂副产品,价格便宜,储运方便,应用甚广	
	吸热式气氛	用天然气、丙烷或丁烷与空气按一定比例混合,在专门的装有催化剂的高温反应罐中裂解而成	

表 2.19 常见渗碳剂分解后的产气量与产生炭黑的量

渗碳剂名称	产气量/(m³/L)	单位体积的渗碳剂产生炭黑的量/(g/cm³)
苯	0.42	0.60
焦化苯	0.58	0.54
异丙苯	0.64	0.51
煤油	0.73	0.39
合成煤油	0.80	0.28
甲醇	1.48	—

2.1.4.2 常用渗碳剂简介

常用的几种渗碳剂及其特点见表 2.20。

表 2.20 常用渗碳剂及其特点

序号	名称	特点
1	煤油	石油在 200～300℃ 左右经蒸馏而得到的产物,本身含有多种烃类,其在 850℃ 以下裂解不充分,产物及碳含量随外界条件而变化,见图 2.6。分解温度越高其混合气中 C、N 化合物减少,故通过改变热分解温度,可得到所要成分的气体。表 2.21 为在高温气体渗碳时,煤油热分解的生成物。 渗碳气体中,饱和烃类($C_n H_{2n+2}$)中有甲烷、乙烷、丙烷、丁烷等,不饱和烃类($C_n H_{2n}$)中有乙烯、丙烯、丁烯等,不饱和的 $C_n H_{2n}$ 烃类分解易形成炭黑和焦油,焦油析出氢气后便成焦炭,沉积在工件表面上阻碍工件的均匀渗碳。因此用煤油作渗碳剂时如果控制不当,会有炭黑沉积在工件和炉罐上
2	苯、甲苯	为无色透明液体,滴入高温渗碳炉内分解,950℃ 苯的供给为 150 滴/min 时,在炉内的成分见表 2.22。分解气中各成分的含量,会因分解温度、滴量、排气情况及苯纯度的不同而变化,用作渗碳剂时分解析出的炭黑较少
3	甲醇、乙醇和丙酮	它们在高温渗碳温度下,发生分解而析出活性碳原子: $$CH_3OH \longrightarrow CO + 2H_2$$ $$C_2H_5OH \longrightarrow [C] + CO + 3H_2$$ $$CH_3COCH_3 \longrightarrow 2[C] + CO + 3H_2$$ 在分解气氛中,以 CO 和 H_2 为主,甲醇为稀释剂,其余为渗碳剂。它们在高温下易分解,不易产生焦油和炭黑
4	天然气	主要成分为甲烷(占 90%～95%),除饱和烃类外,还含有 CO_2、N_2、H_2 及 H_2O,甲烷在高温下吸热分解直接析出活性碳原子:$CH_4 \longrightarrow [C] + 2H_2$ 天然气为一种活性极强的渗碳气体,其析出的大量活性碳原子并不能完全被工件吸收,多余的碳原子会重新结合成碳分子(即炭黑)而附在工件表面,阻碍渗碳的正常进行,故直接用天然气渗碳的较少,必须与"稀释剂"配合使用
5	城市煤气	由饱和烃类、不饱和烃类、一氧化碳、氢和氮等组成,各个城市的煤气比例有所不同
6	液化石油气	常温下为气体,是石油开采和提炼过程中的副产物,主要成分为 C_3H_8(或 C_4H_{10}),另外也有少部分不饱和烃类(烯类),加热时容易分解产生炭黑,故热处理使用时必须进行提纯,主要成分高于 85% 以上,不饱和烃类小于 5%,同时硫的含量在 190～230mg/m² 。液化石油气直接用于渗碳会在工件表面形成大量的炭黑

表 2.21 气体渗碳时煤油分解气成分（%）

$C_n H_{2n+2}$	$C_n H_{2n}$	CO	CO_2	H_2	O_2	N_2
10.0～15.0	≤0.6	10.0～20.0	≤0.4	50～75	≤0.4	≤5

表 2.22 苯的热分解气成分（%）

$C_n H_{2n+2}$	$C_n H_{2n}$	CO	CO_2	H_2	O_2
10.3	1.2	15.9	1.4	62.1	0.8

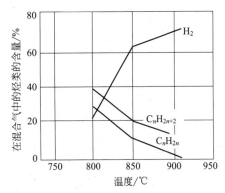

图 2.6 煤油在不同温度热分解
时烃类含量的变化

2.1.4.3 渗碳过程的化学平衡及炉气碳势控制

气体渗碳主要是依靠渗碳气氛中的 CO 及 CH_4 在高温下分解出活性碳原子而实现的，温度、时间、渗碳剂的供给量对钢的渗碳质量有明显的影响，其渗碳过程分为供碳和吸碳两个方面。

液体渗碳剂滴入炉内，在高温下发生分解，其产物为 CH_4、不饱和烃类、CO、CO_2、H_2、O_2 及 N_2 等。据报道，CH_4 的渗碳能力很强，CO 较弱。在高温下氢的脱碳能力并不强，相反可延缓烃类的分解过程，阻止不饱和烃类的形成和炭的产生，从而保护钢的表面不被氧化。

$$CO+H_2 \underset{脱碳}{\overset{渗碳}{\rightleftharpoons}} C+H_2O(\gamma\text{-Fe}) \qquad CH_4 \underset{脱碳}{\overset{渗碳}{\rightleftharpoons}} 2H_2+C(\gamma\text{-Fe})$$

由此可见氢通常作为稀释性保护气体，不渗入，只起稀释和保护作用，氧气与二氧化碳对工件有氧化作用，渗碳气氛中 CO 及 CH_4 在高温下分解，其反应式为：

$$2CO \underset{脱碳}{\overset{渗碳}{\rightleftharpoons}} CO_2+C(\gamma\text{-Fe}) \qquad CH_4 \underset{脱碳}{\overset{渗碳}{\rightleftharpoons}} 2H_2+C(\gamma\text{-Fe})$$

因此炉内混合气体的渗碳能力是气体各组成渗碳和脱碳的综合表现，随成分的变化，反应可以朝着不同的方向进行，当反应达到动态平衡时工件既不脱碳也不增碳，工件与炉气之间碳的交换处于相对平衡状态，这时工件表面的碳含量称为碳势。当炉气中的碳势高于工件表面的碳含量时发生渗碳反应，反之则发生脱碳反应。根据化学平衡原理，此时反应物与生成物的分压不变，其比值为一个常数，炉内混合气体发生增碳或脱碳反应取决于炉气中 $CO/(CO+CO_2)$ 和 $CH_4/(CH_4+H_2)$ 的比值，同时与钢种的碳含量有关。

碳势只取决于 CO_2 和 CH_4 的含量，炉内碳势主要因素为 CO_2，即碳含量与 CO_2 含量呈反比关系，这可借助于 $CO\text{-}CO_2\text{-Fe}$ 和 $CH_4\text{-}H_2\text{-Fe}$ 平衡图予以说明。

$CO\text{-}CO_2\text{-Fe}$ 的平衡图见图 2.7。从图中可知：①在 abc 线左面，CO_2 含量较高，Fe 被氧化成 FeO，不存在渗碳反应，abc 线为氧化和还原分界线；②$abed$ 围成的区域为铁素体稳定区；③def 右面是渗碳体的稳定区，由于 CO 含量较高，可在钢中直接形成渗碳体；④$cbef$ 线围成的区域为碳含量可变的奥氏体稳定区，此区域中各条曲线为碳含量不同的奥氏体渗碳和脱碳的平衡曲线。当温度一定时，CO 的相对含量越高，奥氏体平均碳含量越高，即 CO 相对含量高的炉气具有高碳势，而当 CO 相对含量一定时，温度越高奥氏体的平均碳含量越低，易脱碳，表明有 $CO\text{-}CO_2$ 组成的炉气中，其渗碳能力随温度的升高而下降。

$CH_4\text{-}H_2\text{-Fe}$ 平衡图见图 2.8。图中 SE 与 SP 围成的区域为碳含量可变的奥氏体区，SP 左面区域为铁素体的稳定区，SE 右边区域为石墨与奥氏体共有区，该图分为三个区域，其分析方法同上。当 CH_4 相对含量一定时，温度越高奥氏体的平均碳含量越高，即 $CH_4\text{-}H_2$ 组成的炉气中其渗碳能力随温度的升高而增大。

CH_4 的活性远远大于 CO。在 900℃ 要使钢表面碳含量达 0.8%，需 95% 以上 CO，如用 CH_4 则需要量不到 1.5%。在实际生产中，多种气体混合在一起的作用十分复杂，其表面碳含量为各种气体渗碳和脱碳共同作用的结果。炉内的化学反应都没有达到平衡，只是趋于平衡，了解这些化学反应的平衡条件，为选择渗碳介质和控制工艺提供了理论基础。

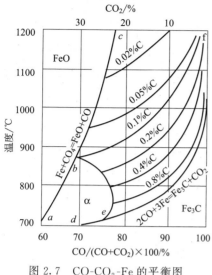

图 2.7 CO-CO$_2$-Fe 的平衡图

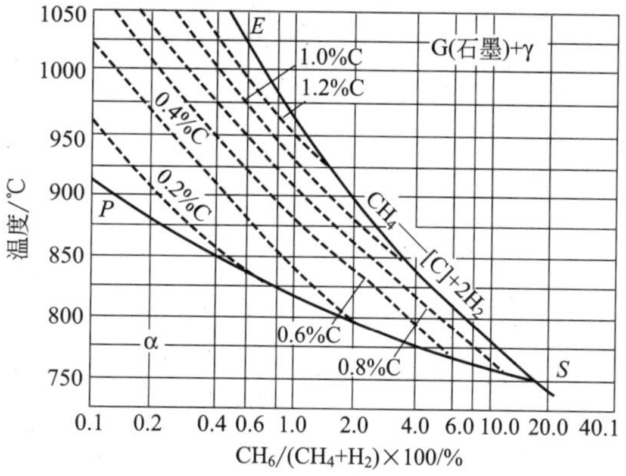

图 2.8 CH$_4$-H$_2$-Fe 平衡图

2.1.5 渗碳后的热处理与渗碳层的组织、性能

2.1.5.1 渗碳后的热处理

对渗碳钢来说，要求表层硬度高、强度高、耐磨性好，而心部应有良好的韧性。只有通过渗碳得到表面和心部成分的差异，然后经恰当的热处理，才能强化表层，提高耐磨性，并获得具有良好韧性和一定强度的心部组织。渗碳后热处理的目的见表 2.23。渗碳件热处理方法的选择及要求见表 2.24。

表 2.23 渗碳后热处理的目的

序号	渗碳后实施热处理的目的
1	提高渗碳件渗层表面的硬度(58～63 HRC)、强度和耐磨性能
2	提高渗碳件心部的强度和韧性(其硬度范围 30～45 HRC)
3	细化晶粒
4	消除渗碳件表层网状的渗碳体和减少残留奥氏体量
5	消除渗碳件的内应力，稳定尺寸

表 2.24 渗碳件热处理方法的选择和要求

序号	渗碳件热处理方法的选择	渗碳件经热处理后应满足的要求
1	有的钢因渗碳温度高、时间长,会引起钢的晶粒长大,应在后序热处理中进行补救	合理的渗层和金相组织,足够的心部强度(以 38～45HRC 为宜)
2	表面与心部碳含量不同,二者热处理后的组织和性能不同	表面只允许有极少量局部脱碳发生,脱碳层应小于最小磨加工余量的 1/3 或 1/2
3	根据零件的工作状态选择相应热处理工艺	减少热处理变形

表2.25列出了零件渗碳后的冷却形式。根据工件的成分、形状和力学性能的要求，选择不同的热处理方式。渗碳后常用的几种热处理方法，可根据零件材料和性能要求来作恰当的选择，见表2.26。

表2.25 渗碳后常用的冷却方式与适用范围

冷却方式	适用范围
直接淬火	20CrMnTi钢等细晶粒钢，气体渗碳、盐浴渗碳后预冷至淬火温度后,直接淬火
空冷	20CrMnTi钢等细晶粒钢，气体渗碳、盐浴渗碳后进行一次淬火，简单易操作，其缺点为表面会形成贫碳层，影响使用性能,因此必须适当降温后出炉,用流动空气或喷雾加速冷却,从而减少表面的脱碳
在缓冷坑中冷却或油冷	20CrMnMo、20CrNi3等钢种的工件在渗碳后需快冷或缓冷，避开危险区，防止空冷时表面产生细小裂纹,条件允许随炉冷至500~550℃后出炉空冷
在冷却井中冷却	渗碳件放入四周带有蛇形管道通水冷却的带盖冷却井中后，向其中通入保护气或滴入有机溶剂,可防止渗碳件表面出现脱碳或氧化
在盐浴中保温一定时间后空冷	对于在盐浴中渗碳的工件,空冷时表面易产生脱碳和氧化等缺陷,在700℃保温后空冷,就可避免或减少脱碳和氧化缺陷
随罐冷却	用于固体渗碳后的冷却

表2.26 渗碳后常用热处理工艺的名称、特点及适用范围

序号	名称	工艺特点	适用范围
1	直接淬火+低温回火	渗碳后由渗碳温度降至860℃左右，将零件自渗碳炉中取出直接淬火，然后回火以获得表面所需硬度。 优点:操作方便，生产效率高，零件的变形和脱碳较小，减少了加热冷却次数，节约零件重新加热淬火的能源。 直接淬火在气体渗碳和液体渗碳中应用较多，渗层组织为回火M+A_r，心部为低碳回火M组织，淬火应力较大，需立即回火以减小脆性，降低内应力，提高力学性能。但进行直接淬火的条件有两点：i.渗碳后奥氏体晶粒在5~6级以上；ii.渗碳层中无明显网状和块状K。缺点:淬火温度较高，晶粒粗大，表层A_r量增多，降低了表层硬度。20CrMnTi、20MnVB等钢在气体或液体渗碳后大多采用直接淬火。淬火油温为80~100℃，工件在油槽中上下移动距离至少要大于一个渗碳罐的高度或采用油搅拌冷却，工艺见图2.9	该工艺仅适用于本质细晶粒钢，渗碳后晶粒不易长大。多用于热处理变形小和承受冲击载荷不大的零件。
2	预冷后直接淬火	零件渗碳后预冷至稍高于A_{r1}或A_{r3}(760~850℃)后直接淬火，然后在160~180℃回火2~3h。 预冷法:i.随炉降温预冷，在周期式渗碳炉中将炉温降到规定预冷温度后出炉淬火;在连续作业炉中，工件被送入预冷区随后淬火。ii.在空气中预冷淬火，其缺点为温度不易掌握，操作不便，易造成表面脱碳，故应用极少。预冷后直接淬火表面硬度略有提高，但晶粒没有变化，预冷温度是控制零件质量的关键，温度过低心部会出现大的块状铁素体，温度过高则影响预冷过程中碳化物的析出，造成残余奥氏体量增加，同时也使淬火变形增大，见图2.10①。 预冷的目的是减少零件变形，同时还可减少渗碳层A_r量，提高表面硬度。预冷温度应视零件心部强度要求而定。心部强度要求较高的零件应预冷到稍高于A_{r3}温度，以避免心部析出过多先共析铁素体，但表面硬度稍低些；心部强度要求不高的零件应预冷到稍高于A_{r1}温度，淬火后变形较小，表面硬度也较高。直接淬火的优点是减少了加热和冷却次数，操作简单，生产率高，淬火变形及表面氧化脱碳倾向小。但对于本质粗晶粒钢及渗碳时表面碳浓度很高的零件，不宜采用此法。为减少淬火变形及防止开裂，还可采用预冷后分级淬火法，见图2.10②	同"1"

序号	名称	工艺特点	适用范围
3	一次加热淬火	零件渗碳后先冷至室温,然后再重新加热淬火并低温回火或进行分级淬火,见图 2.10 中③、④。合金钢渗碳后的淬火温度可稍高于心部 A_{c3} 点,使心部组织细化,淬火后可获得低碳马氏体,心部强度较高。碳素钢的淬火温度高于 A_{c3} 以上时,渗碳层容易过热。所以碳钢的淬火温度应比合金钢低一些,一般在 A_{c1} 和 A_{c3} 之间,兼顾表面与心部组织和性能。量规、样板等只要求表面耐磨的零件,淬火温度略高于 A_{c1}(760~780℃)即可。通常 820~850℃ 淬火后心部组织为低碳马氏体,心部与表层组织都有所改善,而对于要求较高的可采用 780~810℃ 加热来细化晶粒。淬火温度要根据渗层的组织来选择,假如有网状碳化物且十分严重,就必须采用高的淬火温度来消除网状碳化物。该工艺适用于:ⅰ.固体渗碳的碳钢和低合金渗碳钢零件,也用于气体、液体渗碳后的粗晶粒钢及渗碳后不能直接淬火或需机加工的零件(若为两相区加热,当下区冷至 790~800℃ 时即可出炉转入有一定量煤油的缓冷坑中,将坑内空气排出);ⅱ.容易发生过热的碳钢和只含锰的合金钢;ⅲ.某些不宜直接淬火的零件及因设备条件限制,不允许直接淬火的零件;ⅳ.对于形状复杂和变形要求较严的渗碳件也可进行分级淬火处理。 该工艺可细化晶粒,保证心部不会出现游离的铁素体,表层也不会出现网状渗碳体,提高了工件的力学性能	适用于淬火后对心部有较高强度和较好韧性要求的零件,它是现实生产中广泛采用的方法
4	二次淬火法	这是一种同时保证表面与心部都获得高性能的方法,见图 2.10⑤,第一次淬火温度 880~900℃,目的为细化心部晶粒,消除表层的网状碳化物,可油冷也可空冷,只要无网状碳化物析出即可。第二次淬火温度视高碳的表层而定,一般在 770~820℃,目的是使表层获得细小粒状碳化物和隐晶马氏体,以保证获得高强度和高耐磨性	工艺较复杂,成本高,零件变形大,生产中一般很少采用,有时用作纠正不正常组织的补充工艺
5	高温回火+淬火低温回火	渗碳温度为 850~860℃,经高温回火后残余奥氏体分解,渗层中碳和合金元素以碳化物形式析出,易于机械加工,同时残余奥氏体减少。工艺见图 2.11	主要用于 Cr-Ni 合金钢零件
6	高强度合金渗碳钢的热处理	二次淬火+冷处理+低温回火(亦称为高合金钢减少表层 A_r 量的热处理)。高强度合金渗碳钢 12CrNi3A、12Cr2Ni4A、20Cr2Ni4A、18Cr2Ni4WA 等,因合金元素含量较高,经渗碳淬火后表层存在大量 A_r,表面硬度仅 50~55HRC,疲劳强度降低,故需采取措施以减少 A_r 量及改善切削加工性。 其方法为:ⅰ.在渗碳后、淬火前,进行一次高温回火(在 600~650℃ 保温 2~6h),使合金 K 析出并聚集,这些 K 在随后淬火加热时不能充分溶解,从而使奥氏体中合金元素和碳含量降低,M_s 点升高,淬火后渗层中 A_r 量减少。ⅱ.淬火后立即进行冷处理,使 A_r 继续转变为 M。 高温回火。由于高合金钢淬透性好,渗碳空冷也会较硬,零件不易加工,故一次淬火时在淬火前增加一次高温回火;采用两次淬火时则在第二次淬火前增加一次高温回火,其目的在于高温回火能使 A_r 析出合金 K,降低其稳定性,淬火时转变为 M,使渗碳层表面硬度降至 30HRC 左右,同时减小淬火时的变形。回火温度一般为 640~680℃,保温 3~8h。 分级淬火+高温回火。对渗碳件的心部韧性要求较高时,通常采用此法,经高温回火和机加工后再加热到 850~860℃,在 260℃ 分级 25min,表层为奥氏体而心部得到淬火 M。然后 560℃ 回火 2h,表层奥氏体稳定性降低,心部是回火索氏体组织。 冷处理+低温回火。对高强度渗碳件在分级淬火+高温回火后,需进一步减少表面 A_r 量,通常在低温回火前增加冷处理工序,用于进一步提高表层硬度;对直接淬火的高强度钢经渗碳、淬火后再冷处理,同样可达提高硬度的目的。高于 A_{c1} 或 A_{c3}(心部)温度淬火,淬火后随即降到 -70~$-80℃$ 冷处理,A_r 的减少,促使奥氏体转变充分,从而提高表面硬度和耐磨性,然后进行低温回火以消除内应力。该工艺用于渗碳后不需进行机械加工的高合金钢零件,见图 2.12。 在渗碳层中存在少量 A_r 可能是有益的,因其可提高塑性和韧性。但当其含量较高时,将降低钢的硬度,因此对于高合金渗碳钢,为降低 A_r 量,需在热处理工艺或强化工艺上采取措施	高强度合金渗碳钢

续表

序号	名称	工艺特点	适用范围
7	渗碳后感应加热淬火＋低温回火	对于心部强度要求不高,而表面主要承受接触应力、磨损以及扭矩或弯矩作用的工件,可在渗碳缓冷后进行高频或中频感应加热淬火,细化渗碳层及渗碳层附近区域的组织,因此有较好韧性,淬火变形小,非硬化部位不必预先做防渗处理(如齿轮的轴孔、键槽等)。由于生产效率高,操作简便,应用较普遍,其热处理工艺见图2.13	多用于齿轮和轴类零件

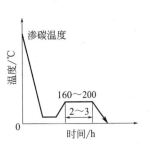

图 2.9 渗碳后直接淬火＋低温回火

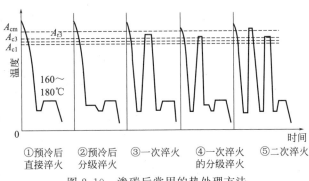

图 2.10 渗碳后常用的热处理方法

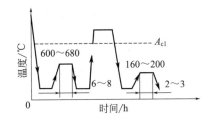

图 2.11 渗碳,高温回火,一次加热淬火,
低温回火,淬火温度 840～850℃

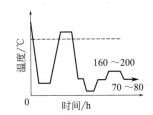

图 2.12 二次淬火＋冷处理＋低温回火

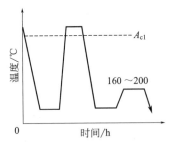

图 2.13 渗碳后感应加热淬火＋低温回火

渗碳件的淬火处理,可在井式炉、箱式炉和盐浴炉中进行,为防止加热时氧化脱碳,在井式炉、箱式炉中应滴入煤油或通入保护气氛。盐浴炉脱氧充分,根据材料的成分、性能要求等不同,选用合理的淬火介质(油或盐水等)。对于形状复杂、有尖角和沟槽、厚度悬殊较大的工件,为防止开裂和变形,可采用分级淬火。采用上述方法,使渗碳后工件达到表面硬度高、心部韧性好的目的,在使用过程中发挥了良好作用,因此应用较广泛。

2.1.5.2 渗碳层的组织与性能

渗碳层的组织与性能见表 2.27。表层及心部组织对渗碳件性能的影响见表 2.28。

表 2.27 渗碳层的组织与性能

项目	分 析
渗碳层组织	渗碳层中碳浓度由表向里逐渐降低。自渗碳温度缓冷后,渗碳层中碳含量不同的奥氏体按 Fe-Fe₃C 状态图所示的规律发生组织转变,得到不同的组织,见图2.14。表层为 P+K(过共析层),其次为 P(共析层),最后为 P+F 组

项目	分　析
渗碳层组织	织（亚共析过渡层）。当零件表面碳含量＞0.8％时，组织为二次渗碳体＋P；当碳含量＞1.0％时，二次渗碳体将呈明显网状 K，然后由共析层到心部碳含量逐渐降低，最后为 P＋F 亚共析组织。心部为钢的原始成分，为亚共析组织。 　　如在较强渗碳剂中渗碳，零件表面碳含量经高，超过奥氏体最大溶碳量时，往往会出现严重的网状渗碳体及大块 K。渗层薄的零件渗碳，表面碳含量＞0.85％～0.95％；深层渗碳，碳含量达 1.0％～1.4％，显微组织中将出现渗碳体网。在合金渗碳钢中，有碳化物形成元素如 Cr、Mo、Ti 等存在时，碳化物形态和析出与碳钢不同，其碳化物通常不会形成连续的渗碳体网，而呈球状或针叶状析出，此时渗碳层碳含量甚至高达 2.0％～2.5％，造成渗碳层的脆性增加。采用合理的渗碳工艺不仅能保证所需碳含量和渗层深度，同时能控制碳化物的形状。因此，渗碳工艺的正确制定必须考虑到相关的技术要求和零件的工作状况。 　　工件经渗碳淬火后，表层组织依次为 M＋少量 K＋A_r，M＋A_r，M。心部为低碳 M，对淬透性较小的钢或大尺寸的工件，还有 T 或 S＋F 的组织。图 2.15 系 10 钢经 930℃±10℃ 渗碳 3h，罐中冷却后重新加热至 860℃ 油冷，180℃ 回火后的组织形貌。其表层为回火 M＋少量 A_r；过渡区为回火 M＋少量 T（托氏体）；心部为 F＋低碳 M
渗碳层性能	碳钢和低合金钢的渗碳件经淬火后，表面硬度达 60～64HRC；高、中合金钢的渗碳件表面硬度为 56HRC 左右，这是由于渗碳层中还存在着较多 A_r，经冷处理后表面硬度有所提高，心部硬度视钢中碳含量及合金元素不同而异，一般为 30～48HRC。于是渗碳件的表层具有高硬度、高强度，而心部具有一定韧性，从而能同时承受磨损、疲劳和冲击载荷。 　　一般情况下，渗碳件经淬火后表面呈压应力。这是因心部碳含量低，M_s 点高，淬火时先发生组织转变而体积膨胀，这时表层还处于奥氏体状态，心部体积膨胀所产生的压力通过表层奥氏体变形而得到松弛。继续冷却时，表层发生组织转变而使体积膨胀，使事先已转变的心部受到拉应力，并在渗层表面形成残余压应力。表面压应力可部分抵消在疲劳载荷作用下的表面拉应力，从而提高渗碳件的疲劳强度

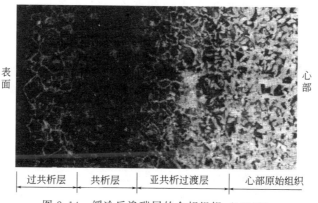

图 2.14　缓冷后渗碳层的金相组织（100×）

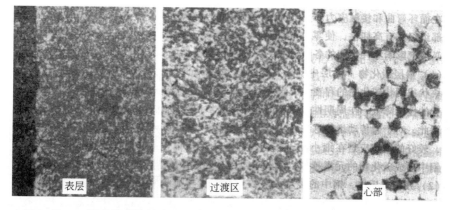

图 2.15　10 钢经渗碳、淬火、回火后表层、过渡区及心部的组织形貌（500×）

表 2.28　表层及心部组织对渗碳件性能的影响

项目	对性能的影响
心部组织	合适的心部组织应为低碳 $M_回$,但零件尺寸较大,钢的淬透性较差时,允许心部组织为托氏体或索氏体,但不允许有大块状或过量的游离 F。若心部硬度偏低,使用时易出现心部组织变形,使渗碳剥落;心部硬度过高则降低冲击韧性及疲劳寿命。心部存在较多游离铁素体时,将降低心部硬度和加速疲劳裂纹的扩展
渗层深度	渗层深度越深,可承载的接触应力越大。渗层深度过浅,最大切应力将发生于强度较低的非渗碳层,致使渗碳层塌陷剥落。但渗碳层深度增加,将使渗碳件冲击韧度降低
心部硬度	渗碳件心部硬度不仅影响渗碳件静载强度,还影响表面残余压应力的分布,从而影响弯曲疲劳强度。在渗碳层深度一定情况下,心部硬度增高,表面残余压应力减小。心部硬度较高的渗碳件渗碳层深度应较浅。因渗碳件心部硬度过高,会降低渗碳件的冲击韧度。而心部硬度过低,承载时易出现心部屈服和渗层剥落。汽车、拖拉机渗碳齿轮的渗层深度一般按齿轮模数的 15%～30% 的比例确定。心部硬度在齿高的 1/3 或 2/3 处测定,硬度值为 33～48HRC 时合格
渗层中 K 数量及分布	渗层中适量的细粒状 K 均匀分布在 M 基体上,能显著提高钢的耐磨性。但是块状或网状 K 不但不利于提高钢的耐磨性,反而会降低零件的冲击及抗疲劳性能,并易产生表面剥落
渗层中残留奥氏体 A_r	渗层中少量分布均匀的 A_r 能起到缓冲外力和使应力分布均匀的作用。但过多 A_r 会显著降低钢的强度、硬度和耐磨性,从而降低零件的使用寿命。渗碳层基本组织应为细针状 M,粗大的 M 将使渗碳件的强度和韧性下降

　　总之,渗碳件经热处理(淬火+低温回火)后,获得合适的组织结构,方能达到较高的力学性能要求。一般认为工件渗碳层表层组织为 $M_回$+$K_粒$+A_r(少量),硬度 56～64HRC;心部淬透时组织为低碳 $M_回$+F(少量),硬度 30～45HRC(心部未淬透时,组织为 F+P,硬度相当于 10～15HRC)。渗碳层不允许出现网状碳化物,淬火后渗层中的 A_r 应在允许范围之内,应避免氧化脱碳和淬火变形;心部组织不允许有大块 F 存在。此时工件畸变最小。

2.2　气体渗碳工艺及应用

2.2.1　气体渗碳工艺参数

　　气体渗碳工艺参数主要有渗碳温度、渗碳时间、炉气调节和冷却等,见表 2.29。

表 2.29　气体渗碳工艺参数的选择

工序及处理参数	具体说明							
渗碳温度	①一般为 900～950℃。②渗碳温度较高,渗速快,适用于渗碳层较深场合,但仅适用于本质细晶粒钢。注意晶粒易粗大和工件畸变大。③对渗层要求浅的工件,应采用温度下限							
渗碳时间 t/b(t:工件加热至渗碳温度后开始计算的保温时间)及渗碳层深度 δ/mm	①与渗碳温度、炉内气氛(碳势)、材质和工艺方式等多种因素有关。②一定条件下,渗碳层深度 δ 与渗碳时间 t 存在以下关系: $\delta=K\sqrt{t}$。K 值的估算:它的渗碳温度有关,$K=660\exp(-8287/T)$,见下表。							
	渗碳温度/℃	875	900	925	950	980	1000	1020	1050
	K 值	0.4837	0.5641	0.6540	0.7530	0.8856	0.9826	1.0870	1.2566

工序及处理参数	具体说明						
渗碳时间 t/b （t：工件加热至渗碳温度后开始计算的保温时间）及渗碳层深度 δ/mm	③钢中合金元素，首先影响表面碳含量，其次影响钢中碳的扩散系数。滴注式气体渗碳时，不同钢种渗碳层深度与渗碳保温时间的关系如下表所示。						

钢种	渗碳层深度/mm						
	>(0.40～0.60)	>(0.60～0.80)	>(0.80～1.00)	>(1.00～1.20)	>(1.20～1.40)	>(1.40～1.60)	>(1.60～1.80)
	渗碳保温时间/h						
10,15,20	2～3	3～4	4～5	5～6	6～7	7～8	8～10
20Cr,20Mn2B 20CrMnTi	1.5～2.5	2.5～3.5	3.5～4.5	4.5～5.5	5.5～6.5	6.5～7.5	7.5～9.5

工序及处理参数	具体说明
炉气调节和碳势控制	①工件装炉后应迅速排出炉内空气，为建立渗碳气氛创造条件。在深层渗碳（有效硬化层深度>3mm）中，当炉温升到500℃时，应按炉子容积通入氮气进行保护；在升至800℃时关闭氮气，通入载气直至渗碳温度。 ②滴注式气体渗碳时，炉气碳势取决于液体渗碳剂成分、分解温度和滴入量：ⅰ使用单一液体，改变滴量调节；ⅱ使用几种渗碳能力不同的液体，改变滴量调节；ⅲ甲醇（或乙醇＋水）作稀释气，固定滴量，另滴入 C/O>1 的渗碳剂，改变滴量，调节炉气碳势（当 C/O 比高时，碳势增加，但分解温度提高则碳势降低）。 ③滴注式气体渗碳多采用红外线碳势自动控制系统：吸热式和氮基气氛渗碳时常采用连续自动调节碳势的传感器，有露点仪、红外线气体分析仪、氧探头和电阻法碳势测量仪等，控制方法和特点如下：ⅰ露点仪，测量炉气气样中水汽的露点，简易，偏差不大，不能连续自动调节，多用于开炉前测定，精度约±1℃；ⅱ LiCl 露点仪，测量气样中的露点，反应较慢，控制滞后大，精度为±1.5℃，不能用于含氨气氛；ⅲ氧探头（ZrO_2），测量的是炉气的氧势，灵敏，无需取样系统，寿命较短，对碳精度可达±0.03%；ⅳ红外线气体分析仪，测量 CO_2、CO、CH_4，可进行多点测量和控制，灵敏，精度（对 CO_2）为±0.03%；ⅴ热丝电阻法，可立即读出碳势，精度为±0.05%，但钢丝易坏，易受污染；ⅵ微机控制技术，可控表面碳含量和碳浓度分布。 ④钢箔测定碳势法：原始 $wc≤0.1\%$、厚≤0.05mm、100mm×100mm 钢箔放入渗碳气氛中，停留足够时间（如 15min）使其均匀渗透，快冷取出擦净，用称重法定出碳含量，即为炉气碳势
渗后冷却	渗后冷却方式：①出炉空冷；②移至缓冷坑冷（保护）；③随炉冷至550℃后出炉空冷。 后续工序：清洗、变形检查、喷砂、渗后热处理、质量检验

2.2.2　气体渗碳法的分类、特点及渗碳剂的选择

2.2.2.1　气体渗碳法的分类及其特点

（1）滴注式气体渗碳　工作时把液体有机物（一般采用两种或两种以上有机液体，其中一种裂解产生的气体碳势较低，用作稀释气或称载气；另一种有机液体裂解产生的气体碳势较高，用作富化气，使炉内气氛的碳势提高至预定值）滴入渗碳炉中裂解，即可生成含有 CH_4、CO 等供碳组分的气体，使用这些物质的气体渗碳方法称为滴注式气体渗碳。

调节这两种有机液体滴入量的比例，便可对气氛碳势进行控制。由有机液体分子中碳、氧的比值（C/O）可大致推断出其裂解气碳势的高低。甲醇（CH_3OH）C/O=1，乙酸乙酯（$CH_3COOC_2H_5$）C/O=2，丙酮（CH_3COCH_3）C/O=3。滴注式可控气体渗碳常用甲醇为稀释气的气源，用乙酸乙酯及丙酮作为富化气的气源。常把甲醇称为稀释剂，把乙酸乙酯和丙酮称为供碳剂。

进行滴注式可控气体渗碳时，稀释剂滴入量可保持恒定，通过调节供碳剂的滴量来控制气氛碳势。生产中常用露点仪及 CO_2 红外仪测定气氛碳势，即根据气氛中脱碳组分 H_2O 及 CO_2 含量的变化分析气氛碳势的变化。为使气氛碳势易于调控，在供碳剂滴量变化时，气

氛中 CO 及 H_2 的含量基本不变。以甲醇为稀释剂、以乙酸乙酯或丙酮为供碳剂进行气体渗碳，能够满足上述要求。图 2.16 为滴注式井式气体渗碳炉及结构示意图。

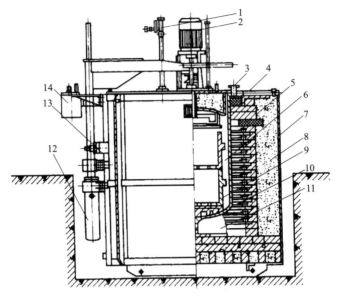

图 2.16　滴注式井式气体渗碳炉及结构示意图

1—滴量器；2—电机；3—炉盖；4—风扇；5—电热元件；6—炉膛；7—炉壳；8—保温层；9—装料筐；
10—炉罐；11—支架；12—液压机构；13—限位开关；14—手动液压泵

（2）可控气氛气体渗碳　它包括吸热式气体渗碳、氮基气氛渗氮和直生式气体渗碳等。

① 吸热式气体渗碳。它系由吸热式气体＋富化气组成。常用吸热式气体有天然气、城市煤气、丙烷、丁烷等。富化气一般采用甲烷或丙烷。通过调整吸热式气体与富化气的比例即可控制气氛的碳势。它是以碳势较低的吸热式气体为载气，以丙烷等为富化气，在载气流量不变而富化气通向炉内的流量变化时，炉内气氛中的 CO、H_2 含量基本不变，因而可用露点仪及 CO_2 红外仪监测气氛碳势，进行可控渗碳。由于启动吸热式气体发生装置需要一段过程，故此法主要用于大批量生产。

② 氮基气体渗碳。它系指以氮气为载体，添加富化气或其他供碳剂（如甲醇裂解气）的气体渗碳方法。该法具有能耗低、安全、无毒等优点。由于氮基气氛易得，在可控气氛渗碳中的应用相当普遍。

③ 直生式气体渗碳（即超级渗碳）。它是将燃料（或液体渗碳剂）与空气或 CO_2 气体直接通入渗碳炉内形成渗碳气氛的一种渗碳工艺。随着计算机控制技术应用的不断发展，直生式渗碳的可控性也不断提高，应用正逐步扩大，图 2.17 为直生式渗碳系统简图。

直生式气体渗碳的特点：

i.由富化气（天然气、丙烷、丁烷、异丙醇、煤油、丙酮、乙醇等）＋氧化性气体（空气或 CO_2）组成。

ii.气氛碳势可控，这得益于气氛监控装置和计算机控制技术在热处理领域的飞速发展。直生式渗碳气氛是非平衡气氛，CO 含量不稳定，故应同时测量 O_2 和 CO 含量，再计算出炉内碳势。调节富化气与氧化性气体的比例可调整炉气碳势。通常固定富化气流量，调整空气或 CO_2 的流量（即当炉内的碳势高于设定值时，将增加空气的加入量；反之，当炉内的碳势低于设定值时，将减少空气的加入量）。

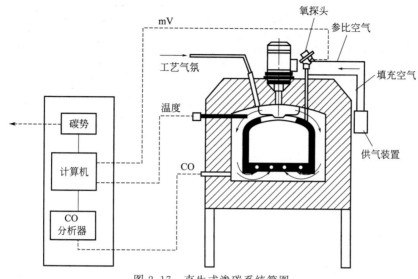

图 2.17 直生式渗碳系统简图

ⅲ.碳传递系数（表征碳从气相向工件表面转移速度的量，表示渗碳速度的快慢）较高。

ⅳ.设备投资小。

ⅴ.碳势调整速度快于吸热式和氮基渗碳气氛。

ⅵ.渗碳层均匀，重现性好。

ⅶ.对原料气的要求较低，气体消耗量低于吸热式气氛渗碳。

2.2.2.2 气体渗碳所使用的渗碳剂及选择（见表 2.30）

气体渗碳所使用的渗碳剂及选择见表 2.30，常用有机液体的渗碳特性见表 2.31。

表 2.30 气体渗碳使用的渗碳剂类型及其选择

渗碳剂类型	选用原则
ⅰ.液态渗剂，主要有煤油、苯、二甲苯、甲醇、乙醇、丙酮、乙酸乙酯、乙醚等液体有机物，工作时把它们滴入炉中裂解，即可生成含有 CH_4、CO 等供碳组分的气体。使用这些物质的气体渗碳方法称为滴注式气体渗碳。 ⅱ.气体渗剂，如天然气、丙烷、丁烷、发生炉煤气、吸热式气体等，其中应用较多的是吸热式可控气氛及氮基可控气体，它们都可用来进行可控气体渗碳（即可定量控制碳势的渗碳方法）	应有足够的渗碳能力，不易产生炭黑和出现结焦现象，有害杂质硫等和水分要低，生产中易于控制，安全卫生，价格低廉而且供应充足。如煤油和甲醇以一定比例配合，能满足以上要求

表 2.31 常用有机液体的渗碳特性

名称	分子式	分子量	密度(20℃)/(g/mL)	沸点/℃	闪点/℃	着火温度/℃	渗碳反应式	碳当量/g	碳氧摩尔比	产气量/(m³/kg)
甲醇	CH_3OH	32	0.7924	64.5	11	463.9	$CH_3OH \longrightarrow CO + 2H_2$		1	
乙醇	C_2H_5OH	46	0.7854	78.4	13	422.7	$C_2H_5OH \longrightarrow [C] + CO + 3H_2$	46	2	1.95
丙酮	CH_3COCH_3	58	0.7920	56.5	−19	539	$CH_3COCH_3 \longrightarrow 2[C] + CO + 3H_2$	29	3	1.54
异丙醇	$(CH_3)_2CHOH$	60	0.7863	82.4	12	399	$C_3H_7OH \longrightarrow 2[C] + CO + 4H_2$	30	3	1.87
乙酸甲酯	CH_3COOCH_3	74	0.9248	54.5	−11	454	$CH_3COOCH_3 \longrightarrow [C] + 2CO + 3H_2$	74	1.5	1.56
乙酸乙酯	$CH_3COOC_2H_5$	88	0.901	77.1	−5	524	$CH_3COOC_2H_5 \longrightarrow 2[C] + 2CO + 4H_2$	44	2	1.53

名称	分子式	分子量	密度(20℃)/(g/mL)	沸点/℃	闪点/℃	着火温度/℃	渗碳反应式	碳当量/g	碳氧摩尔比	产气量/(m³/kg)
甲酸	CHOOH	46	1.2178	110.8	69	601.2			0.5	
煤油	$C_{11} \sim C_{17}$		0.81~0.84	155~330	28	435		14.2		
苯	C_6H_6	78					$C_6H_6 \longrightarrow 6[C]+3H_2$	12		0.933
甲苯	C_7H_8	92					$C_7H_8 \longrightarrow 7[C]+4H_2$	13.1		0.974

2.2.3 井式炉气体渗碳

2.2.3.1 渗碳工艺特点

目前在实际生产中，广泛采用的是在 RJJ 型井式渗碳炉（图 2.16）中滴入渗碳介质进行气体渗碳。渗碳介质多为煤油或煤油加甲醇等，整个渗碳过程一般可分为排气、强渗、扩散和降温四个阶段。

（1）排气阶段　此阶段目的是尽快排净炉内的氧化性气氛（空气等）和使炉温重新升到渗碳温度，提高炉气的碳势，为渗碳做准备。在渗碳温度下将工件放入炉内时，不可避免会有大量空气进入炉罐，空气中 O_2 与炉气中 H_2、CO、甲烷及炭黑反应，分别生成水及 CO_2 等氧化性气体，会使工件表面产生氧化，形成的氧化膜阻碍渗碳过程的进行，使渗碳不均匀，影响工件的渗碳质量。工件吸热，炉温迅速下降，一般会降到 800～850℃ 左右，而煤油在此温度下裂解不充分，若渗碳剂滴入量太大，会产生大量炭黑，因此该阶段采用较低的煤油滴量，炉温 >850℃ 时，煤油的分解速度加快，应加大滴量，迅速排净炉内氧化性气体。到工艺温度后的前 30～60min，仍为排气阶段，目的是提高炉内温度的均匀性和使工件内外温度趋于一致。排气结束的标准：有的以炉气中 CO_2 含量小于 0.5% 作为排气结束的标准，也有的以炉气中 CO 与 H_2O 的相对平衡量作为炉气恢复阶段的结束，表 2.32 列出了 CO 与 H_2O 的相对平衡量，排气结束后炉内 CO_2、O_2 的含量应小于 0.5%，以保证渗碳过程的正常进行。多采用以下方法进行排气：甲醇与煤油排气；保护性气体加煤油排气；只用煤油进行排气。排气方式不同，其结果有很大的差别，以甲醇与煤油排气效果最佳。

（2）强渗阶段　排气结束后进入强渗阶段。此阶段是吸收过程，需使炉内气氛保持较高碳势，使零件表面迅速达到较高碳浓度和浓度梯度，为加快扩散创造条件。故强渗阶段采用较大的煤油滴量。强渗时间主要取决于对渗碳层深度的要求，渗碳时间太长或滴油量过大，会使工件表面的碳含量过高，造成表层 K 聚集，相反则使渗碳速度减慢，无 K 的形成。炉气成分可参考表 2.33，当试样渗层深度达到要求渗层深度的 2/3 左右时，应转入扩散阶段。

（3）扩散阶段　工件经长时间渗碳后，表面层内的碳浓度较高，此阶段是为降低表面碳含量，要求炉气的碳势较低，工件表面的碳向内部扩散，故应采用减少渗剂滴量的方法，一般煤油滴入量为强渗阶段的 1/3～1/2。要获得理想的表面碳浓度和渗层深度，扩散时间与强渗时间基本一致。在实际渗碳过程中，通常将强渗阶段与扩散阶段合称为渗碳阶段或保温阶段，是渗碳层形成的关键环节，因此控制好渗剂的流量和渗碳时间至关重要，及时用试样来检查渗层质量是常用的控制质量的方法，当达到技术要求时即可降温，保温。

（4）降温与出炉阶段　渗碳工艺中规定的时间因受到渗剂成分波动等各方面因素的影响，会有所调整，因此应在渗碳结束前约 1h 抽检试棒，渗层符合技术要求后方可出炉，降温时渗剂滴入量与扩散阶段相同。对于直接淬火的渗碳件，随炉降温到淬火温度，并保温一段时间使工件内外温度一致后再淬火；对于需重新加热淬火的工件，为减少表面氧化、脱碳及变形，也应降至 860～880℃，出炉放入有保护气氛的冷却炉或坑中，冷到一定温度后再重新加热淬火。表 2.34 列出了煤油加甲醇的分段渗碳时的用量情况。该工艺可实现可控气氛渗碳，获得高质量的渗碳层，具有表面光洁，渗碳速度快等优点。

表 2.32　不同温度下 CO 与 H_2O 的相对平衡量

温度/℃	$P=1atm$ 时的相对平衡量/%	
	CO	H_2O
600	23.700	13.335
700	20.400	15.385
800	17.850	17.125
900	15.875	18.655
1000	14.850	20.000

表 2.33　渗碳炉保温后渗碳时炉气成分

成分	CO	CO_2	O_2	N_2	C_nH_{2n}	C_nH_{2n+2}	N_2
含量/%	10.30	<0.5	<0.5	50～75	<0.5	2～15	余量

注：880℃渗碳时，CO_2 的浓度为 0.45%～0.52%；930℃渗碳时，CO_2 的浓度为 0.11%～0.15%。

表 2.34　采用煤油为渗碳剂、甲醇为稀释剂的滴注式气体分段渗碳时的用量

设备型号及规格	排气保温阶段		渗碳阶段		扩散降温阶段	
	甲醇/(滴/min)	煤油/(滴/min)	甲醇/(滴/min)	煤油/(滴/min)	甲醇/(滴/min)	煤油/(滴/min)
RJJ-75-9T	200	30～60	30～60	120～140	30～60	100～120
RJJ-90-9T	220	35～65	35～65	160～180	35～65	140～160
RJJ-105-9T	300	50～80	50～80	200～220	50～80	180～200

为保证渗碳效果，可采用以下途径：ⅰ.用一种渗碳剂时，多采用在渗碳过程中改变渗碳剂滴量的方法来调整炉内的碳势；ⅱ.选择合适有机溶剂，混合成高效的渗剂，改变渗剂滴量，使碳势控制在要求范围内；ⅲ.同时滴入两种有机液体，一种是热分解后形成相当于稀释气氛的气体，另一种则热分解后形成强渗气氛（富化气）。前者多用甲醇，后者多用乙酸、丙酮、异丙醇等。典型的渗碳工艺见图 2.18 和图 2.19。

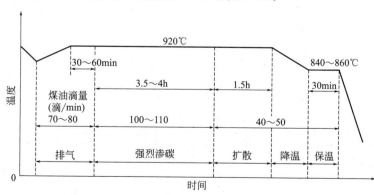

图 2.18　井式炉气体渗碳的典型工艺（RJJ-75-9T）

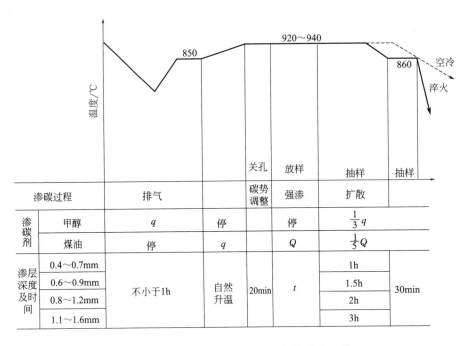

图 2.19 煤油-甲醇滴注式通用气体渗碳工艺

注：q—按渗碳炉功率计算的渗剂滴速，$q=f_1P[f_1$ 为单位功率所需滴速，f_1 可取 $0.13mL/(min \cdot kW)$；

P 为渗碳炉功率，kW]。Q—按工件有效吸碳表面积计算的渗碳剂滴速，$Q=f_2NS[f_2$ 为单位吸碳表面所需滴速，

取 $f_2=1mL/(min \cdot m^2)$；N 为装炉工件数；S 为每个工件的有效吸碳表面积，$m^2]$

操作时工件宜到温入炉。炉温在 880℃以下时，用甲醇排气，迅速排除氧化性气体；炉温高于 880℃后滴入煤油，迅速提高炉内碳势，既可防止炭黑出现，又加速了渗碳过程。不同渗碳温度下的强渗时间 t 可根据所要求的渗层深度确定，见表 2.35。图 2.18 所给出的扩散时间是指渗碳时的高温扩散时间，如采用降温淬火，则扩散时间应在此基础上加上降温时间及 0.5h 的保温时间。

表 2.35 强渗时间、扩散时间与渗碳层深度的对应关系

渗层深度 /mm	不同渗碳温度下的强渗时间/min			强渗后渗层深度 /mm	扩散时间 /min	扩散层厚度 /mm
	(920 ± 10)℃	(930 ± 10)℃	(940 ± 10)℃			
0.4～0.7	40	30	20	0.20～0.25	60	0.5～0.6
0.6～0.9	90	60	30	0.35～0.40	90	0.7～0.8
0.8～1.2	120	90	60	0.45～0.55	120	0.9～1.0
1.1～1.6	150	120	90	0.60～0.70	180	1.2～1.3

生产实际中通常采用固定碳势法和分段控制法控制碳势，见表 2.36。

表 2.36 生产实际中两种控制碳势的方法及其特点

序号	名称	特　点
1	固定碳势法	在整个渗碳保温过程中，使炉内碳势基本保持不变，煤油滴量始终保持恒定。这种方法的优点是操作和控制简便，缺点是煤油耗量大，渗碳速度慢，目前只适用于渗层要求很浅的零件

序号	名称	特　点
2	分段控制法	根据渗碳过程中不同阶段的目的供给不同的渗碳能力,可采用不同渗剂和滴量,即开始强渗阶段,对井式渗碳炉使用较大的渗剂滴量;对连续贯通式炉可同时采用强的渗碳剂和提高渗碳温度的方法,使工件在短时间内获得高于要求的碳浓度,其目的是尽快排出炉内氧化性气体,使气氛变为具有一定碳势的渗碳气。渗碳开始用高的渗剂量,其特点为获得高碳势,渗速快,节省渗剂;后期改用低滴量以获得更为合适的渗碳层浓度(0.8%～1.1%)和梯度,使渗层中的碳浓度分布比较均匀,用于获得较厚的渗层,该控制法可实现高浓度的渗碳。当炉内形成高碳势时,在850～870℃由滴甲醇改为滴乙醇,能够降低炉气中的 CO_2 含量,缩短提高碳势的时间,采用煤油的滴速为 1.25～1.5mL/min 同样可达到提高碳势的目的。若在此阶段乙醇与煤油的流量比为 3:1,将能够保持炉内渗碳气氛的稳定。实践证明,当 CO_2 含量小于 0.5% 时,渗碳速度可达 0.3～0.33mm/h;而高于此数值,渗碳速度降为 0.26～0.29mm/h,工件表面的碳浓度高于最后的要求,会增大工件表面与内层的碳浓度梯度,加快渗碳速度。每保温 2～3h 应校正一次炉温

2.2.3.2　渗碳的操作规程

在渗碳过程中,需要做好如下工作。

(1) 渗碳前的准备工作　检查设备的技术状况、零件试样的准备情况等 (见表2.37)。

表 2.37　渗碳前的准备工作

序号	名称	说　明
1	设备的检查	a.渗碳罐的密封性; b.风扇的转动是否正常; c.渗碳剂的供应系统,做到无堵塞、无渗油、滴油器螺杆转动上下灵活、盛渗碳剂容器内渗剂数量是否充足,清理干净滴油通道的炭黑等,观察滴油器是否正常; d.冷却系统能否正常工作; e.检查线路,控温仪表转动部分润滑是否良好,送电升温时注意自动开关的方向,电器工作是否正常可靠; f.新马弗罐、渗碳罐和挂具使用前要预渗,预渗工艺与正常渗碳工艺相同,对马弗罐、渗碳罐一般预渗 10～15h,挂具预渗 2h
2	零件清洗和防渗	a.清理干净零件表面油污、油漆、污垢和其他脏物、氧化皮及锈迹(斑),通常用工业清洗剂或 10% 的碳酸钠水溶液、汽油、四氯化碳等作为清洗介质除油;对有氧化皮或生锈的零件若有加工余量,可将其车削或磨削掉,或者用砂纸打磨、抛丸、喷砂等,也可用 10% 的硫酸水溶液(40～80℃)浸泡,然后用碱液中和并清洗干净,清洗后的工件应经自然干燥、压缩空气吹干或低温烘干后再装炉,严禁将水分带入渗碳炉内。 b.对非渗碳部位进行防渗处理(但渗碳后需加工的除外)。由于结构或制造方面的要求,只在表面局部渗碳,而其他部位无需渗碳时,一般可采取以下四种方法处理: ⅰ.增大加工余量。可把加工余量放大,一般约等于渗碳层厚度的 1.5～2 倍,渗碳后将其切削掉,此法虽然可靠,但浪费材料和工时,极不经济; ⅱ.堵塞和遮掩法。对不需渗碳的孔,用耐火黏土与水玻璃混合后将孔塞住,也可对非渗碳面用石棉绳捆扎或用钢套等掩盖(如螺纹等); ⅲ.镀铜法。在非渗碳部位镀一层厚 0.03～0.05mm 的镀铜层,由于铜与碳不发生化学反应,电镀的铜层致密、无孔洞,可有效地阻止碳原子的渗入; ⅳ.防渗涂层法。该方法较多,一般将耐火黏土、细沙、石棉粉用水玻璃调成膏状,涂于非渗碳面上,然后烘干。对于杆状的或内孔不需渗碳的工件,可将石棉绳用水玻璃浸湿后迅速缠在杆的非渗碳面上或塞进孔中,烘干即可装炉,常见的防渗涂料见表2.38,防渗涂料市场上有成品供应
3	试样的制备	试样与渗碳零件应使用同一炉号的钢,并经过同样的处理,根据检查的目的不同,一般试样有两种:一种是炉前检验棒,作为检查渗碳层厚度以确定出炉时间;另外一种是做成随炉试块,用于检查渗碳层深度、心部硬度和金相组织等
4	装炉	将零件装入专用料筐或挂具中,零件在料筐中或挂具上要均匀放置,零件间要留有适当间隙,零件应分层搁置,以保证渗碳介质与零件的充分接触和气体的循环流通。对长轴或细小且要求变形小的工件应吊挂,在每一层有代表性的位置上放一随炉试块,总重量不允许超过最大装炉量

表 2.38　几种常见防渗涂料

序号	成分组成(质量分数)	使用要求
1	石英砂 85%～90%,硼砂 1.5%～2%,滑石粉 10%～15%	用水玻璃调匀后使用
2	滑石粉 66%,高岭土 34%	用水玻璃调制,涂刷两遍
3	氧化铜 30%,滑石粉 20%,水玻璃 50%	涂两层
4	氧化亚铜 50%,铅丹 20%,松香 30%,另加上述物质总量的 30%～50%的乙醇	调匀后使用
5	耐火黏土 50%,水玻璃 50%	调匀后涂用
6	氧化硅 48%,碳化硅 20.5%,氧化铜 6.8%,硅酸钾 8.2%,水 16.5%	涂层厚度为 0.1～0.3mm,涂后要晾干 12h 以上才能装炉加热,适用于 930～950℃渗碳
7	TiO_2 5%,B_2O_3 37%,CuO 8%,甲苯 40%,聚苯乙烯 10%	涂层厚 0.4～0.5mm,干燥即可,适于 930℃ 以下使用
8	玻璃粉(粒度≥200 目)70%～80%,滑石粉 20%～30%	用水玻璃调和后,涂 0.5～2mm 厚,在 130～150℃烘干
9	铅丹 4%,氧化铝 8%,滑石粉 16%,其余为水玻璃	调匀使用,涂两层,适用于高温渗碳
10	氧化铝 29.6%,氧化硅 22.2%,碳化硅 22.2%,硅酸钾 7.4%,水 18.6%	适用于 1000～1300℃的高温渗碳

（2）渗碳工艺要求及注意事项　见表 2.39。

表 2.39　渗碳工艺要求及注意事项

序号	名称	工艺要求及注意事项
1	送电升温	检查无误后,空炉送电升温,应缓慢加热,以免加热过快损坏炉罐;吊装工夹具应处于良好状态;在 600℃以上启动循环风扇;严禁在 600～650℃向炉内滴入渗碳剂,否则会产生爆炸;800℃开始滴入渗碳剂,炉温到工艺温度后或 880℃以上方可将渗碳零件装炉
2	排气	密封炉盖,打开排气孔(含试样孔)进行排气,为缩短排气时间,在试样孔上加排气烟囱,同时关闭废气孔。排气完毕后放入试棒,关闭试棒孔,点燃废气孔;应手持引火在炉盖密封处转一周检查炉罐口是否漏气
3	渗碳	a. 随时检查渗碳剂的滴入量和压力,渗碳剂直接滴入炉内要加溅油板,每半小时做一次工艺记录; b. 罐内温差控制在±10℃范围内; c. 通过火苗检查炉盖和风扇轴等处有无漏气现象; d. 调节炉内压力,保持在 20～60mm 水柱; e. 渗碳过程中点燃废气,观察炉子工作是否正常,通过排气管火焰颜色和长度来判断炉内渗碳情况。正常情况下,火焰稳定呈浅黄色,无黑烟和火星产生,长度为 80～120mm;出现火星说明炉内炭黑过多;火焰太长、尖端出现亮白色为渗碳剂供给量太多;火焰太短、外缘呈浅黄色并有透明感,是供碳剂不足或密封不严;若渗碳炉为上下两区温度控制,则以上区到温开始计算保温时间。井式气体渗碳炉煤油滴量参见表 2.40
4	出炉前试样的检测	在渗碳结束前约 1h 取出试样,迅速埋在保温砂中,待冷至 500℃以下取出空冷或水冷,也可再用盐炉加热进行正火处理,其加热温度 820～860℃。测定渗碳层方法可采用宏观分析法,将渗碳试棒重新加热淬火后剖开,检查宏观断口,渗碳层为灰白色瓷状,未渗碳部位为灰色纤维状,两部分交接处的碳含量约为 0.4%,确定渗碳层厚度;也可将试样断口磨平后用 4%硝酸乙醇溶液浸蚀磨面,几秒钟后出现一层黑圈,黑圈可近似代表渗碳层深度;用布氏硬度的放大镜观察并确定渗碳层深度。也可采用显微金相分析法,该法检测渗碳层深度时,试样需为退火态。检查渗碳层后,确定出炉时间。出炉前检查一般是用宏观分析法,检查合格后,关闭风扇,检查滴注阀门是否关紧,以防止低温下有机液体流入炉内外;同时盛渗碳剂的容器需密封良好,放置安全,并注意防火和防爆,准备出炉

序号	名称	工艺要求及注意事项
5	工件出炉	对需重新淬火加热的零件,出炉后可采用空冷或放入有保护气氛的冷却坑中(一般坑内放有木炭或倒有其他液体渗碳剂)防止脱碳;对直接淬火的零件炉冷至淬火温度并保温一定时间再进行淬火。因从渗碳温度降到淬火温度,保温一段时间,仪表尽管显示已到温,但工件表面和心部的温度仍相差较大,工件内外温度一致还需一定时间。此时炉内应保持正压,防止出现工件表面的氧化脱碳。若炉内压力小,可关闭排气口。为减少工件表面的氧化脱碳和变形,也可随炉降温至550℃再出炉,在随炉冷却过程中,渗剂用量和扩散阶段相同

表 2.40　井式气体渗碳炉煤油滴量参考表

设备型号		RJJ-25-9T	RJJ-75-9T	RJJ-60-9T	RJJ-75-9T	RJJ-105-9T
煤油滴量	加热到800℃并开始滴煤油	20～40	40～50	70～80	90～100	100～180
	900℃以上	60～70	70～80	110～130	160～180	240～260

注:更换滴油器需测定"滴"的大小,一般为100滴＝3.8～4.2mL。

用井式炉进行渗碳时,除用煤油作渗碳介质外,还可采用天然气、城市煤气或液化石油气等气态渗碳介质。

表 2.41 为 20CrMnTi 钢在 RJJ-75-9T 炉中的渗碳结果,可以看出提高渗碳温度能明显增加渗碳层深度,大大缩短了渗碳时间,但渗碳温度高于 950℃ 以上会造成晶粒粗大,降低渗碳件的力学性能,一般不被采用。对于 20CrMnTi 钢在 920～930℃ 进行的渗碳处理,利用回归方程式可知渗碳层深度（mm）与渗碳时间的关系为:

$$\delta = 0.4697 + 0.243t。$$

式中,$t=3～10h$,此公式可作为编制 20Cr 钢渗碳工艺的参考依据。

表 2.41　渗碳层深度与渗碳温度的关系

渗碳层深度/mm	渗碳温度/℃
0.35～0.65	880±10
0.65～0.85	900±10
0.85～1.0 以上	920±10

强渗时间、扩散时间与渗碳层深度的关系,见表 2.35。

（3）两种渗碳新工艺　为了提高渗碳质量和缩短渗碳周期,在分段控制法的基础上又发展了几种渗碳工艺。这里介绍其中两种较有成效的工艺,见表 2.42。

表 2.42　两种渗碳新工艺简介

序号	工艺名称	简介
1	加氨渗碳	在滴煤油的同时通入少量氨气,可减少炭黑的形成。这是因为:i.氨分解后,增加了氢的分压,阻碍了烃类的分解,减少了活性碳原子;ii.提高了炉内压力,气体容易排出,使它在炉内停留时间减少,活性碳原子也相对减少;iii.氨起了稀释气作用。另外,氨分解后产生的氮原子可加快碳原子的渗入。氨的加入量一般 2.5%～5%,煤油的产气量按 0.73m³/L 计算。也可根据排气口火苗高度来调整介质供给量
2	煤油＋甲醇的分段渗碳	在分段控制法中,排气阶段的前期,温度较低,煤油分解时易产生较多的不饱和烃类,会形成大量的炭黑,故此阶段不能滴入大量煤油。为加速排气,可在排气阶段改用甲醇。甲醇的活性虽较弱,但裂解温度低,产气量大,不易形成炭黑。工艺过程如图 2.20 所示,排气阶段采用大滴量的甲醇迅速排气,炉温高于 900℃ 后再滴入大量煤油,可迅速地提高炉内碳势,这样既防止了炭黑的形成,保证了质量,又加快了渗碳速度

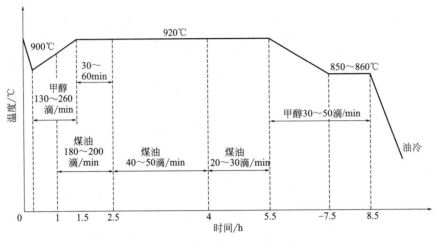

图 2.20　甲醇＋煤油作渗剂的分段渗碳工艺

（RJJ-75-9T，每 100 滴煤油为 4mL，渗层深度 0.8～1.2mm）

（4）滴注式可控气氛渗碳　前述井式炉滴注式气体渗碳工艺中，碳势不能按需调节，质量不稳定。滴注式可控气氛渗碳的主要特点是把两种有机液体直接滴入渗碳炉内进行热分解，使其中一种滴液形成稀释气（载气），在渗碳初期用来排气，在渗碳阶段维持炉内正压，并构成恒定的炉气成分；另一种滴液形成富化气（渗碳气），起渗碳作用。根据炉内气氛反馈的信息，自动地调节两种液体滴入的比例，即可控制炉内碳势。通常选用甲醇产生稀释气，丙酮、乙酸乙酯、异丙醇、丙烷、煤油等有机液体产生富化气。应用滴注式可控气氛渗碳，可提高渗碳质量，加快渗碳速度。

几种常用渗碳介质在 900℃经裂解后，碳势为 1% 的气体成分如表 2.43 所示。滴注式可控气氛渗碳的工艺过程、碳势控制等见表 2.44。

表 2.43　几种常用渗碳介质的裂解气成分

气体名称	原料	原料：空气	参考成分（体积分数）/%						
			C_nH_{2n+2}	C_nH_{2n}	CO	H_2	O_2	CO_2	N_2
吸热式气体	天然气	1:2.4	<1.0(CH₄)		20	40		微	40
	丙烷	1:7.7	<1.0(CH₄)		23	30.4	0.4	微	44.6
	丁烷	1:9.5	<1.0(CH₄)		25	33		微	45
液体介质裂解气	煤油		10.0～15.0	≤0.6	10.0～20.0	50～75	≤0.4	≤0.4	
	苯		10.3	1.2	15.9	62.1	0.8	1.4	
	甲醇		0.68(CH₄)		32.35	65.66	0.96(H₂O)	0.35	
	乙酸乙酯		0.68(CH₄)		32.35	65.66	0.96(H₂O)	0.35	
	丙酮		0.89(CH₄)		24.7	73.56	0.80(H₂O)	0.22	
	异丙醇		1.025(CH₄)		19.42	78.73	0.69(H₂O)	0.13	

表 2.44　滴注式可控气氛渗碳工艺过程及碳势控制

序号	名称	说　明
1	碳势控制基本原理	用 CO_2 红外仪为控制仪,甲醇和丙酮为介质来加以说明。由表 2.43 可知,甲醇和丙酮的裂解气中含有 CO 和 CH_4,CH_4 虽是强渗碳气体,但炉气中存在 CO_2 和 H_2O 时,CH_4 首先发生如下反应: $$CH_4+H_2O \longrightarrow CO+3H_2;CH_4+CO_2 \longrightarrow 2CO+2H_2$$ 当炉气中 CH_4 含量<1.5%时(一般可控气氛中 CH_4 含量都<1.5%),经上面两种反应后,只剩下微量 CH_4 通过下式反应析出活性碳原子: $$CH_4 \longrightarrow 2H_2+[C]$$ 所以当炉气中 CH_4 含量<1.5%时,渗碳作用可忽略不计。因而渗碳气体主要是 CO。CO 虽是弱渗碳气体,但气氛中有 H_2 存在时,析出活性碳原子的速度大大加快。其反应方程式为: $$H_2+CO \longrightarrow H_2O+[C];2CO \longrightarrow CO_2+[C]$$ 两反应式的平衡常数 $\frac{[CO]^2}{[CO_2]}$ 和 $\frac{[H_2][CO]}{[H_2O]}$ 就代表了气氛的碳势。由表 2.43 可知,炉气中 CO 和 H_2 含量很高,而且在实际生产中的碳势变化范围内,基本上是恒定不变的。所以炉内碳势只取决于 $1/[CO_2]$ 或 $1/[H_2O]$ 的值。在渗碳过程中,炉气中还存在着水煤气反应: $$CO+H_2O \longrightarrow CO_2+H_2$$ 同样,该反应的平衡常数只与 $\frac{[H_2O]}{[CO_2]}$ 的比值有关,而且 CO_2 和 H_2O 的含量具有一定的线性关系。因此只要控制 CO_2(或 H_2O)的含量即可控制炉内碳势。即 CO_2(或 H_2O)含量越高,碳势越低;反之碳势越高。 利用红外仪测出气氛中的 CO_2 含量,就可知对应的炉内碳势。图 2.21 是红外仪碳势自动控制系统的示意图。当炉内气氛中 CO_2 量与控制值有偏差时,红外仪就输出信号,使电磁阀开或关,以改变丙酮的滴入量,使炉内 CO_2 含量恢复到控制值,炉内碳势基本保持在一恒定值
2	碳势-CO_2浓度的关系曲线	该曲线是制订渗碳工艺的依据,随炉温、渗剂、炉型、钢材成分而改变,必须通过反复试验来确定不同渗碳温度下,各种钢的碳势-CO_2 浓度的关系曲线。测定方法可用剥层试棒和 0.10mm 低碳钢箔。在各种渗碳温度下不同 CO_2 含量的气氛中渗碳,然后对钢箔和试棒进行定碳分析。把所测定的碳含量与其对应的 CO_2 含量的体积分数绘成碳势-CO_2 浓度的关系曲线,见图 2.22。剥层试棒定碳分析的结果与实际工作情况接近。所以应以此结果作为制订渗碳工艺的依据,钢箔定碳的结果作为参考。在测定碳势-CO_2 浓度的关系曲线的同时,也应测出渗碳时间与渗层深度的大体关系,以便在生产中掌握渗碳时间
3	工艺过程	图 2.23 是 20CrMnTi 钢在 RJJ-60-9T 炉中,渗碳温度为 920℃,渗碳层深度为 1.2～1.8mm 的工艺曲线。工件入炉后,打开排气口,通入大滴量的甲醇。当炉温到 870℃时,加滴丙酮 40～50 滴/min,使炉内 CO_2 含量迅速降低。炉温达渗碳温度后 30～60min,接通红外仪,开始强渗阶段。这时增加丙酮量,减少甲醇量,使 CO_2 含量控制在 0.2%,相应的碳势为 1.1%～1.2%。经 3h 强渗后进入扩散阶段,CO_2 含量控制在 0.35%,碳势为 0.9% 左右。经 1～2h 后降温,炉温降至 880℃ 以后,CO_2 含量逐渐增大到 0.6%,该值保持到出炉淬火为止
4	碳势失控及防止	碳势控制有两个基本条件:即 CO 和 H_2 含量基本上恒定不变和 CH_4 的含量在 1.5% 以下。表 2.43 是渗碳介质经充分裂解后的气体成分。实际生产中由于裂解不完全,甲醇和其他渗碳剂的裂解气成分差异很大,加上炉子密封不严等因素,在改变两者滴入比时,气氛中 CO 含量仍会有较大波动。此外,渗碳剂在高温时分解出的 CH_4 含量随其滴量增加而迅速上升,CO_2 含量开始迅速下降。当炉气中 CH_4 含量>1.5%时,CO_2 含量下降极微,气氛中高碳势在仪表上反映不出来,而使碳势失控。 防止碳势失控采取的措施有: a. 选用的裂解气成分应相同或接近于甲醇的裂解气,以保证炉气成分的均匀性。表 2.43 中乙酸乙酯的裂解气成分与甲醇完全相同,但它会产生较多 CO_2 中间产物,用测定 CO_2 含量的红外仪控制,效果不理想。丙酮裂解气的成分与甲醇差别不大,故用丙酮作渗碳剂时,可得到较为稳定的炉气成分。 b. 风扇轴与炉盖间采用迷宫式密封装置,确保炉膛密封性良好。滴入管采用水冷套冷却,防止渗碳剂在未滴入炉膛前的低温区分解,保证渗碳气氛的稳定性。 c. 取气系统采用冷却装置,将气样迅速冷至 400℃ 以下,防止气样在 400～700℃ 之间发生 2CO → CO_2+[C]反应,造成测量误差。 d. 渗碳剂可分两路滴入,见图 2.21。一路为旁路,供给一定量渗碳剂,作为基本量,用手动调节阀防止渗碳剂自动调节时流量过大而产生大幅度波动;另一路由电磁阀控制,根据炉内 CO_2 含量自动调节电磁阀的关闭和开启,以保证炉气碳势。 采用上述措施后,滴注式碳势失控现象是可避免的。滴注式可控气氛渗碳可获得稳定而满意的渗碳质量,在国内常用的井式气体渗碳炉上配以红外仪等控制仪即可使用,便于推广,对于中小型工厂提高渗碳质量具有现实意义

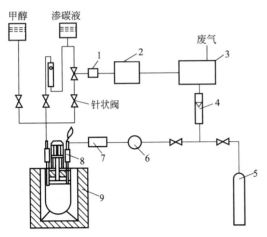

图 2.21 红外仪碳势自动控制系统示意图

1—电磁阀；2—手动调节阀；3—红外线 CO_2 分析器；

4—流量计；5—标准气瓶；6—取样泵；7—过滤器；

8—冷却器；9—井式渗碳炉

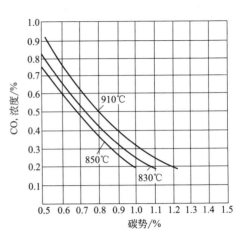

图 2.22 碳势-CO_2 浓度的关系

曲线（20CrMnTi）

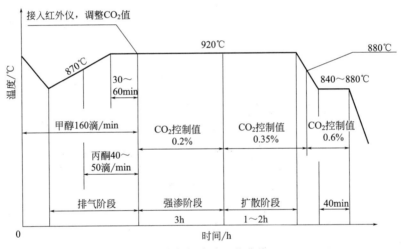

图 2.23 滴注式可控气氛渗碳工艺曲线（RJJ-60-9T）

（5）渗碳设备—井式气体渗碳炉 见图 2.16。井式气体渗碳炉密封性较好，热损失小，所以应用广泛。其结构与低温井式电阻炉相近，一般用电阻丝分层环绕在四周炉壁上，并分段控制，炉门上设有使炉气循环的风扇。不同之处是井式气体渗碳炉中设置有耐热钢炉罐，并用炉罐密封，将电热元件与炉内气氛隔开。工作时，渗碳剂（如煤油）从炉盖上的滴量器滴入炉中，热裂解后经风扇搅动循环，均匀接触工件，废气从炉盖上的废气孔排出。为提高渗碳效果和改善渗碳质量，对传统井式电阻炉做了改进，见表 2.45。

表 2.45 对传统井式电阻炉的改进

序号	改进项目	说　明
1	炉温均匀性	靠近炉口和炉底处因热损失较大,温度偏低,为了提高炉温的均匀性,适当加大了炉口和炉底附近电热元件的功率

序号	改进项目	说　　明
2	炉盖升降机构	传统井式炉的炉盖升降机构为手动油泵,这种装置密封性差,经常漏油,且劳动强度大,目前多改为电动油泵液压传动或电动蜗轮蜗杆传动
3	风扇轴密封和炉盖密封	传统井式炉的风扇轴处密封不良,易漏气,使炉气成分不稳定,影响产品质量,并且风扇轴受热易弯曲,维修困难。目前的风扇轴则采用迷宫式或活塞环式密封装置进行密封,并配以冷却水套降温。其中迷宫式效果较好,但制造、维修较困难,且若安装不当,上下两个迷宫就会发生咬合磨损,使密封效果下降。改进后的炉盖密封为双层砂封装置,即在炉盖下边缘增焊一道插板,当盖上炉盖时,插板便插入砂槽中,从而提高了炉压和炉子的密封性,同时省去了压紧螺钉工序,简化了操作
4	无罐的井式炉	为实现高温快速渗碳,节约贵重的耐热钢材料,降低热能消耗,已研制出一种无罐的井式气体渗碳炉,最高温度可达 1050℃,其主要特点是耐火砖及电热元件表面均涂有一层耐火抗渗瓷釉,如采用抗渗碳耐火砖,即使砖表面不涂釉,效果也很好

2.2.4　密封箱式炉气体渗碳

它可采用吸热式气体渗碳、氮基气氛气体渗碳或直生式气体渗碳。

2.2.4.1　吸热式气体渗碳

吸热式气氛是将可燃性原料气,如丙烷、丁烷、天然气等烃类与较少的空气混合后,通入装有催化剂的炉膛中,在催化剂的作用下,并借助外加热,使混合气在 950～1150℃ 的条件下进行反应,用这种方法制备的气氛称为吸热式气氛。其渗碳气氛、渗碳反应、碳势测量和控制及工艺实例见表 2.46。

表 2.46　吸热式气体渗碳气氛、渗碳反应、碳势测量和控制及工艺实例

序号	名称	说　　明
1	渗碳气氛及反应	吸热式气体渗碳介质由吸热式气体加富化气组成。常用吸热式气体作稀释气,甲烷或丙烷作富化气。表 2.47 为炉内吸热式气体成分。在渗碳气氛中,CO_2、H_2O、CO 和 H_2 发生水煤气反应:$H_2O+CO \longrightarrow CO_2+H_2$。渗碳时需要的 CO 和 H_2 反应生成 CO_2 和 H_2O: 　　　$CO+H_2 \longrightarrow [C]_{Fe}+H_2O; 2CO \longrightarrow [C]_{Fe}+CO_2$ 加入富化气(如 CH_4)会反过来消耗 CO_2 和 H_2O,补充 CO 和 H_2 可促使渗碳反应进行,其反应式为: 　　　$CH_4+CO_2 \longrightarrow 2CO+2H_2; CH_4+H_2O \longrightarrow CO+3H_2$ 上述两个反应的核心为 $CH_4 \longrightarrow [C]_{Fe}+2H_2$。当富化气为丙烷时,在高温下最终分解为甲烷,然后参加渗碳反应: 　　　$C_3H_8 \longrightarrow 2[C]+2H_2+CH_4; C_3H_8 \longrightarrow [C]+2CH_4$
2	碳势测量和控制	在生产过程中,调节吸热式气体与富化气的比例,就可控制气氛的碳势。由于 CO 和 H_2 的含量基本稳定,只测定单一的 CO_2 或 O_2 的含量,即可确定碳势。不同类型的吸热式气体,CO 含量相差较大,炉气中碳势与 CO_2 含量、露点、氧探头的输出电势的关系均随原料变化,图 2.24～图 2.29 分别为由甲烷和丙烷制成的吸热式气氛中碳势和 CO_2 含量、露点及氧探头输出电势之间的关系曲线
3	工艺实例	国内吸热式气氛多用于连续式炉的批量渗碳处理,图 2.30 为连续作业吸热式气体渗碳设备及工艺示意图
4	注意事项	吸热式渗碳气氛中 H_2 和 CO 含量不允许超过它们在空气中的爆炸极限(H_2 4% 和 H_2O 12.5%),因此一定要在炉温≥760℃时才可通入渗碳气氛,以免发生爆炸。由于 CO 有毒,炉子应密封好,炉气需点燃。采用甲烷或丙烷作富化气时易在炉内形成积炭,应定期燃烧炭黑

表 2.47　常用吸热式气体成分

富化气名称	混合气（空气∶富化气）	体积分数/%					
		CO_2	H_2O	CH_4	CO	H_2	N_2
天然气	2.5	0.3	0.6	0.4	20.9	40.7	适量

续表

富化气名称	混合气（空气：富化气）	体积分数/%					
		CO_2	H_2O	CH_4	CO	H_2	N_2
城市煤气	0.4~0.6	0.2	0.12	1.5	25~27	41~48	适量
丙烷	7.2	0.3	0.6	0.4	24.0	33~34	适量
丁烷	9.6	0.3	0.6	0.4	24.2	30.3	适量

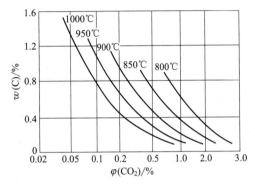

图 2.24　由甲烷制成的吸热式气氛中碳势与 CO_2 含量之间的关系

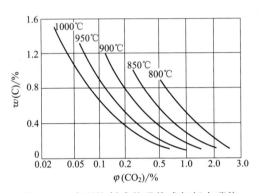

图 2.25　由丙烷制成的吸热式气氛中碳势与 CO_2 含量之间的关系

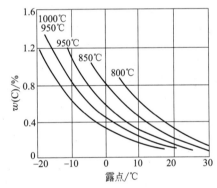

图 2.26　由甲烷制成的吸热式气氛中碳势与露点之间的关系

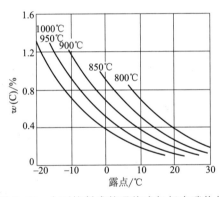

图 2.27　由丙烷制成的吸热式气氛中碳势与露点之间的关系

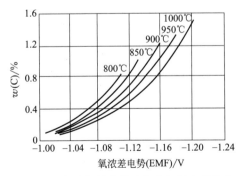

图 2.28　由甲烷制成的吸热式气氛中碳势与氧探头输出电势之间的关系

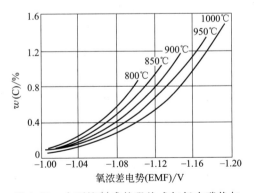

图 2.29　由丙烷制成的吸热式气氛中碳势与氧探头输出电势之间的关系

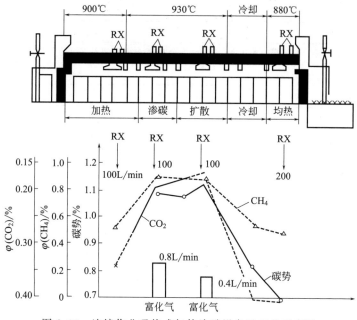

图 2.30 连续作业吸热式气体渗碳设备及工艺示意图

2.2.4.2 氮基气氛气体渗碳

系指以氮气为载体，添加富化气或其他供碳剂的气体渗碳方法，其特点为优质、安全、无毒和能耗低等。

（1）氮基渗碳气体的组成 几种典型氮基渗碳气氛的成分组成见表 2.48。表中所列的氮基渗碳气氛中，$CH_3OH + N_2 +$ 富化气最具代表性，其中 $40\% N_2 + 60\% CH_3OH$ 的渗碳效果最佳，甲烷或丙烷作富化气多用于连续式或多用炉，丙酮或乙酸乙酯作富化气多用于周期式渗碳炉。

表 2.48 几种典型氮基气氛气体渗碳成分组成

序号	原料组成	体积分数/%					碳势%	名称
		CO_2	CO	CH_4	H_2	N_2		
1	$CH_3OH + N_2 +$ 富化气	0.4	15～20	0.3	35.40	余量	—	Endomix 法 Carnaag 法
2	$N_2 + (CH_4/空气 = 0.7)$	—	11～6	6.9	32.1	49.9	0.83	CAP 法
3	$N_2 + (CH_4/CO_2 = 6.0)$	—	4.3	2.0	18.3	75.4	1.0	NCC 法
4	$N_2 + C_3H_8$ (CH_4)	0.024 0.01	0.4 0.1	15	—	—		渗碳扩散法

（2）氮基气氛渗碳的特点 见表 2.49。

表 2.49 氮基气氛渗碳的特点

序号	特 点
1	不需要气体发生装置
2	炉内气氛成分与吸热式气氛成分基本相同。气氛的重现性与渗碳层深度的均匀性和重现性不低于吸热式气氛渗碳

续表

序号	特 点
3	具有与吸热式气氛相同的点燃极限。由于 N_2 能自动安全吹扫,故采用氮基气氛的工艺具有更大的安全性
4	适宜用反应灵敏的氧探头作碳势控制
5	渗入速度不低于吸热式气氛渗碳,见表 2.50

表 2.50 氮基气氛、吸热式气氛和滴注式气氛渗碳速度比较

气氛类型 及成分	吸热式气氛(体积分数)CO 20%、 H_2 20%、N_2 40%	N_2-甲醇-富化气(体积分数) CO 20%、H_2 20%、N_2 40%	滴注式气氛(体积分数) CO 33%、H_2 66%
碳传递系数 β $/(10^{-5}\,cm/s)$	1.3	0.35	2.8
渗碳工艺	927℃×4h	927℃×4h	950℃×2.5h
材 料	8620	8620	碳钢
渗碳速度 $/(mm/h)$	0.44	0.56	0.30

注:8620 钢(相当于我国的 20CrNiMo 钢)所测数据。

(3)氮基气氛渗碳工艺实例 见表 2.51。

表 2.51 氮基气氛渗碳工艺实例分析

序号	项目	工艺说明
1	泥浆泵阀体	进行氮基气氛渗碳工艺
2	使用材料	20CrMnTi、20CrMnMo、20CrMo
3	使用设备及 炉内气氛	105kW 井式气体渗碳炉。炉内气体成分(体积比)为 $N_2:H_2:CO=4:4:2$
4	技术要求	渗碳层深度 $\delta \geq 1.6mm$,碳化物 3~5 级,过共析层+共析层 $\geq 1mm$,过渡层 $\leq 0.6mm$,表面淬火硬度 62~65HRC,表面氧化脱碳 $\leq 0.03mm$
5	工艺参数	见图 2.31
6	结果	完全可以达到上述技术要求

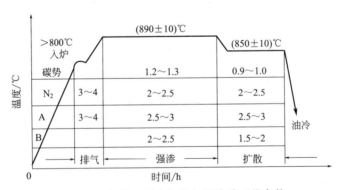

图 2.31 阀体、阀座氮基气氛渗碳工艺参数

N_2 流量单位为 m^3/h,A(甲醇)、B(烃类)流量单位为 L/min

2.2.4.3 直生式气体渗碳(超级渗碳)

直生式气体渗碳又称超级渗碳,是将燃料与空气或 CO_2 气体直接通入渗碳炉内形成渗

碳气氛进行渗碳的一种工艺,随着计算机控制技术应用的不断成熟和完善,直生式渗碳的可控性也不断提高,应用正逐步扩大。图 2.17 为直生式渗碳系统简图。直生式气体渗碳的气氛、特点、碳势及控制见表 2.52。

表 2.52 直生式气体渗碳的气氛、特点、碳势及控制

序号	名称	说　明
1	气氛	渗碳气氛组成为富化气+氧化性气体。常用富化气为天然气、丙烷、丙酮、异丙醇、乙酸、丁烷、煤油等,氧化性气体为空气和 CO_2,以甲烷为例加以说明。当氧化性气体为空气时:$CH_4 + \frac{1}{2}O_2 + N_2 \longrightarrow CO + 2H_2 + N_2$;当氧化性气体为 CO_2 时:$CH_4 + CO_2 \longrightarrow 2CO + 2H_2$。 　　在渗碳过程中随着炉内温度的不同,富化气和氧化性气体的比例也有差别,因此渗碳气氛中的 CO 和 CH_4 的含量不同(见图 2.32)
2	特点	i.和吸热式气氛或氮基气氛相比,渗碳速度快,其碳传递系数较高(见表 2.53); ii.设备投资少,无需气体发生装置; iii.渗碳层均匀,重现性好; iv.对原料气的要求不高,气体消耗低于吸热式气氛渗碳; v.碳势调整速度快于吸热式和氮基渗碳气氛
3	碳势及控制	在渗碳过程中发生的主要反应为 $CO \Longrightarrow [C] + \frac{1}{2}O_2$,该反应并不是平衡气氛,CO 的含量不稳定,需同时测定 O_2 和 CO 含量,再通过上式计算出炉内的碳势。通过调节富化气和氧化性气体的比例控制炉气碳势(碳含量)。通常是固定富化气的流量(或液体渗碳剂的滴量),调整空气(或 CO_2)的流量

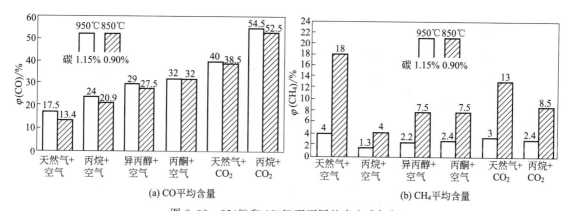

图 2.32　850℃和950℃下不同的直生式气氛

表 2.53 不同气氛中的碳传递系数 (β) 的比较

渗碳气氛类型	吸热式(天然气)	吸热式(丙烷)	甲醇+40% N_2	甲醇+20% N_2	天然气+空气(直生式)	丙烷+空气(直生式)	丙酮+空气(直生式)	异丙醇+空气(直生式)	天然气+CO_2(直生式)	丙烷+CO_2(直生式)
$\varphi(CO)/\%$	20	23.7	20	27	17.5	24	32	29	40	54.5
$\varphi(H_2)/\%$	40	31	40	54	47.5	35.5	34.5	41.5	48.7	39.5
β /(10^{-5} cm/s)	1.25	1.15	1.62	2.12	1.30	1.34	1.67	1.78	2.62	2.78

　　注:渗碳温度为950℃,碳势为1.15%。

2.2.4.4　渗碳工艺操作规范

　　渗碳工艺操作规范见表 2.54。

表 2.54　渗碳工艺操作规范

序号	项目	说　　明
1	准备	渗碳处理前的准备工序见表 2.55
2	装炉	ⅰ.将准备就绪的工件和随炉试样安放在吊装夹具上。对于薄壁工件应采用挂装或托垫形式的夹具,对带有花键孔的工件应支承合理。 ⅱ.工件装在夹具上,相互之间不得有搭接,应留有足够间隙。 ⅲ.井式气体渗碳炉的中检试样可在工件装炉后或排气结束后放入试样孔
3	排气	ⅰ.工件装炉后,温度达到 750℃ 以上时大量滴入甲醇,达 850℃ 后再通入渗碳剂。 ⅱ.当采用井式气体渗碳炉处理易畸变和可靠性要求高的工件以及装炉量较大时,应采取分段均温加热方式,同时通入氮气开始排气,炉温升至 750℃ 后滴入甲醇。 ⅲ.当炉温达到设定的渗碳温度,且炉气碳势达 0.8% 时,即为排气结束,转入强渗阶段
4	渗碳温度和时间	渗碳温度一般为 890～930℃,渗碳时间根据钢材特性、渗层深度要求、渗碳温度、渗碳原料特性、炉型等条件决定
5	扩散	ⅰ.对要求渗层梯度平缓的工件,强渗后应进行扩散。但当要求有效硬化层深度<1mm 时,可不进行扩散。 ⅱ.当使用井式气体渗碳炉时,在强渗阶段后期取出中检试样,检验渗层深度,根据技术要求适时转入扩散阶段。 ⅲ.从强渗阶段转入扩散阶段时,一般温度不变,并应合理调整渗碳原料的比例及用量,必要时可通入能快速降低炉内碳势的气体,如氮气、空气等。 ⅳ.当使用井式气体渗碳炉时,在扩散阶段末期检查中检试样,根据要求的渗层深度及表层碳含量确定实际扩散时间
6	碳势控制	ⅰ.强渗期碳势控制:一般情况下,在不出现炭黑及工件表面碳化物级别允许的前提下,在强渗期炉内应具有最高碳势,以获得最快的渗速。 ⅱ.扩散期碳势控制:一般根据工件表层达到设计要求的碳浓度确定炉内碳势。 ⅲ.当有计算机控制时,应根据工件渗层碳浓度分布的设计要求进行自动测控
7	降温处理	根据材料及工艺要求,渗碳后采用不同的降温处理。需直接淬火的工件,可在渗碳炉内降温至 840～860℃ 保温 0.5～1h 后投入淬火介质冷却;需重新加入淬火的工件,在渗碳炉内降温至 820～880℃ 保温适当时间后移至冷却装置中冷却,并应采取防氧化脱碳措施,工件冷至 350℃ 以下方可空冷;当工件表面有较大加工余量时可采用空冷;镍铬含量较高的材料,冷至 150～200℃ 后进行高温回火
8	淬火工艺规范	ⅰ.直接淬火,工件经气体渗碳后在渗碳炉内降温至 840～860℃ 保温 0.5～1h,然后投入淬火介质中冷却。用井式气体渗碳炉处理的工件,出炉后应尽快转入冷却介质内,以免表面产生异常组织。 ⅱ.重新加热淬火,对于渗碳后需要机械加工或由于钢材特性渗碳后需预冷,以及需经 1～2 次高温回火或球化退火的工件应进行重新加热淬火。 ⅲ.一次加热淬火,一般加热温度为 820～860℃。对用连续式气体渗碳炉或密封箱式炉渗碳的工件,为细化晶粒,在冷却装置中冷至 600℃ 后,再重新加热至淬火温度。 ⅳ.二次加热淬火,第一次淬火加热温度为 860～880℃,保温后淬火冷却,待工件冷至室温后再进行第二次淬火,其第二次加热温度为 780～800℃,冷却方法同前
9	清洗	工件及吊装夹具经淬火冷却至适当温度后应进行清洗
10	回火工艺规范	ⅰ.工件清洗后应及时低温回火,一般间隔不超过 4h。根据图样技术要求的硬度及钢种确定回火温度,一般为 160～220℃,回火时间 2～4h。对于高镍铬大型工件要充分回火,一般为 10～20h。 ⅱ.对于高精度工件,磨齿后应进行去应力回火,温度为 140～160℃,保温时间不少于 2h。 ⅲ.对于合金元素含量较高的钢,渗碳缓冷后在重新加热淬火之前进行一次或两次高温回火,回火温度为 600～700℃,每次保温时间为 2～6h
11	冷处理	ⅰ.一般工件不采用冷处理。对于精度和可靠度要求高的工件,当渗碳表层组织中有过多 A_r,且最终硬度要求 58HRC 以上时方进行冷处理。 ⅱ.工件在冷处理前后均应进行低温回火处理,以免产生显微裂纹。 ⅲ.冷处理温度为 −70～80℃,时间为 2h,大工件可适当延长时间。 ⅳ.工件经过冷处理后使其温度回升至室温,再进行低温回火,但间隔不得超过 4h
12	喷砂	热处理后的工件应按要求进行喷砂清理或喷砂强化

表 2.55 渗碳处理前的准备工序

序号	名称	说　明
1	探伤	对可靠度要求高的工件(如齿轮)应进行超声波或磁粉探伤检查,其技术指标可按 GB 8539 或各行业规定
2	表面清理	待渗碳的工件及吊装夹具均应进行清理或置于 450～550℃ 炉内气化脱脂,除去表面油污、铁屑及其他有害杂物
3	防渗措施	对工件不需渗碳的部位,可采用防渗涂料涂覆表面。防渗涂料应附着牢固,渗碳处理后应易脱落,且对零件表面质量无有害影响,其技术指标按 ZB G51108 规定。也可采用镀铜或预留加工余量等防渗措施
4	吊装夹具	根据热处理设备类型及零件结构特点设计吊装夹具
5	随炉试样	其材料应与被处理零件材料相同,其形状尺寸应能代表零件实际处理情况,并经过同样的预备热处理和机加工,具有相同的技术参数。试样可用来检测渗碳层深度或有效硬化层深度、心部硬度和金相组织等
6	试样数量	根据设备类型及装炉情况确定,试样应放置在能代表工件热处理质量的部位。周期式渗碳炉的中检试样按各企业规定执行
7	渗碳原料的选用	根据热处理设备类型、渗碳原料特性及供应状况选择。滴注式气体渗碳炉可采用专用渗碳油、煤油、丙酮、异丙醇、乙酸乙酯、甲苯等任一种作渗碳剂,用甲醇作稀释剂。可控气氛渗碳时,吸热式气氛原料气为天然气和液化石油气,其成分应符合 ZB J36012 规定
8	渗碳原料要求	渗碳原料应成分稳定、有害杂质含量低,含硫量应在 0.02% 以下,检验符合要求后使用
9	新设备及夹具要求	对于新购置或较长时间未做渗碳使用的设备及新夹具应进行预渗处理

2.2.4.5　多用炉渗碳的操作规程

在渗碳过程中,需要做好如下工作。

(1)渗碳前的准备工作　检查设备的技术状况、零件试样的准备情况等,详见表 2.56。

表 2.56　多用炉渗碳前的准备工作

序号	项目	准备工作
1	设备技术状态检查	a. 设备的密封性是否良好; b. 冷却系统能否正常工作,冷却水管道是否畅通; c. 滴注系统是否畅通,渗碳剂能否足够整个渗碳过程之用; d. 电风扇转动是否正常; e. 仪表能否准确指示与控制温度,每次开炉时进行一次炉温校对,连续生产时每月校对一次炉温,如有必要可增加校对频次; f. 连续生产时,每月进行一次碳势校对,如有必要可增加校对频次。间断生产时,开炉后进行碳势校对
2	零件的清洗和防护	a. 零件渗碳处理前应仔细清理其表面,不得有氧化皮、油污、锈斑及碰伤,入炉前应进行清洗; b. 非渗表面应涂防渗涂料或预先留出加工余量。防渗涂料应附着牢固,渗碳处理后应易脱落,且对齿轮表面质量无有害影响。待防渗剂干后装炉,以免碰掉
3	试样的准备	试样与渗碳零件应使用同一炉号的钢,并经过同样的处理。多用炉一般多采用计算机控制系统,且控制稳定性好,一般只放随炉试样,用于渗碳处理后检查渗碳层深度、心部硬度和金相组织等,随炉试样应随零件一起放在炉内的有效加热区内

续表

序号	项目	准备工作
4	装炉	将零件装入专用料筐或挂具中,零件在料筐中或挂具上要均匀放置,零件之间要留有适当的间隙,零件应分层搁置,以保证渗碳介质与零件的充分接触和气体的循环流通。对长轴或细小且要求变形小的工件应吊挂,在有代表性的位置上放一随炉试块,总重量不允许超过最大装炉量

（2）技术要求　见表 2.57。

表 2.57　多用炉渗碳技术要求

序号	技术要求
1	渗碳工件和试样原始组织晶粒度应为 5～8 级,表面不应有氧化、脱碳现象
2	工件渗碳后的渗层深度或有效硬化层深度及硬度应满足按规定程序批准的工艺文件中提出的要求(即应考虑热后留磨量)
3	关键零件按照工艺规定渗碳处理后,其变形度不应超过冷热加工工艺协商确定的范围
4	工件渗碳处理后的金相组织应符合相应的标准

（3）多用炉操作规程　渗碳过程分为四个阶段,即排气、强渗、扩散及降温或直接出炉等。以 TQF-17-ERM 易普森多用炉直生式气体渗碳为例说明其操作时应注意的问题（见表 2.58）。

表 2.58　TQF-17-ERM 易普森多用炉操作规程

序号	项目	操作规程
1	给设备供应各种能量	a. 接通电源柜上的空气开关,确定电压值为 380～400V; b. 启动循环水系统; c. 启动压缩空气系统,压缩空气的压力为 0.5～0.7MPa; d. 启动安全氮气汇流排,使其出口压力为 <0.05MPa; e. 启动丙烷汇流排,使其出口压力为 0.02MPa
2	启动设备	a. 接通控制柜上的主开关"MAIN SWITCH"和辅助电压开关(1＝开,0＝关); b. 检查各限位开关是否准确可靠; c. 检查料车的运行状态及各停车位置是否准确无误; d. 将待处理工件装入合适的料筐或料盘,装入清洗机清洗并烘干; e. 确认设备处于启动前的状态(前、中炉门都关闭,后门与炉体之间有空隙,淬火料架在上位,炉链处于初始状态); f. 将加热室超温控制器设定在工艺最高温度＋20℃; g. 将辐射管超温控制器温度设定在 1050℃; h. 将油槽超温控制器设定在 100℃(根据淬火介质的使用范围确定,最高设定温度不得高于 150℃); i. 开启加热室风机、氧探头冷却水的冷却水系统泵; j. 检查淬火油槽的油位,使其达到指定的油位
3	加热	a. 将加热室风扇开关设置在"2"的位置; b. 在 TP170 中将加热室温度控制器设置在 100℃,保温 1h,而后每隔 1h 将加热室温度提高 50～100℃,直到 900℃,再保温 2h
4	启动 C/N 面板	启动 C/N 面板的四个条件:一是联机"ON-LINE"状态;二是防爆安全盖上的点火器点燃;三是炉温超过 750℃;四是要有安全氮气。 a. 启动 C/N 面板的准备工作。i. 手动开启后门,取出支撑杆,关闭后门;ii. 开启电脑控制柜上的总电源开关,开启 UPS(不间断电源)的开关;iii. 开启显示器的电源开关和电脑主机的开关,电脑启动后会自动进入"Carb-O-Prof",选择"Process control"中的"System-Status"联机("ON-LINE"状态)。 b. 操作。i. 打开氮气管路上的手动调节阀,调节氮气的流量 >5m³/h,按"报警关/灯测试""故障复位"按钮,持续 5s 后松开;ii. 打开丙烷工艺气管路上的手动调节阀,开中门(也可同时打开前门);iii. 按"保护气开"钮(白钮),后门火帘点燃,丙烷工艺气管路的电磁阀打开,气氛鼓风机开启,报警

序号	项目	操作规程
4	启动C/N面板	灯停止闪烁(此时如果控制柜上的报警灯闪烁,则复位后再启动C/N面板),(如打开前门,目测炉膛搅拌电机处有燃烧的火焰时,说明甲醇电磁阀已打开,同时空气泵启动),氮气安全常开阀自动关闭(可通过相应的信号灯来查看)。 c.关闭中门(和前门)。i.开启C/N面板后,炉子运行中观察C/N面板和C/O面板管路的各种介质流量:C/N面板关闭时安全N_2流量>5m^3/h;运行中丙烷常规流量:0.12~0.14m^3/h,有增量时为0.25~0.3m^3/h,氧探头参比空气流量为15~25mL/h,清洗空气流量(60~80mL/h)不可开得过大,以防止流量计浮子上去影响参比气的测量及氧探头的寿命;ii.如果丙烷流量不正确或空气泵运行不正常,15s后C/N面板自动关闭,应调整压力和流量,再启动(超过30min,需关闭C/N面板,再重新启动)
5	工件装炉	a.根据工件的工艺规定,确定工艺号(事先根据工件技术要求进行工艺编程,并设定工艺编号)、工装,按要求装好工件,同时准备一个试样,试样材料及模数应与被渗齿轮相同,并清洗、烘干、预热,用装料车运至炉门前的正确位置。 b.将工件装入加热室。 i.碳势达到0.4%,初次开炉时保持2~3h,并检查主炉运作模拟图上各指示灯是否正常,TP170A和计算机无错误显示时,才可装料。 ii.停炉一个月以上和检修过的炉子,应先用试验工艺模拟装入工件(只需用装载按钮开启、关闭一下前门,并不进料),使其运行,以检查炉子各部分的工作是否正常。 iii.编制装炉文件。在"Carb-O-Prof"中按F3、F4选择相应通道,选择"Process control"菜单,回车;"在Process control"菜单中选择"Charge file"菜单,回车;进入"Charge file"目录中选择第一行(如此时主炉中有工件,选择第二行,依次类推),按F3编辑键,回车;进入"Charge entry"菜单中,编辑"Program NO",选择相应的工艺程序号、"Charge-NO"、炉次,其余各项视车间需求自行填写;按F7键保存,首次开炉按F2激活工艺运行,按F10键退出;选择"Process control"菜单中"Profile",回车,等待进炉信号。iv.调整工件处于料车的正中间位置,按下装料按钮,前门开,用料车将工件装入加热室中,再次按下装料按钮,前门关闭。v.电脑中的工艺程序自动进行
6	运行过程中的检查	a.装炉完毕,再一次检查输入的工艺号是否正确,如有误,可用中止程序调换工艺程序。 b.随时检查氮气、水及丙烷的供应情况及点火器是否正常(只要开炉,这就是必不可少的)。 c.在"Process control"(过程控制)的"Profile"(轮廓图)或"Process history"(过程历史图)上,密切观察工艺的进行情况,在炉温900℃时,第三段(强渗)应在40~60min内碳势达到0.8%,如不能达到,可将丙烷的流量调为0.25~0.3m^3/h,待碳势正常后,再调回原流量。 d.注意炉子上各部分限位开关的位置,特别是传送链微动开关盒内扇形齿轮的位置
7	工件由加热室传送到淬火室	a.工件在加热室按相应的工艺程序完成渗碳、扩散、降温、均温。程序执行完毕后,发出出炉报警; b.开中门,输送链将工件从加热室传送到淬火室进行淬火,淬火油采用Y35-Ⅰ分级淬火油。使用温度60~100℃; c.工件在淬火室中按工艺程序设定的淬火工艺淬火
8	工件出炉	a.淬火室程序完成后,给出卸载信号、铃声; b.将装/卸料车开至后门,检查装/卸料车位置是否正常; c.按下淬火室的卸料按钮,开启后门,卸料; d.再次按下卸料按钮,关闭后门
9	渗碳淬火程序结束	在整个过程中,应按工艺要求做好操作记录
10	停炉	关闭C/N面板(烧炭黑、短期保温工艺与此相同)。 a.关闭C/N面板的必备条件。加热室温度在750℃以上,废气口安全点火器处于工作状态,油温不高于100℃,氮气充裕。 b.操作。 i.按"保护气关"按钮15s后,氮气自动充入(流量>5m^3/h),"保护气开"灯闪烁,控制柜上的报警灯闪烁; ii.先将TP170A中的工艺时间计时器21、22、27、28设定为0s(C/N面板关闭后将其恢复,一般为10min); iii.依次开前门、中门、后门; iv.按"保护气关"钮(红钮),时间大于3s; v.开风扇(手动/ST),吹净炉内残存的气体,烧掉积厚的炭黑; vi.依次关前门、中门; vii.同时按下主炉控制柜上的"报警关/灯测试""故障复位"按钮,此时,"保护气开"灯停止闪烁; viii.放上后门支撑杆,关后门,后门将弹出,留有缝隙,使残留的气体、油烟逸出

续表

序号	项目	操作规程
11	关闭C/N面板之后的操作：脱机	a. 在TP170A中,将加热室温控器的温度设为相应温度,一般降温速率100℃/(3~5h)。 b. 炉温降至500℃以下时,在TP170A中关闭油循环,使循环电机停止工作。 c. 3~5h后关氮气,关点火器,关丙烷、甲醇,关压缩空气,并把残气放光,压力表指零。 d. 当炉温下降到150℃以下时,关闭风扇轴和氧探头的冷却水,将风扇开关置于"1"的位置,风扇电机停止工作。 e. 关闭控制柜上的控制电压开关和主开关

（4）安全生产 操作人员在生产前要穿戴好工作服，其注意事项见表2.59。

表 2.59 操作人员安全生产注意事项

序号	注意事项
1	开炉门时,人不要站在对着炉门的位置,以防被烧伤
2	当炉子在保护气体作用下炉温低于800℃时,不能打开前炉门
3	当点火装置正常运行时才可打开后炉门
4	绝对不允许强行打开外门,否则会发生爆炸或火焰喷出
5	炉子周围不允许堆放易燃易爆物资
6	炉子附近应备有干粉或CO_2灭火器,并保证任何时候都能正常使用。淬火油要防燃,车间应备有灭火装置及通风设施,并具有两套防毒面具

2.2.5 连续气体渗碳炉

连续气体渗碳炉有推杆式连续气体渗碳炉（见图2.33）和网带式连续气体渗碳炉（见图2.34），不管是连续气体渗碳炉还是周期式气体渗碳炉，其渗碳的原理都是一样的。连续气体渗碳炉的最大特点就是能够将工件在一定时间内连续进行处理，除去一年的几次烧炭和几次维修时间外，通常都是24h的连续操作。因此生产效率高，适用于大批量生产的零件。

连续气体渗碳炉热处理工艺操作要点见表2.60。

表 2.60 连续气体渗碳炉热处理工艺操作要点

序号	操作要点
1	为了渗碳气体保持一定活性,换气次数一般3~4次/h。如炉膛容积10m³以上,则每小时通入和排出30~35m³渗碳气(载气与富化气之和)
2	渗碳区域的压力一般为100~150Pa
3	为使连续渗碳炉各区气氛互不干扰,采用两端同时排气法。渗碳时,前后两端的排气比为7∶3,排出的炉气应放空点燃
4	为使渗碳质量稳定在渗碳区内,用氧探头、红外仪、露点仪控制碳势
5	淬火油温应根据油品特性和淬火变形要求来设定
6	为加速炉膛渗碳保护气通入量,可采用两头小中间大的方法,便于炉气向两端排出,炉膛渗碳开始后要调整前后水封压力,使炉膛压力维持在100~150Pa左右,前后两端废气排比根据点燃火苗高度确定
7	每班要检查一次吸热式气氛的成分、氮基气氛的浓度,检查氮基气氛和甲醇裂解气氛的混合比(4∶6)是否正常
8	新炉正式投产前,一般应先装8~12盘废零件,每隔4~6盘放置一块生产零件试块,以便观察和调整工艺,保证技术要求,经检验合格后,才能正式处理零件
9	不同渗碳层深度的零件不能放在同一炉渗碳,如生产急需,用推废零件装料篮的办法来改变生产节拍,实现所要求的渗碳层深度

序号	操作要点
10	各渗碳区控温仪表的接通和断开的时间要注意保持适当比例,一般在(3∶1)~(5∶2)之间
11	零件装出料筐时要轻拿轻放,防止磕碰伤,对数量、盘号要记录在随炉生产记录本上
12	零件在炉膛内的装载高度不得高于炉膛的有效加热区高度,每隔4~6盘至少放置一块随炉试块,以供检测使用
13	清洗液要经常更换,清洗温度80~90℃,Na₂CO₃的质量分数约为1.5%~3.0%
14	渗碳炉气碳势(组分体积分数)应控制在1.15%~1.35%范围内
15	渗碳淬火件的回火温度一般在180~200℃,含硼渗碳钢可适当降低10~20℃
16	碳化物周围不得出现托氏体组织,平时可用箔片定碳法来调整工艺参数
17	前后炉门都应有火帘密封,炉气应循环良好,不得出现负压
18	严格执行连续炉的安全操作规程

零件入炉前的清理和设备、仪器、仪表、电气、电热元件、管路液压传动、机械传动、气动、润滑、密封的检查和井式气体渗碳炉相同。

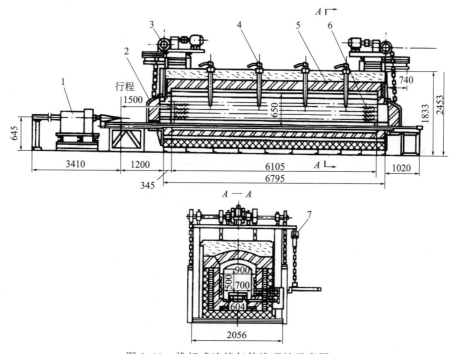

图 2.33　推杆式连续气体渗碳炉示意图

1—推料机;2—炉门;3—炉门升降机构;4—热电偶;5—炉料;6—电热元件;7—悬挂叉

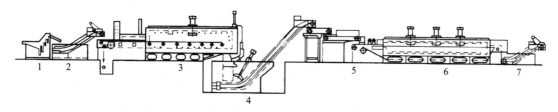

图 2.34　网带式连续气体渗碳炉生产线示意图

1—上料机;2—清洗机;3—网带式淬火炉;4—淬火槽;5—中间清洗机;6—网带式回火炉;7—发黑槽

2.2.6 真空渗碳（低压渗碳）工艺及应用

在低于 $1 \times 10^5 Pa$ 的条件下于渗碳气氛中进行的渗碳，称为真空渗碳。它是近年来发展起来的一种气体渗碳工艺。图2.35为卧式双室真空渗碳炉简图。真空渗碳对提高产品质量和节约能源有显著效益，是一种极具发展前景的化学热处理新工艺。

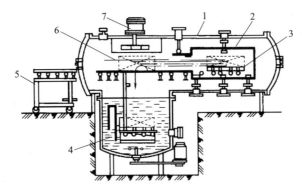

图2.35　渗碳及淬火两用卧式双室真空渗碳炉结构简图
1—炉壳；2—加热室；3—拖车；4—淬火油槽；5—手推车；6—气冷室；7—电风扇

2.2.6.1 真空渗碳的特点

与普通气体渗碳相比，它具有如下特点。

① 可在较高温度（980～1100℃）下进行，常用1030～1050℃。真空对工件表面有净化作用，有利于其吸附碳原子，因而能显著缩短渗碳周期，仅约为一般气体渗碳所需时间的1/3。真空渗碳温度及适用范围见表2.61。

② 工件在真空条件下渗碳，渗碳层均匀，表面不脱碳，不产生晶界氧化，有利于提高零件的疲劳强度。

③ 可直接将甲烷、丙烷或天然气通入真空炉内渗碳，无需添置气体制备设备。

④ 对于有不通孔、深孔、狭缝的零件，或不锈钢、含硅钢等普通气体渗碳效果不好甚至难以渗碳的零件，真空渗碳都可以获得良好的渗碳层。

⑤ 真空渗碳的耗气量（CO_2 排放量少）仅为普通渗碳的几分之一或十几分之一。劳动条件好、无公害，对环境基本上无污染；可间歇处理并可达到节能的目的。

⑥ 气氛管理比普通气体渗碳容易，如能确定渗碳时间和扩散时间，基本上即可获得所需要的质量。

⑦ 缺点是容易产生炭黑，设备投资大、成本高。

表 2.61　真空渗碳温度及适用范围

温度/℃	工件形状特点	渗碳层深度	工件类别	渗碳介质
1040	较简单,变形要求不严格	深	凸轮、轴、齿轮等	CH_4 或 $C_3H_8 + N_2$
980	一般	一般	—	CH_4 或 $C_3H_8 + N_2$
<980	形状复杂,变形要求严,渗层要求均匀	较浅	柴油机喷嘴	CH_4 或 $C_3H_8 + N_2$

真空渗碳与普通气体渗碳工艺参数的比较见图2.36。

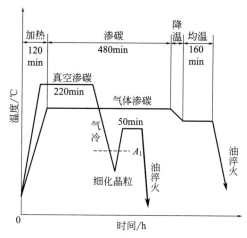

图 2.36 真空渗碳与普通气体渗碳工艺参数的比较

2.2.6.2 真空渗碳工艺及操作

（1）工艺特点 见表 2.62。

表 2.62 真空渗碳工艺特点

序号	项目	工艺特点
1	工艺过程	先将零件装入真空炉内，抽成真空（约 1torr 左右，1torr=133.322Pa），并加热到规定温度，通入甲烷使零件吸碳。数分钟后再抽成真空，使碳向内层扩散。这样反复进行几次。渗碳结束后通入氮气冷到 550～660℃，再加热到淬火温度，在氮保护气氛中空冷或淬火。图 2.37 是真空渗碳过程中炉内温度与压力的控制曲线
2	碳势与甲烷含量、炉内压力间的关系	真空渗碳一般是将甲烷、丙烷或天然气直接通入炉内，裂解后形成渗碳气氛。甲烷在 1000℃ 以下裂解不充分，易产生炭黑。故 1000℃ 以下渗碳常采用丙烷。要获得良好的渗碳层，炉内富化气不仅要达到一定含量，而且要求炉气达到一定的压力。1040℃ 下的碳势与甲烷含量、炉气压力之间的关系见图 2.38。采用甲烷作为富化气时，炉气压力一般要求 $2.67×10^4$～$4.67×10^4$Pa。对于有狭缝、不通孔的零件，为了保证缝内及孔内的渗层深度与其他部位一致，可采用脉冲供气的方法（见图 2.39）
3	工艺类型	真空渗碳工艺有一段式、脉冲式和摆动式三种。大多用脉冲式，它是利用反复地通入渗碳气体渗碳和抽真空扩散交替进行渗碳处理，可用活化期与扩散期的时间比控制渗层碳浓度，具有以下优点：不用控制碳势，省去碳势控制仪；直接通入渗碳剂，不需要载气，不需要气体发生器；真空渗碳温度高，周期短，节能；无内氧化，能提高渗层及整个零件的质量等
4	工艺参数	真空渗碳温度一般为 900～1100℃，温度越高，渗碳所需时间越短，但工件变形量越大。对于畸变量要求不严格、形状不复杂、渗碳层较深的工件，可用 1040℃ 渗碳。一般采用 980℃ 渗碳。对于形状复杂、畸变量要求严格和渗层较浅的工件，则采用 980℃ 以下温度渗碳。 为提高渗速，可采用强渗-扩散的方式渗碳。强渗时间（t_c）、扩散时间（t_d）、总渗碳时间（t）之间的关系也可按公式表述：$t_c = \left(\dfrac{C-C_i}{C_0-C_i}\right)^2 t$，$t_d = t - t_c$。 式中，$C$ 为渗碳要求达到的表面碳含量；C_0 为强渗期结束时表面碳含量；C_i 为心部碳含量。 高温真空渗碳过程中钢件心部晶粒长大，为细化晶粒，可先将钢件冷却至 $F+Fe_3C$ 两相区，再加热到淬火温度淬火。图 2.40 为真空渗碳淬火工艺曲线

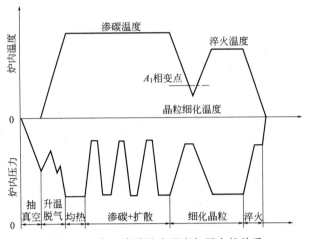

图 2.37 真空渗碳炉内温度与压力的关系

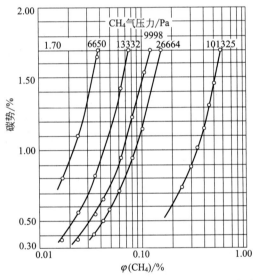

图 2.38 碳势与甲烷含量、炉气压力之间的关系

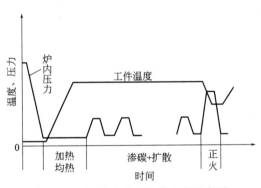

图 2.39 脉冲式真空渗碳工艺示意图

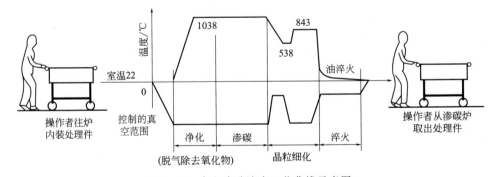

图 2.40 真空渗碳淬火工艺曲线示意图

（2）操作程序及要求　详见表 2.63。

表 2.63　真空渗碳操作程序及要求

序号	项目	操作程序及要求
1	工件清洗	用清洗剂配制的溶液清洗渗碳工件,去除表面的油污、乳化液及脏物,同时也应对工装夹具等清理干净,以防炉膛内吸附过多的脏物,否则会影响渗碳效果
2	工件摆放和装炉	将洗净工件摆放或吊装在渗碳工装上,工件间应无叠压,不允许多层堆放,布局要合理,以利于炉内渗碳气氛的循环,大型工件一般放在小工件的中间,并留有适当距离
3	升温	关闭炉门,开启机械泵和增压泵抽真空,达到要求的真空度后(60Pa),按编程送电升温加热工件,同时仍继续抽真空,使炉内的真空度保持在一定范围内
4	保温	炉温达渗碳温度后,保持一段时间使炉内工件各部位温度都均匀一致,以保证渗碳的均匀性,其保温系数为 25mm/h,也可从炉门上的观测孔观察工件与炉内颜色是否一致。保温结束前要为渗碳做好准备
5	渗碳与扩散	在渗碳温度下,向炉内通入渗碳气体(介质)开始对工件进行渗碳。用 CH_4 为渗碳介质时,要求其纯度大于 96%,否则渗碳速度慢或渗层薄,炉内压力为 $(26\sim47)\times10^3$ Pa。用丙烷为渗碳介质时,其压力为 $(13\sim33)\times10^3$ Pa。渗碳一段时间后停止送气,抽真空进行扩散,降低表面碳浓度。如此反复脉冲式地进行,直到达到要求的渗层厚度为止
6	渗碳后的热处理	渗碳结束,停止供应渗碳介质,将炉温降到淬火温度冷却。为消除网状 K,可进行正火处理,随后再加热淬火和低温回火

（3）注意事项

① 清楚真空渗碳的应用目的。确定真空渗碳工艺的目的是通过高温下短时间处理来提高生产率,实施细孔内的表面渗碳,减轻表面氧化,利于环保等,根据目的加以有效应用。

② 确立处理条件。目前,真空渗碳工艺像气体渗碳那样,根据热力学的平衡反应来控制炉内气氛是很困难的,故应考虑使用设备、渗碳用气体、处理零件等,以确立最佳的处理条件。

③ 根据零件形状（特别是拐角部、棱边部）,应注意渗碳质量密度增高,容易产生渗碳体的情况。

④ 如果处理温度为高温（约 950℃以上）,有时会发生晶粒粗化,需要进行细化处理。

⑤ 关于设备,除了以往的分批式处理炉外,连续式、模块式等新型多品种、大批量生产用设备已经开发出来,不过,必须选择适合于处理零件的设备。真空渗碳炉可选用石墨或陶瓷材料制造。石墨炉允许更高的渗碳温度,而陶瓷结构则不需像石墨炉那样,要加强炉子的隔热保护措施。

2.2.7　深层渗碳工艺及应用

渗层渗碳系指工件渗碳淬火后,表面总硬化层深度达 3mm 以上的渗碳。其工艺处理多用于大型低速重载工件,往往需要渗碳层深度＞3mm,有的甚至达 8mm。深层渗碳工艺可显著提高工件表面承载能力。其设备多采用大型井式气体渗碳炉。

渗碳层要求一定时,提高渗碳温度可缩短渗碳时间。但是高温渗碳对深层渗碳并不适宜,因为长时高温渗碳,晶粒粗化,变形加大,甚至在淬火时有引起开裂的危险。尤其是含 Mn 钢,高温渗碳后产生裂纹的倾向明显加大。Cr 在短期渗碳时能阻碍奥氏体晶粒长大,但在长时渗碳时,也会引起晶粒长大。表 2.64 为 20CrNi2Mo 钢在不同温度渗碳时晶粒长大的倾向。另外,渗碳温度的提高将缩短设备的使用寿命。

表 2.64　渗碳温度对晶粒度（级别）的影响

渗碳时间 /h	渗碳温度/℃		
	930	950	960
100	≥7	≥6	4～5
200	≥6	5	4

2.2.7.1　深层渗碳操作规程

深层渗碳操作规程见表 2.65。

表 2.65　深层渗碳的操作规程

序号	项目	说　　明
1	准备工作	a. 熟悉工件的质量要求,确定防渗部位的防渗措施,了解钢材的牌号(或化学成分)和预先热处理情况。 b. 检查是否有氧化皮及锈斑,是否有碰伤或裂纹,必要时进行无损探伤检验。 c. 按深层渗碳设备规定设计制造工装。 d. 检查深层渗碳设备及测量控制设备是否正常。 e. 工件清理(要求无氧化皮及锈斑),清洗,烘干。 f. 检查形成气氛的原料及形成气氛装置是否正常
2	深层渗碳处理	a. 装炉。工件应装在有效加热区内。要装随炉试样和过程试样,其材料牌号和深层渗碳前处理条件应与工件相同,试样的形状和尺寸代表工件的深层渗碳面。(注:随炉试样是作为检查深层渗碳淬火回火后质量的标准试样;过程试样是作为检查深层渗碳过程中不同时间渗碳情况的标准试样) b. 控温。控制升温速度,使零件各部分之间不产生明显的温差,必要时应分段升温。 c. 排气。当温度升到 500℃时,应通氮气进行保护,通气量根据炉子容积而定。当温度升到 800℃时,关闭氮气,通入载气,直到升至深层渗碳温度。 d. 深层渗碳。通富化气,调整气氛碳势到设定值。根据工件技术要求确定深层渗碳保温时间。 e. 碳势测量。碳势检测可根据现场条件使用氧探头碳势测定仪、红外仪或热丝仪,建议采用钢箔测定碳势法标定碳势,测控精度根据工件要求确定[注:钢箔测定碳势法:将低碳钢箔(厚度:≤0.05mm、长×宽:100mm×100mm、原始碳含量:≤0.01％C)放入渗碳气氛中,停留足够时间(建议>15min,使钢箔均匀渗透),快速冷却后取出擦净,一般用称重法定出其含碳量,即为炉气碳势]。 f. 定时取出过程试样,检验深层渗碳情况,并作记录。 g. 冷却。对要求降温直接淬火的工件,淬火之前要注意均温。非直接淬火的工件缓冷时应采取防止或减少氧化脱碳的措施。必要时要用保护气氛或滴注有机液体方法进行保护。缓冷时采取措施,以减少变形和防止开裂
3	淬火与回火	a. 淬火加热、冷却及回火设备必须符合深层渗碳设备中的规定。 b. 必要时可在淬火前进行球化处理。球化处理工艺根据工件材料和具体要求参照 GB/T 16923 而定。 c. 淬火回火加热温度和保温时间根据工件材料和具体要求可参照 GB/T 16924 而定。 d. 淬火加热时应采取防止氧化脱碳措施,工件淬火后应及时回火。 e. 大件深层渗碳时注意工件各部位的温度均匀性、工件的加热和冷却方法。 f. 淬火介质应满足深层渗碳设备中的规定。 g. 淬火时,采取措施减少工件变形、防止工件开裂
4	后续工序	a. 清除工件上残留的淬火介质及其他残留物等。 b. 测量工件变形情况并作记录,必要时进行校直。 c. 分析随炉试样深层渗碳淬火回火质量,并作记录。 d. 工件进行防锈处理。 e. 整理处理过程中所有记录(温度、碳势、过程检查和最终检查情况及必要的事项)

2.2.7.2　深层渗碳对热处理设备的要求

因深层渗碳在高温状态下和高碳势气氛中时间较长,因此在热处理过程中,对设备也提出更高要求。以氮-甲醇气氛在深层渗碳中的应用为例说明深层渗碳在温度的控制方式、碳势的控制方式等方面对热处理设备的具体要求（见表2.66）。

表 2.66　深层渗碳对热处理设备的要求

序号	项目	具体要求
1	温度的控制方式	采用炉内主控方式。炉内主控是指通过合理的数学模型,以炉盖热电偶检测到的温度与目标温度之间的差值来实现对各个加热区的功率自动调节,从而控制炉膛温度的一种温度控制方式。此控制方式的优点是可更精确控制炉膛温度,减小炉温偏差,并可显著提高炉温可靠性。 　炉内控温是对炉盖热电偶检测到的温度与加热区热电偶检测到的温度之间的差值直接进行控制。 　采用炉内主控方式控制炉温的另一优点就是能显著提高设备运行过程中的可靠性。这主要表现在:当某个加热区的热电偶有较大偏差或损坏时,可通过仪表显示的各个加热区与主控热电偶之间的温度偏差而直接来判断。根据国外先进经验,某公司设备采用了炉内主控的方式控制炉温,经调试检测,效果明显(表2.67)。从表中不难看出,采用炉内主控方式的设备,其炉内温度和工艺要求的温度相差无几,并和保温时间长短无关,温度偏差基本上控制在±3℃;而采用炉外主控方式的设备,当保温时间足够长以后,炉内温度与工艺要求温度的偏差越来越大。同时从表中也可看出,随保温时间的延长,炉膛内的温度越来越接近加热区设定温度
2	碳势的控制方式	目前国外已应用相当普遍的碳势控制法为连续控制碳势。它包括两个方面:一是通过比例阀的连续调节来实现富化剂的按不同比例连续滴入;二是通过比例阀的连续调节来实现空气的按不同比例连续打入。这种碳势控制方式可有效避免通断控制碳势所造成的碳势过冲或过低现象,从而保证炉内碳势偏差在相当小的范围内。实践证明,采用连续控制碳势的大型渗碳设备,碳势偏差可控制在±0.02%范围内
3	氮-甲醇在深层渗碳中的应用	相对于其他吸热式气氛来说,氮-甲醇气氛除了可以均匀炉内碳势外,还因其具有较高的安全性和良好的防晶界氧化能力而逐渐被更多的热处理厂家所接受和重视。氮-甲醇气氛在深层渗碳中的特殊应用,即让该气氛中的CO参与碳势的计算。这种控制方法的特点是使用氧探头或L探头控制碳势,CO参与计算,从而达到碳势控制的最佳效果。因运用了氮-甲醇气氛中的CO参与计算,故气氛中CO的百分含量对碳势的稳定起到尤为重要的作用。而在氮-甲醇气氛中,CO的百分含量取决于氮气和甲醇裂解气各自所占的百分比。在以往资料中,推荐的最佳氮气与甲醇分解产物的比例为:40%氮气＋60%甲醇裂解气。但实践证明,在使用CO参与计算的方法控制碳势时,上述推荐的最佳比例已不再适用。具体的比例方案应根据设备的具体情况而定

表 2.67　某公司采用不同控温方式的两台同类型设备的调试数据

控制方式	到温后时间/h							
	0.5	1	10	30	50	100	150	180
	炉内实际温度/℃							
炉内主控	928	930	930	929	931	930	931	929
炉外主控	922	929	933	937	939	941	943	944

2.2.7.3　深层渗碳工艺控制要点及应用

表2.68是深层渗碳工艺参数控制要点,图2.41为滴注式深层渗碳工艺曲线。

表 2.68　深层渗碳工艺参数控制要点

阶段序号	阶段名称	参数控制要点
I	预热区	从齿轮装炉到渗碳温度的排气过程中,在750℃保温1~2h,以减小大型齿轮截面的温差
II	均热区	使齿轮各部分均达到渗碳温度
III	强渗区	开始渗碳,炉内碳势控制在1.65%~1.85%,齿轮表面碳浓度在1.2%~1.3%之间

阶段序号	阶段名称	参数控制要点
IV	IV-1 第一扩散区	停止滴注,迅速降低碳势,同时升温到920～930℃。碳势降到1.2%～1.25%,齿轮表面碳浓度降到1.0%～1.1%,渗层深度应达到总深度的1/2,时间为强渗周期的1/3左右
	IV-2 第二扩散区	炉内碳势控制在1.1%～1.15%,齿轮表面碳浓度降至0.9%～1.0%,渗层深度达到总层深的80%左右,扩散时间为总周期的1/3左右
	IV-3 第三扩散区	炉内碳势控制在1.05%～1.1%,齿轮表面碳浓度降至0.8%～0.95%,渗层深度达到总层深要求值。本阶段与第二扩散阶段的时间大致相同
V	降温区	随炉降温到800～820℃,再于该温度下保持1h后出炉坑冷

注:参照图2.41。

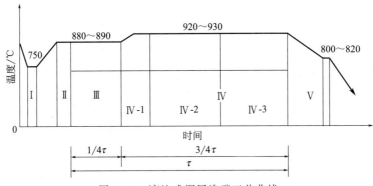

图2.41　滴注式深层渗碳工艺曲线

2.2.8　高温渗碳工艺

渗碳是一种限制性的碳扩散工艺,即渗碳件要达到预期要求的渗层深度所需的时间,完全取决于碳渗入工件的扩散速率,碳扩散率是热力学温度的函数,呈指数变化,因此提高渗碳温度就能获得较高的生产率。渗碳温度从900℃提高到955℃,渗碳时间可缩短一半;从955℃提高到1010℃,渗碳时间可再缩短一半。然而理论分析认为,过高的渗碳温度可能带来一些不良后果,如会降低渗碳炉的使用寿命,渗碳件会因晶粒长大而降低其力学性能等。

因此,高温渗碳系指在950℃以上的渗碳。高温渗碳工艺及设备的特点、性能变化见表2.69。

表 2.69　高温渗碳工艺及设备的特点、性能变化

序号	项目	说　明
1	工艺特点	美国表面处理公司对各种典型的渗碳材料进行的试验表明,采取高温渗碳可能不会影响渗碳件的力学性能。较高的渗碳温度在较短的渗碳时间内,就能达到常规渗碳温度时(如930℃)的相同渗碳层深度。试验结果还表明,获得相同渗碳层深度的工件,其晶粒并不明显长大
2	设备特点	针对高温渗碳工艺,研究开发出了一种新型超表面渗碳炉。该炉采用新的耐热合金材料,以满足高温渗碳时常规炉寿命短的要求。常规炉在较高温度工作时炉底易损坏。这种新型渗碳炉设置了一种提升装置,渗碳过程中可将工件抬高脱离炉底来减少对炉底的压力。辐射管也是采用新型耐热合金制作,结合使用高效炉气发生器,可以明显提高加热效率。采取较高的渗碳温度对辐射管寿命没有影响。此新型炉渗碳温度为1065℃的装炉量与普通炉渗碳温度为930℃的相同。两种炉相比,常规炉若采用较高渗碳温度,装炉量必须减少1/3左右,生产成本则大大增加。此外,使用增大表面积的辐射管,可以提高加热率,明显降低批量处理件的成本。如渗碳层深度为1.25mm的工件用该新型渗碳炉处理,渗碳温度分别为955℃和1040℃时,其生产率与常规炉相比,分别提高了50%和119%,明显降低了生产成本

续表

序号	项目	说　明
3	性能变化	渗碳温度分别为 930℃和 1040℃的工件,其力学性能如抗拉强度、抗冲击韧性几乎都没有变化。不过渗碳温度有一定的限制,高于极限温度则晶粒会明显长大。表 2.70 是高温渗碳和普通渗碳后工件的性能对比

表 2.70　高温渗碳和普通渗碳后工件的性能对比

钢号	$\sigma_b/(kg/mm^2)$	$\delta/\%$	$\psi/\%$	$\alpha_k/(kg/cm^2)$	断裂载荷/kg
18CrMnTi	146/141	7.2/5.6	48/50	6.6/7.3	2272/3522
12CrNi3A	130/131	7.3/7.5	53/53	8.1/9.9	2030/2720
20Cr	128/134	1.7/4.2	36/44	5.6/6.5	2050/2980

注:1. 分子为普通渗碳温度 920℃,15h;分母为高温渗碳温度 1000℃,8h。
　　2. 钢经渗碳后空冷,再 850℃加热,一次淬火加低温回火。

2.2.9　化学催渗渗碳工艺

2.2.9.1　稀土催渗渗碳工艺

工件的稀土渗碳工艺是我国独具特色的一种渗碳工艺,其明显特点是具有催渗效果及细化碳化物的作用,这一工艺在齿轮生产中取得了良好效果。表 2.71 是稀土渗碳时的炉气成分,可看出由于稀土的加入,炉气中的烃类减少,CO 增加,从而使气氛活化。图 2.42 是稀土对 20CrMnTi 钢气体渗碳渗层深度的影响,可以看出,稀土元素的催渗作用除可使渗速加快、缩短渗碳时间、节约电能外,还可将渗碳温度由常规 930℃降至 860℃左右,这对获得细晶组织、减小变形是有利的。

表 2.71　稀土渗碳时的炉气成分 (体积分数)　　　　单位:%

工艺条件		CO_2	CO	O_2	H_2	N_2	CH_4	C_nH_m
880℃ $w(CO_2)=0.1\%$	加稀土	0.3	14.5	0.8	64.5	14.5	5.2	0.2
	不加稀土	0.5	8.1	0.9	67.9	12.9	9.4	0.4

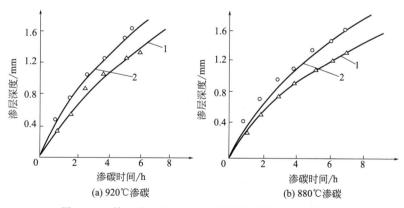

图 2.42　稀土对 20CrMnTi 钢气体渗碳渗层深度的影响
1—无稀土;2—加稀土

定碳及金相分析表明,低温(860~880℃)稀土渗碳后,表面碳含量(质量分数)即使高达1.5%，其渗层碳化物、残留奥氏体及马氏体组织均良好，而且试验表明所处理工件具有优异的综合力学性能。由于渗碳温度降低，工件的变形减小。

2.2.9.2 BH 催渗渗碳工艺

快速BH催渗渗碳工艺以提高渗碳速度为主要目的。表2.72和表2.73给出了汽车后桥从动弧齿锥齿轮的普通渗碳和BH催渗工艺对比。表2.74给出了两种工艺处理后渗层深度、显微组织和硬度检验结果对比。

表 2.72　从动弧齿锥齿轮普通渗碳工艺表[①]

区域	预处理	一区	二区	三区	四区	五区
温度/℃	480	860	900	930	910	820
碳势 ω(C)%	—	—	1.05	1.30	1.05	0.95
甲醇/(mL/min)	—	—	60	50	60	—
丙酮/(mL/min)	—	—	10	25	0-10	—
空气流量/(m³/h)	—	—	—	0/0.35	0/0.30	0/0.25
推料周期	50～52min					

① 装载方法：齿面朝上平放。每盘两撂，每撂6件，每盘12件。下同。

表 2.73　从动弧齿锥齿轮快速 BH 催渗工艺表

区域	预处理	一区	二区	三区	四区	五区
温度/℃	480	860	900	930	910	820
碳势 ω(C)%	—	—	1.20	1.30	1.00	0.85
甲醇/(mL/min)	—	18	0	16	20	20
丙酮/(mL/min)	—	0	18	18	—	—
空气流量/(m³/h)	—	—	—	0/0.6	0/0.6	0/0.25
推料周期	37～38min					

表 2.74　两种渗碳工艺处理后渗层深度、显微组织和硬度检验结果

工艺	渗碳层深度/mm	表面硬度 HRC	心部硬度 HRC	K 级别	M、A_r 级别
普通渗碳工艺	1.75～1.85	61～62	33～35	≤4	4～5
BH 催渗工艺	1.75～1.85	61～62	33～35	≤3	≤3

降温BH催渗渗碳工艺以减小齿轮畸变为主要目的。图2.43和图2.44给出了降温催渗和普通渗碳工艺对比，表2.75为其畸变测量结果对比。

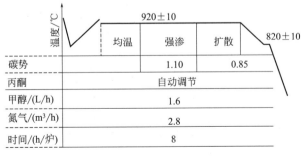

图 2.43　从动弧齿锥齿轮普通渗碳工艺图

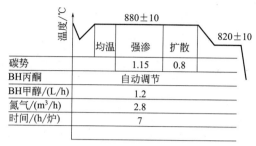

图 2.44 从动弧齿锥齿轮降温 BH 催渗工艺图

表 2.75 普通渗碳工艺和降温 BH 催渗工艺渗碳淬火后从动弧齿锥齿轮的畸变情况

检验项目		普通渗碳工艺					降温 BH 催渗工艺				
		1	2	3	4	平均	1	2	3	4	平均
硬化层深度/mm		1.2	1.1	1.3	1.25	1.2	1.2	1.15	1.15	1.1	1.15
碳化物级别/级		4	5	3	5.5	4.5	3	1.5	2	2.5	2
马氏体、残余奥氏体量 ψ/%		4.5	3	5	3.5	4	3	2.5	3	3.5	3
表面硬度 HRC		59	60	59	62	60	60	62.5	61	60	61
心部硬度 HRC		36	38	37	38	37	38	38.5	37	39	38
变形	内孔/mm	0.06	0.07	0.09	0.10	0.08	0.06	0.05	0.06	0.06	0.06
	内端面/mm	0.12	0.15	0.12	0.13	0.13	0.10	0.11	0.09	0.08	0.09
	外端面/mm	0.09	0.10	0.11	0.09	0.10	0.08	0.07	0.08	0.06	0.07

2.2.10 气体渗碳应用及实例分析

2.2.10.1 井式炉气体渗碳工艺实例

井式炉气体渗碳工艺实例见表 2.76。

表 2.76 井式炉气体渗碳工艺实例

工件材质	渗碳剂	工艺参数								备注
10 钢 15 钢 20 钢	煤油		设备型号	JT-35	JT-60	JT-75	JT-15			用于气门、推杆、曲轴上推垫圈等
			煤油用量/(滴/min)	a	90	110	140	155		
				b	50	60	75	80		
				c	75	85	125	135		
				d	35	50	65	75		
	工业丙烷及保护气		渗碳层深度/mm	0.7~1.1	1.2~1.4	1.2~1.6			用于球头碗接头销等零件
			时间 t_1/h	4.5~5	6~6.5	8~9			

续表

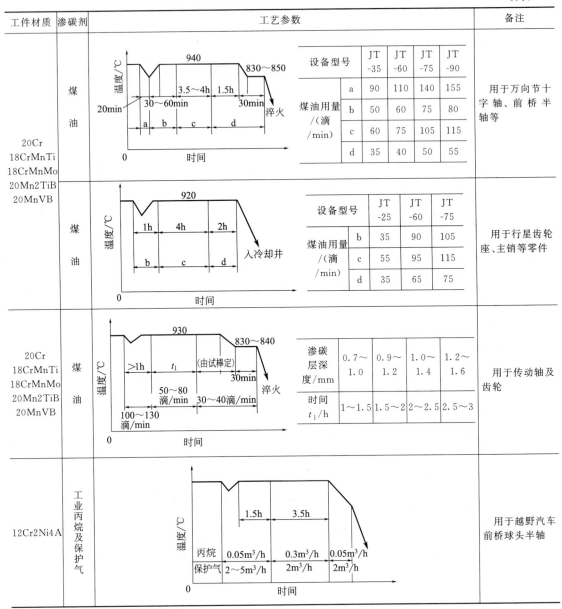

| 工件材质 | 渗碳剂 | 工艺参数 | 备注 |

第一行（煤油）
设备型号：JT-35、JT-60、JT-75、JT-90
煤油用量/(滴/min)：
a：90、110、140、155
b：50、60、75、80
c：60、75、105、115
d：35、40、50、55

备注：用于万向节十字轴、前桥半轴等

第二行（煤油）
设备型号：JT-25、JT-60、JT-75
煤油用量/(滴/min)：
b：35、90、105
c：55、95、115
d：35、65、75

备注：用于行星齿轮座、主销等零件

第三行（煤油）
渗碳层深度/mm：0.7~1.0、0.9~1.2、1.0~1.4、1.2~1.6
时间 t_1/h：1~1.5、1.5~2、2~2.5、2.5~3

备注：用于传动轴及齿轮

第四行（工业丙烷及保护气，12Cr2Ni4A）
备注：用于越野汽车前桥球头半轴

2.2.10.2 汽车、拖拉机齿轮的微机控制井式炉滴注式气体渗碳实例

汽车、拖拉机齿轮的微机控制井式炉滴注式气体渗碳实例见表2.77。

表 2.77　汽车、拖拉机齿轮的微机控制井式炉滴注式气体渗碳实例

序号	项目	说　明
1	使用材料	20CrMnTi
2	渗碳介质与碳势控制	甲醇+煤油两种渗剂，甲醇滴量恒定(140滴/min)，通过电磁阀按工艺不同阶段碳势设定值，对煤油滴量进行控制，可取得满意碳势控制效果
3	齿轮微机控制气体渗碳工艺曲线	见图2.45

续表

序号	项目	说　明
4	参数设定	温度控制精度为±2℃,碳势 w(C)控制精度±0.02%(氧含量差电势±2mV),时间控制精度±1s,渗碳周期为 6～6.5h,渗碳层深度 0.8～1.5mm(可随需要调节)
5	试验结果	齿轮渗碳后表面碳含量 w(C)为 0.9%左右,渗碳淬火＋低温回火后工件表面硬度为 60～62HRC

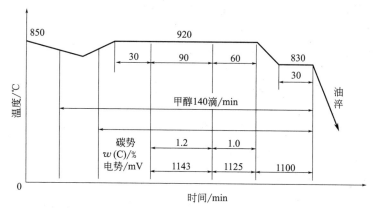

图 2.45　20CrMnTi 齿轮微机控制气体渗碳工艺曲线

2.2.10.3　［实例 2.1］　20CrMo 曲柄件的多用炉浅层渗碳表面强化实例

（1）零件名称及使用材料　某型号曲轴总成由左右曲柄、连杆和曲柄销等几种零件组成,见图 2.46。可以看出,曲柄件等渗碳后进行磨削加工,磨削后的硬度需在要求的范围内。左右曲柄、连杆和曲柄销经压合后,有一定的扭矩要求,因此曲柄、曲柄销之间有一定的过盈量。连杆、曲柄销要求耐磨;曲柄不仅要求耐磨,还要求强度与韧性之间合适的配合。曲柄压合后,曲柄销受的是压应力,如果曲柄受的是拉应力,曲柄的强度与韧性配合将不好,曲柄容易开裂。曲柄件所使用材料为 20CrMo 钢。

（2）技术要求　20CrMo 钢热处理工艺为渗碳淬火。由于工件较小,要求的硬化层浅,成品要求 0.6～0.9mm（514HV）,表面硬度要求 56～64HRC;热处理工序要求为 0.8～1.0mm（514HV）,表面硬度要求 57～64HRC。可以看出,曲柄件的渗层均属于浅层渗碳。

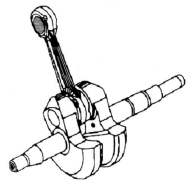

图 2.46　曲轴总成
（左右曲柄、连杆和曲柄销）图

（3）热处理工艺分析　根据以上曲柄件工作条件分析,要保证曲柄热处理项目合格,需解决以下几个问题:

ⅰ.设备能否保证一炉工件的硬化层都在要求的范围内。

ⅱ.热处理后的工件能否有一个合理的碳浓度梯度（硬化层硬度梯度）,以保证磨后表面硬度。

ⅲ.曲柄压合后,其扭矩能否合格,与曲柄孔的表面硬度、心部硬度和硬化层深度有关。

这种曲轴总成中曲柄渗碳的主要目的为:

ⅰ.提高表层的强度，保证扭矩合格。

ⅱ.表面渗碳硬化后，提高疲劳强度。

ⅲ.表面有一个合理的硬度，以便于同其他零件的装配。

ⅳ.曲柄较小，有强度、韧性要求，对硬化层、碳浓度梯度（硬化层硬度梯度）、心部硬度、表面硬度和残余奥氏体等要求高。

（4）渗碳工艺分析　硬化层（渗碳层）、碳浓度梯度（硬化层硬度梯度）、心部硬度、残余奥氏体对于力学性能的影响如下。

① 硬化层深度（渗碳层）。渗碳层深度主要受渗碳温度、渗碳时间和碳势等因素的影响。渗碳层深度的计算可以从 F. E. Harris 的公式中计算出：

$$\delta_{CD}(mm) = 802.6\sqrt{i}\,/10^{\frac{3720}{T}} = A(T)\sqrt{i}$$

式中，i 为时间；T 为热力学温度，K。当渗碳温度为 900℃、930℃时，相应的 $A(T)$ 值为 0.540、0.647。

由公式可看出，碳在 γ-Fe 中的扩散系数随着温度的升高而急剧增加；当温度一定时，渗层深度与渗碳时间呈抛物线的关系，可见温度和时间对渗层深度起主要影响。在时间、气氛相同条件下，提高渗碳温度，可大大加快渗碳速度，使得表面碳浓度高，浓度梯度平缓降低渗碳温度效果则相反，因此提高渗碳温度对加速渗碳有利。

对于浅层渗碳，对时间的控制要求很高。浅层渗碳温度不宜太高，若温度太高，渗碳时间不宜控制，会影响渗层的深度；同时温度太高心部组织易于粗化，增加心部的淬透性，使心部硬度超差。浅层渗碳要求渗层浅，整个渗碳过程处在高速扩散期，在较短的时间内就会获得要求的层深。温度波动对渗碳层的影响也很大。对于浅层渗碳，更应提高渗碳温度的控制精度。温度高、扩散快，在浅层渗碳中处理的时间短，层深不易控制，极易产生偏差；温度降低后，碳的扩散速度减慢，增大了过程控制的余地，便于操作处理，降低了出现层深超差的概率。

渗碳层深度增加，其疲劳寿命会显著提高，随着渗碳层深度的增加，可以增加扭矩，但冲击韧度严重下降。渗层的紧束力增加，使心部材料塑性变形的可能性受到严重限制；渗层增加，相应的扩散层加深，造成心部碳含量升高，淬火后的心部硬度升高，强度增加，韧性减少，造成曲柄在压合后形成延迟裂纹。

② 碳浓度梯度（硬化层硬度梯度）。硬化层硬度梯度与渗碳层碳浓度梯度有关。渗碳层碳浓度梯度与渗碳时的碳势和渗碳时间有关。对于浅层渗碳主要是提高零件表面的渗碳反应速度，由于渗层深度浅，碳原子活度大，扩散速度快，即使在前期高碳势气氛下，渗碳层也较难形成网状碳化物。渗碳层深度受碳势影响大，表层成分波动随气氛波动较灵敏。根据碳在奥氏体中的溶解度 $w(C)\% = 0.003T - 1.47(850℃ \leqslant T \leqslant 950℃)$，计算得 900℃碳的溶解度是 1.23%；930℃碳的溶解度是 1.32%。

控制炉气的碳势是为了零件表面达到最佳碳含量，对于低合金渗碳钢，表面要求 $w_C = 0.75\% \sim 1.00\%$，渗碳过程中可采用一段碳势（恒碳势），也可采用两段碳势（变碳势）的渗碳工艺。采用两段渗碳时，可以缩短工艺时间，提高渗层质量，但在实际渗碳过程中，气氛碳势与工件表面碳浓度存在一定差值。在薄层渗碳条件下，由于渗碳时间短，气氛碳势与工件表面碳浓度远未平衡，两者的差异相当大。因此对于这种热处理后需要进行磨削加工的零件，会造成表面硬度的不合格。

曲柄热处理后需要磨削，渗碳层中的碳浓度过高时，碳化物呈网状，造成表面脆化，力学性能降低。渗碳层中的碳浓度高，淬火后表面的残余奥氏体量多，在磨削的过程中，磨削热使残余奥氏体易转变为马氏体，形成磨削裂纹。表面硬度在能达到要求的前提下，采用高的回火温度，甚至回火两次，可减少残余奥氏体量和应力，以有利于磨削。表面碳含量高，淬火后形成孪晶马氏体，强度高，脆性大，韧性小，造成曲柄在压合后形成延迟裂纹。因此浅层渗碳应采用合适的碳势。

③ 心部硬度。渗碳钢的心部硬度对渗碳零件的力学性能有很大影响。大量的试验和使用证明，一些心部硬度过高的小件在使用的过程中易造成脆断；而且心部硬度过高，疲劳强度下降，韧性也不足，因此对于小件应加强对心部硬度的检测。优化钢材的使用（在保证心部硬度的前提下，采用碳含量低的材料），采用渗后空冷（细化心部组织）再加热淬火，能在很大程度上降低心部硬度。

④ 残余奥氏体。研究表明，表面适当的残余奥氏体不会恶化渗碳零件的抗疲劳性能，甚至有必要保留适当比例的残余奥氏体。残余奥氏体的量如果适当，可以抑制淬火显微裂纹的产生。曲柄与曲柄销在压合的过程中，其残余奥氏体在剪应力的作用下，会引起硬化、马氏体转变及渗碳体的析出，从而吸收一部分能量，防止曲柄由于应力过大而产生裂纹，而不发生转变的残余奥氏体可起到缓和裂纹尖端引起应力集中的作用。残余奥氏体本身较软，可承受拉伸应力产生的流变，有利于消除显微裂纹。浅层渗碳由于渗碳时间短，零件表面的清洁非常重要。表面的杂质对于浅层渗碳的影响比深层渗碳更大，会造成渗层不均，淬火后的表面硬度不足，因此渗碳前的清洁非常重要。既可进行预处理，预热工件，也可清洁工件表面，以提高渗碳零件表面的活性，加快钢表面吸附碳原子的速度，从而保证渗层的均匀性。

某公司采用 UBE-600 型滴注式可控气氛密封箱式多用炉，该设备采用了电子调控器、PID 连续调节的辐射管加热，炉膛带搅拌风扇，0.75 级的 K 型热电偶，用氧探头测碳势。设备技术要求渗层在 1mm 以下，渗层偏差在 ±0.075mm。由此看来，对于硬化层在 0.20mm 之内的要求，采用这种设备还有一定的难度。工件的渗层与硬化层是有区别的，硬化层还与淬火效果、淬火油的选用、工件的装夹方式等都有关。现采用的是德润宝729等温分级淬火油。

根据以上分析，工件的装夹方式见图 2.47。某公司设计了两套工艺，工艺 1 见图 2.48，工艺 2 见图 2.49。工件在进炉前进行了 (475±25)℃×1h 的预处理。按 9 点测温的方法取件检验硬化层，见图 2.50。工艺 1、工艺 2 的检验结果见表 2.78。工艺 1 验证了渗碳温度高时渗速快、渗碳时间难以控制的判断，渗层容易超差，硬化层均匀性差达到 0.39mm。

（5）硬化层缺陷分析　采用工艺 2，硬化层超差的现象稍有改善，但仍存在超差现象；硬化层均匀性也有所改善，达 0.28mm。硬化层深的工件主要集中在加热室后半部分，硬化层浅的工件主要集中在加热室前半部分。出现此结果的原因如下：

① 通过观察，在升温排气期不断滴入甲醇，不进行任何碳势控制，滴入甲醇仅起到气氛保护作用和气氛置换作用，升温过程中碳势最高可达 $1.30\%C_p$。对于深层渗碳，渗层的均匀性可能没有太大影响，但对于浅

图 2.47　曲柄件的装夹方式示意图

层渗碳，渗层均匀性影响就很大。一般冷工件进入多用炉吸热，炉内温度会骤然降至 580℃，开始升温（升温速率 4～6℃/min），经过约 70～90min，达到 930℃。在升温过程中，由于中门没有加热器，升温速度相对较慢，后室工件相对较快，因此后室的工件到温

快，在同样的条件下，硬化层更深。

② 工艺有降温要求，前室工件降温快，后室工件降温慢，因此在降温过程中后室工件的扩散层要比前室深一些。

③ 工件在淬火出炉过程中，前室工件首先接触空气，温度降得较多，淬火时温度相对低，硬化层也就较浅。

经过分析后对工艺进行修正，在升温的过程中控制碳势；渗碳温度恒定，不降温；在淬火时增加一个辅助工装，装在最上层靠近中门的工装上（见图 2.47，箭头所指处），9 点测温法取样示意图见 2.50，辅助工装见图 2.51。修改后的工艺见图 2.52。

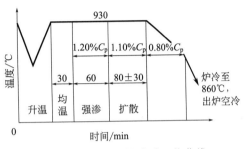

图 2.48 工艺 1 的渗碳工艺曲线

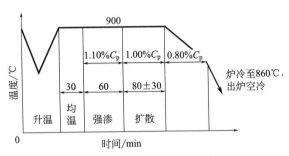

图 2.49 工艺 2 的渗碳工艺曲线

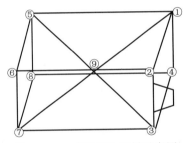

图 2.50 9 点测温法取样示意图

图 2.51 辅助工装示意图

表 2.78 工艺 1、工艺 2 的硬化层检验结果   单位：mm

序号	1	2	3	4	5	6	7	8	9
工艺 1	0.97	0.90	1.17	1.20	1.26	1.25	1.20	1.15	0.87
工艺 2	0.90	0.87	0.84	0.90	1.02	1.12	0.92	0.99	1.0

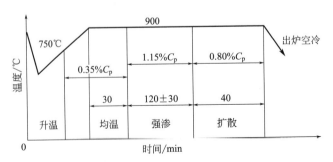

图 2.52 修改后的渗碳工艺曲线

经修改后的工艺处理后，工件的检测结果见表 2.79。硬度梯度见表 2.80。工件磨后的表面硬度>56HRC。

表 2.79 曲柄件的检测结果 单位：mm

序号	1	2	3	4	5	6	7	8	9
第一炉	0.9	0.92	0.98	1.00	0.92	0.82	0.90	0.88	0.83
第二炉	0.92	0.90	0.97	0.98	0.83	0.89	0.92	0.89	0.85
第三炉	0.84	0.89	0.86	0.95	1.00	0.87	0.99	0.97	0.88

表 2.80 曲柄件的硬度梯度

距离/mm		0.1	0.2	0.3	0.4	0.5	0.6	0.7	0.8	0.9	1.0
硬度 HV	1	721.4	713	672.8	657.7	624.3	597.7	560.9	549.4	505	479.3
	2	721.6	717.2	713	672.8	647.9	635.9	587.1	568.8	523.8	492.7

（6）小结 通过对曲柄件浅层渗碳的分析和设备的研究，经过工艺的调整，最终生产出合格产品，为企业创造了效益。

2.2.10.4 ［实例 2.2］ MIX 主减速从动齿轮的低压真空渗碳热处理工艺实例

MIX 主减速从动齿轮的低压真空渗碳热处理工艺见表 2.81。

表 2.81 MIX 主减速从动齿轮的低压真空渗碳热处理工艺

序号	项目	说　明
1	工件名称与使用材料	工件为 MIX 主减速从动齿轮,其外形示意图见图 2.53。所使用材料的牌号及化学成分(熔炼分析)见表 2.82,材料淬透性参见表 2.83。
2	热处理技术要求与加工工艺流程	MIX 主减速从动齿轮热处理技术要求有:表面硬度 680～790HV10,心部硬度 360～460HV10;有效硬化层深,成品要求 0.45～0.75mm(600HV1),考虑磨齿余量,热后要求 0.6～0.85mm(600HV1)。热处理工艺流程为:上料→清洗→脱脂＋预氧化→低压真空渗碳＋高压气淬→低温回火→风冷→下料
3	渗碳、淬火工艺参数的确定	低压真空渗碳热处理的原理,实际上是在低压(一般≤2kPa)真空状态下,采用脉冲方式,通过多个强渗(通入渗碳介质)＋扩散(通入保护气体,如氮气)与一个集中的扩散过程,实现渗碳过程并满足图样的渗层深度和金相组织的要求。该工艺的控制方法为"饱和值调整法",即在强渗期使奥氏体固溶碳原子并饱和,在扩散期已固溶的碳原子向内部扩散达到目标要求值,通过调整渗碳、扩散时间比,达到控制表面碳浓度和渗碳层深度的目的。低压真空渗碳模拟程序输入的参数包括渗碳温度、被渗工件原始碳浓度、渗碳后表面饱和碳浓度、扩散后表面碳浓度、最终表面碳浓度、渗层深度和介质在工件表面的富化率。 　　①渗碳温度及富化率。富化率(Flux)指单位时间内单位面积表面吸附的碳量,表示低压真空渗碳过程中,零件表面的富碳能力。处理零件的表面积为 1～15000cm^2,Flux 与渗碳温度的关系为直线关系,渗碳温度越高,零件表面富碳能力越强,渗碳效率越高,生产节拍越短,产能越高。但并不是所有钢材都适合采用高温渗碳工艺。根据真空渗碳的经验,MIX 主减速从动齿轮采用 940℃渗碳,渗碳介质为乙炔(C_2H_2),对应的 Flux 值为 8.5mg/(h·cm^2)。 　　②饱和碳浓度。依据铁-碳相图,确定 940℃的饱和碳浓度值为 1.3%。如果饱和碳浓度值设置过高,可能会导致齿角及齿面残余奥氏体高,而饱和碳浓度太低会引起工件表面碳浓度降低,影响工件的耐磨性、硬度及疲劳强度。 　　③强渗后的碳浓度设定(扩散前的碳浓度)。根据渗碳原理,为了提高渗碳速度并防止齿面碳浓度过高引起的残余奥氏体太高,一般设定饱和碳浓度为 0.45%～0.50%,并与最终碳浓度匹配,确保后续的扩散均匀。 　　④最终碳浓度(齿面热处理后碳浓度)。为了保证齿面的接触疲劳强度,根据 ISO 6336、QC/T 262 等国内外标准和经验,齿面的碳浓度一般控制在 0.65%～0.95%最佳。但是在真空渗碳过程中,过高的碳浓度会导致齿角残余奥氏体太多,影响零件的使用寿命。由于真空渗碳条件下,脉冲渗碳无法实现碳势的检测和控制,只能通过试样间接测试,且根据经验模拟

序号	项目	说　明
3	渗碳、淬火工艺参数的确定	碳浓度一般比实际碳浓度低约 $0.07\%\sim0.10\%$，因此在模拟工艺中一般设定碳浓度为 $0.62\%\sim0.66\%$，然后通过试样进行验证。实际在上述参数的设定过程中，将根据模拟后的脉冲参数，依据乙炔为渗碳介质的条件，以实现从第二个脉冲开始，强渗脉冲在 $45\sim55s$ 为目标，进行设定参数优化，从而实现程序指令的最优化。 　⑤低压真空渗碳过程渗碳介质的流量设定。设定依据为处理零件的表面积，因此为了准确设定和控制渗碳介质的流量，最好采用质量流量计。MIX 主减速从动齿轮采用乙炔渗碳，计算乙炔流量的经验公式为：乙炔流量(L/h) $=1250(L/h)+125[L/(h\cdot mm^2)]\times$零件表面积 $(mm^2)\times$零件数量$/10^6$。一般情况下，实际乙炔流量值的确定，可以根据实际情况在计算结果基础上上浮 10% 左右。MIX 主减速从动齿轮表面积为 $86763.982mm^2$，装炉量为 64 件/炉，根据经验公式计算乙炔流量 $=1944L/h$，实际工艺取 $2000L/h$。 　淬火工艺的确定。根据经验，采用改变淬火压力和时间的方式实现分级淬火，通过风扇搅拌的大小来控制冷却速度，淬火参数见表 2.84。 　淬火工艺主要分为"快-慢-快"三个过程： 　ⅰ.快。让工件表面避开 TTT 曲线鼻尖，不产生中间转变组织(贝氏体或珠光体)。 　ⅱ.慢。让工件表面和心部的温差尽量减小，在表面已完成马氏体转变的同时，控制心部马氏体的量(尽量转变成贝氏体)，减少淬火畸变。 　ⅲ.快。让工件尽快冷却至室温，完成整个淬火过程
4	试验结果及讨论	根据上述确定的关键参数，模拟出 MIX 主减速从动齿轮的渗碳节拍，共 11 个强渗 Mini 节拍，每个 Mini 节拍持续 $49\sim55s$，扩散节拍共 12 个，总渗碳时间为 125min。淬火工艺总淬火时间为 7min。按照此工艺完成 11 炉 MIX 主减速从动齿轮的热处理，可获得稳定的金相组织和热处理指标。 　如图 2.54 所示，有效硬化层深(600HV1)稳定在 $0.6\sim0.8mm$，满足热后要求，渗碳温度、强渗节拍、扩散节拍设定合理。表面硬度 $700\sim720HV10$，心部硬度 $378\sim436HV10$，由图 2.55 可知，心部组织均匀，主要是板条状马氏体+上贝氏体+少量铁素体。按相关对组织进行评判，金相照片见图 2.55 和图 2.56，评判结果见表 2.85，组织符合规范要求
5	热处理装架方式及热变形结果	MIX 主减速从动齿轮选择 H 形料棒，采用串挂的方式进行热处理(见图 2.53)，有利于加热和淬火的均匀性。H 形料棒的宽度和槽深是料架设计的关键尺寸，按照热处理变形控制重心最低原则，结合零件的尺寸，经计算，H 形料棒的宽度在 50mm(壁厚 8mm)时，主减速从动齿轮重心最低，热变形趋势最小。根据主减速从动齿轮的结构尺寸，确定 H 形料棒的槽深 13mm。槽太深，会导致主减速从动齿轮在气淬过程中由于高压气体冲击而引起的摆动受约束，进而影响平面度；反之，槽太浅，起不到固定工件效果，在物流运输过程中工件易发生敲毛碰伤，导致废品率上升。 　通过上述料架设计和热处理后，对连续三炉热后主减速从动齿轮进行 100%平面度测量，平面度在 0.05mm 以内的高达 95%。当然，作为 GAMMA 工装，该料架的设计也有不足之处：装炉量不理想，影响成本；装拆架时，工人需同时提起八个主减速从动齿轮和料棒的质量约 20kg，劳动强度大。后续将会根据经验数据进一步优化料架的设计
6	小结	对 MIX 主减速从动齿轮采用 Mini 低压真空渗碳技术，合理优化强渗和扩散节拍，获得了理想的热处理硬化层深度和组织；分级淬火可实现表面/心部组织的转变，获得理想的表面硬度及心部硬度；对称、紧凑的零件结构及合理的料架设计，直接通过高压气淬即可获得理想的主减速从动齿轮热处理后平面度

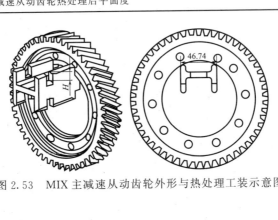

图 2.53　MIX 主减速从动齿轮外形与热处理工装示意图

表 2.82 材料化学成分（质量分数） 单位：/%

材料牌号	C	Si	Mn	P	S	Cr	Ni	Al	Cu
QS1927SO	0.23～0.28	≤0.30	1.10～1.30	≤0.025	0.020～0.040	1.00～1.25	≤0.25	0.015～0.050	≤0.25

表 2.83 材料的淬透性

距末端距离/mm	淬透性范围（HRC）
5	45～50
9	40～46
15	33～40

表 2.84 MIX 主减速从动齿轮高压氮气淬火参数

淬火时间/s	风扇搅拌/%	淬火压力/kPa
15	50	900
300	70	900
105	70	700

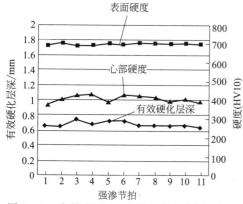

图 2.54 齿轮表面、心部硬度及有效硬化层深

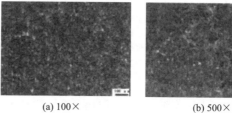

(a) 100×   (b) 500×

图 2.55 齿轮心部金相组织

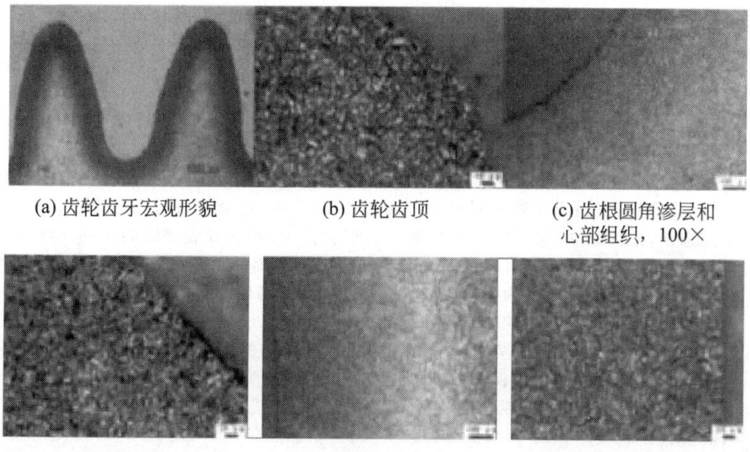

(a) 齿轮齿牙宏观形貌　　(b) 齿轮齿顶　　(c) 齿根圆角渗层和
　　　　　　　　　　　　　　　　　　　　　心部组织，100×

(d) 齿根渗层回火　　(e) 齿面节圆位置　　(f) 齿面节圆位置渗层
马氏体，500×　　　　渗层与心部组织　　　回火马氏体，500×

图 2.56 MIX 主减速齿轮各部位的金相组织

表 2.85　金相组织评判结果

技术要求	齿角		齿面			齿根圆角		心部组织	
	碳化物	残余奥氏体30%（最大量）/%	碳化物	残余奥氏体30%（最大量）/%	马氏体针长度/mm	从表面到次表面（第一个25%有效硬化层深范围内）为完全的马氏体组织	次表面（第二个25%有效硬化层深范围内）组织特征	组织特征	晶粒度大小，ASTME112
结果	1级	22	1级	9	0.005	合格	合格	板条马氏体＋上贝氏体＋少量铁素体	6级

2.2.10.5　[实例2.3]　18Cr2Ni4W 钢大型重载齿轮轴的深层渗碳工艺研究实例

18Cr2Ni4W 钢大型重载齿轮轴的深层渗碳工艺研究见表 2.86。

表 2.86　18Cr2Ni4W 钢大型重载齿轮轴的深层渗碳工艺研究

序号	项目	说　明
1	工件名称与使用材料	某大型重载齿轮轴，其外形见图 2.57，尺寸为 $\phi615mm \times 1800mm$，轮齿 $m=12$，渗碳面积为 $3.6m^2$。所使用材料为 18Cr2Ni4W 渗碳钢
2	热处理技术条件	渗碳层表层碳的质量分数为 0.8% 左右，渗碳层碳浓度变化应平缓，有效碳硬化层深度 6.0～6.5mm；渗碳层表面硬度 58～62HRC，轮齿心部硬度为 30～40HRC
3	加工工艺流程	锻坯→正火→高温回火→粗机械加工→消除内应力退火→半精机械加工→深层渗碳→球化退火→淬火＋低温回火→精机械加工→成品
4	最终热处理工艺规范	i．深层渗碳。其深层渗碳工艺曲线见图 2.58。 ii．渗层球化退火。球化退火工艺曲线见图 2.59。 iii．淬火＋低温回火。其工艺曲线见图 2.60
5	最终热处理工艺解析	i．深层渗碳。深层渗碳工艺主要用于大型重载齿轮、大型矿山及冶金轴承等。由于深层渗碳要求渗碳层深度深（一般＞3mm，个别情况下可达 15mm），因此深层渗碳碳势控制极为重要，而渗碳层越深，渗碳的平均速度越小，当渗碳层深度达 6mm 时，所需渗碳时间为 200h 左右。 ii．渗层球化退火。主要目的在于细化组织，控制碳化物的大小和形状，将碳化物的平均粒度控制在 1μm 以下，为淬火做好组织准备；同时亦可降低硬度，改善切削加工工艺性能。 iii．淬火＋低温回火。目的在于赋予工件表硬内韧的性能，即渗层表面要求高硬度、高耐磨性，而重载齿轮轴心部仍保持良好的塑韧性，以抵抗冲击载荷的作用
6	最终热处理工艺技术实施要点	i．渗碳前，工件应认真清除表面油污，提高工件表面吸附和吸收活性碳原子的能力，以提高渗碳速度和渗碳层的均匀性。 ii．渗碳工艺特点。高温装炉、大滴量甲醇排气，以缩短加热时间和防止工件加热氧化。在甲醇排气的同时，滴入少量煤油，使炉气的碳势较高，这样可使工件提前渗碳。当炉温升至 750℃ 左右时，保温 1～2h，以减小齿轮轴上的温差，减小工件加热畸变，炉温升至渗碳温度时，应尽快把炉气的碳势调至强渗期要求的碳势。如图 2.58 所示，渗碳过程分为强渗期和扩散期两个阶段。对于强渗期，采用高炉气碳势（碳势控制在 1.65% 以上，齿轮轴表面碳的质量分数为 1.2%～1.3%）和较低温度（880～890℃），其目的是提高渗碳速度而渗碳层又不形成明显的网状碳化物。强渗期占总渗碳时间的 1/4 左右，为 40～45h。扩散期采用与渗碳层要求碳浓度相适应的低碳势和较高的渗碳温度（920～930℃）。提高渗碳温度能明显提高碳原子在钢中的扩散速度，以获得高的渗碳速度，缩短渗碳周期。炉气的碳势虽降低了，但由于渗碳层的碳化物不断向奥氏体内溶解，在扩散期的第一、第二阶段，渗碳层仍保持较高的碳浓度梯度，因而碳原子仍保持较高的扩散速度。扩散第一阶段，时间约 15h，炉气碳势控制在 1.20%～1.25%，工件表层碳的质量分数为 1.0%～1.1%，渗碳层深度达到要求值的 1/2；扩散第二阶段，其碳势控制在 1.10%～1.15%，渗碳层的碳的质量分数降至 0.9%～1.0%，扩散时间约 60h，渗碳层深度达总深度的 80% 左右；扩散第三阶段炉气碳势控制在 1.00%～1.05%，工件表层碳的质量分数为 0.8%，扩散时间为渗碳总时间的 1/3，约 80h，扩散期的总时间为 140～160h。渗碳层有效硬化层深度达 6.0～6.5mm。

序号	项目	说　明
6	最终 热处理 工艺技术 实施要点	ⅲ.为保证渗碳质量,在渗碳过程中应多次用渗碳钢箔检测炉气碳势,即使采用红外仪控制炉气碳势,至少在转换炉气碳势的前后也必须用渗碳钢箔检测炉气碳势,并校核红外仪的控制参数。在强渗期,炉气碳势高,应注意防止炭黑的大量产生而阻碍渗碳过程。 ⅳ.齿轮轴渗碳结束前20h,应检测圆柱试样的渗碳层深度、碳含量和金相组织,并根据检测结果对渗碳工艺参数进行调整。在渗碳工艺结束前0.5h,应检测带有三个齿的渗碳试样的渗碳层深度及其沿齿廓的分布情况、渗层的金相组织,如游离碳化物的数量和形状,碳化物是网状还是粒状等,并依据检测结果确定渗碳结束的时间和是否要对渗碳工艺参数做最后一次调整。渗碳工艺完成后,工件在炉内冷却至800～820℃并保温1～2h,以减小工件断面温差,其后工件出炉并转入冷却坑内缓冷,但应注意防止网状碳化物析出和齿面严重氧化和脱碳,否则应在热油内冷却,并接着进行高温回火,获得回火索氏体组织后,即可进行球化退火。 ⅴ.若渗碳后发现渗碳层中存在明显的网状碳化物,而且其尺寸超过精加工的尺寸公差,则在球化退火前,应先进行正火来消除网状碳化物。 ⅵ.淬火加热时应通保护气氛,防止工件渗层表面过度脱碳

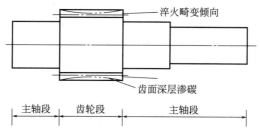

图 2.57　大型重载齿轮轴外形及易发生畸变位置示意图

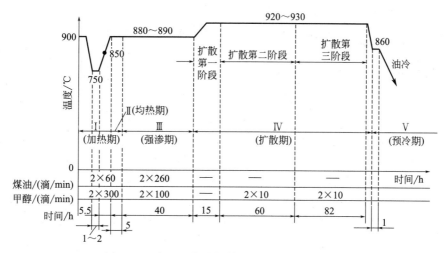

图 2.58　大型重载齿轮轴深层渗碳工艺曲线图

渗剂每100滴为2mL,渗剂在渗碳各阶段的滴量如图所示

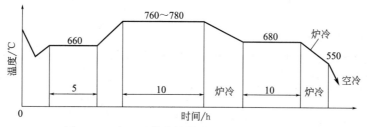

图 2.59　大型重载齿轮轴球化退火工艺曲线图

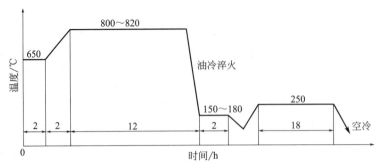

图 2.60　大型重载齿轮轴深层渗碳后淬火＋低温回火工艺曲线图

2.3　固体、液体与其他渗碳工艺及应用

2.3.1　固体渗碳工艺及应用

固体渗碳就是将工件放在填充粒状渗碳剂的密封箱中进行的渗碳［见图 2.61(a)］。其工艺曲线见图 2.61(b)。将装有工件的渗碳箱置于热处理炉中加热，待炉温升到奥氏体状态 800～850℃，经保温使渗碳箱透烧，再继续加热至渗碳温度 900～950℃，保温一定时间后，使工件表面增碳，然后取出工件淬火或空冷后再重新加热淬火。固体渗碳的优缺点及注意事项见表 2.87。

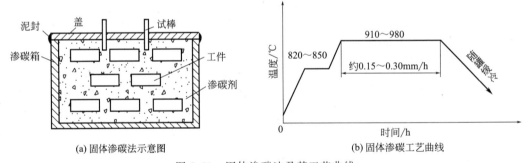

(a) 固体渗碳法示意图　　　　　　　　　(b) 固体渗碳工艺曲线

图 2.61　固体渗碳法及其工艺曲线

表 2.87　固体渗碳的优缺点及注意事项

优缺点	注意事项
优点：固体渗碳简便易行，适用于单件、小批量生产，无需专门的热处理设备，尤其适用于盲孔及小孔零件的渗碳（把渗碳剂填入盲孔中），因此在生产中有很高的应用价值。固体渗碳是有千年以上历史的传统工艺，经不断改进至今仍在使用。 缺点：渗碳的质量和渗碳层深度不易掌握，劳动条件差，渗速较慢，渗碳周期长，不便于进行直接淬火。	ⅰ. 零件在渗碳前应清除掉油污和锈迹； ⅱ. 正确选择渗碳温度，一般为 920～950℃； ⅲ. 选择好的渗碳剂； ⅳ. 新旧渗碳剂按一定比例混合使用； ⅴ. 零件与渗碳箱之间的距离以 30～40mm 为宜

2.3.1.1　固体渗碳剂

（1）固体渗碳剂的组成　主要由两类物质均匀混合而成，详见表 2.88。

表 2.88 固体渗碳剂的组成

序号	名称	组成说明
1	供碳剂	在渗碳过程中产生活性碳原子的物质,如木炭、焦炭及骨炭等,约占 90% 左右,生产中主要使用木炭。用纯木炭作为供碳剂活性较低,渗碳的时间太长,渗碳层中的碳浓度较低,据报道最高可达 0.60%～0.70%,对木炭的要求是质坚、粒度为 3～8mm。有的采用木屑来代替木炭,要求捣紧,防止塌箱;焦炭重量轻、多孔,加入的目的是减轻渗碳剂重量,提高渗碳的传热能力,有助于增加渗碳剂的强度,加入量一般为 20%～30%,但其含硫量高,故很少单独使用
2	催渗剂	约占 10% 左右,与供碳剂反应,促进活性碳原子生成催渗物质,主要是碳酸盐。加入适量(2%～10%)碳酸盐如碳酸钠、碳酸钡或其他化合物后,高温下碳酸盐与木炭相互作用,加快了 CO 的生成,提高了木炭的活性,大大促进了渗碳过程的进行,因而缩短了渗碳总时间。经验表明,低碳钢渗碳时加入 5%～7% 碳酸盐,低合金渗碳钢渗碳时加入 1.5%～3% 碳酸盐,若使用较多的碳酸盐会造成工件表面碳含量过高(>1.5%),表面脆性增大

（2）固体渗碳剂应具备的条件　固体渗碳剂应具备的条件见表 2.89。表 2.90 列出了常见固体渗碳剂,由国内许多热处理工艺材料厂生产,以供应市场。

表 2.89 固体渗碳剂应具备的条件

序号	条件	说明
1	活性高	其渗碳时能产生足够多的活性碳原子,而且在重复使用时活性下降不明显
2	强度高	渗剂应不易碎裂,抗烧结性好,疏松,渗碳时通气性好,收缩小
3	干燥、纯净	渗剂应不含对工件有害的杂质(如 S、P 等)
4	原材料	成本低,来源广

表 2.90 几种常见的固体渗碳剂组成和使用说明

渗碳剂组成		使用说明
组分名称	含量/%	
碳酸钡($BaCO_3$) 木炭	3～5 95～97	适用于 20CrMnTi 等合金钢的渗碳,由于催渗剂含量较少,故渗碳速度较慢;但表面的碳浓度合适,碳化物分布较好
碳酸钡($BaCO_3$) 木炭	10 90	适用于碳钢的渗碳
碳酸钠(Na_2CO_3) 焦炭 木炭 重油	10 30～50 55～60 2～3	由于含有焦炭,渗碳剂的强度高,抗烧结性好,适于渗碳层深的大型零件
乙酸钡[$Ba(CH_3COO)_2$] 焦炭 木炭	10 75～80 10～15	由于含乙酸钠(或乙酸钡),渗碳活性较高,速度较快,但易使表面碳浓度过高,因含焦炭,故渗碳剂热强度高,抗烧结和烧损的性能好,适用于工件或直接淬等情况
乙酸钠(CH_3COONa) 焦炭 木炭 重油	10 30～35 55～60 2～3	

（3）固体渗碳剂配制时的注意事项　渗碳剂的配制和装箱方法是保证固体渗碳质量的重要环节,在配制和使用固体渗碳剂时,注意事项见表 2.91。

表 2.91 固体渗碳剂配制注意事项

序号	注意事项
1	渗碳剂的选用以木炭为主,颗粒大小最好在 3~8mm。使用时用筛子筛选获得粒度符合要求的木炭
2	为加速渗碳过程,应在渗碳剂中加入少量碳酸钡($BaCO_3$)、碳酸钠(Na_2CO_3)或乙酸钠(CH_3COONa)作为催渗剂
3	为防止渗碳剂颗粒间发生烧结现象,可在渗碳剂中加入 5% 左右的碳酸钙($CaCO_3$),其对渗碳速度无太大影响。为增加碳酸钡或碳酸钠与木炭间的结合力,应在渗碳剂中再加入 3%~5% 的重油或糖浆。渗碳剂中水的质量不能超过 5%
4	全新的渗碳剂易导致工件表面碳浓度过高,使渗碳层中出现粗大 K,淬火后 A_r 量增加。因此一般都将新旧渗碳剂混合使用,其中新渗剂占 20%~40%,旧渗剂占 60%~80%,混合前的渗碳剂需再次过筛,以保证粒度符合要求
5	当全部使用新渗碳剂时,渗碳剂需先装箱密封,在渗碳温度下烧结一次再用
6	回收的旧渗碳剂,再使用时需先去除氧化铁皮,筛去灰分

（4）渗碳剂的配制方法　首先将已称好并经过筛选的木炭倒入水中搅拌。此时沙子、玻璃碴子等杂物都沉入水底,然后将木炭捞出,趁半干半湿状态将预先按比例配制好的碳酸钡用水稀释后均匀地洒在木炭上,经机械混合均匀,碳酸钡便非常牢固、均匀地吸附在木炭上。再经烧干或晒干后,含水量小于 5% 即可使用。

（5）固体渗碳剂应用举例　见表 2.92。

表 2.92 固体渗碳剂应用举例

序号	固体渗碳剂应用示例
1	碳酸钡 15%+碳酸钙 5%+木炭。920℃×(10~15)h,渗速为 0.11mm/h,表面含碳量为 1.0%,新旧渗碳剂的添加比例为 3∶7
2	碳酸钡 3%~5%+木炭,材质 20CrMnTi,930℃×7h,渗层 1.33mm,含碳量 1.07%,用于低碳合金钢时,新旧渗碳剂的添加比例为 1∶3
3	碳酸钡 3%~4%+碳酸钠 0.3%~1%+木炭。材质 18Cr2Ni4WA 及 20Cr2Ni4A 的渗碳层为 1.3~1.9mm,碳含量为 1.2%~1.8%,用于 12CrNi3 钢渗碳时,碳酸钡 5%~8%
4	乙酸钠 10%+焦炭 30%~35%+木炭 55%~60%+重油 2%~3%。由于含有乙酸钠,渗碳剂的活性较高,渗碳速度加快,但易使零件表面的碳含量过高。有焦炭的存在使渗碳剂的热强度增高,抗烧结性能好

2.3.1.2 常用的固体渗碳工艺

如图 2.62 所示,分段渗碳是基于克服一般渗碳温度高,钢的晶粒较粗大,而且在缓慢冷却过程中可能形成网状 K 的缺点而进行的。其特点是在正常渗碳温度下保温,当渗层深度接近工艺的下限时,将炉温降到 850℃ 左右,保温适当的时间,使工件的内外温度一致,以适当降低表面的碳含量,从而实现无网状 K 的析出,免去正火工序,也可分段渗碳后直接淬火。

渗碳时间根据渗层要求、渗剂成分、工件材质及装箱等具体情况而定。对渗碳剂的选择有两个要求:工件表面碳含量高、渗层深时,采用活性高的催渗剂;对含碳化物形成元素的钢,应选择活性低的渗剂。在实际生产中固体渗碳剂的配制方法见表 2.93。

表 2.93 固体渗碳剂的配制方法

序号	名称	具体方法
1	干燥法	将催渗剂和粒状炭混合均匀后直接使用,该方法简单实用,易于操作
2	湿法	采用糖浆、重油或清水等,将催渗剂黏附并浸透到木炭粒中,在 140℃ 左右烘干使用。此法的优点是催渗剂分布均匀,渗碳效果较好,适用于工艺材料厂生产

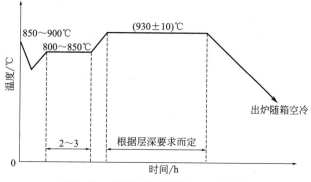

图 2.62 分段加热固体渗碳工艺曲线

一般配制好的固体渗碳剂应符合下列规定：含水量＜6%，二氧化硅≤2%，硫含量＜0.4%，木炭或焦炭的粒度应在 12mm 以下，其中 90% 以上粒度应在 3～8mm 范围内。

2.3.1.3 固体渗碳的反应机理

在固体渗碳过程中，渗碳箱内的木炭与箱内原有的氧气结合生成一氧化碳，即

$$2C + O_2 \rightleftharpoons 2CO$$

而生成的 CO 在渗碳温度下不稳定，与零件表面接触时，分解出活性碳原子

$$2CO \rightleftharpoons CO_2 + [C]$$

活性碳原子被吸附在工件的表面，使零件表面奥氏体的碳浓度增高，与心部产生了浓度差，碳原子从表面向里扩散，使渗碳层厚度逐渐增加。因此，固体渗碳的实质是依靠 CO 气体进行渗碳的。

固体渗碳时，渗碳箱内的氧气十分有限，因此反应产生的 CO 气体较少，单纯用木炭（或焦炭）的效率很低。为了加快渗碳速度，需要加入一定量的催渗剂（5%～30%）如碳酸钠、碳酸钡或乙酸钠、乙酸钡等。碳酸盐如碳酸钡加热时发生分解，即

$$BaCO_3 \longrightarrow BaO + CO_2$$

产生的 CO_2 与木炭反应，生成渗碳需要的 CO，即 $CO_2 + C \longrightarrow 2CO$。

碳酸盐加入量太少对提高渗碳速度无明显作用，加入太多在高温时产生活性碳原子过量，工件表面的含碳量过高，致使工件渗碳后出现开裂现象。一般常用渗碳剂为 85%～90% 木炭＋15%～10% 的碳酸钡或碳酸钠。

2.3.1.4 固体渗碳工艺及操作

工件渗碳工艺及具体操作过程见表 2.94。

表 2.94 固体渗碳工艺及操作过程

序号	项目	工艺的实施及操作过程
1	工件的清理	除掉工件表面的氧化皮、锈斑及油污等，保证渗碳件表面的清洁，有时对工件表面进行喷砂处理
2	防渗处理	要求局部渗碳的工件，对于不要求渗碳部位事前应进行防渗碳处理。常采用以下防渗方法。 a. 非渗碳面镀铜防渗，渗碳层碳含量 0.8%～1.2%，镀层厚度 0.02～0.04mm；渗碳层碳含量 1.2%～2.0% 时，镀层厚度 0.04～0.06mm；渗碳层碳含量＜0.6% 时，镀层厚度 0.01～0.02mm。大多数推荐的镀层厚度为 0.035～0.055mm。 b. 涂刷防渗涂料，可在不要求渗碳部位涂防渗涂料，多用 40% 滑石粉＋60% 水玻璃或耐火黏土＋石棉丝＋水玻璃为防渗涂料，涂料厚度 2～3mm，涂后在 300～400℃ 缓慢加热烘干。目前市场有专用防渗涂料供应。为保证防护质量，使用时应按产品说明书上的介绍方法进行操作。此外，还可采用其他办法进

序号	项目	工艺的实施及操作过程
2	防渗处理	行防渗碳处理,如对于不需渗碳的内孔可用钢件或其他方法堵塞,对螺纹可采用 KC-3 涂料进行防护,效果最佳。或采用工件整体渗碳后通过局部淬火使应当渗碳部位淬火硬化;让非渗碳部位伸出渗碳箱外;内螺纹可用旋入的铜螺杆加以防护,或者相反,将外螺纹用铜螺母套住。 c. 比较重要的零件常采用增大加工余量法,整体渗碳后用机械加工法去掉渗碳层
3	工件的装箱	实际生产中,渗碳箱一般采用 4~8mm 厚耐热钢板或低碳钢板焊接而成,亦可采用壁厚为 10~15mm 铸铁箱。渗碳箱的外形有矩形、圆柱形、环形,其形状和尺寸应根据零件形状和尺寸及使用设备的炉膛大小而定。固体渗碳通常采用箱式电阻炉或井式炉,应注意以下几方面。 a. 选择合适的渗碳剂和渗碳箱,以利于工件迅速加热,渗碳层均匀,无渗碳缺陷。 b. 装箱时箱底均匀铺上一层厚为 20~30mm 的渗碳剂,上下层之间铺一层 20~25mm 的渗碳剂。摆放工件时应保证在渗碳温度下变形小。箱与箱、工件与箱壁、箱底及工件相互间应保持适当距离,渗碳剂应填满间隙并捣实,最上层零件表面的渗碳剂厚度在捣实后不小于 30mm,否则会因渗碳剂收缩而塌箱使工件裸露。箱盖上留 1~2 个试样孔安放试样,以备出炉前检查。炉盖用黏土+水、黄土 16 份+细砂 4 份+食盐水 1 份或耐火黏土+水,将盖封严,或者用水玻璃与耐火泥混合成潮湿程度为用手能团成团的湿土来密封。若密封不严会使空气等进入箱内,使工件脱碳、氧化,或因渗碳用的 CO 气体逸出而降低渗碳能力,减缓了渗碳速度。常见的装箱方法见图 2.63。目前有的采用将渗碳剂和工件分别装入渗碳箱内不同的空间和位置的方法,称为固体气相渗碳法,该方法具有零件表面清洁的优点。 c. 要求同一渗层厚度的工件应放在一起渗碳。对要求厚度稍有差异的工件,应将渗层薄的工件放在箱的中间,渗层厚的放在边缘,以得到要求的渗层。 d. 放置检查试样,除与工件同时放入试棒外,还应在渗碳箱盖上留有直径 $\phi12~\phi18$mm 的两个孔,插入试样,在接近工艺规定的时间时取出检查,以确定出炉时间
4	装炉与升温	固体渗碳装炉温度为 850~900℃,装炉后炉温会降到 600℃左右,多采用阶梯缓慢加热,其目的是防止出现工件的内外温度不均,造成工件的渗碳浓度差别较大。装炉速度应迅速,以防炉温下降太快;渗碳箱之间及炉壁、炉门应留出适当距离;渗碳剂的导热性差,减小边缘与中心的温差的办法是采用分段加热,在 800~850℃ 保温一段时间,再升温到渗碳温度;对于小型工件可直接升到渗碳温度 910~940℃。对含钛、钒、钨、钼的合金钢,为加速渗碳过程,采用 950~980℃ 时装炉
5	保温(透烧)时间	渗碳保温时间主要取决于要求的渗碳层深度,需要根据渗碳层的技术要求而定。渗碳后需磨加工零件的渗碳层深度,应将加工余量计算在内,一般应增加 0.2~0.3mm。渗碳层在 0.8~1.5mm 范围内,850~900℃ 入炉,渗碳温度为 930~940℃,保温时间可按平均渗速 0.15~0.18mm/h 计算;对于直接920~940℃ 渗碳,其保温时间按平均渗速为 0.10~0.15mm/h 计算。实际生产中,为改善渗层中碳浓度的分布状态,即合理的碳浓度梯度,在试样检验层厚接近最低限度时,可将炉温冷至 840~860℃ 保温一定时间,使碳原子向内部扩散。固体渗碳透烧时间见表 2.95,渗碳箱尺寸、渗碳层深度和渗碳时间的关系见表 2.96
6	出炉和开箱	同气体渗碳一样,在工艺规定出炉时间前 0.5~1h 检查试棒的渗层,渗碳层达到工艺规定的要求后即可出炉,渗碳箱出炉后空冷至 250~300℃ 时开箱取出工件,清理干净表面的木炭等,为下次淬火做好准备。若开箱温度过高,会增大工件的变形,同时也会造成渗碳剂烧损严重,劳动条件和环境较差

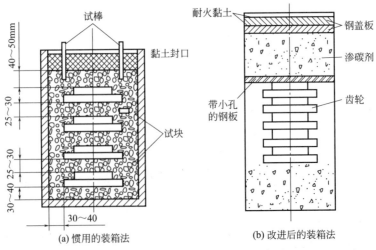

(a) 惯用的装箱法   (b) 改进后的装箱法

图 2.63 固体渗碳的装箱方法示意图

表 2.95　固体渗碳保温（透烧）时间

渗碳箱尺寸：(直径/mm)×(高/mm)	透烧时间/h	渗碳箱尺寸：(直径/mm)×(高/mm)	透烧时间/h
250×450	2.5~3.0	350×600	4.0~4.5
350×450	3.5~4.0	460×450	4.5~5.0

表 2.96　渗碳箱尺寸、渗碳层深度和渗碳时间的关系

渗碳箱最大边的尺寸/mm	渗碳层深度/mm					
	0.25	0.50	0.70	0.90	1.10	1.30
	渗碳时间/h					
100	3.0	4.0	5.0	6.0	7.0	8.0
150	3.5	4.5	5.5	6.5	7.5	9.5
200	4.5	5.5	6.5	7.5	8.5	10.5
250	5.5	6.5	7.5	8.5	9.5	11.5
300	6.5	7.5	8.5	9.5	10.5	12.5

　　图 2.64 是一种较好的固体渗碳工艺，图中虚线（加粗）表示工件实际温度，在 800~850℃之间透烧可减小渗碳箱内的温度差，改善渗碳层的不均匀性。渗碳结束后渗碳箱即可出炉，工件在渗碳箱中冷至 300℃ 左右时取出。有的工厂采用渗碳后直接淬火，则应在840~860℃保温一段时间后再出炉淬火。

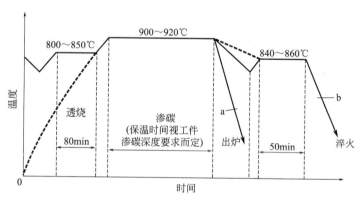

图 2.64　固体渗碳工艺

a—渗碳后缓冷；b—渗碳后直接淬火

2.3.1.5　固体渗碳的注意事项

　　固体渗碳的注意事项见表 2.97。

表 2.97　固体渗碳的注意事项

序号	项目	注意事项
1	渗碳炉的使用	选用固体渗碳炉时，既要考虑炉温均匀性是否满足要求，又要注意炉子在渗碳温度下的承重能力。箱式、井式和台车式电阻炉是固体渗碳最常用的炉型。箱式电阻炉可采用专门设计的机械装置或传送机构装出炉。此外，还应在箱式和井式电阻炉炉底上铺垫一层碳化硅砂粒，这样既能改善炉温均匀性，又可防止炉底磨损变形。大型笨重工件用台车式电阻炉进行固体渗碳，能实现连续作业，从而可大大减少辅助时间和炉子的热损失。渗碳箱不要直接放在台车上，而应该采用三点或多点支承将其架成水平状态，以减少容器变形和提高炉温均匀性

序号	项目	注意事项
2	渗碳箱的使用	固体渗碳时需将工件和渗碳剂一同放入渗碳箱中加热。渗碳箱常用低碳钢板、渗铝低碳钢板或耐热钢板焊成。渗铝低碳钢箱的使用寿命是碳钢箱的几倍，而且按单位时间单位重量的渗碳件计算，这种渗碳箱的使用成本最低。渗碳箱的形状和尺寸按工件形状和尺寸及所使用设备而定。为使热量能较快传至整个渗碳箱，在允许条件下，可把箱子的长、宽、高的某个尺寸尽可能做得小一些。同时，渗碳箱最好采用薄钢板制成轻型结构，而不是较重的铸铁结构，较轻的渗碳箱可通过焊接加强筋来提高刚度。为防止空气进入而烧损渗碳剂，装箱加盖后一般再用黏土将箱盖四周的缝隙封好
3	其他	a. 空气中木炭粉尘的易燃浓度极限为 $128g/m^3$，碳酸钡烟雾的安全浓度极限为 $0.5g/m^3$，因此，在煤油抽风除尘装置的操作间配制和使用固体渗碳剂，易引发火灾和危害操作者身体健康，这是不允许的。 b. 工件的渗层质量和变形度在相当程度上取决于装箱技巧。工件在装箱时操作者往往只注意摆放匀称，但却忽略了其他装箱要点。装箱时尽可能在同一渗碳箱中装入同种工件，当做不到这一点时，则应将尺寸较大工件安放在容器四周，而将尺寸较小工件放在容器中部。大工件周围的渗碳剂应当厚实一点，这样，即使渗碳剂在渗碳过程中发生收缩，仍可使工件获得较好支承。 c. 尽管渗碳剂对工件具有良好支承作用，但装箱不当时，工件会产生自重变形。因此，装箱操作时应注意使工件的最长尺寸垂直于箱底面，在处理轴类工件时这一点尤为重要。轴类工件在箱中不能水平或倾斜放置，而要竖直放置

2.3.1.6 固体渗碳工艺应用

常见固体渗碳后的几种热处理方法见图 2.65。图中，图（a）主要用于 Cr-Ni 合金渗碳钢；图（b）主要用于力学性能要求很高的渗碳件，但该法氧化脱碳严重且工艺复杂；图（c）用于不需机械加工的高合金渗碳钢工件；图（d）主要用于各种齿轮及轴类零件等。常用的渗碳钢淬火工艺及其力学性能见表 2.98。

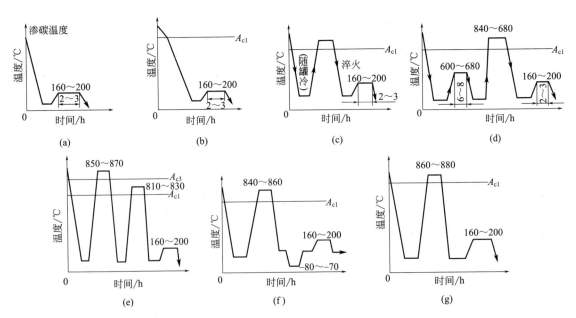

图 2.65　固体渗碳后的几种热处理方法

（a）直接淬火＋低温回火；（b）预冷直接淬火（淬火温度 800～850℃）＋低温回火；（c）一次淬火（淬火温度 820～850℃或 780～800℃）＋低温回火；（d）渗碳后高温回火＋一次淬火（淬火温度 840～860℃）＋低温回火；（e）二次淬火＋低温回火；（f）一次淬火＋冷处理＋低温回火；（g）感应淬火＋低温回火

表 2.98　常用的渗碳钢淬火工艺及其力学性能

| 牌　号 | 淬　火 | | | 回火温度/℃ | 抗拉强度/MPa | 屈服强度/MPa | 伸长率/% | 断面收缩率/% | 冲击韧度/(J/cm²) |
	第一次淬火温度/℃	第二次淬火温度/℃	冷却介质						
15Cr	860	780	水	200	700	500	10	45	70
20Cr	860	780	油	200	800	600	10	40	60
12CrNi2	860	780	油	200	800	600	12	50	90
12CrNi3	860	780	油	200	950	700	12	50	120
12Cr2Ni4	860	780	油	200	1100	850	10	50	90
20Cr2Ni4	860	780	油	200	1200	1100	9	45	70
20CrMn	860	—	油	180	800	600	12	50	70
20CrNiMo	950	850	空气或油	150	1150	850	11	45	100
20CrMnMo	860	810	油	190	1100	900	10	50	90
20CrMnTi	870	—	油	200	1100	800	9	50	80

2.3.1.7　[实例 2.4]　棘轮的固体渗碳表面强化

实例分析见表 2.99。

表 2.99　棘轮的固体渗碳表面强化实例分析

序号	项目	说　明
1	工件名称与使用材料	工件的形状和尺寸见图 2.66。材料为 20Cr
2	技术要求	要求渗碳淬火,渗碳层深度为 0.8～1.2mm,表面硬度为 58～62HRC。表层金相组织为回火马氏体加粒状碳化物;内孔不允许渗碳
3	加热设备及渗剂选择	设备选用 RX3-75-9 箱式电阻炉,工装采用装箱固体渗碳
4	热处理工艺规范	在箱式电阻炉中于 930℃±10℃ 保温 6～8h 渗碳,渗碳后在中温盐浴炉中经 840℃±10℃ 保温 10min,油淬火。渗碳—淬火—回火的工艺曲线见图 2.67
5	工艺准备	i.检查热处理设备运行是否正常,温度控制和指示是否准确。 ii.检查工件与图纸、工艺文件是否相符。 iii.渗碳剂配制。35% 新渗碳剂＋65% 旧渗碳剂。 iv.防渗处理。内孔做防渗处理前,先检查工件表面清洁状况,工件表面不得有油污、氧化皮等污物存在,然后再涂刷防渗涂料。 V.装箱。工件装箱时,首先在箱底铺放一层厚度为 30～40mm 的渗碳剂,再将工件彼此错开整齐地放在渗碳剂上面(见图 2.68)。 图中试棒材料为 20Cr,试棒外形尺寸为 ϕ10mm×150mm。工件与箱壁之间、两层工件以及同层工件之间均要保持 15～20mm 的间距。其间填以固体渗碳剂,稍加打实,以减少空隙,并使工件得到稳定的支承。渗碳箱上部应填以 30～50mm 厚的渗碳剂,以保证在渗碳剂收缩时,工件不致露出。箱盖用耐火泥密封,在密封时在渗碳箱上插入不少于 2 根工艺试棒
6	操作程序	i.按工艺曲线将空炉升温到工作温度。 ii.到温后将渗碳箱装入炉内。 iii.等炉温恢复到工作温度时开始计算保温时间,保温时间结束前 60min 和 30min 先后把插在箱内的试棒钳出来,直接淬火后打断。根据断口硬化层深度确定出炉时间(有条件的话可采用金相法检查渗层深度)。 iv.渗碳箱出炉后,应空冷至 300℃ 以下方可开箱取出工件空冷。 V.渗碳后补充处理:为消除网状碳化物,渗碳后可进行正火处理。为改善加工性能,对于硬度大于 30HRC 的渗碳件可进行退火或高温回火处理
7	运行结果	棘轮件经过固体渗碳,及随后的热处理,达到技术要求

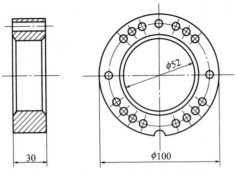

图 2.66　棘轮工件外形结构示意图

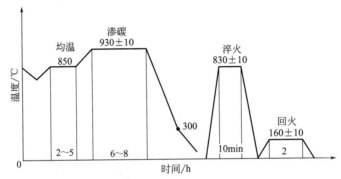

图 2.67　棘轮工件的热处理工艺曲线

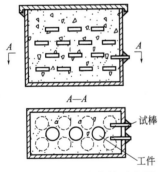

图 2.68　棘轮件装箱示意图

2.3.1.8　膏剂渗碳及应用

工件表面以膏状渗碳剂涂覆进行渗碳的工艺，称为膏剂渗碳。将工件需渗碳部位浸入膏剂中或涂上膏剂，烘干后放在渗碳箱中密封，冷炉加热至渗碳温度保温，然后取出空冷或进行淬火。膏剂渗碳其实是固体渗碳法的延续，具有渗速较快、节约渗剂、操作简单、成本低廉的特点，渗碳后可直接淬火，尤其可实现局部渗碳，但同时往往又存在渗层不均匀、不稳定、不易控制的缺点，因而限制了膏剂法的应用。

（1）渗碳膏剂的组成、使用方法及效果　渗碳膏剂是固体渗碳剂碾成粒度为 100 目粉末后加入黏结剂调成糊状膏剂，黏结剂分为日常用胶水及水玻璃溶液两种。带干燥涂层的工件放在渗碳箱内，经加热保温，可得到所需要深度的渗碳层。此法适用于单件生产或修复渗碳和局部渗碳。膏剂渗碳表面碳浓度及渗层深度的均匀性较差。膏剂脱落或碰伤会造成斑点状渗碳缺陷。渗碳膏剂的组成、使用方法及效果见表 2.100。

表 2.100　渗碳膏剂组成、使用方法及效果

序号	膏剂组成	使用方法及效果
1	炭粉（100 目）64% 碳酸钠 6% 乙酸钠 6% 黄血盐 12% 面粉 12%	先将三种盐混合，用少量水加热熔解，然后加入炭粉。再用水把面粉调成糊状，与前者混合，即成渗碳膏剂。使用时涂覆于工件表面。低碳钢在 920℃渗碳 15min，渗碳层深度 0.25～0.30mm，淬火后表面硬度 56～62HRC

序号	膏剂组成	使用方法及效果			
2	炭黑粉 30% 碳酸钠 3% 乙酸钠 2% 废机油 25% 柴油 40%	将所列原料混合后,形成胶状。在工件渗碳表面涂覆 2～3mm 厚的膏剂,对于低碳钢,在 920～940℃ 的渗碳速度为 1～1.2mm/h			
3	炭黑 55% 碳酸钠 30% 草酸钠 15%	渗碳温度为 950℃ 时不同渗碳时间所得渗层深度			
		渗碳时间/h	1.5	2.0	2.5	3.0
		渗层深度/mm	0.6	0.8	0.9	1.0
		表层碳浓度 1.0%～1.2%,淬火后硬度 60HRC			

（2）适用范围

① 适用于要求渗碳层深度和碳浓度不十分严格的情况;

② 适用于形状简单工件的单件生产情况。

（3）技术要求

① 与固体渗碳要求相同。

② 工件尖角和沟槽处不得有过热、过烧现象。

③ 非渗碳部位不得有严重氧化脱碳现象。

（4）操作守则　膏剂渗碳的操作守则见表 2.101。

表 2.101　膏剂渗碳的操作守则

序号	具体内容
1	渗碳件涂覆膏剂前,应仔细清理其表面,使之无氧化皮、油脂及其他污物,以免影响渗碳质量
2	在无特殊要求条件下,推荐使用下列两种膏剂配方中的一种(见表 2.102)
3	膏剂的涂覆厚度与技术要求的渗碳深度有关,而渗碳深度与渗碳温度及时间有关。膏剂渗碳温度、渗碳时间与渗碳层深度的关系,见表 2.103
4	膏剂渗碳后,工件自箱中取出直接淬火或空冷后重新加热淬火(可获得细小晶粒)均可
5	膏剂渗碳的主要缺点是渗层深度和碳浓度不很均匀,需在实践中积累一定经验后质量才趋稳定

表 2.102　推荐使用的两种膏剂渗碳配方

序号	膏剂渗碳配方(质量分数)
1	30%炭黑粉＋3%碳酸钠＋2%乙酸钠＋25%全损耗系统用油＋40%柴油。将原料混合均匀成膏状后用涂覆法或浸蘸法均可
2	55%炭黑粉＋30%碳酸钠＋15%草酸纳。用法同配方 1

表 2.103　膏剂渗碳温度、渗碳时间与渗碳层深度的关系

渗碳层深度/mm	渗碳温度/℃		
	860～880	880～910	910～930
	渗碳时间/h		
0.2	0.4	0.3	0.2
0.4	1.2	1.0	0.9
0.8	2.4	2.0	1.7
1.2	3.4	2.6	2.2
1.6	4.2	3.2	2.6

（5）膏剂渗碳的应用　目前主要用于单件生产或进行修复渗碳及局部渗碳等。例如，15Cr 钢制齿轮膏剂渗碳，先将零件表面清理干净，然后表面涂覆渗碳膏剂，自然干燥后放置于箱式电阻炉中在 100～150℃ 下烘干，渗碳温度为 920℃，加热保温 5h，然后降温至 860℃ 直接淬火，渗碳层深度可达 1.3mm，淬火后硬度为 60HRC。

2.3.2　液体渗碳工艺及应用

液体渗碳（即盐浴渗碳）是指工件在熔融的液体渗碳介质中进行渗碳的工艺方法。其工艺曲线见图 2.69。该工艺具有渗碳层均匀、渗碳速度快、操作简便、便于直接淬火和局部渗碳等特点，特别适用于中小型零件及有不通孔的零件。但由于渗碳盐浴（图 2.70）中剧毒的氰化物对环境和操作者存在危害，同时盐浴成分变化不易掌握，故不适合大批量生产。

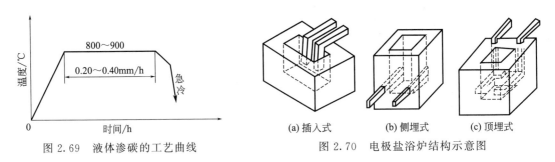

图 2.69　液体渗碳的工艺曲线　　　　　　图 2.70　电极盐浴炉结构示意图

2.3.2.1　液体渗碳工艺参数

液体渗碳常用温度及适用工件的选择见表 2.104。液体渗碳温度、液体渗碳时间对渗碳层深度的影响分别见图 2.71、图 2.72。

表 2.104　液体渗碳常用温度及适用工件的选择

液体渗碳常用温度/℃	适用范围
850～900	要求渗碳层较薄及变形要求严格的工件
910～950	要求渗碳层较厚的工件

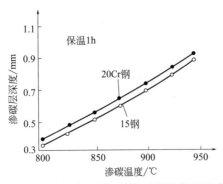

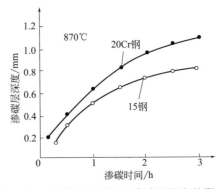

图 2.71　液体渗碳温度对渗碳层深度的影响　　图 2.72　液体渗碳时间对渗碳层深度的影响

2.3.2.2　液体渗碳盐浴

熔融的渗碳液体一般由三类物质组成，见表 2.105。

表 2.105　渗碳盐浴（熔融渗碳液体）的物质组成

序号	名称	具体内容
1	基盐(加热介质)	根据渗碳温度的不同采用不同的配比成分,通常有 NaCl 和 $BaCl_2$ 或 NaCl 和 KCl 的混合盐,例如用 NaCl 和 $BaCl_2$ 的混合盐,其除了作为加热介质外,还能起到催化作用
2	供碳剂(渗碳介质)	通常采用氰盐(NaCN、KCN)、碳化硅(SiC)、木炭,以及"603""654"无毒渗碳剂和黄血盐[$K_4Fe(CN)_6$]等,而氰盐因其有剧毒,故限制了它的使用
3	催化剂	常采用碳酸钠、碳酸钡及尿素等,在液体渗碳剂中占 5%～30%

表 2.106 列出了几种常用渗碳盐浴的成分、工艺及效果。有的渗碳剂中加入部分硼砂,其作用为增加盐浴的流动性,并辅助捞渣。

在盐浴渗碳过程中,渗碳温度及盐浴的活性是影响液体渗碳和表面碳浓度的主要因素。对于渗层薄及变形要求严格的零件,一般使用较低的渗碳温度（850～900℃）;而对于要求渗层较厚的零件,采用 910～950℃渗碳,渗碳保温时间取决于对渗碳层的要求。工件的渗碳即液体中分解出的活性碳原子渗入工件表面的过程,渗碳过程中盐浴中碳的活性不断降低,加上高温盐浴的挥发以及工件表面、工装等将盐浴带出,渗碳盐浴在渗碳过程中会不断消耗,故在生产实际中应定期分析盐浴成分,补充新盐并及时捞渣,以保证盐浴成分在工艺规定的范围内。盐浴渗碳的注意事项见表 2.107。

表 2.106　几种常用渗碳盐浴的成分、工艺及效果

序号	盐浴成分(质量分数)/%	渗碳工艺及效果(成分为质量分数)						
1	NaCN 4～6,$BaCl_2$ 80,NaCl 14～16	盐浴控制成分:NaCN 0.9%～1.5%,$BaCl_2$ 68%～74%　20CrMnTi,20Cr,900℃×(3.5～4.5)h,表面最高碳含量:0.83%～0.87%						

序号	盐浴成分				
2	603 渗碳剂[1] 10,NaCl 35～40,KCl 40～45,Na_2CO_3 10	盐浴控制成分:2%～8% Na_2CO_3 该盐浴原料无毒,但配制并加热后,反应产生 0.5%～0.9% NaCN。20 钢 920℃渗碳:			
		保温时间/h	1	2	3
		渗碳层深度/mm	>0.5	>0.7	>0.9

序号	盐浴成分	第一次配制加入 10%渗碳剂,以后补充量为 6%～8%。盐浴稳定,成分均匀,Q235 钢 900℃渗碳表面碳含量为 0.99%。						
3	Na_2CO_3 10,NaCl 35,KCl 45,渗碳剂[2] 10	渗碳时间 i/h	盐浴中不同位置第 i 小时试验的渗速/(mm/h)					
			上		中		下	
			A+D	B+D	A+D	B+D	A+D	B+D
		1	0.48	0.54	0.48	0.52	0.49	0.51
		2	0.46	0.52	0.48	0.52	0.46	0.52
		3	0.45	0.52	0.46	0.51	0.46	0.52

序号	盐浴成分	930℃渗层深度/mm						表面碳含量				
4	NaCl 42～48,KCl 42～48,草酸混合盐 0.5～5.0,炭粉 1～8	钢种	渗碳时间/h					钢种	渗碳工艺:(温度/℃)×(时间/h)			
			1	2	3	4	5		920×2	920×10	930×3	950×5
		20	0.46	0.62	0.74	0.82	0.87	20	0.88	1.12	0.93	1.06
		20CrMnTiA	0.60	0.99	1.14	1.20	1.41	20CrMnTiA	0.92	1.18	0.98	1.10
		每使用 8h 添加 1%～3%的炭粉。连续使用三天后,添加 0.5%～5.0%的草酸混合盐										

① 603 渗碳剂成分(质量分数)为:木炭粉 50%,尿素 20%,NaCl 5%,KCl 10%,Na_2CO_3 15%。
② 渗碳剂成分(质量分数)为:Na_2CO_3、木炭粉、SiC、硼砂、黏结剂 A 或 B,辅助黏结剂 D(甲基纤维素)。

表 2.107　盐浴渗碳的注意事项

序号	注意事项
1	新配制的盐或使用中添加的基盐必须事先烘干,加入盐浴中应加以搅拌使成分均匀
2	定期检验盐浴成分,调整到要求的范围内
3	放入渗碳试样,同工件一起渗碳淬火,按要求进行检测
4	工件表面的氧化皮、油污在入炉前应清除干净,否则影响渗碳效果。工件应烘干后放入炉内,以防引起熔盐的飞溅
5	渗碳或淬火完毕后,应及时清理表面的残盐,防止工件的腐蚀
6	氰盐作渗碳剂本身有剧毒,在原料配制、存放及操作过程中要格外小心,操作者穿戴好劳保用品,工作间要有通风装置

盐浴渗碳介质为基盐＋催化剂＋供碳剂,根据催化剂＋供碳剂的种类可分为表 2.108 所示的两种。

表 2.108　盐浴渗碳介质的种类

序号	种类	说　明
1	NaCN 型	以 NaCN 为供碳剂,CN⁻ 在渗碳过程中不断消耗和老化,到一定程度时需舀出部分旧盐添加新盐,以增加 CN⁻ 的活性,盐浴成分相对稳定,也易于比较理想地控制表面的碳含量,但 NaCN 有剧毒。目前基本不再使用,而采用了无毒液体渗碳
2	无毒液体渗碳	盐浴采用木炭粉、碳化硅或二者并用作为供碳剂,催化剂为碳酸钠、尿素等。在盐浴渗碳过程中,有少量的氰化钠产生;以碳化硅为供碳剂渗碳时,盐浴的黏度增大,并有沉渣产生,木炭粉易漂浮而造成成分不太稳定,为此可将木炭粉、碳化硅等黏结剂磨成一定密度的中间块

渗碳结束后,根据工艺要求和使用状态的不同,可采用直接淬火、放入较低温度的中性盐浴中均温后再淬火,也可缓慢冷却后重新加热淬火,最后进行低温回火,以达到渗碳的目的。

零件液体渗碳后,由于表面黏附盐较多,故在冷却或淬火后均应清除掉盐渍,因此煮沸时间要足够。而对于用氰盐处理的工件,需对清洗液进行中和处理,通常是把零件放在浓度为 10% 的硫酸亚铁溶液中煮沸,直到零件上残盐全部溶解为止。

(1) 普通无毒液体渗碳　无毒液体渗碳工艺无论在原料还是在反应产物中均无毒性的氰盐或氰根,对人的健康及环境危害小,操作和使用较为方便。其盐浴大都用木炭粉、石墨粉、碳化硅等作为渗碳剂,用氯化钠、氯化钾、碳酸钠、碳酸钾等作为基本盐浴。几种典型无毒液体渗碳盐浴的配方见表 2.109。

表 2.109　几种典型无毒液体渗碳盐浴的配方

序号	组分(质量分数)/%						备　注
	SiC	NaCl	KCl	Na₂CO₃	K₂CO₃	NH₄Cl	
1		24	37	39			外加总量 10%(质量分数)的石墨
2		13	19	38(BaCl₂)	30(BaCO₃)		外加总量 10%(质量分数)的石墨
3	15(木炭)	25	25		35		
4		40	40	10			w(渗碳剂)为 10%[成分为 w(木炭粉)70%＋w(NaCl)30%]
5	15	25	25		35		
6	11～15	5～8			72～74	7～8	工件表面有腐蚀,工作时盐浴表面易结壳

盐浴在高温下的化学反应如下：

$$MeCO_3 \longrightarrow MeO + CO_2 \, ; SiC + CO_2 \longrightarrow Si + 2CO$$
$$C + CO_2 \longrightarrow 2CO \, ; 2CO \longrightarrow CO_2 + [C]$$

无毒盐浴渗碳温度若为 $920 \sim 940℃$，经 $2 \sim 3h$ 可得渗碳层深度为：20 钢为 $0.7 \sim 1.1mm$；20Cr 和 20CrMnTi 为 $0.9 \sim 1.5mm$。

普通无毒液体渗碳的配比为 75% 碳酸钠＋5%120 目金刚砂＋20% 氯化钠。碳酸钠为无水固体，为供碳剂；绿色金刚砂含 70% 碳化硅，为还原剂，氯化钠只起助熔和加热作用，增加盐浴流动性。其在 $860℃$ 的温度下，碳化硅将碳酸钠还原出活性碳原子，很快被奥氏体吸收并在工件表面扩散而形成渗碳层。渗碳后工件的碳含量自表面向里依次递减，表面为 $0.9 \sim 1.2\%C$，渗碳层为 $0.7 \sim 0.9\%C$。

普通无毒液体渗碳工艺的操作过程，见表 2.110。其渗速约为 $0.25 \sim 1.35mm/h$，该工艺适合于低碳钢的渗碳。渗碳后的表面硬度高、耐磨性好，心部有良好的韧性和塑性，常用钢渗碳后的工艺见表 2.111。

表 2.110　普通无毒液体渗碳工艺的操作过程

序号	操作过程
1	将氯化钠＋碳酸钠均匀混合后，分批放入盐浴坩埚中加热熔化，盐浴温度达到 $860 \sim 880℃$ 时分批加入预先烘烤过的金刚砂
2	用干燥的细钢棒搅拌均匀，速度要慢，待完全熔化后再次加入金刚砂
3	表面发生沸腾并伴有火苗冒出，同时有熔渣出现，并不断形成渣壳时，要慢慢放入工件
4	将浓度控制在一个合理的范围内，以防反应不能进行或盐液分解加快，影响渗碳效果
5	捞渣时要吊出工件，防止盐渣黏附在工件上
6	表面黑壳消失，无火苗冒出时，应补充适量的金刚砂，分批加入并不断搅拌，直到形成黑壳、有火苗出现时，方可继续渗碳操作

表 2.111　几种渗碳钢渗碳后的热处理工艺

材料	淬火温度／℃	回火温度／℃	表面硬度（HRC）
15	860℃水冷	180	$55 \sim 62$
20	860℃水冷	180	$55 \sim 62$
20Cr	880℃油冷	200	$56 \sim 63$
18CrMnTi	880℃油冷	200	$56 \sim 63$
20MnVB	880℃油冷	200	$56 \sim 63$

（2）"603" 无毒液体渗碳剂　该渗碳剂是上海热处理厂于 1963 年 3 月研制成功的，故命名为 "603" 盐浴渗碳剂。其原料配比、盐浴配方及配制方法等见表 2.112。

表 2.112　"603" 无毒液体渗碳剂的原料配比、盐浴配方及配制方法

序号	项目	详细说明
1	原料配比与盐浴配方	原料配比：将 10% 氯化钠＋10% 氯化钾＋80% 木炭混合后加水，在 $800 \sim 900℃$ 密封干燥后磨成 100 目以下的细粉，含水量为 $15\% \sim 20\%$。 液体盐浴配方：$30\% \sim 50\%$ 氯化钠＋$40\% \sim 50\%$ 氯化钾＋$7\% \sim 10\%$ 碳酸钠＋$10\% \sim 14\%$"603"＋$0.5\% \sim 1\%$ 硼砂。 盐浴反应机理为碳酸钠分解形成 CO_2，然后与木炭作用形成 CO 进行渗碳。 "603"中木炭和碳酸钠在渗碳过程中都不断消耗，要不断补充，"603"每小时的补充量一般为盐浴总量的 0.5%，碳酸钠补充量是"603"的 1/4

续表

序号	项目	详细说明
2	盐浴配制方法	ⅰ.将氯化钠与氯化钾各取一半混合均匀倒入盐浴坩埚中升温熔化,待熔化后将剩下的另一半加入; ⅱ.温度达到 800℃ 左右,加入碳酸钠; ⅲ.升温到 900～940℃,分批加入"603"(约占盐浴重量为 2/3); ⅳ.预热好的工件入炉,升至渗碳温度,即完成了新盐配制 ⅴ.再将剩下的 1/3 陆续补齐,升至渗碳温度,即完成了新盐配制

在渗碳过程中,影响渗碳效果的因素较多,其中对工件渗碳后的渗层深度和表面的碳浓度影响较大的因素见表 2.113。

表 2.113 影响"603"无毒液体渗碳效果的主要因素

序号	项目	说 明
1	渗碳温度对渗碳效果的影响	渗碳温度一般控制在 920～950℃。低于 920℃ 时,渗碳速度减慢,880℃ 渗碳 3h 表面也不会出现共析组织。其原因是此时盐浴的流动性差,渗碳剂在盐浴中的活性低,碳势较低。高于 950℃ 虽大大加快了渗碳速度,但会使零件心部组织变差,产生粗大的魏氏组织,降低机械性能,而且高于 950℃ 时中性盐的挥发十分强烈。表 2.114 列出了渗碳温度与渗碳层深度的关系
2	盐浴中碳含量对渗碳速度的影响	实践证明,盐浴中碳含量的高低直接影响到工件的渗碳质量,当碳含量大于 2% 时,渗碳的效果良好,渗层深度及表面的碳含量均达到了技术要求。20 钢在 960℃ 的温度下渗碳 3h,盐浴的碳含量为 2.7% 时,工件表面的碳含量为 0.88%,渗碳层深度达 1.25mm;而盐浴含碳量为 1.22% 时,工件表面碳含量为 0.71%,渗碳层深度为 0.69mm。因此在渗碳过程中必须严格控制盐浴中的碳浓度,确保工件表面获得理想的渗碳效果。炭粉在盐浴中处于悬浮状态,盐浴的流动性好,盐槽中上下对流的情况也较好,减少了炭粉在盐浴中下沉与漂浮现象,使盐浴的渗碳能力得到提高。 测量盐浴中的碳含量的方法是:盐浴表面的泡沫层消失后插入不锈钢棒,随后立即取出,将棒上自行剥落的熔盐片(厚度一般为 0.5～1.2mm)置于光亮处观察,若薄片不透明,说明盐浴的碳含量在 2% 以上
3	盐浴中不同深度的渗碳效果的区别	盐浴渗碳过程中,是利用 CO 中间气相分解产生的活性碳原子渗入工件表面,完成渗碳过程的。盐浴底部形成的 CO 向液面上升,使上下不同区域的工件与 CO 接触的机会不全相同,造成渗碳质量不均;炭粒子本身密度小,绝大部分悬浮在盐槽的上半部分,结果表明上层的渗碳条件优于下层,因此工件应放在盐槽的上方为佳。这样势必降低了盐浴的利用率,为了改变这种状况,提高盐浴的渗碳质量,使工件在上中下三层的渗碳效果基本一致,采用了两种方法:增加盐浴中的碳含量,使盐浴中的碳含量高于 2%,可明显改善渗碳效果;增强盐浴的流动性,使盐浴上下对流加快,也有利于渗碳均匀
4	木炭屑质量对渗碳效果的影响	一般理想的渗碳剂有 3 个特点:适当的密度、对熔盐有较高的吸附能力、较强的化学活性。具备前两条,可使炭粉在盐浴中混合均匀,形成要求的悬浮状态,有利于提高盐浴的渗透能力。在渗碳过程中,严格控制上述因素,并认真执行有关的技术要求,其渗碳质量与采用有毒液体的渗碳效果基本一致,工件表层的碳含量可控制在 0.9%～1.2% 左右,即可保持良好的渗透性。调整渗碳工艺及盐浴成分,可实现低浓度或高浓度渗碳。渗碳层深度与时间的关系见表 2.115

表 2.114 渗碳温度与渗碳层深度的关系

渗碳温度与时间	材质	各区层深/mm			
		过共析区	共析区	亚共析区	总计
920℃×5h	20	0.308	0.308	0.577	1.193
	20Cr	0.346	0.500	0.423	1.269
	20CrMo	0.231	0.577	0.693	1.501
960℃×5h	20	0.380	0.800	0.650	1.830
	20Cr	—	1.300	0.690	2.000
	20CrMo	0.280	0.700	0.500	1.660

表 2.115 渗碳层深度与时间的关系

渗层深度/mm	0.12~0.20	0.25~0.35	0.40~0.60	0.70~0.90	1.0~1.2	1.2~1.4
时间/h	0.25	0.50	1	2	3	4
渗层深度/mm	1.4~1.6	1.6~1.75	1.75~1.90	1.9~2.05	—	—
时间/h	5	6	7	8		

在连续生产过程中盐浴的操作工艺见表 2.116。

表 2.116 在连续生产过程中盐浴的操作工艺

序号	操作工艺
1	每班应取样化验盐浴成分是否正常,及时增加或补充
2	工件出炉后加硼砂一次,随后捞渣,升温后放入工件,炉内到温后补充"603",每 5~10min 补充一次,直到出炉为止
3	随炉放入试样数根,在不同深度半小时取试样一根
4	检查试样渗碳层深度,用火花鉴别法判断碳浓度
5	观察盐浴的工作情况,盐浴的表面翻滚,则"603"很快沉入盐浴的底部,说明盐浴处于正常状态

(3) 木炭粉尿素液体渗碳剂(原料无氰盐浴)　渗剂原料配比:5%氯化钠+10%氯化钾+15%碳酸钠+20%尿素+50%木炭粉。其配制方法与反应机理见表 2.117。

表 2.117 木炭粉尿素液体渗碳剂的配制方法与反应机理

配制方法	反应机理
ⅰ.将氯化钠、氯化钾、碳酸钠、尿素四种原料用适量开水(木炭∶水=1∶1)完全溶化后,倒入木炭粉充分搅拌,置于容器内于 150~200℃烘干,使水分保持在 5%~10%。 ⅱ.在使用渗碳剂时,加入盐浴中引起表面沸腾时,需迅速搅拌使炭粉被盐浴所包围浸没,配料中的氯化钠、氯化钾主要调整渗碳剂内各种盐浴的共熔点,增加重量,减少飞溅和烧损,使渗碳剂比较容易加入盐浴中	碳酸钠和木炭粉作用产生 CO,由 CO 分解出活性碳原子对工件表面渗碳

木炭粉尿素液体渗碳剂渗碳过程的工艺规范和操作方法见表 2.118。

表 2.118 木炭粉尿素液体渗碳剂渗碳过程的工艺规范和操作方法

序号	项目	详细说明
1	盐浴的配制	将 30%~35%氯化钠+40%~48%氯化钾+10%碳酸钠+10%木炭粉尿素渗碳剂按比例配制成中性盐,加入盐槽内熔化后加热至 920℃,达到 920~940℃后将规定的木炭粉尿素渗碳剂补加
2	渗碳操作及成分控制	连续渗碳时,补加渗碳剂既可集中加入也可分批分次加入,对渗碳效果影响不大。若盐浴中碳含量>3%,工件要求的渗层深度<1.2mm,可在工件入炉后一次加入,若渗层深度>1.2mm,分两次添加效果较佳。每保温 1h 渗碳剂的补加量为盐浴重量的 0.5%~0.7%,中性盐按氯化钾∶氯化钠=5∶3 比例补加,碳酸钠的含量基本自行维持在规定的工作范围内。渗碳件出炉后,需对盐浴进行捞渣处理。先将补加的渗碳剂总量的 2/3 逐渐加入盐浴中,工件放入后再把剩余的 1/3 加入,同时把补加的中性盐覆盖在渗碳剂的上面进行渗碳
3	渗碳温度对渗碳效果的影响	渗碳温度对渗碳工件的质量和渗碳速度有很大的影响,渗碳温度低时,渗碳速度较慢,渗碳温度高时虽然加快了渗碳速度,但会出现魏氏组织、零件变形和开裂加剧,故渗碳温度一般控制在 920~940℃范围内为宜

2.3.2.3 液体渗碳操作要求

液体渗碳操作要求见表 2.119。

表 2.119　液体渗碳操作要求

序号	液体渗碳操作要求
1	新配制的盐或使用中添加的盐应预先烘干,并搅拌均匀
2	定期检测、调整盐浴的成分,一般应每天分析一次盐浴成分,按照 NaCN 的剩余量,计算并添加 NaCN 至 2.3%～2.5%(质量分数),$BaCl_2$ 的添加量为 NaCN 的 4～5 倍
3	定期放入渗碳试样,随工件渗碳淬火及回火,并按要求对试样进行检测
4	工件表面若有氧化皮、油污等,进炉之前应予以去除,并应保持干燥。工件及夹具进入盐浴前在 300～400℃ 炉子中预热,防止带入水分引起熔盐飞溅,并可减少渗碳盐浴的温度波动
5	渗碳或淬火完毕后应及时清洗去除工件表面的残盐,以免引起工件表面腐蚀
6	含 NaCN 的渗碳盐浴有剧毒,在原料的保管、存放及工人操作等方面都要严格规范,残盐、废渣、废水的清理及排放都应按有关环保要求执行

2.3.2.4 ［实例 2.5］某自行车前后轴碗的液体渗碳表面强化实例分析

液体渗碳实例分析见表 2.120。

表 2.120　自行车前后轴碗的液体渗碳表面强化实例分析

序号	项目	说　明
1	工件名称与使用材料	自行车前后轴碗,使用材料为 10 钢
2	技术要求	渗碳淬火,渗碳层深度为 0.3～0.5mm,表面硬度为 80～84HRA,显微组织为马氏体,≤4 级
3	加热设备及渗剂选择	设备选用高温盐浴炉,渗剂选用无氰新型液体渗碳剂
4	热处理工艺规范	渗碳温度 930℃±10℃,渗碳时间 1h,渗碳后直接淬火,冷却介质为水。回火在硝盐炉中,温度 160～180℃,保温 3h 后出炉空冷
5	工艺准备及操作	i.操作者必须戴好防护眼镜和手套,穿好工作服。 ii.查盐浴炉设备运行是否正常,温度测量及控制是否正常。 iii.零件与图样、工艺文件是否相符,清理零件表面,零件表面不允许有油污、氧化皮、磕碰划伤等。 iv.将零件用铁丝绑好或装入料筐中,与炉钩一起烘干。 v.配制渗碳剂,比例如下:10%"603"渗碳剂+10% Na_2CO_3+45%NaCl+35%KCl。 vi.将配制好的渗碳剂烘干后装入坩埚里加热或添加渗碳剂时,可能产生沸腾,此时应停止加热,并对盐浴进行搅拌,待其平静后再继续升温或加盐。 vii.新配制的盐熔化后需加入 3%～8% 的增碳剂(石墨、炭粉或固体渗碳剂),使盐浴表面保持一层连续疏松的覆盖层。每使用 8h 后,需添加 15%～3% 增碳剂(质量分数)进行补充,连续使用 3 天后,添加 0.5%～5% 草酸混合盐,使盐浴再度活化,继续使用。 viii.盐浴在使用时盐渣会沉积炉膛底部,应定期进行捞渣。 ix.按工艺规范将零件浸入盐浴炉,保温后出炉,浸水搅动冷却淬火。 x.淬火后的零件立即进入硝盐炉中进行回火,回火温度为 160～180℃,保温 3h,出炉后空冷。 xi.为了控制渗碳质量,液体渗碳时,应与零件同时放入一定数量的试样,在稳定批量生产条件下,试样可以减少。一般每炉放 3 个试样,一个试样根据渗碳层深度要求确定渗碳出炉时间,另两个试样同零件一起进行热处理,检查渗碳层深度和渗碳后的组织
6	质量检验	i.检查渗碳零件表面有无腐蚀或氧化。打断试样,研磨抛光,用硝酸酒精溶液侵蚀直至显示出深棕色渗碳层,用带有刻度的放大镜测量渗碳层深度。 ii.渗碳后缓冷试样,磨制成显微试样,用显微镜测量,根据有关标准测量渗碳层深度。 iii.洛氏硬度计测量 HRC 硬度值。 iv.用显微镜检查渗碳层的马氏体等级

2.3.3 离子渗碳工艺及应用

2.3.3.1 离子渗碳原理

将工件在含有烃类的低压气氛中加热，并在工件与阳极之间加以直流电压，产生等离子体，使碳电离并被加速后轰击工件表面来进行渗碳的工艺方法称为离子渗碳。

离子渗碳原理与离子渗氮相似，工件渗碳时所需要的活性碳原子或离子，不仅像常规气体渗碳一样利用热分解反应，而且还利用辉光放电时在阴极（工件）位降区中气体的电离。把丙烷、甲烷等渗碳气体保持在 $1\sim10$ Torr（1 Torr $=133.322$ Pa）的压力下，通过在阴极处理件和阳极之间加直流电压，由此而产生的异常辉光放电进行渗碳，是在气体渗碳基础上进行的异常辉光放电。以渗碳介质丙烷为例，它在等离子渗碳中的反应如下：辉光放电：$C_3H_8 \longrightarrow C+C_2H_6+H_2$。

2.3.3.2 离子渗碳工艺与操作

（1）离子轰击渗碳设备　离子轰击渗碳设备是利用低真空状态的气体辉光放电发生电离，进而气体离子轰击工件表面进行加热，并使碳渗入工件表面的化学热处理设备。目前国产的双室离子渗碳淬火炉可在同一炉内完成离子渗碳和油淬工艺过程。离子轰击渗碳炉主要由炉体、真空系统、电源系统、供气系统、冷却系统、温度测量及控制系统、真空测量及控制系统等部分组成。表 2.121 和表 2.122 分别是国产双室真空离子渗碳炉和日制 FIC 型双室真空离子渗碳炉的技术参数。

表 2.121　国产双室真空离子渗碳炉的技术参数

型号	有效加热区尺寸 （长×宽×高）/mm	最高温度/℃	加热功率/kW	直流电源功率/kW	压升率 /(Pa/h)
ZLSC-60A	500×350×300		45	15	0.67
ZLT-30	450×300×250		30	20	0.67
ZLT-65	620×420×300	1300	65	25	0.67
ZLT-100	1000×600×410		100	50	
HZCT-65	600×400×300		65	25	0.67
HZCT-100	900×600×410		100	50	

表 2.122　FIC 型双室真空离子渗碳炉的技术参数

型号	FIC-45	FIC-60	FIC-75
有效加热区（长×宽×高） /mm×mm×mm	675×450×300	900×600×400	1125×750×500
装炉量/kg	200	400	650
最高温度/℃	1150	1150	1150
处理时间/h	2	2.5	3
极限真空度/Pa	10^{-1}	10^{-1}	10^{-1}
冷却水消耗量/(m³/h)	5	8	10
C_3H_8 消耗量/(L/min)	5	10	13
N_2 消耗量/(m³/次)	3.5	4.5	6

注：选自日本真空技术株式会社产品。

（2）离子渗碳工艺　离子渗碳是在真空室（炉）内进行渗碳处理，炉内通入少量与渗碳处理相适宜的气体，在高压直流电场作用下，稀薄气体放电起辉加热工件。与此同时，渗碳元素从通入的气体中离解出来，渗入工件表层。

离子渗碳时通入炉内的气体多为甲烷、丙烷，也可使用丙酮、乙醇或石油液化气，稀释剂为氩、氢或氨。加热温度范围较宽（850～1100℃），常用温度是 950℃或 1050℃。因为渗速较快，渗碳时间短，所以虽采用了较高加热温度，组织也不会恶化。在渗碳开始后的 5～10min 内，工件表面的碳即可达到饱和。渗层 1mm 时仅需 1～1.5h。渗扩时间比可采用 1：1、1：2、1：3。扩散时间增加可使碳浓度梯度平缓。炉内气压为 15～150Pa 时，渗碳剂过量，可能产生炭黑。

影响离子渗碳广泛推广应用的主要因素是设备复杂、造价高而且制造不易，炉膛空间的利用系数低，存在电弧的干扰，操作难度较大。

（3）影响离子渗碳工艺的因素　影响离子渗碳工艺的因素比较多，详见表 2.123。

表 2.123　影响离子渗碳工艺的主要因素

序号	因素	说　明
1	温度和时间	离子渗碳主要受碳扩散的影响，实践证明渗碳时间与渗碳层深度呈抛物线关系，离子渗碳对温度的要求并不严格，在渗碳时间一定时，随温度提高渗层深度增加。常用温度为 900～960℃
2	强渗与扩散时间的关系	离子渗碳时，工件表面有较高碳浓度，在生产中可采用强渗与扩散交替进行的脉冲方式控制，即通过高碳势与低碳势交替变化控制渗层质量，经验表明在同一温度下，从扩散时间为零开始逐渐增大强渗与扩散的时间比，即渗扩比 1：0、2：1、1：1、1：2、1：3 等，在时间比为 2：1 时，渗碳层最厚，随扩散时间的延长，渗层平缓地减小。 渗扩比过高，工件的表层极易形成块状的碳化物，阻碍了碳原子进一步向内部扩散，渗碳层总深度下降；渗扩比过小，表面的供碳能力不足，造成碳浓度的降低，活性原子的数量少，并影响到性能及表面组织；强渗比较合理时，工件可得到较理想的渗层组织，表面的碳化物呈弥散分布状态，并保证了渗层厚度。对于渗层较厚的渗碳件，扩散时间所占的比例可适当增加
3	辉光放电电压与电流密度	在实际离子渗碳时，电流密度较大，渗层的厚度主要受扩散因素控制，电流密度增加会加大工件与炉膛的温差，同时影响工件表面碳浓度达到饱和所需的时间。通常电流密度为 $0.2～2.6mA/cm^2$，辉光放电电压为 500～700V
4	炉内稀释性气体	离子渗碳过程中，所使用的供碳剂为高纯度的甲烷或丙烷，可以直接将其通入炉内进行渗碳，也可用氮气和氢气作为稀释性气体，二者的体积比为 1：10，炉内压力控制在 133.3～2666Pa。氢气除了有强烈的还原性外，还能冲刷工件，保证表面的洁净，促进渗碳过程，它对清除炭黑也有利

（4）离子渗碳的工艺特点　见表 2.124。

① 温度与时间。表 2.125 为三种材料在不同渗碳温度和时间条件下离子渗碳处理后渗层的深度变化情况。总的来说，离子渗碳过程主要还是受碳的扩散控制，渗碳时间与渗层深度之间符合抛物线规律。与渗碳时间相比，渗碳温度对渗速的影响更大。在真空条件下加热，工件的畸变量较小。因此，离子渗碳也可在较高温度下进行，以缩短渗碳周期。

表 2.124　离子渗碳的工艺特点

序号	工艺特点
1	渗碳温度可大幅度降低，实现渗碳温度与加热淬火温度一致，避免了重复加热，节省能源，减小零件变形量
2	不使用防渗剂，不渗碳的地方用铁板遮挡住即可。例如：齿轮可先渗碳淬火再拉键槽
3	对齿轮而言，渗碳优势明显，通过工艺控制可实现在节圆附近部分渗层深而齿根部分渗层略浅。例如：对渗碳层深度 0.8mm 以上的齿轮，真空离子渗碳：860～880℃保温 2.5h＋扩散 0.5h，淬火；而气体渗碳：930℃保温 3h＋扩散 1h，冷却，再加热至 860℃淬火

续表

序号	工艺特点
4	耗气量甚微,节能环保
5	等离子渗碳的特点之一是在渗入的初期在工件表面就很容易建立高碳浓度,加上表面碳浓度随处理时间的延长而增加,所以必须采取渗碳加扩散的工艺(尤其对渗层较深的工件)

表 2.125　离子渗碳温度、渗碳时间对渗层深度的影响　　单位:mm

材料	900℃				1000℃				1050℃			
	0.5h	1.0h	2.0h	4.0h	0.5h	1.0h	2.0h	4.0h	0.5h	1.0h	2.0h	4.0h
20	0.40	0.60	0.91	1.11	0.55	0.69	1.01	1.61	0.75	0.91	1.43	—
30CrMo	0.55	0.85	1.11	1.76	0.84	0.98	1.37	1.99	0.94	1.24	1.82	2.73
20CrMnTi	0.69	0.99	1.26	—	0.95	1.08	1.56	2.15	1.04	1.37	2.08	2.86

② 强渗与扩散时间之比。一般离子渗碳采用强渗与扩散交替的方式进行。渗扩比(强渗时间与扩散时间之比)对渗层的组织和深度影响较大(见图 2.73)。渗扩比过高,表层易形成块状碳化物,并阻碍碳进一步向内扩散,使渗层深度下降;渗扩比太小,表层供碳不足,也会影响渗层深度及表层组织。采用适当的渗扩比(如 2∶1 或 1∶1),可获得较好的渗层组织(表层碳化物弥散分布),且能保证足够的渗速。

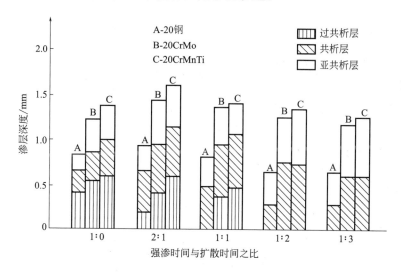

图 2.73　强渗时间与扩散时间之比对渗层深度及组织的影响(离子渗碳工艺:1000℃×2h)

③ 辉光电流密度。工业生产时,离子渗碳所用的辉光电流密度较大,足以提供离解含碳气氛所需能量,建立向基体扩散的碳含量。离子渗碳层深度主要受扩散速度控制,如果排除电流密度增加使工件与炉膛温差加大这一因素,辉光电流密度对离子渗碳层深度不会产生太大影响,但会影响表面碳含量达到饱和的时间。

④ 稀释气体。离子渗碳的供碳剂主要采用 CH_4 和 C_3H_8,以氢气或氮气稀释,渗碳剂与稀释气体的体积比约为 1∶10,工作炉压控制在 133~532Pa。氢气具有较强的还原性,能迅速洁净工件表面,促进渗碳过程,对清除表面炭黑也较为有利,但使用时应注意安全。

(5) 离子渗碳炉的操作　见表 2.126。

表 2.126 离子渗碳炉的操作要点

序号	项目	详细说明
1	生产前的准备	a. 检查各部分电器是否正常。 b. 检查水路、水压和流量是否符合要求。 c. 检查真空泵和真空系统是否正常。 d. 检查控制柜、测温仪表及指示灯是否正常。 e. 对被处理的工件用乙醇或汽油彻底清洗干净。 f. 凡进炉的工件、工装、料筐等均需清洁和干燥。 g. 用吸尘器清理炉内氧化皮及杂物。 h. 用绸布或毛织物蘸乙醇或汽油擦拭炉门和炉盖密封处。 i. 戴好干净手套,摆放工件,应摆放平稳,不得在运行和吹气过程散落和歪扭。 j. 根据需要布置辅助阴极或辅助阳极。 k. 将密封圈仔细擦干净后吊放炉罩,且应平稳放下
2	操作要点	a. 抽真空。接通总电源,关闭蝶阀,启动真空泵,缓缓打开蝶阀,以避免喷油现象,抽空到极限真空度。 b. 向炉内通少量氨气,冲洗炉体数分钟。在真空度达 67Pa 以上时,可对炉内输入 400-500V 高压电流,使工件起辉,打弧活化工件表面。 c. 在 30～60min 内使辉光稳定,逐步减小限流电阻或降低灭弧灵敏度。 d. 按工艺规定调整真空度、电压、电流、气体流量等参数。真空度通过调整流量计流量和蝶阀开度来实现。 e. 升温过程应经常观察炉内情况,如有打弧或局部温度过高等现象,要及时调整相关参数,如降低电压,以减缓升温速度或暂停供气等。 f. 升温到 200℃时通冷却水,使炉体温度控制在 40～60℃。 g. 当工件温度即将达到工艺规定温度时,观察热电偶的测温仪表与光电温度计的测温误差,以热电偶测温仪表控制温度。如不具备测温条件时,可根据目测经验进行判断:闭目几分钟,关闭高压电流,从观察孔能够隐约看到工件暗红色的轮廓,即可认为温度在 520～540℃范围内。保温阶段的电流密度应小于升温时的电流密度,真空度为 267～800Pa,辉光层厚度一般为 1.5～3mm。同时,在保温期应稳定气体流量和抽气速率,以稳定炉内压力。 h. 保温结束后立即停供降温,首先关闭气瓶、电磁阀和流量计等停止供气,随后停止供电,降低电压,切断高压电源,关闭各开关,手柄复位。 i. 将炉内抽真空至极限真空度,关闭蝶阀,停止真空泵运行。 j. 根据工件的复杂程度和工艺要求,控制冷却速度。 k. 工件温度降至 200℃以下时,可停止冷却水。工件温度达 150℃以下时,即可打开放气阀向炉内充气,并吊起炉罩,取出工件

2.3.3.3 离子渗碳的优势

离子渗碳的优势见表 2.127。

表 2.127 离子渗碳的优势

序号	项目	说 明
1	渗碳速度快	离子轰击渗碳渗速较一般化学热处理快,在渗层较薄的情况下,这种优势尤为明显。由于是在真空中加热,并有高能离子的轰击,使被处理表面洁净与活化,再加上渗碳气体热分解与电离的双重作用,并在直流脉冲电场的作用下,使得工件表面附近的空间在短时间内就形成高的碳离子浓度区,从而加速了碳向工件的渗入与扩散,因此渗碳时间大大缩短。例如:在 880℃,1h 的离子渗碳就可获得 0.6mm 深的硬化层,同常规气体渗碳相比,可以节省 50%的时间
2	渗层易控制	工作气氛气压、放电电流密度、渗碳气体的流量及导入时间、点燃辉光等都可以按需要预先设定并调节,因而能准确控制渗层。例如:通过调节放电电流密度值,就可以很容易控制表面碳浓度以及硬化层深度
3	渗碳均匀性好	工件的狭缝、小孔等部位,用离子渗碳可获得均匀的渗碳层。如对于 ϕ1mm×10mm 的小孔也可得到均匀渗碳层。另外,质量与表面不同的工件可同炉处理。同炉内渗碳结果的波动非常小
4	不产生脱碳层	离子渗碳是在无氧的真空条件下进行的,不产生脱碳层,也不出现黑色组织。因此,工件的耐磨性及疲劳强度较常规渗碳高

序号	项目	说　明
5	炉膛利用率高	真空离子渗碳时,工件之间可以 5mm 的间隙紧密排放。所以它与常规气体渗碳具有大致相同的高炉膛利用率
6	热处理变形小	真空离子渗碳时在真空下主要靠电阻辐射加热,加热均匀,加上在渗碳过程中辉光在整个工件表面是均匀的,因而热应力小,变形小,与真空热处理具有同样小的变形量。另外,由于离子渗碳渗速高,要取得同样硬化层深度时可以在较低的温度下处理,其变形量会进一步减少
7	工件表面清洁光亮	因为是在真空中加热,加上离子的轰击清洁作用,使工件表面的氧化物得以去除,而在处理过程中又不会出现表面氧化脱碳层,所以工件渗碳淬火后可得到洁净表面。工件热处理后的机加工量也可大大减少
8	渗碳效率高	所谓渗碳效率用 η 表示。对于常规的发生炉气式或滴注式气体渗碳,$\eta < 20\%$,而真空离子渗碳的 η 值高达 55%
9	简化设备,改善环境	渗碳和淬火等一连串程序能够在同一装置内进行,很容易实现连续化与自动化生产。由于是内热式真空炉,炉壳有水冷却,无热量向四周散发,作业环境比常规渗碳法好得多。无爆炸等事故发生,可安放在流水线上。另外,不用炉气发生器
10	节能、无公害	由于离子渗碳时的工作压力只是大气压的几百分之一,而且是在需要渗碳时才导入渗碳气体,气体的消耗量非常少。又由于处理周期缩短,可节电。排放的气体基本上是氢气,无公害,而且其量甚微,安全也有保障
11	可高温渗碳	可在高温下渗碳而不降低炉的寿命。特别是可用离子渗碳来处理气体渗碳难以处理的高铬钢等

2.3.3.4　离子渗碳的应用

几种工件离子渗碳工艺的应用及效果示例见表 2.128。

表 2.128　离子渗碳工艺的应用及效果示例

工件名称	材料及尺寸	离子渗碳工艺	渗碳效果
喷油嘴针阀体	18CrNi4WA	(895 ± 5)℃保温 1.5h 渗碳淬火＋低温回火	渗碳层深度 ≥ 0.9mm,表层硬度 ≥58HRC
大功率推土机履带销套	20CrMo	(1050 ± 5)℃保温 5h 中频淬火	有效厚度为 3.3mm,表层硬度 62～63HRC
搓丝板	12CrNi2	(910 ± 5)℃保温强渗 30min 扩散 45min,淬火＋低温回火	渗碳层深度 ≥ 0.68mm,表层硬度 830HV0.5
齿轮套	30CrMo	(910 ± 5)℃保温强渗 30min 扩散 60min,淬火＋低温回火	渗碳层深度 ≥ 0.86mm,表层硬度 780HV0.5
高速伞齿轮	20CrMnMo	(960 ± 10)℃,强渗 3h 扩散 1.5h	渗碳层深度 1.9mm,表面碳含量 0.82%
1700 轧机减速器轴齿轮	20Cr2Ni4 钢,尺寸为 $\phi 265mm \times 625mm$ 模数为 15	离子渗碳炉中除辉光放电轰击加热外,还有辅助加热电源,辉光放电时需要功率 8.2kW,辅助加热时需要功率 12.5kW。渗碳时工件温度为 940～960℃,炉膛温度稍低为 900～920℃。进行两次强渗与扩散,渗剂为 C_3H_8 加氢(稀释剂)的混合气,强渗期为 10% C_3H_8,时间为 4h,扩散期为 2% C_3H_8,时间亦为 4h,两次时间共 16h,连同升温,总时间为 17h	齿轮齿面硬度 56～60HRC,渗碳层深度 3.30～3.80mm

2.3.4 感应加热渗碳工艺

在渗碳介质中利用高频或中频感应加热的方法加热工件,并进行渗碳的工艺称为感应加热渗碳。高频感应加热渗碳的渗碳剂有膏剂、气体、液体三种,分别为高频感应加热膏剂渗碳、高频感应加热液体渗碳和高频感应加热气体渗碳,此外还有中频感应加热气体渗碳,详见表2.129。

表 2.129 感应加热渗碳工艺的类型及特点

序号	类型	特 点
1	高频感应加热膏剂渗碳	选择适当的渗碳膏剂涂覆于工件表面,干燥后用高频电流加热,由于加热速度快且温度高,可在几分钟内得到所需要的渗层。例如使用一种木炭粉膏剂时,1200℃下加热1min便可得到0.46mm渗层(过共析层0.37mm),淬火后硬度为62HRC。膏剂的配方参见膏剂渗碳
2	高频感应加热液体渗碳	将感应器浸入液体渗碳剂如煤油、甲醇、乙醇等有机液体中,将工件放入感应器内通电加热,液体渗碳剂受热分解在工件周围产生一层CO、CH_4等渗碳气体膜,在工件表面分解,释放出活性碳原子,使渗碳过程得以较快的速度进行。该渗碳工艺操作简便,不需要专门的气体发生装置,但通电加热时,液体渗碳剂的温度上升较快,在渗碳过程中必须进行强制冷却,因而损耗部分电能。对于小型工件渗碳,渗碳温度和渗层均匀性的控制十分困难,此工艺要求工件全部浸入液体渗碳剂中,需要液体渗碳剂的数量多,在渗碳过程中液体渗碳剂的温度不允许高于其燃点,否则可能起火
3	高频感应加热气体渗碳	在装置内通入高频电流进行加热并通入渗碳气体(如天然气与吸热式气氛混合气)进行渗碳,图2.74是一种高频电流加热快速气体渗碳装置示意图。例如齿轮,渗碳完毕一个推出一个,顺次又推入一个。直径178mm、质量2.7kg的18CrMnTi或30CrMnTi钢制齿轮,在1050℃的温度下渗碳,30~45min内可得到0.8~1.0mm的渗碳层,其生产效率为每班(8h)160~240个齿轮。齿轮从感应圈中出来,在预冷室中冷却到850~900℃,而后在油中淬冷
4	中频感应加热气体渗碳	将渗碳件装在容器中以2000~8000Hz(50kW)中频电流感应加热到1050~1080℃,通入渗碳气体(如天然气与吸热式气氛混合气),渗碳时间为40~45min,可获得0.8~1.2mm厚的渗碳层,该工艺生产效率高,质量稳定

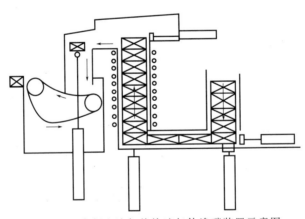

图 2.74 高频电流加热快速气体渗碳装置示意图

感应加热气体渗碳适用于单一品种的批量生产,而且采用计算机自动控制,对多品种小批量生产,渗碳质量较难控制。

2.3.5 碳化物(K)弥散强化渗碳工艺

K弥散强化渗碳(亦称高浓度渗碳,或过饱和渗碳,简称CD法)是指使渗碳表层获得细小分散碳化物,以提高工件服役能力的渗碳,其适用范围、性能特点及应用实例见

表 2.130。高合金模具钢在渗碳气氛中加热,在碳原子渗入的同时,渗层中会沉淀析出大量弥散合金 K,如 $(Cr,Fe)_7C_3$、V_4C_3、TiC,从而实现钢的表面强化。实践表明,K 弥散渗碳(CD)法渗碳模具的使用寿命,大大超过消耗量占冷作模具钢首位的 Cr12 型冷作模具钢和高速工具钢,见表 2.132。

表 2.130　碳化物（K）弥散强化渗碳的适用范围、性能特点及应用实例

序号	项目	说明
1	适用范围	在渗碳炉中炉内气氛的碳势对应电势为 1125～1160mV 时,对于碳素钢、合金钢或要求耐磨的合金模具钢,均可进行高浓度渗碳。为获得理想的细粒状、粒状及层状 K 渗层,要求渗碳钢必须含有一定强 K 形成元素,以 Cr 含量 2% 左右为佳,同时适合一定量 W、V、Mo 等元素,故 3Cr2W8V、GCr15 等钢均为理想高浓度渗碳钢,高速工具钢也同样使用。如采用 Cr-Mo 钢容易获得高浓度渗碳,表 2.131 为其化学成分。其渗碳工艺为 900℃×11h,渗层深度 1.35～1.40mm,渗碳后进行 640℃×4h 退火,820℃淬火,冰冷处理(−70℃),150℃×12h 回火,硬度 62HRC,渗碳层组织为大量细颗粒弥散分布的 K+回火 M
2	性能特点	高浓度渗碳后零件表面可获得碳含量>1.2%,K 呈粒状、块状分布,渗层深度超过 1mm 以上的表面层,零件表面可获得高硬度、高耐磨性和较好回火稳定性,增加了零件的疲劳强度和抗咬合性能。如 3Cr2W8V 钢 950℃×5h 高浓度渗碳,电势为 1050mV,渗层深度达 1.3mm;GCr15 渗层深度 1.1mm;W18Cr4V 渗层深度 0.9mm。 K 弥散强化渗碳具有以下特点: i.提高了耐磨损的能力; ii.明显提高了齿轮、轴承等零件的接触疲劳抗力; iii.提高了弯曲疲劳强度; iv.在渗碳淬火过程中加入氨,可提高抗擦伤和抗咬合性能
3	应用实例	一般认为,在交变负荷下工作的机械零件,采用高浓度渗碳,使零件表面碳含量达 0.8%～1.2%。过低的碳含量会造成表面耐磨性不足,反之会因淬火后表面 K 及 Ar 过多而降低钢的力学性能。但对于承受剧烈磨损的 GCr15 钢制冲模、重载齿轮等工件,采用在 920℃下渗碳 30～40h,将表面碳含量提高至 2.5%～3.0%,可大大提高工件的耐磨性及使用寿命。因此对要求高耐磨性的零件采用高浓度渗碳,可部分替代高合金钢

表 2.131　K 弥散强化渗碳用钢的化学成分

元素名称	C	Mn	Si	Mo	Cr	Ni	S,P	Sn
质量分数/%	0.27	0.50	0.16	0.60	3.31	0.08	≤0.020	≤0.030

表 2.132　K 弥散强化渗碳（CD）渗碳钢在模具工业上的应用效果

模具类型	原工艺及寿命	CD 渗碳钢及寿命
薄钢板的冲压或挤压模	SKD11　3.5 万次(磨损失效)	ICS6 钢 CD 渗 C　20 万次(磨损)
金属粉末成形模	超硬材料　15 万次(断裂,不稳定)	ICS6 钢 CD 渗 C　15 万次(磨损、稳定) 但模具费用大幅度减少
钟表外壳成形模	SKD11　200 次(断裂失效)	ICS6 钢 CD 渗 C　18000 次(磨损)
轴承用滚子的成形模	低 C-SKH9　8 千次(磨损失效)	ICS6 钢 CD 渗 C　21000 次(磨损)
钢制产品成形模	SKD11　150 次(断裂失效)	ICS6 钢 CD 渗 C　11000 次(断裂)

另外,进行的过度渗碳(也称过饱和渗碳)也属于高浓度渗碳范畴,其渗碳范围分为以下几段:1.8%～2.2%、2.0%～2.4%、2.4%～2.8% 和 3.0% 以上,已应用于含适量 Cr 和 Mo 的 4118、5120、8620、8720、8822 和 9130 钢制工件上。过度渗碳使淬火后的渗碳层中组织组成物发生了变化,表 2.133 为低合金钢过度渗碳与常规渗碳后组织组成物的变化对比,从表中可知三种组织的成分均发生了变化,导致其相应的性能不同,M、A 及 K 的比

例变化较大，由于 K 数量增加了 4 倍，提高了抗磨性，而 M 含量的降低为提高零件的抗拉性能和疲劳强度等奠定了基础，因此高浓度渗碳有良好的发展前景。

表 2.133　不同工艺低合金钢中的组织组成物及数量

工艺	组织组成物/%		
	马氏体 M	奥氏体 A	碳化物 K
常规渗碳	81	14	5
碳化物弥散强化渗碳	65	10	25

2.3.6　电解渗碳工艺

在工件（阴极）和熔盐中的石墨（阳极）之间通以电流进行渗碳的工艺方法，称为电解渗碳。电解渗碳是利用电化学反应使碳原子渗入工件表层。电解渗碳装置示意图见图 2.75。

电解渗碳与常规渗碳相比，具有如下优点：无公害，设备简单，不需废液处理装置，加热温度均匀，操作简便，适用于多品种小批量生产等；但其缺点是工件的数量、尺寸受到盐浴炉容量大小的限制，对形状复杂的工件还会由于电流密度不均而造成渗层深度和浓度不均。电解渗碳盐浴主要是碱土金属碳酸盐＋调整熔点＋稳定盐浴的溶剂。

某机床摩擦片电解渗碳工艺见图 2.76。

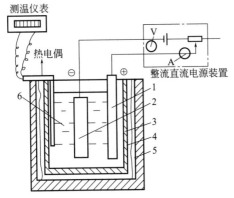

图 2.75　电解渗碳装置示意图
1—石墨；2—工件；3—坩埚；4—加热元件；
5—炉体；6—盐浴

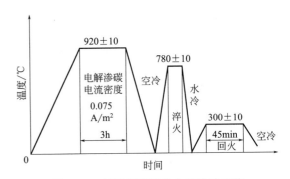

图 2.76　某机床摩擦片电解渗碳工艺

2.3.7　局部渗碳工艺

局部渗碳系指仅对工件某一部分或某些区域进行渗碳的热处理工艺，其实质是在不需要渗碳的部位进行防渗。常见的防渗方法见表 2.134。在生产中，多用于截面很薄、渗碳时易于渗透的部位，如螺纹、花键及内孔等。

表 2.134　常见的防止渗碳方法

序号	项目	具体介绍
1	预留余量切除法	在零件不应渗碳的部位，预先留出比渗碳层稍厚的加工余量，渗碳后再用机械方法把这部分切除。此法较可靠，但材料和工时的损失较大，对于形状复杂的零件，要切除余量也较困难，而且不能进行直接淬火。切除多余渗碳层的工序一般安排在渗碳之后、淬火之前进行

序号	项目	具体介绍
2	涂防渗涂料法	防渗涂料种类繁多,可根据渗碳温度和渗碳时间长短及使用说明选用。防渗涂料应附着牢固,渗碳处理后应易脱落,且对工件表面质量无有害影响,其技术指标应符合 ZB G51 108 规定
3	镀铜法	在不需渗碳部位用电镀方法镀上厚度为 0.02～0.04mm 铜层,可较可靠地防止碳的渗入

2.4 渗碳质量控制

2.4.1 渗碳（碳氮共渗）设备

① 渗碳（碳氮共渗）加热设备有效加热区内的温度允许偏差不得超过表 2.135 中的规定范围。

表 2.135 渗碳和碳氮共渗加热设备有效加热区的温度允许偏差

工件的品质区分	重要件	一般件
温度允许偏差/℃	±10	±15

② 气体渗碳（碳氮共渗）炉有效加热区检验合格后,还需进行渗层深度均匀性的检验。试样安放位置可参照加热炉有效加热区保温精度检测热电偶布点位置（表 2.136 和表 2.137）。同炉处理各试样的有效硬化层深度偏差应符合表 2.138 的规定。

表 2.136 周期井式热处理炉检测点数量和位置

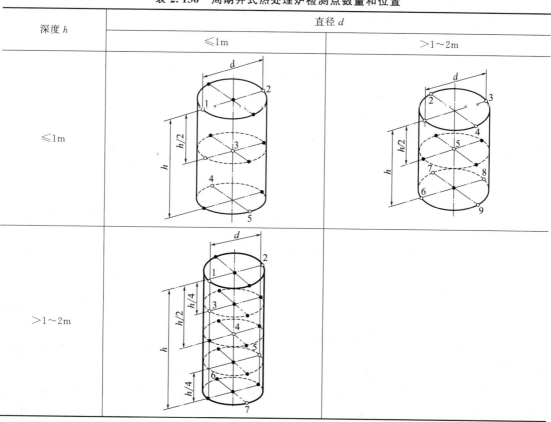

表 2.137　周期箱式热处理炉检测点数量和位置

宽 b	长 L	高 h	
		≤0.7m	>0.7m
≤1.5m	≤2m		
≤1.5m	>2～3.5m		

表 2.138　渗碳和碳氮共渗炉有效加热区内有效硬化层深度偏差值要求　　单位：mm

渗层深度 d	d≤0.5	0.5<d≤1.5	d>1.5
有效硬化层深度偏差≤	0.1	0.2	0.3

③ 以燃气、燃油、燃煤为热源的固体渗碳炉，其火焰不能直接接触渗碳箱。

④ 连续式加热炉应满足渗碳和碳氮共渗各阶段的工艺要求。

2.4.2　渗碳过程的质量控制

（1）渗碳方法的选择　渗碳方法很多，常用渗碳方法的特点见表 2.139。目前生产厂家广泛使用的是气体渗碳，固体渗碳适用于少量生产，真空渗碳是渗碳工艺的发展方向。

表 2.139　常用渗碳方法的特点

渗碳方法	渗碳层深度/mm	优　　点	缺　　点
固体渗碳	0.25～3.0	可以处理大件,适用于少量生产,设备费用低	渗碳层厚度偏差大,容易产生过度渗碳,劳动条件差
液体渗碳	0.05～1.0	有利于小件处理,可以获得薄的硬化层,设备费用低	需要配置废水处理设备,防止渗碳困难
气体渗碳	0.25～3.0	碳的质量分数可以调节控制,容易实现自动化,适于大量生产	设备费用高,产量少时处理费用较高

（2）工艺参数的选择　见表 2.140。渗碳工件的质量，首先，渗层的表面碳含量、渗层深度和碳的质量分数梯度三方面需要达到技术要求，渗层深度主要取决于渗碳温度和时间，

表面碳含量和碳的质量分数梯度与炉气的碳势高低及其控制精度有关;其次,渗碳后还需进行渗后热处理,达到使用性能。

表 2.140 渗碳工艺参数的选择

序号	参数名称	工艺参数的选择
1	渗碳温度	一般 880～930℃,温度波动在±15℃内。渗层深度浅的工件可选择温度下限,渗层深度深的工件可选择温度上限。真空渗碳温度较高,在 1050℃左右
2	渗碳保温时间	一般根据随炉试块检测结果来确定,也可按如下估算:渗层深度<0.5mm 时,渗碳速度按 0.15～0.25mm/h 估算;渗层深度 0.5～1.5mm 时,渗碳速度按 0.10～0.20mm/h 估算;渗层深度>1.5mm 时,渗碳速度按 0.05～0.12mm/h 估算。近年来发展的渗碳仿真控制,可以较准确地控制渗层深度、碳质量分数梯度和渗碳时间
3	碳势控制	可采用露点法、红外仪法、氧探头法及电阻法等,它们都适宜在炉气平衡条件下,而一般渗碳都可能偏离平衡态。为提高碳势控制精度,大都采用氧探头-红外仪-温度三参数控制,控制精度可达到 $w_C=\pm(0.025\%\sim0.05\%)$
4	渗碳件表面碳的质量分数	一般以 0.75%～0.90% 为宜,表面碳的质量分数过高,表层 K 多且大,还会出现角状、爪状、网状 K,使用性能降低;表层碳的质量分数过低,表层 K 较少,也会影响使用性能
5	渗碳后的热处理	一般采取空冷或保护箱内冷却,当工件尺寸精度或表面状态要求较高时,应在保护气氛下冷却。渗碳后还要再淬火 1～2 次和低温回火;对要求不高的工件,也可从渗碳温度预冷至淬火温度直接淬火。无论采用哪种渗后热处理,都必须采取措施防止渗碳后工件氧化脱碳,避免产生内氧化、反常组织和表面硬度不足等缺陷

(3) 渗碳设备与渗碳剂的选择 渗碳加热设备应结构合理,设有使炉内气氛均匀流动的装置,渗碳加热室应具良好的密封性,渗碳的原料供给系统应安全可靠。渗碳温度偏差允许在±15℃以内,应选择Ⅳ类以上炉子,其控温精度、仪表精度和记录纸刻度等要符合Ⅳ类以上炉子的技术要求,并具炉气碳势控制功能。加热炉分类及技术要求见表 2.141。

表 2.141 加热炉分类及技术要求

加热炉类型	有效加热区保温精度/℃	控温精度/℃	记录仪表指示精度/%	记录纸刻度(分辨力)[①]/(℃/mm)
Ⅰ	±3	±1	0.2	≤2
Ⅱ	±5	±1.5	0.5	≤4
Ⅲ	±10	±5	0.5	≤5
Ⅳ	±15	±8	0.5	≤6
Ⅴ	±20	±10	0.5	≤8
Ⅵ	±25	±10	0.5	≤10

① 允许用修改量程的方法提高分辨力。

渗碳剂在渗碳过程中产生活性碳原子,并渗入工件表面,故要求渗碳剂纯度要高、成分波动小,对渗碳剂要有明确技术要求的专门标准,对工件不会产生有害影响。主要渗碳剂技术标准见表 2.142。气体渗碳剂主要有天然气和液化石油气等,要求其丙烷或丁烷纯度在90%(质量分数)以上,所以应采用高纯度渗剂气源。

表 2.142 主要渗碳剂技术标准

渗碳剂名称	技术要求
固体渗碳剂	JB/T 9203
甲醇	JB/T 9209
无水乙醇	
丙酮	
乙酸乙酯	
甲苯	
苯	
煤油	
1号渗碳油	

注：渗碳剂应有生产厂家质量保证单或合格证。不合格产品禁止使用。

① 热处理设备质量控制。热处理设备应能满足零件渗碳热处理所需工作温度和保温精度、碳势控制精度、有效加热区的规格尺寸和测温控温系统；热处理炉有效加热区应定期检测，检测周期见表 2.143，其保温精度应符合表 2.141 相应炉型的保温精度要求。应在设备明显位置悬挂带有有效加热区示意图的检验合格证，加热炉只能在有效加热区检验合格规定的有效期内使用。热处理炉有效加热区按 GB/T 9452 的规定测试。

表 2.143 加热炉有效加热区检测周期及仪表检定周期

加热炉类型	有效加热区检测周期	仪表检定周期
Ⅰ	1	3
Ⅱ	6	6
Ⅲ	6	6
Ⅳ	6	6
Ⅴ	12	12
Ⅵ	12	12

热处理炉温度测量系统在正常使用状态下应定期做系统校验。校验时，检测热电偶与记录仪表热电偶的热端距离应靠近，校验应在加热炉处于热稳定状态下进行。系统校验允许温度偏差应符合表 2.144 规定。

表 2.144 系统校验允许温度偏差

加热炉类型	Ⅰ、Ⅱ	Ⅲ、Ⅳ、Ⅴ
允许温度偏差	±1	±3

当超过允许温度偏差时，应查明原因排除或进行修正后方可使用，非专业仪表人员不得随意调整，校验结果应制成如表 2.145 所示的炉温仪表校验卡，悬挂在设备上，供操作者参考。

表 2.145 炉温仪表校验卡

仪表名称		仪表编号		购入时间		使用单位	
校验结果	仪表指示值/℃						
	修正值/℃						
备注：				校验时间			
				校验者			

② 工艺材料控制。热处理工艺材料应按技术要求建立定期检验制度,确保热处理质量稳定,检验结果应记录在档案中。

③ 操作与记录。操作者应严格执行"热处理工艺卡"和"热处理作业指导书"的规定要求,并认真做好记录。热处理记录必须保持完整、清晰、真实。

2.4.3 渗碳操作的质量控制

热处理设备操作人员应经专门培训并持有操作证,熟悉设备的结构、性能、精度和效率等特点,严格按设备操作规程进行操作,达到准确控制工艺参数的目的。渗碳操作过程中应注意表 2.146 中的内容。

表 2.146 渗碳操作过程中应注意的五个方面

序号	项目	具体内容
1	工件	工件在渗碳前要认真清洗,去除工件表面的油、水以及锈斑等污物,渗碳炉要定期清除炭黑,以防渗层不均匀
2	炉气均匀流动	装炉时工件之间摆放要留有一定间隙,使炉气能在工件之间均匀流动,保持炉温和炉内气氛均匀,以防止渗碳不均匀引起硬度和渗层不均匀
3	保护气氛	装炉后应尽快排出炉内气体,降温和淬火加热时也要通入保护气氛,防止工件表面氧化脱碳,避免出现表面硬度不足、表层出现黑色组织等缺陷
4	渗碳阶段稳定控制	保持渗碳炉良好的密封性和稳定炉压,以及合适的渗剂与载气比,使渗碳阶段稳定控制,防止过高碳势和炭黑,同时也要避免炉内碳势不足,避免因表面碳的质量分数过高或过低引起表面硬度或组织不合格
5	淬火介质	工件淬火时要保持淬火介质温度的相对稳定性,同时要保证淬火介质的搅拌均匀性,保证淬火介质良好的流动性和温度的均匀性,从而使工件冷却均匀。淬火介质要定期进行冷却性能的测定,淬火油要符合 JB/T 6955 标准,复验项目包括运动黏度、酸值、闪点、水分、使用性能等。有机淬火介质要符合专用技术条件

2.4.4 渗碳检验的质量控制

2.4.4.1 渗碳检验质量控制的作用

渗碳检验质量控制的作用在于保证产品符合技术要求,不合格产品不能转入下道工序,记录、分析和评价所得检验数据,为质量控制提供依据。

2.4.4.2 检验设备的质量控制

检验设备必须符合相应的标准规定,并定期经技术监督部门检定,保证其检测精度和测量数据的可靠性,检定结果应记录在档案中。

2.4.4.3 检验规程

渗碳质量检验(包括硬度、金相、硬化层深度等)均必须编制相应的书面检验规程或检验工艺卡,检验文件应符合相应的标准和技术要求。

2.4.4.4 随炉试样检验

随炉试样检验的项目名称、具体内容见表 2.147。

表 2.147　随炉试样检验的项目名称、具体内容

序号	项目名称	具体内容
1	表面硬度	根据有效硬化层深度或渗层深度选用洛氏、表面洛氏等硬度计,选择方法见表 2.148 或按各行业规定,并按 GB/T 230 或 GB/T 1818 规定检测。硬度值应符合图样要求。当图样要求测表面硬度时,用维氏硬度计在试样截面上距表面 0.05～0.10mm 处测定,测定方法按 GB 4340 进行。对渗碳淬火后需要磨齿的齿轮,表面硬度的测定部位为从试样表面至轮齿单侧加工余量深度之处。表面硬度的均匀性要求见 GB 8539
2	心部硬度	心部硬度值一般要求 30～45HRC,可由设计者根据齿轮使用条件确定。齿形试样心部硬度的测定位置参见 GB 8539
3	有效硬化层深度	对于渗碳淬火后需加工的齿轮,渗碳的工艺层深为图样上标定的深度加上轮齿单侧的加工余量。有效硬化层深度的测定以硬度法为准,测定部位按 GB 8539 规定进行,测定方法按 GB/T 9450、GB/T 4340 规定进行,也可按各行业规定或生产厂与用户的协议。用金相法、断口法检测渗层深度时,应预先找出与硬度法测定有效硬化层深度的关系,以保证成品齿轮满足图纸技术要求。渗碳齿轮有效硬化层深度推荐值见表 2.149。当图样要求测定齿根有效硬化层深度时,应在齿形试样的法截面上向内测定。若随炉试样有效硬化层深度不符合图样要求,则从该批中至少再抽取一件齿轮解剖测定,并以其测定结果为准
4	表层碳含量	表层碳含量为从表面至 0.10mm 深度范围内的平均碳含量。如无特殊要求,表层碳含量一般控制在 0.8%～1.0% 范围内,原则上不应低于相应钢材的共析碳含量。表层碳含量可用试样剥层法进行化学分析,也可用金相法判别或用直读光谱仪分析。应用各种碳控技术对渗碳过程进行控制时,应预先找出各种钢材渗碳时,其表层碳含量与气氛碳势的关系。当新产品试制或工艺调试时,应检验表层碳含量。在批量生产中,若渗碳过程无任何气氛控制措施时,应定期检验表层碳含量
5	表层组织	A_r 按各行业金相检验级别图评定。一般齿轮应控制在 30% 以下,高精度齿轮应控制在 20% 以下,对于留有加工余量的齿轮,评定部位按内控标准规定。 M 按各行业金相检验级别图评定。对于齿形试样应以分度圆附近的严重视场作为评判依据。 K 按各行业金相检验级别图评定。当采用 ZBT 04001K 评级图时,若试样在 400 倍下无明显 K,但试样表面硬度及碳含量合格,表层组织不为亚共析状态时,可评为一级。表层脱碳,试样经 4% 硝酸乙醇溶液轻腐蚀后,置于显微镜下放大 400 倍观察,对于齿形试样着重检查齿根圆角处,脱碳层深度应 ≤0.02mm 或按 GB 8539 分档控制。 表层非 M,试样经 4% 硝酸乙醇溶液轻腐蚀后,置于显微镜下放大 400 倍观察,对于齿形试样检测分度圆及齿根圆角处,按 GB 8539 分挡控制。
6	心部组织	按各行业规定或生产厂与用户的协议检验
7	至表层(心部)硬度降	当图样要求测至表层硬度降或心部硬度降时,参见 GB 8539 或按各行业规定执行
8	心部冲击性能	当用户要求时,在随炉试样上取料,加工成冲击试样,进行冲击试验

表 2.148　不同有效硬化层深度的硬度范围及计量类型

有效硬化层深度/mm	硬度范围	硬度计量类型
＞0.3～0.5	75～80	HR30N
＞0.5～0.8	63～69	HR45N
＞0.8	58～62	HRC

表 2.149　渗碳齿轮有效硬化层深度推荐值　　　　　单位：mm

模数 m	渗碳齿轮有效硬化层界限值:550HV	模数 m	渗碳齿轮有效硬化层界限值:550HV
1.5	0.25～0.5	2	0.40～0.65
1.75	0.25～0.5	2.5	0.50～0.75

模数 m	渗碳齿轮有效硬化层 界限值:550HV	模数 m	渗碳齿轮有效硬化层 界限值:550HV
3	0.65～1.00	12	2.30～3.20
3.5	0.65～1.00	14	2.60～3.50
4	0.75～1.30	16	3.00～3.90
5	1.00～1.50	18	3.00～3.90
6	1.30～1.80	20	3.60～4.50
7	1.50～2.00	22	3.70～4.80
8	1.80～2.30	25	4.00～5.00
9	1.80～2.30	28	4.00～5.00
10	2.00～2.60	32	4.00～5.00
11	2.00～2.60		

2.4.4.5 齿轮渗碳及热处理质量检验

齿轮渗碳及热处理质量检验的项目名称和具体内容见表 2.150。

表 2.150 齿轮渗碳及热处理质量检验的项目名称、具体内容

序号	项目名称	检验的具体内容
1	外观	齿轮经热处理后,表面不得有氧化皮、剥落、碰伤、锈蚀等缺陷
2	齿面硬度	应根据齿轮重要程度,批量或炉型规定抽检数量。测量部位以齿面为准,也可以测量齿顶或端面,但应考虑其与齿面硬度的差异。测量点要求分布在约相隔 120°的三个轮齿上,每个轮齿上一般不得少于 2 点,其硬度值应符合图样技术要求。硬度计应平稳、可靠、重现性好。当选用齿面硬度计测齿面时,应将侧头垂直于齿面;当用洛氏硬度计检测齿顶时,应将被测处用砂纸打磨,其表面粗糙度应符合 GB/T 230 规定,测量时应放置平稳;当用锉刀检验齿顶、齿根硬度时,锉刀应为标准锉刀;当用肖氏硬度计或里式硬度计 D 型冲头装置检测时,齿轮的有效硬化层深度必须>0.8mm。大于对于无法用硬度计检测的齿轮,一般以随炉试样的测量值为准。表面硬度应达到图样或技术条件要求。表面硬度允许偏差为:对于重要件,允许偏差为 5HRC;对于一般件,允许偏差为 7HRC。当硬度不符合技术要求时,应加倍抽检,若仍不符合则应根据具体情况进行返修或报废
3	有效硬化层深度	当采用各种碳控技术控制渗碳过程且生产质量稳定时,可以随炉试样的检测结果为准。抽检周期可根据具体情况确定。对于批量生产的齿轮,当渗碳气氛无任何控制措施时,在试样合格情况下,每周应抽检一件齿轮解剖测定。检验方法同随炉试样的相应条款。 有效硬化层深度应达到图样或技术条件要求,根据热处理质量控制要求,其偏差限制见表 2.151
4	表层(心部)组织、心部硬度	一般以随炉试样的检测结果为准。工厂可根据具体情况,确定解剖齿轮检验项目及检验周期。检验方法同随炉试样的相应条款。表层组织、心部硬度及心部组织应达到图样或技术条件要求
5	裂纹	在热处理和磨齿后,可靠度要求高的齿轮应 100%检验,一般齿轮应进行抽检。磨加工后表面一般不允许有裂纹。裂纹的检验方法可采用以下任意一种,如磁粉探伤、超声波探伤、荧光浸透及染色浸透探伤等。冷处理后微裂纹的检验用显微镜放大 400 倍观察随炉试样,在 0.30mm×0.25mm 的矩形范围内,长度大于 1 个晶粒的微裂纹不得超过 10 个
6	畸变	热处理后的畸变量应控制在技术要求的范围之内。批量生产时,抽检项目和件数按产品图样的技术要求进行。单件生产的齿轮应定期抽检
7	检验记录和报告	检验人员应按有关检验规程要求的和内容和规定的格式认真做好检验记录和编制检验报告,并保证记录结果的可追溯性。记录内容一般包括以下内容:齿轮材料、数量、件号、炉号;齿轮热处理工艺流程及工艺参数;检验的项目、部位和结果;热处理操作人员、检验人员的姓名或代号;操作、检验日期

续表

序号	项目名称	检验的具体内容
8	检验标识	经过检验的零件,应按规定做好标识,避免混淆。不合格零件应做好特定标识,放在规定地点,避免下道工序误用

表 2.151　渗碳有效硬化层深度允许偏差

有效硬化层深度/mm	允许偏差值/mm
<0.50	±0.05
0.50~1.50	±0.10
1.50~2.50	±0.15
>2.50	±0.25

2.4.5　渗碳件常见缺陷及其控制

渗碳件在渗碳及热处理过程中如果控制不当,往往会出现各类缺陷,缺陷的形成原因及其控制措施见表 2.152。

表 2.152　渗碳件热处理常见缺陷分析及控制措施

序号	缺陷名称	缺陷分析	控制措施
1	表层碳化物(K)过多,呈大块状或网状分布	渗碳件出现大块状及粗大网状 K,主要是由于表层碳含量过高引起的。如采用滴注法渗碳时,滴量过大,可控气氛渗碳时富化剂的量过多,或者碳势控制系统失控;采用渗碳后直接淬火时,预冷时间过长,淬火温度过低,在预冷时间里,使 K 沿奥氏体晶界析出;采用一次淬火时,淬火温度太低,渗碳预冷后形成的网状、块状 K 在重新加热时没有消除。此外,渗碳后冷却太慢也会形成网状 K	由于表层碳的质量分数过高引起上述缺陷时,可重新在较低碳势气氛中扩散一段时间消除;由于直接淬火和一次淬火温度过低而造成上述缺陷时,可重新加热到较高温度正火,使网状或块状 K 溶解,而后在稍高温度下淬火消除。为防止网状 K 的出现,可按下式适当选择强渗期时间和扩散期时间的比例: $$T_c = T_t \left(\frac{C_d - C_0}{C_c - C_0} \right)^2$$ $$T_d = T_t - T_c$$ 式中,T_c 为强渗期时间;T_t 为总渗碳时间;T_d 为扩散期时间;C_0 为材料原始含量($w_C \%$);C_c、C_d 分别为强渗期和扩散期碳势(质量分数,%)。为预防网状 K 或块状 K 出现,其关键是合理控制炉内碳势,并有足够的扩散时间和适当淬火温度
2	残留奥氏体(A_r)过多	适量 A_r 能提高渗层的韧度、接触疲劳强度及改善啮合条件,扩大接触面积。但 A_r 过量,常会伴随 M 针状组织粗大,导致表层硬度下降,降低耐磨性。对不同承载能力的渗碳件,A_r 有一最佳范围。通常认为 A_r 量在 20%(体积分数)以下是允许的。引起 A_r 过量的原因有: i.钢中合金元素多。如 Cr、Mn、Ti、V、Mo、W、Ni 等溶入奥氏体中,增加了奥氏体稳定性,促使淬火后 A_r 量增多。 ii.渗层碳的质量分数过高。渗碳气体碳势和渗碳温度过高,使溶入奥氏体中碳量增加,造成淬火后 A_r 量增多。 iii.淬火温度偏高。加热温度愈高,溶入奥氏体中碳和合金元素量也愈多,奥氏体稳定性提高,A_r 增多。 iv.淬火剂温度偏高。淬火剂温度愈高,M 转变愈不充分,A_r 量愈多	为使 A_r 量适当而又不使 M 粗大,应合理地选择渗碳钢,恰当调整炉内碳势,降低渗碳、淬火和冷却介质的温度。对渗层中过量的 A_r 可采用重新加热淬火、二次淬火和淬火后冷处理等方法来减少

续表

序号	缺陷名称	缺陷分析	控制措施
3	马氏体(M)组织粗大	正常情况下,渗碳层应为回火 M、均匀分布的颗粒状 K 和少量的 A_r。M 的主要作用是提高表面硬度和强度,M 针的粗细和均匀度对使用性能影响很大。M 针愈小,力学性能特别是韧度愈好。相反,M 针愈粗大,性能愈差。工程上将 M 针状组织分为 8 个级别。1 级 M 针最小,8 级 M 针粗大。不同零件服役条件不同,对 M 级别的要求也不同。汽车渗碳齿轮类零件 5 级以下为合格,重载渗碳齿轮类零件 6 级以下为合格,7~8 级为粗大组织,不合格	M 针粗大同渗碳用钢、渗碳温度和淬火温度有关。渗碳钢中不含细化晶粒的合金元素如 Ti、V、Al、Nb、Zr、N 等元素,或不属本质细晶粒钢时,经渗碳淬火,则易出现粗大 M。渗碳温度过高时,渗碳过程中奥氏体粗化,直接淬火后 M 必然粗化。此外,渗碳件一次淬火温度过高,也易出现粗大 M。对于粗大 M,一般可采用降低一次淬火温度法来改进
4	内氧化	在渗碳气氛中,总含有一定量的 O_2、H_2O、CO_2 气体,当炉子气氛中上述组分含量较高、炉子密封不好有空气进入或零件表面有严重氧化皮时,在渗碳过程中将发生内氧化。内氧化的实质是:在高温下吸附在零件表面的氧可沿奥氏体晶界扩散,并和与氧有较大亲和力的元素(如:Ti、Si、Mn、Al、Cr)发生氧化反应,形成金属氧化物,造成氧化物附近基体中合金元素的质量分数降低,淬透性变差,淬火组织中出现非 M 组织。由于内氧化,表层出现非马氏体组织,零件表面显微硬度明显下降。当内氧化深度小于 13μm 时,对疲劳强度无明显影响;当内氧化深度>13μm 时,疲劳强度随氧化层的增加而明显下降。对 20CrMnTi 钢,在 2675MPa 接触应力条件下,表面 30μm 左右的非 M 层使疲劳寿命下降 20% 左右,100μm 左右的非 M 层使疲劳寿命下降 63% 左右。内氧化的存在也会影响表面残余应力的分布,内氧化层愈深,表面张应力愈大	为减少内氧化,应设计或选择一种不易内氧化的钢。内氧化与某些合金元素的存在及在奥氏体中含量有关。图 2.77 是常用渗碳钢中的合金元素氧化的趋势,可以看出:Ti、Si、Mn 和 Cr 易被氧化,而 W、Mo、Ni 和 Cu 则不被氧化。在含镍钢中,可以有效地防止钢的内氧化。在 Cr-Mo 钢中,钼的质量分数偏低(0.2%)时,总是发生内氧化。采用 0.5% 或更高的钼对防止内氧化和提高淬透性非常有益。当 Mo/Cr 的比值在 0.4 以下时,可观察到内氧化层的深度达 14~20μm;Mo/Cr 的比值为 1 时,钢中则观察不到内氧化层。对于 Cr-Ni-Mo 钢,Mo/Cr 的比值为 0.4,而镍的质量分数为 1% 时也不易出现内氧化现象。国外已相继研制出能抑制内氧化的新型渗碳钢。为防止内氧化,除考虑选材以外,还可从工艺上采取以下措施: i.渗碳时,要控制炉气中 O_2、H_2O、CO_2 等气体含量,减少渗剂中杂质如硫的含量。 ii.渗碳前要将零件表面氧化皮、锈斑清除干净。 iii.在渗碳操作时,要保证炉子良好的密封性,保持炉内正压且稳定,防止空气进入炉内。 iv.排气期可加大富化气量或采取其他措施(如增加煤油滴量等),以尽早恢复炉内碳势。 v.为减少或消除内氧化不良后果,可在渗碳结束前向炉内通入质量分数为 5%~10% 的氨气,只要共渗 10min,渗入少量的氮,即可恢复内氧化损失的淬透性。 vi.可采用珩磨、磨削加工、电解抛光、喷砂和喷丸处理,去除表面氧化物和减小氧化物的厚度,均可减轻或避免内氧化的有害影响
5	表层脱碳	渗碳后期渗剂浓度减小过多;炉子漏气;液体渗碳的碳酸盐含量过高;固体渗碳后冷速过慢;在冷却坑中及淬火加热时保护不当等都会造成表层脱碳	严格控制渗碳后期的炉内碳势,保持炉子良好的密封状态。发生表层脱碳的工件可在浓度合格的介质中补渗以恢复表层碳含量。当脱碳层深度≤0.02mm 时,可用喷丸处理的方法来消除
6	心部铁素体(F)过多	淬火温度低或加热保温时间不足以及渗碳冷却过慢都会造成心部 F 过多	选择合适的淬火温度和加热保温时间,选择合适的渗碳冷却速度。对于出现心部 F 过多的零件可按正常工艺重新加热淬火进行补救
7	渗碳层深度不合格	影响渗碳层深度的主要因素有渗碳介质的碳势、渗碳温度、渗碳时间、工件的化学成分、工件的形状、工件的表面状态等。 渗碳层深度过深的原因:渗碳温度过高,保温时间过长,碳势过高等,钢中 K 形成元素过多也能明显使渗碳层深度超过技术要求。	为保证达到技术要求的渗层深度,需严格工艺参数的控制,认真进行炉前抽取断口试样或金相试样的工作,准确地测定层深,以免错判造成不必要的延长保温时间。零件用钢发生变化,工艺参数必须调整。炉前测定层深的试块与所处理的工件应使用同一钢种,并经同样的预备热处理,以免造成层

序号	缺陷名称	缺陷分析	控制措施
7	渗碳层深度不合格	渗碳层深度不够的原因： i.可能因控制仪表失灵、热电偶安装位置不合理、炉子加热元件损坏、可控硅功率调节器有故障等原因造成渗碳温度偏低。 ii.炉内碳势过低，可能是所使用的碳势测量和控制仪表失灵，或者由于炉内气体成分变化，如 CH_4、CO 低于合理范围造成碳势控制偏低。对于无碳势控制仪表的普通气体渗碳炉，由于渗剂材料质量不合格或进入炉内量过少等造成碳势过低。 iii.渗碳保温时间不足或渗碳期与扩散期的时间及其比例安排不当。 iv.炉子漏气、气压偏低或渗碳盐浴成分不正常。 v.装炉量过多，或炉子、夹具、吊具等有变化，尽管显示炉内气氛碳势的碳势仪表指示正常，但是渗碳是不平衡的，由于吸收碳的面积增加，可能造成单位面积供碳量的降低，这对渗层较薄时显得更重要。 vi.零件表面有氧化皮等都会造成渗层深度不够	深判断的错误。一旦层深超过技术要求，对于重要零件只得报废。对于一般零件，可采用降低二次淬火温度的方法补救。 防止方法是加强对测温仪表检查；开炉前应测定渗剂滴量，检查炉子工作状况，保证炉子良好的密封性，对渗碳所使用的原料或渗剂要严格进行质量控制，不合格原料不得使用。对装炉要进行严格控制，必须按工艺要求装炉，当产品变更或装炉量变化时，要进行工艺调整和工艺验证工作。零件渗碳前应进行表面清洁处理。同时选择合适的渗碳温度和渗碳碳势，保持足够的渗碳时间。 渗层深度不够时，可在正常渗碳气氛中进行补渗，同时随炉应用原来渗过的试样，以便检查渗层深度是否合格。渗层深度在一定温度下是保温时间的函数。 即 $\delta = k\sqrt{\tau}$。 式中，δ 为渗碳层深度（mm）；k 为系数，与温度、炉型及装炉量有关；τ 为保温时间（h）。可根据生产现场的数据通过计算来确定补渗需要的时间
8	渗碳层深度不均匀	炉温不均匀，由于风扇停转或风扇设计不当造成炉内气氛循环不良或局部地区有死角，炭黑在零件表面沉积过多；工件表面不清洁，表面有锈斑、油垢，装炉前未进行认真清理；装炉量过多或工件在炉中放置不合理，使工件彼此之间的间隔太小，炉内气氛流动不畅；固体渗碳时渗碳箱内温差大，催渗剂分布不均匀，装炉不当等都会造成渗碳层深度不均匀	保持炉温均匀和良好的炉内气氛循环，及时清理炉内炭黑；选择合理的装炉方式；工件装炉前一定要认真清洗；根据工件特点选择合理的装炉方式和夹具
9	表面硬度低	表面碳浓度低（因炉温低或渗剂浓度不足）；表面脱碳；A_r 过多或表面形成托氏体组织等都会造成表面硬度偏低	严格控制炉温和碳势，使工件表面获得合适的碳浓度。对于表面硬度低的情况应视情况进行补救：碳浓度低的可补渗；A_r 过多的可冰冷处理或高温回火后重新加热淬火；表面有托氏体的可重新加热淬火处理
10	渗碳件开裂（渗碳空冷件在冷却过程中产生表面裂纹）	其原因是渗碳后空冷或淬火时渗层组织转变不均匀。如 20CrMnMo 钢渗碳后空冷时在表层先形成极薄的一层托氏体，在其下面保留一层未转变的奥氏体，在随后冷却时转变为 M，使表面产生拉应力而导致开裂。此外，如果表层有薄的脱碳层也将导致这种开裂	减慢渗碳后的冷却速度使渗层全部发生共析转变，或加快渗碳后的冷却速度使零件表面得到马氏体加残留奥氏体组织
11	渗碳后变形	夹具选择及装炉方式不当，零件自重产生变形；零件本身形状厚薄不均；加热冷却过程中因热应力和组织应力导致变形	选择合理的夹具和装炉方式，合理吊装工件，减少零件自重产生的变形。对于易变形的工件采用压床淬火或热校

2.4.6 ［实例2.6］ 球磨机渗碳淬火齿轮轴断裂的失效分析及对策

球磨机破碎比大，可对各种矿石和其他可磨性物料进行干式或湿式粉磨，适应性强，易于实现自动化控制。因此，在选矿、建材、化工、冶金、材料等行业中，球磨机都是最普

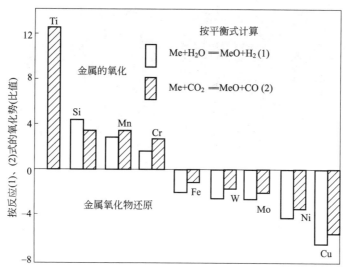

图 2.77　常用渗碳钢合金元素的氧化趋势

炉子中平均成分（质量分数）：40% H_2，20% CO，1.5% CH_4，0.5% CO_2，

0.28% H_2O，37.72% N_2。

遍、最通用的粉磨设备。随着企业生产规模的不断扩大和矿石品位的下降，使得球磨机的生产能力越来越大，并使球磨机越来越大型化。

（1）工件名称与使用材料　工件为齿轮轴（其外形结构见图 2.78），它是球磨机传动装置上的关键部件，随着球磨机向大型化发展，齿轮轴的使用材料及加工工艺也有所改变，采用的是渗碳钢（渗碳淬火）代替调质钢（调质＋局部表面淬火）。

图 2.78　齿轮轴外形实物照片

所使用材料为 20CrNi2Mo 钢，规格为 ϕ579mm×3000mm、齿轮模数 25、齿数 21、左旋 7.5°。

（2）热处理技术条件　齿部渗碳层深度 2.5～3.0mm，齿面硬度 57～61HRC。

（3）加工工艺流程　坯料→锻造→粗车→无损检测→调质（650℃回火）→精车→磨前铣齿→齿部渗碳淬火＋回火→磨齿。

（4）现场观察与分析　在用户现场使用过程中，齿轮轴断裂时未发现明显异常，只是在运行中电动机仍在工作，但齿轮轴已不随着旋转。该齿轮轴使用寿命大概在 12 个月左右。齿轮轴的结构见图 2.78，齿轮轴断裂宏观形貌见图 2.79。

造成齿轮轴断裂的原因很多，设计、工艺、加工精度、锻造、热处理、安装精度、维护保养等各个环节均可能造成该齿轮轴断裂。由于该断裂齿轮轴为备件，在更换该断轴前的另一根齿轮轴因到使用寿命而失效，说明设计、工艺、加工、安装、维护保养等环节不存在问题。为查找该齿轮轴断裂的主要原因，对其进行了化学成分分析、金相组织观察、断口观察

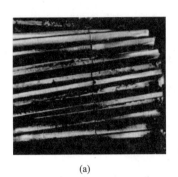

(a)　　　　　　　　　　　　　(b)

图 2.79　齿轮轴断裂宏观形貌

和力学性能测试等。

（5）理化检验与分析　齿轮轴在齿部断裂，在断口分离前，裂痕呈直线状沿周向分布，见图 2.79（a）。裂痕及附近区域无宏观塑性变形显示脆性断裂特征。断裂齿轴为径向通透型断裂，见图 2.79（b）。

对球磨机断裂齿轮轴进行检测，对断轴进行切割取样，取样情况见图 2.80、图 2.81。

图 2.80　取样情况　　　　　　　　图 2.81　取样情况对比

① 断口宏观检测。对应面断口宏观形貌见图 2.82～图 2.84。断口平齐，断面可见明显放射状花样。放射状花样的收敛区在偏离圆心的圆形相对平坦区域及略带凹凸位置，该区域距齿顶约 250mm，为断裂源区，如图 2.82 中箭头所示。对应面一侧断口因钻取化学成分分析样品，断裂源区已被破坏（见图 2.83 箭头），另一侧除断口表面油污较严重外，断面基本无损伤。在断裂源区取样并清洗后（见图 2.84），肉眼可见断裂源区沿枝晶开裂特征（枝晶间存在明显台阶）及 15mm×10mm 和 10mm×2mm 夹杂物缺陷。

图 2.82　齿轮轴断口　　　　　　　图 2.83　对应面一侧齿轮轴断口

② 断口微观检测。用扫描电镜观察了断裂源区及附近断口微观形貌（见图 2.85、图 2.86），断口显示解理及准解理断裂特征。对断裂源区缺陷（见图 2.86）进行了能谱定性及半定量检测，结果表明缺陷部位含有 O、Ca、Si、C、Al、Fe、Mg、Na、K 等元素，为夹渣缺陷。

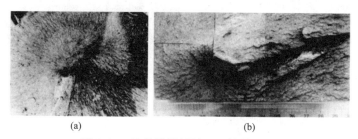

(a)   (b)

图 2.84　齿轮轴局部断口（断裂源区）

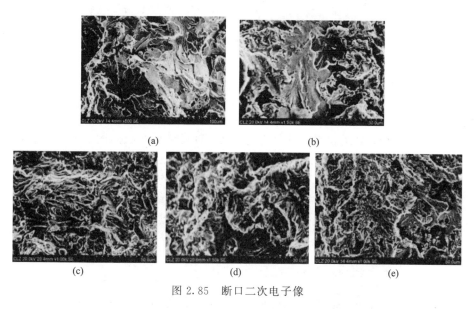

(a)   (b)

(c)   (d)   (e)

图 2.85　断口二次电子像

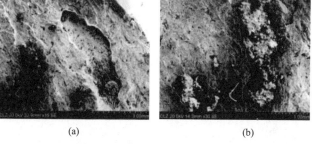

(a)   (b)

图 2.86　断口缺陷二次电子像

③ 低倍金相组织检测。在断口附近截取了齿轴径向（距断口轴向距离约 20mm）及轴向样品，进行了低倍金相组织检测，结果见图 2.87～图 2.89，图 2.88、图 2.89 试样上表面为断口。依据 GB/T 1979—2001 标准，低倍组织评定为一般疏松 0.5 级，无其他低倍组织缺陷，存在较严重枝晶组织，断裂源区枝晶组织尤为严重，渗碳淬火层及调质处理层清晰

可见，调质层距齿顶深度约为110mm。

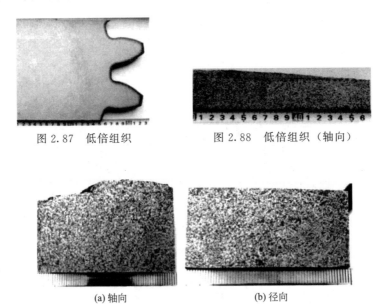

图2.87　低倍组织　　　　　　　　图2.88　低倍组织（轴向）

（a）轴向　　　　　　　　　　　　（b）径向

图2.89　断裂源区低倍组织

④ 金相检测。图2.90为齿轮轴非金属夹杂物检测结果，参照GB/T 10561—2005标准评定为：A类粗系1级，B类粗系1级，C类0级，D类细系2级。图2.91为齿根部渗碳淬硬层组织，组织为$M_{回火}$，M级别为5级。图2.92为调质层，调质组织为$S_{回火}$＋F，存在枝晶组织。图2.93为调质层附近组织，组织为P＋F，存在较严重枝晶组织。图2.94为断裂源区组织，组织为F＋P，存在严重枝晶组织，晶粒度≥8级。

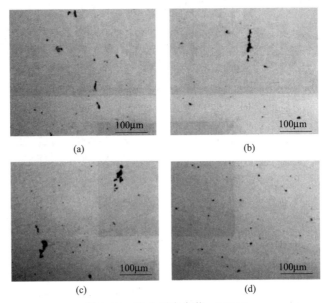

（a）　　　　　　　　　　　　　　（b）

（c）　　　　　　　　　　　　　　（d）

图2.90　非金属夹杂物，100×

⑤ 化学成分检测。化学成分分析结果见表2.153，参照GB/T 3203—2016标准《渗碳轴承钢》，对化学成分的检测值和标准值进行了对比，齿轮轴检测结果基本符合标准规定。

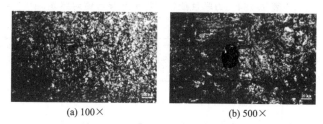

(a) 100×　　　　　　　　　　　　(b) 500×

图 2.91　齿根部渗碳淬硬层组织

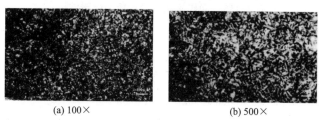

(a) 100×　　　　　　　　　　　　(b) 500×

图 2.92　距齿根表层 30mm 组织（调质层）

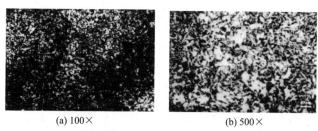

(a) 100×　　　　　　　　　　　　(b) 500×

图 2.93　距齿根表层 150mm 组织（调质层附近组织）

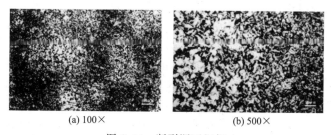

(a) 100×　　　　　　　　　　　　(b) 500×

图 2.94　断裂源区组织

表 2.153　化学成分检测结果（质量分数）　　　　　单位:%

元素	C	Si	Mn	P	S	Cr	Ni	Mo	Cu
标准值	0.19～0.23	0.25～0.40	0.55～0.70	≤0.020	≤0.015	0.45～0.65	1.60～2.00	0.20～0.30	≤0.25
检测值	0.20	0.30	0.70	0.018	0.008	0.66	1.75	0.19	0.062

⑥ 力学性能检测。在轴心断裂源区附近沿径向截取了力学性能试样，检测结果见表 2.154，参照标准中引用的 GB/T 3203—2016 材料牌号（G20CrNi2Mo），强度测量值偏低，这与取样位置有关（标准值为纵向取样，且是经淬火＋200℃回火后的值）。渗碳淬硬层硬度梯度检测结果见表 2.155，渗碳淬硬层深度约 3.0mm。距齿根表面调质层硬度梯度检测结果见表 2.156。

表 2.154 力学性能检测结果与参考值对照表

力学性能	R_m/MPa	$R_{p0.2}$/MPa	A/%	Z/%	A_{KV_2}/J	硬度（HBW）
1#检测值（横向）	790	—	11.5	27	68	226、232、224、241
2#检测值（横向）	774	494	14.5	41	68	
参考值	≥980	—	≥13	≥45	≥63	—

表 2.155 渗碳淬硬层硬度梯度检测结果

距表面/mm	0.1	0.2	0.3	0.4	0.5	0.6	0.8
硬度（HV1）	573	591	559	566	559	559	584
距表面/mm	1.0	1.2	1.4	1.6	1.8	1.9	2.0
硬度（HV1）	594	598	581	593	552	539	533
距表面/mm	2.2	2.4	2.6	2.8	3.0	3.2	5.0
硬度（HV1）	494	488	497	499	509	433	375

表 2.156 距齿根表面调质层硬度梯度检测结果

距表面/mm	5.0	10	20	30	40	50
硬度（HV50）	316	269	262	266	276	284
换算成硬度（HRC）	33.5	27.5	26.5	27.0	28.5	29.5
距表面/mm	60	80	100	120	140	心部
硬度（HV50）	269	260	248	254	242	229
换算成硬度（HRC）	27.5	26.0	24.0	25.0	23.0	21.0

（6）检测结果分析与结论

① 参照 GB/T 3203—2016《渗碳轴承钢》标准评定，齿轮轴化学成分基本符合标准相关规定。

② 在齿轮轴心部断裂源区附近截取了径向试样（拉伸及冲击），检测结果显示，冲击值满足技术条件规定，说明材料具有较好的韧性。强度偏低有两方面原因： i .标准试样为直径 25mm 的检测值，而该齿轮轴直径为 579mm； ii .应与横向取样及取样时更靠近轴心有关（JB/T 5000.8—2007 标准规定的取样位置为距表面 1/3 半径处）。齿轮轴的齿部渗碳淬火层深度及硬度略低于标准要求。

③ 由齿轮轴表面至心部金相组织检测结果显示，基体组织无异常，齿轮轴枝晶组织较严重，特别是断裂源附近更为严重，说明在锻造过程中枝晶组织未得到有效的改善，在允许的情况下可适当增大锻造比。枝晶组织严重时会不同程度地降低材料的力学性能。

④ 齿轮轴显示瞬时（一次性）脆性断裂特征，断裂源区在齿轮轴心部偏离轴心区域。该处存在肉眼可见夹杂物缺陷，且枝晶组织严重，说明该部位是齿轮轴的薄弱区域，易引发应力集中导致的开裂。

⑤ 齿轮轴在设备运行过程中断裂，且使用时间约 12 个月。根据齿轮轴为突发一次性断裂的特点分析，其断裂时应存在两种情况： i .断裂源区承受较大应力作用，该应力可排除齿轮轴制造过程中所能残留的组织应力、热应力等应力作用，也可排除使用过程所形成的热应力及齿轮轴旋转所形成的扭转应力作用。由于齿轮轴运行现场无法提供有效的监控记录及

相关数据，因此无法更精准地判断轴心应力的来源。ⅱ.断裂源区相对薄弱。

通过上述分析得出以下结论：齿轮轴心部存在夹杂物及枝晶缺陷，在设备运行过程中，当轴心承受较大应力作用时，在薄弱部位引发了瞬时脆性断裂。

（7）改进措施　引起齿轮轴断裂的原因很多，仅从热加工方面着手，通过提高锻件质量、增加锻后正火热处理工序、增加渗碳前预备热处理（粗铣齿后调质热处理）工序，以及调整最终热处理渗碳淬火工艺参数等手段，提高热加工工艺效果，从而保证产品质量。

第 3 章

碳氮共渗工艺及其应用

3.1 概述

　　碳氮共渗（俗称氰化）系指在奥氏体状态下同时将碳、氮渗入工件表层，并以渗碳为主的化学热处理工艺。其目的是使工件在保持心部较高韧性的条件下，表面层获得高硬度，以提高其耐磨性和抗疲劳性能等。

　　碳氮共渗层比渗碳层具有更高的耐磨性、疲劳强度和耐蚀性；比渗氮层有更高的抗压强度和更低的表面脆性，而且生产周期短、渗速快、适用材料广泛。碳氮共渗的性能和工艺方法等与渗碳基本相似，但由于氮原子的渗入，又有其特点。

3.1.1 氮原子的渗入对渗层组织转变的影响

　　氮原子的渗入对碳氮共渗渗层组织转变的影响，见表 3.1。

表 3.1　氮原子的渗入对碳氮共渗渗层组织转变的影响

序号	氮原子的渗入对共渗层组织转变的影响
1	可使奥氏体化温度下降，碳氮共渗可在低于渗碳温度下进行，工件不易过热，便于直接淬火，变形小
2	可使 TTT 曲线右移，提高了淬透性（见图 3.1），某些碳钢零件共渗后可用油淬
3	还可使钢的 M_S 点下降，渗层中 $A_{残留}$ 量增加，使共渗件的硬度略低于渗碳件，但其接触疲劳强度较高
4	使共渗层的耐回火性增加

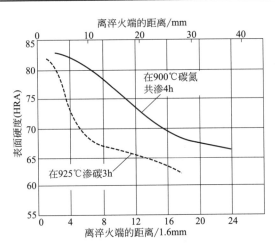

图 3.1　20 钢［成分（质量分数）：C 0.17%～0.24%，Si 0.10%～0.20%，Mn 0.30%～0.60%］
碳氮共渗和渗碳层端淬曲线对比

3.1.2 碳氮共渗的特点

（1）碳氮共渗化学热处理的特点　见表 3.2。

表 3.2　碳氮共渗化学热处理的特点

序号	项目	特　点
1	处理温度低	氮是扩大 γ 相区元素，降低了渗层的 A_1、A_3 点（表 3.3），使其可在较低温度下进行。它可减少工件畸变量，降低能耗。同时，碳、氮浓度高，可降低渗层的 M_S，减少奥氏体转变量，从而使表层残留奥氏体较多，硬度会有所下降。它使工件不易过热，便于直接淬火，淬火变形小，热处理设备使用寿命长。图 3.2 系 790℃渗碳 1.5h（曲线 1）和该渗碳介质内添加体积分数为 25% 氮于同样工艺条件下碳氮共渗（曲线 2）后渗层碳和氮浓度沿着渗层深度的变化曲线。可以看出，渗层深度为 0.1mm 处，碳氮共渗层碳的质量分数＞0.8%、氮的质量分数＞0.5%，即碳＋氮的质量分数＞1.3%；而渗碳层的质量分数＜0.8%。这是碳氮共渗工艺在许多工艺和力学性能上优于渗碳工艺的主要原因
2	共渗层淬透性较好	由于氮的渗入不仅能扩大 γ 相区，还使 TTT 曲线右移，降低了渗层的临界冷速，使奥氏体稳定化，碳氮共渗层中的碳氮奥氏体比渗碳奥氏体的稳定性高，因此碳氮共渗件可在比渗碳件更低冷速下获得表面硬化层，提高了共渗层的淬透性。由于共渗层 M_S 低、残余奥氏体量较渗碳多，有利于碳氮共渗件淬火后在其表面得到较大残余压应力，提高其疲劳强度和力学性能，并可减小工件共渗后的淬火变形和开裂倾向
3	渗速快	碳、氮同时渗入，加大了碳的扩散系数，使共渗速度比单一渗碳或氮都快，可缩短工艺周期。如 840～860℃共渗时，碳在奥氏体中扩散速度几乎与 930℃渗碳时碳的扩散速度相当甚至更快。图 3.3 系温度对碳氮共渗层和渗碳层深度的影响，图中曲线 1 为碳氮共渗，渗剂为煤油热裂解气＋体积分数为 25% 的氨气；曲线 2 为煤油热裂解气的渗碳工艺，保温时间均为 3h。由于碳氮共渗时氨气与渗碳气体中甲烷、CO 的相互作用，提高了共渗介质的活性和溶于 γ-Fe 中氮对奥氏体相区扩大的影响等，共渗速度高于渗碳速度。由图可看出，在工艺温度 850℃左右、渗层深度 0.8mm 左右时，碳氮共渗的速度高于渗碳工艺 30% 左右；但是，随着碳氮共渗时间的延长或渗层深度的增加，碳氮共渗的平均渗速会降低，并逐步接近或等于渗碳的速度。因此通常把共渗层的最佳深度定为 ≤0.75mm，即在此条件下碳氮共渗既可获得高性能的工件，又可提高生产率、降低生产成本
4	共渗层性能好	共渗比渗碳具有较好的耐磨、耐蚀性和疲劳强度；比渗氮件具较高抗压强度和较低表面脆性
5	共渗层允许一定数量碳化物	共渗层中碳化物的数量、形态和分布等与钢种及碳氮共渗的工艺参数有关，颗粒状碳化物可显著提高工件表层耐磨性。已开发出的高浓度碳氮共渗层中就含较多粒状碳化物
6	渗层深度较薄	与渗碳相比，碳氮共渗所获渗层深度较薄，承载能力也稍差一些
7	不受钢种限制	碳素结构钢、合金结构（工具）钢、灰铸铁和球磨铸铁均可碳氮共渗。由于其生产周期短，渗速快，可用材料广泛，在国内外都得到了广泛应用

表 3.3　氮和碳对临界点的影响

化学成分/%		A_1 相变点/℃	A_3 相变点/℃
C	N		
0.9	0	725	—
0	1.25	571	730
0.9	1.25	595	625
0.9	0.56	600	680

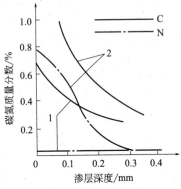

图 3.2 碳、氮在共渗层中的分布曲线

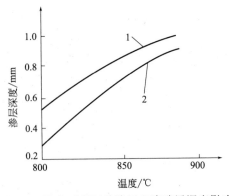

图 3.3 温度对碳氮共渗层和渗碳层深度影响

（2）碳氮共渗的工艺特点　见表 3.4。

表 3.4　碳氮共渗的工艺特点

序号	工艺特点	说　明
1	共渗温度对共渗层碳、氮含量的影响	随着共渗温度的升高，共渗层中的氮含量降低，碳含量先是增加，到一定温度后反而降低（见图 3.4）
2	共渗时间对共渗层中碳、氮含量的影响	共渗初期（≤1h），渗层表面的碳、氮含量随时间的延长同时增加；继续延长共渗时间，表面的碳含量继续增加，但氮含量反而下降（见图 3.5）
3	碳、氮的相互影响	共渗初期，氮原子渗入工件表面使其 A_{C3} 点下降，有利于碳原子的扩散；随着氮原子不断渗入，表层中会形成碳氮化合物相，反而阻碍碳原子扩散；碳原子会减缓氮原子的扩散

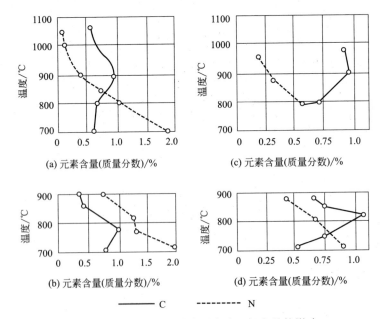

图 3.4 共渗温度对共渗层中碳、氮含量的影响

（a）$50\%CO+50\%NH_3$ 气体；（b）$23\%\sim27\%NaCN$ 盐浴；（c）50% NaCN 盐浴共渗；

（d）30% NaCN+8.5% NaCNO+25% NaCl+$36.5\%Na_2CO_3$

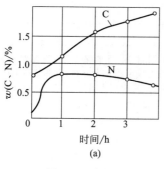 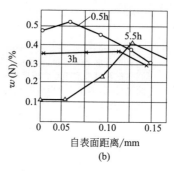

图 3.5 碳氮共渗时间对渗层碳、氮含量的影响

（a）不同保温时间下共渗层表面碳、氮含量（T8 钢，温度 800℃，渗剂：苯＋氨）；

（b）不同保温时间下共渗层截面中氮含量分布（30CrMnTi，渗剂：三乙醇胺，温度 850℃）

3.1.3 碳氮共渗工艺的分类

碳氮共渗工艺的分类见表 3.5。

表 3.5 碳氮共渗工艺的分类

序号	分类		特 点
1	按使用的介质	固体碳氮共渗	与固体渗碳相似，常采用 30%～40% 黄血盐、10% 碳酸钠和 50%～60% 木炭作为渗剂。该法生产效率低，劳动条件差，目前很少使用
		液体碳氮共渗	以氰盐为原料，质量易于控制，但氰盐有剧毒且昂贵，使用受限
		气体碳氮共渗	在大批量生产条件下发展最快，应用最多
2	按共渗温度℃	低温	低于 750℃。当在 500～560℃ 且以渗氮为主，又称氮碳共渗
		中温	750～880℃，以渗碳为主，通常碳氮共渗大都指中温碳氮共渗，可在较短时间内得到与渗碳相近的渗层深度，并可渗后直接淬火
		高温	880～950℃，以渗碳为主
3	按渗层深度	薄层碳氮共渗	渗层深度＜0.2mm
		碳氮共渗	渗层深度 0.2～0.8mm，主要应用于承受中、低负荷的耐磨件
		深层碳氮共渗	渗层深度＞0.8mm。渗层深度可达 3mm，用于受载较大工件
4	按渗层浓度	普通浓度碳氮共渗	共渗渗层碳的质量分数控制在 0.8%～0.95%、氮的质量分数为 0.2～0.4% 左右
		高浓度碳氮共渗	适于在高接触应力条件下工作且工件表面要求有较多的粒状碳化物时，碳含量可提高到 1.2%～1.25%，甚至高达 2%～3%，氮含量则一般都控制在 0.5% 以下

3.1.4 碳氮共渗的技术条件

碳氮共渗的技术条件见表 3.6。

表 3.6 碳氮共渗的技术条件

序号	项目	技术条件
1	共渗层深度的选择	碳氮共渗渗层深度是决定工件耐磨性、耐疲劳性的重要因素。在表面硬度相同的情况下，碳氮共渗层比渗碳层具有更高的强度，因此碳氮共渗层深度可比渗碳层薄些。一般在渗层深度较薄时（＜1mm），增加共渗层深度，可使零件抗弯强度提高，并大大提高接触疲劳强度，但挠度和冲击韧度降低。碳氮共渗渗层深度一般为 0.2～0.7mm。齿轮类工件碳氮共渗层深度要求见表 3.7。 碳氮共渗渗层深度取决于工件服役条件和承载能力大小。对于承受负荷小的零件，共渗层可以薄些；而负荷大的零件渗层应厚些（详见表 3.8）。目前，我国对一般汽车、拖拉机小模数齿轮，其共渗层深度是：40Cr 钢 0.25～0.40mm；低合金渗碳钢 0.4～0.6mm；模数＞4 的重载齿轮为 0.6～0.9mm

序号	项目	技术条件
2	碳氮浓度的选择	碳氮共渗层表层碳、氮浓度必须严格控制,才能保证获得良好力学性能。若碳氮含量过低,则不能获得较高强度和硬度及合理的残余压应力分布,致使疲劳强度和耐磨性降低;但碳氮浓度过高,不仅淬火后残留奥氏体过多和出现大量不均匀块状氮化物,使工件表层易脆裂剥落,还使弯曲强度、冲击韧性和疲劳强度降低。而且由于合金碳氮化合物的形成,使奥氏体中的合金元素严重贫化,显著降低奥氏体的稳定性,在淬火时易形成低硬度的托氏体组织。一般认为表层最佳碳、氮浓度为 0.80%～1.00%C 和 0.20%～0.40%N(质量分数)。但有些在高接触应力下工作的零件,当要求表面有较多碳氮化合物时,表层碳含量可达 1.20%～1.25%,甚至高达 2%～3%,氮含量则一般都在 0.5%以下

表 3.7　齿轮类工件的碳氮共渗层深度要求

类 别		共渗层深度/mm
一般齿轮	模数>6mm	>0.7
	模数为 4～6mm	>0.6
汽车、拖拉机小模数齿轮	40Cr	0.25～0.40
	低合金渗碳钢	0.40～0.60

表 3.8　按照服役条件、承载能力选取共渗层深度的要求

服役条件、承载能力	共渗层深度/mm
轻负荷下主要承受磨损的工作	0.25～0.35
承受较高疲劳载荷及磨损的轴、齿轮	0.65～0.75
心部强度较高的中碳合金钢变速齿轮	0.25～0.40

3.1.5　碳氮共渗用材及共渗后的热处理

(1) 碳氮共渗用材　见表 3.9。对碳氮共渗用钢力学性能、工艺性能及钢材质量方面的要求与渗碳钢基本相同,因此一般渗碳钢均可用于碳氮共渗。

表 3.9　碳氮共渗工艺适用的材料范围

序号	碳氮共渗工艺适用的材料范围
1	碳氮共渗用钢和渗碳用钢类似
2	碳氮共渗温度比渗碳低,渗层较浅(0.08～0.80mm),钢材中的碳含量可提高至 0.4%～0.5%,因此对于一些要求表面高硬度、高耐磨性而且具有较高心部强度的工件,常采用中碳钢或中碳合金结构钢进行碳氮共渗,例如 40Cr、40CrNiMo、40CrMnMo 等
3	由于同一钢种的表层在碳氮共渗后比渗碳具有更高的淬透性,使得一些原来用渗碳淬火不能得到均匀表面硬度的钢种,选择碳氮共渗时这一优点得以显现;当工件心部性能不太重要时,可用低碳钢碳氮共渗代替合金钢渗碳,其价格较低、加工性能较好
4	由于氮对淬透性的影响,使得 10、20 钢等低碳钢工件也可采用油冷淬火,有利于减少工件变形。但应指出,碳氮共渗只提高工件渗层的淬透性,对材料心部淬透性没有影响
5	对于符合此类工作条件的合金工具钢、灰铸铁和球墨铸铁等均可进行碳氮共渗

(2) 碳氮共渗后的热处理　与渗碳相比,碳氮共渗过程处理温度较低,一般不会发生晶粒长大,故共渗后通常进行直接淬火和回火。常用结构钢碳氮共渗后热处理工艺及表面硬度见表 3.10。碳氮共渗零件热处理各工艺方案的特点见表 3.11。

表 3.10　常用结构钢碳氮共渗后热处理工艺及表面硬度

钢　号	渗碳共渗温度/℃	淬火		回火		表面硬度（HRC）
		温度/℃	介质	温度/℃	介质	
10	830～850	770～790	水、油	180	空气	—
15	830～850	770～790	水、油	180	空气	—
20	830～850	770～790	水、油	180	空气	—
20Cr	830～850	780～820	油	180	空气	58～60
20CrMnTi	860～880	850	油	180	空气	58～64
25MnTiB	840～860	降至 800～830	碱浴	180～200	空气	≥60
24SiMnMoVA	840～860	降至 820～840	油	160～180	空气	≥59
40Cr	830～850	直接	油	140～200	空气	≥48
15CrMo	830～860	780～830	油或碱浴	180～200	空气	≥55
20CrMnMo	830～860	780～830	油或碱浴	160～200	空气	≥60
12CrNi2A	830～860	直接	油	150～180	空气	≥58
12CrNi3A	840～860	直接	油	150～180	空气	≥58
30CrNi3A	810～830	直接	油	160～200	空气	≥58
12CrNi4A	840～860	直接	油	150～180	空气	≥58
20Cr2Ni4A	820～850	直接	油	150～180	空气	≥58
20CrNiMo	820～840	直接	油	150～180	空气	≥58
20Ni4Mo	820	直接	油	150～180	空气	≥56

表 3.11　碳氮共渗零件热处理各工艺方案的特点

序号	热处理工艺	特点及适用范围	工艺简图
1	在共渗温度直接水淬，低温回火	应用广泛，适宜于中、低碳钢或低碳低合金钢。只适于液体碳氮共渗或井式炉碳氮共渗，不适于密封箱式炉或连续式作业炉碳氮共渗	
2	在共渗温度直接油淬，低温回火	应用广泛，适用于合金钢淬火，适于各种炉型进行碳氮共渗后的直接淬火	
3	在共渗温度直接分级淬火，低温回火	淬火油可以在 40～105℃ 的温度范围内使用，对要求热处理畸变小的零件，可以采用闪点高的油在较高油温下淬火；对畸变变求高的合金钢制零件，也可以采用盐浴淬火	

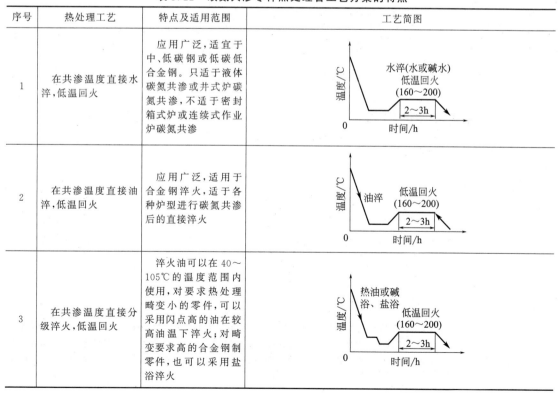

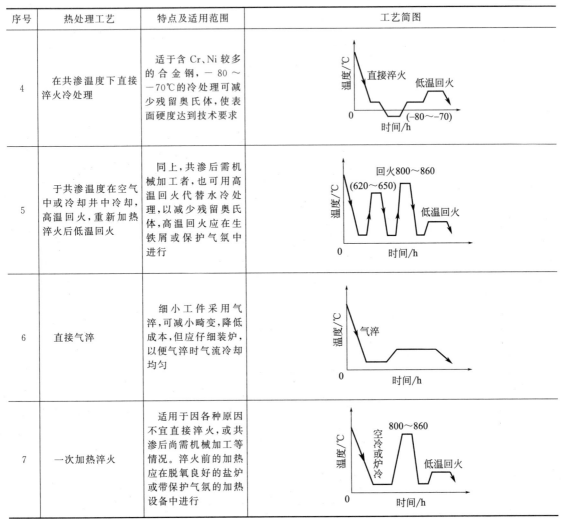

序号	热处理工艺	特点及适用范围	工艺简图
4	在共渗温度下直接淬火冷处理	适于含Cr、Ni较多的合金钢，－80～－70℃的冷处理可减少残留奥氏体，使表面硬度达到技术要求	
5	于共渗温度在空气中或冷却井中冷却，高温回火，重新加热淬火后低温回火	同上，共渗后需机械加工者，也可用高温回火代替水冷处理，以减少残留奥氏体，高温回火应在生铁屑或保护气氛中进行	
6	直接气淬	细小工件采用气淬，可减小畸变，降低成本，但应仔细装炉，以便气淬时气流冷却均匀	
7	一次加热淬火	适用于因各种原因不宜直接淬火，或共渗后尚需机械加工等情况。淬火前的加热应在脱氧良好的盐炉或带保护气氛的加热设备中进行	

3.1.6 碳氮共渗件的组织与性能

碳氮共渗件的组织与性能见表3.12。

表3.12 碳氮共渗件的组织特征与力学性能

序号	项目	组织特征与力学性能
1	平衡组织	共渗层的组织主要取决于渗层中碳、氮的含量及碳、氮在化合物和固溶体中的分布情况。其退火状态的组织与渗碳相似，见图3.6。共渗温度高，渗层中的碳含量高而氮含量低；共渗温度低，渗层中的氮含量高而碳含量低。在正常共渗温度下，共渗层表面碳的质量分数一般为0.8%～1.0%，氮的质量分数约为0.2%～0.4%。碳氮共渗层中化合物的相结构与共渗温度有关，800℃以上时基本上是含氮的渗碳体$Fe_3(C,N)$；800℃以下由含氮渗碳体$Fe_3(C,N)$＋含碳ε相$Fe_{2\sim3}(N,C)$＋A_R相组成。化合物的数量与分布取决于碳氮浓度及钢材成分
2	共渗件经直接淬火后的组织	共渗层表面是含碳氮M基体上弥散分布的碳氮化合物；向里是M(高碳M)＋较多A_R；再向里则A_R量减少，M也逐渐由高碳M过渡到低碳或中碳M等组织。图3.7为40Cr钢齿轮碳氮共渗后直接淬火的金相组织。碳氮共渗工件经淬火＋低温回火后，渗层组织为含氮隐晶回火M＋细小颗粒状碳氮化合物＋少量A_R，允许有少量黑色组织

序号	项目	组织特征与力学性能
3	共渗件的力学性能	共渗淬火钢的硬度取决于共渗层组织。M 与碳氮化合物的硬度高，A_R 的硬度低。图 3.8 为 20Mn2TiB 钢渗碳与碳氮共渗淬火后的硬度分布曲线。可以看出，由于氮增加固溶强化效果，共渗层的最高硬度值比渗碳高；但共渗层的表面硬度却低于次层，这是由于碳氮元素的综合作用使 M_S 点显著下降，A_R 增多所致。几种钢碳氮共渗与渗碳后的耐磨性对比见表 3.13。碳氮共渗还可显著提高工件弯曲疲劳强度，提高的幅度高于渗碳。这是由于当 A_R 量相同时，含氮 M 的比容大于不含氮 M，共渗层的压应力大于渗碳层。由于细小 M 与 A_R 均匀混合，使得硬化层的微观变形均匀化，可有效防止疲劳裂纹的形成与扩展。同时，共渗层比渗碳层具更高耐磨性和接触疲劳强度。其原因除了硬度高外，还和表面存在大的压应力和较小动摩擦系数有关。 　　渗层中碳氮含量不同，组织不同，直接影响共渗层性能。随碳氮含量增加，碳氮化合物增加，耐磨性及接触疲劳强度提高。但氮质量分数过高，会出现黑色组织，将使接触疲劳强度降低；氮质量分数过低，渗层过冷奥氏体稳定性降低，淬火后在渗层中出现 T 网，共渗件不能获得高强度和硬度。齿轮的碳氮共渗温度为 840～860℃，比常规渗碳温度低 70℃。用共渗代替渗碳，可减少变形。采用合理的淬火工艺及工装，可使齿轮精度达 7～8 级而不磨齿，但它不能进行深层共渗，一般渗层在 1.0mm 以内

图 3.6　低碳钢碳氮共渗后的平衡组织（100×）

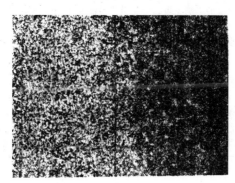

图 3.7　40Cr 钢齿轮共渗后直接
淬火组织（100×）

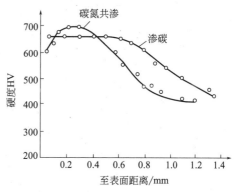

图 3.8　850℃碳氮共渗和渗碳淬火
硬度比较（20Mn2TiB 钢）

表 3.13　几种钢碳氮共渗及渗碳后的耐磨性对比

牌　号	碳氮共渗			渗　碳	
	渗层成分		10^4 转的质量损失/g	渗层碳含量 $w(C)/\%$	10^4 转的质量损失/g
	$w(C)/\%$	$w(N)/\%$			
20CrMnTi	0.89	0.273	0.018	0.89	0.026
	1.15	0.355	0.017	1.15	0.025
	1.27	0.426	0.015	1.40	0.021

牌　号	碳氮共渗			渗　碳	
	渗层成分		10^4 转的质量损失/g	渗层碳含量 $w(C)/\%$	10^4 转的质量损失/g
	$w(C)/\%$	$w(N)/\%$			
30CrMnTi	0.92	0.257	0.018	1.00	0.025
	1.24	0.323	0.016	1.16	0.024
	1.34	0.414	0.016	1.37	0.022
20	0.81	0.315	0.024	0.80	0.030
	0.88	0.431	0.011	1.00	0.029
	0.98	0.586	0.002	1.00	0.029

3.2　气体碳氮共渗工艺及应用

　　气体碳氮共渗表面质量易控制，操作方便，是目前应用最为广泛的工艺。常用的气体碳氮共渗介质可分为两大类：一类是渗碳介质中加氨，既可用于连续式作业炉，也可用于周期式作业炉；另一类是含有碳氮的有机化合物，主要用于滴注式气体碳氮共渗。

3.2.1　气体碳氮共渗的温度和保温时间

　　气体碳氮共渗的温度和保温时间见表 3.14。

表 3.14　气体碳氮共渗的温度和保温时间

工艺参数	说　明
共渗温度	一般为 820~880℃。共渗温度对渗层表面碳、氮含量的影响见表 3.15。共渗层深度 δ(mm) 与时间 t(h) 的关系式为：$\delta = K\sqrt{t}$。式中，K 为常数。当在 860℃ 共渗时，20 钢 K 取 0.28，20Cr 取 0.30，20CrMnTi 钢取 0.32，40Cr 则取 0.37。选择原则：低的合金元素含量、薄的渗层、较高的表面氮浓度、较小的畸变量和残留奥氏体量时，宜选用较低共渗温度、较低的 NH_3 量；反之，则选较高共渗温度
保温时间	共渗时间根据渗层深度而定。碳氮共渗温度、时间对碳氮共渗渗层及表面碳、氮含量的影响见图 3.9。可以看出，随温度升高，达一定厚度的渗层所需时间越短[见图(a)]；当温度高于 900℃ 时，渗层中 N 含量已经很低，渗层成分和组织与渗碳相近[见图(b)]。保温时间主要取决于渗层深度要求，随着时间延长，渗层内碳、氮含量梯度变得较为平缓[见图(c)]，这有利于提高工件表面的承载能力；但时间过长易使表面 C、N 含量过高，引起表面脆性或淬火后残留奥氏体过多，此时应降低共渗后期的渗剂供应量，或适当提高共渗温度

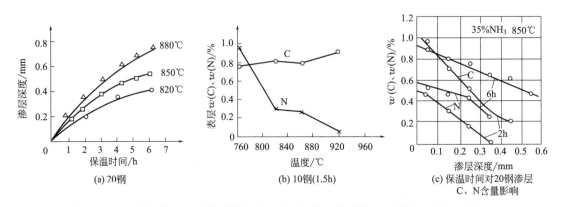

(a) 20钢

(b) 10钢(1.5h)

(c) 保温时间对20钢渗层 C、N含量影响

图 3.9　碳氮共渗温度、时间对渗层及表面碳、氮含量的影响（渗剂：煤油＋氮气）

表 3.15 共渗温度对渗层表面碳、氮含量的影响

共渗温度/℃	700	800	850	900	950	1000
$w(N)/\%$	1.9	0.96	0.7	0.4	0.29	0.11
$w(C)/\%$	0.67	0.7	0.91	0.97	0.87	0.68

3.2.2 气体碳氮共渗介质

气体碳氮共渗介质的组成、气氛及用量见表 3.16。

表 3.16 气体碳氮共渗介质的组成、气氛及用量

共渗气氛及渗剂（介质）	气体碳氮共渗对炉子的要求与气体渗碳相同,因而各种渗碳炉均适用于碳氮共渗。常用气体碳氮共渗剂的组成见表 3.17。苯胺、煤油+氨气及三乙醇胺等几种不同渗剂对碳氮共渗工艺的影响见表 3.18。该试验采用 JT-90 井式气体渗碳炉,试验材料为 20Cr。由表中数据可知,煤油+氨气比较适合于大批量生产。若生产批量不大,则可采用工业三乙醇胺,虽然价格较高,但可直接使用井式渗碳炉的滴注装置,不需另加供氨设备。常用的两种碳氮共渗剂的特点及碳氮共渗气氛的测量和调整见表 3.19
渗剂用量与换气次数	气体碳氮共渗时,渗碳剂与氨气用量见表 3.20。渗剂流量常用换气次数(次/h)表示,它是指每小时通入炉内的渗碳介质和渗氮介质的气化体积与共渗炉腔有效容积的比值。送入炉内的共渗气体或滴剂的量多,炉气更换的次数也多,因而炉气的活性好,有利于提高共渗速度和共渗层的碳氮浓度。但是消耗的共渗介质和能源也增加,而且炉气的活性过高也不好。当采用带有稀释气(如吸热式气氛)渗剂共渗时,炉气换气次数一般为 6~10 次/h;而当采用煤油+氨气共渗时,换气次数一般为 2~8 次/h(将煤油每小时的滴入量按 0.75m^3/L 换算成渗碳气体)。对于具有较大表面积的工件,应取较多的换气次数,以保证较大的渗剂通入量。 共渗介质中,氨的比例一般为 25%~35%(体积分数,共渗温度 830~880℃),此比例可获得最大的渗层深度和硬度。此比例共渗后,表面碳浓度控制在 0.80%~0.95%,氮浓度为 0.25%~0.40%(质量分数),较为理想
共渗后的处理	ⅰ.共渗后冷却方式:出炉空冷;冷却坑缓冷。 ⅱ.后续工序:清洗、变形检查、校正

表 3.17 常用气体碳氮共渗渗剂（介质）的组成

介质的组成(体积分数)	说　明
吸热式气氛(露点 0℃)+富化气(甲烷 5%~10%或丙烷 1%~3%,或城市煤气约 10%)+氨(1.5%~5%)	吸热式气体的换气次数为 6~10 次/h,其露点应根据钢件表面碳势要求作调整
煤油(或苯、甲苯)+氨(约占总气量的 30%~40%),稀释气+富化气+氨(点总气量 2.5%~3.5%),甲醇+丙酮(或煤油)+氨,甲醇+丙酮+尿素或甲醇+尿素	煤油产气量按 0.75m^3/L 计,其换气次数 2~8 次/h,液体烃类通过滴量计直接送入炉内,氨气由氨瓶经减压阀和流量计送入炉内
三乙醇胺[$(C_2H_4OH)_3N$] 三乙醇胺+尿素 苯胺($C_6H_5NH_2$) 甲酰胺($HCONH_2$)或甲醇+甲酰胺	采用注射泵使液体呈雾状喷入炉内,也可采用滴注法;对含尿素的渗剂,为促使其溶解及增加流动性,可稍加热(70~100℃)

表 3.18 几种不同渗剂对碳氮共渗工艺的影响

介质名称	介质用量/(滴/min)	处理温度/℃	平均渗速/(mm/h)	表面碳、氮含量		炉内炭黑情况
				$w(C)/\%$	$w(N)/\%$	
苯胺	140~160	900	0.13~0.14	0.88	0.05	较多
三乙醇胺	120~150	900	0.09~0.10	1.01	0.13	无

续表

介质名称	介质用量/(滴/min)	处理温度/℃	平均渗速/(mm/h)	表面碳、氮含量		炉内炭黑情况
				$w(C)/\%$	$w(N)/\%$	
煤油+氨气	200～220，氨气 0.2m³/h	920	0.10～0.13	0.80	0.08	少量

注:1. 渗层深度为 0.70～0.85mm(测至 1/2 过渡区)。
  2. 渗速是按保温时间计算的。
  3. 碳、氮含量为表面至 0.1mm 深度内的平均值。

表 3.19　常用的两种碳氮共渗剂的组成及特点与碳氮共渗气氛的测量和调整

序号	项目	组成及特点
1	以氨气为供氮剂的共渗渗剂	此类共渗剂由 NH_3 +渗碳剂组成。其中渗碳剂可以是吸热式、氨基气氛和滴注式渗碳剂。渗碳剂除向工件表面提供碳原子外，还会与氨发生反应，形成氢氰酸。氢氰酸分解，形成碳、氮原子，进一步促进渗碳和渗氮。 共渗剂中氨加入量对炉内的氮势和碳势都有影响(见图 3.10)，对被渗工件所形成的共渗层的成分、性能也有一定的影响(见图 3.11)。一般而言，由氨气+富化气+载气组成的碳氮共渗剂中氨的加入量为 2%～12%(体积分数)。这种共渗剂通常用于连续式作业炉。在以煤油为供碳剂的碳氮共渗剂中，氨的体积分数约为 30%
2	以有机液体为供氮剂的共渗渗剂	有机液体供氮剂常采用三乙醇胺、甲酰胺等。有机液体中一般含有碳原子，裂解后都有程度不等的供碳能力。供碳能力强的有机液体(如三乙醇胺)可单独使用，供碳能力不强的可加入液体渗碳剂，以提高渗碳能力。 三乙醇胺是一种黄褐色的有机液体，无毒，500℃ 以上时在炉内发生下列反应： $$(C_2H_5O)_3N \xrightarrow{\triangle} 2CH_4 + 3CO + HCN + 3H_2$$ $$2HCN \longrightarrow H_2 + 2[C] + 2[N]$$ 图 3.12 为用三乙醇胺碳氮共渗时渗层中的碳、氮含量。表 3.21 列出了三乙醇胺在不同温度下热解后的成分
3	气体碳氮共渗气氛的测量和调整	碳势的测量方法与渗碳相同，可用氧探头、红外仪或露点仪，可通过调整共渗剂中供碳组元的流量(或滴量)来调整碳势，可通过控制氨气的流量或含氮有机化合物的滴量来调整氮势

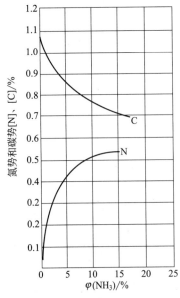

图 3.10　氨加入量对炉气内碳势、
氮势的影响

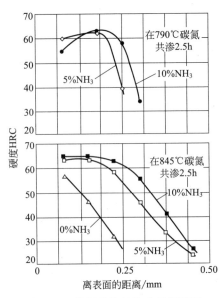

图 3.11　碳氮共渗气体中的氨量对
硬度梯度的影响

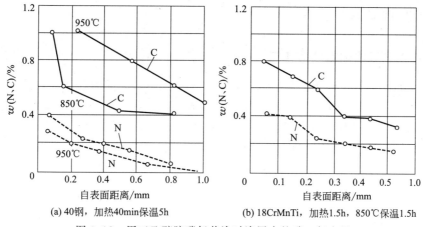

(a) 40钢，加热40min保温5h   (b) 18CrMnTi，加热1.5h，850℃保温1.5h

图 3.12 用三乙醇胺碳氮共渗时渗层中的碳、氮含量

表 3.20 气体碳氮共渗时渗碳剂与氨气用量

炉型	渗碳剂及用量	氨气用量 /(m³/h)	氨气占炉气总体积的比例/%	备注
RQ3-25-9	煤油 4mL/min	0.15～0.24	50～60	
	城市煤气 0.2～0.3m³/h	0.06～0.10	25	
RQ3-60-9	工业丙烷 0.1m³/h	0.05	8	保护气 0.5m³/h
	城市煤气 0.6～0.8m³/h	0.2～0.3	25	
	煤油 5mL/min	0.15	40	
RQ3-75-9	甲苯或二甲苯 0.38m³/h	0.12	24	
密封箱式炉	工业丙烷,总量的1.5%～2.0%	0.20～0.30	3～3.5	保护气 10m³/h
	城市煤气 0.7～0.84m³/h	0.17～0.28	3～3.5	保护气 7m³/h
推杆式连续炉	工业丙烷 0.4m³/h	0.8	28	保护气 28m³/h（炉膛容积 10m³）
	工业丙烷,总量的1.6%～2.4%	0.5～0.7	2.2～3.2	保护气 22m³/h（炉膛容积 6m³）

注:1. 煤油产气量按 0.7m³/L 计算。
　　2. 共渗处理温度 840～860℃。

表 3.21 三乙醇胺在不同温度下热解后的成分

温度/℃	成分(体积分数)/%						
	CO	CH_4	C_nH_m	CO_2	H_2	N_2	O_2
700	28.8	13.1	2.5	1.3	42.2	11.0	1.1
800	29.6	12.6	2.0	1.0	42.3	11.5	1.0
900	32.8	10.6	1.8	0.4	44.1	9.2	0.8

3.2.3 气体碳氮共渗工艺

3.2.3.1 井式炉气体碳氮共渗工艺

（1）滴注通气式气体碳氮共渗 以煤油、甲苯、二甲苯等液体烃类为渗碳气源，通过滴量计直接滴入炉中；而氨则作为渗氮气源经由氨气瓶、减压阀、干燥器和流量计进入炉中。介质的用量视炉子、炉温不同而定。图 3.13 系 40Cr 钢制汽车齿轮的滴注通气式中温碳氮共渗工艺曲线。所用设备为 RQ3-60，获得渗层深度为 0.25～0.4mm，表面硬度＞60HRC，表层（0.1mm 处）碳的质量分数为 0.8%，氮的质量分数为 0.3%～0.4%。

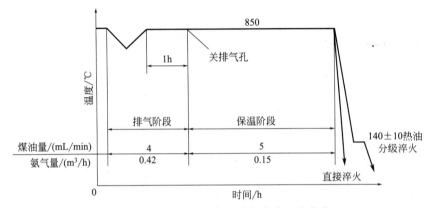

图 3.13 滴注通气式中温碳氮共渗工艺曲线

（2）滴注式气体碳氮共渗 将某些同时含有碳和氮的有机液体送入炉中，或采用注射泵使液体呈雾状喷入炉内进行碳氮共渗。对含尿素的渗剂，为促使其溶解并增加其流动性，应稍加热（70～100℃）才可滴入炉中。另外，为降低成本，在装炉后的升温阶段和共渗前期，可滴入甲醇或煤油进行排气。图 3.14 系 20CrMnTi 钢轿车后桥从动齿轮的滴注式气体碳氮共渗工艺曲线。渗层深度为 1.0～1.4mm，表面硬度为 58～64HRC。

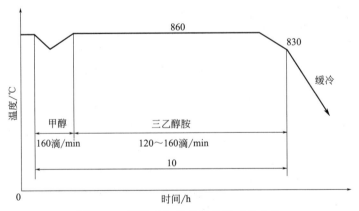

图 3.14 滴注式气体碳氮共渗工艺曲线

（3）气体碳氮共渗工艺及特点 一般分为排气、共渗、降温三个阶段，工艺及特点见表 3.22。图 3.15 系 30CrMnTi 钢拖拉机变速齿轮（$m=4.5$mm）的两段式气体碳氮共渗工艺曲线。所用设备为 RQ3-35，获得的渗层深度 0.6～0.9mm，表面硬度＞58HRC。

表 3.22 滴注式气体碳氮共渗工艺及特点

方法	工艺曲线	特点	备注
一段碳氮共渗	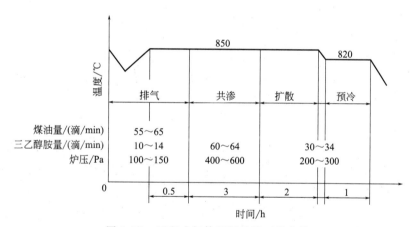 温度/℃ 保温 炉冷 缓冷 0 时间/h 一段碳氮共渗	排气升温段：零件装炉后尽快排除炉内氧化性气氛	一般采用共渗剂进行排气；在含碳氮化合物作渗剂时可用煤油或三乙醇胺排气，以免工件表面碳氮浓度过高和形成大块状化合物
		保温段：碳氮原子被工件表面吸附并向内扩散的阶段，渗剂供给量较升温阶段稍有降低，要控制渗层内氮浓度，减少淬火后残留类奥氏体含量	根据炉子大小确实共渗剂供给量，炉子越大，换气次数越少，采用含碳氮化合物渗剂时，应预先按一定比例混合均匀，然后通过滴注器或注射泵注入炉内，炉内气氛的碳氮势可以通过调节滴注器的滴入量和泵的注入速度来控制
两段碳氮共渗	温度/℃ 保温 扩散 冷却 0 时间/h 两段碳氮共渗	保温段：温度较高（如 860～880℃），供给大量煤油，保证炉内有较高碳势，同时供给一定量氨气	氮的渗入使过冷奥氏体稳定地增加，故允许使用冷却能力较弱的淬火冷却介质，如油，形状复杂的零件也可采用盐浴分级淬火。由于微量氮的渗入降低了渗层奥氏体化的温度，所以即使在 860～880℃ 下碳的渗入仍很快，并能保持一定氮浓度
		扩散段：共渗温度较低（830～840℃），此时供给大量氨气并减少煤油供给量 碳氮共渗一般采用预冷直接淬火或分级淬火	扩散段主要使氮渗入，并向内层扩散 共渗后直接淬火可减少工件畸变

图 3.15 两段式气体碳氮共渗工艺曲线

（4）气体碳氮共渗工艺规范

① 碳氮共渗用物质的技术条件。ⅰ．共渗用的煤油应为渗碳用煤油，共渗用的氮气为工业用液氮。ⅱ．共渗前要检查管路系统、煤油和氮气通入共渗炉内的管路、阀门等应保持畅通，控制准确。

② 共渗件的技术条件。ⅰ．工件表面无锈斑、油污，应经过机械加工。ⅱ．吊挂在工装上的工件，相互间保持一定的间隙，特别是共渗部位，应有 5～15mm 的间隙，确保炉气畅通。ⅲ．共渗用的试样应放置在与同炉工件碳氮共渗条件相同的位置，作为质量检验的样品，每炉至少放三根试样，并放在不同的位置上。

③ 渗罐操作的注意事项。ⅰ．非连续生产使用的碳氮共渗炉，应进行共渗前的渗罐工序，即将共渗炉从室温缓慢升温至 650℃ 时，开风扇排气，可滴入少量煤油，60 滴/min，

通氨气 0.25m³/h，保温 1h。ⅱ.继续升温至 850℃时，滴油量可控制在 100～120 滴/min，通氨气 0.5m³/h，保温 1h。观察排气孔火焰颜色和火苗长度，以便调整。

④ 工件的碳氮共渗操作的注意事项。ⅰ.渗罐结束后，开炉盖装入碳氮共渗工件后封炉，升温进入排气阶段，滴油 40～60 滴/min，排气 0.5～1.0h。在此期间，观察火焰是否正常，若正常，排气阶段结束，否则应延长排气时间。ⅱ.碳氮共渗在 850℃进行，保温 2～3h，在此期间，滴油量为 120～130 滴/min，通氨气 0.25m³/h，观察火焰颜色和火苗长度，及时调整滴油量。ⅲ.共渗结束后，出炉淬火，油淬到室温控油。ⅳ.工件共渗淬火后，应及时在（200±10）℃保温 3h，并低温回火。

⑤ 碳氮共渗件的技术检测。共渗层硬度为 56～62HRC，共渗层深度≥0.18mm。

碳氮共渗通用工艺见图 3.16。

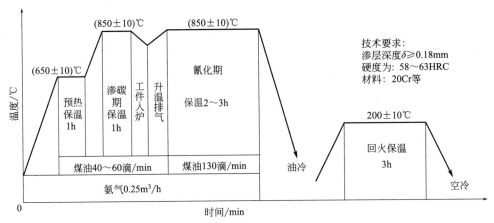

图 3.16 碳氮共渗通用工艺曲线

（5）井式炉气体碳氮共渗工艺操作 其渗剂与氨的用量见表 3.23；两阶段井式炉气体碳氮共渗层深度和保温时间的关系见表 3.24；共渗时不同阶段介质的用量见表 3.25；共渗时的炉气组分见表 3.26；共渗后的冷却方式见表 3.27；井式炉气体碳氮共渗工艺操作见表 3.28。

表 3.23 井式炉气体碳氮共渗时渗剂与氨的用量

炉型	渗碳剂及用量/(m³/h)	氨气用量/(m³/h)	备 注
RQ₃-25-9D	煤油 0.240	0.15～0.2	—
	城市煤气 0.2～0.3	0.06～0.1	
RQ₃-60-9D	液化石油气 0.1（丙烷）	0.05	保护气 0.5m³/h
	城市煤气 0.6～0.8	0.2～0.3	
	煤油 0.30	0.15	
RQ₃-90-9D	煤油 0.45	0.3	—

表 3.24 两阶段井式炉气体碳氮共渗层深度和保温时间的关系

层深/mm	860℃保温时间/min	830℃保温时间/min	总时间/min	层深/mm	860℃保温时间/min	830℃保温时间/min	总时间/min
0.1	20	30	80	0.2	30	30	90

续表

层深 /mm	860℃保温时间 /min	830℃保温时间 /min	总时间 /min	层深 /mm	860℃保温时间 /min	830℃保温时间 /min	总时间 /min
0.3	30	45	105	0.6	90	100	220
0.4	60	60	150	0.7	90	130	250
0.5	60	80	170	0.8	90	170	290

注:1. 用 60kW 井式炉气体渗碳。

2. 高温时煤油 110 滴/min,NH_3 1L/min;低温时,煤油 70～80 滴/min,NH_3 4～5L/min。

3. 工件入炉排气,煤油 100～110 滴/min,NH_3 2L/min。

表 3.25　井式炉气体碳氮共渗时,不同阶段介质的用量

设备型号	排气阶段	碳氮共渗	
	甲醇/(滴/min)	煤油/(滴/min)	NH_3/(m³/h)
RQ_3-35-9D	106	55	0.08
RQ_3-60-9D	120	60	0.10
RQ_3-75-9D	160	90	0.17
RQ_3-90-9D	200	100	0.25
RQ_3-105-9D	240	160	0.35

表 3.26　井式炉气体碳氮共渗时的炉气组分（体积分数）　　　单位:%

C_nH_{2n+2}	C_nH_{2n}	CO	H_2	CO_2	O_2	N_2
6～10	≤0.5	5～10	60～80	≤0.5	≤0.5	余量

注:共渗 20min 后,取气分析;末期 $\varphi(CO_2)$0.4%,$\varphi(CO)$20%,$\varphi(CH_4)$1.2%,$\varphi(H_2)$34.2%。

表 3.27　井式炉气体碳氮共渗后的冷却方式

材料	共渗层深/mm	表面硬度（HRC）	冷却方式
08、08F、08Al、DC01～DC07	≥0.1～0.2	≥50～55	直接清水冷却
Q215、Q235 (A2、B2、A3、B3、B2F)①	0.1～0.2	≥50～55	直接清水冷却
15、20	≥0.1～0.2	50～55 58～62	直接清水冷却(形状复杂、油冷)
35、45	≥0.10	≥50	直接机油冷却
40Cr	0.20～0.55	54～63	直接机油冷却
30CrMnTi	0.6～0.9	≥58	降到820℃保温1h入油冷
25MnTiBRE	0.8～1.2	58～62	炉冷到840℃入热油冷

① 括弧内材料为普通碳素结构钢旧标准(GB/T 700—2006)。

表 3.28　井式炉气体碳氮共渗工艺操作

程序	工艺操作
渗前准备	1. 对零件表里的质量要求与气体渗碳基本相同,应清洗去油,合理装夹; 2. 炉子的升温起动也与气体渗碳相同,800℃左右即可通渗剂排气,一直到共渗温度; 3. 氨气的干燥:气态氨通入工作炉前应经过 0.5nm 分子筛或硅胶吸水,分子筛和硅胶应定期在200℃左右烘干 3h 以上脱水; 4. 外试样必须和产品零件的材质相同,内试样可以直接用实物,外试样尺寸为 φ10mm×30mm;

程序	工艺操作
渗前准备	5. 如用煤油应经常检查滴油器的尺寸和 100 滴煤油的体积； 6. 新夹具新炉罐也应预先碳氮共渗，其工艺同气体渗碳的预渗工艺相同，只是温度在 850℃左右； 7. 每周至少校正炉温和仪表误差一次
共渗操作	1. 炉温升到 650℃起动风扇，此时可通入少量氨，当炉温达 800℃时即可滴入少量煤油，860℃时按工艺进行排气，气氛正常后零件方可入炉，零件到温后向炉内放入外试样，外试样高出炉底 150～200mm； 风扇轴冷却水应在炉温 300℃之前接通。 2. 零件入炉后，按工艺进行排气，炉温回升到 850～860℃，继续排气 30min 进行炉气分析，当 CO_2 体积分数＜0.5%时，方进入共渗阶段。 3. 共渗阶段的炉气压力应保持在 200～400Pa 为好。 4. 共渗时点燃排气管，其颜色为草黄色，火焰高度 100～120mm，火焰中不得有明亮火星(炭黑)出现，也不允许火焰中心有白色的气焰出现。 5. 两阶段气体碳氮共渗时，第一、二阶段的时间基本相等，第二阶段时间包括中间降温时间
共渗后处理	1. 低碳钢零件共渗后可以直接在小于 40℃的自来水中淬火； 2. 低碳合金钢、中碳结构钢件形状简单，可在小于 80℃机油中冷却； 3. 零件回火前必须按清洗防锈工艺去油、中间防锈后再回火； 4. 共渗件一般低温回火(180～220℃)2h 即可，装炉量多时应延长时间，炉气应该循环，否则应力不能完全消除； 5. 对热处理要求变形小的零件，可以在闪点高的油中淬火，对合金钢制件，也可以采用分级等温淬火； 6. 微型共渗件可以用气淬火，但气流要冷却均匀； 7. 共渗后需机加工件，应该共渗后空冷或罐冷，但重新加热淬火时表面应进行保护或在脱氧很充分的盐浴炉中进行

3.2.3.2 通气式气体碳氮共渗

它是以吸热式气体为载气，添加少量渗碳气体和氨气进行碳氮共渗，介质的用量应根据其组分、炉子大小、炉温以及炉中碳势和氮势而定。

(1) 密封箱式炉气体碳氮共渗工艺

① 25、20Cr、20CrMnTi 钢。在密封箱式炉的气体碳氮共渗工艺见表 3.29。

表 3.29 密封箱式炉气体碳氮共渗工艺

炉膛尺寸	渗剂	供氨量 /(m³/h)	氨占炉气总量 (体积分数)/%	使用说明
915mm×600mm ×460mm	煤气制备吸热式气氛(露点－5～0℃) 15m³/h＋液化石油气 0.2m³/h；炉气 $\varphi(CO_2)$0.1%，$\varphi(CH_4)$3.5%	0.40	2.6	25 钢，860℃，65～70min，层深 0.15～0.25mm，表面 50～60HRC
	丙烷制备吸热式气氛 12m³/h＋丙烷 0.4～0.5m³/h，露点－8～－12℃	1.0 ～1.5	7.5～10.7	20Cr，20CrMnTi，850℃，160min，层深 0.5～0.58mm，表面硬度＞58HRC

② 20MnCr5 (20CrMn) 钢制变速箱输入轴 (其结构见图 3.17) 在密封箱式多用炉内气体碳氮共渗。其渗层深度 0.5～0.7mm (550HV1)，表面硬度 690～790HV1 (81～83HRA)，表面组织为 M＋A残留 (1～5 级)，心部硬度为 320～450HV1。

多用炉内饱和气为 $N_2＋CH_3OH$，富化气为丙烷 C_3H_8，NH_3 经减压过滤后通入炉内。20MnCr5 钢制变速箱输入轴在多用炉内碳氮共渗工艺曲线见图 3.18。

(2) 连续式炉气体碳氮共渗工艺

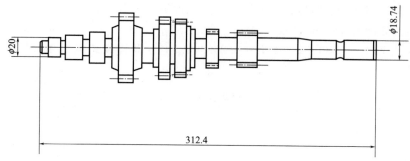

图 3.17　20MnCr5 钢制变速箱输入轴结构简图

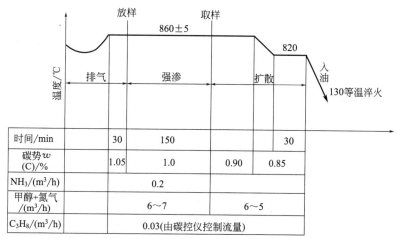

图 3.18　20MnCr5 钢制变速箱输入轴碳氮共渗工艺曲线（设备：SURFACE 多用炉；装炉量 232 件）

① 20CrMnTi 钢工件在连续式炉中的气体碳氮共渗。见表 3.30。

表 3.30　连续式炉气体碳氮共渗工艺

工艺号	炉内各区温度/℃	各区保护气通入量/(m³/h)	工业丙烷		氨气		炉内停留总时间/min	渗层深度/mm	渗层碳氮的质量分数	
			各区通入量/(m³/h)	占总容积量 φ/%	各区通入量/(m³/h)	占总容积量 φ/%			w(C)/%	w(N)/%
Ⅰ	780-860-860-860-840	6	0-0.1-0.3-0.2-0	2.1	0-0.3-0.2-0	2.8	700	1.05	0.91	0.30
Ⅱ	780-860-880-860-840	5	0-0.1-0.2-0.1-0	1.4	0-0.3-0.2-0	2.8	600	1.04	0.90	0.28
Ⅲ	780-880-900-880-840	4	0-0.1-0.2-0.1-0	1.4	0-0.3-0.2-0	2.8	550	1.04	0.90	0.25
Ⅳ	780-880-880-840-820	6	0-0.1-0.2-0.1-0	1.4	0.1-0-0.3-0.4-0	2.8	600	0.92	1.0	0.50

注：1. 渗层金相组织为马氏体＋残余奥氏体＋少量碳化物，心部为低碳马氏体。
　　2. 表面硬度 61～62HRC，心部 38～45HRC。
　　3. 渗层碳、氮含量指距表面 0.05mm 之内碳、氮的平均含量。
　　4. 炉膛容积约 10m³，炉型结构与连续渗碳炉相同。
　　5. 材料：20CrMnTi。

② 20MnTiB 钢制变速箱齿轮在连续式电热无罐炉中的碳氮共渗。其渗层深度为 0.25～0.55mm，表面硬度为 54～63HRC，表面组织为 M＋少量 A$_{残留}$，表面碳氮含量（质量分数）：$w(C)＝0.75\%～0.80\%$，$w(N)＝0.2\%～0.3\%$。其连续式电热无罐炉中碳氮共渗工艺见表 3.31。

表 3.31　连续式电热无罐炉中的碳氮共渗工艺

共渗区段		I-1	I-2	II	III	IV
温度/℃		780	850	870	860	830
吸热式气氛/(m³/h)		7	6	4	5	5
丙烷/(m³/h)		0	0.15	0.3	0.1	0
氨气/(m³/h)		0	0.3	0.3	0	0
吸热式气氛组成/%		$\varphi(CO_2)0.2,\varphi(C_nH_{2n})0.4,\varphi(CO)23,\varphi(H_2)34,\varphi(CH_4)1.5$				
炉气成分/%		$\varphi(CO_2)0.2,\varphi(C_nH_{2n})0.4,\varphi(CO)21,\varphi(H_2)40,\varphi(CH_4)1.6$				
渗层碳氮的质量分数/%		$w(C)＝0.85～0.95$　$w(N)＝0.20～0.30$				
硬度(HRC)	表面	58～63				
	心部	38～44				
金相组织		马氏体＋少量残留奥氏体				
		碳氮化合物:换挡齿轮 1～4 级,常啮合齿轮 1～5 级				

3.2.4　气体碳氮共渗应用实例及分析

（1）典型气体碳氮共渗件实例　见表 3.32，汽车变速箱二轴井式炉、汽车后减震器盘的气体碳氮共渗工艺分别见表 3.33、表 3.34，自行车零件的碳氮共渗工艺见表 3.35。

表 3.32　典型碳氮共渗件实例

工件名称、材料及尺寸	工艺曲线	技术要求或结果
汽车变速器齿轮（材料:40Cr）	在 RJJ-60-9T 型气体渗碳炉中进行。经共渗,表面碳、氮的质量分数分别为 0.8%～1.0%、0.3%～0.4%。 40Cr 齿轮碳氮共渗工艺曲线图	共渗层深度为 0.25～0.40mm,表面硬度 60～63HRC,心部硬度 50～53HRC
矿用牙轮钻头（材料:20CrMo）	20CrMo 矿用牙轮钻头两段气体碳氮共渗工艺曲线图	共渗层深度为 2.6～3.0mm,表面碳和氮的质量分数分别为 0.8%～1.0% 和 0.2%～0.4%,表面硬度 58～62HRC;表层金相组织为均匀分布的点状 K＋细针状 M＋少量 A$_R$,心部为板条状 M＋F

工件名称、 材料及尺寸	工艺曲线	技术要求或结果
某卡套（材料： 10 钢）	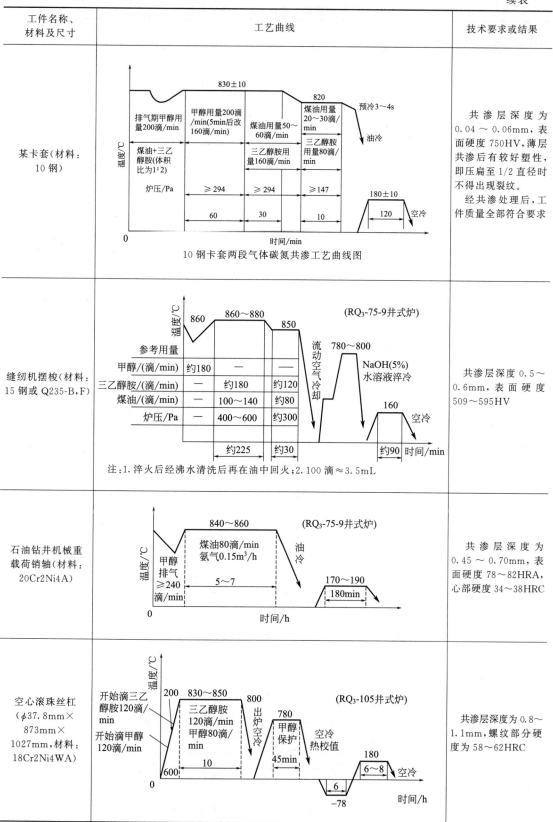	共渗层深度为 0.04～0.06mm，表 面硬度 750HV，薄层 共渗后有较好塑性， 即压扁至 1/2 直径时 不得出现裂纹。 经共渗处理后，工 件质量全部符合要求
缝纫机摆梭（材料： 15 钢或 Q235-B,F）		共渗层深度 0.5～ 0.6mm，表面硬度 509～595HV
石油钻井机械重 载荷销轴（材料： 20Cr2Ni4A）		共渗层深度为 0.45～0.70mm，表 面硬度 78～82HRA， 心部硬度 34～38HRC
空心滚珠丝杠 （φ37.8mm× 873mm× 1027mm，材料： 18Cr2Ni4WA）		共渗层深度为 0.8～ 1.1mm，螺纹部分硬 度为 58～62HRC

表 3.33　汽车变速箱二轴井式炉气体碳氮共渗工艺

材料	40Cr	共渗层深度	0.30～0.50mm	硬度 54～63HRC　螺纹≤38HRC

碳氮共渗工艺曲线

温度/℃

取气分析　取外试
入外试样　样分析

排气　50～60

煤油/(滴/min)　甲醇　150　共渗　170　油冷

NH₃/(m³/h)　0.2　0.55　50～80℃

0

炉压/Pa　300～500　时间/min

工序	设备	加热温度/℃	保温时间/min	冷却方式			备注
				冷却介质	温度/℃	时间/min	
渗前清洗	清洗机	80～90	15	空冷			质量分数为 10% 的 Na₂CO₃ 水溶液
共渗后直接淬火		850±10		L-AN15～L-AN35 全损耗系统用油	50～80		油应搅拌
中间检查	按有关标准检查表面硬度、渗层深度、金相组织等						
清洗	清洗机	80～90	15	空冷			质量分数为 10% 的 Na₂CO₃ 水溶液
矫直	63t 油压机及偏摆仪						
回火	井式回火炉	180±10	120	空冷			装炉量大时，延长时间
喷丸	喷丸机	丸粒 0.5～0.8mm，清除表面至无黑皮为止					
终检	硬度	表面 54～63HRC 不共渗，螺纹部位≤38HRC，弯曲度≤0.10mm					
	外观	无裂纹、锈斑及磕碰，表面应浸防锈油					

注：井式炉型号为 RQ₃-105-9D，每 100 滴煤油为 3.8mL。

表 3.34　汽车后减震器盘气体碳氮共渗工艺

材料	08、08Al、08F	层深	≥0.20mm	硬度	≥46HRC	翘曲度	≤0.25mm

碳氮共渗工艺曲线

取样 $\varphi(CO_2)$≤0.5%

温度/℃

860～870　炉冷　830～840

30　40　40

煤油/(滴/min)　140　90　70

NH₃/(L/min)　2　1　5　油冷

炉压/Pa　400～500

0　时间/min

工序	设备	加热温度/℃	保温时间/min	冷却方法			备注
				冷却介质	温度/℃	时间/min	
清洗烘干	清洗槽、电烘箱	200~220	40~60	空冷	—	—	质量分数为 10% 的 Na_2CO_3 水溶液
渗后直接淬火	RQ3-60-9D	830~840	40	油	≤80	—	—
中间检查		表面硬度≥46HRC,共渗层深 1 件/炉					
清洗	清洗槽	60~80	10~15	空冷	—	—	质量分数为 10% 的 Na_2CO_3 水溶液
中间防锈	防锈槽						质量分数为 10% 的 $NaNO_2$ 水溶液
去应力烘干	电烘箱	220~250	40~60	空冷	—	—	—
压力回火	压配炉	380~400	120~150	空冷	(中间压紧加力 1~2 次)		
终检		硬度 3%(≥46HRC),翘曲度 100%(0.20~0.25mm)					

表 3.35　自行车零件碳氮共渗工艺（推杆式电加热无罐连续式炉）

零件名称	材料	层深要求/mm	各区温度分布	推料周期/min
轴挡(夹头)	20	0.6~0.7	870-850-850-850-850-850	70~80
左右碗	Q215 Q235	0.3~0.4	880-860-850-850-850-850	24~27
前后碗	Q215	0.3~0.4	880-880-850-850-900-900	21
中轴	20 Q235	0.15~0.20	880-860-850-850-850-850	15

注:在油中淬火,然后低温回火,硬度为 80~85HRA。

（2）[实例 3.1]　20Cr 钢汽车变速器二轴表面气体碳氮共渗工艺的改进　见表 3.36。

表 3.36　20Cr 钢汽车变速器二轴表面气体碳氮共渗工艺的改进

序号	项目	说　明
1	零件名称及使用材料	某汽车变速器二轴,其形状尺寸见图 3.19。所使用材料为 20Cr 钢
2	技术要求	零件表面硬度≥88 HR15N,心部硬度 25~45HRC,有效硬化层深度 0.4~0.6mm,金相组织检验按 HB 5492—2011《航空钢制件渗碳、碳氮共渗金相组织分级与评定》进行
3	加工工艺流程	锻件→预备热处理→机加工→碳氮共渗淬火、回火处理→清理抛丸→校直→精加工→装机使用
4	使用设备及工艺改进的缘由	使用设备为 VKSE4/Ⅱ可控气氛多用炉。对变速器二轴进行碳氮共渗淬火、回火后检验发现,沿 $\phi 35.24mm$ 圆周表面硬度不均,软的区域硬度为 80~85 HR15N,有效硬化层深度只有 0.276mm 左右,显然软的区域的硬度和有效硬化层深度均不合格,由此造成的返工率高达 15%~30%。因此,控制碳氮共渗淬火、回火后的表面硬度,降低返工率是保证产品顺利进入大批量生产的关键

续表

序号	项目	说　明
5	原碳氮共渗工艺分析	二轴零件碳氮共渗淬火采用 VKSE4/Ⅱ 多用炉加热碳氮共渗淬火和低温回火，原工艺曲线见图 3.20。碳氮共渗温度为(860±10)℃，淬火介质为 MT355 分级淬火油，零件垂直装炉。因其他轴径部位都是花键，设计部门图纸规定在 φ35.24mm 圆周上检测表面硬度。表 3.37 为按原工艺生产出的二轴的质量检测结果，由表可见，二轴在 φ35.24 圆周表面测量的 6 点处，软硬不均，硬度不合格，有效硬化层深度也不合格
6	对所存在问题的分析	由图 3.20 可知，二轴为长轴工件，碳氮共渗淬火、回火后表面硬度不合格原因为： ⅰ.工件在碳氮共渗前不可避免地会与空气、切削液、清洗剂等物质接触，从而使工件表面被钝化，形成一层"钝化膜"。钝化膜的存在会影响碳、氮在工件表面的吸附。 ⅱ.碳的渗入深度决定了硬化层深度的深浅。根据二轴的结构特点及硬度、硬化层深度不合格情况分析，碳氮共渗温度相对较低、碳势给定低是影响有效硬化层深度的关键。 ⅲ.淬火温度低，溶入奥氏体的碳含量不高，因而淬火后马氏体碳含量就低，亦会导致表面硬度不足。产品表面硬度容易出现软带
7	改进后的工艺及效果	为彻底消除变速器二轴因表面硬度不合格返工的问题，经分析采取以下工艺改进措施： ⅰ.在碳氮共渗前增加一道预氧化工序，将工件加热到(400±10)℃，保温 40～60min，空气冷却。在无气氛保护情况下，工件表面在被清除残油的同时，还会被空气氧化生成一层薄的氧化膜：$3Fe+2O_2 \longrightarrow Fe_3O_4$；在渗碳、氮时气氛中的碳会优先将氧化膜还原成新生态的铁：$Fe_3O_4+4CO \longrightarrow 3Fe+4CO_2$。新生态铁具有很强的表面活性，可促进碳、氮在工件表面的吸附，实现催渗。ⅱ.在碳氮共渗层深要求≤1mm 时，碳氮共渗温度选择在 780～880℃为宜。为保证有效硬化层深度均匀偏中上线，提高碳氮共渗温度，试验选定为 870℃，碳势由原来的 1.00% 提高到 1.03%。ⅲ.淬火温度是兼顾硬化层和心部组织与性能的一个重要因素，淬火温度过高虽有利于提高心部的强度指标，但硬化层会出现粗大的马氏体组织，残留奥氏体量大，不易达到工艺要求，也不利于畸变量的控制。为兼顾产品的性能要求，将原淬火温度由 830℃升到 850℃，碳势由原来 0.80% 提高到 0.90%。碳氮共渗表层的碳、氮的质量分数分别为 0.80%～1.00% 和 0.25%～0.35%。ⅳ.为提高淬火油的流动性，增强淬火冷却均匀性，减小二轴淬火后的硬度偏差值，将淬火油温由原 100℃ 提高到 120℃。MT355 分级淬火油推荐使用温度为 100～120℃，现将工作温度选为 120℃，还可以降低淬火油的黏度，减少被工件带出而产生的消耗损失。 图 3.21 为改进后的碳氮共渗工艺曲线，表 3.38 为采用改进后工艺生产的二轴实测情况。由表 3.38 可以看出，采用改进工艺后，碳氮共渗、淬火、回火后零件表面硬度以及硬化层深度全部达到技术要求
8	生产效益	汽车变速器二轴采用改进后的工艺碳氮共渗、淬火、回火后，质量都满足技术要求，同时，零件表面硬度和有效硬化层深度得到了有效控制。采用改进工艺连续生产了 38642 件，实现了变速器二轴碳氮共渗、淬火、回火后硬度的一次交检合格率，取得了良好的经济效益和社会效益。按年产 35 万件计算，每年可节省约各种费用 43 万多元

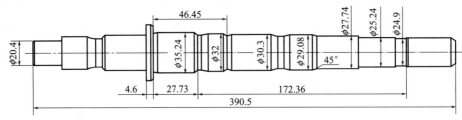

图 3.19　汽车变速器二轴零件示意图

表 3.37　原工艺生产二轴的质量检测结果

检测项目	有效硬化层深度/mm	碳氮共渗表面组织	心部组织	表面硬度(HR15N)	心部硬度(HRC)
工艺要求	0.4～0.6	高碳马氏体+点状均匀分布碳化物+残留奥氏体	低碳马氏体+少量铁素体	≥88	25～45
原工艺检测结果	0.276、0.442	高碳马氏体+少量碳化物+少量残留奥氏体	低碳马氏体+极少量铁素体	85、80、80、89、82、90	27、26、28、30

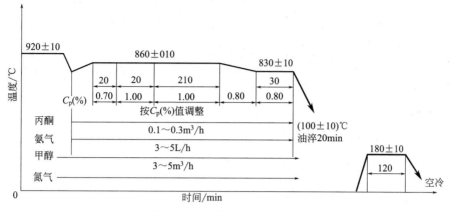

图 3.20　原碳氮共渗工艺曲线

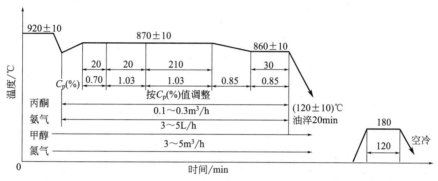

图 3.21　改进后的碳氮共渗工艺曲线

表 3.38　采用改进工艺后变速器二轴的质量检测结果

检测项目	有效硬化层深度/mm	碳氮共渗表面组织	心部组织	表面硬度（HR15N）	心部硬度（HRC）
工艺要求	0.4~0.6	高碳马氏体+点状均分布碳化物+残留奥氏体	低碳马氏体+少量铁素体	≥88	25~45
改进后工艺检测结果	0.524、0.564	高碳马氏体+少量碳化物+少量残留奥氏体	低碳马氏体+极少量铁素体	90、92、91、92、91、93	27、28、28、30

（3）［**实例 3.2**］　20Cr 钢制冷挤压模具的气体碳氮共渗热处理工艺试验研究　见表 3.39。

表 3.39　20Cr 钢制冷挤压模具的气体碳氮共渗热处理工艺试验研究

序号	项目	说　明
1	模具的工作状况、失效形式及其分析	某厂生产汽车里程表软轴的芯轴方头（工件），钢材为 Y15 钢。其先由车床车成 3.22mm×14.2mm 的毛坯，再经 16t 冲床利用模具挤压成 2.8mm×18mm 的方接头。模具工作简图及工件挤压变形图分别见图 3.22、图 3.23。凸模承受强大的压应力和金属剧烈流动产生的摩擦力；凹模的上平面也因为金属的剧烈流动而产生强大的摩擦力，凹模型腔由于金属的塑性以及金属受挤压力充满型腔，致使凹模型腔承受强大胀力、摩擦力，模具工作时表面温升可达 300℃ 以上。 生产中，挤压模选用了传统的冷挤压材料 Cr12MoV，热处理后硬度为 58~62HRC，Cr12MoV 钢具有淬透性、耐磨性高的特点，但碳化物偏析严重，脆断倾向大。由于 Y15 钢芯轴方头有较大的加工硬化现象，挤压模承受过大的应力，摩擦磨损严重，模具在矩腔四转角处常出现微小裂纹，而且裂速扩展造成模具整体破坏。为此，曾经将模具热处理硬度降低至 52~56HRC，型腔不出现裂纹，但模口出现塌陷变形。此外，在模具材料改锻和热处理工艺上都采取了一定措施，但模具平均寿命为 3000 件左右。

序号	项目	说　明
1	模具的工作状况、失效形式及其分析	芯轴方头挤压模形状简单,但对性能有特殊要求。对模口表面要求有高的硬度、高的耐磨性,对模具基体则要求有良好的韧性和足够高的强度,且要求模具表面硬,心部韧,硬度梯度平缓。经考虑选用了 20Cr 替代 Cr12MoV,20Cr 耐磨性好,热稳定性好,在 300℃～400℃时冲击韧性和断裂韧度也较好。由于冷挤压模具的工作条件极为苛刻,需要根据使用中对强韧性、耐磨性、抗回火稳定性等主要性能的要求来决定热处理规范,从而充分发挥材料性能,对提高模具寿命十分重要。为此,对模具进行了气体碳氮共渗表面强化处理试验,现将试验情况简介如下
2	模具材料的选用及试验方法	试验材料:20Cr 钢。 试验方法:气体碳氮共渗在 RJJ-60-9T 井式渗碳炉中进行,采用微机自动控温,试验温度为 760℃、780℃、800℃、820℃、840℃、860℃,渗剂为氨气＋甲醇＋苯胺;试样加工成 20mm×120mm 棒,HBR-VU-187.5 布洛维光学硬度计测量洛氏硬度;HX-3 型显微硬度计测量表面显微硬度;用金相法测量渗层厚度(包括扩散层和化合物层)
3	气体碳氮共渗渗剂的选择	对煤油、甲醇、乙醇、甲酰氨、丙酮、苯胺及氨气等有机化合物进行了试验,发现用煤油作渗碳剂,炉内炭黑较多,炉气碳势偏低,硬度不能满足要求。用甲醇作载气,煤油作富化气,炉内炭黑较少。用甲醇作载气,苯胺作富化气,炉内炭黑则更少,可进行气氛的碳势控制,试样硬度＞60HRC。故选择用甲醇、苯胺再通入氨气的工艺方法
4	气体碳氮共渗工艺参数试验	ⅰ.共渗温度。由于碳氮共渗含氮量是随着温度提高而降低的,渗层厚度又随着温度提高而增加,要保持一定的含氮量和一定的渗层厚度,并结合模具要求渗层不厚和变形小,考虑温度选在 760℃、780℃、800℃、820℃、840℃、860℃六种,试验结果见图 3.24。随着温度的升高,共渗层深度呈线性上升趋势,渗层深度、质量均能达到要求。考虑到工艺操作及组织、硬度和技术指标质量的稳定性,最后选用 840℃为共渗温度。 ⅱ.共渗时间。图 3.25 为采用 840℃为共渗温度,渗层深度随时间变化曲线。渗层深度随时间延长呈线性上升趋势。共渗 120min 的渗层深度已达 1.2mm 以上,共渗 240min 渗层深度达约 1.8mm。根据试样渗层深度要求＞1.2mm,故选用 150min 的共渗时间
5	气体碳氮共渗工艺及操作过程	气体碳氮共渗工艺的质量控制,实际上是控制共渗工艺过程的碳氮势。对具自控装置的炉子碳氮势易于控制,尚不具备条件企业则可通过对共渗工艺过程的诸因素逐步采取控制措施,从而保证工艺稳定和共渗件质量。操作过程包括开炉前准备,零件装炉及装炉后的排气,共渗处理及零件出炉后淬火、回火等阶段。综合工艺试验,并经反复验证,20Cr 试样共渗淬火工艺曲线见图 3.26。 ⅰ.准备工作。开炉前必须检查渗剂管路系统是否畅通,将炉罐及排气管清理干净,检查清理完毕后将炉温升到共渗温度。 ⅱ.装炉密封。装炉量应按照装炉工件的总面积来衡量。表面积越大,需补充越多的渗剂,才能保持较稳定的碳氮势和渗势,60kW 片式炉装炉工件表面积 6～9m²。按照工艺规将自行研制的催渗剂装于不锈钢容器内,和摆放整齐的工件一同装入升到温度的炉子,并密封炉盖。气体渗碳炉风扇轴加双密封环,炉盖采用双层密封刀槽。 ⅲ.排气。采用大剂量排气可缩短排气时间。在炉温回升过程中温度较低,而氨分解的温度也较低(600℃裂解率达 99% 以上),排气效果较好。但通入大量氨,特别是未充分干燥时,会因露点升高而使氧化加剧。为此,在炉温回升过程中,采取先通氨(封炉后就开始通氨)后滴入甲醇、苯胺(750℃以上)排气。炉温恢复正常后,延长 30min 左右使工件烧透,并使炉气恢复正常。炉子到温后,取气样分析,使 CO_2 控制在 0.3% 以下,碳势 $w_{(C)}$ 在 1% 以上,此后进入正常共渗阶段。排气阶段应及时点燃废气火苗。 ⅳ.共渗处理。进入正常共渗阶段后,将甲醇、苯胺滴量调整到正常加入量。关小排气阀,使炉压控制在 294～490Pa,废气火苗呈杏黄色,高度 120～150mm。 ⅴ.淬火及回火。共渗结束后,切断电源,出炉淬火,再分别于 180℃和 160℃进行 2h 的回火
6	试验结果及分析	ⅰ.共渗层金相组织。20Cr 试样经图 3.26 的碳氮共渗复合催渗热处理后的组织为:细针状 M＋少量 A_R,心部组织为低碳 M＋小块状 F,见图 3.27。在操作过程中,如果出现排气不完全、共渗剂滴量不稳定、炉温偏低等热处理工艺失常情况,在共渗层的金相组织中会显示出下列缺陷:表面产生大块状碳氮化合物或网状 T(屈氏体),这对零件的硬度及耐磨性都是不利的,因此必须严格规范执行热处理工艺操作。 ⅱ.渗层硬度的测定。20Cr 试样经布洛维光学硬度计测量,硬度在 60～64HRC 范围,经 HX-3 型显微硬度计测定其渗层的显微硬度分布情况。由图 3.28 可见,表面硬度为 700～740HV,在 200μm 内维持较高的硬度,随后硬度降低,平缓地过渡到心部

序号	项目	说 明
6	试验结果及分析	ⅲ.原材料组织对渗层的影响。试验中发现有部分批次试样严格执行碳氮共渗热处理工艺,但硬度偏低。为了查清楚原因,现抽取两种不同硬度的试样,试样 A 硬度为 48～52HRC,试样 B 硬度为 60～64HRC,分别做金相分析。结果表明,试样 A 和 B 的共渗组织均正常,为细针状 M＋少量 A_R,但心部组织差别很大,试样 A 除基体中黑色低碳 M 外,白色块状 F 占一半以上。但正常试样 B 的基体组织为低碳 M＋少量块状 F。 因此可得出结论:造成部分批次模具正常热处理后硬度偏低的原因是原材料成分偏析及原始晶粒度粗大。因此必须加强对原材料的检验工作,不合格原材料不得用于生产
7	小结	生产实践表明,20Cr 冷挤压模具表面碳氮共渗层深度 0.6～1.4mm,工件表面硬度达 60～64HRC,提高了模具的耐磨性和冷热疲劳抗力,模具寿命达到 2 万件左右,降低了生产成本,提高了生产效率。20Cr 冷挤压模具要求具有一定抗回火(＞400℃)稳定性,采用低限温度淬火和低温回火可确保高的强韧性和一定的耐磨性;回火两次以消除 A_R,并使脆性 M 分解成韧性较高的回火 M;第二次回火温度应比第一次低 10～20℃左右,使第一次回火时转变的 M 分解成回火 M,可稳定组织,提高韧性

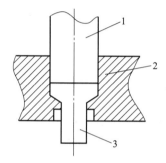

图 3.22　模具工作简图

1—凸模；2—凹模；3—挤压工件

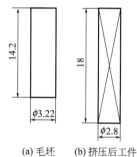

(a) 毛坯　(b) 挤压后工件

图 3.23　工件挤压变形图

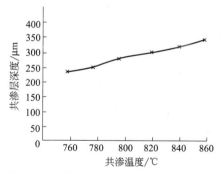

图 3.24　共渗温度对共渗层深度的影响

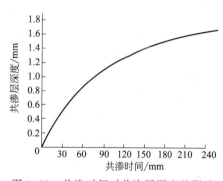

图 3.25　共渗时间对共渗层深度的影响

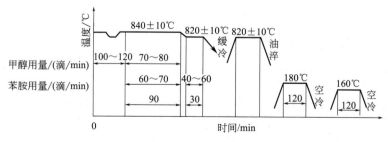

图 3.26　20Cr 试样碳氮共渗及其后的淬火、回火工艺曲线

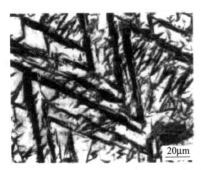

图 3.27　20Cr 碳氮共渗的金相组织
（硝酸＋乙酸浸蚀，250×）

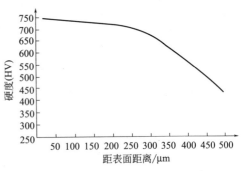

图 3.28　20Cr 共渗层的显微硬度
分布曲线

3.3　真空、液体、离子及其他碳氮共渗工艺及应用

3.3.1　真空碳氮共渗

3.3.1.1　概述

20 世纪 70～80 年代，由于碳氮共渗比渗碳处理温度低、变形小而被频繁使用。后因渗层常出现"黑斑、黑网、黑带"（即晶界氧化层）及不易控制而影响性能，致使其使用日渐减少。随着真空渗碳设备的进一步推广，催生了真空碳氮共渗技术。

向真空炉内通入含有碳、氮原子的介质，可实现真空碳氮共渗。真空碳氮共渗既不同于气体碳氮共渗，也不同于当今已出现的"预抽真空碳氮共渗"。碳氮共渗时，由于氮的渗入，使钢的相变点 A_1 降低。因此可采用比渗碳更低的淬火温度淬火，从而减少淬火变形。氮的渗入也使共渗层的淬透性提高，即使是碳素钢也可较容易地淬火。又由于冷却速度可以放慢，有利于减少淬火变形和防止开裂。

因使用的介质是吸热式气氛和氨气，所以易出现晶界氧化层。预抽真空碳氮共渗虽然应用了真空排气技术，反应也是在负压下进行的，但渗剂中仍有含氧介质。而真空炉中实施的碳氮共渗是靠烃类在负压下的裂解、非平衡式的、高碳势下的强渗，不是大气压下靠 CO 传递的平衡式渗碳；渗氮是靠氨气在负压下裂解后，在一定氮势下，以平衡的方式渗入；共渗过程中的全部物理化学反应没有含氧介质和活性氧的介入，所用氨气量和水分含量也在控制范围以内，因此共渗层没有晶界氧化层，疲劳强度更高。

真空碳氮共渗既保留了气体碳氮共渗的优点，其氮的渗入又具有其本身的特性，其特点详见表 3.40。

表 3.40　真空碳氮共渗的特点

序号	真空碳氮共渗的特点
1	比渗碳温度低,工件淬火畸变量明显减少
2	由于氮的渗入,工件淬透性增加,即使碳素钢也能在真空炉中油淬,淬硬性明显增加,从而使廉价碳素钢达到合金钢的性能
3	抗回火软化温度提高

序号	真空碳氮共渗的特点
4	耐磨性和抗疲劳强度提高
5	耐腐蚀性增强
6	因气氛中无含氧介质,渗层中杜绝了晶界氧化层(黑色组织),确保了渗层性能
7	使用介质气量可控,碳排放量大幅度减少,属清洁型生产技术

3.3.1.2 真空碳氮共渗的特点及适用范围

(1) 特点

ⅰ.真空（低压）碳氮共渗的渗剂中无含氧介质，金属表面的化学反应是在 $100\sim3000Pa$ 真空状态下单向的分解反应。C 和 N 的渗入是同时，或是 C 先、N 后，说法不一。但在碳氮共渗过程中，一旦停止气源供应，表层的 C 会继续向金属内部扩散，呈现非平衡态；而 N 则从金属表面逸出，呈现平衡态，或者已渗入金属的 N 同时向金属内部和表面两个方向扩散。

ⅱ.真空碳氮共渗除保留气体碳氮共渗特点外，渗剂气体中无含氧介质，渗层组织中可杜绝晶界氧化层。

ⅲ.共渗压力低，使用渗剂气体量少，废气排放量也大幅度减少。

ⅳ.与普通气体碳氮共渗相比，由于真空的净化作用，活化了工件表面，其渗速快，共渗层的质量好。

(2) 适用范围 真空碳氮共渗可用于低碳合金钢（包括合金结构钢、合金渗碳钢），也能用于广泛使用的碳素钢及粉末冶金钢。对载荷大的零件建议使用中碳钢、Cr 钢、Ni-Cr 钢、Ni-Cr-Mo 钢等。应用对象为要求以耐磨、抗疲劳为主的零件，如各种齿轮、轴、垫圈、轴衬（套）齿圈（盘）、油泵油嘴、滚柱、轴承盖、链轮（条）、离合器、闸阀、销钉、螺钉（母、杆）等。

3.3.1.3 真空碳氮共渗的工艺特点及典型工艺

真空碳氮共渗温度为 $780\sim860℃$；共渗介质为 C_3H_8 和 NH_3［C_3H_8 与 NH_3 体积比为 $(0.25\sim0.5):1$］或 CH_4 和 NH_3（CH_4 与 NH_3 体积比为 $1:1$）的混合气体，气体介质的压力为 $(13\sim33)\times10^3Pa$；共渗方式可分为一段式、脉冲式、摆动式，与真空渗碳相似。

图 3.29 为真空碳氮共渗使用的典型工艺。处理温度为 850℃，渗剂为烃类气体（如乙炔）＋氨气，压力为 $100\sim3000Pa$。16MnCr5 钢采用此工艺共渗 120min 后，层深 0.45mm，硬度 745 HV0.5。

真空碳氮共渗后的冷却可采用气冷（气淬钢）和油冷（油淬钢）。油冷时可选用表 3.41 中所列出的型号（系列双室真空碳氮共渗油淬气冷炉），可根据表 3.41 中加热区尺寸和装炉量选择所需要的型号。

表 3.41 系列双室真空碳氮共渗油淬气冷炉主要技术参数

型 号	加热区尺寸/mm	装炉量/kg	最高温度/℃	极限真空度/Pa	加热功率/kW	温度均匀性/℃
WZSTD-20	200×300×180	20			20	
WZSTD-30	300×450×330	60	1320	2×10^{-1}	40	±5
WZSTD-45	450×670×400	120		4×10^{-3}	63	
WZSTD-60	600×900×450	210			100	

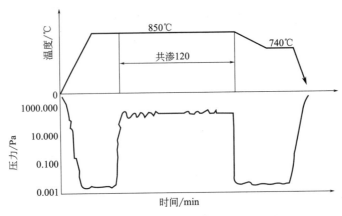

图 3.29　真空碳氮共渗的典型工艺曲线

3.3.1.4　真空碳氮共渗的组织特点

图 3.30(a) 是 20CrMnTi 钢共渗处理 120min 油淬后的金相照片,渗层深度 0.33mm,硬度 730HV0.5；图 3.30(b) 是 35 钢螺钉共渗 120min 油淬后的金相照片,渗层深度 0.30mm,硬度 732HV0.5。由图 3.30 可知白色马氏体淬火层深度。图 3.30(a) 中的不同压痕说明了渗层和基体的不同硬度。碳钢淬透性差,真空炉中由热区至冷室油槽的转移时间长（约 15s）,无法实现真空加热后的油淬,图 3.30(b) 中白色马氏体淬火层恰好说明量大面广的碳钢基础零部件通过真空碳氮共渗后,由于氮的渗入,淬透性增加,可以实现真空加热后通过油淬提高硬度、耐磨性,从而延长寿命,节约资源。

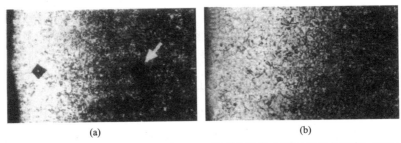

| (a) | (b) |

图 3.30　20CrMnTi 钢（a）和 35 钢（b）经真空碳氮共渗后的金相组织（200×）

综上所述,和气体碳氮共渗相比,真空碳氮共渗完全无氧的介入,渗层组织无晶界氧化层。适用于普通碳钢、合金钢、粉末冶金件。热处理变形比渗碳小,精度高。对于机械行业量大面广的基础零部件,可提高使用寿命,节约资源,意义重大。真空碳氮共渗新技术需要的渗剂气体少、废气的排放也大幅度降低,既节约原料气、又清洁环保,将会获得更广泛的应用。

3.3.1.5　真空碳氮共渗工艺的应用

真空碳氮共渗工艺应用领域逐年扩大,特别是在高速发展的汽车制造业中,该技术在变速箱零件,特别是在高表面负荷、高旋转疲劳寿命类零部件上的应用,研究十分活跃。在合金钢制零部件、工模具上应用相当广泛,其在价格低廉的碳素钢制零部件及模具上的应用成为近年国际流行的做法。

3.3.2 液体碳氮共渗

它系指在能分解出活性 [C]、[N] 原子的盐浴（或液体）中所进行的碳氮共渗处理工艺。由于最早开发的碳氮共渗工艺是在含有氰化盐的盐浴中，利用氰化盐分解产生的 [C]、[N] 原子渗入钢件表面而得到以碳为主的碳氮共渗层，所以亦称（高温）液体氰化。

3.3.2.1 液体碳氮共渗的特点

液体碳氮共渗工艺的特点见表 3.42。

表 3.42 液体碳氮共渗工艺的特点

序号	液体碳氮共渗工艺的特点
1	碳氮共渗设备简单，而且是在盐浴中加热，工件的加热速度快
2	碳氮共渗效率高
3	盐浴中含有剧毒的氰盐，造成环境污染甚至危及人身安全，应注意安全和环境保护

3.3.2.2 液体碳氮共渗用盐及反应原理

液体碳氮共渗盐浴主要由中性盐和碳氮共渗供剂组成。中性盐一般采用 NaCl、KCl、$BaCl_2$ 中的一种或几种，其作用是调整盐浴的熔点，使之适合在碳氮共渗温度下使用。目前使用的碳氮共渗剂主要有氰盐 NaCN（或 KCN）和尿素两种，其成分见表 3.43。

表 3.43 部分液体碳氮共渗的盐浴成分及工作成分

配制的盐浴成分 （质量分数）	盐浴的工作成分 （质量分数）	配制的盐浴成分 （质量分数）	盐溶的工作成分 （质量分数）
NaCN 50% NaCl 50%	NaCN 20%～25% NaCl 25%～50% Na_2CO_3 25%～50%	NaCN 8% NaCl 10% $BaCl_2$ 82%	NaCN 3%～8% $BaCl_2$ ≤30% NaCl ≤30% $BaCO_3$ ≤40%
NaCN 10% NaCl 40% $BaCl_2$ 50%	NaCN 8%～12% NaCl 30%～55% Na_2CO_3 ≤20% $BaCl_2$ ≤25%	$(NH_2)_2CO$ 40% KCl 25% Na_2CO_3 35%	

氰盐在液体碳氮共渗盐浴中产生氰酸盐，其分解成活性碳原子、氮原子，其化学反应：

ⅰ.加热时，NaCN 与空气和盐浴中的氧作用，生成氰酸钠

$$2NaCN + O_2 \longrightarrow 2NaCNO$$

ⅱ.氰酸钠不稳定，继续被氧化和自身分解，产生活性碳原子、氮原子，并渗入钢件表面

$$2NaCNO + O_2 \longrightarrow Na_2CO_3 + CO + 2\,[N]$$
$$4NaCNO \longrightarrow Na_2CO_3 + CO + 2\,[N] + 2NaCN$$
$$2CO \longrightarrow CO_2 + [C]$$

在含有黄血盐的盐浴中，黄血盐在熔化时分解出氰化钾

$$K_4Fe\,(CN)_6 \longrightarrow 4KCN + Fe\,(CN)_2$$

氰化钾按上述方式产生氰酸钾和活性碳原子、氮原子。

3.3.2.3 液体碳氮共渗工艺特点

液体碳氮共渗温度和保温时间对共渗层深度的影响见表3.44、表3.45。液体碳氮共渗主要用于中、轻载荷下的工件，渗层要求较薄，渗层深度一般在0.8mm以内，共渗温度通常在820～880℃之间。结构钢液体碳氮共渗盐浴成分及碳氮共渗工艺见表3.46。

表 3.44　碳氮共渗温度及保温时间对15钢共渗层深度的影响

共渗温度/℃	保温时间/min			
	20	60	120	180
	共渗层深度/mm			
810	0.1	0.2	0.3	0.36
830	0.14	0.24	0.34	0.38
850	0.18	0.30	0.38	0.42
870	0.20	0.32	0.40	0.48

表 3.45　保温时间对几种钢在820～840℃碳氮共渗时共渗层深度的影响

牌号	保温时间/h				
	1	2	3	4	5
	共渗层深度/mm				
20	0.35	0.44	0.54	0.63	0.64
45	0.33	0.36	0.41	0.53	0.56
20Cr	0.39	0.54	0.63	0.74	0.81
40Cr	0.29	0.36	0.49	0.59	0.66
12CrNi3	0.35	0.47	0.53	0.59	0.64

表 3.46　结构钢液体碳氮共渗盐浴的成分及工艺

盐浴成分(质量分数)/%	处理温度/℃	处理时间/h	渗层深度/mm	备　　注
NaCN 50，NaCl 50，(NaCN 20～25，NaCl 25～50，Na$_2$CO$_3$ 25～50)[①]	840	0.5	0.15～0.2	碳氮共渗后从盐浴中取出直接淬火，然后在180～200℃回火
	840	1.0	0.3～0.25	
	870	0.5	0.2～0.25	
	870	1.0	0.25～0.35	
NaCN 10，NaCl 40，BaCl$_2$ 50（NaCN 8～12，NaCl 30～55，BaCl$_2$≤10～15)[②]	840	1.0～0.5	0.25～0.3	工件碳氮共渗后在空气中冷却，然后在盐浴中或者炉中加热淬火，并在180～200℃回火，渗层中氮的质量分数为0.2%～0.3%，碳的质量分数为0.8%～1.2%，表面硬度为58～64HRC
	900	1.0	0.3～0.5	
	900	2.0	0.7～0.8	
	900	4.0	1.0～1.2	
NaCN 8，NaCl 10，BaCl$_2$ 82（NaCN 3～8，BaCl$_2$≥30，NaCl≥30，BaCO$_3$≥40)	900	0.5	0.2～0.25	同上，浴面用石墨覆盖，以避免碳氮共渗盐浴热量和碳的损耗
	900	1.5	0.5～0.8	
	950	2.0	0.8～1.1	
	950	3.0	1.0～1.2	
	950	5.5	1.4～1.6	

①括号内给出的是盐浴工作成分。
②操作过程中盐浴活性下降，应周期性地添加氰化钠（纯度为90%～95%）使盐浴活性再生，通常用NaCN与BaCl$_2$质量比为1∶4进行再生。

3.3.2.4 液体碳氮共渗工艺及其注意事项

（1）常用液体碳氮共渗 液体碳氮共渗时间和温度对 15 钢渗层深度的影响见表 3.44；液体碳氮共渗的工艺操作见表 3.47；液体碳氮共渗工艺注意事项见表 3.48。

（2）无毒盐浴碳氮共渗 所用盐浴由 Na_2CO_3、$NaCl$、NH_4Cl 和 SiC 组成。其共渗工艺为：850℃共渗，保温时间 15～30min，渗层深度 0.10～0.25mm；保温时间 1～1.5h，渗层深度 0.70～0.85mm。工件表面 $w(C)$ 为 0.08%～0.15%。

表 3.47 液体碳氮共渗工艺操作

程序	操作内容
1	炉子熔盐、起动、升温、脱氧、捞渣等基本与液体渗碳相同
2	盐浴中碳酸盐过多会产生过量 CO_2，使盐浴渗碳能力降低，故应控制在规定范围内，一般质量分数不超过 25%
3	NaCN 一般控制在 20%～40% 之间
4	最常用的盐浴配方是：$w(NaCN)$ 30%＋$w(Na_2CO_3)$ 25%＋$w(NaCl)$ 45%，熔点为 605℃，理想的共渗温度为 830～870℃
5	共渗过程中的反应是：$2NaCN+O_2 \longrightarrow 2NaCNO$ $2NaCNO+O_2 \longrightarrow Na_2CO_3+CO+2[N]$ $4NaCNO \longrightarrow Na_2CO_3+CO+2[N]+2NaCN$ $2CO \longrightarrow CO_2+[C]$
6	碳酸钠可以起催化作用 $2NaCN+Na_2CO_3 \longrightarrow 2Na_2O+2[C]+2[N]+CO$ 碳酸钠过多会产生 CO_2，阻碍渗碳 $2NaCN+6Na_2CO_2 \longrightarrow 7Na_2O+2[N]+5CO+3CO_2$
7	共渗后碳钢在水中淬火，合金钢在油中淬火，对于 12Cr2Ni4、18CrNiW 钢零件直接淬火会形成大量残余奥氏体，可参照气体碳氮共渗后所采用的相应热处理方法进行处理
8	氰盐剧毒，污染环境，必须有严格的安全措施，用后的废盐、废水进行解毒处理，共渗工作在质量分数为 5%～10% 的 Na_2CO_3 水溶液中煮 10～15min，然后在质量分数为 2% 的沸腾磷酸盐水溶液中和，再在质量分数为 10% 的 $CuSO_4$ 或 $FeSO_4$ 的溶液中多次洗涤，最后再经过热水冲洗，冷水冲洗
9	废盐解毒的方法是：将废盐加热至 800～850℃ 左右，然后加入烘干的 $FeSO_4$，再将温度升高到 900℃，并加以搅拌。加入 $FeSO_4$ 的质量计算式是： $$Q=\frac{3bK}{100}$$ 式中，Q 为 $FeSO_4$ 的质量，g；b 为废盐总质量，g；K 为废盐中氰化盐质量分数，%。
10	废水的处理方法是：将中和槽中的污水搅拌均匀，取样分析，有游离氰存在时，可用 $FeSO_4$ 来中和。加入 $FeSO_4$ 的质量可用下式计算： $$Q=2AB$$ 式中，Q 为 $FeSO_4$ 的质量，g；A 为每升液体含氰化物（NaCN）的质量，g；B 为槽内溶液的体积，L。 中和后将残留在槽底的固体残渣收集在盘内，用水冲洗后检验，当有氰化物存在时，需要用 $FeSO_4$ 来除毒也用上面的公式计算。
11	污气处理：排毒的方法是将污气通过带有喷液装置的湿式金属过滤器，将污气中高度弥散的氰化物微粒滤除掉，过滤器的滤气层用 0.1mm 厚的锈铁屑或较厚的铁屑压制而成，工作时循环泵使碱性溶液（质量分数为 5% 的 NaOH 或 KOH 的水溶液）在过滤器中循环流动，当排出污气通过滤气层时，氰化物微粒便停留在潮湿的铁屑表面，铁屑上的氧化铁与氰化盐在循环流动的碱性溶液作用下，发生化学反应而形成无毒的溶液。循环碱溶液要定期进行化学分析，当发现有氰化盐存在时，应立即更换碱液

表 3.48　液体碳氮共渗工艺注意事项

序号	液体碳氮共渗工艺注意事项
1	工件碳氮共渗后必须通过淬火才能获得表层所需的硬度,形状简单的工件碳氮共渗后采用油冷或水冷淬火,形状复杂的工件可在碳氮共渗后缓冷,然后重新加热淬火
2	由于碳氮共渗盐浴在使用过程中逐渐老化,其共渗能力不断下降,为恢复盐浴的活性,当盐浴老化到一定程度时,需往盐浴中添加再生剂,使盐浴的老化产物碳酸盐转化为氰化物,从而实现盐浴的活化

3.3.2.5　高频感应加热盐浴与高频感应加热液体碳氮共渗

（1）高频感应加热盐浴碳氮共渗　采用高频电流对 $K_4Fe(CN)_6$ 和 $NaCl$ 混合盐浴进行加热,可实现 40C13 钢环、40 钢小齿轮的快速碳氮共渗。840℃高频感应加热 25s,小齿轮可获得深度为 0.023mm 的共渗层;860℃高频感应加热 70s,可获得深度为 0.04～0.07mm 的共渗层。直接淬火后小齿轮表面硬度为 59～62HRC,心部硬度为 50～52HRC。

（2）高频感应加热液体碳氮共渗　采用高频电流对甲醇、乙醇、氨水混合液中的工件加热到 800℃,保温 20min,可获得深度为 0.6mm 的共渗层。淬火后表面最高硬度为 780HV。

3.3.3　离子碳氮共渗

3.3.3.1　概述

离子碳氮共渗是在低于一个大气压的含碳、氮气体中,利用工件（阴极）和阳极之间产生的辉光放电,同时渗入碳和氮,并以渗碳为主的化学热处理工艺,即在离子渗碳气氛中加入一定量的氨气,或直接用氮气作为稀释剂,可进行离子氮碳共渗。

离子碳氮共渗可在比气体法更宽的温度区间内进行。温度升高,钢中渗入的氮减少。用普通方法进行碳氮共渗时,温度一般不超过 900℃,而采用离子碳氮共渗可实现 900℃以上的碳氮共渗。因其渗速快、渗层质量好、生产清洁、工件变形小、节能、渗剂消耗少和污染少而受到青睐,已在工业生产中应用,是一种应用前景好的新工艺。

3.3.3.2　工艺特点

离子碳氮共渗介质,除供碳剂（如甲烷、丙烷或丙酮等）外,还有起渗氮作用的体积分数为 30%以上的氮或 14%（质量分数）的氨气和起还原和稀释作用的氢气;若以含碳的有机液体作供碳剂,则多以氨作供氮源。

离子碳氮共渗温度一般为 780～880℃。共渗温度越高,渗入速度越快,钢表面渗入氮含量越低。其原因是高温条件下,在放电阶段之后进行的扩散阶段,氮从工件表面逸出,故通常的操作方法是将工件从高温降至 600℃（氮呈稳定状态的温度）以前,始终维持含氮的等离子体,或直至淬火才停止辉光放电。图 3.31 和图 3.32 系 20CrMnTi、20Cr、20 钢离子碳氮共渗温度、时间对共渗层深度的影响。图 3.33 为离子碳氮共渗工艺曲线,确保在整个处理周期既无脱碳,又无脱氮。图 3.34 系按图 3.33 所示工艺共渗后表层碳、氮含量及硬度的分布。

3.3.3.3　工艺方法

离子碳氮共渗也应采用强渗＋扩散的方式进行。不同的渗扩比对渗层组织和深度将会产生较大的影响。例如 20CrMnTi、20Cr2Ni4 钢在不同渗扩比的条件下进行离子碳氮共渗，其共渗层深度及组织分布见表 3.49。

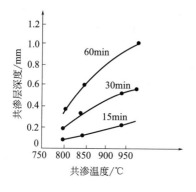

图 3.31 20CrMnTi 钢共渗温度对共渗层深度的影响（氨气 380L/h；酒精蒸汽 150L/h）

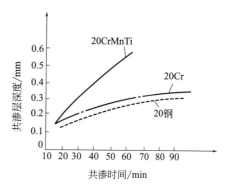

图 3.32 20CrMnTi、20Cr、20 钢共渗时间对渗层深度的影响（840℃共渗，氨气 380L/h；乙醇蒸气 150L/h）

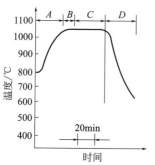

A — 加热；B — 共渗（CH₄∶N₂=50∶50）；
C — 扩散（CH₄∶N₂=25∶75）；
D — 炉冷（CH₄∶N₂=25∶75）

图 3.33 离子碳氮共渗工艺曲线

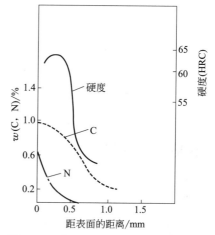

图 3.34 按图 3.33 工艺共渗后的结果

表 3.49　不同渗扩比的离子碳氮共渗共渗层深度及组织分布　　　　单位：mm

渗扩比	20CrMnTi				20Cr2Ni4			
	过共析层深度	共析层深度	亚共析层深度	总渗层深度	过共析层深度	共析层深度	亚共析层深度	总渗层深度
6∶0	0.30	0.50	0.40	1.20	0.20	0.55	0.45	1.20
4∶2	0.15	0.60	0.45	1.20	0.15	0.55	0.50	1.20
3∶3	0.05	0.60	0.40	1.05	0.03	0.60	0.52	1.15
2∶4	0	0.60	0.45	1.05	0	0.60	0.50	1.10

注：共渗温度为 850℃，共渗时间（强渗＋扩散）为 6h；氢气作为放电介质，强渗阶段 $\varphi(C_3H_8)=5\%$，扩散阶段 $\varphi(C_3H_8)=0.5\%$；共渗后直接淬火，然后在 250℃进行 2h 真空回火。

综合考虑渗层组织及表面硬度等因素，渗扩比在 3∶3 时较佳，其共渗层硬度分布及碳氮含量分布见图 3.35、图 3.36。

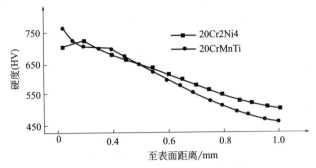

图 3.35　离子碳氮共渗层硬度分布

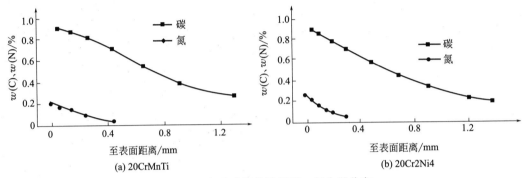

(a) 20CrMnTi　　　　　　　　　(b) 20Cr2Ni4

图 3.36　离子碳氮共渗层碳、氮含量分布

3.3.4　其他碳氮共渗工艺

3.3.4.1　稀土碳氮共渗

在碳氮共渗工艺中引入适量的稀土（RE）元素，会对共渗层的碳氮浓度与组织结构产生明显的影响，有利于改善共渗层的性能。详见表 3.50。

表 3.50　RE 碳氮共渗的特点及对渗层组织、性能的影响

序号	项目	说　　明
1	工艺特点	在温度与时间相同时，加有 RE 的渗剂可使共渗层深度增加 10%～15%；为达常规工艺所获得的渗层深度，若时间不变，温度可降低 15～25℃，从而减小畸变；温度不变时，为达同一深度，强渗期可缩短 20%～25%。此外加 RE 后疲劳强度能提高 10%～12%
2	RE 元素作用的分析	如 20 钢制纺织钢领经 RE 碳氮共渗后，渗层深度达 0.7mm 左右，渗层碳质量分数高达 0.85%，经淬火处理后，钢领表面层形成了以针状 M 为基体、均匀分布有碳氮 K 的组织，大大提高了钢领表面的显微硬度。而且，由于渗剂中加有适量 RE 化合物，经 RE 碳氮共渗后，钢领表面层渗入了微量 RE 原子，对碳氮原子的渗入起到了良好的催渗作用，同时也改善了共渗层组织形态和性能。试验表明 RE 对 20 钢整体渗速可提高 15%。因 RE 元素的催化作用，在较短热处理时间内共渗层的碳浓度大大提高，故共渗后淬火冷却时通常会在共渗层表层区域发生碳、氮化物的析出。RE 原子渗入后，改善了碳、氮的扩散条件，提高了它们在奥氏体中的扩散系数，并加速了碳、氮化物的溶解过程。对于渗碳体而言，由于其稳定性较低，绝大部分将在渗碳过程中溶入奥氏体，从而减少了渗碳体非均匀形核的有利部位，有效抑制了渗碳体的析出；另一方面，RE 原子的渗入可增加渗层中的位错密度，其结果有利于碳、氮原子在位错附近偏聚，不利于碳、氮化物形成元素以渗碳体的形式通过均匀形核析出，故渗碳体的析出受到抑制，而碳、氮化物却主要以均匀形核的方式析出，最终在渗层中形成均匀弥散的细小粒状 K

序号	项目	说　明
3	RE 对渗层组织的影响	RE 元素的渗入可降低渗层中 M 含量、增加残留奥氏体含量。另外，在 860～880℃ 范围内，RE 碳氮共渗层过共析区沉淀析出 1μm 以下细小弥散分布的粒状碳氮化合物，随后的淬火过程中 M 切变形成时受阻于碳氮化合物颗粒，使该区淬火 M 超细化，最后形成具有高强韧性的超细 M。透射电镜（TEM）观察表明，碳、氮化合物附近由于贫碳、氮而呈位错 M，其余部位呈细小片状孪晶形态，这与常规渗碳后高碳 M 呈粗大片状或凸透镜孪晶具有明显区别
4	RE 对渗层性能的影响	RE 元素的渗入使渗层中碳、氮浓度增加，且其浓度梯度趋于平缓，同时提高了渗层 M 的碳含量，增大了渗层中位错密度，加强了固溶强化效果，提高了耐磨性；RE 元素的渗入使渗层中碳、氮化物数量增多，并呈细的粒状均匀弥散地分布在组织中，M 呈细小针状分布，增加了共渗层的表面硬度和显微硬度；RE 元素的渗入抑制了高碳区域在淬火时形成针状 M，在共渗组织中 K 周围形成一定量板条状 M，减小了硬而脆的碳化物对性能的不利影响，使渗碳层组织和性能得到明显改善，从而使其具有较高强韧性，即 RE 碳氮共渗层具有高的耐磨性、弯曲疲劳强度和接触疲劳强度。另外，渗入的 RE 原子可与渗层中的位错发生电化学交互作用，阻碍位错运动，从而提高渗碳层的显微硬度

3.3.4.2　固体碳氮共渗与膏剂碳氮共渗

（1）固体碳氮共渗　固体碳氮共渗是在固体介质中进行的碳氮共渗工艺，工艺过程与固体装箱渗碳工艺相似，是较原始的方法，其生产率低，能耗大，所得渗层较薄且不易控制，主要用于单件及小批量生产。常用的几种固体碳氮共渗剂的组成见表 3.51。

表 3.51　几种固体碳氮共渗剂的组成

介质组成（质量分数）	备　注
木炭 60%～80%，亚铁氰化钾 $K_4Fe(CN_6)$ 20%～40%	共渗剂混合均匀，与工件装入铁箱中，加盖，用泥封严入炉。 温度：840～880℃
木炭 40%～50%，亚铁氰化钾 15%～20%，骨炭 20%～30%，碳酸盐 15%～20%	
木炭 40%～60%，亚铁氰化钾 20%～25%，骨炭 20%～40%	

（2）膏剂碳氮共渗　碳氮共渗膏剂一般由渗剂成分 [50% 黄血盐＋50% 木炭（质量分数）]、黏结剂（缩醛胶＋工业乙醇，或密度为 1.28～1.3g/cm³ 的水玻璃）、外层保护涂料（石英粉）等组成。

把需要共渗的工件浸入调制好的共渗膏剂中，或在需共渗的工件表面均匀地涂上一层配制好的膏剂，膏剂涂层厚度 2～3mm，晾干或在 100℃ 左右烘干。把涂有共渗剂的工件烘干后再浸入调制好的保护剂中。若涂层厚度不够时，可反复浸涂，然后晾干或在 50℃ 左右烘干后即可入炉进行碳氮共渗。

膏剂碳氮共渗温度采用 800～950℃，保温时间 2h 为宜。对 40Cr 钢，800℃ 共渗、保温时间 1h，共渗层深度为 0.35mm；850℃ 共渗，共渗层深度 0.45mm；900℃ 共渗，共渗层深度 0.75mm；950℃ 共渗，共渗层深度 0.90mm；1000℃ 共渗，共渗层深度 1.10mm。共渗后打碎涂料层可直接淬火，或重新加热淬火。

膏剂碳氮共渗与气体碳氮共渗所得到的耐磨性能相同，此法适用于单件及小批量生产。

3.3.4.3　高浓度碳氮共渗

高浓度碳氮共渗指的是在高的碳、氮势下，使工件表面渗层形成相当数量（20%～50%）的细小颗粒状、弥散分布的碳氮化合物（碳化物），使共渗层碳、氮浓度达到很高的数值（碳浓度高达 2% 以上，氮浓度为 0.3% 左右），它显示出比通常渗碳、碳氮共渗更加优异的耐磨性、耐蚀性，更高的接触疲劳强度与弯曲疲劳强度，较高的冲击韧度与较低的脆性，同时还具有处理温度较低（800～860℃）、适用性广、对设备无特殊要求等优点，因而近年来在国内外被竞相研究与开发。高浓度碳氮共渗工艺亦称过饱和碳氮共渗。

如图3.37所示，高浓度碳氮共渗层的组织特点为：表层为粒状（球块状）碳氮化合物

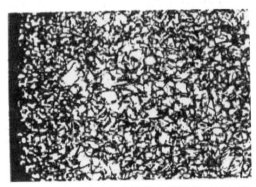

图3.37　高浓度碳氮共渗层金相组织（×400）

（含氮的渗碳体型化合物）＋含氮马氏体＋少量残留奥氏体；次表层为少量碳氮化合物＋含氮马氏体＋大量残留奥氏体（约达50%以上）。共渗层深度由共渗温度及保温时间而定，对高负荷工件层深可取0.7～0.8mm，低负荷工件则取0.4～0.8mm。

西安交通大学等曾对20CrMnTi钢齿轮进行了高浓度碳氮共渗的试验研究工作。共渗时采用双滴管供给渗剂：一管滴煤油；一管滴三乙醇胺乙醇溶液（三乙醇胺：乙醇＝3：1），三乙醇胺在500℃开始发生分解，反应获得的

CH_4、HCN与工件表面接触时分解为[C]与[N]，被工件表面吸收，并向内部扩散，形成碳氮共渗层。共渗后表层碳浓度2.08%，氮浓度0.266%以上。经此处理的齿轮性能大有改善，使用寿命明显提高。在滑动及带10%滑动的滚动摩擦条件下的耐磨性，均优于普通碳氮共渗及渗碳；静弯断裂强度、一次冲击与多次冲击弯曲抗力、缺口弯曲疲劳性能均优于渗碳，低于或接近碳氮共渗。

哈尔滨北方特种车辆制造公司曾对20Cr2Ni4A齿轮碳氮共渗工艺进行优化，开发了高浓度碳氮共渗"三段控制"工艺（见图3.38），获得的金相组织见图3.39。对比图3.37与图3.39，可明显看出：经优化的高浓度碳氮共渗"三段控制"处理，共渗层深度≥1.1mm，生产效率高，所获得的碳氮化合物层是呈弥散分布的渗层组织，其淬火组织中的A_R量较少；而普通高浓度碳氮共渗获得的是碳氮化合物呈密集分布，且次层组织中存有大量A_R的低硬度带（图3.37）。

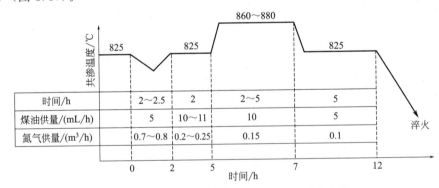

图3.38　高浓度碳氮共渗"三段控制"工艺曲线

高浓度碳氮共渗适用于以磨损和接触疲劳为主要失效形式的零件。

3.3.5　碳氮共渗工艺应用实例分析

3.3.5.1　［实例3.3］　45钢、P20塑料模具钢的真空碳氮共渗热处理工艺试验研究

45钢、P20塑料模具钢的真空碳氮共渗热处理工艺试验研究见表3.52。

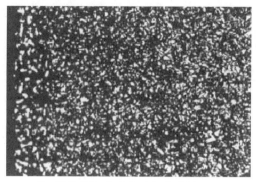

图 3.39 "三段控制"高浓度碳氮共渗层金相组织×400

表 3.52 45 钢、P20 塑料模具钢的真空碳氮共渗热处理工艺试验研究

序号	项目	研究内容
1	使用材料与工艺	以 45 号碳素钢、调质预硬钢 P20(3Cr2Mo)塑料模具钢为例,介绍真空碳氮共渗工艺。采用 WZST-45 型双室真空渗碳淬火炉,压力 100～800Pa,使用乙炔+氨气混合气。装炉情况:模具尺寸 260mm×200mm×25mm,数量 5 块;模具尺寸 240mm×180mm×20mm,数量 5 块;模具尺寸 210mm×150mm×30mm,数量 5 块。共计装炉 15 块,质量共计约 150kg
2	真空共渗工艺曲线	见图 3.40
3	真空碳氮共渗热处理后的性能	图 3.41 显示的是立于料筐底部、料盘边角处 45 钢模具碳氮共渗油淬后的外观。模具处理后外观呈均匀的银灰色,硬度测试结果见表 3.53。它们的硬度都可达到 62HRC 以上,有助于提高模具的使用寿命
4	小结	经真空碳氮共渗处理后,由于氮原子的渗入使等温转变曲线右移,提高了渗层的淬透性,这使得 45 碳素钢模具不仅可在真空炉中油淬,且淬火后硬度可达 62 HRC 以上,从而使资源得到更合理地利用;同时也可提高了调质预硬 P20 塑料模具钢的淬透性、淬硬性,其硬度值可提高至 62HRC,实现了 P20 钢制模的长寿命。因此,真空碳氮共渗,有助于提高 45 钢、P20 塑料模具钢的表面硬度、强度、耐磨性与使用寿命

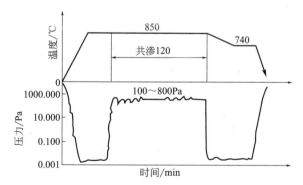

图 3.40 45 钢、P20 塑料模具钢的
真空碳氮共渗工艺

图 3.41 45 钢模具真空碳氮共渗及
油淬后的实物照片

表 3.53 模具处理后的硬度

材质	渗层/mm	淬油后硬度/HRC
45 钢	0.53～0.56	62～64
P20(3Cr2Mo)钢	—	62～64

3.3.5.2 ［实例3.4］ 20钢纺织钢领无毒液体C-N-RE共渗的试验研究

20钢制纺织钢领无毒液体C-N-RE共渗的试验研究见表3.54。

表3.54　20钢制纺织钢领无毒液体C-N-RE共渗的试验研究

序号	项目	内容与分析
1	工件名称与工作条件	环锭细纱机在我国纺织工业中占有的比例最高,纺织钢领是细纱机及捻线机上卷捻部分的关键零件之一,它与高速旋转的钢丝圈组成一对摩擦副,其工作条件恶劣(高速、高温、高压、单支撑面接触)、易磨损、耗量大、更换频繁。同时,纺织钢领的性能直接关系到纺纱质量及产品成本。因此,为降低和稳定纺纱张力,减少断头和成纱毛羽,提高纺纱质量,节约钢材、能源,降低成本,必须提高钢领的硬度、耐磨性、光洁度和减少变形量,延长使用寿命
2	使用材料、试验目的与方法	纺织钢领通常选用20钢为原材料。试样选用20钢制PG型纺织钢领,其金相组织为铁素体＋少量珠光体,晶粒为随机取向的等轴状,钢领的尺寸形状见图3.42,化学成分见表3.55。为满足钢领对硬度、耐磨性、光洁度和变形量的要求,某公司对20钢制钢领采用井式炉气体碳氮共渗4h后沙封缓冷至室温,然后在氰化钠盐浴中二次加热至高温淬火,最后低温回火。该工艺在一定程度上保证了钢领的硬度和耐磨性,但处理成本高,工艺周期长,生产率低;钢领因二次加热淬火增加了钢领的变形量,恶化了产品质量,降低了成材率;气体碳氮共渗所用的甲醇对神经具有损伤作用,同时加热盐浴炉所用的氰化钠具有剧烈毒性,对环境造成极大的污染。鉴于对钢领综合性能的要求,对原热处理工艺进行优化,以55％KCl＋45％NaCl作为基础盐,用"603无毒液体渗碳剂"＋适量氯化铵＋微量稀土盐等作为"混合渗剂",对20钢制纺织钢领进行无毒液体C-N-RE共渗研究。 　　试验盐浴选用近于二元共晶成分的55％KCl＋45％NaCl混合盐作为基盐,其熔点为664℃,在共渗温度(800℃左右)时具有良好的流动性和小的挥发性。为保证盐浴具有高的碳势和一定的氮势,需向基础盐中添加碳氮共渗。本试验采用"603无毒液体渗碳剂"(符合标准JB/T 9203—2008)作为主要渗剂,另外还向603渗碳剂中加入适量的氯化铵和镧系RE盐作为催渗剂。调制盐浴,加入适量的混合渗剂,将温度保持在800℃,放入20钢制纺织钢领进行共渗,保温150min。 　　共渗后对试样进行金相观察分析、显微硬度测试、剥层分析、断口分析等
3	试验结果及分析	i.显微组织。图3.43为钢领的显微组织,图中(a)为热处理前试样的原始组织,组织为铁素体＋少量珠光体,经C-N-RE共渗淬火后,组织发生了明显的变化,距表面不同深度处具有不同的组织,试样表面层为M基体上均匀分布的碳氮化合物;次表层为针状M＋残余奥氏体;随深度的增加,马氏体逐渐由针状过渡为板条状[见图3.43(b)]。共渗钢领经135～150℃低温回火后,表面层为白色碳氮化合物,深度为0.006～0.01mm,次表层为马氏体及残余奥氏体,马氏体因发生部分分解形成了更加细小的隐晶马氏体,同时析出均匀弥散的碳氮化合物[见图3.43(c)]。共渗表面层形成了极薄的碳氮化合物,共渗层中碳氮化物颗粒均匀分布,使钢领表面具有良好的硬度和耐磨性。但是,如果过分增加碳氮化合物的厚度,则会给钢领表面带来较大的脆性,在使用过程中容易出现表层剥落现象,大大缩短钢领的使用寿命。 　　ii.显微硬度。图3.44是试样经C-N-RE共渗后横截面的显微硬度(HV 100)分布图。表面硬度高达1080HV100,在0.05～0.20mm厚度范围内,显微硬度趋于平缓,当深度大于0.20mm以后,显微硬度随深度的增加缓慢降低,最后达到基体硬度。试样经共渗后,共渗层具有较高的碳含量,表面层组织形成马氏体基体上均匀分布的碳氮化合物,由于碳化物和马氏体都有非常高的硬度,在两者的综合作用下使表面层具有较高的硬度;而在0.05～0.20mm厚度范围内,碳含量稍有降低,该层是比较均匀的针状马氏体及残余奥氏体,从而使该层的硬度趋于一致;随后,随深度的增加,碳含量降低,马氏体含量逐渐减少,导致显微硬度降低。 　　iii.剥层分析。采用φ20mm×150mm的20钢圆柱形试样,在进行共渗(150min、800℃)试验时放入盐浴内随试样同时热处理,共渗后埋入渗剂中缓冷到室温,剥层分析不同深度的碳含量,每隔0.05mm剥一层,共剥10层,用碳硫自动分析仪分析后,得出不同深度碳浓度分布曲线(图3.45)。由图3.45可以看出,距表面0.10mm内,碳浓度高达0.85％,在距表面0.30mm以内,碳浓度下降平缓,碳含量高,在距表面0.30mm以外,碳浓度下降要稍快些,但是并不急剧,在距表面约0.75mm处,碳浓度与基体相同,说明经C-N-RE共渗后渗层深度约为0.75mm。 　　iv.稀土元素测定。经过对共渗后的试样进行稀土元素测定,其浓度随深度的变化见图3.46。由图3.46可知,Ce原子在试样表面层的质量分数约0.0035％,其渗入试样的深度接近0.36mm,而La原子在试样表面层的质量分数较小,约0.0018％,渗入深度也较浅,约为0.32mm。 　　v.断口分析。图3.47是20钢制钢领经C-N-RE共渗淬火后在kyky-1000B型电子扫描电镜下拍摄到的断口形貌。从低倍照片[图3.47(a)]中可以看到,钢领的宏观断口整体呈灰色,可清晰地辨认出共渗层组织和心部组织,断口周围颜色较暗的部分为共渗层,而心部颜色较浅的部分为原始

序号	项目	内容与分析
3	试验结果及分析	组织,共渗层晶粒细小,组织非常致密,宏观上比较平整,然而心部组织晶粒粗大,没有共渗层那么致密,宏观上整体向外凸出,断面凹凸不平。从图 3.47(a) 中还可粗略地测量出共渗层深度约为 0.7mm,钢领轨道部分已完全渗透。图 3.47(b) 为断口边沿共渗层高倍照片,其特征为脆性断口,由于发生了相变重结晶,在大晶粒内含有小晶粒。图 3.47(c) 为断口心部高倍照片,可以看出解理断裂与韧性断裂并存,上下为脆性解理断裂,中间为韧性断裂。这是因为共渗层组织为淬火马氏体+碳氮化合物+残余奥氏体,心部组织是以板条状马氏体为主的混晶马氏体+残余奥氏体,淬火马氏体+碳氮化合物为硬脆相,硬度高、耐磨性好、塑韧性差,断裂时常常呈脆性断裂;而心部硬度较低,耐磨性差,在共渗层产生脆性断裂的瞬间,促使心部产生部分塑性变形,从而使心部断裂时呈韧性+解理状断裂
4	讨论	20 钢制纺织钢领经 C-N-RE 共渗后,钢领表面共渗层的碳浓度大大增加,有一定量的 RE 原子渗入钢领表面,显微组织主要包含碳氮化合物、针状 M 和残留奥氏体,共渗层的显微硬度大大高于基体的显微硬度。由于本试验研究的目的在于研究 RE 元素在碳氮共渗中的催化作用,现从以下几方面讨论 RE 元素在本试验中的影响。 i.RE 元素对渗层碳化物的影响。在相同渗碳时间内加入 RE 的渗碳层厚度明显大于未加 RE 的渗碳层厚度,并且随时间的延长渗碳层厚度的差值增大。在短时间内碳氮共渗时,RE 催渗效果尤为明显,随时间的延长催渗速度减慢。研究表明,RE 对 20 钢整体渗速提高了 15%。因 RE 元素的催化作用,在较短热处理时间内共渗层碳浓度大大提高,所以共渗后淬火冷却时通常会在共渗层表层区域发生碳、氮化物的析出。RE 原子渗入后,其作用见表 3.53。 ii.RE 元素对 M 和残留奥氏体的影响。RE 元素的渗入降低了渗层中 M 含量,增加了残留奥氏体含量,其原因包括:a.RE 的渗入提高了渗层中奥氏体碳浓度,使 M_s 点降低;b.氮原子的渗入使渗层中氮含量增高,也使 M_s 点降低;c.RE 的渗入增加了渗层中位错密度,同时可细化奥氏体晶粒,使奥氏体强度有所提高,造成 M 相变时切变阻力增大,使 M_s 点降低。M_s 点降低即可造成淬火至室温时 M 含量减少,残留奥氏体含量增加。另外,在 860～880℃ 范围内,RE 碳氮共渗层过共析区沉淀析出 $1\mu m$ 以下细小弥散分布的粒状碳氮化合物,随后的淬火过程中 M 切变形成时受阻于氮化合物颗粒,使该区淬火 M 超细化,最后形成具有高强韧性的超细 M。透射电镜观察表明,碳、氮化合物附近由于贫碳、氮而呈位错 M,其余部位呈细小片状孪晶形态,这与常规渗碳后高碳 M 呈粗大片状或凸透镜孪晶具有明显区别。 iii.RE 元素对渗层性能的影响。首先,RE 元素的渗入使渗层中碳、氮浓度增加且其浓度梯度趋于平缓,同时提高了渗层 M 的碳含量,增大了渗层中位错密度,加强了固溶强化效果,提高了耐磨性。其次,RE 的渗入使渗层中碳、氮化物数量增多,并呈细的粒状均匀弥散地分布在组织中,M 却呈细小针状分布,增强了共渗层的表面硬度和显微硬度。同时,RE 元素的渗入抑制了高碳区域在淬火时形成针状 M,在共渗组织中 K 周围形成一定量的板条状 M,减轻了硬而脆的碳化物对性能的不利影响,使渗碳层组织和性能得到明显改善,从而使其具有较高的强韧性,即 RE 碳氮共渗层具有高的耐磨性、弯曲疲劳强度和接触疲劳强度。另外,渗入的 RE 原子可与渗层中的位错发生电化学交互作用,阻碍位错运动,从而提高渗碳层的显微硬度
5	小结	i.20 钢制纺织钢领经 C-N-RE 共渗后,渗层深度达 0.7mm 左右,渗层碳质量分数高达 0.85%,经淬火处理后,钢领表面层形成了以针状 M 为基体、均匀分布有碳氮化合物的组织,大大提高了钢领表面的显微硬度。 ii.渗剂中加入适量的 RE 化合物,经 C-N-RE 共渗后,钢领表面层渗入了微量的 RE 原子,对碳氮原子的渗入起到了良好的催渗作用。同时 RE 原子的渗入改善了共渗层的组织形态和性能

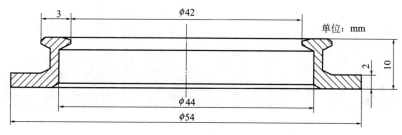

图 3.42　20 钢制 PG 型纺织钢领零件外形尺寸简图

表 3.55　20 钢的化学成分（质量分数）　　　　　　　　单位:%

C	Si	Mn	P
0.17～0.24	0.17～0.37	0.35～0.65	≤0.35
S	Cr	Ni	Cu
≤0.35	≤0.25	≤0.25	≤0.25

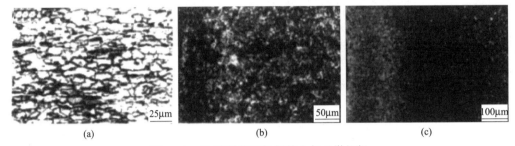

(a)　　　　　　　　　　(b)　　　　　　　　　　(c)

图 3.43　20 钢制纺织钢领的金相显微组织

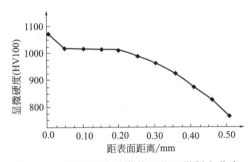

图 3.44　钢领共渗后横截面的显微硬度分布

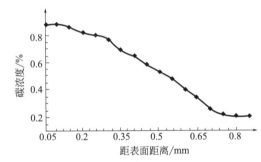

图 3.45　20 钢 C-N-Re 共渗后表层碳浓度分布曲线

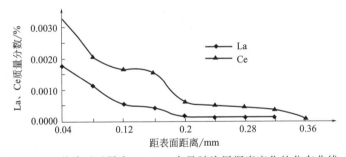

图 3.46　共渗后试样中 La、Ce 含量随渗层深度变化的分布曲线

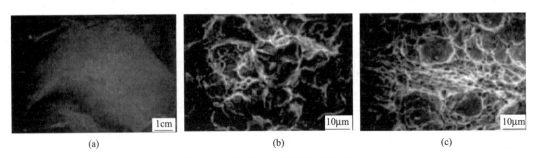

(a)　　　　　　　　　　(b)　　　　　　　　　　(c)

图 3.47　共渗试样的断口 SEM 图

3.3.5.3 ［实例3.5］ 20Cr2Ni4A采煤机双联齿轮真空离子碳氮共渗研究

20Cr2Ni4A采煤机双联齿轮的真空离子碳氮共渗表面强化见表3.56。

表3.56 20Cr2Ni4A采煤机双联齿轮的真空离子碳氮共渗表面强化

序号	项目	说　明
1	工件名称与使用材料	采煤机双联齿轮,其形状尺寸见图3.48。它是在一个齿轮上有大小两排齿轮,其各项参数分别见表3.57、表3.58。使用材料为20Cr2Ni4A钢
2	热处理技术条件	真空离子碳氮共渗渗层深度1.75mm～2.00mm,表面硬度58～62HRC。变形要求:要符合表3.57中公法线长度要求,以及表3.58中花键槽内外径尺寸要求,最直观的就是按花键尺寸制成的量规能顺利通过共渗淬火后的花键孔
3	加工工艺流程	锻坯→正火→粗机械加工→调质处理→精机械加工→真空离子碳氮共渗处理→真空淬火+空气炉低温回火→精磨→成品
4	真空离子碳氮共渗工艺规范及解析	双联齿轮是采煤机上主要传动齿轮之一,在矿井下的工况条件非常恶劣,要长年累月经受煤块及其他矿石、粉尘冲刷、挤压、碾轧,因此技术要求较高。齿轮选用了20Cr2Ni4A钢,经过碳氮共渗淬火,使齿面有高的硬度,以保证其在恶劣环境下顺利运行。 该工艺是在真空离子多用炉ZLD-50+30上进行的。该设备由加热室、过渡室和油冷室组成,外加双电源(加热电源和离子电源)、液压站、真空系统、供气系统等辅助设施。工件装炉后出炉、淬入油槽、出油槽等全套动作都实行程序控制,工件是在全封闭真空状态下完成加热—碳氮共渗—随炉冷却—高温回火—随炉冷却—淬火出炉等工序。淬火后的低温回火在井式气体炉中完成。双联齿轮热处理工艺曲线见图3.49
5	检验结果	渗层表面硬度为58.5～61HRC;渗层厚度1.90mm;渗层碳化物级别为1级;残余奥氏体级别为1级。为了解变形情况,对其中5个双联齿轮上的A齿轮、B齿轮公法线在离子碳氮共渗及淬火前后进行测量,具体数据见表3.59,其公法线变形都在其允许范围。花键孔变形情况为:有4只齿轮的花键孔量规能顺利通过,有一只齿轮在中间部位量规被卡住。从图3.48可以看出双联齿轮中间部位壁最薄,因此在淬火时该部位冷却最快,造成收缩过大而使量规不能通过,后来采取一些措施改善了这一情况,基本上都能使量规通过花键孔
6	工艺的技术特色	该工艺具有快速、节能、节气、无污染等一系列优点,是当今热处理新技术发展主流之一。作为真空离子化学热处理的重要组成部分,真空离子碳氮共渗技术在不断深入研究的基础上正逐渐走向生产实用化。郑州机械所在工艺试验取得成功后,将该技术应用在采煤机双联齿轮上,先后处理了近300套双联齿轮,均运转正常
7	小结	采煤机双联齿轮经离子碳氮共渗处理后能完全满足双联齿轮技术要求,既能避免用气体井式炉处理带来的氧化脱碳后果,又能减少变形,还能因氮的渗入提高齿面耐磨性而延长齿轮使用寿命。因此,离子碳氮共渗工艺在双联齿轮上的应用是大有前途的

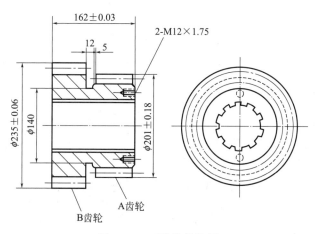

图3.48 双联齿轮简图

表 3.57　齿轮参数

名称	齿数	模数	压力角	全齿高/mm	公法线长度/mm
A 齿轮	20	9	20°	20　25	$69^{+0.90}_{+0.70}$（跨三齿）
B 齿轮	20	9	20°	20　25	$96^{+0.51}_{+0.31}$（跨四齿）

表 3.58　花键参数

齿数	外径/mm	内径/mm	齿槽宽/mm
10	$\phi 102^{+0.22}_{0}$	$\phi 92^{+0.035}_{0}$	$\phi 14^{+0.086}_{+0.016}$

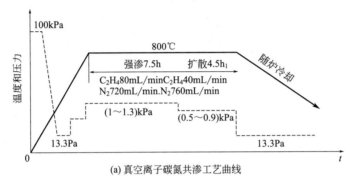

(a) 真空离子碳氮共渗工艺曲线

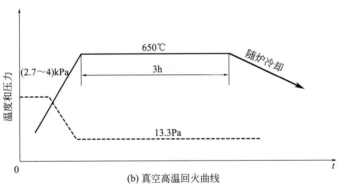

(b) 真空高温回火曲线

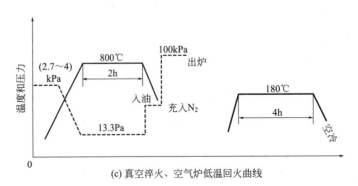

(c) 真空淬火、空气炉低温回火曲线

图 3.49　真空离子碳氮共渗及淬火、回火工艺曲线

表 3.59 齿轮公法线测量数据 单位：mm

序号	A齿轮(跨三齿)					B齿轮(跨四齿)				
	95-20 $\frac{4-4}{3-3}$	95-7 $\frac{5-4}{4-7}$	95-5 $\frac{1-7}{1-8}$	95-14 $\frac{2-7}{2-8}$	95-10 $\frac{3-7}{3-8}$	95-20 $\frac{1-1}{0-0}$	95-7 $\frac{2-2}{1-2}$	95-5 $\begin{array}{c}1-0\\1-3\\1-4\end{array}$	95-14 $\begin{array}{c}2-4\\2-5\\2-6\end{array}$	95-10 $\begin{array}{c}3-4\\3-5\\3-6\end{array}$
处理前	69.78 69.80	69.88 69.80	69.76 69.80	69.78 69.86	69.86 69.84	96.48 96.38	96.38 96.40	96.46 96.42 96.48	96.40 96.36 96.40	96.40 96.40 96.38
处理后	69.84 69.88	69.86 69.82	69.84 69.88	69.82 69.80	69.82 69.84	96.44 96.48	96.44 96.40	96.48 96.48 96.48	96.40 96.40 96.40	96.40 96.42 96.40

3.3.5.4 ［实例 3.6］ 20Cr2Ni4A 钢坦克齿轮高浓度碳氮共渗工艺的优化

20Cr2Ni4A 钢坦克齿轮高浓度碳氮共渗工艺的优化见表 3.60。

表 3.60 20Cr2Ni4A 钢坦克齿轮高浓度碳氮共渗工艺的优化

序号	名称	工艺特点及分析
1	使用材料	20Cr2Ni4A 钢
2	热处理技术条件	坦克齿轮精度为 6～8 级,碳氮共渗层深度要求达到 1.0mm
3	"一段控制"高浓度碳氮共渗工艺	对坦克齿轮用 20Cr2Ni4A 钢,由于氮原子对碳原子的热力学活性作用,可明显增加共渗层表面碳的饱和度,从而在其直接淬火组织的次层中,存在着含有 50% 以上的 A_r 带,故人们一直认为这种碳氮共渗齿面不能磨削加工,磨削会降低表面耐磨性。20Cr2Ni4A 钢的碳氮共渗温度较低,热处理变形较小,不经磨削加工就可满足精度不高的齿轮的精度要求。但对精度要求高的齿轮类零件,单靠控制热处理变形尚不能满足其精度等级要求。因此,如何在确保齿轮使用寿命的基础上,提高共渗齿轮精度是亟待解决的重要课题。为解决碳氮共渗齿面能否磨削的问题,某单位基于 100 多炉次的试验数据,研究出了碳氮化合物呈"弥散状"分布的高浓度碳氮共渗工艺,并提出碳氮共渗齿轮齿面修磨工艺。 ⅰ."一段控制"高浓度碳氮共渗工艺及组织。图 3.50 为获得碳氮化合物呈弥散状分布的渗层的工艺曲线;图 3.51 为其金相组织。碳氮共渗齿轮进行磨削加工需具备两个条件:一是具有适合于磨削的金相组织;二是具有足够的层深。初期研制的齿轮高浓度碳氮共渗工艺的共渗温度为 825℃,氨气和煤油的供给量分别为 0.35m³/h 和 10mL/min。由于保温期的氨量较多而增加碳的饱和度,在淬火后的次层组织中存在含有大量 A_r 的低硬度带(见图 3.47),这对磨削加工是不利的。为获得适合于磨削的渗层组织,通过改变共渗保温期的煤油和氨气供给量(见图 3.50),获得了碳氮化合物呈弥散状分布的渗层组织(见图 3.51)。这种组织的特点是淬火组织中的 A_r 量较少,经磨削加工后仍然保持高硬度的耐磨层,因此,适合于磨削加工。 ⅱ."一段控制"高浓度碳氮共渗的性能。 ①渗层静态强度。渗层静弯强度和挠度值的测定在材料万能试验机上进行。图 3.52 为渗碳化合物呈密集状分布(原碳氮共渗工艺)与化合物呈弥散状分布渗层(新碳氮共渗工艺)的静态曲负荷-挠度曲线;表 3.61 为三种工艺的抗弯强度与挠度值。薄片静弯强度试验结果表明:共渗层碳氮化合物呈弥散状颗粒分布时其静弯强度值最高,挠度值也最大,即韧性高。 ②冲击磨损性能。换挡冲击磨损试验所用试件为汽车齿轮轴(中间轴)和二联齿轮。换挡试验条件:齿轮轴转速为 570r/min;换挡频率为 35 次/min;换挡力为 398N(40kgf),持续时间为 12h,换挡次数为 25200 次。齿轮换挡冲击磨损值是在换挡次数为 25200 次情况下,以齿端磨损程度的大小来确定的,表 3.62 为其试验结果。渗层表层碳氮化合物呈细粒状分布时,细小化合物弥散分布在基体组织中,仍保持着基体组织的连续性,不易产生应力集中,并在外力作用下将保持良好的韧性,使渗层表面不易产生裂纹。这些细小化合物质点起弥散强化的作用而使冲击磨损值最小。共渗层断口形貌的分析结果表明:细小化合物渗层表面均为穿晶断裂特征而韧性较好,碳氮化合物粒子越细,其断口组织也越细;这对提高渗层强度、韧性及抗冲击磨损性起着极为有利的作用。 ③接触疲劳性能。渗层接触疲劳性能试验在 BJ-PD 型变滑差接触疲劳试验机上进行。加载滚子的转速为 1000r/min,试件滚子的相对滑动为 20%。试验结果(表 3.63)表明:渗碳件在 2508.8MPa 应力条件下,经 $2×10^6$ 次循环后未发生疲劳损坏。在 2685.2MPa(274kgf/mm²)应

序号	名称	工艺特点及分析
3	"一段控制"高浓度碳氮共渗工艺	力条件下,经 56×10^4 次循环后发生疲劳损坏。碳氮共渗试件在 2960MPa($302kgf/mm^2$)下,经 2×10^6 次循环后未发生疲劳损坏。在 3234MPa($330kgf/mm^2$)应力条件下分别经 77.6×10^4 和 83.2×10^4 次循环后发生疲劳损坏。由表 3.63 结果可见,碳氮共渗层的接触疲劳性能远高于渗碳层。碳氮共渗层碳氮化合物呈弥散状分布时,其接触疲劳性能比原工艺有所提高。综合表 3.61～表 3.63 的结果可以看出:采用化合物呈弥散状分布的新工艺所获得渗层的强度、磨损性能和接触疲劳性能均优于渗碳及原碳氮共渗工艺。 ④碳氮共渗层的磨削量与接触疲劳性能。为解决碳氮共渗层能否磨削问题,进行了关于共渗层磨削量与接触疲劳性能关系的试验。图 3.53 为共渗层磨削量与接触疲劳寿命的关系曲线。表 3.64 为试验结果。从表 3.64 和图 3.53 可以看出:碳氮化合物呈弥散状的共渗层可进行磨削加工,而且经适量磨削加工(0.05～0.15mm)后其接触疲劳寿命比未磨削时还有所提高;磨削量不超过 0.20mm 时不降低性能。根据这一结果,研制出了坦克传动双联齿轮的修磨工艺,保证了大型双联齿轮的齿面精度,取得了良好的效果。 ⅲ.共渗双联齿轮的修磨工艺 过去,产品齿轮的公法线长度变动量为 0.12,径向一齿综合公差 0.11～0.16,径向综合公差 0.25～0.30,齿向公差 0.08。对于这些精度等级,原工艺都能满足要求。后来,产品开始齿轮精度升级,公法线长度变动量为 0.045,径向一齿综合公差为 0.06,径向综合公差为 0.21,齿向公差为 0.019～0.025,单靠控制热处理变形已不能满足此要求。鉴于此,在首先研究适合于齿面磨削用碳氮共渗新工艺条件下,研制出了双联传动齿轮的修磨工艺(见表 3.65)
4	高浓度碳氮共渗优化——"三段控制"工艺	碳氮共渗温度是决定表面扩散层深度和组织的一个主要因素,其次是保温持续时间和共渗气氛。通过改变共渗气氛,得到了性能良好、碳氮化合物呈弥散状分布的渗层组织,解决了有关共渗层修磨的技术问题,但还没有解决有关增加扩散层深度和共渗磨削加工的一些关键性技术问题。对于坦克齿轮用 20Cr2Ni4A 钢,为了满足齿面所需的 ≥58HRC 的硬度要求,共渗温度定为 825℃。在此温度条件下,要得到 0.8mm 的层深需保温持续时间达 15h 左右。可见要得到磨削所需 1.0mm 以上渗层,其生产周期很长,所以靠延长保温持续时间在生产上是不可取的。共渗温度由现行 825℃ 提高到 840℃ 以上时,虽能增加扩散层深度,但同时也增加了渗层表面残留奥氏体量,从而显著降低了硬度,影响使用性能。为在得到的化合物呈弥散状分布渗层组织基础上增加扩散层深度,研究出碳氮共渗"三段控制"工艺,其特点为:在现行工艺保温持续时间内可获得 1.1mm 以上渗层,生产效率大大提高,可替代渗碳工艺,并能够进行磨齿加工,把原渗碳—风冷—高温回火—加热淬火的复杂工序简化为碳氮共渗直接淬火,从而减少了变形。图 3.54 为高浓度碳氮共渗"三段控制"渗层深度—硬度曲线。 综上所述,碳氮共渗"三段控制"工艺与渗碳及原共渗工艺相比,具有生产周期短、效率高、可提高耐磨性和接触疲劳抗力等优点,而且新工艺的扩散层深,不存在明显的残余奥氏体带,可以代替渗碳通过磨齿提高齿面精度和寿命,目前已在 20Cr2Ni4A、20Cr2MnMo、20Cr2MoA 等钢制件上得到应用
5	高浓度"三段控制"工艺的应用	某单位的颗粒模原采用 20Cr2Ni4A 钢渗碳,在使用中经常出现断裂、耐磨性和疲劳寿命低等质量问题。后以 20Cr2MnMo 取代 20Cr2Ni4A,采用碳氮共渗"三段控制"工艺,使颗粒模的使用寿命大大提高。其应用高浓度碳氮共渗"三段控制"新工艺完成了 50 多炉次的实际生产验证,结果表明其质量稳定,效果良好,达到了预期的目的
6	小结	采用优化的高浓度碳氮共渗"三段控制"工艺,在与原工艺相同的时间内,碳氮共渗层深度由原来的 0.8mm 提高到 1.0～1.1mm,并且使碳氮化合物呈弥散状分布,生产效率提高 20%～30%,便于修磨式磨齿,有效地提高了坦克齿轮齿面精度和使用寿命

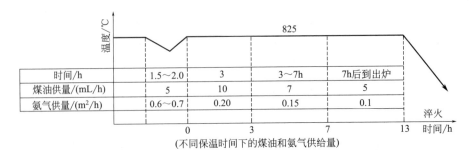

时间/h	1.5～2.0	3	3～7h	7h后到出炉
煤油供量/(mL/h)	5	10	7	5
氨气供量/(m²/h)	0.6～0.7	0.20	0.15	0.1

(不同保温时间下的煤油和氨气供给量)

图 3.50 获得化合物呈弥散状分布的"一段控制"高浓度碳氮共渗工艺曲线

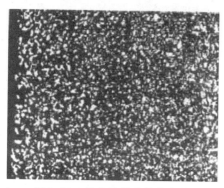

图 3.51　化合物呈弥散分布的
渗层表面组织（400×）

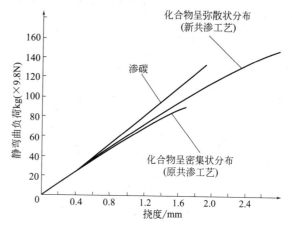

图 3.52　静弯曲负荷-挠度试验曲线

表 3.61　采用三种工艺所获得的抗弯强度与挠度值

渗层类型	静弯强度		挠度值/mm
	/(N/mm²)(MPa)	/(kgf/mm²)	
渗碳层	1987.5	202.8	1.87
密集状化合物渗层 （原共渗工艺）	1803	184	2.27
弥散状化合物渗层 （新共渗工艺）	2352	240	2.80

1kgf=9.81N。

表 3.62　齿轮齿端冲击磨损值

工艺类型	磨损量(2.52×10⁴ 次)/mm			
	二联齿轮	中间轴	平均值	相对值/%
渗　碳	1.98	1.64	1.81	100
密集状化合物渗层 （原共渗工艺）	1.86	1.26	1.56	86
弥散状化合物渗层 （新共渗工艺）	1.39	0.99	1.19	66

表 3.63　渗碳和碳氮共渗层接触疲劳性能

热处理类型	接触应力		疲劳寿命/10⁴ 次	相对寿命/%
	/MPa	/(kgf/mm²)		
渗　碳 （磨削 0.13mm）	2509 2685	256 274	200（未坏） 56	
密集状化合物渗层 （原共渗工艺）	2960 3234	302 330	200（未坏） 77.6	100
弥散状化合物渗层 （新共渗工艺）	2960 3234	302 330	200（未坏） 83.2	107

表 3.64　共渗层磨削量与接触疲劳寿命的关系

磨削量/mm	接触应力	疲劳寿命/次	相对寿命/%
0		3.03×10^5	100
0.05		4.74×10^5	156
0.10		7.26×10^5	240
0.15	3068MPa	4.50×10^5	149
0.20	(313kgf/mm^2)	3.05×10^5	101
0.25		2.63×10^5	87
0.30		2.49×10^5	87

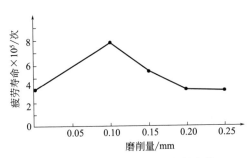

图 3.53　共渗层磨削量对接触疲劳
寿命的影响

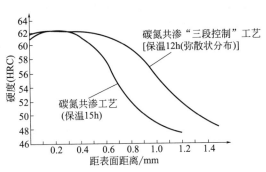

图 3.54　高浓度碳氮共渗"三段控制"
渗层深度-硬度试验曲线

表 3.65　双联传动齿轮的修磨工艺

序号	零件号及名称	模数	公法线尺寸 W		修磨量/mm
			修磨工艺尺寸	产品图纸规定	
1	DP155.16.013 被动齿轮	$m=8$ $m=10$	$84.536^{-0.2}_{-0.3}$ $138.728^{-0.25}_{-0.35}$	$84.536^{-0.15}_{-0.39}$ $138.728^{-0.20}_{-0.40}$	$\leqslant 0.05$
2	WMZ324.16.011 被动齿轮	$m=7$ $m=9$	$53.52^{-0.20}_{-0.35}$ $97.025^{-0.15}_{-0.25}$	$53.52^{-0.15}_{-0.39}$ $97.025^{-0.128}_{-0.384}$	$\leqslant 0.13$
3	321.16.011 被动齿轮	$m=7$ $m=9$	$53.52^{-0.20}_{-0.35}$ $123.97^{-0.15}_{-0.25}$	$53.52^{-0.15}_{-0.39}$ $123.97^{-0.15}_{-0.35}$	$\leqslant 0.10$
4	801.16.011 被动齿轮	$m=7$ $m=9$	$53.52^{-0.10}_{-0.25}$ $124.1^{-0.10}_{-0.20}$	$53.52^{-0.05}_{-0.30}$ $124.1^{-0.05}_{-0.30}$	$\leqslant 0.10$

3.4　碳氮共渗质量控制

3.4.1　气体碳氮共渗过程的质量控制

　　影响碳氮共渗质量的主要因素，除了零件设计的合理结构、正确选材和确切的技术要求及碳氮共渗前的原始组织等外，还有设备、工艺、介质、操作及检验等，详见表 3.66。

表 3.66　气体碳氮共渗过程的质量控制

序号	项目	具体内容
1	设备的质量控制	ⅰ.碳氮共渗加热炉有效加热区内的温度偏差，不得超过表 3.67 中规定的范围。 ⅱ.热处理炉有效加热区检验合格后，还需进行渗层深度的均匀性检验。试样安放位置应是加热炉有效加热区内有代表性的位置。同炉处理的各试样的有效硬化层深度偏差应符合表 3.68 的规定。 ⅲ.连续式加热炉应满足碳氮共渗各阶段的工艺要求
2	工艺的质量控制	碳氮共渗件的质量，首先取决于渗层的碳氮含量、渗层深度和碳氮浓度梯度三方面的质量。其中，渗层深度主要取决于温度和时间；渗层的碳氮含量和浓度梯度与炉内碳氮势的高低及其控制精度有关。在良好的碳氮共渗质量基础上进行随后的热处理才能获得预期效果。气体碳氮共渗工艺与气体渗碳相似，同样有排气升温、保温、出炉直接淬火或冷至室温后重新加热淬火等过程。气体碳氮共渗的主要工艺流程如下：前期准备→零件装炉→排气→碳氮共渗→淬火＋低温回火。 ⅰ.前期准备。清除零件表面油污，保证零件表面洁净；检查共渗装置并将炉温升到共渗温度或略高些，为零件高温装炉做准备。 ⅱ.零件装炉。共渗工件应采用高温装炉，同时工件和夹具在炉内的放置应保证炉气在零件间均匀流动，使工件周围炉气成分一致、温度均匀。 ⅲ.排除炉内空气。零件装炉后，应采用保护气体尽快地排除炉内的空气，防止零件表面氧化和有利于较快地把炉气的碳势和氮势调整到共渗的要求值。这对加速共渗工艺过程和保证渗层质量均具重要意义。排气时的供气方式和使用介质大致有以下三种情况： 　a.采用吸热式保护气体或甲醇滴剂。在周期作业炉内共渗时，较多地采用甲醇滴入炉内排气。这是因为甲醇的分解温度低且产气量大，对低、中碳钢加热有良好的保护性能。为了炉气能较快调整到共渗要求的成分，在排气的后期（炉温 750℃左右）向炉内送入氨气和渗碳剂。 　b.采用大流量氨气排气。氨的分解温度低、产气量大，故有好的排气效果。工件温度升至 400～500℃时才可进行渗氮，并使渗氮层的临界温度 A_1 下降，在较低温度就能形成含氮γ固溶体。因此，采用氨排气时宜在排气后期送氨的同时送入适量的渗碳气体，使共渗过程提前进行，同时有利于防止工件加热氧化和在炉温达共渗温度时能较快地把炉气成分调整到要求值。采用氨气排气时，氨气应充分干燥、去除水分，使其具有要求的保护性能。 　c.采用氨气＋渗碳气的混合气体排气，以氨为主。它具有大流量氨气排气的优点，同时具有较好的防止工件氧化的性能和较容易调整炉气到要求成分的优点。排气后期，工件表面温度已接近共渗温度，这时应较快地把炉气的碳、氮势调整到共渗工艺的要求值，并采用钢箔试样进行炉气碳势和氮势的检测，直至炉温达共渗温度、炉内气氛稳定地符合工艺要求为止。 ⅳ.实施工件的碳氮共渗工艺。与渗碳一样，共渗工艺也分为一段法和二段法等。一段法就是在共渗过程中温度和渗剂供给量始终不变，适用于变形要求不太严格的薄件或小件。二段法是在共渗的第一阶段采用较高的温度，以渗碳为主或只渗碳；在共渗的第二阶段采用较低的温度，以渗氮为主或碳氮共渗。 　a.碳氮共渗温度和时间的控制。采用自动控温和控制炉气碳势，稳定调整好的供氨量，进行工件的碳氮共渗。碳氮共渗温度常选在 820～860℃之间，其波动范围在 ±15℃ 以内。碳氮共渗保温时间与共渗温度及要求的渗层深度有关。 　b.零件表层碳氮浓度的控制。碳氮共渗保温时间对渗层表面碳、氮含量的影响是初期在 1h 内，表层的碳、氮含量随时间的延长而增加；继续延长时间，碳浓度继续增加，而氮浓度反而降低。大量失效分析和理论研究均表明，碳氮共渗工件表层碳含量应＞0.6％、氮含量约为 0.1％～0.4％（质量分数），共渗层深度一般控制在 0.2～0.8mm 范围内。 　c.在共渗过程中应定期测定炉气的碳势和氮势。气体碳氮共渗的碳势与氮势控制的基本原理分别和气体渗碳与渗氮相同。但由于渗碳组分与渗氮组分的相互作用以及固溶体内碳与氮对活度系数的相互影响，增加了碳势与氮势控制的复杂性。炉气碳势的测量和控制可用氧探头、红外仪或露点仪，而炉气的氮势测量至今尚无成熟方法。可通过调整共渗剂中供碳组元的流量（或滴量）来调整碳势；可通过控制氨气的流量或含氮有机化合物的滴量来调整氮势。 　碳氮共渗工艺的后期（共渗工艺完成前 30～60min），除了确定炉气碳势和氮势外，还要取共渗圆柱试样检测共渗层的金相组织、碳氮浓度和深度等。根据以上检测结果，确定工艺参数是否进行调整以及调整的方案。例如，渗层氮浓度偏高，则应减少或停止向炉内供氮，借助氮原子在渗层的扩散，降低共渗层的氮含量，防止渗层表面出现脆性、高氮含量的ε相或淬火后在渗层中存在过量的残余奥氏体；若渗层中碳浓度偏高，则应降低炉气的碳势。又如渗层的厚度较要求薄，则应适当延长碳氮共渗的时间或适当提高共渗的温度等。总之，在碳氮共渗后期对共渗试样进行多项检测，适当调整工艺参数是获得优质共渗层所必需的。碳氮共渗工艺操作技术与渗碳基本相同，只是在渗碳操作的基础上，增加了氨流量的控制。准备与装炉操作与气体渗碳相同，按工艺规定对渗剂滴量及氨流量进行控制。共渗完毕，工件出炉直接淬火或重新加热淬火

续表

序号	项目	具体内容
3	渗剂的质量和供给量的控制	共渗所用渗剂的纯度要高,成分稳定,杂质(如硫等)含量少,以免影响渗层质量。 i.对于以氨气为供氮剂的碳氮共渗剂。其共渗剂由渗碳剂+氨组成。其中,氨的加入量对炉内碳势和氮势均有影响。同时,对零件渗层的成分和性能也有一定影响,对于连续式气体碳氮共渗炉,一般采用氨气+富化气+载气组成的渗剂,加入的氨量为2%～12%(体积分数)。以煤油为供碳剂的渗剂中,氨的体积分数约为30%。 ii.以有机液体为供氮剂的碳氮共渗剂。有机液体供氮剂常采用三乙醇胺、甲酰胺和尿素等
4	渗后热处理的质量控制	碳氮共渗后的淬火、回火方法及其工艺,需根据零件的类别和所用的材料以及性能要求等确定。值得注意的是,无论哪种渗后热处理方法及其工艺,都必须采取措施防止渗后氧化脱碳,避免产生内氧化、反常组织及表面硬度不足等缺陷。 钢件碳氮共渗后通常进行直接淬、回火。当碳氮共渗温度偏高(高于850℃)时,共渗后经适当预冷再淬火,能减少表面脆硬层中的残余奥氏体,保持表层的高硬度。共渗后淬、回火的具体工艺主要取决于钢种、工件畸变和力学性能要求等。另外,还应注意: a.共渗后直接淬火。因共渗温度比渗碳低,晶粒不易长大,因此在部分工件共渗后直接淬火+低温回火。中、低碳钢或低碳低合金钢淬水,合金钢淬油,且淬火变形较小。 b.局部淬火、校直。上压床淬火或共渗后仍需切削加工的工件,可在共渗后空冷或坑冷,再重新加热淬火+低温回火,淬火温度与共渗温度相近。在冷却和加热时注意保护,淬火加热应在校正良好的盐浴炉或带保护气氛的加热设备中进行。 c.淬火时可使用较缓和的冷却介质。由于共渗层的过冷奥氏体比渗碳层稳定,故淬火时可使用冷速较缓和的淬火介质冷却,但淬火后的 A_R 量往往也比渗碳层多。为减少 A_R 量,可进行冷处理或增加低温回火的次数

表 3.67　碳氮共渗加热炉有效加热区内的温度偏差范围　　　　单位:℃

一般加热炉	其他加热炉
±15	±20

表 3.68　碳氮共渗加热炉有效加热区内有效硬化层深度偏差值要求　　单位:mm

渗层深度 d	$d \leqslant 0.5$	$0.5 < d \leqslant 1.5$	$d > 1.5$
有效硬化层深度偏差,≤	0.1	0.2	0.3

3.4.2　气体碳氮共渗操作的质量控制

气体碳氮共渗操作的质量控制见表 3.69。

表 3.69　气体碳氮共渗操作的质量控制

序号	气体碳氮共渗操作的质量控制措施
1	零件装炉前应认真清理油污、氧化皮和切削液等,以免污染和干扰炉气成分,这对连续炉尤其重要
2	定期清理炉内炭黑,以免影响渗层的均匀性
3	对零件非渗碳部分进行防渗处理
4	新炉或新砌炉衬后,零件装炉前应空炉加热至渗碳温度,然后通渗剂气氛达数小时,使其不影响渗碳时气氛与零件之间的反应平衡
5	将零件装入料筐或挂在吊具上,以减小其变形。零件装筐时,应有一定间隙,工件间距>5mm,层与层之间用丝网隔开,以便炉气均匀流动;同时注意装炉方法和数量,不得超过设备额定装炉量和炉膛有效尺寸
6	在每筐内有代表性的部位放两支直径 $\phi 10mm \times 100mm$ 的同种材料试样,其中一支作炉前分析,另一支随同零件一起淬火作为终检用
7	控制一定的升温速度,避免因过大温差造成零件变形及渗层不均匀

序号	气体碳氮共渗操作的质量控制措施
8	空炉升温至 600℃启动风扇,在 800℃时开始加入渗剂,到碳氮共渗温度即可装炉
9	零件入炉后将炉盖压紧,开始加热并起动风扇,加入渗剂,打开排气孔和点燃废气
10	炉温 900℃时加大渗剂供给量,即加速排气,至 CO_2 体积分数 0.5%时排气结束
11	排气结束后放入试样,关闭试样孔,调整渗剂加入量,使炉内压力为 200～500Pa,即废气火焰应稳定,呈浅黄色,长度在 80～120mm 之间,无黑烟和火星
12	在碳氮共渗阶段结束前 30～60min,检查炉前试样渗层深度,并决定出炉或降温时间
13	按工艺规定进行渗后的冷却操作
14	可根据炉气中某一成分(如 CO_2)的含量判断炉气碳势。值得注意的是仅凭火苗颜色进行判断不够准确,尤其是薄层碳氮共渗时
15	操作过程中应随时检查渗剂供给量、炉温是否正常,炉盖是否松动漏气,火苗燃烧是否正常等

3.4.3　碳氮共渗检验的质量控制

碳氮共渗件的质量检验见表 3.70;各级碳氮化物的特征见表 3.71;各级图片的残留奥氏体含量及马氏体针最大尺寸见表 3.72。

表 3.70　碳氮共渗件的质量检验

项目	检验内容
外观	表面不得有裂纹、碰伤、氧化皮等缺陷,表面白净美观,色泽均匀
表面和心部硬度	ⅰ.根据共渗层深确定硬度检验方法。 层深/mm: ≤0.20 / 0.20～0.40 / 0.40～0.60 / ＞0.60 硬度检验方法: HV 标准锉刀 / HV、HR15N HRA / HV、HRA HRC / HRC、HV 注:质量仲裁以维氏硬度为准。 ⅱ.表面硬度值:以图样和技术文件规定值为准,应该在零件的工作面上检验硬度,齿轮表面硬度在齿宽中部、节圆附近表面处检验,如有困难,若齿顶处组织和齿面处相近,允许在齿顶面检验。齿轮一般表面硬度在 54～63HRC 左右。 ⅲ.心部硬度值:图样或技术文件未要求测心部硬度的一般不检验。直径或厚度≤1mm 的不检验心部硬度。 齿轮心部硬度检测在轮齿中线与齿根圆相交处进行。 光轴的心部硬度检测位置在 3 倍共渗层层深处
共渗层深度	ⅰ.用金相法检验时,样品需经退火在平衡状态下放大 100 倍进行检验,共渗层深度应该是零件主要工作面的渗层深度。 ⅱ.共渗层深是从零件表面测到明显出现铁素体为止的垂直距离,一般层深允许波动 0.03mm,但层深要求在 0.10mm 以下除外。 ⅲ.齿轮共渗层深检验包括齿顶、齿根、节圆附近 3 处均应达到图样或技术文件规定的深度,节圆附近层深不合格判为不合格。可以进行补渗,但其他部位允许波动 0.03mm。 ⅳ.共渗层中,过析层＋析层为总层深的 60%～75%。 ⅴ.共渗层中,碳氮质量分数一般在 0.1mm 内检验,经剥层分析后,面层碳的质量分数为 0.8%～1.0%,氮的质量分数为 0.20%～0.35%,小于 0.15mm 的浅层共渗,允许面层碳的质量分数大于 0.7%
有效硬化层深度	ⅰ.有效硬化层深度≤0.3mm 共渗件,按 GB/T 9451—2005《钢件薄表面总硬化层深度或有效硬化层深度测定》的具体规定检验。 ⅱ.一般件有效硬化层深度按 GB/T 9450—2005《钢件渗碳淬火有效硬化层深度的测定和校核》的规定进行检验。 ⅲ.有效硬化层深度是用 9.8N 载荷,从表面测至 550HV 处或用 49.03N 载荷测至 515HV5 处的垂直距离。

项目	检验内容
有效硬化层深度	ⅳ. 层深≤0.2mm 时,有效硬化层深度用显微维氏硬度计(1.96~2.94N)检验,从表面测至极限硬度值的垂直距离,极限硬度值部位是高于基体硬度 30HV 的地方。 ⅴ. 至心部硬度降:从表面至心部的硬度降,其间每隔 0.1mm 的硬度差值不大于 45HV1(层深≤0.2mm 除外)。 ⅵ. 齿轮有效硬化层深度按 GB/T 3480.5—2008《直齿轮和斜齿轮承载能力计算 第 5 部分:材料的强度和质量》进行检验。在齿宽中部齿轮法截面上,在半齿高处沿垂直于齿面方向,自表面测至维氏硬度值为 550HV1(或515HV5)处的深度。 ⅶ. 有效硬化层内的内氧化组织,不经腐蚀检验,不允许有黑层。黑点和黑网的深度不大于 0.01mm。 ⅷ. 有效硬化层内的托氏体组织经腐蚀后检验,黑带深度不大于 0.02mm,黑网深度不大于 0.01mm。 ⅸ. 硬化层过渡区不允许有带状托氏体组织。 ⅹ. 硬化层内不允许有网状或断续网状碳化物
金相组织检验	ⅰ. 金相组织检验参见 QC/T 29018—1991《汽车碳氮共渗齿轮金相检验》的规定进行检验。 ⅱ. 碳氮化合物在放大 400 倍下检验,常啮合齿轮及一般件 1~5 级合格,重要件及换挡齿轮 1~4 级合格,齿轮金相检验部位以齿顶角和工作面为准。 ⅲ. 残余奥氏体及马氏体在放大 400 倍下检验,1~5 级合格。 ⅳ. 心部组织:淬透时应为低碳马氏体,淬不透时允许有铁素体存在。铁素体含量可按 QC/T 262—1999 的铁素体级别图进行评定,齿轮模数 $m≤5$ 时 1~4 级合格;模数 $m>5$ 时 1~5 级合格(齿轮心部硬度合格时,可不检验心部铁素体组织)。 ⅴ. 共渗层淬火,回火后的组织应为含氮的回火马氏体+颗粒状含碳氮化合物+少量残余奥氏体。 ⅵ. 表层出现壳状化合物(白亮层)为不合格
变形检验	按图样要求进行检验

表 3.71 各级碳氮化合物的特征

级别	形态、数量和分布
1	无明显或极少量点状碳氮化合物
2	少量粒块状碳氮化合物,弥散分布
3	较多粒块状碳氮化合物,均匀分布
4	较多块状及少量条状、角状碳氮化合物,较均匀分布
5	条块状及少量断续网状碳氮化合物,较集中分布
6	粗大条块状碳氮化合物,集中分布
7	粗大网状碳氮化合物

表 3.72 各级图片的残留奥氏体含量及马氏体针最大尺寸

级别	残余奥氏体体积分数/%	马氏体针最大尺寸/mm
1	<5	<0.003
2	10	0.005
3	18	0.008
4	25	0.013
5	33	0.020
6	40	0.030
7	47	0.040
8	56	0.055

3.4.4　碳氮共渗常见的缺陷及其控制

碳氮共渗常见组织缺陷及预防与补救措施见表 3.73。

表 3.73　碳氮共渗常见组织缺陷及预防与补救措施

缺陷名称	产生原因	预防与补救措施
表面硬度不足	ⅰ.表层浓度偏低,淬火后 M 中碳的过饱和度小,甚至不能得到 M 组织。 ⅱ.因出现网状 T 或黑色组织使其周围基体中碳及 Me 浓度不足,使淬透性降低,淬火后出现 T 组织,导致硬度不足。 ⅲ.渗碳后冷却或淬火时,表面发生脱碳。淬火后因出现非 M 组织而使表面硬度不足。 ⅳ.淬火加热温度过高或过低,淬火冷却介质选择不当或淬火冷却介质温度太高。 ⅴ.因碳浓度过高或淬火温度过高,致使表面 A_r 增多	ⅰ.控制好炉气碳氮势;经常校正炉温,保持正常共渗温度;经常检查炉内压力和渗剂滴量,防止炉子漏气;根据不同装炉量调节滴量,要保证炉气流畅,不使其积存炭黑。可进行补渗。 ⅱ.参见本表中"表面网状 T 组织"及"黑色斑点组织"项目的相关内容。 ⅲ.碳氮共渗后冷却时在冷却罐中加入少量渗碳剂,以防氧化脱碳;淬火加热时要采取保护措施或在盐炉中加热。可进行补碳,当脱碳层深度小于 0.02mm 时可磨削掉。 ⅳ.正确制定淬火工艺,避免操作出错,可在高温回火后重新淬火。 ⅴ.控制好碳势,降低淬火加热温度。淬火后进行冷处理或高温回火后重新淬火补救
表面壳状化合物或表层网状、粗大块状、爪状化合物(见图 3.55)	共渗时碳(氮)势太高,扩散时间短,使渗层碳、氮浓度过高。 共渗后冷速太慢或直接淬火时预冷时间过长,使碳氮化物沿奥氏体晶界析出	控制好碳势,调整好共渗与扩散时间的比例。 共渗后在冷却罐中冷却时采用蛇形管通水加速冷却。 直接淬火时要控制好预冷时间。补救方法是提高淬火加热温度或采用两次淬火,使块状和网状 K 均溶入 A 中,淬火后可消除
渗层过深、不足或不均匀	渗层控制不当;共渗温度太高,保温时间长,碳势过高;共渗温度太低,保温时间短,碳势低。 炉子密封不好,装炉量过多,零件表面不清洁,有锈斑、炭黑;炉温不均匀;零件之间的间隔太小	合理控制工艺参数,加强炉温校验。 装炉量应适当,注意装夹具方法。 定期清理炉内炭黑。 共渗前零件表面应清理干净。 渗层不足可补渗
表面网状托氏体组织	指经硝酸乙醇溶液浸湿后在渗层内化合物周围及原 A 晶界上呈网状或花纹状的黑色网带。 形成原因可能是由于所含 Cr、Mn、Si 等合金元素被氧化(即内氧化),使 A 中合金元素贫化,降低了 A 的稳定性,而出现了黑色的 A 分解产物(如 T 等,见图 3.56);在碳氮共渗时,共渗温度偏低,炉气活性差,表面碳氮含量不足,A 稳定性降低而出现黑色网状组织;在碳氮共渗后冷却缓慢,淬火加热过程中发生脱碳和脱氮也会出现黑色网状组织	控制炉气成分,降低氧的含量。 注意炉子密封性,提高淬火冷却速度。 合理选用钢种,在可能条件下使用 Cr、Mn、Si 等含量少的钢种。 碳氮共渗中氮浓度不应低于 0.1%(质量分数)。碳氮共渗内氧化主要发生在排气阶段,故应加快排气速度,将氨气干燥;适当减少共渗前期供氧量,增加后期供氧量,共渗时间较长时应减少供氨量。若黑色组织深度不超过 0.02mm 时,可增加一道磨削工序将其磨去,或进行表面喷丸处理
黑色斑点组织	指在抛光未经浸蚀的碳氮共渗件中呈斑点状的黑色组织(见图 3.57)。这些斑点一般出现在 0.1mm 的表层内,主要由大小不等的孔洞组成。它和网状 T 常常相伴而生,可能是表层不稳定的高氮碳化合物分解转变的结果。 当共渗介质中氮含量过多,共渗层表面氮含量大于 0.5%(质量分数),共渗温度低,共渗时间长时,会导致黑色斑点组织出现	控制好氨的加入量(见本表中"网状 T 组织"项目相关内容);提高共渗温度

缺陷名称	产生原因	预防与补救措施
心部硬度超差	心部硬度太高,一般是淬火温度偏高引起的。 心部硬度偏低,钢种淬透性差,淬火时心部出现游离 F。 淬火加热温度太低,F 未溶入 A,淬火冷却介质冷却能力不够	适当降低淬火温度。 选择好碳氮共渗钢种,适当提高淬火温度,淬火冷却介质温度不能太高。 补救方法:可重新加热淬火
零件畸变与开裂	畸变和开裂可能发生在共渗过程中,也可能发生在淬火过程中。 产生畸变与开裂的原因有:共渗装炉及夹具选择不当;合金渗碳钢在共渗后空冷时表层组织为 T+K,而在次表层会出现淬火 M 组织,使表面因拉应力而产生裂纹;渗层碳浓度和厚度分布不均匀或出现大块状和网状 K,在淬火中易畸变或开裂;淬火温度过高,或返修次数太多,淬火方法和加热方法不对。 因零件形状复杂,厚薄不均,局部渗以及渗层与心部成分组织差异导致畸变或开裂	注意装炉方法,长杆零件要垂直吊挂,薄壁零件要垫平,零件夹具要平稳,位置要正确。 为避免合金钢渗后冷却开裂,应适当减慢冷速,使渗层发生共析转变,或加快冷速使表面得到 M+A$_r$。当表层出现网状或大块状 K 时,应提高淬火加热温度。 结构设计应力求简单对称。 掌握共渗件畸变规律,从机械加工方面加以调整

图 3.55 表面壳状化合物(500×)

图 3.56 共渗后出现的黑带与黑网(400×)

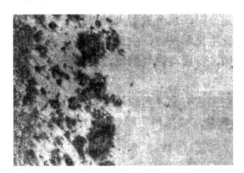

图 3.57 共渗后出现的黑点(未浸蚀)(400×)

3.4.5 碳氮共渗质量控制实例分析

[实例 3.7] 碳氮共渗零件淬火裂纹的失效分析

(1)问题的提出 某单位生产 4 批零件(其形状见图 3.58),3 批零件均一次性合格,第 4 批(29 件)零件加工至回火工序,喷砂后发现大量零件表面出现裂纹(见图 3.58)。

(2)零件的加工工艺流程 坯料→车削加工→粗磨→超声波检测→车削加工→磨削加

工→碳氮共渗处理＋高温回火→平磨→进一步车削、开槽、钻孔等机械加工→检验→淬火＋回火热处理→精磨→磁粉检测。

（3）热处理原始记录查询　碳氮共渗 830℃、保温 7h，冷却箱＋650℃高温回火、保温 310min 后空冷。淬火、回火工艺：盐浴炉 810℃加热、保温 23min，油冷＋冷处理（－60℃）、保温 3h，空冷＋160℃回火、保温 140min，空冷。均符合工艺资料参数要求。

（4）裂纹零件剖切分析　取表面产生裂纹的 3 个零件作外观、断口、成分、硬度及金相组织等分析，其结果如下：

① 外观检查。如图 3.58 所示，零件外圆面存在大量裂纹，各零件外圆面纵向裂纹数量不一。外圆面大部分纵向裂纹均贯穿开槽部位，槽口两侧裂纹周向位置基本一致且一一对应，应为同一条裂纹；部分纵向裂纹存在拐弯及扩展至端面现象。

② 断口检查。将零件裂纹人工打开进行断口观察：整个断口基本分为 3 个区域（见图 3.59）。最外层为原始裂纹断面，裂纹深度基本一致，约为 0.3mm，断面氧化严重，无断口特征（见图 3.60），经能谱分析，该区域内含少量 O 及微量 S、Cl、K 等元素；中间层为渗层范围内打断断面，微观形貌为准解理＋少量韧窝（见图 3.61）；内层为基体打断断面，微观形貌为等轴韧窝（见图 3.62）。

图 3.58　零件外形及外圆面裂纹

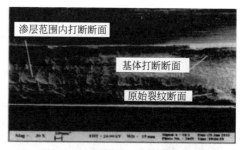

图 3.59　裂纹打开后断口形貌

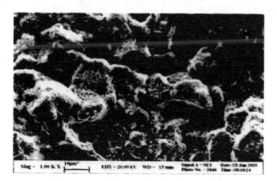

图 3.60　断口原始裂纹区域形貌

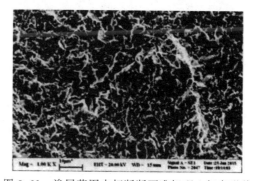

图 3.61　渗层范围内打断断面准解理＋韧窝形貌

③ 成分检查。经化学定量分析，结果见表 3.74。

表 3.74　12Cr2Ni4A 化学成分（质量分数）　　　　　　　单位：％

元素	C	S	Si	Mn	Cr	Ni	Fe
检测值	0.15	0.002	0.27	0.43	1.44	3.47	余
标准值	0.10～0.15	≤0.015	0.17～0.37	0.30～0.60	1.25～1.75	3.25～3.75	基体

④ 硬度检查。渗层部位：63.2HRC、63.3HRC；心部部位：38.4HRC、38.8HRC。

⑤ 金相组织检查。剖切零件外圆面及顶部弧面裂纹，所有剖切的裂纹深度及形貌基本一致，深度均约0.3mm，裂纹开口及宽度均较大，耦合性较差，尾端倒钝，裂缝内可见大量氧化物，裂纹两侧基体可见大量弥散分布的颗粒状氧化物；腐蚀后观察到渗层表面存在一层厚约25μm的碳化物带，裂纹开口两侧碳化物带未沿裂纹分布，裂纹附近组织与正常部位无明显差异，见图3.63~图3.65。零件渗层组织为细针马氏体＋碳化物，心部组织为板条状马氏体。

⑥ 渗层检查。渗层深度及硬度梯度检查结果见表3.75。

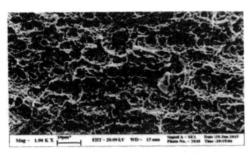

图3.62　基体打断断面等轴韧窝形貌

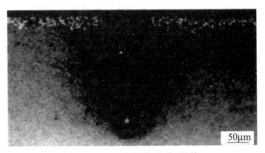

图3.63　裂纹腐蚀态形貌

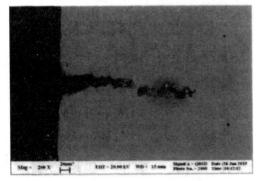

图3.64　裂纹背散射形貌

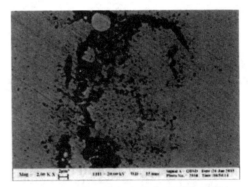

图3.65　裂纹内部氧化物及裂纹两侧
基体颗粒状氧化物

表3.75　渗层深度及硬度梯度检查结果

位置	距表面垂直距离/mm								有效硬化层深度/mm
	0.05	0.15	0.25	0.35	0.45	0.55	0.65	0.75	
	硬度梯度 HV0.5								
裂纹附近1	789	766	757	754	709	642	585	513	0.70
裂纹附近2	774	771	766	759	713	640	585	527	0.71
正常部位1	813	799	787	761	715	645	577	527	0.70
正常部位2	812	805	792	757	713	647	582	528	0.71

（5）分析与讨论　针对裂纹零件剖切结果，分析如下：

① 零件外圆面纵向裂纹的数量、走向不一，故零件裂纹的产生与原材料状态无关。

② 由裂纹的剖切金相检查可知，裂纹部位渗层深度与无裂纹部位渗层深度及形貌均基

本一致，裂纹开口部位碳化物层与正常部位无明显差异，且碳化物未沿裂纹分布，裂纹附近渗层组织与同样深度正常部位组织无明显差异，由此可以判定碳氮共渗前零件表面无裂纹。

③ 从裂纹剖面形貌上看，所有裂纹深度基本一致，裂纹开口及内部宽度较大，耦合性差，尾端圆钝，裂纹内部可见大量氧化物，裂纹两侧基体可见大量弥散分布的颗粒状氧化物，裂纹形貌不符合淬火应力裂纹形态特征，且淬火后续回火温度仅为 160℃，缺少产生大量氧化物的环境，由此可以排除淬火冷却过程及后续过程开裂的可能。

④ 从零件槽口两侧裂纹的分布情况来看，大部分裂纹槽口两侧周向位置基本一致且一一对应，槽口两侧的裂纹应为一条裂纹，由此可以判定裂纹应在开槽之前就已经存在；零件外圆面开槽为在淬火工序之前进行，故排除淬火过程中开裂的可能。

综上所述，该零件表面裂纹产生应在碳氮共渗工序与车工（开槽）工序之间。

（6）调查热处理过程　根据上述结果分析和判断，排除了淬火裂纹。继续了解了有关操作者的实际加工过程，得知零件碳氮共渗后出炉，在转至冷却箱过程中桥式起重机发生短期故障，导致零件在空中停留时间太长，造成零件表面氧化脱碳。

裂纹形成机理：表层先形成极薄的一层屈氏体组织，在下面保留一层未转变的奥氏体，在随后冷却过程中使表面产生拉应力的作用，为宏观裂纹的产生创造了条件。在后续砂轮磨削和车工（开槽）过程中，残留奥氏体转变成马氏体，造成表面体积膨胀。由于该零件开槽较深，当磨削温度达到 250～300℃时，组织转变加快，碳氮共渗层的脆性增大，加上冷却不及时等造成磨削裂纹，特征为裂纹沿着网状渗碳体面形成微小波纹状，零件淬火后，由于组织应力和热应力影响，扩大了原有的微裂纹。从零件表面裂纹看，裂纹只是沿着槽口产生，槽底并没有出现裂纹。

（7）结论　该零件由于碳氮共渗冷速较慢，导致砂轮磨削和车工（开槽）工序加工过程中，零件表面产生裂纹。

第 **4** 章

渗氮工艺及其应用

4.1 概述

4.1.1 渗氮及其特点

渗氮是将活性氮原子渗入钢件表面层的过程，即表面被氮原子所饱和的过程。钢的渗氮在机械工业、石油工业、国防工业等领域应用十分广泛，与渗碳、中温碳氮共渗相比，具有许多优点。渗氮改变了表面的化学成分和组织状态，因而也改变了钢铁材料在静载荷和交变应力下的强度性能、摩擦性能、成形性能及腐蚀性能。渗氮的目的是提高钢铁零件的表面硬度、耐磨性、疲劳强度和抗腐蚀能力。因此，普遍应用于各种精密的高速传动齿轮、高精度机床主轴和丝杠、镗杆等重载工件；在交变载荷下工作并要求高疲劳强度的柴油机曲轴、内燃机曲轴、气缸套、套环、螺杆等；要求变形小并具有一定抗热耐热能力的气阀（气门）、凸轮、成型模具和部分量具等。

渗氮和渗碳一样，都是以强化零件表面为主的化学热处理，经渗氮处理后的工件具有以下特点：

① 钢件经渗氮后，其表面硬度很高（如 38CrMoAl 渗氮后表面硬度为 1000～1100HV，相当于 65～72HRC）、耐磨性良好，这种性能可保持至 600℃ 左右而不下降。这对于在较高温度下仍要求高硬度的工件和特别耐磨的工件，如压铸模、塑料压模、塑料挤出机上的螺杆及磨床砂轮架主轴等是很适合的。

② 具有高的疲劳强度和抗腐蚀性。在自来水、过热蒸气以及碱性溶液中都有良好的抗腐蚀性，与其他表面处理相比，渗氮后工件表面的残余应力形成更大的压应力，在交变载荷作用下，表现出更高的疲劳强度（提高 15%～35%）和缺口敏感性，工件表面不易咬和，经久耐用。如机床主轴、内燃机曲轴等。

③ 处理温度较低（450～600℃），所引起零件的变形极小，渗氮后渗层直接获得高硬度，避免了淬火引起的变形，这对于要求硬度高、变形小、形状复杂的精密工件（如精密齿轮，渗氮后不需磨齿）、汽车发动机气门、镗杆等，适合做最终热处理。

渗氮的不足之处在于：

① 生产周期太长，若渗层厚度 0.5mm 时需要 50h 左右，渗速太慢（一般渗氮速度为 0.01mm/h）；

② 生产效率低，劳动条件差；

③ 渗氮层薄而脆，渗氮件不能承受太大的压力和冲击力。

为了克服渗氮时间长的不足，进一步提高产品质量，人们又研究了多种渗氮方法，如离子渗氮、感应加热气体渗氮、镀钛渗氮、催渗渗氮等，在不同程度上提高了效率，降低了生产成本，同时也为渗氮技术的进一步推广和应用提供了保证。目前该项技术日益发挥出巨大的作用，无论是节约能源还是代替别的热处理技术，均具有其明显的优势。

根据工件使用目的不同，渗氮可分为两类：抗磨渗氮和抗蚀渗氮。前一类可获得硬度高、耐磨性好、疲劳强度高的工件；后一类可提高工件的耐腐蚀性，两者各有侧重。

4.1.2　渗氮原理与渗氮层的组织形态

渗氮可以在不同的介质中进行，常用的渗氮介质有氨、氨与氢、氨和分解氨（氨、氢和氮的混合气体）以及氨与氮四种。一般采用氨作渗氮介质。在渗氮设备中通入氨气，加热使其分解出的氮原子渗入工件表面，与钢中的合金元素铬、钼、铝等形成渗氮物，钢中的主要成分是铁，渗氮过程有铁的作用，故先分析 Fe-N 状态图。

4.1.2.1　Fe-N 状态图

如图 4.1 所示，它是分析氮层形成规律和渗氮层组织状态的依据。从整个状态图来看共有五个单相区，即 α、γ、γ′、ε 和 ζ。

（1）α 相　氮原子的半径为 $0.071\mu m$，仅为铁原子半径的 1/2，故氮原子可以处于铁点阵的间隙中，可安置在体心立方空隙中。α 相是氮在体心立方点阵 α-Fe 中的间隙固溶体，称为含氮马氏体，具有体心立方晶格。随着含氮量的不同，点阵常数在 $0.2866\sim0.2877\mu m$ 范围内变化，氮原子位于 α-Fe 点阵的八面体空隙中，氮浓度在室温时小于 0.001%，590℃达到 0.115%（最大溶解度），氮在 α-Fe 中的扩散系数最大。缓冷时会有 γ′相析出。该相具有铁磁性。

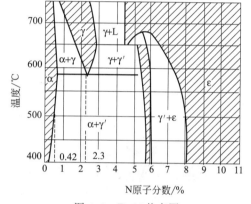

图 4.1　Fe-N 状态图

（2）γ 相　是氮在面心立方点阵 γ-Fe 中的间隙固溶体，称为含氮奥氏体，具有面心立方晶格，氮原子无序地分布于 γ-Fe 的八面体空隙中，仅存在于 590℃以上，共析成分 2.35%，γ 相在 590℃时有共析转变，在慢冷时 γ 分解为 α＋γ′相，γ 相在 650℃最大，含氮量达 2.86%，在 γ 相区淬火得到含氮马氏体。

（3）γ′相　是一种成分可变的铁与氮的化合物，具有面心立方晶格，450℃时氮在铁素体中的局部浓度为 5.7%～6.7%时，氮原子有序地占据在铁原子组成的面心立方间隙位置，出现面心立方的 γ′相渗氮物。当氮含量为 9.9%时，其成分相符合 Fe_4N，γ′相为铁磁相，在温度低于 670℃时稳定，大约在 680℃以上会分解溶入 ε 相中。

（4）ε 相　是一种可变成分化合物，是含氮量变化范围相当宽的间隙相化合物，具有密排六方晶格，ε 相的成分大致在 $Fe_2N\sim Fe_3N$ 之间，其含氮量为 8.25%～11.0%，ε 相是铁磁相，随着温度升高，ε 相成分范围扩大，随着温度的降低，ε 相中不断析出 γ′相。

（5）ζ 相　成分大致相当于 Fe_2N（含量 11.14%），一种成分可变的化合物，脆性大、耐腐蚀性强，在 500℃以下转变为 ε 相；它的形成温度低于 500℃，500℃以上如果 ε 相的氮浓度还是 11%以上，则在缓冷时析出 ζ 相。

α 相和 γ′相具有良好的韧性，ε 相随着含氮量的增加而降低，ζ 相的韧性极差。ε 相具有高的耐磨性，同时具有高的抗大气和淡水腐蚀的能力。渗氮物具有有限的碳溶解度，γ′渗氮物可以溶解 0.2%的碳，ε 渗氮物可溶解 4%的碳，因此可在渗氮后形成碳渗氮合物。

在 Fe-N 状态图中有两个共析转变：

① 在 590℃，含氮为 2.35％处，发生 $\gamma \rightarrow \alpha + \gamma'$ 的共析转变；

② 在 650℃，含氮 4.55％处，发生另一共析转变 $\varepsilon \rightarrow \gamma + \gamma'$。

4.1.2.2 渗氮层组织及其变化

渗氮分为抗磨渗氮和抗蚀渗氮两类，一般渗氮主要在 500～600℃ 之间进行。抗磨渗氮是在 590℃ 以下进行，尽管纯铁不用作渗氮零件，但合金钢的渗氮组织与纯铁相似，故以纯铁作为基础进行分析。

工件表面渗入的氮原子沿晶界和通过晶粒向工件的内部进一步转移，氮浓度的分布取决于渗氮时间，当表层达到形成 γ' 或 ε 渗氮物的氮浓度时，就形成了渗氮物，从单个晶核开始，渗氮物迅速连接成一个封闭环，这一层按其结构被称为渗氮物层或化合物层，其深度取决于热处理工艺、钢中合金元素的含量及要求的化合物层的厚度。

从渗氮层的金相组织和含氮量的分布来看，渗氮所造成的硬度高（硬化）与渗碳后提高的硬度是不同的。渗氮的硬化本质为：渗氮物以非常细小的硬质点均匀地分布在回火索氏体基体上，具有弥散硬化的效果；而渗碳则是通过提高工件表层的含碳量，将其淬成高碳马氏体，以此来提高表面的硬度。另外，渗碳层中碳与渗氮层中氮的分布规律明显不同：在渗碳层中含碳量是平滑下降的，在渗碳温度下渗层为单相的奥氏体组织，其原因是渗碳温度下碳在 γ-Fe 中的溶解度较大，渗碳过程即碳在 γ-Fe 的扩散过程，本身属于固溶体的扩散；在渗氮层中含氮量由表及里呈跳跃式降低，形成了多相结构的扩散层，只有单相区（ε、γ'、α）相毗邻，无两相区，其原因在于在渗氮过程中，氮从钢件表面向内层扩散，当氮浓度处于过饱和状态时，会生成化合物（发生相结构的变化）。

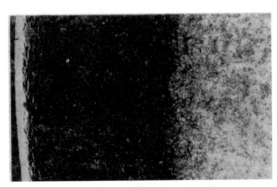

图 4.2　38CrMoAlA 钢渗氮层金相组织（100×）

合金钢进行渗氮时，在 α 相的渗氮浓度达到饱和后，氮与渗氮物的形成元素发生作用，活性氮原子开始只与其亲和力强的元素起作用，如铬、钼、铝，首先形成渗氮铝，其次渗氮钼和渗氮铬。当表层合金元素形成渗氮物后，再继续渗氮，α 相才逐渐转变为 γ' 相和 ε 相。Cr_2N 与 MoN 和 ε 相晶格相同，可溶于 ε 相中，其他多数渗氮物（如 AlN、TiN、VN、Mo_2N、CrN）均不溶于 ε 相中，这些稳定的渗氮物弥散度很高，分布于渗氮层中，使渗氮层表面有极高的硬度。在金相显微镜下，ε 相与 γ' 相不易腐蚀呈白亮色而不易区别；又因 γ' 相区很薄观察不到，故在低于共析温度渗氮并缓冷后，渗氮层往往呈现为由 ε 相和 ε 相＋γ 相（有时还有 ζ 相）所组成的白层，受侵蚀较深的 $\alpha + \gamma'$ 扩散层两个区域，其金相组织如图 4.2 所示。

4.1.3　渗氮用钢

根据渗氮工件的工作条件和性能要求不同，选用的钢种也有不同：对于要求耐磨和抗疲劳性能好的工件，可选含碳量 0.1％～0.45％ 的合金结构钢；而以抗大气及水（雨水、水蒸气）腐蚀为目的的工件，可使用低碳钢、中碳钢，也可用高碳钢、低合金钢和不锈钢。所有的钢种均可渗氮。高质量的渗氮工件不仅需要高硬度、耐磨、高疲劳强度的表面渗氮层，还要求心部具有高的强度和韧性的综合力学性能，故一般采用中碳合金钢进行渗氮。合金钢中通常要含有 Al、Cr、Mo、W、V 和 Ti 等合金元素，在渗氮过程中这些元素均能与氮原子结合形成颗粒细密、分布均匀、硬度很高而且非常稳定的渗氮物，如 AlN、CrN、VN、TiN 等，因而工件表面有极高的硬度和好的耐磨性。其中，Al 的强化效果最好，这同铝本身的原子结构有关，在 600℃ 不聚集粗化，性能也不会降低。另外 Cr、W、Mo、V 等可改善钢的组织结构，提高钢的强度和韧性。Mo 还可消除第二类回火脆性。

如用碳钢进行渗氮，表面形成的 Fe_4N、Fe_2N 两种渗氮物不稳定，随着温度升高（200℃以上）会聚集粗化，表面硬度不高；由于在 300℃ 回火马氏体分解，故心部力学性能显著降低。

从渗氮工件的性能要求来看，其多用于复杂的动载荷（交变载荷）下工作，其心部必须具有良好的综合力学性能。由于渗氮层硬而薄，心部有足够的韧性与强度，故心部组织与调质钢相仿，渗氮钢必须先进行调质处理，获得均匀及细致的回火索氏体组织，做好渗氮前预先热处理的准备，避免渗氮后因组织性能不均而产生脆裂的倾向，以满足基体性能的需要，即必要的力学性能（抗弯、拉伸、屈服强度等），消除内部的应力，具有合格的组织，同时变形要小。淬火时要选用适当的冷却介质，保证不出现游离态的铁素体。

渗氮钢的常见代表钢种为 38CrMoAlA，它应用最广，耐磨性优良，但基体的强度和韧性稍有不足，不宜制作大型重载零件。它作为一种渗氮专用钢，本身具有良好的渗氮工艺性能和力学性能。渗氮处理后的表面硬度可达 950～1200HV，并具有较好的热强性（600℃下仍可使用）、抗蚀性、高的疲劳强度。另外，该钢种在渗氮温度下即使长期工作和缓慢冷却也不会产生第二类回火脆性，其热处理工艺见表 4.1。

表 4.1　38CrMoAlA 钢的热处理工艺规范

工艺方法		退火	正火	高温回火	调质		渗氮
					淬火	回火	
项目	加热温度/℃	860～870	930～970	700～720	930～950	600～680	500～540
	冷却方式	炉冷	空冷	空冷	油冷	水或油	随炉冷
	硬度（HBW）	≤220	≤229			约 330	表面 1000HV

该钢种经渗氮后表面硬度高达 1000HV 以上，可用作高精度的凸轮、铸锻模等。在生产实践中，根据渗氮件使用目的和工作条件的不同，所采用的钢种也有很大区别。对于表面硬度不高，要求具有高的疲劳强度、载荷交替变化、接触应力较大的工件，如齿轮、柴油机曲轴等，采用 40Cr、45Mn、42CrMo、20CrMnTi、18Cr2Ni4W 即可。对模具而言，由于工作环境恶劣，长期处于高温条件下，受工件的剧烈冲击，要求变形小，故必须选用性能优良的模具钢、高速工具钢。常用渗氮钢的钢种及使用范围见表 4.2。

表 4.2　常用渗氮钢的钢种及应用范围

类别	钢号	渗氮后性能	主要用途
低碳结构钢	18,10,10,15,20,30,35,Q195,Q235,20Mn	抗大气与水腐蚀	螺母、螺栓、销钉、把手等
中碳结构钢	40,45,50,55,60	疲劳性能提高,耐磨,抗大气与水腐蚀	低档齿轮,齿轮轴,曲轴

类别	钢号	渗氮后性能	主要用途
低碳合金钢	12CrNi3A，12CrNi4A，18Cr2Ni4WA，18CrNiWA，20Cr，20CrMnTi，25Cr2Ni4WA，25Cr2MoVA	耐磨、抗疲劳性能优良，其心部韧性高，可承受冲击载荷	轻负荷齿轮，蜗杆，齿圈等中、高精密零件
中碳合金钢	30CrMnSi，30Cr2Ni2WV，30Cr3WA，35CrMo，35CrNiMo，35CrNi3W，38CrNi3MoA，38CrMoAl，38Cr2MoAlA，40Cr，40CrNiMo，42CrMo，45CrNiMoV，50Cr，50CrV	耐磨、抗疲劳性能优良，心部韧性好，含铝钢表面硬度高	镗杆，螺杆，主轴，较大载荷的齿轮及曲轴
工具钢	W6Mo5Cr4V2，W9Mo3Cr4V，W18Cr4V，W18Cr4VCo2，CrWMn	耐磨性及热硬性优良	高速钢螺纹刀具，铣刀，钻头等
模具钢	3Cr2W8，3Cr2W8V，4Cr5MoVSi，4Cr5MoV1Si，4CrW2VSi，5CrNiMo，5CrMnMo，Cr12，Cr12Mo，Cr12MoV	耐磨、抗热疲劳、热硬性好，有一定的抗冲击疲劳性能	热锻模，压铸模，冷冲模，拉深模，落料模
不锈钢、耐热钢	1Cr13，2Cr13，3Cr13，4Cr13，1Cr18Ni9Ti，4Cr10Si2Mo，5Cr21Mn9Ni4N	能在 $500 \sim 650 ℃$ 服役，耐磨性、热硬性、高温强度优良，有较高的耐腐蚀性	在腐蚀介质中工作的泵轴，叶轮、气阀及在 $500 \sim 650 ℃$ 工作且耐磨的零件
高钛渗氮专用钢	30CrTi2，30CrTi2NiAl	耐磨性优良，热硬性及抗疲劳性能好	承受剧烈的磨粒磨损且不受冲击的零件

4.1.4 渗氮钢的预备热处理及力学性能

4.1.4.1 预备热处理类型

（1）退火 对于锻造的工件必须进行退火，目的是降低硬度以改善切削加工性。对于 38CrMoAlA 钢，将钢件加热到 $880 \sim 900 ℃$ 保温 $2 \sim 4h$，炉冷至 $500 ℃$ 以下出炉空冷，硬度 $\leqslant 229HBW$。

（2）调质 经渗氮后的工件要求表面有高硬度、一定深度的渗氮层，有时它本身是最后一道热处理工序，对工件的要求是渗氮前有均匀而又细致的组织（即回火索氏体），以保证工件心部有较高的强度和良好的韧性，不允许存在游离铁素体，表面不能有脱碳层，渗氮前的表面粗糙度 Ra 应小于 $1.6\mu m$，从而提高其综合机械性能，为渗氮做好必要的组织准备，因此渗氮工件都必须进行调质处理（淬火＋高温回火）。正确选择淬火和回火温度是工件调质是否合格的关键，如淬火温度高，奥氏体晶粒粗大，在渗氮过程中形成的渗氮物首先向晶界伸展，渗氮物呈明显波纹状或网状组织，使渗氮层脆性增大；若淬火温度过高，则淬火后得到的不是马氏体而是上贝氏体组织，该上贝氏体中粗大铁素体与氮形成针状的渗氮物，也会增加脆性；淬火温度低或保温时间短，铁素体没有完全转变，碳化物溶解差，调质后会有游离铁素体出现，脆性大引起渗氮层脆性脱落。对于 38CrMoAlA 钢，调质后在表面 5mm

内不允许有块状的铁素体，一般渗氮钢 5mm 内的游离铁素体小于 5%。为了保证渗氮后的工件具有良好的综合力学性能，即心部的韧性、塑性、冲击性、抗弯疲劳强度等处于最佳状态，而表面又具有高的硬度和耐磨性，从而发挥渗氮钢的优越性，渗氮前的预备热处理就至关重要，淬火＋高温回火（即调质处理）后的组织为回火索氏体，满足了基体韧性与强度的要求。常见结构钢、模具钢渗氮前的预备热处理（调质处理）工艺规范见表 4.3。

表 4.3 常见结构钢、模具钢渗氮前调质处理工艺规范

钢号	工艺规范		硬度	
	淬火	回火	HBW	HRC
18Cr2Ni4WA	(870±10)℃ 油冷	(560±20)℃	302～321	
18CrMnTi	(880±10)℃ 水冷	(560±20)℃	302～321	
20CrMnTi	(920±10)℃ 油冷	(610±10)℃	≤241	
25Cr2MoVA	(930±10)℃ 油冷	(620±10)℃	≤241	
25CrNi4WA	(870±10)℃ 油冷	(560±20)℃	302～321	
30CrMnSiA	(900±10)℃ 油冷	(520±20)℃		37～41
30Cr3WA	(880±10)℃ 油冷	(560±10)℃		33～38
35CrMo	(850±10)℃ 油冷	(560±10)℃	≤241	
35CrMnMo	(860±10)℃ 油冷	(540±20)℃	285～321	
40Cr	(860±10)℃ 油冷	(590±20)℃	220～250	
40CrNiMoA	(850±10)℃ 油冷	(560±20)℃	331～363	
45CrNiMoA	(860±10)℃ 油冷	(680±20)℃	269～277	
50CrVA	(860±10)℃ 油冷	(460±20)℃		43～49
3Cr2W8V	(1140±10)℃ 油冷	(620±10)℃		44～50
Cr12MoV	(1040±10)℃ 油冷	(620±10)℃		44～50
5CrNiMo	(850±10)℃ 油冷	(550±10)℃	≤241	
W6Mo5Cr4V2	(1210±10)℃ 油冷	(550±10)℃ 三次		62～66
W18Cr4V	(1280±10)℃ 油冷	(550±10)℃ 三次		62～66
4Cr9Si2	(1040±10)℃ 油冷	(650±20)℃		30～40
4Cr10Si2Mo	(1040±10)℃ 油冷	(650±20)℃		30～40
5Cr21Mn9Ni4N	(1150±10)℃ 水冷固溶	(750±10)℃ 时效		30～42
6Cr21Mn10MoVNbN	(1150±10)℃ 水冷固溶	(750±10)℃ 时效		30～45

（3）去应力处理　由于车削零件不可避免会产生内应力，在渗氮时它会增加零件的变形，因此对于形状复杂的重要零件在磨削前要进行稳定化处理，即除应力退火，以保证零件渗氮后的变形量符合工艺要求，一般工艺为 550～600℃，保温 3～10h，随后缓慢冷却（通常采用空冷方式）。应当注意的是渗氮前经过校直的工件，为了防止其渗氮过程中发生变形，必须进行除应力处理。

4.1.4.2 预备热处理对力学性能的影响

广泛使用的 38CrMoAlA 钢，渗氮后具有硬度高、耐磨性好、疲劳强度良好的优点，同时还具备一定的耐蚀性和抗热性，但 38CrMoAlA 钢在过高的温度下渗氮时，表面硬度低，因此必须严格控制渗氮温度。其缺点是易形成较厚的 Fe_2N 渗氮物，渗氮层薄，易产生剥

落，导致零件早期失效。因此在生产中，必须综合分析和考虑工件的工作条件后，才能制订出比较合理的热处理工艺。

38CrMoAlA 钢应采取以下措施：

① 调质温度 920～940℃，避免过热，否则增加渗氮时的脆性。

② 38CrMoAlA 钢有形成上贝氏体的趋向，这种组织会明显降低钢的力学性能，严重影响渗氮层的性能，因此锻造后应增加高温回火工序，以减少上贝氏体的形成趋势。对大型工件，应用水冷代替油冷，以防止上贝氏体的出现。

③ 改进二段渗氮工艺规范：（510～520）℃×（5～10）h，分解率 18%～25%；（540～560）℃×（5～10）h，分解率 65%～80%。

④ 渗氮工件的工艺流程为：锻造→退火（正火或高温回火）→粗加工→调质处理→半精加工→去应力退火处理→精加工→渗氮→精研（磨）→装配。

调质处理不仅改善了机械加工性能，更重要的是得到了强度与韧性的最佳组合，具体调质工艺见表 4.3。表 4.4 列出了回火温度对渗氮层深度和硬度的影响。从表 4.4 中可知回火温度高，则基体硬度与渗层硬度降低，说明形成的金属渗氮弥散度减小，氮原子的活性加大，渗氮速度加快。

表 4.4　38CrMoAlA 钢的回火温度对渗氮层深度和硬度的影响

回火温度/℃	回火硬度（HRC）	渗氮层深度/mm	渗氮层硬度（HRN30）
720	21～22	0.51～0.58	80～81.5
700	22～23	0.50～0.51	80～82
680	24～26	0.46～0.49	80～82
650	29～31	0.40～0.43	81～83
620	32～33	0.38～0.40	81～83
590	34～35	0.37～0.38	82～83
570	36～37	0.37～0.38	82～83

工件（18Cr2Ni4WA）渗氮后硬度 550～800HV，渗氮层厚 0.2～0.5mm，疲劳强度提高一倍以上，满足了工作需要。18Cr2Ni4WA 钢渗氮后性能见表 4.5。

表 4.5　18Cr2Ni4WA 钢疲劳强度对比

试样状态	处理的工艺温度/℃		强度增大百分比/%
	未渗氮	已渗氮	
光滑	540	690	27
切口	230	520	126

模具材料采用 3Cr2W8V 钢较多，如热锻模、压铸模、塑料模渗氮处理后，不仅能提高型腔的热硬性、耐磨性、抗蚀性，而且减少了模具与工件的黏合，延长了模具的使用寿命（提高 3～10 倍）。因此，模具的渗氮处理十分普遍，并产生了巨大的经济效益。

对于要求具有良好的抗蚀性的工件，渗氮后均可获得良好的效果，渗氮钢种通常采用碳钢，尤其以低碳钢为最佳。

4.2　气体渗氮工艺及应用

所谓气体渗氮是在气体介质中进行的渗氮，由于其操作简单、成本低、产品质量稳定等，目前在国内外被普遍使用。随着科学技术的发展，越来越多的渗氮工艺应用于工业领域，并发挥了重要作用。

4.2.1　气体渗氮设备

4.2.1.1　渗氮设备与要求

气体渗氮可采用周期式和连续式作业炉进行。周期式渗氮炉包括井式炉、钟罩式炉及箱式炉；连续式作业炉分为推杆式炉和旋转式炉。由于井式渗氮炉制作简单、操作方便，产品渗氮质量稳定，得到了最广泛的应用。

一般气体渗氮是在井式炉内进行，氨气由液氨瓶经过干燥箱、流量计、进气管通入密闭的渗氮罐内，而不直接接触加热器和炉衬，罐内进行强制性的气体循环，功率按区域分布，用来保证整个罐内温度的一致性和炉内气氛成分的均匀性。通过排气管、泡泡瓶，将炉内的废气排出。干燥箱内装有硅胶、氯化钙、生石灰或活性氧化铝等。生产中常用的介质是氨气或氨气加氮气，氨气是一种容易分解的物质。将清洗干净的工件放入密闭的容器内加热，并通入干燥的氨气，同渗碳过程一样，气体渗氮由分解、吸收和扩散三个基本过程组成。渗氮层的形成和长大速度取决于渗氮气氛的氮势（可用氨的分解率来表示）、工件表面的铁对氮的吸收能力及氮在内部的扩散。

4.2.1.2　气体渗氮系统的组成

气体渗氮设备一般由渗氮炉、供氨系统（液氨罐）、氨分解率测定系统和测温系统等组成。渗氮罐一般用1Cr18Ni9Ti不锈钢制造，该材料表面有一层致密的钝化膜，本身抗氧化性好，不易渗氮发脆。由于钢中的镍及镍的一些化合物对氨的分解率有催化作用，会使氨分解率逐渐升高，不易控制，使用一段时间后应进行退氮处理。而近年来耐热搪瓷渗氮罐的出现解决了这个问题，该罐具有抗氧化性、抗热震性、抗蚀性、耐冲击性，与基体的结合性、绝缘性均良好。另外，也可用非金属防渗涂料加以保护，一般是水玻璃与石墨粉调制均匀或者用三氧化二铝粉，将其粉刷在渗氮罐的内壁上，也有采用KN-2防渗氮罐老化涂料。经验证将这些方法应用于生产过程，可起到保持分解率稳定的作用。有时也可采取下列措施达到防止渗氮罐老化的目的。

① 将渗氮罐在空气介质中于 700～800℃ 干烧 1～2h，但保持的时间短；

② 用稀盐酸将罐内壁浸泡，但保持时间较短；

③ 在罐内通入氢气，加热到 500～600℃ 以上，保温适当时间，可使内壁的金属渗氮物还原。

气体渗氮的基本装置如图 4.3 所示。

4.2.2　气体渗氮工艺过程与参数

气体渗氮的基本过程是：工件在一定的渗氮温度和渗氮气氛氮势条件下，氮原子渗入和扩散的过程，随着渗氮过程的进行，在工件的表面形成了一定的渗氮层组织结构。

渗氮的过程是一种相变扩散的过程，而扩散过程是渗氮层长大速度的决定因素，因此渗氮层

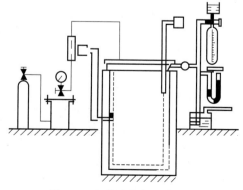

图 4.3　气体渗氮的基本装置

的长大速度取决于各渗氮相的长大速度，即取决于各相中氮的扩散通量、各相中氮的扩散系数及氮的浓度梯度。影响各渗氮相中氮扩散系数的因素有钢的化学成分（碳和合金元素的含量）、渗氮的温度、工件的塑性变形等。钢铁材料中氮在铁素体中扩散时，温度范围为 $500\sim600℃$ 之间的扩散系数为 $6.5\times10^{-8}\sim2.7\times10^{-7}\,cm^2/s$。渗氮基本上为一个扩散过程，在恒定温度下，扩散速度主要与钢中的成分有关，与渗氮环境关系不大。试验表明当合金元素特别是对氮原子亲和力高的元素含量高时，氮在钢中的渗入深度较浅。钢中碳含量的增加，将降低各相中氮的扩散系数，图 4.4 为钢中的碳含量对氮扩散系数的影响，可以看出碳含量的增加降低了氮在 α 和 ε 相中的扩散系数。

　钢中的合金元素在不同程度上降低了氮在 α 相中的扩散系数，即对氮原子的扩散有阻碍作用，从而减少了渗氮层的深度。钢中加入合金元素以后，根据其存在的状态不同，对渗氮过程所起的作用也有区别。合金元素的第一个作用是改变氮原子的活度系数，从而使氮在各相中的溶解度不同。实验证明溶解于 α-Fe 中的合金元素将改变氮在 α-Fe 中的溶解度，铁素体中存在有钨、钼、铬、钛、钒及铌等过渡元素时，氮在 α-Fe 中的溶解度提高，而铝则不改变溶解度，非合金元素硅和碳会降低氮的溶解度。合金元素对渗氮过程的第二个作用是形成渗氮物。根据合金元素的原子电子结构，若次外层 d 亚层的电子充填得越不满，则越容易形成渗氮物，且十分稳定。渗氮物的稳定性按下列顺序增加：Ni—Co—Fe—Cr—Mo—W—Nb—V—Ti—Zr。铝是提高渗氮物硬度的主要元素，可与氮形成高度弥散分布的渗氮铝（AlN）；钢中的铬和钼也为形成渗氮物的元素，能够提高表层硬度及耐磨性，使钢的淬透性增强，并提高综合强度，钼同样可以抑制第二类回火脆性。图 4.5 为不同合金元素对渗氮层硬度和厚度的影响，形成渗氮物的合金元素含量越高，硬度的分布梯度越陡。另外，合金渗氮物的稳定性较高时，经过渗氮的合金钢工件在 $500\sim600℃$ 的条件下工作时，仍可保持足够高的硬度。

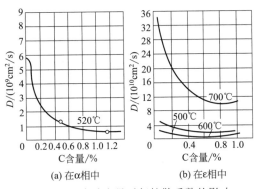

图 4.4　钢中碳含量对氮扩散系数的影响

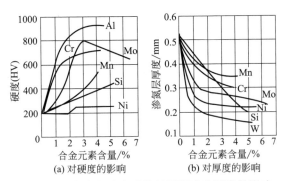

图 4.5　钢中合金元素对渗氮层硬度和厚度的影响

4.2.2.1　渗氮介质的分解反应

　渗氮过程中发生下列反应：

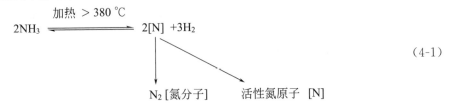

$$2NH_3 \xrightleftharpoons{\text{加热} > 380\ ℃} 2[N] + 3H_2$$

　　(4-1)

　　　　　　　　　N$_2$ [氮分子]　　　　　活性氮原子　[N]

从反应来看，氨气分解的活性氮原子一部分被工件表层所吸收，未被吸收的很快结合成分子态的 N_2，与 H_2 一起从废气口中排出。该反应为可逆反应，在一定的条件下（温度、炉内压力、氨流量等），只有一部分氨能够分解，即氨的分解率 $X < 1$。即 X 份 NH_3 分解成 N_2 和 H_2，则有 $(1-X)$ 份的 NH_3 没有分解，此时罐内总体积：$(1-X) + X/2 + 3X/2 = 1 + X$。

钢铁制件渗氮时，通入炉内的氨气一部分在未到达工件表面前已按上述反应分解，已分解产物有的通过渗剂的扩散到达工件的表面，有的逸出炉外；剩余未分解的氨气与分解产物类似，或到达工件的表面，或者逸出炉外。到达工件表面的上述气相物质，参加界面反应。

氨分解出的活性氮原子，如不及时被铁表面所吸收，将很快地结合成氮分子，而氢分子逸出。气相分解出的活性氮原子被铁表面吸收时，或溶解于 α-Fe 点阵中形成固溶体，或形成 γ' 或 ε 相渗氮物。零件表面对氮原子的吸收能力，取决于渗氮温度、工件的表面状况、（表面清洁状况、表面粗糙度以及表面是否有氧化膜等），同时还取决于材料的化学成分。工件表面不清洁，隔离了氨气与铁表面的接触，阻碍了铁对氮的吸收；表面粗糙度较差时，吸收氨的表面积增大，加快了对氮的吸收；表面有氧化膜会直接阻碍氮原子的吸收，这在不锈钢渗氮时显得尤为重要。

4.2.2.2 渗氮时工件的界面反应及氮的吸收过程

渗氮不能在纯粹的氮气中进行，原因在于分子状态的氮活性很小，不能被钢件表面吸收。在渗氮过程中使用最多的渗氮介质为氨气。在渗氮温度下，氨是亚稳定的，氨分解出的氮原子处于活性状态，具有极大的活性，很容易被钢件表面吸收。

渗氮时，氨在铁表面的分解过程可分三步进行。

① 氨气介质的分解，以满足渗氮所需足够的活性氮原子。

② 工件表面吸收大量氮原子后，溶入铁素体，在表面首先形成氮的 α-Fe 固溶体，渗入的氮原子沿晶界并通过晶粒向工件内部进一步转移，为向内扩散创造了条件。氮浓度的分布取决于渗氮时间，当氮浓度达到 γ' 相或 ε 相渗氮物的饱和氮浓度时，会出现相应的渗氮物。从单晶核开始形成的渗氮物连接成一个封闭层，即为渗氮物层或化合物层。

③ 氮原子从工件表面的饱和层向内层扩散，表面氮含量高，表面和内部产生了氮的浓度梯度（浓度差），因此造成了热力学上的不平衡，从而使氮原子源源不断地向内层扩散，逐渐形成一定厚度的渗氮层。图 4.6 为纯铁渗氮时从时间 τ_0 至 τ_n 渗氮层浓度的变化。在初期的 τ 时刻，表层的 α-Fe 的固溶体未被氮原子饱和，因此渗氮层的浓度随着时间的延长而增加，气相中的氮源源源不断地渗入表层，使 α-Fe 的固溶体达到氮原子饱和的含量，即 τ_1 时刻。在 $\tau_1 \sim \tau_2$ 时间内，活性氮原子继续向工件内部扩散，而使 α 相呈过饱和状态，引发 α-Fe $\longrightarrow \gamma'$ 反应，产生了 γ' 相。随着渗氮时间的延长，表面形成了一层连续分布的 γ' 相，达到 γ' 相的过饱和极限后，表面开始形成氮含量更高的 ε 相，此即为渗氮层的形成过程。

在渗氮过程中，渗氮层表面氮浓度未达到

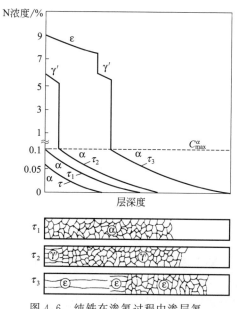

图 4.6　纯铁在渗氮过程中渗层氮浓度（C）随时间（τ）的变化

α-Fe 的溶解度极限前，渗层为 α-Fe 组织。氮在该条件下的扩散称为纯扩散；当氮浓度超过 α-Fe 溶解度，表面出现 γ′ 相时，扩散和相变同时进行，称为相变扩散。

从上述过程可以看出，铁表面对氮原子的吸收能力，取决于温度、表面状态等，对于钢而言，还同材质的化学成分（如含碳量、合金元素的含量等）有关。

4.2.2.3 渗氮工艺参数

气体渗氮工艺的制订必须综合考虑各个工艺因素对渗氮过程的影响。从式（4-1）可知，当零件表面没有污物时，对渗氮物的生成有重要影响的因素有温度、保温时间，以及不同加热、保温阶段渗氮罐内渗氮介质的氮势（用分解率表示），它们直接影响工件渗氮层的硬度、深度及工件的使用性能，因此在生产中必须加以控制。

（1）渗氮温度　渗氮温度是重要的工艺参数，渗氮后的硬度取决于形成的渗氮物的弥散度，合金渗氮物急剧长大会引起弥散度的减小，渗氮物硬度随之降低。在 590℃ 以上渗氮物强烈聚集长大，硬度下降十分明显。为了保证渗氮物自身的心部强度与硬度不变化，渗氮温度必须低于其调质回火温度，通常渗氮温度为 500～540℃。

渗氮温度过低，渗速很慢，为达到一定的渗氮层深度就需延长时间，但会导致工件表面不能吸收足够活性氮原子，硬度不高，渗层过浅，故渗氮温度应不低于 480℃。

渗氮温度的影响表现在以下两个方面：①改变了氮在各渗氮相中的扩散系数。氮在各渗氮相中扩散系数与温度的关系如图 4.7，从图中可知氮在 α 中的扩散系数最大。影响氮扩散的因素有钢的化学成分（碳和合金元素含量）、温度、塑性变形和物理作用（如电场、超声波、磁场及辐射等）。②改变了渗层的相结构。当渗氮温度升高时，ε 相区扩大，ε 相厚度增加，总深度也增加。但低于 590℃ 时 ε 相反而减薄。钢中含碳量的增加，将降低各相中氮的扩散系数，含碳量的增加降低了氮在 α 相和 ε 相中的扩散系数，故渗氮速度减慢。钢中的合金元素同碳的作用相仿，在不同程度上也降低了氮在 α 相中的扩散系数，使渗氮层的深度减小，但合金元素与氮原子的结合改变了氮在各渗氮相的溶解度，从而改变了渗氮相的厚度。图 4.8 为温度与时间对 38CrMoAlA 钢的渗氮层深度和表面硬度的影响。

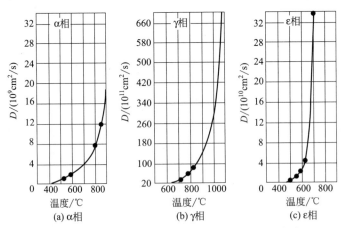

图 4.7　氮在不同渗氮相中扩散系数与温度的关系

随着渗氮温度的提高，氮原子的扩散速度加快，化合物的生长也明显加快，渗氮深度增加，沿扩散层的硬度降低越不明显，因此硬度分布变得趋于平坦。生产实际中常采用较高的渗氮温度，以保证要求的渗氮层深度，同时也能缩短生产周期，但温度的提高对工件的变形影响很大，一般渗氮后外径增加 0.01～0.03mm。

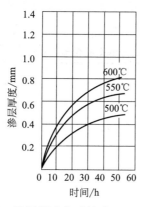
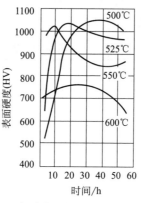

图 4.8 渗氮温度和时间对 38CrMoAlA 钢渗氮层深度和表面硬度影响

从图 4.8 中可以看出，在 500～520℃保温 8～10h 后表面硬度为 1100～1200HV；600℃保温 1～3h，硬度为 750～800HV；当保温时间超过 90～100h 后，渗氮层的厚度不再增加，其最大厚度不超过 1mm。

综合考虑温度对工件表面硬度、变形量、心部性能的影响，一般推荐渗氮温度为 480～560℃，比调质回火温度低 40～70℃。

（2）渗氮时间　渗氮时间的长短与渗氮温度和渗层厚度有关，同时还与渗氮钢的成分等因素有关，见图 4.8。在一定温度下，渗氮层的厚度取决于保温时间，但保温时间的选择又与温度有关。渗氮温度越高，获得相同渗层所需时间越短；反之，所需时间越长。

由图 4.8 可见，渗氮层厚度随保温时间的延长而增加，但厚度增加到一定程度后时间继续延长，厚度增加缓慢，故保温到一定时间后继续延长渗氮时间对提高渗层效果并不明显。同时，钢中的合金元素也阻碍了扩散速度，不同钢种所需的渗氮时间是不同的。生产实践证明，38CrMoAlA 钢在 510～520℃渗氮时，渗氮层厚度＜0.4mm 时，渗氮速度为 0.02mm/h；层厚为 0.4～0.6mm 时，渗氮速度为 0.01～0.015mm/h；渗层再厚，渗速将会更慢。渗氮时间的确定是一个多因素的工艺参数，一般要通过生产实践才能得到正确的工艺参数。

（3）氨分解率　氨分解率也是一个重要的工艺参数，实际测到的氨分解率是指在一定的渗氮温度下，氨气分解产生的 N_2、H_2 混合气体占炉内气体（主要指未分解氨气和已分解产生的 N_2、H_2 气体三者的总和）的体积分数。

即
$$氨分解率 = \frac{氨气体积 + 氢气体积}{炉气总体积} \times 100\%$$

氨分解率可近似地表示氨的分解程度，其高低取决于渗氮温度、氨气流量、进气和排气压力、工件表面的大小、有无催化（渗）剂及零件需渗氮部位的总面积（钢为加速氨分解的催化剂），与时间无关。氨分解率的高低会影响工件表面吸收氮原子的速度。在其他条件相同情况下，渗氮温度越高，工件的渗氮面积越大，则分解率越高。渗氮时，即使温度没有变化，氨的分解率也是逐渐升高的。气体渗氮的性能不仅取决于氨气的组成，而且也取决于氨的分解率，为得到均匀的渗氮层，炉气的气氛应当有规律地加以控制。氨的分解主要在炉内管道、渗氮炉、挂具及工件本身等由钢铁材料制成的构件表面通过催化作用而进行的，而在气相中自行分解的数量是很少的。对于一定温度下的氨分解率通常应控制在一定的范围内，见表 4.6。

氨气的流量和压力大小可通过针形阀进行调节，炉内压力用 U 形压力计测量，生产中一般通过调整氨流量来调整和控制氨分解率，所以渗氮过程中的氨分解率的变化直接反映了渗氮过程是否正常。当分解率很低时，氨的供应量应减少；如果分解率高时，要加大氨的供应量。一般情况下，氨分解率较低时（18％～25％），氮原子的渗速较快。

表4.6 不同渗氮温度下氨分解率的合理范围

渗氮温度/℃	480	500	510	525	540	600
氨分解率/％	12～20	15～25	20～30	25～35	35～50	45～60

当氨气流量一定时，渗氮温度提高，则氨分解率增大。另外，如果渗氮罐的表面有氧化皮，则会起到合成氨反应的催化作用，会降低氨分解率。因此，使用一段时间后要对其进行退氮处理。

氨分解率对渗氮层厚度和表面硬度均有影响，见表4.7，从表中可以看出分解率在20％～60％范围内对渗氮层的影响不大，而表面硬度的差别比较明显。因此，为了得到要求的渗氮层厚度和硬度，应选择合理的分解率。

表4.7 氨分解率的大小与渗氮层厚度和表面硬度的关系（38CrMoAlA）

分解率/％	渗氮层深度/mm	表面硬度/HV
20	0.60	850
40	0.60	915
60	0.60	1000
80	0.58	850

当分解率高于80％时，氢气浓度太高，吸附在工件表面，形成一层隔离气层，活性氮原子难以接近渗氮工件的表面，阻止了氮原子的渗入，因而降低了渗氮层的表面硬度，脆性减小。故在生产中为防止工件在工作状态下出现表面渗氮层的剥落，同时增加渗层的结合的强度，在渗氮的最后2～3h进行退氮，使分解率增大，即可降低工件表面的脆性。在整个渗氮保温过程中，氨分解率的大小可通过调节氨流量大小来实现。

氨易溶于水，常温下其溶解度为25％，因此，其分解率可根据氨分解出的 N_2、H_2 不溶于水的性质来测定。

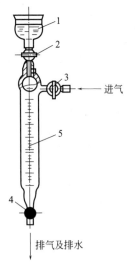

图4.9 氨分解率测定计
1—盛水器；2、3、4—阀门；5—刻度

氨分解率测定计见图4.9，测定方法如下：

① 从排气管排出的废气用胶皮管引入有100等分的（容积刻度）的玻璃容器中，即关闭进水阀2，打开进气阀3和排气阀4，将炉罐中的废气引入标有刻度的玻璃容器内，使废气充满空间。

② 1～2min后待炉气把测定计内的空气排净，旋转三通阀即关闭排气排水阀4，再关进气阀3。

③ 打开进水阀2，盛水器1中的水流入氨分解率测定计内，10～20s后测定计内水位不再上升后关进水阀2。

④ 此时氨分解率测定计下方流入的水所占的体积相当于未分解的氨气所占的体积，氨分解率测定计上方是通水后未溶解的气体所占的体积。零点刻在最上方，所以水截面的刻度读数就是氨气分解成 N_2 和 H_2 的百分比，习惯上称为氨分解率。

注意事项：

① 测定计上的各阀门不允许漏水漏气，否则会影响测

量结果；

② 工件保温半小时后，方可进行测定；

③ 用橡胶管作排气管，并放入水槽内，以减少环境污染，同时为保证测量准确，应定时控净排气管内的水；

④ 炉内压力应大于 80mm 油柱，若压力小，应检查氨流量、罐体各连接处有无漏气等；

⑤ 每炉清理排气管，以防堵塞。

随着科学技术的发展，用电信号来反映氨分解率的测量仪器已应用于生产，使用计算机控制渗氮过程变成现实。这种仪器可分为两种：一种是利用氢气、氮气和氨气导热性的差异来测量分解率；另一种是利用多原子气体对辐射的选择性吸收，采用红外线测量炉气成分，从而测定氨的分解率。

4.2.3 气体渗氮工艺规范与操作过程

前面分别叙述了的渗氮的三个重要的工艺参数及注意事项。在生产实践中，根据材料的化学成分、技术要求、设备条件和生产特点的不同，一般采用的工艺有等温渗氮（一段）、二段渗氮和三段渗氮。

渗氮作为一种表面强化工艺，生产周期长，操作相对复杂，渗氮质量不易稳定，因此为稳定工艺、缩短周期、减小脆性，必须对生产过程的工艺参数进行控制。

4.2.3.1 抗磨渗氮

抗磨渗氮主要指以提高工件表面硬度、强度、耐磨性和疲劳强度为目的的渗氮，在实际生产中应用较广。该种渗氮工艺要求工件的渗氮层较厚，通常为 0.4～0.7mm，渗氮温度范围一般在 480～570℃，渗氮温度越高，则氮原子的扩散速度越快，硬度沿截面的分布更为平坦。在渗氮过程中随着温度的提高，渗氮速度加快，氨分解出的氮原子与工件表面的合金元素结合成渗氮物，并向里扩散使渗氮层厚度增加。渗氮层的厚度大致与渗氮时间的平方根成比例，氮在渗氮物层中扩散速度是在 α-Fe 中的 4% 左右。气体渗氮后的性能不仅取决于氨气的组成，而且也同氨的分解率有直接关系。为得到均匀的渗氮层，炉内气体的性质应当有规律地加以控制。

渗氮工艺的制订应考虑以下情况：

① 对于要求表面硬度高、容易变形的渗氮件，可采用等温（一段）渗氮工艺；

② 对于渗氮层厚度要求较厚、硬度略低，且不易变形，并要求减少渗氮物层的工件，可采用两段渗氮工艺；

③ 对于要求渗氮层厚度较厚、硬度较高、不易变形的工件，可采用三段渗氮工艺。

这里我们以精密机床主轴为例分析气体渗氮的具体工艺。精密机床主轴是机床中的重要零件，用来传递动力和承受各种载荷，其轴颈与轴瓦做滑动摩擦，因此主轴应有表面高硬度和高耐磨性；切削时，高速运转的主轴受到各种各样载荷的作用，如弯曲、扭转和冲击等，因此主轴应有较好的综合力学性能；主轴转速高，表面受力大且应力呈交变状态，因此主轴应具有高的疲劳强度；主轴的精度要求极高，以保证被加工零件的磨削精度。主轴采用 38CrMoAlA 钢渗氮，可以满足上述性能要求，可采用三种气体渗氮工艺，其具体工艺如下。

渗氮工件名称：精密机床主轴；

材料：38CrMoAlA；

技术要求：渗层厚度 0.45～0.6mm；表面硬度 ≥900HV；心部硬度 28～33HRC；变形

量≤0.05mm。

精密机床主轴的加工工艺流程：备料→锻造→退火→粗车（留精车余量4～5mm）→预先热处理（调质）→机械加工（精车）→除应力退火→粗磨→磁粉探伤→非渗氮部位保护→渗氮→精磨或超精磨。采用等温渗氮工艺处理机床主轴。

（1）气体等温（一段）渗氮　在460～530℃温度下进行的渗氮工艺，称为气体等温渗氮。一般渗氮温度为500～520℃，渗氮时间为40～48h，氨的分解率控制在20%～50%，特点是温度较低、工件的变形小、硬度高。但渗氮周期长，多用于渗氮层厚度深、变形要求严格的工件。如38CrMoAlA钢制造的精密机床主轴，要求渗层厚度0.45～0.6mm，表面硬度≥900HV，为了提高渗氮层的韧性，采用高的渗氮温度，保温时间长达70h左右。38CrMoAlA钢制精密机床主轴的气体等温渗氮工艺见图4.10。

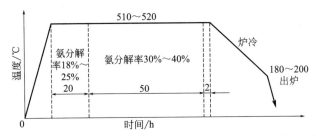

图4.10　38CrMoAlA钢制造的精密机床主轴气体等温渗氮工艺
（渗氮层深：0.45～0.60mm）

该工艺渗氮温度范围为480～540℃，通常采用510～520℃，工件低温装炉，随炉升温加热，在炉温升至480℃时，打开分解率测定计，预调分解率，为保证渗氮工艺的正常进行做好准备，便于对氨流量的控制。此时分解率若控制在15%左右，可为渗氮的前一阶段打下良好的基础。保温的前15～20h是表面形成渗氮物的关键阶段，一般采用较低的氨分解率（18%～25%），其目的是有利于工件表面快速吸收大量的氮原子，以形成较高的氮表面浓度，为后阶段氮原子向内扩散提供高的浓度梯度，加速扩散，并使工件表面形成弥散度大、硬度大的渗氮物，有利于提高工件的表面硬度。高的氮浓度促使氮原子向内扩散，提高与表面合金元素结合形成渗氮物的机会，且弥散度较大，故表面得到了高硬度。此时若氨分解率大于30%，则表面硬度会降低至900HV以下。

渗氮的中期为表层的氮原子由外向里的扩散、增加渗氮层厚度的过程，以获得高硬度与较厚的渗氮层，氨分解率为30%～40%，同时也避免了白亮层过厚。第二阶段提高分解率，降低了渗氮层表面的氮浓度，以此来降低渗氮层的脆性。结束前2～4h进行退氮处理，是为了降低最表面的氮浓度，进一步降低渗氮层脆性。减小表面脆性，一般有两种方法：一种是将氨分解率提高到70%以上，并保持一段时间；另一种是将退氮温度提到560℃左右，目的是在不显著降低表面硬度的同时，提高扩散速度，进一步增加层厚度，使硬度梯度更加平缓，并降低渗氮层脆性。需要注意的是，此时氮含量降低，在ε相中生成α及γ′相，密度不同容易造成工件表面的显微裂纹，故退氮时间应尽可能短，一般为2～4h即可。有时退氮处理还可作为一种工艺，多用于渗氮后表面脆性较大工件的返修处理。

等温渗氮的温度较高时，渗氮层较厚，虽然表面硬度较低，但渗层的分布较为平缓。氨的分解率过高时，势必造成渗氮气氛中氢分子浓度过大，因而影响了氮原子的渗入，工件表面对氮的吸收能力降低，而且还会产生软点或软带。所以在气体渗氮过程中对渗氮温度和氨分解率都应进行严格地控制。

据报道，38CrMoAlA 钢中渗氮物的尺寸为 200~500nm，主要分布在嵌镶块的各个界面上，对滑移有阻碍作用，故渗氮层的硬度极高。等温渗氮后，表面硬度为 1000~1150HV，渗层厚度为 0.55mm，脆性为一级，工件变形＜0.05mm。从以上分析与讨论中发现等温渗氮的优点是可获得一定的厚度、硬度高和变形小的渗层，其缺点是需要很长时间（含加热和冷却时间）。若要缩短时间，单靠提高温度，而不采取其他措施，则会造成表面硬度的下降。因此，一般只要渗氮温度不高于 530℃，形成的高度弥散物就不会改变，硬度的下降也就不会太大。

等温渗氮的最大缺点为生产工艺时间长，生产效率低。它不能像渗碳那样，可通过提高温度来缩短渗碳时间。对渗氮来说，温度的提高虽然使工件表面吸收的氮原子增加了，扩散速度有所增加，但与此同时也带来了渗氮物的聚集、粗化，渗氮层的硬度随之下降。因此，为了达到既缩短渗氮时间，又不致过于降低渗氮层的硬度，在实际生产过程中把渗氮过程分阶段进行，即二段渗氮和三段渗氮。

（2）气体二段渗氮　二段渗氮是将渗氮温度分两段控制的过程，如图 4.11 所示。它是在一段渗氮的基础上，因渗氮周期太长而采用的一种工艺，整体上讲，与等温渗氮相比，具有时间短、硬度变化小等优点，可达到既减少氨气的消耗，又增加化合物层厚度的目的。在第一阶段已有大量的渗氮物析出，而扩散层中则没有这种现象；在第二阶段渗氮时温度提高 20~30℃，即达到 550~560℃，分解率控制在 40%~60% 范围内，不会导致在高温下一段渗氮时所引起的硬度下降问题，同时也保证了吊挂的主轴上下渗层和硬度的均匀。另外，也可采用在整个渗氮过程中温度不变，只在第二阶段增大氨分解率的渗氮工艺，同样也可达到渗氮的目的。

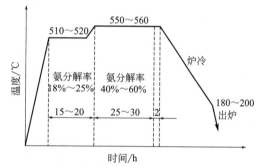

图 4.11　38CrMoAlA 钢制精密机床主轴二段渗氮工艺曲线（渗氮层深：0.45~0.60mm）

① 第一阶段温度为 510~520℃，保温 20h，氨分解率 18%~25%，因温度低，工件表面形成了弥散度大而硬度高的合金渗氮物，渗氮层深度浅，工件表面氮原子浓度较高。

② 第二阶段温度多升至 550~560℃，渗氮温度较高，氨分解率也较高，加速了氮原子在钢中的扩散速度，吸收的氮原子多，而化合物的形成明显减慢，扩散层可以不受阻碍地继续生长。工件的表面脆性大，不仅增加了渗氮层的厚度，而且缩短了时间，渗氮层的硬度分布曲线趋于平缓。有时也发现晶界上有渗氮物出现。为了解决渗氮层脆性的问题，应合理选择第二阶段的渗氮温度，一般不高于 560℃第一阶段形成了稳定的渗氮物，第二阶段温度升高，虽发生渗氮物的聚集长大，但与较高温度的一段渗氮不同，因为高度弥散的细小渗氮物的聚集和长大比直接在高温下成核长大的渗氮物的粗化慢得多，故渗氮物并不明显聚集长大，硬度可达 850~1000HV。由此可知，510~520℃是决定渗氮层硬度的关键，第二阶段结束后，也进行退氮处理，促使渗氮层表面的氮原子向内扩散，以减少渗氮层的脆性。

一段渗氮和两段渗氮工艺相比，二段渗氮具有渗速快、时间短、硬度变化不大等特点。但第二段温度的提高，对渗氮层表面硬度不利，而且吸收活性氮原子太多，表层较脆。

为了避免上述现象的出现，第二段温度应不高于 560℃，最后在 560~570℃进行退氮处理，减少氨流量，以提高氨分解率，从而加速氮原子向内部扩散，减少渗层的脆性，防止表面裂纹的发生。

等温（一段）渗氮适用于要求表面硬度高、耐磨性好、变形小的工件，如镗床主轴、轴套及其他精密零件；二段渗氮适用于要求渗氮层较深及批量较大的零件，其直径较粗、结构简单，如磨头轴、凸轮、模具等。

（3）气体三段渗氮　三段渗氮工艺过程分为三个阶段进行，工艺曲线见图 4.12、图 4.13。从三段渗氮温度来看，第三阶段与第一阶段温度基本相同，与此同时氨分解率也降到比较低的水平，这有两个方面的作用：加快渗氮速度，使最外层的氮浓度再次达到饱和；保持渗氮层表面的高硬度；降低表面脆性；渗氮层梯度变化减小。

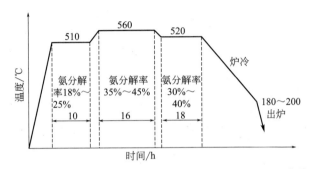

图 4.12　38CrMoAlA 钢制精密机床主轴三段渗氮工艺曲线
（渗氮层深：0.45～0.60mm）

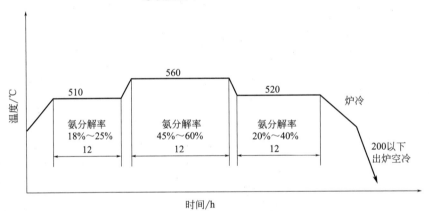

图 4.13　38CrMoAlA 钢制造的精密机床主轴三段渗氮工艺曲线
（渗氮层深：0.45～0.60mm）

三段渗氮工艺是基于两段渗氮工艺的改进，三个阶段的温度与时间与两段相比（以图 4.11 为例）有了明显的变化。为了使二段渗氮后表面氮浓度有所提高，以提高工件表面的硬度，在二次渗氮后，降低渗氮温度和氨分解率，增加了三段渗氮，时间缩短，渗速加快，达到了相同的深度。

① 500～520℃保温 10h，工件表面得到高的渗氮层表面硬度，形成大量合金渗氮物，弥散度增大。

② 560～570℃保温 16h，增加渗氮层的厚度（达到技术要求），速度加快，缩短了生产周期。

③ 520～530℃保温 18h，保证表面有高的氮浓度，提高表面硬度，并促使吸收的氮原子继续向内扩散，降低了渗层脆性。

从总的渗氮时间上看，三段渗氮时间为 36～46h，渗氮层厚度达到 0.6～0.7mm。而要达到同样的深度，一段渗氮需 60h，二段渗氮需 48h。三段渗氮后硬度梯度比二段渗氮低，并可大幅度缩短工艺周期。实验表明，在渗氮层厚度相同的情况下，二段渗氮和三段渗氮所用的时间分别为等温渗氮时间的 70%～80% 和 50%。三段渗氮的保温时间对渗氮效果影响很大，一、二阶段时间较长，如果三阶段时间过短，则形成的渗氮层很脆，失去了渗氮效果。应当注意保温时间及温度与工件变形量的关系：渗氮时间越长、温度越高则变形量越大。图 4.12 和图 4.13 为常见渗氮工艺，后者渗氮后表面硬度高，故在生产中应用广泛。

4.2.3.2　抗蚀渗氮

为了提高钢铁材料的抗腐蚀性能而进行的渗氮处理，称为抗蚀渗氮，只有高氮的 ε 相才具有较好的耐腐蚀性。与抗磨渗氮相比，抗蚀渗氮可使工件表面获得 0.01～0.06mm 致密的、化学稳定性高的 ε 相层。由于渗氮物 ε 相在大气和淡水中均具有较高的抗腐蚀稳定性，故经过处理的工件，在自来水、潮湿大气、过热蒸汽、气体燃烧产物及弱碱中，都表现出良好的耐腐蚀性，可代替镀镍、镀锌和发蓝处理。但因为 ε 相易溶解于酸，一般耐酸腐蚀性差，所以大多用于中性或弱碱性介质中。渗氮前工件的光洁度对抗蚀性影响很大。实践证明，粗糙度 Ra 最好在 $1.6\mu m$ 以上。

渗氮物 ε 相是否致密对渗氮层的抗蚀性有很大影响，ε 相过薄或 ε 相不致密均能导致工件抗蚀性能降低，故在制订渗氮工艺参数时应考虑以下几个方面的问题。

① 渗氮温度。根据 Fe-N 状态图可知，随着渗氮温度的提高，ε 相区逐渐扩大，ε 相的相对厚度增大，因此有利于提高工件的抗腐蚀性能；但采用纯氨渗氮时，温度提高氨热分解加速，则使氨分解率增大，ε 相中易出现孔洞而变得疏松，抗腐蚀性能降低。

② 渗氮时间。在渗氮温度下，渗氮介质经过一段时间的分解，然后被工件表面吸收和向内部扩散，形成了一定厚度的 ε 相层。因此，为保证获得理想的厚度，应有足够的保温时间。若保温时间过长，势必造成表面 ε 相中氮浓度过高，使 ε 相脆性增加。合理地缩短渗氮时间，不仅可显著提高抗蚀性，而且在腐蚀条件下能显著地提高钢的疲劳极限，并表现出很高的抗拉强度。

③ 氨分解率。为了确保 ε 相有良好的致密性，氨的分解率应控制在适当的范围内，一般氨的分解率不应超过 60%～70%。实践证明，分解率不能太高，过高的分解率会增加渗氮层的孔隙度，降低抗蚀性，减少表面氮浓度；过低的分解率会使 ε 相氮浓度过高，造成渗氮层变脆。因此，为获得致密而又脆性小的 ε 相层，应综合考虑，推荐采用 40%～60% 的分解率。不同的钢种有各自最佳的抗蚀渗氮工艺规范。渗氮后允许以任何速度冷却，快冷可以抑制 ε 相的析出，对渗层的韧性和抗蚀性能有良好的作用。对于形状简单、不易变形的零件，渗氮后在油中冷却；而对于要求变形小或易变形的工件，一般炉冷至 400℃ 以下再出炉冷却。图 4.14 为抗蚀渗氮温度与时间的关系图。

铸铁渗氮后表面获得一定硬度的渗层，形成了致密的化学稳定性较高的化合物层，显著提高了抗大气、过热蒸汽和淡水腐蚀的能力。球墨铸铁抗蚀渗氮的预处理是采用石墨化退火，获得铁素体基体。渗氮工艺为（600～650）℃×（1～3）h，氨分解率为 40%～70%，渗层厚度为 0.015～0.060mm，硬度为 400HV。

抗蚀渗氮工艺过程与抗磨渗氮大致一致，只是渗氮温度较高，有助于形成致密 ε 相，缩短渗氮时间。温度为 550～650℃，保温 1～3h，氨分解率 20%～70%；而温度为 600～650℃ 时只需 1.5h 即可达到同样的渗层。渗氮结束后，对渗氮件快速冷却可以防止从 ε 相中析出 γ′ 相，从而提高渗氮层的韧性和抗蚀性，但工件的变形较大。从图 4.14 中可以看出每一温度都有其对应合适的时间。在下限温度下，时间的长短对 ε 相影响不大，渗氮温度越高，时间区间越窄。检验抗蚀渗氮质量的方法通常是：①将渗氮后工件浸入 6%～10% 硫酸铜水溶液中，静置 1~2min，如表面无铜的沉淀，则视为合格；②赤血盐-氯化钠水溶液浸渍或液滴法，取 $10gK_3Fe(CN)_6$、$20gNaCl$ 溶于蒸馏水中配制成水溶液，将渗氮件浸入水溶液中，保持 1~2min 无蓝色印迹即为合格。抗蚀渗氮对各种钢均可得到良好的效果。

图 4.15 为 35 钢装载机活塞抗蚀渗氮工艺，表 4.8 列出了部分抗蚀材料的渗氮工艺规范，普通碳钢的抗蚀渗氮温度一般为 450~700℃，时间为 2~3h，氨分解率为 30%~70%。渗氮后的活塞呈灰色，表面粗糙度 Ra 为 $0.8\mu m$，化合物层厚 0.03~0.07mm，扩散层厚 0.02~0.03mm，表面硬度 812HV0.1，扩散层硬度 333HV0.1；而镀铬后硬度为 826HV0.1，无过渡层。渗氮件的耐蚀性大于 30min，其耐磨性与镀铬相当，但成本仅为后者的 1/20，并减少了污染。

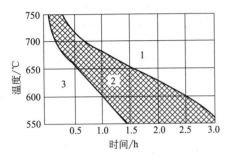

图 4.14　抗蚀渗氮温度与时间的关系图
1—脆性区；2—无孔抗蚀区；3—有孔不抗蚀区

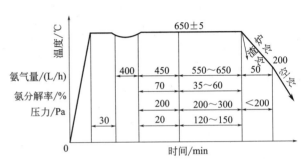

图 4.15　35 钢装载机活塞抗蚀渗氮工艺

表 4.8　常见材料的抗蚀渗氮工艺规范

渗氮工件名称	钢号	渗氮温度/℃	渗氮时间/min	氨分解率/%
拉杆、销子、螺栓、蒸汽管阀门及其他仪器和机器零件等	08、10、15、20、25、30 35、40、45	600 650 700	60~120 45~90 15~30	35~55 45~65 55~75
硅钢片	DT（工业纯铁）	550 600	240 150	30~50 30~50
各种仪器、仪表零件（齿轮轴、滑阀、指针等）	T7、T8、T10 GCr15 45	770~790 810~840 830~850	同淬火加热时间相同	70~75 70~80 70~80

4.2.3.3　常见钢种的渗氮工艺规范

下面将常见结构钢、模具钢（抗磨）渗氮工艺规范列于表 4.9，常见不锈钢和耐热钢的气体渗氮工艺规范列于表 4.10。

表 4.9　常见结构钢、模具钢（抗磨）渗氮工艺规范

钢号	处理方法	渗氮工艺规范				渗氮层深度/mm	表面硬度（HV）
		阶段	渗氮温度/℃	时间/h	氨分解率/%		
38CrMoAlA	二段	Ⅰ Ⅱ	505±5 510±10	20~25 50	18~25 30~45	0.5~0.8	>1000
	二段	Ⅰ Ⅱ	510±10 550±10 550±10	25 35 2	18~25 50~60 >80	0.5~0.7 0.5~0.7	>1000 >1000

续表

钢号	处理方法	渗氮工艺规范				渗氮层深度/mm	表面硬度（HV）
		阶段	渗氮温度/℃	时间/h	氨分解率/%		
38CrMoAlA	三段	Ⅰ Ⅱ Ⅲ	520±10 570±10 530±10 530±10	10 16 18 2	20～25 40～60 30～40 >90	0.4～0.6	>1000
40CrNiMoA	一段		520	75	25～35	0.4～0.7	≥82HRN15
	二段	Ⅰ Ⅱ	520±5 540±5	20 40～50	25～35 35～50	0.5-0.7	≥83HRN15
35CrMo	二段	Ⅰ Ⅱ	520±5 515±5	24 26	18～30 30～50	0.5～0.6	687
30Cr3WA	二段	Ⅰ Ⅱ	500±5 515±5	40 40	15～25 25～40	0.4～0.6	60～70 HRC
30CrMnSiA	一段		500±5	25～30	20～30	0.2～0.3	≥58 HRC
25CrNiW	三段	Ⅰ Ⅱ Ⅲ	520 550 520	10 10 12	24～35 45～60 50～70	0.2～0.4	≥73 HRA
3Cr2W8V	一段		530±5	8	前18～25 后30～45	0.15～0.25	444～566
	二段	Ⅰ Ⅱ	500±10 540±10	43 10	18～40 >90	0.4～0.45	>739
Cr12MoV	二段	Ⅰ Ⅱ	480 530	18 25	14～27 36～60	≤0.2	720 860
25Cr2MoV	二段	Ⅰ Ⅱ	490 480	70 7	15～22 15～22	0.3	≥681
18Cr2Ni4WA	一段		490±10	30	25～35	0.2～0.3	≥600
W18Cr4V	一段		515±10	0.25～1	20～40	0.01～0.025	1100～1300
50CrVA	一段		460±10	15～20	10～20	0.15～0.25	≥600
QT2-60	三段	Ⅰ Ⅱ Ⅲ	420±10 510±10 560±10	15 20 20	10～18 30～35 40～50	0.25～0.35	≥900
CrMoCu	二段	Ⅰ Ⅱ	510±10 530±10	20 30	18～25 60～75	0.4～0.5	≥480
40Cr	一段		490	24	15～35	0.2～0.3	≥600
	二段	Ⅰ Ⅱ	480±10 500±10	20 15～20	20～30 30～60	0.3～0.5	≥600

表 4.10 常见不锈钢及耐热钢气体渗氮工艺规范

钢号	渗氮工艺参数				渗层深度/mm	表面硬度	脆性等级
	阶段	温度/℃	时间/h	氨分解率/%			
40Cr10Si2Mo		590	35～37	30～70	0.20～0.30	84HR15N	Ⅰ

钢号	渗氮工艺参数				渗层深度/mm	表面硬度	脆性等级
	阶段	温度/℃	时间/h	氨分解率/%			
1Cr13		500	48	18～25	0.15	1000HV	I
		560	48	30～50	0.30	900HV	I
2Cr13		500	48	20～25	0.12	≥1000HV	I
		560	48	30～35	0.26	≥900HV	I
1Cr13,2Cr13 15Cr11MoV	I	530	18～20	30～45	≥0.25	≥650HV	I
	Ⅱ	580	15～18	50～60	≥0.25	≥650HV	I
1Cr18Ni9Ti		550～560	4～6	30～50	0.05～0.07	≥950HV	I～Ⅱ
	I Ⅱ	540～550 560～570	30 45	25～40 35～60	0.20～0.25	≥900HV	I～Ⅱ
2Cr18NiW2		560	24	40～50	0.12～0.14	950～1000HV	I
		560	40	40～50	0.16～0.20	900～950HV	I
		600	24	40～70	0.14～0.16	900～950HV	I
		600	48	40～70	0.20～0.24	800～850HV	I
4Cr14Ni14W2Mo		550～560	35	45～55	0.080～0.085	≥850HV	I～Ⅱ
		580～590	35	50～60	0.10～0.11	≥820HV	
		630	40	50～80	0.08～0.150	≥80HR15N	
		650	35	60～90	0.11～0.13	83～84	

4.2.3.4 改善渗氮件表面粗糙度的措施

① 对于有粗糙度要求的工件，必须考虑机加工对渗氮结果的影响。在车削过程中车刀不锋利或砂轮加工时在被加工工件表面会引起十分高的压应力，在接近表层处会出现十分高的变形度，此形变只有通过正火或重结晶或特殊的切削加工才能消除掉。应当注意的是，工件表面的粗糙度对渗氮的影响，主要表现在吸收表面上，表面粗糙度越差，则吸收氮原子的表面积越大，对氮的吸收能力越强。切削加工后的残留物，如冷却润滑剂、油脂和油、切削液与其他微粒等应通过清洗工序用金属清洗剂（酸性或碱性）去除。这层残留物在工件上以氧化膜的形式存在，该膜为表面金属元素与上述残留物的反应产物，该膜隔离了氨气与铁表面的接触，可部分阻碍对氮原子的吸收，故也阻碍气体与金属反应时含氮元素的活性，因而会出现不均匀的化合物层。因此，必须在工件清洗前加以考虑，工件最好同工艺装备一起进行清洗。

作为金属清洗剂应具有下列特性：为受热不稳定的有机防锈组成物，在高于200℃时完全挥发，并不影响渗氮效果；无离子化的表面活化剂，容易并能很快溶解含油及染料的污染物；工业性可用，可生物分解，经济合理。

② 对于粗糙度要求高的渗氮零件，或必须消除形状和尺寸变化的渗氮零件，需要渗氮后再对零件进行机加工。通常有以下几种方法：

a. 磨削。一般将大部分化合物层磨削掉。只有当保留的扩散层性能满足使用要求，或者尺寸形状变化用其他方法无法加工而必须去掉化合物层时，才允许使用磨削方法。磨削时砂轮的种类必须有利于磨削所需要的表面粗糙度，采用软质砂轮能够防止在渗层中出现磨削裂纹。

b. 研磨和抛光。这种加工方法是借助于抛光带的抛光压力或在液体中运动的抛光质点的运动速度，有目的地去除一部分化合物层，使零件的表面质量明显改善，目前国内外已经推广的纸质砂轮抛光工艺，具有质量稳定、生产效率高的特点。一般可用于对进气门和排气门、高精度轴等的抛光处理，磨削量在 0.002～0.008mm 之间，可使零件渗氮后的表面粗糙度降低。一般的传动零件（如锥形齿轮等）通常要研磨，不仅能提高零件的耐磨性能，而且可降低渗氮零件在传动过程中产生的噪声。

c. 抛丸。一般是非问题在专用的抛丸机中进行，将零件放在工装上，工装以一定的速度转动，抛丸器高速喷射玻璃或石英球，速度为 50～70m/s，流量为 120～130kg/min。试验表明，对渗氮工件的表面进行清理时，可抛去 0.001～0.002mm 的渗氮层。同时，由于该方法可使零件的表面获得较大的压应力，提高了零件的疲劳强度。

③ 渗氮后的零件再次进行热处理或化学热处理。渗氮件的淬火可用以下两种方法进行。

a. 在 500～650℃ 的温度区间进行渗氮处理，随后在中性介质或吸热式气氛中加热到淬火温度淬火、冷处理和低温回火。

b. 在含活性氮的气氛中加热到淬火温度并同时渗氮，然后淬火、冷处理与低温回火。淬火后渗氮层的硬度可显著提高，并且最大值不在表面处，而在 0.05～0.07mm 的深度处。表面硬度的降低是由于 ε 相与碳渗氮合物区交界的区域内形成的残余奥氏体多，扩散层硬度的提高是由于形成了含氮马氏体。

通常淬火后的硬度相当于该钢淬火马氏体的正常硬度，尽管表面的维氏硬度降低，但并不影响零件的抗磨性能。据报道，利用渗氮＋淬火相结合的工艺可使 T8、T12、GCr15 等在保持很高力学性能的情况下，具有很高的耐腐蚀性。与表面加热淬火相结合可得到很好的效果。

为了提高渗氮零件的延展性，用碳钢和合金钢制作的零件，可进行一次补充回火，这样在扩散层中可有渗氮物析出，从而提高零件的韧性和抗弯强度。另外，根据硬度的要求，可对表面进行高频淬火，使硬化深度达到 2～6mm，极大提高了该部位的耐磨性，提高了零件的使用寿命。

④ 不锈钢和耐热钢含较多合金元素，与空气作用会在表面形成一层致密的氧化物薄膜，如 Cr_2O_3 膜，在渗氮过程中会阻碍氮原子的渗入，故渗氮前必须先除去该膜才能进行渗氮，通常采用的方法有机械法和化学法两种。

a. 对工件进行喷砂或抛丸，所用砂粒或钢丸（直径一般为 1～3mm）在 0.15～0.25MPa 的压力下进行处理，砂粒或钢丸抛射速度可达 70m/s，快速地将工件表面上的钝化膜穿透或打飞，待表面呈暗灰色时，工件表面受到较大的压应力，有利于渗氮的进行，清除灰尘后立即入炉。

b. 将工件浸在 50% 的盐酸（70℃）中一定时间，然后用水冲洗、晾干。采用这种方法除去钝化膜后必须马上渗氮。若上述方法在生产中有一定困难，则可使用下面的方法处理。

ⅰ. 氯化物浸泡：把喷砂或精加工的工件，用氯化物浸泡或涂覆，能有效地去除其钝化膜，常用的氯化物多为二氯化钛和三氯化钛。

ⅱ. 在渗氮开始的 1.5～2h 内向渗氮罐中通入用氨经过液态四氯化碳层所得到的四氯化碳蒸气，在氯和氢的联合作用下将氧化膜除去。普通渗氮钢采用此方法消除氧化膜的效果十分明显，可缩短整个渗氮时间的 1/5～1/4。

一般而言，不锈钢和耐热钢在渗氮前的预备热处理时，已经使基体组织和硬度符合要求，硬度在 30～40HRC，其强韧性达到最佳状态。随着渗氮领域的不断扩大，其应用更加广泛，在一定程度上可部分代替其他热处理方法。目前对于要求变形小的模具等常采用渗氮来代替渗碳和淬火，使其使用寿命成倍提高。

4.2.3.5　气体渗氮操作过程

气体渗氮的基本操作过程是把经过除油清理的工件装入渗氮罐内，炉罐密封良好，在加热炉中升温加热，同时向渗氮罐内通入氨气，升到渗氮保温温度后，根据要求调整氨气的流量，将罐内的分解率调至工艺预定值，保温一定时间，断电降温，工件随炉冷却，当罐内温度降到200℃以下时，停止氨气的供应，打开炉盖，吊出工件。

(1) 渗氮前的准备工作

① 渗氮炉的检查。

a. 清理干净渗氮罐及氨气管道，对加热炉、渗氮罐、整个氨气系统管道接头处进行气密性检查，确保氨气无泄漏和在管路中畅通；针形阀和减压阀应符合要求；清除渗氮罐内的氧化皮等，检查罐体有无裂缝，炉盖上的风扇、进气管、排气管应牢固，无损坏；渗氮罐内的进气管与排气管应合理布置，使罐内氨气流均匀。需要注意，在整个氨气管路中，不得使用铜制件，因为它会与氨反应而被腐蚀。

b. 进气管路和排气管路无堵塞或漏气，连接处牢固。

c. 液氨应符合GB/T 536—1988中一等品的规定，纯度大于95%（质量分数），氨液的含水量≤0.2%。液氨罐应置于阴凉处，周围温度不允许超过50℃。为保证氨气的连续供应，液氨罐至少有两只并联在供氨管路上，同时要注意不要把罐内的氨气全部用完，应使罐内保持一定压力，以防空气倒流。阀门转动灵活，垫圈无破损，导入渗氮罐前，先经过干燥器（箱）进行脱水，所用干燥剂（可用硅胶、生石灰、无水氯化钙等）最好用无水氯化钙，应有足够的体积，脱水效果要好（含水量＜0.2%）；每开2～3炉应拆开干燥器，烘干或更换干燥剂，其目的是防止工件变脆及水分解对氨分解起催化作用而增加氨分解率。为了把氨分解率控制在适宜的范围内，必须加大氨气的流量，使氨气的消耗增加。

d. 检查仪表是否有故障，超温报警器是否正常。

e. 确保氨分解率测定计的管路连接无错误，各阀转动灵活，无漏水漏气现象，与之连接的U形管无损坏。

f. 渗氮罐使用3～5炉，必须进行一次650℃保温6～8h的消除应力处理。

② 工件装炉前的注意事项。

a. 检查工件的精磨量及各部位尺寸是否符合工艺要求，工件表面因冷成形而出现的加工硬化会影响渗氮效果，可采取预氧化、在10%～20%氢氧化钠溶液中煮沸10min或涂覆一层很薄的磷酸锌，上述措施本身不能消除强化，当阻碍化合物层形成是由于润滑剂、污损物，或类似的东西在形变时被压入工件的表面，且利用普通的清洗剂不可将其去除时，这些措施具有较好的效果。

b. 经过探伤和宏观检查，工件表面不允许有裂纹、开裂等致命缺陷以及凹痕和明显的磕碰伤。

c. 清洗干净工件。用金属清洗剂、汽油、乙醇、四氯化碳等浸泡，并用干净棉纱擦洗工件，除去工件上的油污、锈迹、乳化液及脏物。对有锈迹的零件应进行喷砂处理，然后清洗，保证氮原子的有效吸附。用水溶性清洗剂清洗工件后用清水漂洗干净，用干净的白布擦净并烘干，清洗干净顶针孔内的油污并晾干。不锈钢及耐热钢（铁素体型、马氏体型和奥氏体型）在空气作用下，会形成一层致密的氧化物薄膜，该薄膜会阻碍氮原子的渗入，故渗氮前必须除掉钝化膜。一般生产中用机械法，如采用抛丸、喷砂除去表面氧化膜，表面呈银灰色。亦可用化学法，如清洗和磷化。磷化处理用于破坏金属膜，使表面形成多孔疏松的磷化层，有利于氮原子的渗入。另外，也可用氯化物溶液浸泡，将金属渗氮物还原出来。

将活化后的不锈钢及耐热钢浸入三氯化钛中 $1\sim2min$ 迅速转入炉中，可避免渗氮炉排气孔的堵塞，克服纯氨气渗氮中渗氮层存在的裂纹、鼓包、起皮及剥落等缺陷，渗氮后渗层较厚，硬度高，渗层均匀。

d.渗氮件非渗氮面的保护。根据使用和加工要求，有的部位不允许渗氮，故渗氮前必须进行保护处理。对不需渗氮部分进行镀层或刷涂料处理，镀层一般有镀铜、镀镍和热镀锡，其厚度分别为 $0.035\sim0.060mm$、$0.025\sim1.0mm$、$0.004\sim0.008mm$。

镀铜可起到防渗的作用，有两种方式：一种是粗加工后镀铜，然后精加工去除渗氮面镀层，另一种是工件精加工后对非渗氮面进行局部保护（夹具或涂料），然后镀铜，保证铜层致密无间隙，否则起不到防护作用。另外，近年来发展了刷铜的局部镀铜法，只要在非渗氮表面刷镀上一层铜即可，镀层比较均匀，防渗效果较好。镀铜层的保护效果与渗氮面的粗糙度、铜层厚度和均匀性有关，要求粗糙度 Ra 在 $3.2\mu m$ 以上。

对于结构钢的非渗面镀锡，由于锡不吸收和溶解氮，也不与渗氮气体作用，在钢铁表面镀锡后渗氮时，镀锡层将钢铁表面与渗氮介质隔离，并在渗氮温度下处于熔融状态（其熔点为 $232℃$）附在工件上，起到防止渗氮的作用。一般厚度为 $0.004\sim0.010mm$，太厚则容易造成锡层的流动，以 $0.004\sim0.008mm$ 效果最佳。为了防止镀锡层在渗氮时的流动，可在渗氮与非渗氮面交接处涂上石墨粉与蓖麻油（比例 $10:8$）的混合物。实践证明，镀锡的防护作用远大于镀铜。

采用氯化铵作催渗剂进行不锈钢渗氮时，不得用镀锡法，而用镀镍法，由于成本较高，除特殊情况外，生产上一般不采用。

涂料覆盖法指通过涂料隔绝介质与工件表面的接触，阻止氮原子的渗入，要求对工件无腐蚀，使用较多的一般为中性水玻璃加 $10\%\sim20\%$ 石墨粉，工件表面粗糙度 Ra 在 $3.2\sim12\mu m$。工件在 $70\sim90℃$ 预热后用毛刷将涂料均匀涂好，然后在 $150\sim170℃$ 的炉中烘干，需涂 $2\sim3$ 次，厚度以 $0.5\sim1mm$ 为宜，也可将石棉绳捆绑在非渗氮部位，刷上涂料。渗氮后可用沸水除去涂料。合适的防渗涂料在渗氮时会形成一层致密的熔融状态的防渗保护膜，而对工件的表面无腐蚀作用，渗氮后易于清理，但其保护效果不如镀金属法好。

非渗氮面的保护采用上述几种防渗措施，都可起到防渗的作用，应注意的是无论镀金属还是刷涂料，其质量与工件表面的粗糙度有很大关系，表面过于光滑则吸附能力差，一般要求表面的粗糙度为 $Ra\geqslant3.2\mu m$。

③ 装炉。

a.零件清洗干净后尽快装炉，工卡具无锈、无油和污物，经常检查吊装工具，发现脆化或开裂应及时更换。用于吊挂或捆绑用的铁丝要去掉镀锌层（用砂纸打磨或在 $800℃$ 炉内烧掉），工件捆扎部位不要影响硬度。

一般为了提高生产效率，必须选用合适的工夹具，通常做成吊挂式或托盘式，用耐热钢或 Q235 钢制作，焊接性能好，强度高，能满足生产需要。

b.工件摆放合理，应有利于减小变形和气体的流动，其高度低于排气管 $50\sim100mm$，为了消除尺寸和形状的变化，零件应合理装炉，并平稳牢固地装在渗氮罐的有效加热区。薄壁件平放不积压，齿轮穿杆、轴类件吊挂，也可将其放置在一层较粗的砂粒上，以保证受力均匀；炉壁处可适当摆密，中间留的空间要大，利于气体的循环和流动；靠近热电偶位置尽量不放工件；为了使氨气与工件表面发生作用，装炉时工件之间不能相互接触，在用氯化铵渗氮时底部必须采用网状底盘，以利于炉内气体的循环。

c.装入与工件同材料、同炉号、预先处理的要检查的试样，放于代表渗氮结果的上、中、下最能代表渗氮效果的各个位置上。

d.工件室温装炉，工件入炉时应垂直缓慢下降，以防工装与罐相撞造成工件的摆放位置变化，影响渗氮质量。

e.工卡具勿碰渗氮罐，石棉盘根无损坏，缺口应对称旋紧紧固螺栓；炉子应密封，保证渗氮罐的密封符合要求；连接供给和排出氨气及废气的橡皮软管。

f.操作者必须戴干净手套装炉，以防油污沾污工件和挂具。

（2）升温　关闭炉盖送电，打开风扇，一般在200～300℃保温1～3h，通入经过净化和干燥的氨气将炉内及管道内空气、水分充分排出，用转子流量计控制氨气的消耗量。调节炉中的入口压力为1.004～1.012atm，借助气阀和自动调节使气体减压。直到完全清除炉内的空气，用氨分解率测定计确定。当测出氨分解率为零时，表明炉内、进出管道里的空气已排净，保持炉内正压，炉内压力应保持在80～100mmH$_2$O（1mmH$_2$O=9.8Pa）。有时在清洗或活化渗氮表面时常要进行一次有目的的预氧化，在这个过程中钢的表面呈现深棕色至黑色。对形状复杂、变形要求严格的工件，应分段升温，一般采用阶梯升温法，井式炉在600℃以下升温速度相当快，即使在一个温度下保温1h工件的内外温差仍存在，如不加以控制，3h内可到渗氮温度。工件温度与炉温有一定的差距，存在一个滞后和透烧问题，同时装炉量越大，二者差距越大，因此必须分段升温，每升高50～100℃保温30min，如在200℃、300℃、400℃三段各保温一定时间。同时，分段升温还可减小形状复杂工件的变形，如细长轴、精密齿轮、薄片齿圈、厚薄悬殊的盘状工件等。一般其升温工艺是根据工件的尺寸、装炉量的大小、工件的复杂程度以及工件的摆放或悬挂位置的间隙情况来确定。480℃时预调分解率。升温速度不允许太快，尤其是在380～450℃，否则会造成初期超温现象，难以控制分解率，同时需调整氨流量，使分解率控制在要求范围内。到温初期及时校温，渗氮温度以罐内温度为准。在一段渗氮或二段渗氮保温前的1～1.5h，提高氨分解率至16％以上，可明显提高渗速和降低脆性。因此，在操作中应特别注意和利用这一点。

（3）保温　渗氮炉温达到工艺规定的温度时开始计算保温时间，渗氮过程进入保温阶段。在此期间应按工艺规范确保氨气流量、温度、氨分解率和炉内压力的正确与稳定。根据渗氮温度和渗氮层深度确定合理的保温时间，为了得到要求的性能，在制定工艺时不应片面追求较厚的渗层。若渗氮层较厚，一则增加零件的弯曲和变形，二则降低零件的疲劳强度。实践证明，采用较低的温度和合理的渗氮层深度，零件的弯曲和变形是不大的。到温后，每半小时测一次氨分解率，并将时间、温度、氨流量、炉内压力等记录下来，整个工作过程由流量计、U形压力计及泡泡瓶反映出来。罐内气压用U形压力计测量，一般炉内压力为30～50mm油柱。泡泡瓶中一般放矿物油，以免空气进入渗氮罐，同时还可从油面下冒出的泡泡来观察罐内氨的流动和分解情况，瓶中不冒泡说明排气管路中有堵塞现象，应立即排除。残余废气通过泡泡瓶通到室外的水池内，使废气通过水使未分解的氨气溶入水内，避免对空气的污染。炉温的误差应控制在±5℃，气氛的剧烈搅动有利于炉温的均匀。

氨分解率在实际生产中通常控制在比较宽的范围内，开始阶段控制较低的氨分解率，二段渗氮的氨分解率高于一段渗氮，这样既便于生产控制，易于渗氮，又可节省氨气（510℃渗氮，分解率从30％增高到50％，氨气的消耗量减少25％左右）。通常第一阶段氨分解率控制在18％～30％，后两段或一段为30％～65％。当测量的氨分解率与工艺制定的数值不相符时，可用氨气瓶或氨气总管上的针形阀调整氨气流量。渗氮过程中炉内氨分解出的废气应在排气口点燃，以防污染空气。在渗氮过程中排气管内会凝结水分，为了避免炉内压力的增高应清除冷凝水。调整氨流量可达到控制分解率的目的，供氨量与氨分解率成反比。当炉温突然升高时，应切断电源，将工件吊出，加大通气量以排除炉内危险气体。若上下炉温不一致，氨分解率变化大，会造成渗层不均匀。因此，渗氮初期采用较低的氨分解率，也有助于减少渗氮层的脆性。供氨量越大，氨分解率越小，在调整氨分解率的同时，要保证渗氮罐内的气体压力稳定在一定范围内。保温结束前，应检查渗氮试样。

在保温过程中温度没有变化的情况下，如果氨分解率突然升高、压力减小，主要原因是：氨气罐或氨气瓶的气体用完，炉内通氨量几乎为零，需更换新氨气瓶；氨气瓶出口结霜，需用热水烫开；冒泡瓶无泡；排气管内有水。

除此以外，还应检查供氨系统的进气管路是否堵塞，各接口处有无漏气，应分段检查，逐一排除故障。如在渗氮过程中停电，应继续向罐内通入氨气，恢复供电后再升到规定温度，并延长保温时间。

在其他均正常的情况下，氨分解率超出工艺规定范围的主要原因是：测量仪表不准，没有真实反映炉温，应及时校温；氨流量不当，调节流量计；装炉量太大，降低了氨的流动速度；渗氮罐内氧化铁脱落对氨的分解起催化作用，应进行消除应力处理。

工件的弯曲与变形是由渗氮层的性质、零件结构的不合理（不对称）、预先热处理违背工艺原则和渗氮时摆放不正确引起的。弯曲还同扩散层形成时发生内应力的松弛性有关，氮原子与金属结合后金属的体积增大，线膨胀系数减小，在渗氮层中形成压应力而在心部形成拉应力，此时弯曲量减小。当零件不对称、壁厚不同和有单面防止渗氮时，弯曲达到最大尺寸。

（4）退氮　退氮是为了降低工件表面渗氮层的脆性。退氮的方法一般有下列两种：为节约氨气，一般可用 70%～90% 的氮气稀释炉气中的氨，硬度和渗氮层的深度及耐磨损性能均不受影响；采用脱氮处理，将渗氮零件在 520～560℃ 加热一段时间，以消除未与合金元素结合的氮原子，在上述温度下氨气完全分解的气氛中脱氮，一则是借助于氮原子与氢原子的相互作用从工件表面降低氮的浓度，二则促使氮原子向零件的深处扩散，使 ε 相结构消失，从而在表面的硬度没有改变的前提下降低渗氮层的脆性。

在生产实际中，通常在渗氮结束前 2～3h，进行退氮处理，采用阶梯升温法，可减少零件产生裂纹的倾向，目的是降低表面的氮浓度，使氮原子向内层继续扩散。可采用高的氨分解率，例如 70%～90%。但退氮的温度不允许超过通常渗氮的最高温度，否则会引起零件变形量的增加和表面硬度的降低。

为了提高生产效率，在装有渗氮零件的渗氮罐保温结束后，从炉中吊出并放在空气或冷却坑中的同时，将装有渗氮零件的第二个罐装入炉中，炉膛没有冷却，故提高了设备的利用率，节约了电能。在不间断供氨的前提下，可以进行加热、保温和冷却到 150～250℃ 的整个渗氮周期。

若在氨气和氮气的混合物中渗氮，可起到减低渗氮件表面脆性的作用。用氮气冲淡氨气可降低渗氮层的脆性，并使它的厚度减少到 80%～90%，与纯氨渗氮相比仍可保持相同的扩散层深度或稍有增加。一般采用二段渗氮工艺来调整渗氮物组织和成分，在第一阶段采用合理的供氨量和氨分解率，第二阶段提高氨分解率，使炉内氨气分解完全或向炉内通入氮气或 90% 氮气＋10% 氨气，此阶段氮的来源是 ε 相，借助于 ε 相的消散使扩散层增长，二段渗氮会造成渗氮物网及 ε 相的减少，故降低了渗氮工件表面的脆性。结构钢与工具钢可采用以下两段渗氮工艺：第一段在氨气气氛中 645～655℃ 下保温 90～120min，此阶段形成渗氮物；第二段在氮气气氛中 555～565℃ 下渗氮 90～120min，第二阶段不仅可增加扩散层的厚度，而且工艺过程经济、安全。

（5）冷却　退氮结束后，断电降温。继续通入氨气，避免空气进入，此时可关闭排气管，但必须保证炉内正压。对一般工件 450℃ 以下可将炉罐吊出，用氨气冲刷或压缩空气冷却，以降低脆性。但要求变形严格的工件，应降到 180～200℃ 以下出炉。一般认为缓慢冷却会使渗氮层的脆性增加，同时也会降低工件的抗蚀性，故为了加快生产进度，达到渗氮改善性能的目的要求，工件以快冷为宜，冷却速度为 15～20℃/h，出炉后油冷或强制冷却。工件悬在空气中冷至室温后取下时（主要指细长轴，如磨床轴、丝杠等），还要注意不要戴脏手套摸工件，以免影响工件的外观质量。对于表面用水玻璃防渗进行局部渗氮的工件，渗氮后要在热磷酸三钠溶液中清洗 30min。70～90℃ 的热水可很好地除掉零件上所覆盖的涂料。电镀层可用化学法、电蚀法或机械法清除。

对于高温出炉的工件，其表面如产生蓝色氧化色，一般采取下列方法来解决：对于留有磨削余量的工件，可将氧化色研磨或磨削，或者对工件进行抛丸、喷砂处理；也可重新渗氮，在 500～520℃ 通氨保温 4～6h，将氧化色还原。必须注意在冷却过程中保持炉内正压，防止空气或其他气体进入炉内，再次氧化工件。

4.2.4　气体渗氮层的组织与性能

工件和工具的耐磨性可通过渗氮来改善，它可提高表面硬度、降低摩擦系数和金属摩擦副的黏附性，提高耐磨性及表层疲劳强度，减少与周围介质的反应，因此渗氮件的力学性能，取决于渗氮层和心部的组织性能及渗氮层与基体的合理匹配。

4.2.4.1　渗氮层的组织

从 Fe-N 状态图可以看出，在共析温度 590℃ 以下表面形成 α 相，α 相氮浓度达到饱和后转变为 γ′ 相，γ′ 相氮浓度达到饱和后形成 ε 相，纯铁在渗氮温度下的组织由外到里依次为 ε 相→γ′ 相→α 相。缓冷时，ε 相和 α 相析出 γ′ 相。室温下渗氮组织由表向内为 ε→ε+γ′→γ′→α+γ′。若 ε 相氮浓度很高还会析出 ζ 相。在 α 相层中有 γ′ 相析出，γ′ 相的针叶间呈一定角度。渗氮后快冷可抑制 γ′ 相的析出。碳钢与纯铁渗氮组织大致相同，区别在于上述组织（除 γ′ 相外）与固溶体中含有碳，氮也溶解于渗碳体中，形成含氮渗碳体 Fe_3C、Fe_3N 等。

4.2.4.2　渗氮层的性能

（1）高的硬度与耐磨性　耐磨性不仅取决于零件的表面硬度，而且还取决于接触表面的相对滑移过程，以及材料本身的接触特性，润滑油、负荷种类及摩擦表面的结构等。铁的渗氮相的硬度并不高，渗氮可获得比渗碳淬火高得多的硬度，渗氮层的高硬度是由于表面形成了 ε 相、过饱和氮对 α-Fe 的时效强化、渗氮扩散过程中合金元素与氮的相互作用以及渗氮钢的合金渗氮物沉淀硬化，即主要是靠渗氮层中形成与母相共格的合金元素渗氮物的沉淀硬化。如 38CrMoAl 钢渗氮后硬度可达 1200HV，高于渗碳马氏体层的表面硬度，故其耐磨性特别好。高硬度是由渗氮物的弥散度、渗氮物质点的尺寸大小所决定的，温度升高渗氮后的渗氮物硬度降低。

（2）在高温下保持高硬度（红硬性）　工件渗氮表面在 500℃ 可长期保持其高硬度，短时间加热到 600℃ 其硬度几乎不降低，保持了渗氮件硬度和基体强度，而当温度超过 600℃ 时，渗氮层中部分弥散分布的渗氮物聚集及发生组织转变，将使表面硬度下降。在 700～800℃ 短时间加热，其硬度低于调质硬度，但尺寸稳定性好。

（3）高的疲劳强度　结构钢渗氮可显著提高光滑试样的旋转弯曲疲劳强度和缺口敏感性。渗氮层表面层具有较大的残余压应力，它能部分抵消在旋转弯曲载荷下产生的表面拉应力，故可提高疲劳强度。渗氮层越深，疲劳抗力越大。疲劳破坏常发生在渗氮层与心部交接处，渗氮在表面造成有利的残余压应力，使交变载荷下工作零件对表面缺陷不敏感的程度提高。表 4.11 为几种材料渗氮前后弯曲疲劳强度的差异和接触疲劳强度。

表 4.11　几种材料渗氮前后的弯曲疲劳强度和接触疲劳强度

材料	弯曲疲劳强度/MPa		接触疲劳强度/MPa
	未处理	渗氮后	
38CrMoAl	475	608	2205
45	431	500	1303
18Cr2Ni4W	529	680	—
38CrNiMoV	501	680	—

（4）优良的耐腐蚀性　渗氮层的表面形成一层致密的 ε 相时，具有良好的耐自来水、蒸气及碱溶液腐蚀的性能，因此提高了使用寿命，而当表面以 γ' 相为主时耐腐蚀性较差。渗氮后可提高钢在铝液中的抗溶解稳定性和与铝件的抗黏着性能。

（5）提高了抗擦伤和抗咬合能力　渗氮件形成的化合物层的粗糙度同渗氮前没有区别，高的表面硬度不会造成表面划伤，同时化合物层的微小孔隙又容易吸附润滑油等，从而使工件在工作过程中具有较高的抗擦伤和抗咬合能力以及高的疲劳强度等，具体数值见表 4.12。表 4.13 为几种材料的抗咬合性比较，从表中可以看出三种材料处理后的抗咬合性提高了约 1～10 倍。

表 4.12　几种材料渗氮后的抗咬合和抗疲劳等性能

材料	抗咬合负荷/N	抗弯曲强度/MPa	抗疲劳强度/MPa
45	3000	540	1725
QT600-3	2533		1950
4Cr5MoV1Si	2116	696	3900
4Cr12MoV			4087
25Cr2MoV	2800		2381
38CrMoAl	2633	588	

表 4.13　几种材料的抗咬合性比较

材料	失效或极限负荷/N	
	未处理	渗氮处理
38CrMoAl	1112	11714
45	3560	13350
QT600-3	6300	11269

4.2.5　渗氮件的质量检测

渗氮件的质量检测一般有以下几个项目：外观、渗氮层深度、表面及心部硬度、渗氮层脆性、金相组织、疏松及畸变等，详见表 4.14。

表 4.14　渗氮件的质量检测项目及要求

检验项目	要　求
外观	正常的渗氮表面呈银灰色、无光泽。若表面呈蓝色、黄色或其他颜色,说明设备漏气,在渗氮或冷却过程中工件表面被氧化。若出现亮点,说明该处未渗氮,其原因是表面不干净。不应出现裂纹及剥落现象。离子渗氮件表面应无明显电弧烧伤等表面缺陷

检验项目	要　　求
硬度	通常用维氏硬度计或轻型洛氏硬度计测量,载荷的大小应根据渗氮层的厚度来选择,见下表: 表格1 当渗氮层极薄时(如不锈钢渗层),也可用显微硬度计。心部硬度可用洛氏硬度计或布氏硬度计来检验表面硬度是否符合图样技术要求,其误差范围应符合下表规定的数值: 表格2

渗氮层厚度表:

渗氮层厚度/mm	<0.2	0.2~0.35	0.35~0.50	>0.50
维氏硬度计载荷/N	<49.03	≤98.07	≤98.07	≤294.21
洛氏硬度计载荷/N	—	147.11	147.11 或 294.21	588.42

表面硬度误差范围表:

类型	表面硬度误差范围			
	单件		同一批件	
硬度范围(HV)	≤600	>600	≤600	>600
误差范围(HV)	≤45	≤60	≤70	≤100

渗氮层深度	(1)检验方法 通常采用断口法、金相法及硬度梯度法三种,以硬度梯度法作为仲裁方法。 ①断口法。将带缺口的试样打断,用 25 倍读数放大镜直接测量试样断口深度。渗氮层组织较细,呈瓷状断口,而心部组织则较粗,呈塑性破断的特征。此法简单易行,方便快捷,但测量精度较低。 ②金相法。在金相显微镜下从表面测量至分界处的距离即为渗氮层深度。 ③硬度梯度法。采用小负荷维氏硬度试验法,试验载荷为 2.94N(必要时可采用 1.96~19.6N 之间的载荷,但应注明载荷数值)。测得渗氮试样沿层深方向的硬度曲线,从试样表面至比基体硬度值高 50HV 处的垂直距离为渗氮层深度。对于渗氮层硬度变化比较平缓的工件(如碳钢及低碳低合金钢制件),其渗氮层深度可从试件表面测至比基体维氏硬度值高 30HV 处。 (2)要求　渗氮层深度应符合技术要求,误差范围应符合下表中规定数值。

渗氮层深度范围/mm	渗氮层深度误差/mm	
	单件	同一批件
<0.3	0.05	0.1
0.3~0.6	0.10	0.15
>0.6	0.15	0.20

金相	主要包括渗氮层组织检查及心部组织检查。 ①渗氮层中的白层厚度≤0.03mm(渗氮后精磨的工佳除外)。 ②渗氮层中不允许有粗大的网状、连续的波纹状(脉状)或鱼骨状氢氮化物存在,这些粗大的氮化物会使渗层变脆、脱落。氮化物级别参照 GB/T 11354—2005 中氮化物级别图进行分级,分为 5 级,一般工件 1~3 级合格,重要工件 1~2 级合格。 ③心部组织应为均匀细小的回火索氏体,不允许有大量大块自由铁素体存在

渗氮层脆性	通常采用压痕法评定渗氮层的脆性。以 98.07N 的载荷对试样进行维氏硬度测试,将测得的压痕形状与等级标准(见图 4.16)进行对比,根据压痕的完整程度确定其脆性等级。通常,离子渗氮表面脆性比气体渗氮低。 渗氮层脆性等级标准共分 5 级;压痕边缘完整无缺为 1 级,不脆;一边或一角有碎裂为 2 级,略脆;压痕二角碎裂为 3 级,脆;压痕三边三角碎裂为 4 级,很脆;四边四角严重碎裂为 5 级,极脆。一般工件 1~3 级为合格,重要工件 1~2 级为合格。 在特殊情况下,载荷可使用 49.03N 或 294.21N,但需进行换算,不同载荷时压痕级别换算见下表。

载荷/N	维氏硬度不同载荷时压痕级别换算				
49.03	1	2	3	4	4
98.07	1	2	3	4	5
294.21	2	3	4	5	5

评定渗氮层脆性的最新方法是采用声发射技术,测出渗氮试样在弯曲和扭转过程中出现第一根裂纹的挠度(或扭转角),来定量评定渗氮层脆性

检验项目	要　　求
疏松	渗氮层疏松级别共分 5 级,一般工件 1~3 级合格,重要工件 1~2 级合格,不允许微孔呈密集分布,厚度不能超过化合物层的 2/3
畸变	包括由于渗氮时氮原子的大量渗入而引起的比体积的增大及工件本身的变形。渗氮后工件的胀大量约为渗氮层深度的 3%~4%。变形量应在精磨留量内,一般为 0.05mm 以内,最大不超过 0.10mm。 对于弯曲畸变超过磨量的工件,在不影响工件质量的前提下,可以进行冷压校直或热点校直

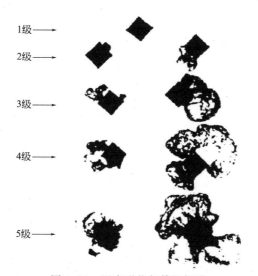

图 4.16　压痕形状与等级标准

4.2.6　气体渗氮常见缺陷与质量控制

气体渗氮作为一种常规的化学热处理工艺,在工量模具制造、汽车与柴油机部件、机械装备与金属加工、石油与化工、农用机械与纺织机械等领域,因其具有特殊的性能而获得了十分广泛的应用,产生了较好的经济效益。为提高渗氮产品的质量,预防缺陷的产生,将其常见缺陷与质量控制措施列于表 4.15 中,供参考。

表 4.15　气体渗氮常见缺陷与质量控制

缺陷类型	产生原因	控制措施
渗氮层硬度低(不足)或硬度不均(软点)	1.渗氮温度偏高; 2.第一阶段温度偏高或氨分解率过高或过低,或渗氮罐通气管久未退氮; 3.使用了新的渗氮罐,夹具或渗氮罐使用过久; 4.工件未洗净,表面有油污; 5.工件预先调质的硬度太低; 6.渗氮炉密封不严,炉盖漏气; 7.装炉不当或装炉量过多,吊挂不良,气流循环不良; 8.局部防渗镀锡时发生流锡现象;	1.调整温度,校验仪表; 2.定期校验测温仪表,降低第一阶段的温度,以形成弥散细小的氮化物,稳定各个阶段的氨分解率,将氨分解率控制在 15%~25% 范围的下限,对渗氮排气管退氮或更换; 3.新罐进行预渗,长久使用的夹具和渗氮罐等应进行退氮处理,使氨分解率平稳控制在上限; 4.渗氮前清理干净工件的表面; 5.重新处理,使工件基体硬度符合要求; 6.更换石棉、石墨垫,检查炉体,无漏气,确保渗氮罐密封性能; 7.合理装炉,确保气流通畅; 8.喷砂,严格控制镀锡厚度;

缺陷类型	产生原因	控制措施
渗氮层硬度低(不足)或硬度不均(软点)	9. 表面脱碳,晶粒粗大; 10. 渗氮温度低或时间短; 11. 渗氮件表面出现异物; 12. 升温速度太快,罐内温差大; 13. 第一阶段一度中断氨气; 14. 材料的组织不均匀	9. 去掉脱碳层或正火; 10. 严格执行渗氮工艺; 11. 清理异物; 12. 升温到300℃后,控制升温速度≤50℃/h,或工件在400~450℃透烧1h; 13. 认真检查氨气管路和供氨情况; 14. 提高渗氮前零件的热处理质量,使组织均匀致密。 补救措施:如果不是长时间超温,或氨分解率过高,或较长时间的中断供氨,允许重新渗氮处理。即到温前将氨分解率控制在18%以下,到温后温度在500~510℃处理15~20h,氨分解率为18%~21%,最后在540~550℃退氨2~3h,此时分解率为70%以上
渗氮层浅	1. 渗氮第二阶段温度偏低; 2. 保温时间太短; 3. 第一阶段氨分解率过高或过低,分解率不稳定; 4. 装炉不当,工件之间距离太近,气流循环不畅; 5. 密封不好,漏气; 6. 基体未经调质处理; 7. 渗氮罐使用过久; 8. 新换卡具和渗氮罐	1. 适当提高第二阶段的温度,校正仪表和热电偶; 2. 按工艺时间进行,或酌情延长时间; 3. 按工艺规范调整氨分解率,使之符合工艺要求; 4. 合理装炉,调整工件之间的间隙,加强炉内气氛的循环; 5. 检查炉盖及盘根的密封情况; 6. 渗氮前的零件必须进行调质处理,以获得均匀致密的回火索氏体组织; 7. 进行退氨处理,或使用陶瓷罐; 8. 预先进行卡具和空罐的渗氮。 补救措施:在正常的扩散温度下再渗氮数小时
工件变形超差	1. 机加工残余应力太大,未进行去应力退火或退火不充分; 2. 工件细长或形状复杂,吊挂或放置不垂直; 3. 渗氮面不对称或局部渗氮; 4. 渗氮罐内温度过高或不均匀; 5. 氨气流通不畅,装炉不当; 6. 工件自重的影响; 7. 渗氮后氮原子的渗入造成组织比体积增大; 8. 加热或冷却速度太快; 9. 原材料晶粒粗大; 10. 加工零件的表面粗糙、存在尖角和棱角等	1. 粗加工后进行去应力退火处理。 2. 缓慢升温,在300℃以上,每升100℃保温1h,控制加热和冷却速度,保证炉温的均匀。 3. 改进设计,避免不对称,吊挂时注意重心的位置和平稳,降低升温及冷却速度。 4. 尽量采用低的渗氮温度,改进电阻丝及氨气管道的布置,增加控温区段,强化循环,确保炉温的均匀性。 5. 合理装炉,避免叠加或挤压,风扇转动应正常。 6. 设计专用夹具及工装,热校后再进行消除应力处理。 7. 渗氮化前考虑比体积的增大,合理控制渗氮前的加工余量。 措施:对精度要求不高、需耐磨性好的零件,采用低于渗氮温度的热校直,随后在160~200℃低温回火12h,消除部分应力。 8. 采用分段升温法,并控制冷却速度,缓冷到150~200℃出炉。 9. 进行正火或调质处理。 10. 确保零件表面粗糙度符合技术要求,消除尖角等
表面有氧化色	1. 退氨或降温过程中供氨不足,导致炉内压力不高,冷却时形成负压,空气进入造成氧化色; 2. 设备的密封性不好、漏气,压力不正常; 3. 干燥剂失效; 4. 零件的出炉温度过高; 5. 氨中含水量过高,管道中存在积水	1. 保持炉内正压,退氨或冷却时保持炉压>20mmH₂O; 2. 经常检查设备的密封性,检查漏气部位并及时紧或堵塞; 3. 更换干燥剂; 4. 炉冷200℃以下出炉; 5. 认真检查管道内的积水,及时清理管道内的积水。 补救措施:渗氮后工件表面的氧化色对硬度、渗层深度均无影响,对质量要求较高的零件可再进行(500~520)℃×(1~2)h的渗氮处理。也可低压喷细砂消除表面氧化色

续表

缺陷类型	产生原因	控制措施
粗大网状、波纹状、针状或鱼骨状氮化物及厚的白色脆化层	1. 渗氮温度过高或长时间高温渗氮; 2. 液氨中含水量大; 3. 原始组织晶粒粗大、有大块铁素体、加工表面粗糙、内应力大等; 4. 工件有尖角、锐边、凹槽等; 5. 未控制好氨分解率,气氛氮势过高,出现 ε 相; 6. 表面脱碳严重或原始组织中存在游离的铁素体,极易出现鱼骨状、针状氮化物; 7. 炉子的密封性差; 8. 原始组织中的游离铁素体较多,零件表面严重脱碳	1. 严格执行渗氮工艺,确保温度和时间符合要求; 2. 及时更换干燥剂或再加一干燥器,严格控制炉气中的含水量; 3. 正火后重新进行调质处理,使晶粒细小,渗氮前进行稳定回火,消除切削加工引起的内应力,提高零件的表面加工质量,减少非平滑过渡等; 4. 去除尖角,倒钝锐边或填充; 5. 严格控制氨分解率,降低温度或加大氨流量; 6. 严格调质工艺,防止脱碳和铁素体过多,确保原材料组织合格,缓慢升温,排净炉内空气等; 7. 严格检查炉罐的密封性,保持炉内为正压; 8. 严格执行调质处理工艺,防止出现脱碳
渗氮面产生亮块或白点,硬度不均	1. 加热炉内温差太大; 2. 进气管道局部堵塞,氨气流动不畅通; 3. 工件表面有油污或锈斑; 4. 装炉量太多,吊挂不到位; 5. 材料组织不均匀,夹杂物超标; 6. 非渗氮部位的镀锡保护层过厚,锡层熔化影响渗氮部分	1. 测温,确保炉内温度一致; 2. 及时清理、疏通管道,强化炉气的循环; 3. 工件要清洗干净,并注意经常清理马弗罐; 4. 合理装炉; 5. 提高原材料的质量,重视渗氮零件的原材料的检验; 6. 适当控制镀锡层的厚度
表面出现光亮花斑	1. 炉温不匀,局部温度低于 480℃; 2. 氨分解率太低; 3. 氨气的流量和分布不均匀; 4. 马弗罐中有污物,渗氮时吸附	1. 严格控制炉温; 2. 严格控制氨气的流量; 3. 合理改进管道分布,经常清理管道; 4. 定期清理马弗罐
表面腐蚀	1. 氯化铵(或四氯化碳)加入量太大; 2. 氯化铵(或四氯化碳)挥发太快	1. 按渗氮罐容积严格控制加入量; 2. 用干燥的石英砂压实氯化铵,或均匀混合后使用,以降低挥发速度 [除不锈钢和耐热钢外,尽量不加或少加氯化铵(或四氯化碳)]
表面剥落和脆性大	1. 冶金质量不合格; 2. 渗氮工艺不合理; 3. 渗氮前磨削量大; 4. 表面氮浓度太大或退氮时间不足,渗氮层与心部之氮量突然过高; 5. 调质处理时淬火温度高,出现过热; 6. 表面有脱碳,表面粗糙或锈蚀,液氨的含水量超过1%,造成表面脱碳; 7. 零件的外形有尖角、锐边; 8. 冷却速度过慢	1. 选用合格的材料; 2. 改进工艺; 3. 减小磨削量,分几次磨削; 4. 严格控制氨分解率和确保退氮彻底(或在570~580℃保温4~5h),减少零件尖角、棱边或粗糙的表面; 5. 正火后重新调质处理,提高预先热处理的质量; 6. 提高渗氮罐的密封性,降低氨中的含水量,去掉脱碳层或锈迹,更换干燥剂; 7. 尽可能避开尖角和特殊的形状; 8. 加速渗氮工件的冷却速度。 补救措施:凡不是因为表面脱碳引起的脆性,允许重新退氮处理,对允许表面有氧化色的工件可在空气炉内进行
表面裂纹	1. 晶粒过于粗大; 2. 未及时回火; 3. 含氮量超过允许的范围,脆性过大	1. 正火处理; 2. 补充回火; 3. 渗氮完毕后将炉温升高,使零件在封闭的残余氨气中进行退氮处理
渗氮层不致密,耐蚀性差	1. 渗氮表面氮浓度太低,使 ε 相太薄或不连续; 2. 工件表面有锈蚀,未除净; 3. 工件清洗不干净,有油污和锈迹; 4. 冷却速度太慢,造成氮化物的分解	1. 氨分解率不宜太高,应进行合理的控制; 2. 除掉锈蚀痕迹; 3. 工件表面应清洗或清理干净,除掉锈迹等; 4. 按要求调整冷却速度; 补救措施:将硬度低的工件重新渗氮处理

除了因渗氮温度高而引起的硬度低不能补救外，其余的缺陷均可采取措施进行补救，渗氮速度一般为 0.01mm/h。

4.2.7 气体渗氮氮势控制及应用

4.2.7.1 渗氮氮势的控制

渗氮能显著提高零件的表面硬度、耐磨性、耐腐蚀性及疲劳强度。由于渗氮温度低（一般为 490～570℃），热处理变形小，因而广泛应用于磨床主轴、镗床镗杆、精密机械零件、发动机曲轴、气缸套、挤压螺杆以及工模具和刀具。渗氮质量的好坏，在很大程度上取决于表面氮浓度。

通过测定和控制氨气流量来控制氨分解率的方法可实现气体渗氮的氮势控制。测定了不同渗氮温度下传感器输出氮势、氨气流量与氨分解率之间的关系。

氮势是渗氮的重要参数，采用最新先进的 Hydronit 氢探头直接检测炉内的氮势，可实现渗氮过程的自动控制。

在气体渗氮过程中，渗氮反应（$NH_3 \rightleftharpoons [N]+3/2H_2$）中反应气体的化学作用是以渗氮系数 $K_N = p_{NH_3}/p_{H_2}^{1.5}$ 表示特性的，式中，p_{NH_3} 为氨分压，p_{H_2} 为氢分压。渗氮系数即氮势 K_N 决定着渗层的增长与组织结构，在气体渗氮时，产生的氮化物是随着渗氮系数和温度而改变的。

另外，在渗氮过程中，气氛中氢分压也可表示气氛的渗氮能力，通过 Hydronit 氢探头测定渗氮气氛中氢的分压后，再采用下列关系模型：$K_N = (1-4/3p_{H_2})/p_{H_2}^{1.5}$，由计算机计算出对应氢含量的氮势值 K_N，在计算机的显示屏上同时显示气氛中氢含量及氮势 K_N，可进行监控。根据设定的 K_N 值及氢探头测定的氢分压 p_{H_2} 来控制电磁阀，实时调节裂解氨气流量，达到控制炉内氮势的目的。

自动调节不同的工艺时间、氨的供应量，达到完全自动控制氮势的目的。在渗氮过程中，气氛中的氢含量表示气氛的渗氮能力。要提高零件渗氮的可靠性和质量，先进的渗氮设备是基础，合理先进的工艺是保证。渗氮过程中，温度和氮势是重要的工艺参数，两者合理匹配及精确控制是确保质量的关键。目前，温度的控制精度对于加热炉已不是问题，影响渗氮质量的主要问题是氮势可靠准确的控制。

4.2.7.2 ［实例 4.1］ 模具及凸轮的渗氮表面强化

(1) 工件名称与使用材料　挤压模具和纺织机械用凸轮，采用 38CrMoAl 钢制造。

(2) 热处理技术条件　调质处理后基体硬度为 25～32HRC，渗氮层深度为 0.5～0.8mm，表面硬度≥900HV，脆性≤2 级，变形≤0.05mm。

(3) 加工工艺流程　下料→锻造→正火→机械粗加工→调质处理→机械加工→镀锡→渗氮→机械加工→装配。

(4) 热处理工艺分析

① 工件的表面要承受一定的压力，故要求较厚的渗层，同时心部要保持较高的强度，以满足工作需要，采用调质处理可满足其技术要求。

调质处理工艺规范为：淬火（940～960）℃×3h，油冷，回火（600～650）℃×3.5h，空冷或水冷，硬度为 26～32HRC。

② 最终化学热处理——渗氮处理。

采用一段渗氮处理工艺可满足技术要求，具体渗氮工艺曲线如图 4.17 所示。

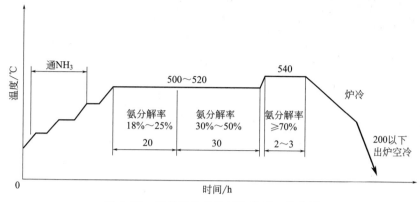

图 4.17　模具及凸轮的气体渗氮工艺曲线

（5）化学热处理工艺分析

① 在制定具体渗氮工艺时，必须综合考虑渗氮设备的功率、炉膛大小、装炉量的大小和摆放方式、要求的渗层厚度和硬度及允许的变形量、进气管与排气管的位置，催渗剂的放入量等，根据经验渗氮的渗速一般按 0.01mm/h 进行即可。

② 该类模具与凸轮体积较大，必须在 200℃ 以下装炉，因此在升温过程中应有三个保温阶段，即 200℃、300℃、480℃ 各保温 2h，才不至于使工件的表面与心部的温差太大，同时也利于减小变形。

③ 装入专用工装，摆放时应使其中心向上，端面交错叠压但应不影响炉气的循环和畅通，试样挂在有代表性的位置，同时注意重量平衡以防起落时工件倾斜掉出。

④ 渗氮温度达到要求后，氨分解率应控制在工艺范围内，若有异常及时处理，每半小时测量一次氨分解率，并记录。炉内压力用 U 形管测量，压力保持在 80～120mm 油柱或 40～60mmH$_2$O 之间。

（6）化学热处理工艺技术实施要点

① 装炉后升温，在 480℃ 预调氨分解率，为渗氮的正常进行作准备，一般此时的氨分解率在 15% 左右，若高于此值，应加大供氨量；若温度高于 480℃，则应降温处理。因为在温度不变的情况下，随着渗氮时间的延长炉内的活性氮原子增加，氨分解率会逐渐升高。

② 为降低渗氮件表面渗氮层的脆性，提温退氨使氨分解率控制在 70% 以上即可。冷却过程中继续通氨，但只需维持炉内正压或者关闭排气管。200℃ 出炉后待工件冷到室温取下工件。

③ 要缩短渗氮生产周期，必须从以下几个方面入手：通氨排气改用氮气换气，氨的密度为 0.7718g/L，N$_2$ 的密度是 1.253g/L，空气的密度为 1.293g/L；氮气与空气的密度十分接近，二者之间更易置换，可明显节约换气时间。在升温时导入氨气，氨在 277℃ 以上比氢的还原性强，故不必担心渗氮件被氧化，尽管在空气占 50% 的低温时会被氧化，但到达渗氮温度之前会被氨与氢还原。

4.2.7.3　［实例 4.2］　气门导管的渗氮表面强化

（1）工件名称与使用材料　与气门接触的气门导管，与气门配合使用，材质为 CrMoCu，铸造成型质量约 0.309kg。

（2）热处理技术条件　基体硬度 210～250HBW，内孔渗氮层为 0.1～0.2mm（磨削后），内孔表面硬度480~520HV，变形小于0.05mm。

（3）加工工艺流程　该导管的工艺流程为：铸造→退火→平端面→车外圆及倒角→钻孔→磨外圆及密封角→磨内孔→渗氮处理→清洗防锈→检验和试验→包装运输等。

（4）热处理工艺分析　气门杆部与气门导管的间隙是配合的，CrMoCu材料制造的气门导管，铸造后应进行退火处理，以利于进行机械加工，同时也是自身的需要，其退火工艺为（750~780）℃×6h。

（5）化学热处理工艺分析　为达到气门导管的表面处理要求，采用的渗氮工艺曲线见图4.18。考虑到导管内孔需要磨削，实际的渗氮层深度控制在0.5~0.6mm范围内。

两段渗氮工艺有利于确保渗层深度和缩短渗氮时间，考虑到合金铸铁气门导管渗氮后脆性小，故不需要进行退氮处理。

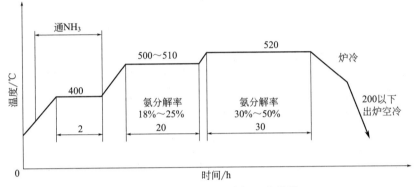

图4.18　气门导管的渗氮工艺曲线

（6）化学热处理工艺技术实施要点

① 由于该工件与汽车发动机的气门相匹配，内表面要求耐磨性好，但应低于气门杆部表面硬度，总渗氮时间为50h，保证渗层在0.5~0.6mm之间，表面硬度符合要求。

② 氨分解率可采用人工或自动化控制，炉内压力要大于80~120mm油柱或40~60mm水柱，否则空气会进入罐内，造成导管颜色的不一致。

4.2.7.4　[实例4.3]　3Cr2W8V压铸模气体三段渗氮化学热处理强化

（1）工件名称与使用材料　铝合金压铸模，材料为3Cr2W8V，其模具形状见图4.19。

（2）热处理技术条件　该模具为中小型模具，其工作温度在500℃以上，基体硬度为44~50HRC，表面渗氮深度为0.20~0.50mm，表面硬度≥600HV，渗层脆性为1~2级。

（3）加工工艺流程　该压铸模的加工工艺流程为：下料→锻造→球化退火→粗加工→稳定处理→精加工→最终热处理（淬火、回火）→钳修→研磨→装配→气体渗氮处理等。

（4）热处理工艺分析　压铸模热处理的稳定处理是（650~680）℃×（4~5）h，炉冷到400℃出炉空冷。目的是消除机加工应力以及对于变形的影响，最终热处理工艺曲线见图4.20。

曲线中第一次预热在箱式炉或井式炉内进行，随后的预热、加热、冷却回火等均在盐炉内完成。

该工艺考虑到模具是在高温度下工作，要求具有热强性，故采用较高的加热温度，使合金碳化物能较充分地溶解于奥氏体中，以保证淬火后有高的硬度和良好的红硬性；回火采用高温回火，产生"二次硬化"，赋予模具良好的力学性能。3Cr2W8V钢具有良好的淬透

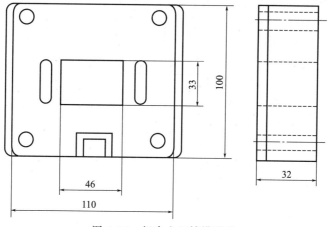

图 4.19 铝合金压铸模形状

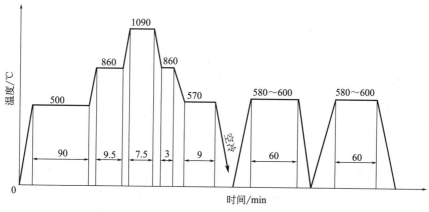

图 4.20 铝合金压铸模的最终热处理工艺曲线

件，其冷却方法有空冷、油冷、硝盐浴分级冷却等，考虑到本压铸模精度较高，为了减小变形和尺寸的稳定，应采用 860℃、570℃ 两次分级淬火。从该钢的 C 曲线可知，570℃ 正好处在 3Cr2W8V 钢的过冷奥氏体的稳定区域，故可以作较长时间的停留，以减小变形和开裂，其正常淬火后的组织为较细的马氏体＋残余奥氏体＋少量粒状碳化物。

压铸模的回火温度为 580～600℃，经过两次充分回火后的金相组织为回火马氏体＋少量残留碳化物，可有效防止模具使用过程中过早开裂，需要注意的是回火后应缓慢冷却，否则又将产生新的内应力。

（5）化学热处理工艺分析　根据该压铸模的表面渗氮要求，选用气体渗氮炉进行气体三段渗氮法，其工艺曲线见图 4.21，采用热炉装料可缩短渗氮时间。

该工艺可实现渗氮层硬度从表面到内部的平缓下降，具有较好的结合强度，最后的退氮处理可降低表面脆性，提高其服役寿命。

（6）化学热处理工艺技术实施要点

① 铝合金压铸模进行渗氮处理的目的是减少或避免压铸时液体铝合金的黏附和腐蚀，从而减少磨损，提高使用寿命，采用气体或液体软氮化均可满足要求。

② 渗氮用氨气的含水量要低于 0.2%，采用的氧化钙、氯化钙等干燥剂应焙烧或烘干，否则会造成模具表面的氧化。

③ 在升温过程中要加大氨的通气量，退氮时关闭排气孔，只通入少量的氨气，维持炉内正压。

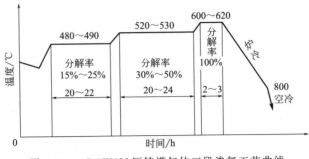

图 4.21　3Cr2W8V 压铸模气体三段渗氮工艺曲线

4.2.7.5　［实例 4.4］ LC280A 车床薄片齿轮的渗氮化学热处理强化

（1）工件名称及使用材料　LC280A 车床薄片齿轮（图 4.22），材料为 40Cr。

（2）热处理技术条件　基体硬度为 220～260HBW，渗氮层深度≥0.15mm，表面硬度≥500HV1，内孔变形<0.05mm，公法线变化<0.06mm，齿轮运行中噪声<87dB。

（3）加工工艺流程　该薄片齿轮尺寸小，厚度薄，在机械加工与热处理过程中容易变形。其工艺流程为：下料→锻坯→正火→粗机械加工→调质处理→半精加工→去应力退火→气体渗氮→精磨→成品。

（4）热处理工艺分析

① 正火与去应力退火在箱式炉中加热。正火（870～890）℃×（1.5～2）h，空冷可消除锻造应力，改善切削加工性能，细化晶粒与均匀组织，为最后的调质处理做好组织准备。去应力退火（300～400）℃×（2～4）h，可消除机械加工内应力，确保渗氮处理变形量最小，组织稳定。

② 调质处理的淬火是在保护气氛炉中加热（840～860）℃×2h 后油冷，高温回火在井式炉或箱式炉中进行，（600～650）℃×2h，出炉油冷。

（5）化学热处理工艺分析　该薄片齿轮进行渗氮处理的目的是在保证高精度的前提下，获得较高的表面硬度、耐磨性与耐蚀性等。阶梯性升温可减少温差所造成的热应力影响，减小齿轮的变形，使其内孔与公法线尺寸的变化符合要求。图 4.23 为该薄片齿轮两段渗氮工艺示意图。

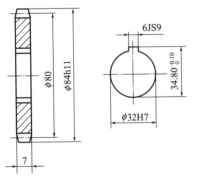

图 4.22　LC280A 车床薄片齿轮外形尺寸简图

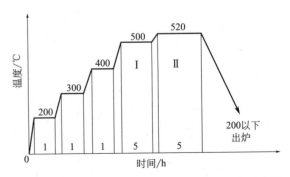

图 4.23　LC280A 车床薄片齿轮两段渗氮工艺示意图
Ⅰ段：氨流量 4L/min，氨分解率 30%，炉压 780Pa；
Ⅱ段：氨流量 6L/min，氨分解率 40%，炉压 980Pa

（6）化学热处理工艺技术实施要点

① 两段渗氮可缩短渗氮周期，加快渗氮速度，并降低脆性。

② 采用200℃、300℃、400℃阶梯性升温与保温模式，目的是减小齿轮内外温差，防止热应力影响齿轮尺寸变形。

③ 在降温过程中必须通氨保护，确保炉内为正压，防止产生负压导致空气进入。

4.2.7.6 ［实例4.5］ T6112镗床主轴的气体渗氮表面强化

（1）工件名称与使用材料　T6112镗床主轴（图4.24），材料为38CrMoAlA钢。

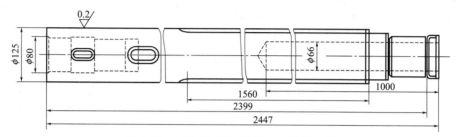

图4.24　38CrMoAlA钢 T6112镗床主轴

（2）热处理技术要求　基体硬度250～280HBW，渗氮层深度0.50mm，表面硬度900HV，轴段跳动≤0.005mm。

（3）加工工艺流程　下料→锻造→退火→粗机械加工→调质处理→精机械加工→去应力退火→粗磨削加工→渗氮处理→精磨→检验与防锈。

（4）热处理工艺分析　该轴采用箱式炉进行完全退火（900～930)℃×(2～3)h，目的是消除锻件常存在的晶粒粗大或晶粒大小不均匀等组织缺陷，消除内应力，改善切削加工性。

调质处理：淬火（930～950)℃×(2～3)h后水淬油冷，回火（620～640)℃×4h后出炉空冷，可获得较好的综合力学性能，满足其内部具有良好韧性与塑性的要求。

需要注意调质处理时主轴用吊挂装炉，双液淬火时在水中时间应不超过20s，主轴采用冷压校直与消除校直应力退火处理。

去应力退火（600～620)℃×6h后出炉温度应不高于300℃，以消除机械加工的残余应力，防止渗氮过程中主轴的变形超差。

（5）化学热处理工艺分析　主轴的渗氮处理工艺为三段渗氮处理，阶梯式升温。在200℃、300℃、400℃各保温1h，升温到450℃保温2h；然后升温到490～500℃保温30h；随后缓慢（2～3h）升温到560℃，保温24h；再随炉缓慢降温到530℃，保温6～10h进行退氮处理；炉冷到200℃以下出炉空冷。

三段渗氮工艺缩短了渗氮周期，提高了生产效率，是生产中常用的渗氮工艺。

（6）化学热处理工艺技术实施要点

① 主轴的渗氮装炉方式为吊挂，相互之间的间隙应大于主轴的半径，否则气流不畅将影响渗氮效果。

② 530℃退氮时要维持炉内正压，防止空气进入炉内。

4.3　离子渗氮工艺及应用

离子渗氮是利用稀薄的含氮气体在高压电场的辉光放电，进行渗氮的一种化学热处理方法，又称辉光离子渗氮和离子轰击渗氮。它是在专用的离子渗氮炉中，以工件为阴极、炉壁为阳极，接通高压直流电，使连续通入炉内的稀薄供氮气体发生分离，进而产生氮等离子而不断轰击工件表面，因动能转化为热能而使工件被加热，并使产生的活性氮原子渗入工件表面。它克服了常规气体渗氮的工艺周期长和渗层脆等严重缺点，具有以下优点：①渗氮速度快，与普通气体渗氮相比，可显著缩短渗氮时间，渗氮层深在 0.30～0.60mm 时渗氮时间仅为普通气体渗氮的 1/5～1/3，大大缩短了渗氮周期；②有良好的综合性能，可以改变渗氮成分和组织结构，韧性好，工件表面脆性低，工件变形小；③可节省渗氮气体和电力，减少了能源消耗；④对非渗氮面不用保护，对不锈钢和耐热钢可直接处理，不用去除钝化膜；⑤没有污染性气体产生；⑥可以低于 500℃ 渗氮，也可在 610℃ 渗氮，质量稳定。因此，离子渗氮在国内外得到了推广和应用。但其缺点是存在温度不均匀等问题。

离子渗氮的渗层具有良好的综合力学性能，特别容易形成单一的 γ' 相化合物层，渗层表面十分致密，具有较好的韧性，故采用气体渗氮的零件均可采用离子渗氮。由于离子渗氮工件形状对表面温度的均匀性影响较大，同一零件，若不同部位的形状不同，或不同形状的工件同炉渗氮，会出现很大的温差，直接影响了表层的渗氮质量，该工艺适合于形状均匀对称的大型零件和大批生产的单一零件。对于形状复杂的零件，必须采取保护措施以改善工件表面的温度均匀性。离子渗氮对于碳钢而言，扩散层为氮在 α 相中的过饱和固溶体，或有 γ' 相呈针状析出；而合金钢的扩散层为 α 相及分布着与 α 相有共格关系的合金元素的渗氮物。渗氮方法不同，渗氮层的组织结构也不同，主要表现在：①渗氮层表面的氮浓度、化合物层的厚度及浓度梯度；②化合物层的致密性及扩散层中 γ' 相的分布。

4.3.1　离子渗氮设备

离子渗氮设备是由渗氮工作室、真空系统（抽真空和真空测量系统）、渗氮介质供给系统、供水系统、电力控制系统和温度测量及控制系统等组成，辉光离子渗氮炉的炉型有钟罩式炉、通用炉和井式炉三类，一般零件多采用钟罩式炉处理。钟罩式炉的结构如图 4.25。

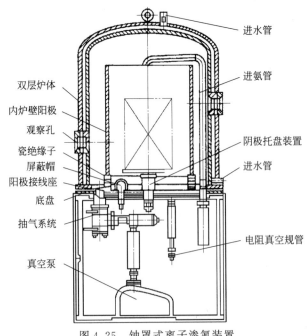

图 4.25　钟罩式离子渗氮装置

渗氮介质的供给系统包括气源、通气管路、干燥净化及流量测量等装置，应保证通入炉内的渗氮气体的纯度和水分符合要求。

炉体与真空炉相似，双层水冷的圆筒形结构，内室室壁比外壁厚，内室用 $6\sim8\text{mm}$ 的不锈钢板或普通钢板焊成，外壁用 3mm 碳素钢板围成，炉底用 $8\sim10\text{mm}$ 的钢板制作。工件置于与炉床绝缘但又连接在一起的阴极托盘上，阴极托盘结构如图 4.26，长杆型工件可用如图 4.27 所示的吊钩。

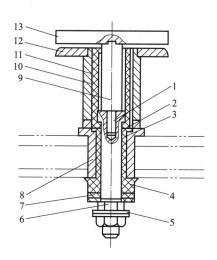

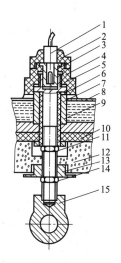

图 4.26　阴极托盘结构图

1—下阴极柱；2—套圈；3—上绝缘套；4—下绝缘套；
5—垫圈；6—螺母；7—大垫圈；8—套；9—上阴极柱；
10—金属套；11—屏蔽套；12—间隙屏蔽板；13—阴极板

图 4.27　阴极吊钩结构图

1—阴极引线插头；2—聚四氟乙烯保护套；3—引线插座；
4—聚四氟乙烯保护套；5—引线接线柱；6—橡胶密封垫；
7—隔水管套；8—炉顶冷却水套；9—绝缘套；10—石棉
水泥绝缘垫；11—螺母；12—泡沫刚玉保温板；
13—间隙屏蔽板；14—螺母；15—阴极吊环

阴极装置有良好的绝缘性、密封性、耐高温性。渗氮时工件温度常在 $500\sim600℃$ 或更高，为了减少热损失，炉内应设置隔热屏。绝缘材料与阴极辉光接触部位应采用间隙屏蔽装置，防止产生弧，这利用了辉光在小于 1mm 的缝隙中即会熄灭的原理，在二者接触部位加上金属套。

阳极一般借用炉壁，也可在炉内加装隔热屏，或辅助阳极（内阳极），由接线柱引到炉外，阴、阳极距离应大于 20mm，炉壁与炉底的接触部位用真空橡胶圈密封，应采用水套进行冷却。其他部位用螺钉将真空橡胶圈压紧。

离子渗氮炉供电系统可输出 $0\sim1000\text{V}$ 的直流电压，功率随工件的总起辉面积而变化，通常为 $2\sim5\text{W/cm}^2$，为保证正常的工作，供电系统应装有快速自动灭弧装置，在真空系统中，该炉配有机械真空泵，保证真空度符合工艺要求。

随着科学技术的不断发展，离子渗氮因其诸多优于气体渗氮的特点，在实际生产中得到了不断改进，扩大了使用范围。

（1）卧式离子渗氮炉　该炉较长，可实现机械化生产，提高生产效率，极大改善工人的劳动条件，具有加热元件。

（2）多功能离子加热装置　该炉是在多用真空炉的基础上加以改进的。加热室在真空状态下，没有工件的氧化和其他的影响，因此可进行离子的渗氮、渗碳、氮碳共渗或碳氮共渗等化学热处理，同时还可作为加热设备进行真空淬火、回火、退火、烧结、堆焊等。

（3）双重加热离子渗氮炉 依靠高能离子轰击加热工件，同时还可用电热元件的辐射和热气对流来加热工件。该炉可缩短生产周期，提高扩渗温度，节能降耗，热效率高。其结构同真空回火炉，即在真空室内两侧放有加热元件，设有强力风扇循环系统以保证炉内的介质气体对工件加热的均匀一致性。用中性气体加热工件后将其抽出，然后通入介质气体（氨气），再依靠离子轰击工件表面，保持了工件温度，并进行渗氮。离子渗氮炉大多是用双重加热炉。

4.3.2 离子渗氮的基本原理

将真空室内的真空度抽至 $133\times10^{-2}\sim5\times133\times10^{-2}$Pa，充入少量介质气体氨气或氮气、氢气的混合气体，使室内压强保持在 $(1\sim10)\times133$Pa，真空室内有阴、阳两极，工件接在阴极，外围设置为一个阳极（炉壁），如图 4.28 所示。

在阴、阳两极通直流电后，氨气在高压电场作用下部分分解成氮，或电离成氮离子及电子，阴极（工件）表面形成一层紫色辉光，高能量的氮离子轰击工件表面，动能转换为热能而使工件表面温度升高。

图 4.29 为辉光放电伏安特性曲线。从图中可以看出，在炉内压力稳定的条件下，开始两极间只有十分微弱的电流产生，随着电压增加，电流增加。当电压到一定值（D 点）时，气体电离，由绝缘体变成良导体，阴极的部分表面开始起辉，D 点电压称为起辉电压，但此时两极间的电压与电流不成线性关系，如 EF 线。升高电源电压或减小电阻均不会改变电压，电流密度也不变化，该区为正常辉光放电区。随着辉光覆盖面积逐渐增大，电流也相应增加，其大小与炉内气体压力有关，F 点处辉光覆盖了工件表面，升高电源电压则电压与电流均增大，直到 G 点，FG 段为异常辉光放电区。离子渗氮主要在此区间进行，放电电压与电流呈线性关系。过了 G 点电压下降，电流增大迅速，会烧化工件。

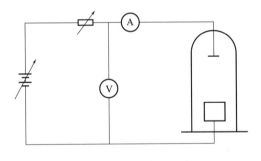

图 4.28 辉光放电电路

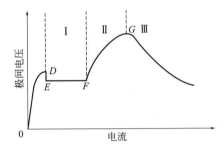

图 4.29 辉光放电伏安特性曲线
Ⅰ—正常辉光放电区；Ⅱ—异常辉光放电区；
Ⅲ—辉光放电区

气体的起辉电压是一个重要参数，它直接影响到工件的产品质量。一般当气体成分、阴极材料不变化时，起辉电压取决于炉内气压压强 p_0 与阴阳两极的距离 d_0 的乘积。

表 4.16 列出几种气体的起辉电压 V_{min}。辉光放电时，工件表面的油污、氧化物等被强烈地溅射而除去，氮的正离子在阴极获得电子后逐渐成为氮原子被工件表面吸收，并向内扩散。氮离子冲击工件表面还能产生阴极溅射效应，溅射出铁离子，离子轰击作用小，从阴极表面冲击出铁离子，在等离子区与氮离子和电子结合而成渗氮物，以均匀的层状被吸附在阴极表面上，形成氮浓度很高的渗氮铁（FeN），氮又重新吸附在工件表面上，沉积在工件表面的 FeN 在离子轰击和热激活作用下，发生分解而产生活性氮原子（$2FeN \longrightarrow Fe_2N +$

[N]）从而被工件表面吸收并向内扩散。Fe_2N 又受到上述作用依次发生下列反应：

$$3Fe_2N \longrightarrow 2Fe_3N + [N]$$
$$4Fe_3N \longrightarrow 3Fe_4N + [N]$$
$$Fe_4N \longrightarrow 4Fe + [N]$$

其中放出的氮原子渗入工件表面，并向工件内部扩散，在工件表面形成渗氮层。随着时间的延长，渗氮层逐渐加深。由此可见，离子渗氮过程的强化是由于辉光放电对形成渗氮扩散层的重要作用：活化气相，加快对氮原子的吸附和扩散，其离子渗氮原理见图 4.30。离子渗氮是在真空容器内高压电场作用下进行的，离子渗氮时阴极的溅射作用除掉了氧化膜，可使工件的表面始终处于活化状态，因此有利于氮原子的渗入；同时，由于离子的轰击，表面一定深度内产生晶体缺陷（如产生位错等），其方向与氮原子的扩散方向一致，有利于氮原子的扩散。在渗氮层中氮在高浓度的 ε 相中扩散最慢，而 ε 相又处于最表面，在扩散层中氮原子的扩散起着至关重要的作用，离子渗氮对表面层发生作用，因此有助于 ε 相中氮原子的扩散，加速了渗氮过程。因此，离子渗氮明显提高了渗氮速度，节省了能源，缩短了工艺周期。

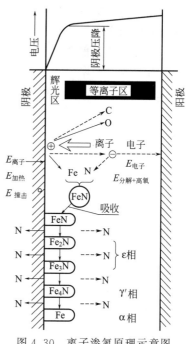

图 4.30 离子渗氮原理示意图

表 4.16 钢铁材料在不同介质中的起辉电压

气体介质	$p_0 d_0$/Pa·mm	起辉电压/V（最小）
O_2	933.1	450
H_2	1466.3	285
N_2	969.8	275
空气	759.8	330
NH_3	1303	400

由于辉光放电时阴阳两极的电压降与辉光度是不一致的，在阴极很窄的区域内，电压急剧下降，亮度最大，成为阴极辉光放电区，一般将该区域所处位置与阳极表面的距离称为辉光厚度，炉内压力增加，厚度越小，强度越高，如两极间距小于辉光厚度，辉光自动熄灭。生产中常利用这一性质根据需保护的部位合理放置工件。

4.3.3 离子渗氮工艺参数与操作过程

4.3.3.1 离子渗氮的工艺参数

离子渗氮工艺的制定应根据零件的使用性能要求、工作条件、材质和具体零件而定，常用离子渗氮的工艺参数如下。

（1）真空度 如果真空度低则表明有空气进入，空气在渗氮过程中会使金属表面氧化，影响渗氮质量，故真空度一般抽至 $133 \times 10^{-2} \sim 5 \times 133 \times 10^{-2}$ Pa 才能送电起辉。

（2）气体成分 一般采用氨气，也可用氨和氢的混合气体，改变氨和氢的比例，可使渗氮层的结构和 ε 相层的厚度发生变化，氢气所占比例越大，则渗氮层中 ε 相层越薄。

（3）气压、气体流量与真空泵的抽气率　它们为相互关联的三个参数，在气压一定的条件下，真空泵的抽气率越大，氨气的消耗量越大。气压对电流密度有直接影响，气压增加电流密度加大，同时又影响到升温速度和保温温度。气压在（1～10）×133Pa 范围内，对渗氮层的质量基本无影响。

（4）电流密度　根据渗氮温度的要求来选择电流密度，通常遵循下列原则：升温阶段，电流密度需要大一些以加快升温速度；在保温阶段，能量消耗低，电流密度可以小一些。电流密度在 $0.5\sim20mA/cm^2$ 变化时对渗氮层的质量没有明显影响，常用 $0.5\sim15mA/cm^2$。

（5）阴、阳两极之间的距离　原则是二者之间的距离大于辉光厚度就可维持辉光放电，两极间的距离以 30～70mm 为宜。

（6）辉光电压　离子渗氮所需电压与电流密度、炉内气压、工件表面的温度、阴阳两极间的距离等诸多因素有关，一般通过调节电压和气压来达到一定的温度。在上述参数保持不变的前提下，气压增加，则电压下降；而电压升高，会造成电流密度增加。一般保温阶段常用的电压为 500～700V，其表面功率为 $0.2\sim0.5W/cm^2$。

（7）渗氮温度和保温时间　渗氮温度和保温时间是离子渗氮的重要工艺参数，对渗氮层的质量影响很大。450℃离子渗氮后表面硬度很高，形成了弥散度很大、与基体相共格的合金渗氮物，在不形成化合物层的条件下，通过改变渗氮炉内的氮、氢比例，可调整渗氮层硬度。根据材料钢种的不同，离子渗氮温度通常在 450～650℃ 范围内选择，但要低于钢调质时的回火温度 30～50℃。渗氮层厚度为 0.2～0.6mm 时，渗氮时间为 8～30h。渗氮温度对渗氮层表面硬度的影响见图 4.31。

从图中可以看出，随着温度的升高，渗氮层表面硬度降低。这是由于氮原子的扩散系数随着温度的升高而增加，扩散速度加快，造成表面氮原子浓度减小，硬度降低。图 4.32 给出了渗氮层深度与温度的关系。可见，650℃以下时温度升高使氮原子的扩散速度加快，渗氮层深度随温度升高而增加，650℃时渗氮层深度达到最大；高于 650℃时离子浓度减小，故渗氮层深度减薄。当渗氮温度高于 750℃时，扩散速度加快，使表面的氮离子浓度降低，减小了渗氮层氮浓度的梯度，故氮的扩散速度减小，扩散层厚度降幅较大。

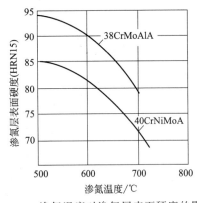

图 4.31　渗氮温度对渗氮层表面硬度的影响

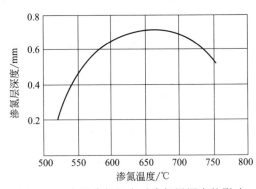

图 4.32　离子渗氮温度对渗氮层深度的影响

辉光离子渗氮是借助于高能量的氮离子轰击工件表面而进行渗氮，因而表面受压应力作用，氮离子的轰击使氮渗入工件表面的速度加快，故渗氮层比气体渗氮要厚，速度也快，一般 10min 后就可用显微硬度计检查出渗层厚度。高能量的离子对渗氮表面的激活作用，以及氮离子在电场作用下加速进入金属，使渗氮时间缩短了 2/3～3/4。图 4.33 为时间与渗氮层深度及硬度的关系。

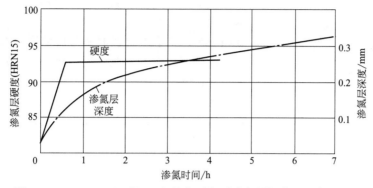

图 4.33　38CrMoAlA 钢 510℃渗氮时间对渗氮层深度及硬度的影响

4.3.3.2　工艺参数对渗氮的影响

（1）温度对离子渗氮的影响

① 低温离子渗氮，目前应用的工艺是在 400～500℃温度区间进行，可保证高的心部强度，同时尺寸和形状变化特别小。图 4.34 为 42CrMoA 钢在 450℃和 570℃两种温度下离子渗氮时的硬度分布曲线，图中可知在渗层厚度相同的前提下，温度越高所需时间越短。在 450℃低温处理的表面硬度比 570℃大约高出 150HV0.05。图 4.35 为渗氮层深度相同时表面硬度与离子渗氮温度的关系，渗层深度一定时温度降低则表面硬度增加，其原因在于珠光体中析出大量细小的特殊渗氮物。

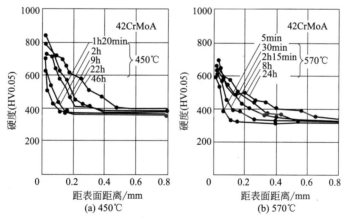

图 4.34　不同渗氮温度下的硬度分布曲线（42CrMoA）

② 500～580℃渗氮，通常渗氮基本上都是在此范围内进行的，该温度区间所得到的渗氮层主要取决于渗氮件的热处理工艺、合金元素的含量及所要求的化合物层厚度或扩散层厚度。

③ 590℃以上渗氮，在一定条件下会产生含氮珠光体，这种组织有损于承受高载荷零件的性能，故不采用此高温离子渗氮工艺。

（2）时间对离子渗氮的影响　目前离子渗氮的处理时间在 10min～48h 范围内，在特殊情况下可采用 60h 或更长的时间，处理时间的长短常常要考虑要求的渗氮层深度。部分钢内的合金元素也会影响到一定时间内达到的硬化深度。对大部分渗氮钢和调质钢而言，渗氮时间在 60h 以上时有可能得到 1mm 以上的硬化深度。

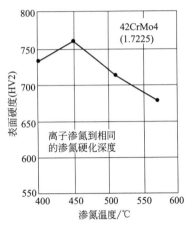

图 4.35　渗氮层深度相同时表面
硬度与渗氮温度的关系

从图 4.33 可以看出，渗氮层深度与持续时间的关系基本呈抛物线形状，前 3h 渗氮深度增加较快，3h 后渗氮深度趋于平缓，表明此段时间形成的渗氮物阻碍氮原子的渗入，故渗速减慢。实践证明，离子渗氮处理的渗氮层深度＜0.5mm 最为合适。

渗氮前 1h 内，渗氮层的硬度与时间成正比，即线性关系，达到一定硬度后随时间的延长，基本没有变化，原因是渗氮刚开始阶段（1h）工件表面快速吸收氮原子与合金元素，形成了大量的渗氮物。

4.3.3.3　离子渗氮的操作过程

离子渗氮的过程如下：清洗工件→炉室装料→抽真空和加热→渗氮→在真空或保护气氛中冷却→炉室卸料。

对渗氮零件的要求如下：调质处理为渗氮做组织准备，基体为回火索氏体，以保持基体的强度和韧性及疲劳性能，实践证明未调质工件与调质工件渗氮后性能差别较大；精加工前或渗氮前加一次除应力退火工序，温度 550～650℃，时间 3～5h，可消除加工应力，减小渗氮变形量；清除零件上的油脂、锈斑、飞边、毛刺、颜料残迹等，并用清水冲洗或漂洗。

对不锈钢不必像气体渗氮那样将钝化膜除掉，在渗氮开始时的阴极溅射作用下，可打去该钝化膜，因此节省了大量的人力、物力和财力。

（1）准备工作

① 检查项目。检查渗氮炉的保护接地是否可靠、完好，各个仪表、仪器等有无失灵，氨气瓶或罐内氨气是否需要补充或更换，进、排气管道有无漏气，消防设施是否齐全、有效。

② 工件的清洗。辉光放电转为电弧放电，原因是工件上的油污等绝缘物引起的场致电子发射，因此对于工件的清洗至关重要。清洗油污可以用汽油浸泡，对于锈迹要用砂纸或砂轮磨去，洗过的工件用布擦干净，然后在 180℃ 下烘干。对于大量的工件可用高效清洗液或超声波清洗，再用清水漂洗多次，烘干。

③ 工件局部的屏蔽防护。离子渗氮工件的局部保护与气体渗氮有很大的区别，对不需渗氮的部位绝不允许用水玻璃、涂锡或镀锡和其他涂料，因为它们会在渗氮过程中形成弧光放电，并将工件的尖锐边缘和加工毛刺去掉，故必须采用专用保护装置进行保护。

离子渗氮多采用机械屏蔽，屏蔽件可以用通用标准件（销钉、芯轴、螺栓及螺母等），也可以根据需保护部位的形状与尺寸，在不需渗氮部位旋入、套上或盖上形状、尺寸合适的钢件（套）等屏蔽件，或者用零件不需渗氮的部位相互屏蔽。如直齿端面，由于零件与屏蔽件处于一个电位在工作状态下起辉，其间隙一般为 0.3～0.5mm 即可，屏蔽件用 Q235 钢制作，钢件厚度为 2～5mm。也有资料介绍，对需屏蔽的部位可用一块或几块铁皮作防护挡板加以遮挡，二者之间的距离应小于 1mm。

几种常用离子渗氮工装屏蔽方法示意图见图 4.36。

④ 工装夹具的选用与制造。工件进行离子渗氮使用的设备型号不同，工装也有差异，使用井式炉时用吊装工装，而钟罩式炉将工件放于阴极盘上即可。选用通用简易工装夹具，用碳钢或耐热绝缘材料制造，可作成堆方式或吊挂式，布局合理，便于出装炉。为了防止工件变形，长的零件如挤压机的螺杆、汽轮机的轴等，应悬挂在吊钩上或专门的夹具上；不大

的工件可以放在芯轴上，但要考虑相互屏蔽，或也悬挂在吊具上，或安放在较低的基台上；对端面不渗氮的工件可上下堆放，如平齿轮、泵壳等。所有工件的装炉方式都必须能够保证气体流动的均匀性。工件之间的距离相同，对于粗大的零件应单独渗氮。常用工装夹具见图 4.37。

⑤ 装炉量的确定。加热功率在 $1 \sim 3 W/cm^2$ 范围内，对于形状复杂易出现辉光集中的工件，以适当少装为宜，一般工件之间间隙为 15mm 左右。

⑥ 氨气要进行干燥处理。

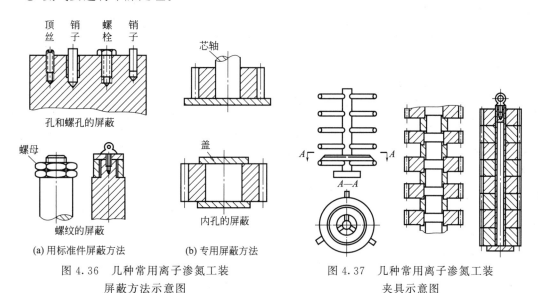

图 4.36　几种常用离子渗氮工装　　　　图 4.37　几种常用离子渗氮工装
　　　屏蔽方法示意图　　　　　　　　　　　夹具示意图

（2）装炉　首先检查阴极引线、热电偶引线及阴极支座等处的间隙保护是否均匀，严禁有短路或间隙过大，检查两极的绝缘性。

① 放气。闲置的渗氮炉应抽成真空状态，避免空气及其他有腐蚀性的气体进入炉内，否则会造成内部金属器件的锈蚀，或吸附气体影响正常的渗氮。先慢慢打开放气阀，使炉内压力逐渐增大，不允许将放气阀一开始拧到最大，否则将导致真空规管测量探头的损坏，直到听不到进气声，再打开炉门。

② 装卡。将经过清洗的工件及屏蔽件装在工装夹具上。

③ 合理装炉。尽量将同种工件装在一炉，多种零件混装时如果表面积大小与重量之比不大，没有办法分开，应当调整工件与阳极之间的距离，保证温度的一致，严禁内外均需渗氮的套筒与实心的轴、杆混装；不同材质或粗细相差悬殊的工件不能同装一炉，材质不同其渗氮工艺也有区别，渗氮后的外观不同；同一种工件间隙、零件与阳极间隙距离一致，将零件沿阴极放一圈，而中间不放工件，间距大于 15mm，阴极中间不放工件；关于工件与阳极距离，根据气体放电原理使零件整体温度一致，采用多件共阳极处理时，阴、阳两极以 $30 \sim 70mm$ 为宜，对于截面差距较大的工件，一般采取增大零件与阳极间距，以达到改善温度均匀性的目的；对同种零件，尺寸相差较大的凹槽、内孔部位，其温度高于平面、凸起部位，原因是不同形状部位的辉光电流密度不同，散热条件不同，可采取下列五种措施。

a.利用渗氮炉各位置散热条件不同来弥补尺寸差别大的缺点。井式炉吊挂加热时，中间温度最高，上下炉温低；而钟罩式炉在堆放工件时，下部温度偏高。

b.井式炉在各个通氨口，可通过通入冷氨及分解氨的办法，改变炉温均匀性。可在炉体上、下两个通氨口通入分解氨，中部通入冷氨，从而达到零件各部位温度均匀一致。

c.利用设置辅助电极或辅助阳极的办法，采用夹具或辅助阴极，人为地减小工件的形状差别，也可制作形状尺寸与零件相似的钢件，置于零件温度较低的位置与阴极连接，钢件与零件同时起辉，起到了相互辐射的作用，可提高局部温度，减小整体温差。

d.采用辅助热源，用电阻加热器等辅助热源对工件加热，减小工件上辉光放电功率密度，从而减小不同部位电流密度的差别。

e.增设采用热容量小、热传递系数小而辐射能力强的材料制成的封闭绝热环，减少工件的热量损失，从而改善工件表面温度的不均匀性。

辅助阳极用于钟罩式炉，在零件温度偏低的部位加一个阳极，与零件距离较近，局部电流密度增加，达到提高温度的目的。试样与工件接触牢固。关闭放气阀，旋紧炉门。

④ 试样的选型与安装。考虑到辉光放电的特点，要求试样的温度与工件温度一致，故其形状、尺寸、安装位置，以及试样的材质、内部组织必须与工件完全相同。安装试样时，应与工件紧密接触，小试样用螺钉紧固，二者间隙≤1mm。阴、阳两极，阴极与热电偶应绝缘，可用摇表测量，绝缘电阻应大于4MΩ。

⑤ 漏气率，指压升率与真空容积的乘积。一般情况下压升率不大于 0.133Pa/min，压升率与真空压强成正比，与炉压成反比。漏气率较低时，少量空气进入炉内，氧气使渗氮层增厚，导致表面脆性增加；漏气率过高时，则炉内含氧量过大，阻碍了渗氮速度，严重时将导致工件无法渗氮，表面沉积一层黑色粉末，即四氧化三铁和氮化四铁的混合物，因此必须进行测量，符合要求后才允许升温。

（3）升温阶段 开启真空泵（机械泵）、增压泵，当真空度达到（1～5）×10^{-2}×133.3Pa 时，送电升温，通入氨气。气压很低和合适的渗氮温度下，零件表面某些覆盖物将气化而成为废气，有利于氮原子的渗入。一般工件表面有一层油膜和没有完全清理干净的缺陷，如尖角、毛刺等，开始阶段辉光点燃不稳定，有较多的散弧，因此必须将炉内真空度抽至 0.133～1.333Pa，使起辉电压为 800～1000V，电流较小，因此减小了工件上的电流密度，辉光的弥散度增大，直到工件表面完全被辉光覆盖，这时关小真空蝶阀，减少抽气量，并加大通氨量，以达到清理工件的目的。

清理阶段时间的长短取决于电源灭弧方式、工件的形状及尺寸、表面粗糙度和清理程度；清理结束后炉压接近工作状态，由于工件已被加热一段时间，辉光厚度为 5～6mm，此时真空度在 1333Pa 左右，维持适当的升温速度和升温电流，如升温速度过快会造成工件内外温差加大，引起工件的变形增大。

当炉温接近工艺温度时，应经常停辉观察温度和工件表面温度是否一致，并及时调整升温速度，基本保持受热均匀。从观察孔经验目测，工件呈微红色时炉温在 520℃左右；工件呈暗红色，工件轮廓比较清晰时炉温大致为 540～550℃。一般升温电流密度为 3～10mA/cm^2，升温速度控制在 100～200℃/h；经常观察实际温度与指示温度之差，以及工件各部分加热温度是否均匀。

（4）保温阶段 一般根据工件的材质、组织和技术要求确定离子渗氮温度和时间，保温电压通常为 400～800V，电流密度为 0.5～5mA/cm^2，常用温度范围为 450～650℃。冷却水量应适当，炉体表面温度保持在 30℃左右，正压供氨。合理选择供氨量与氨气在炉膛内的流动速度，对渗氮后工件表面硬度、渗氮层深度和均匀性有明显的影响，氨流量小则表面硬度低。不同功率离子渗氮设备的合理供氨量参见表 4.17。工件内孔及凹槽等处，由于辉光较弱，呈现出低硬度，渗层也不均匀。

表 4.17 不同功率离子渗氮设备的合理供氨量

炉子功率/kW		10	25	50	100
合理供氨量 /（mL/min）	短时间渗氮	200	365	551	110
	长时间渗氮	100	215	375	750

（5）冷却阶段 渗氮结束后，切断电源，继续向炉内通气或在真空状态下随炉冷却到100℃左右出炉，冷却过程中必须要保证工件表面不被氧化，同时加快冷却速度和提高设备的利用率。离子渗氮一般采用炉冷方式，炉断电后冷却水继续循环，若水温太高，应加入自来水以提高冷却能力，直到炉温降至100℃以下，保温结束后的 0.5~1h 内用高电压、小电流使工件维持阴极溅射，防止由于炉内漏气而使工件表面有氧化色的倾向，以保证外观均匀的银灰色光泽。

4.3.4 离子渗氮层的组织与性能

4.3.4.1 离子渗氮层的组织

钢在离子渗氮时渗层中的渗氮相和组织，同普通气体渗氮没有区别，合金元素对渗氮层的影响规律与普通气体渗氮一样，在共析温度下，从表面到心部依次为化合物层（ε相和γ′相）及扩散层。对于碳钢，其扩散层为氮在 α 相中的过饱和固溶体，或有 γ′ 相呈针状析出；而对于合金钢，其扩散层为 α 相及其上分布着与 α 相有共格关系的合金渗氮物。不同渗氮方法在渗氮层组织结构上的差异，体现在渗氮层表面的氮浓度、化合物层的厚度及渗氮层中浓度梯度不同，而且化合物层的致密性及扩散层中 γ′ 相的分布也不同。普通气体渗氮时先用高的氮势，导致渗层变脆，需进行退氮处理；而离子渗氮时，表层有良好的韧性（形成了单一的 γ′ 相及化合物层，有良好的致密性）。由于离子渗氮层相的分布和晶格缺陷结构与普通气体渗氮不同，其渗氮后的性能也有差别。

4.3.4.2 离子渗氮层的性能

（1）离子渗氮层的硬度 渗层中含氮相的分布状态不完全相同，故硬度的分布与普通气体渗氮有较大的差异，图 4.38 为 45 钢在 520℃离子渗氮不同时间得到的渗层硬度分布曲线。工件在短时间进行离子渗氮时，其表面即可达到该钢长时间气体渗氮所能达到的硬度。图 4.39 为 38CrMoAl 在 570℃渗氮温度下渗氮时间与表面的硬度关系，可以看到离子渗氮与普通气体渗氮相比有明显的区别。

（2）韧性 表面脆化是渗氮的缺点，而离子渗氮后工件的韧性，随着渗氮层扩散组织结构的不同，韧性也有变化，以保证强化材料广泛的塑性范围，见图 4.40。资料介绍可根据扭转试验的应力应变曲线上出现的屈服现象和产生第一根裂纹的扭转角（标明在每条曲线上）的大小来衡量渗氮件的韧性。

与图 4.40 对应的渗氮工艺及组织结构见表 4.18，从图 4.40 和表 4.18 中可见，仅有扩散层而无化合物层（白亮层）的渗氮层韧性最好，化合物层越厚则韧性越差。

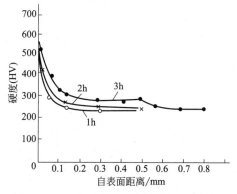

图 4.38 45 钢在 520℃离子渗氮不同时间的硬度分布曲线

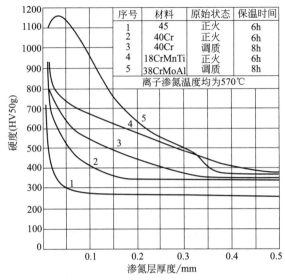

图 4.39   38CrMoAl 在 570℃渗氮时时间对表面硬度的影响

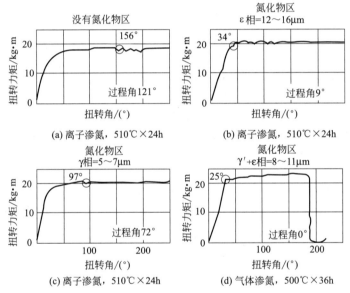

图 4.40   扩散层相成分对其塑性的影响

铬钼钒调质用钢，表面硬度 760～820HV1，渗氮层深度 0.19～0.22mm

表 4.18   渗氮工艺及渗层组织

序号	渗氮层组织 与厚度	屈服角	出现第一条裂纹 的扭转角	备注
（a）	无化合物层，扩散层厚度 90μm	121°	156°	1. 材料：32Cr3MoV； 2.（a）、（b）、（c）为离子渗氮，510℃×24h； 3.（d）为气体渗氮，500℃×36h。 表面硬度（HV）760～820，渗层深度 0.19～0.22mm
（b）	ε 相厚度 12～16μm，扩散层厚度 55μm	9°	34°	
（c）	γ 相厚度 5～7μm，扩散层厚度 55μm	72°	97°	
（d）	γ′+ε 相厚度 8～11μm	未测出	25°	

（3）耐磨性　同渗氮层的组织结构有关，一般渗氮层的抗滑动摩擦的耐磨性随着表面氮浓度的增加而提高，但过高会造成 ε 相过多，降低了耐磨性；对于滚动摩擦，耐磨性和化合物层的脆性有关，渗层中化合物层愈薄，抗滚动摩擦磨损性能愈好，氮浓度越高则化合物层愈厚，磨损性能越差，一般离子渗氮层的化合物层氮浓度低，韧性较好。

（4）疲劳强度　离子渗氮后工件的疲劳强度得到显著的提高，其原因在于渗氮形成的化合物层使工件表面膨胀，它与冷却产生的热应力相互作用，使表面存在残余压应力，压应力越高则疲劳强度越高。另外，疲劳强度随渗氮时间的增加而提高，这是由于渗层中扩散层厚度的增加，但到一定的厚度后疲劳强度不会进一步提高。

从离子渗氮后的性能来看，由于其易于调整相关的工艺参数，可获得不同的渗层：①ε 相＋γ 相＋扩散层；②γ 相＋扩散层；③单一扩散层。温度越高化合物层越厚，其韧性下降越快，ε 相＋γ 相脆性较大，随着时间的延长化合物层增厚的速度明显减慢，同时减慢的时间提前。表面与扩散层有相近的组织，故耐磨性能良好。渗氮层的疲劳强度大大提高，离子渗氮后零件的表面可保持原来的表面粗糙度。

4.3.5　离子渗氮常见缺陷与质量控制

离子渗氮的常见缺陷与质量控制见表 4.19，供参考。

表 4.19　离子渗氮常见缺陷与质量控制

常见缺陷	产生原因	控制措施
局部烧伤	工件清洗不净；孔、隙屏蔽不好，操作中局部集中大电弧所致	将工件清洗干净；按要求做好屏蔽，避免打电弧
颜色发蓝	炉体漏气超标或氨气含水量大，造成轻微氧化	调整漏气率符合要求，氨气应进行干燥
颜色发黑或有黑色粉末	工件油污过多，漏气率超标	同上，加强装炉前的清洗
银灰色过浅或发亮	渗氮温度过低，时间过短，通氨量过小，造成渗氮不足	按工艺要求准确测温，保证充足的供氨量
硬度低	温度过高或过低，保温时间不足；真空度低；表面氧化，材料错误	严格执行工艺；降低漏气率；供氨适当，更换材料
硬度和渗层不均匀	装炉不当；温度不均；氨流量过大；狭缝、小孔没屏蔽，造成局部过热	正确装炉，设辅助阴、阳极；调整炉压；用分解氨改善温度均匀性；屏蔽狭缝、小孔
局部软点、软区	屏蔽上或工件上带有非铁物质，如铜、水玻璃等溅射在渗氮面上；工件氧化皮未清理干净	不允许工件和屏蔽物有非铁物质；渗氮面应无氧化皮
硬度梯度过陡	二阶段温度偏低，时间过短	提高二阶段温度，延长保温时间
表层高硬度区太薄	一阶段温度低，时间短；一段温度过高	延长一段保温时间；严格控制温度
渗氮层浅	温度低；时间短；真空度低，造成氧化，氮势不足	严格执行工艺，测温准确；检查漏气原因，供气适当
变形超差	应力未消除；升温太快；结构不合理；防渗不对称	彻底消除应力；控制升温速度；改进设计

常见缺陷	产生原因	控制措施
显微组织出现网状或鱼骨状渗氮物	温度过高;氮势过高;表面脱碳层未加工除掉	控制温度和氮势;工件不允许有尖角;增加切削余量
高合金钢渗层脆性大、局部剥落	氮势过高,出现渗氮物层或网状渗氮物;渗层太厚;原始晶粒粗大	提高温度,降低氮势;冷却时采用氢轰击退氮;细化原始组织
不锈钢渗不上或渗层极浅、不均匀	炉内含氧量过高,造成氧化;氮势过低,温度过低	检查漏气率,增设氨干燥器;适当提高气氛氮势或延长渗氮时间,提高渗氮温度,增设铁制辅助电极

4.3.6 离子渗氮工艺应用及实例分析

离子渗氮具有上述优良的性能,因此应用范围很广,下面将常见机械零件的离子渗氮情况介绍如下。

4.3.6.1 通用零件的离子渗氮处理

(1) 塑料成型机械零件 塑料在成型过程中,会对成型机械部件产生摩擦和腐蚀。对于注射模型杆或挤压螺杆,由于受到很大的扭力作用,要求温度高,表面有良好的韧性,采用离子渗氮效果明显。用于玻璃纤维加强热塑料加工的螺杆,离子渗氮后寿命提高 4～6 倍;用 31Cr2MoV 钢制作的双缸挤压机筒渗氮后的表面硬度可达 700～900HV0.2,耐磨性及韧性得到提高,可防止工作过程中的变形。如挤塑机螺杆,材质为 38CrMoAlA 钢,520℃×18h+560℃×12h 两段离子渗氮,表面硬度＞950HV5,使用寿命提高 4～7 倍。38CrMoAlA 离子渗氮后的渗层深度与组织见表 4.20,供参考。

表 4.20 38CrMoAlA 钢经不同渗氮处理后的渗层深度与组织

渗氮工艺	化合物层深度/mm	渗氮层总深度/mm	化合物层相结构	组织特征
510～550℃两段离子渗氮46h	0.020～0.025	0.45	多量 ε+γ′	化合物层厚,过渡区晶间渗氮物多
540℃用氨分解进行离子渗氮12h	0.01～0.013	0.35	少量 ε+γ′	化合物层薄,过渡区晶间渗氮物少

(2) 热作模具钢和冷作模具钢模具 对热锻模要求有热稳定性、良好的韧性、高的抗磨损性,又要求有低的黏附性及热裂不敏感性。对锻模而言磨损为主要的失效形式,若有一层 4～6μm 厚的 γ′渗氮层和约 0.3mm 的扩散层结构,便可获得良好的效果。锻模离子渗氮可使成型面的黏着性降低,制品的离型性得到很大的改善,使热疲劳和冲击韧性提高,因而使用寿命延长。对于热拉伸模而言,离子渗氮可得到韧性好和耐磨的化合物层,减小摩擦系数,使受力层的磨损减少。对于钢压铸模、铝挤压模,离子渗氮后可提高寿命 2～3 倍;对冷作模具,除要求有足够的心部强度外,还要求表面耐磨而脆性小,其基体中碳化物含量高,而离子渗氮后的表面硬度高,具有高的耐磨性,因而非常适合冷作成型加工工艺使用,如卷板、轧制、冲裁、拉延和弯曲等。如用 Cr12MoV 钢制造的蜗壳拉伸成型模,500℃×5h 离子渗氮,表面硬度 1200HV5,化合物层厚度 0.015mm,渗层深度 0.12mm,使用寿命提高 25 倍。

（3）高速工具钢刀具　螺纹刀具如丝锥、圆板牙，切削刀具如钻头、铰刀、滚刀、铣刀等，采用离子渗氮可提高使用寿命，一般采用 480～520℃，渗氮 10～60min，通常硬度可达 1000～1200HV，同时心部仍保持 800～900HV。若渗氮层氮浓度高，则渗层增厚，表面脆性大，易出现崩刃现象，故离子渗氮在低氮势的气氛中，在较低的温度和较短的时间下渗氮，可获得一定深度的扩散层，如立铣刀、锯片铣刀、花键推刀等刀具采用离子渗氮后寿命提高 3～46 倍。

（4）汽车发动机零件　在发动机上工作的零件，要具有高的硬度，良好的疲劳强度，较高的抗咬合性和耐摩擦能力。如进（排）气阀、导管、挺杆、曲轴等进行离子渗氮后均产生了良好的效果，45 钢制造的曲轴离子渗氮 1～2h，表面硬度为 400HV0.2，耐磨性及疲劳强度提高，变形减小。对大型曲轴可采用较长时间进行离子渗氮。

（5）不锈钢和耐热钢　对需要渗氮的不锈钢和耐热钢制品，采用离子渗氮的方法效果特别好，利用辉光放出离子的高速轰击作用，可以清除掉工件表面的钝化膜，因此渗氮前不用专门进行钝化膜清除处理，离子渗氮速度快，且渗氮层均匀。如 2Cr13 在 550℃×15h 渗氮后渗层深度为 0.2mm，硬度为 1100HV0.2；Cr18Ni8 在 580℃×48h 渗氮后渗层深度为 0.1mm，硬度为 1000HV0.2。与结构钢相比，不锈钢和耐热钢中含有较多的合金元素，它们可阻碍氮原子的扩散，使渗氮速度减慢，故渗氮层的厚度较薄，尤其是不锈钢和耐热钢，氮原子在不锈钢中扩散系数较小。

此外，各种轧辊、纺织机械、磁芯、照相机零件、高精度主轴、精密丝杠等采用离子渗氮均可获得良好的效果。

离子渗氮的温度低、工件变形小，而且渗氮后可在表面形成很大的压应力（686～980MPa），在提高表面硬度的同时，仍可保持心部的调质硬度，所以高精度的工件采用离子渗氮处理。如蜗杆、齿轮离子渗氮后齿根可得到均匀的渗氮层，使其疲劳强度大大提高。

离子渗氮的实质同气体渗氮是一样的，适用的范围也基本上和气体渗氮相似，但在明显缩短渗氮周期方面十分显著，原因有以下三点。

① 离子渗氮一开始就产生了大量的活性氮原子富集在工件表面，富集速度比气体渗氮快得多；

② 离子渗氮过程中阴极溅射效应使工件表面的钝化膜连续被破坏，增加了工件表面的活性；

③ 离子在冲击阴极时的能量极大，大能量的离子冲击工件表面，不仅会引起阴极溅射效应，而且使金属表面形成深度为 0.05mm 左右的位错层，该薄层位错对氮原子的扩散极为有利。

另外，离子渗氮变形小的原因为：

① 由于阴极溅射效应，部分铁原子被溅射掉，减少了因氮原子渗入引起的表面膨胀。实践证明，直径一般胀大 0.008～0.014mm。提高电压可使阴极溅射加剧，进一步减小工件处理后的变形量。

② 由于只对要求渗氮的表面进行离子轰击，只将渗氮表面加热到较高的温度，而非渗氮表面保持较低的温度，很容易控制渗氮层形成单一的 ε 相或单一的 γ′ 相，应力较小，其渗层应力分布均匀，而 γ′ 相的比体积最小，其次为 ε 相，因此表面形成 ε 相或单一的 γ′ 相的胀量也就减小。

③ 离子渗氮的温度较低，加热、保温和冷却所用的时间短。

要保证离子渗氮工件变形小的先决条件是：离子渗氮前必须进行正确的预备热处理和合理的装卡，使工件表面的温度均匀一致。满足了上述要求，方可达到变形小的目的。

图 4.41~图 4.44 分别为几种结构钢、工模具钢、不锈钢、铸铁的离子渗氮层硬度梯度曲线，从图中可以看出离子渗氮适用的范围较广。

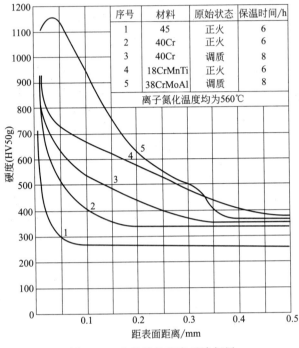

图 4.41　几种结构钢离子渗氮层
硬度梯度曲线

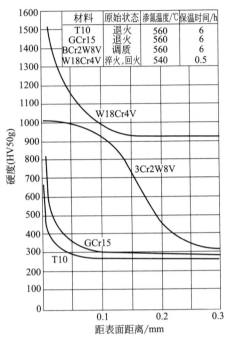

图 4.42　几种工模具钢离子渗氮层
硬度梯度曲线

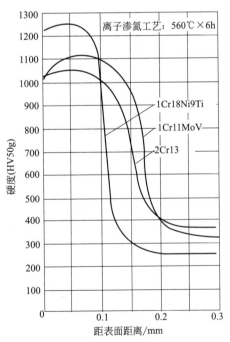

图 4.43　几种不锈钢离子渗氮层硬度梯度曲线

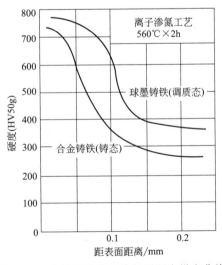

图 4.44　几种铸铁离子渗氮层硬度梯度曲线

常见离子渗氮零件不同工艺下的表面硬度与渗氮层厚度见表 4.21。

表 4.21　不同钢铁材料离子渗氮后的表面硬度与渗氮层厚度

序号	材料	零件名称	渗氮规范（温度/℃）×（时间/h）	渗氮结果	
				表面硬度（HV5）	渗氮层厚度/mm
1	38CrMoAlA	试样	520×8 540×8 560×8 580×8 540×7.5＋600×7.5 650×20	1164 988～1006 968～988 896～914 966～988 844～893	0.32 0.32 0.35 0.35 0.50 0.65
2	40Cr	试样	420×8 460×8 480×8 500×8 520×8 560×8	558～574 613～622 613～633 566～593 613～633 566	0.25 0.30 0.35 0.35～0.40 0.35～0.40 0.40～0.45
3	18CrMnTi	试样	420×2.5 460×3 500×2 630×10	730 738 689 566	0.10 0.15 0.09
4	20Cr	试样 齿轮	(500～520)×2 (520～560)×10	566～666 524～633	0.25 0.40
5	45	试样	520×8	260～280	
6	CrWMn	试样	450×2 (500～520)×5.5	368 367～400	
7	GCr15	阀套	520×0.25	325	
8	Cr6WV	试样	500×2	603～633	
9	3Cr2W8V	试样	500×2	874～891	
10	5CrMnMo	试样	510×2	613～623	
11	Cr12	靠模	560×8	566～605	
12	1Cr18Ni9Ti	阀杆 盖板	650×27 (600～650)×10.5	874 825～1027	0.16 0.07
13	4Cr14Ni14W2Mo	排气阀	(600～650)×10	750～927	0.10
14	9Cr18MoV	试样	(600～650)×20	874～927	0.20
15	0Cr17Ni17Al	柱塞	(600～650)×20	874～927	0.20
16	Ni36CrTiAl	弹性针	580×6	568～586	0.04～0.05
17	W18Cr4V	剃齿刀	560×1	1072	
18	W6Mo5Cr4V2	铣刀	560×1	1072	0.05～0.06
19	W6Mo5Cr4V2Al	车刀	(560～580)×1	1225	
20	稀土镁球墨铸铁	试样	480×2	509～540	

　　出炉后的渗氮件要检查硬度、渗氮层、脆性、外观及变形情况，如果变形超过了工艺要求，应进行调直，但不允许破坏渗氮层，因此为了保留表面的渗氮层，在调直过程中，对于调质钢应采用冷调直，对于不锈钢和耐热钢应采用热调直。

几种模具离子渗氮工艺及使用效果见表 4.22，供参考。

表 4.22　几种模具离子渗氮工艺及使用效果

模具名称	模具材料	渗氮工艺	使用效果
冲头	W18Cr4V	(500～520)℃×6h	寿命提高 2～4 倍
铝压铸模	3Cr2W8V	(500～520)℃×6h	寿命提高 1～3 倍
热锻模	5CrMnMo	(480～500)℃×6h	寿命提高 3 倍
冷挤压模	W6Mo5Cr4V2	(500～550)℃×6h	寿命提高 1.5 倍
压延模	Cr12MoV	(500～520)℃×6h	寿命提高 5 倍

4.3.6.2　离子渗氮典型实例

[实例 4.6]　精梳机罗拉的离子渗氮工艺研究

（1）工件名称与使用材料　精梳机罗拉，材料为 20CrMo 钢，图 4.45 为精梳机罗拉的典型细长形状（20CrMo 钢）。

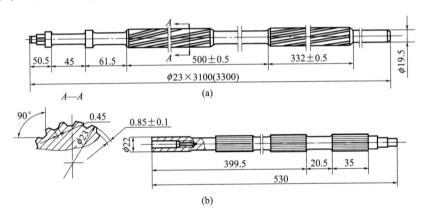

图 4.45　精梳机罗拉的典型细长形状（20CrMo 钢）

（2）热处理技术要求　精梳机罗拉采用 20CrMo 钢，离子渗氮，其技术要求为化合物层厚≥0.008mm，硬度≥700HV0.2，表面无氧化色，全长变形量≤0.15mm。

（3）加工工艺流程　精梳机罗拉（20CrMo 钢）进行离子渗氮处理，工艺流程为：冷拉棒料→下料（切料）→正火或调质处理→校直→车削加工→冷拉削沟槽→离子渗氮→检验→入库。

（4）热处理工艺分析　罗拉在工作过程中要求表面耐磨性好和具有良好的抗腐蚀性，这就需要通过热处理来实现该技术要求。为了确保罗拉热处理后获得要求的性能，在进行离子渗氮前，应对材料进行调质处理或正火处理，目的是使基体具有良好的综合力学性能（强度、韧性等良好配合），使其在化学热处理后具有良好的耐磨性、抗腐蚀性，同时满足扭转和弯曲的需要。

如果变形量超差，应进行锤击校直处理，同时要在低温下回火，以消除校直应力。

（5）化学热处理工艺分析　罗拉的离子渗氮工艺：渗氮温度为 500～520℃，保温时间为 10h（总的处理时间为 24h），采用特长型的离子渗氮炉吊挂完成。

（6）化学热处理工艺技术实施要点

① 为防止罗拉离子渗氮后变形超差，应确保其垂直吊挂渗氮（使其呈自重状态），并要

消除机械加工应力与热应力。

② 渗氮前要对罗拉表面进行清洗,并防止相互碰撞,否则将会出现表面缺陷,影响使用。

[实例 4.7] 压缩机阀片的离子渗氮工艺研究

(1) 工件名称与使用材料 压缩机阀片,材料为 30CrMnSi。

(2) 热处理技术要求 采用淬火+中温回火处理,最后进行低温离子渗氮。

① 热处理后硬度为 37~42HRC;带状组织≤1 级;非金属夹杂物≤2.5 级。

② 低温离子渗氮,表面硬度≥55HRC (用超声波检测),渗氮层深度为 0.08~0.15mm,脆性≤1 级。

(3) 加工工艺流程 选用合格的板材进行加工成型,其流程为:板材下料→热平整→冲中心孔→粗车内外圆→粗磨平面→正火→淬火→回火→精车内外圆→半精磨平面→稳定化处理→精加工→低温离子渗氮→检查。

(4) 热处理工艺分析 压缩机阀片是重要的易损件,压缩机在压缩和输送压力较高的气体时,阀片迅速地上下运动,因此其受到频繁的冲击、磨损,而且传送的介质常具有腐蚀性。阀片材料为 30CrMnSi,采用正火+淬火+中温回火处理,最后进行低温离子渗氮。

① 消除带状组织的正火。板材在轧制过程中容易产生带状组织的缺陷,这将直接导致阀片力学性能的下降,因此在盐浴炉中加热到 920~950℃,保温 15~20min,出炉散开空冷,即可将带状组织消除。

② 淬火和回火。针对阀片较薄、易于加热变形的特点,以及防止表面氧化脱碳的发生,采用较低的温度加热和加压回火的工艺措施,在脱氧后的 860~880℃的盐浴炉中加热,加热系数按 1.2min/mm 计算,然后油冷。阀片回火前应清洗干净,装入专用的胎具中加压调整,一并放入井式电阻炉中加热,中温回火温度为 420~450℃,加热系数为 1.5min/mm,在回火过程中取出加以紧固,可确保变形最小,回火结束后空冷。

③ 稳定化处理。回火后的阀片经过粗加工后,要进行稳定化处理,其目的是在渗氮前消除加工应力和残余应力,减小渗氮过程中的变形,稳定尺寸,工艺规范为 (400~420)℃×(4~6)h,随炉降温到 300℃以下出炉空冷。

(5) 化学热处理工艺分析 阀片进行低温离子渗氮是为了获得要求的技术指标 (提高耐磨性和抗腐蚀性等),阀片的渗氮应以不降低基体硬度为前提,采用 50A 或 100A 的离子渗氮炉进行渗氮处理,用专用的挂具将阀片隔开 (间距为 20mm 左右),真空度抽到 13.3Pa 时,即可通入氨气,离子渗氮工艺规范为 (400~420)℃×(5~6)h,渗氮结束后随炉冷却到 150℃出炉空冷。

(6) 化学热处理工艺技术实施要点

① 阀片较薄,因此在渗氮过程中要保持吊挂,出现阀片之间或阀片与别的物体之间不得相互碰撞;

② 阀片要清洗干净,否则将影响其表面质量,严重时会造成阀片变形而报废。

[实例 4.8] M1432 磨床主轴的离子渗氮表面强化

(1) 工件名称与使用材料 M1432 磨床主轴,其尺寸与形状见图 4.46,材质为 38CrMoAl 钢。

(2) 热处理技术要求 基体硬度为 240~270HBW,表面离子渗氮,渗氮层深度≥0.43mm,表面硬度≥950HV,单边磨削 0.08mm 后,表面硬度≥900HV,径向跳动≤0.05mm。

(3) 加工工艺流程 该主轴的工艺流程为:下料→粗机械加工→调质处理→半精车加

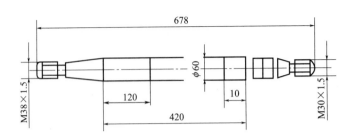

图 4.46　M1432 磨床主轴的尺寸与形状

工→去应力退火处理→精车外圆与磨削→离子渗氮→精磨→成品。

（4）热处理工艺分析　调质处理：（930～950）℃×（2.5～3.0）h，油淬；（650～690）℃×（3.0～3.5）h 高温回火，空冷。目的是保证主轴整体具有良好的综合力学性能。

去应力退火处理：（590～610）℃×（5.0～5.5）h，炉冷至 350℃ 出炉空冷。目的是消除半精车加工造成的残余内应力，防止工件渗氮变形。

（5）化学热处理工艺分析　离子渗氮是为了保证主轴表面具有较高的硬度、耐磨性、疲劳抗力、抗咬合性能、尺寸稳定性及一定的耐蚀性等。采用两段离子渗氮工艺（490～510）℃×18h，（560～580）℃×20h，氨分解流量为 0.5L/min 即可满足技术要求，可明显缩短工艺时间，节约能源。

（6）化学热处理工艺技术实施要点

① 离子渗氮多在 500～580℃ 范围内进行，而对于精度较高的工件应在 500～520℃ 进行，结合该主轴的结构特点与技术要求，两段渗氮工艺是可行的。

② 主轴要吊挂渗氮处理，相互之间有一定的间隙，表面应清洗干净，渗氮结束后随炉冷却到 350℃ 出炉空冷，要防止磕碰伤与变形。

［实例 4.9］　齿轮轴的离子渗氮化学热处理强化

（1）工件名称与使用材料　某齿轮轴，其外形见图 4.47，材料为 38CrMoAl 钢。

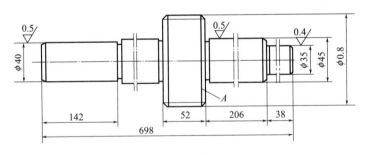

图 4.47　某齿轮轴的外形示意图

（2）热处理技术要求　基体硬度为 250～280HBW，离子渗氮处理，渗氮层深度 0.3～0.4mm，表面硬度 700～720HV（表面磨去渗氮层 0.05mm 后，硬度 700～715HV），弯曲变形量≤0.08mm。

（3）加工工艺流程　下料→粗加工→调质处理→机械加工→离子渗氮→精磨→成品检验。

（4）热处理工艺分析　38CrMoAl 钢齿轮轴进行调质处理，垂直吊挂加热淬火（930～950）℃×（2～3）h 后水淬油冷，（620～640）℃×4h 回火后出炉空冷。

为防止调质处理后变形过大，齿轮轴应在 600～650℃ 进行预热，以消除加工应力和减小内外温差，同时要避免淬火过程中左右晃动，否则将造成严重的变形。

（5）化学热处理工艺分析　离子渗氮是在 30kW 的钟罩式离子渗氮炉内进行的，渗氮介质为氨气，处理完毕后随炉冷却 7h 以上出炉。离子渗氮的工艺参数与渗氮结果见表 4.23 和表 4.24。

表 4.23　齿轮轴离子渗氮工艺参数

电压/V	电流密度/（mA/cm²）	氨气压力/Pa	渗氮温度/℃	保温时间/h
580	1.25	466.0	600	10

表 4.24　齿轮轴离子渗氮结果

试样	渗层深度/mm	表面硬度（HV5）	0.05mm 处硬度（HV0.1）	表面脆性/级	工件弯曲量/mm
上	0.35	725	715	1	
中	0.36	717	713	1	≤0.03
下	0.38	708	707	1	

（6）化学热处理工艺技术实施要点

① 为了确保工件离子渗氮层硬度满足技术要求，采用光电高温计及 IRT 型手提快速红外测温仪相互校正并与"目测"相结合的测温法，尽可能地使测定温度与实际温度一致。

② 离子渗氮时应控制供气、抽气与温度等参数，维持流量的相对平稳，通常真空度保持在 350～650Pa。

［实例 4.10］　38CrMoAlA 钢制挤塑机螺杆的离子渗氮化学热处理强化

（1）工件名称与使用材料　钢制挤塑机螺杆，材质为 38CrMoAlA 钢。

（2）热处理技术要求　渗氮层深度≥0.40mm，表面硬度≥1100HV，心部硬度≥255～330HBW。

（3）加工工艺流程　38CrMoAlA 钢加工工艺流程为：下料→正火热矫直→粗车外圆→调质处理→精车外圆与铣螺纹→高温回火→磨外圆与螺纹抛光→离子渗氮→磨外圆与螺纹抛光。

（4）热处理工艺分析

① 正火热矫直：正火温度为（930±10）℃，保温时间按 1min/mm 进行，出炉后在压力机上进行热矫直，这样矫直效果好。

② 调质处理：在 5m 深的井式炉中于（930±10）℃加热，保温时间按 1min/mm 进行，油淬。在 3m 深的井式炉中回火，回火温度（620±10）℃，保温时间按 2min/mm 进行，油冷。超差者经过校直后，需要再进行一次（600±10）℃回火处理，一般保温 120min，空冷后硬度为 260～290HBW。

③ 高温回火：精车外圆与铣螺纹后进行回火处理：（600±10）℃，保温 120min 后空冷，可消除加工应力，减小离子渗氮的变形量。

（5）化学热处理工艺分析　离子渗氮工艺：LD-100 型 3m 深井式离子渗氮炉。额定输出直流电流 100A，极限真空度 6.66Pa，最高工作温度 650℃，最大装炉量 2t，工作室的尺寸为 φ750mm×2500mm。

直流电压：700～800V。

直流电流：25～50A。

真空度：266.64～666.6Pa。

NH_3 流量：$0.8 \sim 1.2 L/min$。

第一阶段：$(510 \pm 15)℃ \times 18h$；第二阶段：$570℃ \times 16h$；第三阶段：$(480 \pm 10)℃ \times 2h$。

螺杆心部硬度：$269 \sim 327HV$。

表面硬度：$1100 \sim 1324HV5$。

渗氮层深度：$0.45 \sim 0.51mm$。

（6）化学热处理工艺技术实施要点（略）

[**实例4.11**] 离子渗氮应用实例

离子渗氮应用实例见表4.25。

表4.25　离子渗氮应用实例

序号	工件名称	材料及尺寸	处理工艺	处理效果
1	冷冻机缸套	HT250 灰铸铁，内径 $\phi170mm$	$520℃ \times 18h$ 离子渗氮	表面硬度为 $800 \sim 1130HV0.1$，化合物层厚度为 $7\mu m$，总渗层深度为 $0.15mm$。离子渗氮处理的缸套使用寿命比液体氮碳共渗提高 2 倍
2	冷冻机阀片	30CrMnSi，基体硬度为 $37 \sim 41HRC$	$(380 \sim 420)℃ \times (100 \sim 120)min$ 离子渗氮	表面硬度为 $61 \sim 65HRC$，渗层深度为 $0.1 \sim 0.15mm$，使用寿命提高 3 倍以上
3	高压螺杆泵螺杆	38CrMoAlA，调质预处理	$(520 \sim 540)℃ \times 2h$ 离子渗氮	表面硬度为 $950 \sim 1150HV$，渗层深度 $> 0.1mm$，弯曲畸变量 $\leqslant 0.02mm$，经 1050h 试车运行无磨损
4	压缩机活塞拉杆	40Cr，调质预处理	$(520 \sim 540)℃ \times 12h$ 离子渗氮	表面硬度为 $84 \sim 88 HRN15$，化合物层深度为 $0.3 \sim 0.4mm$，代替 45 钢镀硬铬，使用寿命提高 10 倍以上
5	高速线材精轧机齿轮	25Cr2MoV，调质预处理。齿轮模数为 8mm，齿数为 $41 \sim 94$，质量为 $170 \sim 790kg$	$(520 \sim 530)℃ \times 34h$ 离子渗氮，炉压为 $532 \sim 1064Pa$	表面硬度为 $660 \sim 730HV5$，化合物层深度为 $5\mu m$，渗层深度为 $0.5 \sim 0.65mm$，脆性等级为 1 级。代替渗碳淬火工艺
6	12.5 万千瓦水轮机调速主阀衬套	40Cr，调质预处理。衬套长 595mm，外径 $\phi254mm$，内径 $\phi190mm$	$(520 \pm 10)℃ \times 8h$ 离子渗氮	表面硬度为 $550HV$，渗层深度为 $0.30mm$，脆性等级为 1 级；离子渗氮后直径方向最大畸变量 $< 0.034mm$，大大低于气体渗氮
7	高精度外圆磨床主轴	38CrMoAlA，调质预处理。主轴长 680mm，最大直径 $\phi80mm$	$520℃ \times 18h + 570℃ \times 20h$ 离子渗氮	表面硬度为 $1000 \sim 1033 HV$，渗层深度为 $0.48 \sim 0.56mm$；离子渗氮后主轴径向圆跳动 $\leqslant 0.03mm$，比气体渗氮缩小 1/2
8	精密丝杠	38CrMoAlA，调质预处理	$520℃ \times 12h + 570℃ \times 6h$ 离子渗氮	表面硬度 $> 1000HV5$，渗层深度 $\geqslant 0.4mm$。取代原有 CrWMn 钢淬火丝杠，耐润滑磨损性能提高 47%，耐磨料磨损性能提高 14 倍
9	6250 型柴油机曲轴	球墨铸铁	$510℃ \times 6h + 540℃ \times 8h$ 两段离子渗氮	表面硬度为 $850HV0.1$，渗层深度为 $0.21mm$
10	柴油机进排气门	4Cr14Ni14W2Mo	$600℃ \times 8h$ 离子渗氮	表面硬度为 $800HV0.05$，渗层深度为 $0.1mm$
11	高速锤精压叶片模	3Cr2W8V，淬火+回火预处理，硬度为 $48 \sim 52HRC$	$540℃ \times 12h$ 离子渗氮	表面硬度为 $66 \sim 68HRC$，渗层深度为 $0.4mm$；离子渗氮后脱模容易，叶片光洁，寿命提高数倍
12	铝压铸模	3Cr2W8V，淬火+回火预处理	$(500 \sim 520)℃ \times (6 \sim 9)h$ 离子渗氮	寿命提高 $2 \sim 3$ 倍

序号	工件名称	材料及尺寸	处理工艺	处理效果
13	铝（或锌）合金挤压模及压铸模	4Cr5MoV1Si、3Cr2W8V 等，淬火＋回火预处理	(500～520)℃×(8～12)h 离子渗氮	硬度≥1000 HV0.1，渗层深度 0.08～0.13mm（化合物层深度为 10μm 左右），寿命提高 5～8 倍
14	蜗壳拉伸成形模	Cr12MoV，淬火＋回火预处理	500℃×5h 离子渗氮	表面硬度为 1200HV5，化合物层深度为 15μm，渗层深度为 0.12mm，使用寿命提高 2.5 倍
15	立铣刀	65Mn，φ28mm	450℃×60min＋500℃×20min 离子渗氮	寿命比未经渗氮处理的产品提高 5～6 倍
16	锯片铣刀	GCr15，φ150mm×4mm×50 齿	480℃×55min 离子渗氮	寿命提高 46 倍
17	花键孔推刀	W18Cr4V，淬火＋回火预处理	520℃×50min 离子渗氮	寿命提高 3.3 倍

4.4　真空脉冲渗氮工艺

4.4.1　真空脉冲渗氮的特点

向真空炉中通入氨气，将工件装入真空炉后开始启动机械泵抽气，当真空度达到设定值（多为 1.33Pa）时，通电升温，同时继续抽真空，保持炉内的真空度，待炉温达到要求的渗氮温度后，保温一定时间，其目的是净化工件表面和对工件进行透烧加热，然后停止抽真空，向炉内通入干燥的氨气，使炉压升高至一定值（50～70Pa），保持一定时间，之后再抽真空并保持一定时间，再通入氨气，如此反复进行多次，直到渗层达到要求为止，在整个渗氮过程中炉温保持不变。渗氮层的最表面是由 ε 相和 γ′ 相组成的化合物层，次外层的扩散层由 γ′ 相和 α-Fe 组成。

4.4.1.1　真空脉冲渗氮与普通气体渗氮相比具有的特点

① 速度快，38CrMoAl 钢经 530℃×10h 真空脉冲渗氮即可得到 0.3mm 的渗氮层，而普通气体渗氮则需要 20h 以上。因此，渗氮速度可成倍提高。

② 渗氮层硬度高，由于气氛中氮势高，钢表层的氮浓度和渗氮层硬度都比较高。

③ 氨气用量少，经测算，对于容积为 1m³ 的真空炉，得到 0.3～0.5mm 的渗氮层所需液氨不足 1kg，而普通气体渗氮的消耗量在 2kg 以上。

④ 真空脉冲渗氮可以采用较高的温度，这对于普通气体渗氮是不可取的。

⑤ 可使金属表面活化和净化。在加热、保温、冷却的整个热处理过程中，不纯的微量气体被排出，含活性物质的纯净复合气体被送入，使表面层相结构的调整和控制、质量的改善、效率的提高成为可能。

4.4.1.2　真空脉冲渗氮与离子渗氮相比具有的特点

① 真空脉冲渗氮的温度均匀、易控制。离子渗氮时工件依靠正离子的轰击而被加热，温度的测量和控制都存在一定的困难。

② 真空脉冲渗氮的渗氮层质量高。离子渗氮过程中，正离子不断轰击工件表面，在表面产生许多小坑，尤其当电流大时这种现象就更严重。

③ 真空脉冲渗氮的渗氮层分布均匀，尤其是形状复杂和带小孔的工件，在离子渗氮时很难得到均匀一致的渗氮层，而真空脉冲渗氮由于采用间歇式抽气，炉内气氛较普通气体渗氮时流动更均匀，保证了工件各部位都能得到均匀一致的渗氮层。

真空脉冲渗氮层具有与其他渗氮层相似的组织结构和性能特点，而且由于真空的净化作用和较高的炉气氮势，真空脉冲渗氮的速度比普通气体渗氮提高一倍以上。真空脉冲渗氮克服了普通气体渗氮和离子渗氮的缺点，为实现快速优质渗氮提供了一条新的途径。

4.4.2 真空脉冲渗氮设备

气体渗氮是一种常用的钢铁表面硬化热处理技术，常规的气体渗氮处理技术存在着生产周期长、效率低等缺点。近年来发展起来的真空脉冲渗氮具有渗氮处理周期短、渗氮效果好等特点。真空脉冲渗氮设备由炉体、控制系统、配气系统、真空压力系统等部分组成。

真空脉冲渗氮时，将真空炉排气至较高真空度（1×10^{-1}Pa），然后将真空炉内工件温度升至530～560℃，同时送入以氨气为主，含有活性物质的多种复合气体，并对各种气体的送入量进行精确控制，炉压控制在665Pa，保温3～5h后实施炉内惰性气体的快速冷却。根据材质的不同，经此处理后可得到硬度为600～1500HV的硬化层。也可以通过改变炉压来获得不同的硬化层。

常用的真空渗氮设备见图4.48。

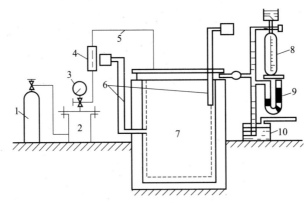

图4.48 真空渗氮设备示意图

1—液氨瓶；2—干燥箱；3—氨压力表；4—流量计；5—进气管；6—热电偶；
7—渗氮罐；8—氨分解率测定计；9—U形压力计；10—泡泡瓶

真空渗氮采用脉冲式供氨，使工件上的盲孔及压紧的平面均能进行渗氮，炉中各部位的工件渗氮层比较均匀，而且真空渗氮时氨气的消耗量为传统渗氮的1/5，而且通过对送入炉内的含活性物质的复合气体的种类和量进行控制，可以得到几乎没有化合物层的渗氮层。

4.4.3 真空脉冲渗氮工艺参数及其对渗层深度与硬度的影响

采用真空脉冲渗氮工艺，如图4.49，对38CrMoAl、3Cr2W8V钢进行真空脉冲渗氮处理，38CrMoAl经不同工艺渗氮后表面的硬度分布曲线见图4.49，介质为氨，炉温在530～560℃，时间为2～30min。从图4.50中可以看出：真空脉冲渗氮后表层有较高的硬度，渗氮速度比普通渗氮更快（真空脉冲渗氮 10h 与普通气体渗氮 33h 具有接近的渗氮层深度）。

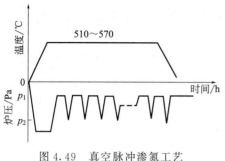

图 4.49　真空脉冲渗氮工艺

图 4.50　真空脉冲渗氮与普通气体渗氮后的硬度分布曲线
1—真空脉冲渗氮，530℃×10h；2—真空脉冲渗氮，550℃×10h；
3—普通气体渗氮，540℃×33h

4.4.3.1　真空脉冲渗氮的工艺参数

真空脉冲渗氮的工艺参数包括渗氮温度、脉冲间隔、工作炉压和渗氮时间等，上述四个因素的变化范围为：渗氮温度为 510～570℃、脉冲间隔为 10～20min、工作炉压为（3～7）×10^4Pa、渗氮时间为 3～7h。

将炉内真空度抽至 1.33Pa，然后开始升温至渗氮温度，到温后保持 30min，使工件表面净化，脱气，随后关闭真空泵，进行周期式"通气—抽气"，炉内最高压力不超过（0.4～0.6）×10^5Pa，保温一定时间后随炉冷至 300℃。

4.4.3.2　工艺参数对渗层深度与硬度的影响

（1）温度的影响　真空脉冲渗氮温度过高时，渗层化合物粗大；渗氮温度过低时，渗层浅，渗层化合物形成得少，硬度低。真空脉冲渗氮温度在 510～570℃ 范围内，对渗层深度与硬度的影响比较明显。

渗氮温度同样影响氮的渗入速度，渗氮温度越高，渗速越快，白亮层越厚。显微硬度随渗氮温度的上升而表现出先升高后降低的趋势，温度上升到一定值时，白亮层的致密性降低，渗层的硬度和耐蚀性能均有所下降。

（2）炉压的影响　炉压上限越高，渗层的深度和硬度也越好；炉压下限对渗层的影响是真空度越高，硬度和渗层深度越好。

（3）时间的影响　随着真空脉冲渗氮时间的增加，硬度增加，而且有化合物层出现时硬度增加更加明显，渗层也加深。通 NH_3 流量越多，硬度越高，渗层也更深。脉冲时间过长，渗层变薄；时间过短，表面脆性加大。

随真空脉冲渗氮时间的延长，白亮层厚度不断增加，但增加的幅度减缓，同时白亮层的致密性呈现出致密性降低的变化趋势，即渗氮层的硬度以及耐蚀性能先增强后减弱。

4.4.4　真空脉冲渗氮的应用

4.4.4.1　［实例 4.12］　铝型材热挤压模的真空脉冲渗氮表面强化

（1）工件名称与使用材料　铝型材热挤压模，材料为 4Cr5MoV1Si。

（2）热处理技术要求　挤压模的基体硬度为 44～50HRC，真空脉冲渗氮层厚度≥

0.10mm，表面硬度≥800HV，脆性≤2级。

（3）加工工艺流程 一般该模具的机械加工流程为：原材料下料→锻造成型→球化退火→车削加工→微机车床加工（钻孔、车内孔）→检验→热处理（淬火、回火）→砂磨型腔→磨加工→探伤→磨外圆→检验→真空脉冲渗氮→检验→包装入库。

（4）热处理工艺分析 锻造后的挤压模应进行球化退火处理，目的是改善组织和降低基体的硬度，消除内应力，获得珠光体＋球状渗碳体组织，以利于切削加工，为最终热处理做好组织准备。退火工艺为（830～850）℃×（4～6）h，炉冷至500℃以下出炉空冷，硬度为207～255HBW。

通常4Cr5MoV1Si钢热挤压模的热处理（淬火与回火）工艺曲线见图4.51。

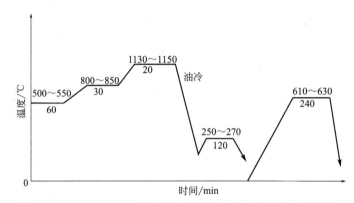

图4.51 4Cr5MoV1Si钢热挤压模的热处理工艺曲线（盐浴炉）

该挤压模的盐浴炉热处理工艺为：

① 淬火工艺。一次预热500～550℃，保温系数90～120s/mm；二次预热800～850℃，保温系数50～60s/mm；加热温度1130～1150℃，保温系数25～30s/mm。在静止的热油中冷却，油温在50～80℃，挤压模表面冷到200℃左右（从油中提出表面冒青烟而不起火）提出放进250～300℃的硝盐炉和空气炉中时效，可减小变形和开裂倾向。

② 回火工艺。钢中含有较多的合金元素，在回火过程中会出现二次硬化现象，因此为充分发挥材料的特性，采用三次回火工艺，只有当前一次工件温度冷到室温后才能进行下一次回火，回火后的整体硬度在53～58HRC。

淬火加热是在高温盐浴炉中进行的，模具加热温度为1130～1140℃。这是因为挤压模需要保持高的硬度、红硬性以及足够的强度，故要求尽可能多的碳化物溶解到奥氏体中。

（5）化学热处理工艺分析 热挤压模主要失效形式是热磨损，即挤压处呈波浪状和局部凹陷，故对热挤压模进行渗氮处理是十分必要的。4Cr5MoV1Si（H13）铝型材热挤压模真空脉冲渗氮工艺曲线见图4.52，采用先抽真空，后通氮气或氨气进行加热升温，到温后先抽真空再通入氨气，使炉压达到一定的数值（10～20kPa），按工艺要求控制氨流量为0.10～0.20m³/h，并与真空泵协调工作，以保证炉内在一定时间内的相对稳定。在保温时间内，要求每小时至少进行1～2次抽真空和通氨气的循环交替，以为炉内提供充足的活性氮原子，同时也增加了渗氮气氛的流动性，使模具的表面渗层均匀一致。热挤压模真空渗氮后获得硬度为1000～1100HV、渗层深度为0.10～0.20mm的硬化层。

（6）化学热处理工艺技术实施要点

① 进行真空脉冲渗氮后的热挤压模，被赋予了高的硬度、良好的耐磨性、高的疲劳强度和抗咬合性等，其使用寿命可提高2～3倍。

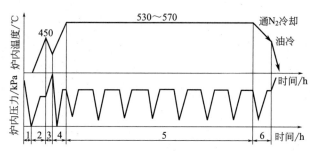

图 4.52　4Cr5MoV1Si（H13）铝型材热挤压模真空脉冲渗氮工艺曲线
1—抽真空；2—通氮气加热；3—装炉；4—抽真空后通氮气和氨气加热升温；
5—保温渗氮；6—抽真空后通氨气冷却

②　由于真空脉冲渗氮中循环交替抽真空，使模具表面活化与净化，促进了氮原子的扩散渗入，提高了扩散层中的氮浓度，使微观应力显著提高，渗氮后油冷使过饱和固溶体发生时效，提高了扩散层的硬度，故渗层硬度梯度趋于平缓。

4.4.4.2　［实例 4.13］　离子氮碳共渗应用实例

离子氮碳共渗应用实例见表 4.26。

表 4.26　离子氮碳共渗应用实例

序号	工件名称	材料及尺寸	处理工艺	处理效果
1	6105 型柴油机活塞环	灰铸铁	570℃×4h 离子氮碳共渗，$\varphi(CH_3COCH_3)$：$\varphi(NH_3)=1$：$(3.5\sim5)$	表面硬度 667～712 HV0.05，化合物层厚度 12～16μm，扩散层深度 0.19～0.22mm。装机考核，寿命比普通活塞环提高 1 倍以上
2	自行车冷挤压模	LD 钢，挤压 Q235 钢自行车花盘	540℃×4h 离子氮碳共渗，$\varphi(C_2H_5OH)$：$\varphi(NH_3)=1$：9	表面硬度 1132 HV0.1，化合物层厚度 16μm，渗层深度 0.31mm。由 W18Cr4V 气体氮碳共渗的 800 次寿命、LD 钢气体氮碳共渗的 2000 次寿命提高到 4000 次
3	液压发动机转子	42CrMo	CO_2＋NH_3 为渗剂的离子氮碳共渗	表面硬度≥800 HV0.1，化合物层厚度为 13～18μm，扩散层深度＞0.5mm
4	活塞环	50CrV，φ60mm～φ90mm	480℃×8h 稀土催渗离子渗氮，$\varphi(H_2)\varphi(N_2)$：φ（稀土混合液）＝0.3：0.7：0.02	表面硬度为 894 HV0.1，渗层深度为 0.33mm，比普通离子渗氮的渗速提高 32%，硬度提高 7.5%，使用寿命高于镀铬环
5	TY102 型发动机气门	5Cr21Mn9Ni4N	540℃×6h 稀土催渗离子氮碳共渗，分解氨＋6%稀土混合液	表面硬度为 1000 HV0.1，渗层深度为 55～59μm。渗速比普通离子氮碳共渗提高 47%

4.5　活性屏离子渗氮工艺及其应用

在 20 世纪 90 年代末期，卢森堡工程师 Georgers 发明了活性屏离子渗氮技术（Through Gage Plasma Nitriding，或称为 Active Screen Plasma Nitriding），并在活塞环等一些机械零部件方面获得了比较成功的应用。

活性屏离子渗氮技术与普通直流离子渗氮技术的区别是：前者是将高压直流电源的负极接在真空室内一个铁制的网状圆筒上，被处理的工件置于网罩的中间，工件呈电悬浮状态或

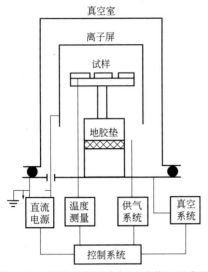

图 4.53 活性屏离子渗氮试验装置示意图

与 100V 左右的直流负偏压相接（图 4.53）。当高压直流电源被接通后，低压反应室内的气体被电离。在直流电场的作用下，这些被激活的离子轰击圆筒的表面，离子撞击的动能在圆筒的表面转变为热能，故圆筒被加热。同时，在离子轰击下不断有铁或铁的渗氮物微粒被溅射下来。因此在活性屏离子渗氮过程中，圆筒同时起到两个作用：其一是通过辐射加热，将工件加热到渗氮处理的温度；其二是向工件表面提供铁或铁的氮化物微粒。当这些微粒吸附到工件表面后，高氮含量的微粒便向工件的内部扩散，达到渗氮的目的。在活性屏离子渗氮处理过程中，气体离子轰击的是圆筒，而非直接轰击工件表面，故直流离子渗氮技术中存在的一些问题即迎刃而解，比如工件打弧、空心阴极效应、电场效应、温度测量等。在活性屏离子渗氮处理过程中不再发生打弧现象，故对离子渗氮电源的要求降低，可将消耗大量电能的限流电阻拆除。试验已经证明，活性屏离子渗氮可以达到和普通直流离子渗氮一样的处理效果，因此该技术的出现是直流离子渗氮技术的一大进步。

对于 722M24(EN40B) 低合金钢，采取（520±10）℃×12h、炉压为 500Pa 的活性屏离子渗氮处理，可获得深度为 100～110μm 的渗氮层，比直流离子渗氮处理低 10%～15%。

38CrMoAlA 钢采用 540℃×6h、纯 N_2 气氛、辉光放电电压为 800～1200V 的活性屏离子渗氮处理，可获得深度为 210～250μm 的渗氮层，表面硬度可达到 700～900HV0.2。

4.6　其他渗氮工艺简介

一般气体渗氮时间多为 30～70h，因此生产效率不高，制约了其应用范围。如何加速渗氮过程一直为渗氮工艺发展努力的方向。渗氮过程加速的方法可用物理的方法，也可用化学的方法，于是出现了物理催渗法和化学催渗法。

物理催渗法是通过改变渗氮温度或炉内的气体压力，或利用电场、磁场及辐射加热，或采用机械形变及弹性振荡等物理方法加速渗氮剂的分解，同时激活工件表面，提高吸附和吸收氮原子的能力，加速氮原子的扩散等。目前已得到推广应用的物理催渗法有：高压渗氮、高频感应加热渗氮、高温快速渗氮、形变渗氮、离子渗氮、流态床渗氮及弹性振荡或超声波渗氮等。

化学催渗法是在渗剂中加入一种或几种化学物质，促进渗剂在渗氮过程中的分解，同时起到除去工件表面氧化膜或影响氮原子的吸附或吸收的作用。如洁净渗氮、电解催渗渗氮、镀钛渗氮、催渗渗氮等，加入的物质与工件表面发生作用，将工件表面激活，从而提高了渗氮能力，加速了氮原子的渗入。

在生产实际中，化学催渗法只能提高工件表面吸收氮原子的能力，即提高渗氮介质的氮势，加速工件表面氮原子的渗入，使表面的氮浓度增大，故提高了氮浓度梯度，加快了扩散速度，但在渗氮过程中，工件表面的氮浓度有一合理的范围，过高则减缓了氮原子的扩散速度。综合考虑物理催渗法和化学催渗法的特点，一般二者结合使用，即用化学催渗法提高渗氮能力，用物理催渗法提高氮原子的扩散系数，加速扩散过程。根据对工件的渗氮要求和侧重点的不同，应从生产效率、经济环保、劳动条件等方面综合考虑。采用化学催渗法和物理催渗法可加速渗氮过程，明显缩短渗氮周期，同时产品质量也有不同程度的提高。

4.6.1 氯化铵催化（洁净）渗氮

催化渗氮是指用化学催化剂或预先化学处理的方法进行的渗氮过程，可缩短渗氮周期。这里只介绍氯化铵催化（洁净）渗氮，该工艺是在渗氮炉中加入适量的氯化铵，可加快氮原子的渗入，缩短工艺周期，其作用原理如下：氯化铵在渗氮温度下受热分解，其分解产物能够轻微腐蚀工件表面，可除去工件表面的氧化膜及其他污物，从而去除氮与工件表面作用的障碍，加速氮原子的渗入过程。通过氯化铵分解起到洁净工件表面，并促使活性氮原子渗入的作用，由于工件表面有一层氧化膜（Fe_2O、Fe_2O_3 等），该膜比较致密，会阻碍活性氮原子的溶解与化合，加入的氯化铵颗粒在渗氮过程中，本身并不稳定，在一定条件下极易分解，发生下列分解反应：

$$NH_4Cl \xrightarrow{>250℃} NH_3 + HCl$$

设工件表面有氧化物存在，分解出的氯化氢与下列氧化物反应：

$$Cr_2O_3 + 6HCl \longrightarrow 2CrCl_3 + 3H_2O$$
$$Mo_2O_3 + 6HCl \longrightarrow 2MoCl_3 + 3H_2O$$
$$Al_2O_3 + 6HCl \longrightarrow 2AlCl_3 + 3H_2O$$
$$CrCl_3 + NH_3 \longrightarrow CrN + 3HCl$$
$$Mo_2O_3 + 2NH_3 \longrightarrow 2MoN + 3H_2O$$
$$AlCl_3 + NH_3 \longrightarrow AlN + 3HCl$$

从上述反应可知，合金元素氧化物被还原，形成渗氮层中的合金渗氮物。在反应过程中氯化铵没有消耗，只是起催化作用。

上述反应分解出的酸性氯化氢气体，可轻微腐蚀工件表面，除去工件表面的钝化膜，对工件表面有强烈的"洁净"作用，即它与工件表面氧化层中的金属氧化物发生反应，生成金属氯化物，降低了对氮原子的阻力，使氮原子的渗入过程加速，提高了工件表面对氮原子的吸收能力，使工件表面的氮浓度增加，浓度梯度增大，渗氮过程加速，达到洁净表面、促进渗氮的目的。

试验证明，氯化铵催化（洁净）渗氮在较高温度下仍保持高的渗氮层硬度，其原因在于渗氮初期形成了高度弥散的渗氮物质点，在高温下不易聚集长大。因此，对工件要求不高时，可以用较高的温度渗氮，以加快渗氮速度。氯化铵催化（洁净）渗氮可加速渗氮过程，在渗氮初期表现得比较明显，这同氯化铵的分解有关，随着渗氮时间的延长，氯化铵的数量减少，对渗氮的加速作用减弱。

由于氯化铵在560℃会很快地分解完毕，为了延缓其分解速度，将氯化铵与石英砂均匀混合（质量比1:200），装在不锈钢容器内，加盖密封，置于罐底。采用此方法，减缓了氯化铵的分解速度，延长了对工件的催渗作用。但对氯化铵的量有一定的限制，一般按渗氮罐容积或罐内工件渗氮的总面积来计算，以 $360g/m^3$ 的加入量为宜。为改善渗层硬度梯度，还可加入二氧化钛（$0.8kg/m^3$），多用于不锈钢和耐热钢的渗氮。若加入量过多，氨气量急剧增加，造成工件表面氮原子浓度高，渗氮层会有网状碳化物出现。同时，为了防止低温时氯化铵（300℃左右）的分解产物发生逆反应，生成氯化铵白色粉末而凝结在排气管道中，堵塞排气管，影响渗氮过程的正常进行，必须点燃排气口或将纯碱或氧化钙等碱性盐、碱性氧化物放置在排气管道上，使氯化氢气体与碱性盐、碱性氧化物反应：

$$2HCl+CaO \Longrightarrow CaCl_2+H_2O$$

$$2HCl+Na_2CO_3 \Longrightarrow 2NaCl+H_2O+CO_2$$

采取上述办法可有效地解决排气管道上氯化铵的凝固、堵塞管道的问题。氯化铵的加入可以节约氨气，实践证明在氨分解率相同的前提下，氨气消耗量比普通气体渗氮节省50%。

用盐酸（HCl）加速渗氮的作用与氯化铵基本相同。当采用CCl_4作催化剂时，在渗氮开始阶段应将CCl_4蒸气与氨气同时通入渗氮罐内，在480℃以上与氨气反应生成CH_4和HCl，其中HCl对渗氮过程的作用与前述的HCl相同。表4.27为常用渗氮钢盐酸催渗和普通气体渗氮的结果比较。

表4.27 盐酸催渗渗氮与普通气体渗氮的结果比较

材料	工艺方法	表面硬度		渗层深度/mm	脆性等级
		HRN15	HV0.01		
38CrMoAlA	普通气体渗氮： 1.等温渗氮 2.两段渗氮	90～92.5 90～91.5	1200 1187	0.38～0.40	I
	盐酸催渗渗氮： 温度(525±5)℃,保温 4h,氨分解率为 30%～40%；(560±5)℃ 保温 6h,氨分解率为 55%～60%；(580±5)℃保温 2h,氨分解率≥80%	91～92	1150～1270	0.44～0.48	I
30CrMo	普通气体渗氮： 1.等温渗氮 2.两段渗氮	84.5～86 85～87	698～715 665～681	0.48～0.52	I
	盐酸催渗渗氮	81～84	680～690	0.60～0.65	I

该工艺对不锈钢和耐热钢特别有效，因其含有13%～28%的铬，表面易形成厚度为5～20μm的致密Cr_2O_3薄膜。NH_4Cl分解出的HCl与Cr_2O_3反应生成H_2O和$CrCl_3$。HCl在有微量水蒸气存在时极易与金属氧化物反应生成$FeCl_3$、$TiCl_4$等金属化合物，其中的氯易被活性氮原子置换而生成渗氮物（渗层的组织），与此同时释放出能破坏钝化膜的氯气。

$$4FeCl_3+[N] \longrightarrow Fe_4N+6Cl_2$$

$$2Cr_2O_3+2[N] \longrightarrow 2Cr_2N+3O_2$$

4.6.2 电解气相催渗渗氮

电解气相催渗渗氮工艺是指用氨气或氮气作为载体，将电解气体带入渗氮罐内以加速渗氮的一种方法。这是一种可提高渗氮活性和气氛氮势的渗氮方法。电解气相催渗渗氮的装置如图4.54。

渗氮介质氨进入渗氮罐前通过电解槽，将电解液中所含的离子状态的催化元素（如 Cl、F、H、O、H_2O、C、Ti 等）带入渗氮罐内，通过净化工件表面（去除氧化膜或钝化膜），促进氨的分解或氮原子的吸收，或阻碍高价渗氮物转变为低价渗氮物，从而加速渗氮过程。其基本反应装置与一般气体渗氮相似，区别在于氨气经过干燥箱后要进入电解槽和冷凝器，其目的是电解槽产生了电解气，冷凝器使从电解槽中出来的水蒸气冷凝，减少水分进入渗氮

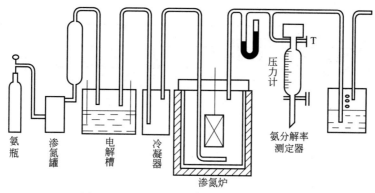

图 4.54　电解气相催渗渗氮的装置示意图

罐内，防止影响渗氮效果。假如用氮气作为载气，除了普通气体渗氮装置外，需另设气体管道，包括氮气瓶、电解槽、冷凝器及进气管。

电解槽一般用塑料或玻璃钢制作，用耐蚀橡胶密封，其尺寸大小应根据渗氮炉的功率确定，见表 4.28。

表 4.28　电解槽尺寸与渗氮炉功率的对应关系

渗氮炉功率/kW	电解槽尺寸/mm×mm×mm	电解电流/A
25	160×200×260	3～5
35	300×200×300	5～10
75～95	350×250×350	10～15
≥100	580×350×600	15～50

电解液的配方通常可分为酸性和碱性两种，经常使用的多为酸性电解液，常见的配方如下。

① 含钛酸性电解液。配比为海绵钛 5～10g/L；氯化钠 150～200g/L；氟化钠 30～50g/L；硫酸（工业纯）30%～50%。

② 氯化钠 200g 或氯化钠、氯化铵各 100g，配制成饱和水溶液后加入 110～220mL 的工业用盐酸和 25～100mL 的甘油，最后加水到 1000mL（此时的 pH＝1）。

③ 在 400g 氯化钠饱和溶液中加入浓度为 25% 的硫酸 200mL，然后加水至 1500mL。

电解液的成分不同，产生的气体也不同，若用氮气作载气，电解气的主要成分是 HCl 气体、氮气、氢气。电解气的催渗作用可改变气氛的氮势，使零件表面的氮浓度增加，氮原子渗入的速度加快。电解气相催渗渗氮工艺与普通气体渗氮工艺一样，同样也分为等温渗氮、两段渗氮或三段渗氮等，均可不同程度地加速渗氮过程，区别在于前者使零件的表面氮浓度增加，故缩短了渗氮时间。表 4.29 为常见渗氮钢的电解气相催渗渗氮工艺及渗氮结果。

表 4.29　常见渗氮钢的电解气相催渗渗氮工艺及渗氮结果

材料	电解气相催渗渗氮工艺		渗氮结果		
	温度/℃×时间/h×氨分解率/%		层深/mm	硬度（HV）	脆性等级
38CrMoAl	等温渗氮　560×12×(45～50)		0.38	1003～1018	Ⅰ
	两段渗氮　Ⅰ.530×6×(25～30)　Ⅱ.580×4×(45～55)		0.36	1048	Ⅰ
35CrMo	等温渗氮　560×12×(45～50)		0.32	649～673	Ⅰ
	两段渗氮　Ⅰ.510×14×45　Ⅱ.530×10×55		0.55～0.62	580～630	Ⅰ，Ⅱ

材料	电解气相催渗渗氮工艺			渗氮结果		
	温度/℃×时间/h×氨分解率/%			层深/mm	硬度（HV）	脆性等级
42CrMo	两段渗氮　Ⅰ.540×5×15 Ⅱ.580×7×35			0.5～0.6	550～580	Ⅰ
32Cr2MoV	等温渗氮 560×12×（45～50）			0.4	707～724	Ⅰ
	两段渗氮Ⅰ.530×6×（25～30） Ⅱ.580×6×（45～55）			0.34～0.38	782	Ⅰ
3Cr2W8V	两段渗氮　Ⅰ.530×3×25 Ⅱ.540×4×（35～40）			0.2	928	Ⅰ

表 4.30 为常见渗氮钢电解气相催渗渗氮与普通气体渗氮的比较，电解气相催渗渗氮层的表面氮浓度较高，浓度梯度较陡，温度升高虽可使氮浓度变得平缓，但表面易产生疏松，气体渗氮和氮碳共渗也存在这个问题，因此渗氮后期需进行退氮处理以改善表面的脆性，但会降低表面的致密性，而离子渗氮和氮碳共渗可以控制，易于获得单一的 ε 相。从表 4.30 中可以看出在相同的温度下，电解气相催渗渗氮的渗氮速度比普通气体渗氮快，获得的表面硬度高，显示了十分明显的催渗效果，目前其应用比较广泛。

表 4.30　常见渗氮钢电解气相催渗渗氮与普通气体渗氮的比较

材料	工艺名称	工艺参数			渗氮结果		
		温度/℃	时间/h	氨分解率/%	层深/mm	硬度（HV10）	脆性级别
38CrMoAl	普通气体渗氮	570	12	50～60	0.29	782	Ⅰ
		510～520	38	20～30	0.42	945	Ⅰ
	电解气相催渗渗氮	540	12	30～40	0.32	1018	Ⅰ
		570	12	50～60	0.35	927	Ⅰ
25Cr2MoV	普通气体渗氮	540	12	30～40	0.21	825	Ⅰ
	电解气相催渗渗氮	540	12	30～40	0.20	765	Ⅰ
30Cr2MoV	普通气体渗氮	570	12	50～60	0.26	725	Ⅰ
	电解气相催渗渗氮	570	12	50～60	0.45	715	Ⅰ
15Cr11MoV	普通气体渗氮	620	20	50～60	0.20	659	Ⅰ
	电解气相催渗渗氮	620	20	50～60	0.36	791	Ⅰ
34CrNi3Mo	普通气体渗氮	540	12	30～40	0.28	620	Ⅰ
	电解气相催渗渗氮	540	12	30～40	0.39	548	Ⅰ

4.6.3 弹性振荡渗氮

将一定频率的弹性振荡（或称为弹性波）作用于渗氮介质或渗氮件上，使介质的活性得到提高，从而加速氮原子向工件内部的扩散，在实际应用中弹性振荡频率既可以是声频也可以高于声频。据报道用弹性振荡激励气相的快速渗氮法，是采用特制的超声波发生器直接对渗氮罐气相施加弹性波。采用此法对 38CrMoAl 在 580℃进行 8h 的渗氮，与普通气体渗氮的结果对比见表 4.31。从表中可知，在气体介质上施加弹性波，提高了渗氮介质的活性，加速了氮原子的渗入过程，使渗氮层表面的硬度提高，表面的氮浓度增加，因而渗氮层增厚。

表 4.31 38CrMoAl 钢弹性波渗氮与普通气体渗氮结果的比较

渗氮方法	渗氮层硬度（HV）	渗氮层深/mm	脆性等级
弹性波渗氮	945	0.45	I
普通气体渗氮	832	0.40	I

除此以外，目前采用的弹性波盐浴渗氮同弹性波激励气相的快速渗氮法的原理基本相同，这里超声波是从盐浴槽的底部引入，使盐浴出现空化等现象，其主要作用是提高渗氮介质的活性，促进渗氮的进度。另外，也有直接作用在工件上的弹性波渗氮方法，即采用磁致伸缩换能器通过波导与工件相接，将弹性波传给工件。超声波能提高工件扩散层的硬度，时间越长硬度越高，其加速渗氮的原理在于工件表面的组织中位错密度增加，形成了大量的空穴，加快了扩散过程，同时工件内的弹塑性变形也提高了工件表面的吸附性能。

4.6.4 高温快速渗氮

在渗氮过程中，提高渗氮温度可以加速氮原子的扩散，从而加快渗氮过程。对于一定成分的渗氮钢而言，获得最高渗氮层硬度的渗氮温度都有一最高温度，超过这一温度会使合金渗氮物与基体母相的共格关系破坏，使渗氮物的晶粒变得粗大，表面硬度下降，因此必须采用含钒、钛等可形成稳定合金渗氮物的合金钢种，即快速渗氮钢。含有钒、钛等元素可使氮的渗速加快，故减慢了扩散速度，使渗氮层的浓度梯度和硬度分布曲线很陡。为了克服这个缺点，发展了含钛快速渗氮钢的两段渗氮工艺，见图 4.55。

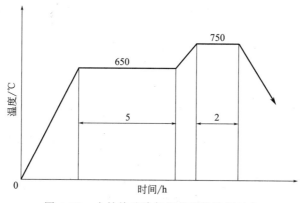

图 4.55 含钛快速渗氮钢的两段渗氮工艺

从快速渗氮过程来看，要实现快速渗氮，必须考虑氨分解率，温度升高氨分解率提高，但炉内的氮势低（活性氮原子少），影响了表面的氮浓度；当渗氮温度高于 750℃时氨气全部分解，但氨分解率可通过调整气体流量来调整。研究表明，在高温渗氮时，尽管氨分解率有一定的作用，但对氮原子吸收能力增强的关键为渗氮温度，普遍认为在一般渗氮炉中，温度在 750～800℃时工件表面对活性氮原子的吸收能力最强。

4.6.5 形变渗氮

形变渗氮指对渗氮前的工件表面进行弹塑性形变，即冷形变（如滚压、压缩、抛丸等），使表面的组织状态及结构发生变化，从而对工件表面氮原子的吸收和扩散过程产生影响。通常表面塑性形变后，可增加晶体的缺陷，产生许多孔穴点阵空位，发生滑移和位错，因而增加了氮原子的渗入及扩散通道，大大加速了渗氮过程。渗氮工件的渗氮物优先在位错缠结区形核，渗氮物的尺寸也较小，细小的渗氮物与位错交互作用，进而钉扎位错形成稳定的多边形亚结构，材料韧化塑性形变量越大韧性越强。渗氮与形变或预应力相结合是很有发展前途的复合工艺，可提高工件的强度、韧性及疲劳强度。试验表明，对于奥氏体耐热钢（如 53Cr21Mn9Ni4N，简称 21-4N）和马氏体耐热钢（如 40Cr10Si2Mo，简称 4Cr10）两种材料，前者进行固溶＋时效（工艺为固溶 1150℃×30min 水冷，时效 750℃×450min 空冷，硬度为 28～34HRC，晶粒度为 5～8 级，层状物析出 10%），做成 12mm×10mm×6mm 的试样；后者进行淬火＋高温回火（淬火 1040℃×5min 油冷，回火 630℃×150min 水冷，硬度为 30～35HRC），处理后做成 φ12mm×8mm 的试样。分别进行压缩形变和抛丸，压缩形变采用 60kN 的液压万能材料试验机（WE-600），抛丸采用 Q3110 滚筒式抛丸机，钢砂的直径为 2mm，喷射速度为 60～80m/s。

（1）压缩形变和抛丸对渗氮硬度的影响　两种材质的压缩形变量如表 4.32。

表 4.32　21-4N 和 4Cr10 的压缩形变量

材质	形变量 /%							
	1	2	3	4	5	6	7	8
21-4N	0.63	1.25	4.32	12.76	12.98	15.34	18.28	33.32
4Cr10	2.5	2.92	8.12	19.8	20	21.8	32	33.4

采用盐浴渗氮处理，温度为 570℃，时间为 30～90min。压缩形变和抛丸对渗氮硬度的影响分别见表 4.33 和表 4.34。

表 4.33　压缩形变对渗氮硬度的影响

材质	硬　度							
	21-4N 的形变量/%				4Cr10 的形变量/%			
工艺方法	0	1.25	18.28	33.32	0	5	20	32
渗氮前	342	378	480	572	363	368	402	451
渗氮后	739	1314	1250	1312	1027	1268	1272	1219

注：1. 工艺方法中渗氮温度均为 570℃，时间均为 30min。
　　2. 渗氮前硬度单位为 HV1，渗氮后硬度单位为 HV0.2。

表 4.34　抛丸对渗氮硬度的影响

材质	21-4N				4Cr10			
工艺方法	抛丸 30min 渗氮 30min	抛丸 30min 渗氮 50min	抛丸 60min 渗氮 30min	抛丸 60min 渗氮 50min	抛丸 30min 渗氮 30min	抛丸 30min 渗氮 50min	抛丸 60min 渗氮 30min	抛丸 60min 渗氮 50min
渗氮前	416	476	473	476	392	409	399	400
渗氮后	1253	1661	1309	1695	1324	1287	1306	1283

注：渗氮前硬度单位为 HV1，渗氮后硬度单位为 HV0.2。

从表中可以看出：

① 形变使 21-4N 和 4Cr10 材料渗氮后的硬度得到大幅度提高，前者提高 400～900HV；后者提高 700～900HV，后者的硬度值比前者明显提高；

② 两种材料均易于产生加工硬化，随形变量的增加渗氮前的硬度值有不同程度的提高，但抛丸可产生有效的加工硬化；

③ 无论是压缩形变还是抛丸处理，均使渗氮后的硬度产生很大的变化，但压缩形变到一定程度后其硬度变化不大；

④ 渗氮时间对压缩形变的工件渗氮后的硬度影响较大，对抛丸处理的工件硬度影响不大。

（2）形变对渗氮后渗层的影响　对 21-4N 和 4Cr10 材料分别采用不同形变方式进行渗氮处理后的渗层情况，从表 4.35 中可知形变使渗层深度增加，渗氮时间对渗层的影响较大，表明形变有助于增加渗层深度，在生产实际中有应用价值。

表 4.35　形变对渗氮后渗层的影响

材质	21-4N				材质	4Cr10			
压缩变形量/%	0	4.32	4.34	33.32	抛丸时间/min	30	30	60	60
渗氮时间/min	30	50	30	50	渗氮时间/min	30	50	30	50
渗层深度/mm	19.2	29	23	27	渗层深度/mm	21.6	31.2	24	28

形变使材料的硬度和渗层深度均有大幅度的增加，韧性也增加。其原因有两点：

① 高硬度是靠 ε 相和共格弥散强化，并没有大幅度破坏原子间的结合力；

② 经过形变后的试样，渗氮物优先在位错缠结区形核，氮原子的尺寸小，与位错相互作用，进而钉扎位错形成多边形的亚结构，使材料的韧性增加。

4.6.6　高频感应加热气体渗氮

利用高频电流感应加热原理，将工件放入用耐热陶瓷或石英玻璃制成的密闭渗氮灌中，然后置于多匝感应器内，向容器中通入氨气后，感应圈接通高频电流，在高频磁场作用下，工件产生感应高频电流加热工件。渗氮罐内的氨气与工件接触，其本身的温度高于氨的分解温度，高频感应加热氨气使其分解为活性氮原子，在此处发生氮的渗入，氮原子渗入工件与合金元素形成渗氮物。图 4.56 为高频感应加热气体渗氮装置。

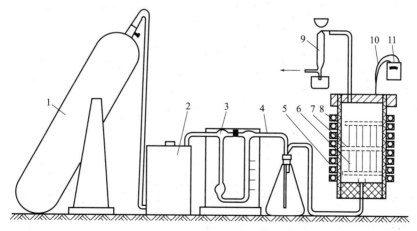

图 4.56　高频感应加热气体渗氮装置
1—液氨瓶；2—干燥箱；3—氨流量计；4—缓冲器；5—瓷罐；6—工件；7—支架；
8—感应器；9—氨分解率测定仪；10—热电偶；11—毫伏计

由图 4.56 可见,其装置与气体渗氮一样,该方法可使气体渗氮过程加快。由于工件周围介质温度较高,在高频渗氮过程中,罐内的氨气分解集中在其表面进行,而不是在整个容器内发生氨的分解,局限于被渗氮工件的表面上,而其他地方的氨气均未达到氨的分解温度,故氨分解率较低。活性氮原子的急剧增加,以及高频交变电流产生的磁致伸缩所引起的应力,促进了氮原子向工件内部扩散,使渗氮速度增加。与普通加热方式相比,该工艺在 500～560℃ 范围利用高频电流感应加热,加速了氨的分解,促进了在渗氮表面上形成大量的活性氮原子,由于加热速度快,加快了吸附过程,形成了大的氮浓度梯度,使开始阶段的几个小时内渗氮过程加快了 2～3 倍,可缩短工艺过程的 4/5～5/6,减少了氨气的消耗,渗氮零件的快速加热与冷却可显著地缩短生产周期,同时也可进行局部强化。表 4.36 为几种常见材料经高频加热气体渗氮后的结果。

从表 4.36 可知,高频感应加热气体渗氮不但对 38CrMoAl 钢有较好的效果,而且对普通渗氮很难进行的钢种,如不锈钢、耐热钢和高镍合金钢等,也可进行渗氮处理,表 4.37 为高频渗氮与离子渗氮的结果对比。

高频渗氮温度随钢中的合金元素的不同而有差异,加热和保温完全通过调整高频输出功率来实现,渗氮可以采用真空管振荡式或机械式发生器,所用频率为 8000Hz～300kHz,实际上对渗氮结果没有影响,感应加热用比功率视温度而定,一般为 0.11kW/cm。温度用热电偶测量,其接点可焊接在要检查的试样的表面上,渗氮结束后断电即可,工件自行冷却。

高频渗氮温度对渗氮层硬度的影响与普通渗氮相仿。如 38CrMoAl 高频渗氮时,在 500～550℃ 渗氮层的表面硬度最高,超过了 550℃ 渗氮层表面硬度明显下降。图 4.57 为高频渗氮 3h,渗氮层表面硬度和渗氮层深度与渗氮温度的关系。高频渗氮可显著缩短渗氮时间,38CrMoAl 钢在 520～540℃ 渗氮时,渗氮层深度与渗氮时间的关系见图 4.58,可以看出在上述温度下渗氮 3h,渗层深度为 0.3mm,相当于普通渗氮时间的 1/10。延长渗氮时间 3～4h 后气相的活性对形成渗氮层的影响减少,因此,采用高频加热长期保温是不当的,渗氮扩散层的深度≤0.2mm 时采用高频加热渗氮处理非常适宜。其原因在于:一方面,高频加热仅在工件的表面进行,只有与工件接触的氨气才能加热分解,渗氮罐内的氨分解率极低,提高了罐内的氮势;另一方面,在高频磁场的作用下,氨气的活性得到提高,加速了工件对氮原子的快速吸附和吸收;同时,工件在磁场中产生磁致伸缩效应,加速了氮原子的扩散过程。从渗层深度、硬度及脆性三个方面可以看出,高频感应加热气体渗氮可适用于合金结构钢及不锈钢,各项指标与硬氮化相比具有较大的优势,在生产实际中有推广价值。

表 4.36　几种常见材料高频加热渗氮结果

钢号	渗氮温度/℃	渗氮时间/h	渗层深度/mm	硬度(HV)	脆性等级
38CrMoAl	520～540	3	0.29～0.30	1070～1100	Ⅰ
2Cr13	520～540	2.5	0.14～0.16	710～900	Ⅰ
1Cr18Ni9Ti	520～540	2	0.04～0.05	667	Ⅰ
Ni36CrTiAl	520～540	2	0.02～0.03	623	Ⅰ
40Cr	520～540	3	0.18～0.20	582～621	Ⅰ
PH15-7Mo	520～560	2	0.07～0.09	986～1027	Ⅰ～Ⅱ

表 4.37　高频渗氮与离子渗氮的结果对比

渗氮方法	材料	渗氮规范		渗层深度/mm	表面硬度(HV)	脆性等级
		温度/℃	时间/h			
离子渗氮	38CrMoAlA	540	8	0.32	894～914	Ⅰ
高频渗氮	38CrMoAlA	520～540	3	0.28～0.31	900～1070	Ⅰ

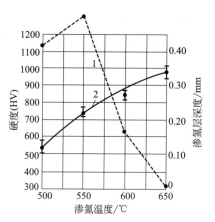

图 4.57　38CrMoAl 钢高频渗氮 3h，渗氮
层表面硬度和渗氮层深度与渗氮温度的关系
1—表面硬度；2—渗氮层深度

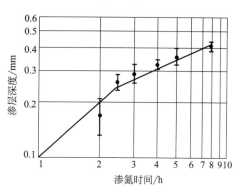

图 4.58　38CrMoAl 钢在 520～540℃渗氮时
渗氮层深度与渗氮时间的关系

膏剂高频感应加热氮化时氮的来源可以为各种盐（氯化铵、铁血盐等），这些盐以膏剂状态涂在预处理的零件表面上，在 800～1000℃经 1min 高频感应加热渗氮处理，所形成的渗氮层深度相当于用井式炉加热 5～90h 渗氮后所得到的层深。

4.6.7　加钛催渗渗氮（或渗钛渗氮）

加钛催渗渗氮是指工件先在钛粉或钛铁粉（加入 NH_4Cl）中固体渗钛，或者将钛与氧化铝混在 HCl 或 H_2 中进行渗钛，之后再进行渗氮的工艺过程。

反应原理：

$$NH_4Cl \xrightarrow{>250℃} NH_3 \uparrow + HCl \uparrow$$
$$6HCl + 2Ti \longrightarrow 2TiCl_3 + 3H_2 \uparrow$$
$$2TiCl_3 \xrightarrow{>440℃} 2[Ti] + 3Cl_2 \uparrow$$
$$Cl_2 + H_2 \longrightarrow 2HCl$$

氯化氢在炉内没有消耗，氯化铵的用量为 10～15g（以 35～75kW 的渗氮炉为例），上面用 30 倍氯化铵质量的石英砂覆盖，用铁盒盛好置于底部。表 4.38 列出了与普通渗氮的指标对比情况。

表 4.38　普通渗氮和加钛渗氮各项指标的比较

渗氮方法	材料	渗氮温度/℃	渗氮时间/h	渗氮层深度/mm	表面硬度(HV)	脆性等级	表面颜色
普通渗氮	38CrMoAlA	510	48～60	0.24～0.26	1033	一级	银灰
加钛渗氮	38CrMoAlA	510	16	0.35～0.40	1097	无	暗灰

资料介绍钛与氮的亲和力很强，利用这一特性，将工件表面镀上一层钛，使工件表面形成钛铁合金层（或放上镀钛试样，钛在渗氮温度下将会向工件表面扩散，从而形成了钛铁合金层），然后在渗氮炉中进行渗氮，已经获得了明显的效果，见表 4.39，该方法可用于一般碳钢和低合金钢等渗氮钢。

表 4.39　渗氮钢镀钛的渗氮结果

材质	渗氮层深度/mm		表面硬度（HRC）		脆性等级	
	要求	实际	要求	实际	要求	实际
38CrMoAlA	0.3～0.5	0.45	>60	66～70	I	I
42CrMo	0.3～0.5	0.54	>50	53～58	I	I

4.6.8　激光渗氮

有两种形式的激光渗氮：一种是在渗氮介质作用下激光渗氮；另一种是经激光预处理后再渗氮的综合处理工艺。激光渗氮是将尿素 $[CO(NH_2)_2]$ 涂于工件表面，在一定功率密度的激光束辐照下进行渗氮。如使 11Cr12Ni2W2V 钢渗氮时获得最高的表面硬度与最深的渗层，推荐的尿素用量为 $550～620g/m^2$，连续激光功率大于 2.5kW。

4.6.9　磁场中渗氮

在磁场中进行气体渗氮的工艺称为磁场中渗氮。磁场中可以强化渗氮过程，缩短工艺周期 2～3 倍，并可消除渗层中化合物区的脆性，显著提高渗氮层的耐磨性、抗擦伤性和疲劳极限。

4.6.10　固体渗氮

固体渗氮是指把工件和粒状渗剂放入铁箱中加热保温一定时间进行的渗氮。渗氮剂由活性剂和填充剂两部分组成。活性剂可用尿素、三聚氰酸 $(HCNO)_3$、碳酸胍 $\{[(NH_2)_2CNH]_2 \cdot H_2CO_3\}$、二聚氨基氰 $[NHC(NH_2)NHCN]$ 等。填充剂可用多孔陶瓷粒、蛭石、氧化铝颗粒等。工艺要求为 520～570℃渗氮 2～16h。

4.6.11　盐浴渗氮

在含氮熔盐中进行的渗氮即为盐浴渗氮。一般有以下四种盐浴渗氮介质：
① 在 50% $CaCl_2$＋30% $BaCl_2$＋20% $NaCl$ 盐浴中通氮。
② 亚硝酸铵 (NH_4NO_2)。
③ 亚硝酸铵＋氯化铵。
④ 进口渗氮盐或国产渗氮盐。

渗氮工艺要求温度为 450～580℃，对于常用结构钢的渗氮，其表面成分在较低温度时形成了以含碳的渗氮物为基的相，在较高温度时则形成以含氮的碳化物为基的相，形成了两个区，表面为碳渗氮合物区，内部为扩散区，用硝酸乙醇溶液腐蚀时很容易看出化合物的白亮层和具有针状渗氮物析出的扩散底层区。对于合金钢，如 20、40Cr、38CrMoAl 钢等，碳渗氮合物表面上平均氮浓度为 5.0%～6.0%，而碳的浓度为 2.5%，由含氮的 α 相和析出的碳渗氮合物 $Fe_4(NC)$ 组成的区域连接着碳渗氮合物层，该区域的含氮量为 0.6%～1.7%，而碳含量为 0.5%。因此，盐浴渗氮后表面硬度同样很高，具有良好的耐磨性。

盐浴渗氮后的各种性能均有很大的提高：①就硬度而言，低碳钢的硬度提高并不显著，一般提高到 200～300HV，优质碳素结构钢提高到 350～700HV（如 40Cr 提高到 480～500HV），渗氮钢、高铬钢（含 12%～17%Cr）和奥氏体（Cr-Ni）钢硬度提高到 700～1100HV，38CrMoAl 钢则提高到 960～1000HV；②耐磨性好，渗氮钢表面的化合物层与其他接触表面没有黏合的倾向，具有很低的摩擦系数、很高的抗擦伤性能和良好的使用性能，故有很高的耐磨性；③疲劳强度高，由于扩散层区域形成过饱和固溶体，疲劳强度提高，通常可提高20％～100％；④耐蚀性高，表面形成了没有孔隙的渗氮物，其化学稳定性好，故提高了抗腐蚀性。

一般内燃机的进、排气门为了提高其装配初期与气门导管的磨合能力，同时抵抗燃气及腐蚀性气体的侵蚀，气门杆部通常采用盐浴渗氮处理（进口渗氮盐或国产渗氮盐），一般采用QPQ工艺，即渗氮处理→氧化冷却→抛光→氧化处理，盐浴QPQ工艺规范见图4.59，与镀铬相比投资少，节约能源，杆部的耐磨性提高1～1.5倍，进、排气门盐浴渗氮后的结果见表4.40。

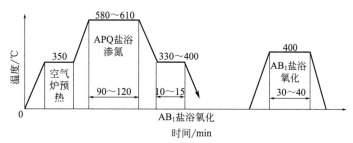

图 4.59　进、排气门的盐浴 QPQ 工艺规范

表 4.40　进、排气门盐浴渗氮结果

钢种	盐浴的渗氮时间/h	表面硬度(HV0.2)	渗氮层深度/mm
40Cr	0.5	550	0.06
45Cr9Si2	0.5	1000	0.05
40Cr10Si2Mo	0.5	1000	0.04
40Cr10Si2Mo	2.0	1000～1200	0.05～0.06
40Cr14Ni14W2Mo	1.0	900～1000	0.025
53Cr21Mn9NiN	1.0	1100～1300	0.025
6Cr21Mn10MoVNbN	1.0	1085	0.020

需要注意的是，对于马氏体耐热钢，只要渗氮时间在30～40min，即可保证渗氮层深度0.04mm左右。随着时间的延长，表面的化合物层阻碍了氮原子的继续渗入，故盐浴渗氮只适合于渗层较薄的零件。

盐浴渗氮是一种有毒的作业，故必须注意以下几个问题：盐浴渗氮有独立的通风除尘设备，工作场地有足够的换气量；劳保用品穿戴齐全，配有手套、口罩及眼镜等；工具、零件及补加的新盐应烘干，以防热盐与水接触发生爆炸；添加新盐时应逐渐加入，防止盐浴溢出炉罐外；产生的废盐和废水应进行去毒处理；严禁硝盐浸入盐浴中，以防发生爆炸。

4.6.12　预氧化两段快速渗氮工艺

40Cr、38CrMoAl、42CrMo钢制零件采用传统的渗氮工艺需要40h左右，生产周期长，效率低，成本高，工件变形大。如采用如图4.60所示的工艺，先于350～450℃预氧化，再进行两段渗氮，则处理的零件外观质量好，渗层深度、硬度均达到技术要求，变形小，时间可缩短一半，节约能源。预氧化两段快速渗氮工艺见图4.60，渗氮的结果见表4.41，预氧化对渗氮层深度及硬度的影响见表4.42。

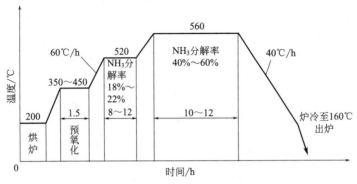

图 4.60 预氧化两段快速渗氮工艺

表 4.41 预氧化两段快速渗氮工艺结果

工件材质	渗氮层深度/mm	表面硬度（HV）
40Cr	0.50~0.70	500~580
42CrMo	0.40~0.60	580~600
38CrMoAl	0.40~0.60	840~1028

表 4.42 预氧化对渗氮层深度及硬度的影响

处理工艺	渗氮层深度/mm	距表面不同距离处的硬度（HV10）				
		距表面 0mm 处	距表面 0.02mm 处	距表面 0.05mm 处	距表面 0.07mm 处	距表面 0.10mm 处
未氧化—渗氮	450~500	—	960~974	920~933	882	894
400℃氧化—渗氮	450~500	946~988	974~1003	946~974	960~974	946~960
碱性发蓝—渗氮	≥450	974	933~974	882	894~927	882

有研究表明，中速柴油机曲轴（QT800-2）采用此工艺进行渗氮，第一阶段为预氧化，即在 300℃预氧化 1h，表面形成一层 Fe_3O_4 薄膜，对氨的分解起到催化作用，此时停止向炉内通入氨气和氮气，当炉温升到 480℃时通入大量的氨气和氮气，其作用是尽快排出炉内的空气；第二阶段为吸收过程，工艺为 520℃×2h，氨分解率控制在 30%~40% 范围内，在炉内建立高的氮浓度，使曲轴表面吸附大量的活性氮原子，加速氮原子向工件内部的扩散，表面形成弥散度较大的渗氮物；第三阶段为扩散阶段，工艺为 570℃×3h，采用 40%~60% 的氨分解率，使吸收过程中吸附的大量的活性氮原子加速向内层深处扩散，既获得一定的渗层深度，又降低曲轴表面氮原子的浓度，使过渡层的氮浓度分布平缓。处理后的曲轴表面硬度 400~440HV10，渗层深度 0.18~0.20mm。

4.6.13 加氧渗氮法

机床普通丝杠一般采用 45 钢制造，其工艺加工路线为：下料→粗车外圆→半精车外圆→车梯形螺纹→精磨外圆→去应力退火→磨螺纹→加氧渗氮处理→装配。加氧渗氮工艺见图 4.61，处理后化合物层厚度 0.023~0.064mm，表面硬度 645~793HV0.1，脆性等级为一级，致密度为 A 级。

加氧渗氮工艺如下。

① 对于碳钢和合金钢零件，570℃×（2~4）h，渗氮介质为 NH_3（100%）+O_2（0.3%~

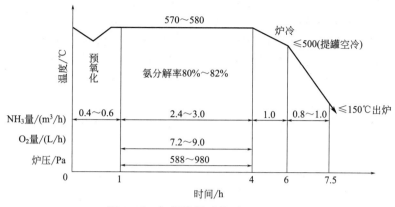

图 4.61　加氧渗氮工艺（RJJ-75-9）

1.0%），油冷或水冷。

② 对于要求渗氮层厚的低碳钢零件，有两种工艺：

a. 620℃×（1.5～2）h，渗氮介质为 NH₃（100%）+O₂（0.3%～1.0%），水冷；

b. 570℃×4h+650℃×0.5h，渗氮介质为 NH₃（100%）+O₂（0.6%），油冷或水冷。

③ 对于工模具钢零件，550℃×（1～2）h，渗氮介质为 N₂（80%）+NH₃（20%）+O₂（0.5%），油冷。

④ 对于要求渗氮层较厚的铸铁件或其他大件：

a. 第一阶段，570℃×2h，渗氮介质为 NH₃（100%）+O₂（0.05%）；第二阶段，620℃×2h，渗氮介质为 N₂（80%）+NH₃（20%）；第三阶段，570℃×2h，渗氮介质为 N₂（80%）+NH₃（20%）+O₂（0.2%），炉冷至 200～250℃ 出炉。

b. 第一阶段，650℃×（2～3）h，渗氮介质为 NH₃（100%）+O₂（0.1%）；第二阶段，570℃×（2～3）h，渗氮介质为 N₂（80%）+NH₃（20%）+O₂（0.5%），炉冷至 200～250℃ 出炉或室温出炉，在降温过程中通入氨。

4.6.14　高压气体渗氮

高压气体渗氮是指在渗氮罐内的气体压力大于普通气体渗氮气压条件下的渗氮。一般将渗氮工件的表面压力提高到 5～55atm，从氨的分解及工件表面对氮原子的吸收来看，炉内气压对渗氮过程的影响也有差别。从氨的分解来看，根据判断气相反应化学平衡移动方向的勒夏特列原理可知，提高压力会使该分解反应向合成氨方向进行，即不利于氨的分解反应；从氮原子渗入工件表面的过程看，关键是提高工件表面的吸附能力，可通过增加气体中介质的浓度，使活性氮原子在单位体积内的数量增加，有利于工件表面对氮的吸附，故可加速氮原子的渗入过程。

高压气体渗氮过程主要靠氨与工件表面的界面反应，即工件表面对氨的吸附、分解和析出过程。炉内的氨分解率提高，将使氮势降低，炉内压力增加，加速渗氮的进行。通常控制在 25%～30% 的范围内。高压气体渗氮中氮原子的活性提高，氮原子的渗速加快，高压气体渗氮温度在 560～600℃，渗氮后的工件质量稳定。高压气体渗氮对于渗氮罐的强度、密封都提出了更高的要求，故高压气体渗氮并没有得到广泛应用。

4.6.15　流态床渗氮

流态床渗氮是指在以三氧化二铝颗粒（或炉内装满石墨粉等）作为加热介质的流动粒子

炉中，通入渗氮气氛，或用脉冲流态床渗氮，在直热式或外热式浴炉中进行的渗氮工艺。在保温期间使供氨量降低到加热时的 10%～20%，工艺温度 500～600℃，减少 70%～80% 的氨消耗，节能 40%。其渗氮过程的强化是由于很高的热交换速度，渗氮表面高的活性和含氮气氛强烈的搅拌。用氧化铝作底部的材料时，可抑制在流态床中氨分解反应的渗氮过程加速，促使原子状态的氮在被饱和的表面上直接生成，故在被屏蔽的表面难以得到均匀的渗氮层。

据报道，渗氮炉内有石墨材料、空气和氨的混合物，沸腾床用炭电极加热，渗氮温度为 500～650℃，氨与空气混合物中的氨含量是 30%～40%，气氛的成分如下：

$$N_2 : CO_2 : CO = 66 : 23 : 11$$

保证了沸腾床中氨的供给量为 30～40L/min，空气的供给量为 80～140L/min，在 630℃ 渗氮 0.5～1.5h 的结构钢，形成的扩散层深度为 0.4～0.5mm。

采用三氧化二铝颗粒为介质的渗氮方法，使工件在流动的颗粒成伪液化层中进行渗氮，在 500～650℃ 经 0.5～3h，氨分解率为 18%～99%，在渗氮钢上的扩散层厚度是 0.03～0.60mm。

用硅砂、刚玉砂为粒子直接在电热式的流态床中与空气同时通入氨气，可进行渗氮，如在下述条件下进行的渗氮：

炉罐容积：$(\phi 350～450)mm \times (550～650)mm$；

温度：550～620℃；

电源：220V、三相、10kW；

颗粒数量：约 20kg/炉；

通风量：100～120L/min；

通氨量：25～35L/min；

升温速度：620℃/5min；

最大工件或装炉量：50kg。

由于流态床内的热交换速度比普通气体渗氮快很多，因此越来越多的企业采用了流态床渗氮，并且产生了可观的经济效益和社会效益。实践证明，该工艺渗氮后的工件耐磨性和疲劳强度得到了大幅度的提高，使用寿命成倍增加，其原因在于工件表面受到粒子的强烈碰撞，表面有较大的压应力。

4.6.16　净化气氛强韧化渗氮

这是一种改进的、废气中不含氢氰酸的气体渗氮，以氨和氢气为介质，分解的氨与氢从马弗罐中连续抽出后通入含氢氧化钠水溶液的洗涤器中，可将形成的微量氢氰酸有毒气体除去后返回马弗罐内。故洗涤器内的水温可提高到预定值，这样不仅可减少氢氰酸的形成，而且能降低氨分解率，提高供氮能力和渗氮速率。采用此种工艺可减薄或消除脆性相组成的"白层"，其组织几乎全部由韧性较好的 Fe_4N 组成。

此种方法处理后的工件表面的耐磨性比淬火的高合金钢及渗碳钢高 0.5～3 倍。由于表面压应力和弥散析出的渗氮物阻碍晶体的滑移，疲劳强度显著提高，但渗层过厚则疲劳强度下降。

4.6.17　短时渗氮

渗剂为氨气，工件置于炉罐内，保持适当的氨分解率，用高于传统的渗氮温度进行短时渗氮，即适当地提高渗氮温度，可缩短渗氮工艺的生产周期，图 4.62 为典型短时渗氮工艺曲线。

合金渗氮钢、各种合金钢、碳钢和铸铁件都可采用短时渗氮工艺，表面可获得 0.006～0.015mm 的化合物层。其工艺为 (560～580)℃×(2～4)h，氨分解率控制在 40%～50%，表面硬度高。由于化合物层很薄，脆性不太大，可以带着化合物层服役，使耐磨性大幅度提高。

传统的渗氮工艺常采用合金钢，而短时渗氮可在普通碳钢表面形成致密的化合物层，耐磨性相当高。若在短时渗氮时采用低压脉冲供气的方法，对于提高照相机快门零件渗氮层的均匀性以及带有细孔、盲孔等零件具有良好的作用。

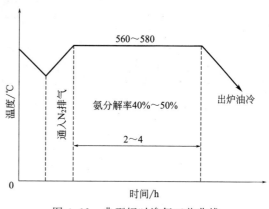

图 4.62　典型短时渗氮工艺曲线

4.6.18　可控渗氮

为了改善渗氮层的脆性，获得无白亮层或单相的 γ' 渗氮层，研制成功了微型计算机氮势动态可控渗氮工艺。该渗氮工艺分为两个阶段：在第一阶段，尽可能提高气相氮势，使渗层内建立起尽可能高的浓度梯度，一旦表面的氮浓度达到预定值，立即转入第二阶段，使氮势按一定规律连续下降，使表面氮浓度保持一个恒定值，既不升高也不降低。其目的是既可达到控制表面氮浓度的目的，同时又能保持最大的浓度梯度，形成氮原子向内扩散的最有利条件，图 4.63 为 38CrMoAlA 钢微型计算机动态可控渗氮（510℃）的渗氮浓度分布曲线。

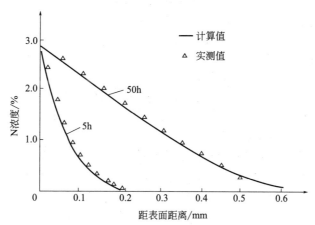

图 4.63　38CrMoAlA 钢微型计算机动态可控渗氮（510℃）的渗氮浓度分布曲线

第 **5** 章

氮碳共渗工艺及其应用

5.1 氮碳共渗的原理及特点

5.1.1 概述

钢的氮碳共渗（俗称氮碳共渗）即在 Fe-N 共析温度下（530～570℃）对钢件进行的渗氮和渗碳的过程，其实质是低温氮碳共渗，它是在硬氮化的基础上发展来的，即在渗氮的同时，还有少量的碳原子渗入工件表面。由于氮在铁中的溶解度比碳在铁中的溶解度大 10 倍，是以渗氮为主、渗碳为辅的化学热处理工艺，活性氮原子与活性碳原子在零件表面形成氮碳化合物，故简称氮碳共渗。氮碳共渗是在克服硬氮化时间长的基础上发展起来的，其渗层硬度较低，脆性减少。目前该工艺在国内外得到了推广和应用，如碳素结构钢、低合金钢、工模具钢等几乎所有的材料均可进行氮碳共渗。

氮碳共渗可在气体、液体或固体介质中进行，渗层与渗氮时相近，而工艺周期较短。氮碳共渗的温度比气体氮化稍有提高，但低于 Fe-N 状态图中的共析温度（590℃），通常为540～570℃，时间为 1～6h，时间短、渗层较浅（薄），共渗层厚度在 0.5mm 以下，在扩散层中的碳被形成的氮化物吸收，称为氮碳化合物层，形成了以 Fe(N，C) 为铁的核心，很快可得到铁的氮化物薄层，从而加快了共渗速度，缩短了共渗时间，共渗后采用快冷方式（合金钢油冷、碳钢水冷），以提高共渗工件的抗腐蚀性和疲劳强度等。

氮碳共渗不仅赋予工件耐磨、耐腐蚀、抗疲劳、抗咬合、抗擦伤及抗腐蚀性能，而且该工艺具有时间短、温度低、变形小、化合物层脆性小等特点，故适合于要求硬化层薄，负荷较小，不在重载荷条件下工作的工件。对承受载荷不大、需得到良好综合力学性能的工件采用氮碳共渗效果很好。对变形要求严格的耐磨件，如模具、量具、刀具及耐磨工件的处理，经生产验证效果十分明显，如对 38CrMoAl 模具氮碳共渗后表面硬度 710～750HV，渗层约0.3mm，使用寿命是气体氮化的 2～3 倍。一般碳钢氮碳共渗表面硬度 550～600HV；合金结构钢 600～700HV；工具钢 800～1000HV；高速钢及不锈钢、耐热钢可达到 1000～1200HV。高速钢和高铬工具钢的共渗温度比其回火温度低 5～10℃，以防共渗后水冷出现含氮马氏体。

氮碳共渗采用的设备简单，操作方便，如井式氮化炉、离子渗氮炉、真空渗氮炉、可控气氛多用炉、连续式渗氮炉等，其应用十分广泛。氮碳共渗工艺十分成熟，成为提高工件使用寿命的重要工艺手段。

5.1.2 氮碳共渗用状态图

目前多用三元状态图来讨论氮碳共渗问题，图 5.1～图 5.3 分别为根据德国文献绘制成的 Fe-N-C 三元状态图的 565℃、575℃、580℃的等温截面。在低温氮碳共渗的化合物层中，当氮含量为 1.8％，碳为 0.35％时，565℃发生 γ ——→ α＋γ′＋Z 的共析反应，形成了 α＋γ′＋Z 的机械混合物（即含 ε 的布氏体）；当氮含量为 4.1％，碳含量为 1.6％时，575℃将发生 γ＋ε ——→ γ′＋Fe₃C 的转变。上述三元状态图分出五个单相区，其中包括两个间隙式固溶体 α、γ 区域，三个成分可变的间隙化合物 γ′、ε 及 ξ 区域。两个共析转变产物存在于 α＋γ′、γ＋γ′ 以及由此组成的十三种多相组织存在的区域。

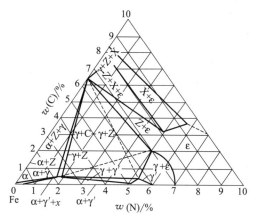

图 5.1　Fe-N-C 三元状态图
565℃等温截面

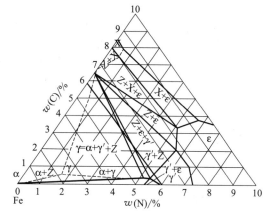

图 5.2　Fe-N-C 三元状态图
575℃等温截面

从图中可知多相组织的存在由共渗温度的高低，材料中碳、氮含量的多少决定，表 5.1 和表 5.2 为在 565℃时碳、氮含量对氮碳层组织的影响。在共析温度时（565℃）进行氮碳共渗形成的金相组织是由化合物层、扩散层和基体组成的，同纯铁渗氮相比，由于碳和合金元素的存在，渗氮层中有其化合物、固溶体等，氮、碳元素自表面向基体的扩散过程，实际上就是形成合金氮碳化合物的过程。同时，在工件基体及扩散层中析出的化合物以极细小的颗粒分布在共渗层中。

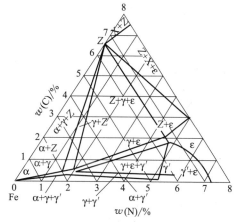

图 5.3　Fe-N-C 三元状态图
580℃等温截面

表 5.1　碳含量对氮碳层组织的影响（565℃）

碳含量/％	氮碳层中的组织结构
0	ε,ε＋γ′,γ′,α＋γ′,α
0.2	ε,ε＋γ′,γ′,α＋γ′(Z),α(Z)
0.2～2	ε,ε＋γ′(Z),γ′(Z),α＋γ′(Z),α(Z)
2～3.3	ε(Z),ε＋γ′(Z),γ′(Z),α＋γ′(Z),α(Z)
＞3.3	ε(X),ε(Z,X),ε(Z),ε＋γ′(Z),γ′(Z),α＋γ′(Z),α(Z)

表 5.2　氮含量对氮碳层组织的影响（565℃）

氮含量/％	氮碳层中的组织结构
0	X,Z＋X,α＋Z,α

氮含量/%	氮碳层中的组织结构
0.1~0.6	$X,X+Z,\varepsilon+Z+X,\varepsilon+Z,\varepsilon+\gamma'+Z,\gamma'+Z,\alpha+\gamma'+Z,\alpha+\gamma'$
0.6~5.2	$\varepsilon+X,\varepsilon+Z+X,\varepsilon+Z,\varepsilon+\gamma'+Z,\gamma'+Z,\alpha+\gamma'+Z,\alpha+\gamma'$
5.3.	$\varepsilon+X,\varepsilon,\varepsilon+Z,\varepsilon+\gamma'+Z,\gamma'+Z,\gamma'$
5.9	$\varepsilon,\varepsilon+\gamma',\gamma'$
6~7	$\varepsilon,\varepsilon+\gamma'$

在共析温度以上进行氮碳共渗时，除了氮、碳原子向 α-Fe 溶解外，还有 α-Fe 向 γ-Fe 的转变，γ-Fe 的溶解能力较大，因此碳原子的扩散量增加。快冷时 γ 相转变成含氮碳的马氏体，慢冷时在化合物层（白亮层）和共析层中发生 $\varepsilon+\gamma \longrightarrow \gamma'+Z$ 的多相转变。

经氮碳共渗的工件表面，形成了单一的 Fe_3N（含氮较低的 ε 相）、Fe_4N（γ' 相）和含氮的渗碳体 $Fe_3(C、N)$。没有脆性相（Fe_2N）存在，金相显微镜下观察到从外到里为白亮的化合物层（0.010~0.020mm）和暗黑色的扩散层（0.10~1.00mm）。而气体渗氮形成的白色化合物有脆性，Fe_2N 的裂纹敏感性大，应尽量避免，或磨去此层。氮碳共渗与此有明显的不同，具有耐磨、抗咬合、抗蚀等重要性能，共渗后即可使用。Fe-N-C 三元共析温度为565℃，此时 C 和 N 在 α-Fe 中有最大的溶解度，分别为 0.5% 和 1.8%。在此温度下氮碳共渗形成了大量的氮化物和碳化物，表面硬度高，具有较好的耐磨性且脆性较小。

5.1.3 氮碳共渗的原理

根据化学介质的不同，其反应的原理也有差异，按照其提供活性 [N]、[C] 原子的介质状态可分为气体、液体和固体三种。

5.1.3.1 气体氮碳共渗

气体氮碳共渗是指工件在气体介质中进行的氮碳共渗。低碳钢进行共渗时，仅产生白色氮化层，表面硬度与基体硬度变化很小，而将其进行氮碳共渗处理时，在产生白色氮化层的同时表面硬度提高到 500HV 以上。两种反应的机理不同，所得到的组织和性能也不相同。

气体氮碳共渗常用的方法如下：

① 混合气体氮碳共渗。有吸热型（RX）气体＋NH_3 和放热型（NX）气体＋NH_3 两种。

② 尿素热分解氮碳共渗。

③ 含 N、C 有机溶剂滴入法。

④ 含氧气体氮碳共渗法。

气体氮碳共渗所需要的介质一般应具有以下特点：

① 加热时易分解或裂解；

② 原料无毒，基本不产生污染；

③ 原料来源广，成本低廉；

④ 气氛易于控制，可利用率高；

⑤ 化学稳定性好，易于保存。

（1）混合气体氮碳共渗原理 在共渗温度下，两种介质以一定比例混合在一起，介质分解出的气体分别提供所需的活性氮、碳原子，这里以乙醇与氨气为例分析氮碳共渗过程。

氨气的分解：
$$2NH_3 \xrightarrow{\triangle} 3H_2+2[N]$$

活性氮原子 [N]：分解出的活性氮原子吸附在工件表面上，逐渐由外向内扩散形成氮化物层。氮分子本身不与钢铁件发生反应，只有氨与钢铁件同时加热，并在铁的催化作用下，才发生 NH_3 的分解。

滴入炉内的乙醇受热分解，其分解温度在 500℃，提供活性碳原子：

$$C_2H_5OH \longrightarrow CO + 3H_2 + [C]$$
$$或 \quad 2CO \longrightarrow CO_2 + [C]$$
$$CH_4 \longrightarrow 2H_2 + [C]$$

活性碳原子 [C]：分解出的吸热型气体如 CH_4、CO 等再继续分解成活性碳原子，同样吸附于钢铁件的表面，形成了碳化物。因此在 540～570℃ 的温度范围内，氮碳原子同时渗入了工件表面。经 X 射线结果分析，形成了 Fe_4N、Fe_3C 等氮化物和碳化物，没有 Fe_2N 的形成。

（2）尿素热分解氮碳共渗原理　尿素的熔点为 127℃，在 130℃ 以上很不稳定，高于该温度则进行分解。实践证明加热温度不同，分解产生的产物也有很大的差异。尿素内含有 N、C、O 三种元素，含有氮碳共渗所需要的 N、C 原子。130℃ 以上的分解产物如下：

$$(NH_2)_2CO \longrightarrow NH_3 + CONH$$
$$3(NH_2)_2CO \longrightarrow 3NH_3 + (CONH)_3$$

随着温度的升高，在 400～500℃ 范围内，尿素分解出的氨量逐渐减少，400℃ 达到最高，约 500℃ 尿素已不产生氨气。500℃ 以上尿素按下式分解：

$$(NH_2)_2CO \xrightarrow{\geqslant 500℃} CO + 2H_2 + 2[N]$$
$$2CO \xrightarrow{\geqslant 500℃} CO_2 + [C]$$

由上述反应可知，尿素只有在 500℃ 以上才会产生活性原子，它的分解分两步进行：第一步是产生活性氮原子和 CO；第二步是一氧化碳不稳定，其吸热后继续分解出活性碳原子，N、C 原子同时与铁结合形成了相应的化合物。在氮碳共渗过程中，尿素颗粒按一定的要求源源不断地被送入炉膛，因此分解出氮、碳活性原子，保证了共渗温度下反应的正常进行，满足了氮碳共渗的需要。

5.1.3.2　液体氮碳共渗

液体氮碳共渗是利用盐浴中产生的活性氮、碳原子，渗入零件表面与铁及合金元素形成化合物层及扩散层，以提高零件表面的耐磨性、疲劳强度、抗腐蚀性等力学性能。

液体氮碳共渗开始使用的是氰盐。用氰盐在 500～600℃ 可进行以渗 N 为主的 N-C 共渗，又叫低温氰化或低温 N-C 共渗；在 800～900℃ 可进行以 C 为主的 C-N 共渗，又叫高温氰化或高温 C-N 共渗。通常的氰盐有氰化钠或氰化钾两种，均是剧毒物质，但是氰化在技术上和性能上优点很多，因而被使用多年。所以，代替氰盐的研究与开发一直受到重视，开发了以黄血盐为基本成分的盐浴和以尿素为基本成分的盐浴，特别是后者经过适当处理后能做到无毒排放，而且产品质量大幅度提高，成为化学热处理中发展速度最快的工艺之一。

（1）氰化钠盐浴中氮碳共渗的反应　在氰化钠盐浴中氮碳共渗时，氰盐发生以下反应。氰化钠在坩埚中熔化后，盐浴槽表面的熔液被空气中的氧气氧化，形成氰酸钠，即：

$$2NaCN + O_2 \longrightarrow 2NaCNO$$

形成的氰酸钠一部分被进一步氧化产生 [N] 和 CO：

$$2NaCNO + O_2 \longrightarrow Na_2CO_3 + CO + 2[N]$$

另一部分发生分解产生 [N] 和 CO：

$$4NaCNO \longrightarrow Na_2CO_3 + 2NaCN + CO + 2[N]$$

反应产生的一氧化碳继续分解，产生活性碳原子和二氧化碳：

$$2CO \longrightarrow [C]+CO_2$$

产生的二氧化碳又将氰盐氧化，生成氰酸盐：

$$CO_2+NaCN \longrightarrow NaCNO+CO$$

在氮碳共渗温度下，氰酸盐本身也可能发生热分解：

$$NaCNO \longrightarrow Na+[N]+CO$$

铁的存在加速了该反应的进行，故坩埚内放入工件后该反应进行得很剧烈。

在上述反应中形成的氮原子和碳原子均处于活性状态，会很快被铁吸收并向内部扩散形成氮碳共渗层。

从上述的反应过程来看，液体氮碳共渗的过程是氰盐氧化成氰酸盐，氰酸盐分解形成活性氮、碳原子，渗入工件表面使其氮、碳浓度增加，从而形成氮碳共渗层。反应过程中氰酸盐分解生成了碳酸钠，而碳酸钠的分解温度高于氮碳共渗温度，故盐槽内的碳酸钠含量会逐渐增加，从而导致盐浴槽共渗能力的降低，即出现盐浴老化现象。因此必须对盐浴进行定期的调整，恢复其活性，保证氮碳共渗的正常进行。

氰盐是反应进行的基础，为了使氮碳共渗正常稳定地进行，处理前要有一定数量的氰酸盐，一般新盐未被氧化，活性差，因此在处理开始时必须向盐浴槽中通入空气，或往盐浴槽中加入一定量的含氧物质，从而保证工件的氮碳共渗质量。

（2）以黄血盐为基本成分的盐浴反应　同氰盐相比，黄血盐本身无毒，但在熔化后使用过程中盐浴内有一定数量的氰化物，仍有污染。

黄血盐在熔化时会脱水和分解，产生[C]+[N]：

$$K_4[Fe(CN)_6] \cdot 3H_2O \longrightarrow K_4[Fe(CN)_6]+3H_2O$$
$$K_4[Fe(CN)_6] \longrightarrow 4KCN+Fe+2[C]+2[N]$$

黄血盐分解也可能形成氰化亚铁：

$$K_4[Fe(CN)_6] \longrightarrow 4KCN+Fe(CN)_2$$

同氰盐的反应类似，分解出的氰化钾在盐浴表面与空气中的氧反应生成氰酸钾，

$$2KCN+O_2 \longrightarrow 2KCNO$$

氰酸钾氧化分解后形成了氮原子和一氧化碳：

$$2KCNO+O_2 \longrightarrow K_2CO_3+CO+2[N]$$

氰酸钾在熔化时与结晶水作用生成氨：

$$KCNO+2H_2O \longrightarrow NH_3+KHCO_3$$

黄血盐分解出的氮、碳活性原子渗入工件的表面，形成氮碳共渗层。

（3）以尿素为基本成分的盐浴反应　这种类型的盐浴主要成分是尿素与碳酸钠，加入的原料盐是无毒的，但在熔化后使用过程中盐浴内有一定数量的氰化物，仍有污染。

尿素从 $300 \sim 400 ℃$ 开始熔化，与碳酸钠、碳酸钾作用后形成氰酸盐：

$$2(NH_2)_2CO+K_2CO_3 \longrightarrow 2KCNO+2NH_3+CO_2+H_2O$$
$$2(NH_2)_2CO+Na_2CO_3 \longrightarrow 2NaCNO+2NH_3+CO_2+H_2O$$

氰酸盐的形成可以在渗氮槽内进行，也可在专用的中性浴槽内配制成专用盐，再舀入氮碳共渗槽中。在这种盐浴中，活性的氮、碳原子也是由氰酸盐分解得到的：

$$4KCNO \Longleftrightarrow K_2CO_3+2KCN+CO+2[N]$$

分解生成的氮、碳活性原子渗入工件的表面，形成氮碳共渗层。

（4）无氰盐浴中的反应　采用亚硝酸盐也可以进行氮碳共渗，如亚硝酸铵加热到 $500 \sim$ $600 ℃$ 时，发生下列分解，产生活性氮原子：

$$NH_4NO_2 \longrightarrow 2[N]+2H_2O$$

在亚硝酸钠中加入氯化铵能调整活性氮的析出速度，在盐浴槽中渗氮的综合反应为：

$$NH_4Cl+NaNO_2 \longrightarrow 2[N]+NaCl+2H_2O$$

在盐浴中产生的活性氮原子与零件表面的铁形成化合物：

$$4Fe+N \longrightarrow Fe_4N$$

$$3Fe+N \longrightarrow Fe_3N$$

$$3Fe+C \longrightarrow Fe_3C$$

国产氮碳共渗基盐 TJ-2、TJ-3 是以尿素为基本成分的盐，该盐在常温下为白色块状固体，加热熔化（熔点为 450℃）后，借助于 KCNO 的分解所得到的 N、C 活性原子进行 N-C 共渗，氮碳共渗温度范围为 520～575℃（低于调质回火温度 10～20℃ 为佳），共渗时间为 0.5～3h 左右。国产氮碳共渗盐、再生盐（Z-1）的反应过程为：氰酸根分解和氧化产生的 [N]、[C] 活性原子被钢吸收，渗入工件表面，完成其工件表面的氮碳共渗。

$$4MCNO \Longrightarrow M_2CO_3+2[N]+2MCN+CO$$

$$2MCNO+O_2 \Longrightarrow M_2CO_3+2[N]+CO$$

$$2CO \Longrightarrow CO_2+[C]$$

$$2CN^-+O_2 \Longrightarrow 2CNO^-$$

式中，M 代表 K^+、Na^+、Li^+ 等金属离子。

从上述反应方程式可以看出在氰酸盐分解时还有氰化物出现。使用一段时间后，盐浴中的 CNO^- 浓度降低，CO_3^{2-} 浓度增加，CNO^- 低于工艺的下限，熔盐活性差。最佳的 CNO^- 含量在 36%～38% 范围，为避免 CNO^- 下降太快，氮碳共渗温度必须低于 590℃；温度低于 520℃ 盐浴流动性较差，影响共渗效果，故一般为 540～575℃。添加再生盐 BREG-1 或 Z-1 可恢复熔盐活性。用再生盐使过多的碳酸盐转变为氰酸盐，并使气体逸出。添加再生盐后盐浴几乎没有体积变化。

再生盐 Z-1 是一种 C-H-N 有机聚合物，它与碳酸盐反应生成活性的氰酸盐，即：

$$M_2CO_3+BREG\text{-}1(Z\text{-}1) \longrightarrow MCNO+CO_2\uparrow+CO\uparrow$$

共渗过程中需要不间断地向盐浴中通入氧气或空气以得到活性的氮、碳原子，根据经验一般推荐通气量按下式计算：

$$Q=(0.10\sim0.15)G^{\frac{2}{3}}$$

式中，Q 为通气量，L/min；G 为坩埚中盐浴的质量，kg。

目前我国部分液体氮碳共渗的配方见表 5.3。

表 5.3　液体氮碳共渗盐浴成分配比（质量分数）　　　　　单位:%

序号	$(NH_2)_2CO$	K_2CO_3	Na_2CO_3	KCl	KOH	备注
1	60	30	10	—	—	
2	40	—	30	20	10	
3	50	—	30	20	—	650℃以上
4	40	—	30	30	—	570℃以下
5	50	20	10	10	10	
6	55	45	—	—	—	

反应原理如下：

$$2(NH_2)_2CO+Na_2CO_3 \Longrightarrow 2NaCNO+2NH_3+H_2O+CO_2$$

通过碳酸盐与尿素反应生成了氰酸盐，六种配方所用原料均无毒，但反应产物仍有少量毒性。从表中可以看出，盐浴主要原料为尿素，其反应时产物为供碳供氮剂，其余物质为助熔剂和催化剂，可使尿素的熔点从 580℃降低到 340℃左右，而且会催化尿素分解出活性氮原子与一氧化碳。各种物质均匀混合后，放于坩埚内加热熔化，该熔盐在 580℃时流动性最佳，对工件进行 N-C 共渗效果好。

共渗时间的长短一般根据工件的要求来确定，小型工件为 0.5h；大中型工件为 3h。液体氮碳共渗的特点如下：

① 熔点低，加入的 KCl 与 KOH 可使混合盐的熔点大大降低，在 400～500℃即可融化；

② 工件表面光泽无腐蚀；

③ 设备简单，易于操作，无需通气；

④ 渗速快，质量较好，表面脆性小；

⑤ 所需原料来源广，成本低；

⑥ 六种盐浴配方在 520～580℃进行氮碳共渗时，成分不稳定，共渗层前后的变化较大，故在实际生产中受到了一定的限制。表 5.4 列出了液体氮碳共渗不同钢种及对应的共渗温度。

表 5.4 不同钢种的氮碳共渗温度

钢种	共渗温度/℃
碳钢、一般低合金结构钢、不锈钢、铸铁、铸钢	550～570
高速工具钢、高碳工具钢、模具钢	530～550
50CrV（弹簧钢）	440～460

工件盐浴氮碳共渗后在氧化盐中等温冷却，冷却槽内的氧化盐在几分钟内将附在工件表面上含有微量的 CN^- 的和 CNO^- 的盐膜氧化掉，形成无毒碳化物，因而具有解毒作用，经清洗后的水 CN^- 的含量小于 0.5%，符合国家环保标准，可准予排放；氧化盐还可将钢件表面氧化，形成大约有 1μm 厚的氧化膜，牢牢附着在工件表面，使表面呈蓝黑色，氧化膜的外观和组织都与蒸汽的回火层类似，使工件具有良好的防摩擦性能，并改善了防腐蚀性能，氧化膜上的微孔储润滑油和其他润滑剂可改善摩擦条件，提高耐磨性。目前我国氧化盐的两种配方如下：

① $40\%(NH_2)_2CO+40\%Na_2CO_3+12\%KOH+8\%NaOH$

② $40\%(NH_2)_2CO+30\%Na_2CO_3+20\%K_2CO_3+10\%KOH$ （CN^- 含量≥1%）

5.1.3.3 固体氮碳共渗

在固体介质中进行的氮碳共渗的渗剂一般可分为三类：①尿素；②木炭、骨炭、碳酸钡或黄血盐；③木炭和黄血盐。

它们的反应原理为：木炭或骨炭在 540～580℃提供活性碳原子，尿素、黄血盐及碳酸钡该温度下发生反应，供给活性碳、氮原子，并有催渗作用。

固体氮碳共渗与固体渗碳一样，采用粉末填充法，是将工件用铁盒或钢罐盛放在混合均匀的渗剂中，上面用黄泥土砸实密封，置于箱式电阻炉或井式电阻炉中在 550～600℃加热保温 6～8h。该工艺适合单件小批量生产，但渗层浅，表面硬度不均匀，效果不好。

5.1.4 氮碳共渗的特点

钢的氮碳共渗与硬氮化相比具有以下特点：

① 处理温度低（低于相变点），共渗时间短，因此零件变形小。

② 可显著提高工件的疲劳强度、耐磨性和抗腐蚀性等，提高了使用寿命。

③ 抗擦伤和抗咬合能力强，减小了运动阻力。

④ 可对各种材料进行处理，不受钢种限制。

⑤ 设备简单，成本低，操作方便易行，工艺成熟，质量稳定。

⑥ 渗层较薄，不适合于重负荷下工作的工件。碳钢的总渗层<0.4mm，其中化合物层≤0.02mm，而合金钢的渗层更薄。

渗氮与氮碳共渗应用十分广泛，常用的渗氮方法有气体渗氮、液体渗氮和离子渗氮等，常用的氮碳共渗方法有气体氮碳共渗、固体氮碳共渗和液体氮碳共渗等，每种方法有其各自的特点，但其目的都大致相同，均以提高表面硬度、耐磨性和耐蚀性以及耐疲劳性能等为目的。为了便于了解其各种工艺方法的特点，现将其列于表 5.5 中以供参考。

表 5.5　各种渗氮与氮碳共渗的方法与特点

共渗方法	优点	缺点
气体渗氮	500～550℃渗氮，变形小；渗氮可控；设备简单和便于操作；适于大批量生产，尤其是形状复杂和渗层深的零件	渗氮时间长，生产效率低
液体渗氮	570～580℃渗氮；渗速快，效率高；适于薄层渗氮	有公害，废液处理费用高
离子渗氮	520～570℃渗氮；渗速快，效率高；节约渗剂和能源，无公害；适于形状均匀大，批量生产单一零件	设备投资费用高；温度不均匀，也不易测量
气体氮碳共渗	550～600℃氮碳共渗，渗速较快；适于较轻载荷零件；用于小批量零件与工模具	心部硬度较低
液体氮碳共渗	530～580℃氮碳共渗，渗速较快；适于较轻载荷零件的大批量生产	心部硬度较低

5.2　氮碳共渗的工艺方法

5.2.1　气体氮碳共渗工艺

和盐浴氮碳共渗的一样，气体氮碳共渗是以渗氮原子为主，碳原子为辅的氮、碳两种活性原子同时渗入工件表面的化学热处理工艺。它使用的介质在要求的工艺温度下能产生活性的氮、碳原子。共渗温度愈高，N/C 的比例值越小，即工件的表层含氮量相对减少，而含碳量相对的增加。气体氮碳共渗的特点如下：

① 气体氮碳共渗后工件的性能与盐浴氮碳共渗基本相同；

② 废气可点燃，对环境污染较盐浴氮碳共渗轻得多；

③ 温度低，无奥氏体—马氏体相变，工件的变形较小；

④ 处理时间短，总时间仅为气体渗氮的 1/3～1/4，生产效率高；

⑤ 应用范围广，可用于各种钢材和铸铁；

⑥ 渗氮钢、高速钢、不锈钢、耐热钢气体氮碳共渗处理后的硬度比气体渗氮的硬度高，可达 1000HV 以上；

⑦ 渗层较薄，表面不能承受较大的压力；

⑧ 温度比气体渗氮高（530～580℃），工件心部的力学性能可能较低。

气体氮碳共渗使用的介质必须在工艺温度下存在活性的氮、碳原子，并且容易分解，不产生公害，化学稳定性好，价格低，来源广，易于保存。气体氮碳共渗温度一般为570℃左右，与铁-氮-碳三元共析点（565℃，0.35%C、1.8%N）十分接近，目的是得到α-Fe对氮具有最大固溶能力，共渗时间为0.5~7h。一般生产中采用的共渗介质见表5.6。

表5.6　常用的氮碳共渗介质

类　型	介质（渗剂）	备　注
吸热式气氛（R_x）+氨	50%R_x气+50% NH$_3$，其中R_x气中N$_2$ 38%~43%；H$_2$ 32%~40%；CO 20%~24%等	产生的废气中有剧毒的HCN，即使在排气口点燃也不符合环保标准
放热式气氛（R_x）+氨	50%~60% NH$_3$+40%~50% N_x气，其中CO$_2$<10%，CO<5%，N$_2$>85%	排气口废气比吸热式气氛降低了30倍，但成本增加
吸热-放热式气氛+氨	50% NH$_3$+50% N_x-R_x气，N_x-R_x的成分约为60% N$_2$，20% CO，20% H$_2$	
烷类气体+氨	50%~60% NH$_3$+40%~50% C$_3$H$_8$，亦可用CH$_4$代替	
乙醇+氨	NH$_3$+C$_2$H$_5$OH	若用甲醇则氨的流量酌减
尿素	100%[(NH$_2$)$_2$CO]，反应机理为(NH$_2$)$_2$CO$\longrightarrow$CO+2H$_2$+2[N]	通过落杆装置将粒状尿素送入渗氮罐中
放热式气氛（N_x）+氨加前处理	350℃预氧化，50%~60% NH$_3$+40%~50% N_x气	在井式炉中预热，形成的氧化膜有助于提高共渗速度
放热式气氛（N_x）+氨加后处理	50%~60% NH$_3$+40%~50% N_x气共渗后在300~400℃氧化	耐腐蚀性能明显提高
氨+二氧化碳，添加或不加氮气	40%~95% NH$_3$+5% CO$_2$+(0~55%)N$_2$	介质中加入氮利于提高氮势和碳势，加快反应的进行

在获得相同厚度的渗层时，渗氮（硬氮化）时间所需时间最长，达几十个小时，而气体氮碳共渗的工艺周期比渗氮短，但却比盐浴低温氮碳共渗的时间长几倍。由于渗氮后的工件不用清洗和处理废盐，因此气体低温氮碳共渗工艺仍有一定优势。分析其经济性可知，除个别工艺会产生空气污染外，大部分符合国家环保标准。在化学热处理中氮碳共渗比较成熟，各种工艺参数易于控制，如氨的流量等，一般的要求渗层不厚、变形量严格的工件，大多采用此工艺即可满足技术要求和生产实际的需要。尤其是在提高抗咬合能力、耐腐蚀性方面，对于齿条、齿圈、齿轮等，处理后效果都十分明显。

气体氮碳共渗一般用连续式炉和井式炉，处理温度570℃。气体氮碳共渗处理的工艺参数有：温度、时间、共渗介质（介质的流量、种类等）、氮化炉内的压力等，其中以共渗温度和时间的作用最大。典型的气体氮碳共渗工艺曲线见图5.4，图中进行氮碳共渗处理的材料分别为3Cr2W8V模具钢和W18Cr4V高速钢，温度和时间是影响硬度和渗层的主要因素。

5.2.1.1　气体氮碳共渗温度的影响

氮碳共渗温度是重要的工艺参数，在接近Fe-N-C系合金的共析温度565℃时，α-Fe对氮具有最大的溶解度，故氮碳共渗温度一般为570℃左右。在一定的氮碳共渗温度范围内，随着温度的提高氮碳共渗剂的反应加快，氮、碳原子的扩散速度加速，形成的化合物层增加

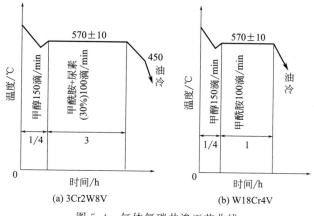

(a) 3Cr2W8V   (b) W18Cr4V

图 5.4 气体氮碳共渗工艺曲线

很快，扩散层的厚度也增加，使工件的表面硬度明显提高。温度的高低会直接影响工件表面对渗入原子的吸附，同时也对原子向基体内的扩散能力产生一定的影响。温度过低吸附强度小，造成共渗层的深度薄，硬度也低，如图 5.5、图 5.6 所示。温度过高，超出共析温度时，工件的表面发生 γ 相变，即 α→γ 转变。为保证工件心部的硬度要求，可用较低的氮碳共渗温度，如 Cr12MoV 等钢采用 510～550℃ 的氮碳共渗温度。

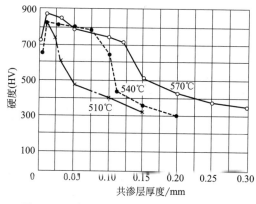

图 5.5 气体氮碳共渗温度对 3Cr2W8V 钢
硬度分布的影响

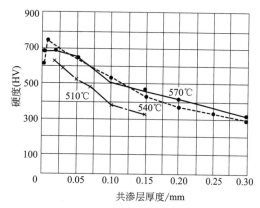

图 5.6 气体氮碳共渗温度对 40Cr 钢
硬度分布的影响

氮碳共渗过程中，氮原子在 α 相中的扩散速度比在 γ 相中快得多。故高于共析温度形成的化合物层与扩散层的厚度增加并不明显。还应该注意，高于共析温度氮碳共渗工件的表面会出现疏松层，化合物变得粗大，硬度下降，使表面质量变差。因此在综合考虑温度对氮碳共渗的影响后，应根据工件的钢种及其工作条件来选择合理的温度，一般氮碳共渗温度选用 530～580℃，对于高速钢则选用 560～570℃。

5.2.1.2 时间的影响

氮碳共渗的保温时间是保证氮、碳原子渗入工件表面和向内扩散的重要条件，图 5.7～图 5.9 为几种材料在 570℃、尿素加入量为 1000g/h 时，氮碳共渗时间对共渗层性能的影响。从图中可以看出，在保温的开始阶段，介质分解出的活性原子的浓度不断增加，渗层厚度加厚，保温到一定阶段，当超过 2.5h 后，表面共渗元素的浓度趋于平衡，渗层的浓度梯度减小，向内部的扩散受到了已形成的化合物的阻碍和扩散阻力，使氮碳共渗层成长速度减慢。同时，随着保温时间的延长，化合物层中 ε 相与 γ′ 相的相对含量由增加到维持一稳定值。保温时间过长还可能造成表层组织疏松，表面硬度显著下降；而时间太短，则获得的共渗层较薄，对渗层的硬度和工件的使用寿命产生不良影响。

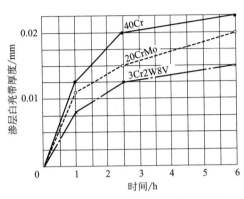

图 5.7　570℃气体氮碳共渗持续时间
对白亮带厚度的影响

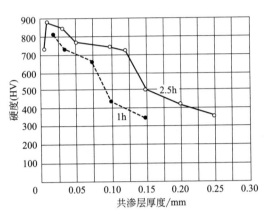

图 5.8　气体氮碳共渗时间对 3Cr2W8V 钢
硬度分布的影响

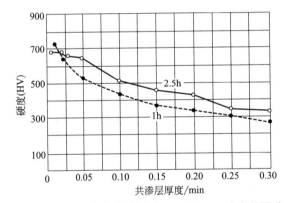

图 5.9　气体氮碳共渗时间对 40Cr 钢硬度分布的影响

气体氮碳共渗时间一般取 2～6h，表 5.7 提供了氮碳共渗的具体时间数据，可供参考。氮碳共渗时间制定的原则如下：对碳钢、球墨铸铁和一般结构钢，保温时间为 3～4h；对高速钢为 1～1.5h；而对一般铸铁和含有硅、镍的钢件，由于氮原子扩散比较困难，共渗速度慢，可适当延长保温时间。表 5.8 和表 5.9 分别为部分材料气体氮碳共渗后的硬度和渗层深度情况。

表 5.7　时间和温度对气体氮碳共渗的渗层深度（h）的影响

时间/h	温度/℃	$h_{化合物}$/mm	$h_{总}$/mm	$h_{化合物}$/mm	$h_{总}$/mm
		[Fe₃(CN)]		[Fe₃(CN)]	
材料名称		20		40Cr	
1	570	0.009	0.40	0.006	0.25
2	570	0.015	0.52	0.012	0.35
3	570	0.018	0.60	0.015	0.40
4	570	0.021	0.70	0.018	0.45
5	570	0.022	0.75	0.020	0.47

续表

时间 /h	温度 /℃	$h_{化合物}$/mm	$h_{总}$/mm	$h_{化合物}$/mm	$h_{总}$/mm
		[$Fe_3(CN)$]		[$Fe_3(CN)$]	
材料名称		20		40CrNi	
1.5	540	0.009	0.34	0.006	0.22
1.5	560	0.012	0.45	0.008	0.30
1.5	580	0.014	0.58	0.010	0.39
1.5	590	0.016	0.67	0.011	0.42

表 5.8　低温气体氮碳共渗后的渗层深度及表面硬度

材料	表面硬度		渗层深度/mm	
	HV0.1	换算成 HRC	化合物层	扩散层
QT600-2	550～750	52～62	0.001～0.005	0.04～0.06
灰口铸铁	550～750	52～62	0.001～0.005	0.04～0.06
45	550～700	52～60	0.006～0.018	0.015～0.30
38CrMoAl	900～1100	≥67	0.005～0.012	0.10～0.20
3Cr2W8V	750～850	62～65	0.003～0.010	0.10～0.18

表 5.9　常用材料气体氮碳共渗的各项技术参数

材料	总渗层深度/mm	表面硬度（HV）
45	0.15～0.30	550～700
20Cr	0.10～0.25	57～64（HRC）
40Cr	0.10～0.25	650～800
35CrMn	0.10～0.20	57～64（HRC）
50CrMn	0.10～0.20	57～64（HRC）
38CrMoAlA	0.10～0.20	900～1100
Cr12MoV	0.05～0.10	850～1000
W18Cr4V	0.05～0.10	900～1000
T10	0.10～0.20	48～58（HRC）
3Cr2W8V	0.05～0.15	750～850
灰口铸铁	0.10～0.15	550～700
球墨铸铁	0.05～0.08	490～680
QT60-2 球墨铸铁	0.04～0.06	52～62（HRC）
碳钢	0.10～0.40	300～600
合金钢	0.10～0.40	600～1200
铁基粉末冶金材料	0.003～0.010	400～500

5.2.1.3　气体氮碳共渗的应用情况

　　工件经气体氮碳共渗后具有良好的性能,适用于形状复杂、工作时所受载荷不大、型腔抗腐蚀及耐磨性好的工件,因此气体氮碳共渗是一种比较理想的化学热处理工艺。

　　(1) 模具的气体氮碳共渗　通常进行气体氮碳共渗的模具有压铸模、热挤压模、热锻(冲)模、塑料模及冷冲(裁)模等,常用的模具材料为 Cr12MoV、3Cr2W8V、W18Cr4V等,具体氮碳共渗工艺见图 5.10。

　　(2) 机械零件及部分刀具的气体氮碳共渗　一般按零件的工作条件来确定工艺,氮碳共渗适用于所有材料,处理的材料有 A3、20Cr、45、40Cr、38CrMoAl、T8、T10、T12、W18Cr4V、球墨铸铁、合金铸铁等。用上述材料制作的柴油机曲轴、机床摩擦片、联动节片、凸轮轴、仪表零件、缝纫机梭心和梭套、高速钢丝锥、拉刀及铰刀等均可进行处理,图 5.11、图 5.12 给出球墨铸铁曲轴的尿素气体氮碳共渗工艺曲线和金相组织。据报道295

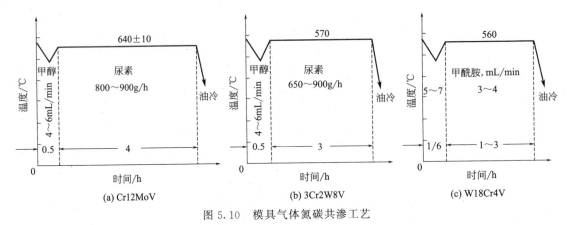

(a) Cr12MoV   (b) 3Cr2W8V   (c) W18Cr4V

图 5.10   模具气体氮碳共渗工艺

型柴油机曲轴的材料为球墨铸铁 QT60-2，在使用中常发生断裂和早期磨损，采用氮碳共渗后疲劳强度提高了 50%，使用寿命提高了 3 倍左右。

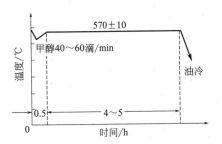

图 5.11   球墨铸铁曲轴气体氮碳共渗工艺   图 5.12   球墨铸铁曲轴气体氮碳共渗金相组织（400×）

工艺：570℃，4h，尿素加入量 800~900g/h

轧花机圆锯片、搓丝板、片铣刀和机铰刀、机用丝锥等刀具采用气体氮碳共渗或液体氮碳共渗后，使用寿命成倍提高，在工具行业得到了推广和应用。

切割食品的轧刀，材质为 45 钢，氮碳共渗技术要求为：渗层深度 0.15~0.30mm；硬度 550~700HV；变形量≤0.08mm；外观为均匀一致的黑色。气体氮碳共渗采用的渗剂为乙醇和氨气，在 570℃装炉进行处理，工件入炉后炉罐必须密封，并打开排气孔和试样孔，尽快排出炉内的空气，使炉内的成分在短时间内达到工艺要求，压力应符合规定要求，45 钢轧刀气体氮碳共渗工艺曲线见图 5.13。

经检测，氮碳共渗层深为 0.27mm，硬度为 650HV，变形量为 0.05mm，外观颜色一致，符合技术要求。

大型装载机械（推土机、起重机、重型卡车等）用内齿圈和齿轮，为提高其使用寿命，采用氮碳共渗处理，直径 150~400mm 不等，材料为 40Cr，技术要求为：渗层深度 0.25~0.40mm，硬度 550~700HV，直径变形量＜0.10mm。

气体氮碳共渗工艺为：采用 RJJ-36-105-9T 井式渗氮炉，工件清洗干净后装在十字架上，工件叠加错落有序，将 50~200g 左右的氯化铵放在密封的罐底部（或铁管），罐高应≥150mm，上面用石英砂覆盖并压实，扣上密封盖，随炉升温至 570℃保温 6.5h，此时氨流量 0.8~1.0m³/h，乙醇滴量 140~160 滴/min。处理结果为：渗层厚度 0.30~0.37mm，硬度 595~680HV，变形量 0.08mm，符合技术要求。

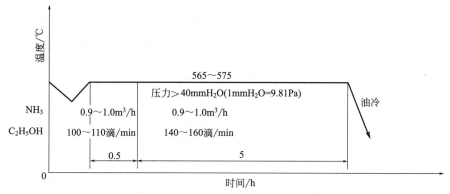

图 5.13 45 钢轧刀气体氮碳共渗工艺曲线

5.2.2 液体（盐浴）氮碳共渗工艺

液体氮碳共渗工艺是一种经济简便的渗氮法，近几年来得到了一定的发展，同其他氮化方法相比，液体氮碳共渗的优点如下：①加热速度快，时间短；②加热温度低，工件的热应力小，工件的变形小；③可显著提高零件的疲劳强度；④可提高零件的抗腐蚀性能；⑤可提高零件的表面耐磨性，在高温或润滑不当的工作条件下工件具有抗咬合性，不易产生咬卡的现象；⑥氮碳共渗形成的共渗层致密。

液体氮碳共渗的不足之处有：①由于液体氮碳共渗时间较短，零件表面化合物层很薄，脆性大，故不适于承受冲击和高强度压力的工件；②不适于处理有封闭深孔的小型零件，一则共渗前孔内的切削液或乳化液等不易清洗干净，二则共渗后孔内的残盐很难清洗，同时还会造成对工件的腐蚀；③在氮碳共渗的过程中，会产生少量的氰根，故对其盐浴必须进行处理。

所有钢材均可进行液体氮碳处理，最适于处理由低碳钢制作的零件。低碳钢氮碳处理后具有韧性好、表面脆性低的特点，成型热挤压模及压铸模均能防止软化或液体金属与模具型腔的黏结，提高了模具的使用寿命。液体氮碳共渗处理可用于低合金钢、高速工具钢、铸铁、陶瓷零件。

5.2.2.1 液体（盐浴）氮碳共渗工艺及特点

（1）一般液体（盐浴）氮碳共渗 一般液体（盐浴）氮碳共渗主要成分为尿素，表 5.3列出了部分比较成熟的配方，可适用于小批量生产，但在氮碳共渗中仍存在质量不稳定的情况。

按比例将共渗剂混合均匀，放入盐浴炉坩埚内加热，炉温升至 $340 \sim 380 ℃$ 时渗剂开始熔化，随着炉温的升高，液体的流动性增强，温度到 580℃ 时将工件放入，进行氮碳共渗。对于小型工件保温 1h，大中型工件保温 $3 \sim 4h$，出炉空冷即可。

该种氮碳共渗工艺处理的工件，其疲劳强度一般比渗碳件提高 $20\% \sim 30\%$。由于氮碳共渗的温度比渗碳温度低得多，经处理的工件变形小，很适合要求变形小、硬度高、高温耐磨的精密零件的化学热处理，如精密齿轮、刀具、热作模具以及精密仪器的构件等。

从钢种上讲，氮碳共渗适用于所有的黑色金属材料，如低中碳素钢，含铬、含钨的结构钢，以及热作模具钢、高速工具钢等，尤其是含铬、含钨的钢，其中的铬、钨元素均能与氮生成十分稳定的氮化物，从而改变渗层的组织，提高工件的强度与韧性，使工件的表面与心部的力学性能达到最佳状态，在使用状态下发挥整体的综合作用。

另外，对于需进行高温回火的工件，也适合于进行氮碳共渗，因其氮碳共渗的温度与其高温回火的温度一致，故也是回火的过程，这样便省去了回火的工序，并节约了电能。

(2) TJ-2、TJ-3 液体氮碳共渗　TJ-2、TJ-3 液体氮碳共渗国内市场占有率达 80％以上，该氮碳共渗基盐具有以下特点：熔点低（≤450℃），熔融状态密度为 1.75～1.80kg/dm^3；液体的流动性好，成分稳定，一般 CN$^-$ 含量＝1％～6％，CNO$^-$ 含量＝36％～40％，工作 8h CNO$^-$ 的浓度降低 1％～2％；盐浴中含有的大量氰酸盐增强了渗氮效果，渗速快，生产效率高，劳动强度低；盐浴可再生，盐浴的重现性良好；使用寿命长；基盐和再生盐本身无毒，在氮碳共渗过程中仅产生微量的 CN$^-$；沉淀渣和漂浮渣易于清理，成分调整简单易行。

因此，TJ-2 氮碳共渗在国内得到了广泛应用，用于热挤、热锻模具、汽车摩托车零件、纺织机械零件、机床零件、齿轮蜗杆及枪械零件等的共渗处理。从共渗的发展趋势来看，TJ-2、TJ-3 液体氮碳共渗正逐渐替代固体和气体的氮碳共渗。低温液体氮碳共渗以其渗速快，质量稳定等优点，在国内外已经得到推广和广泛应用，我国有些企业于上世纪 90 年代引进了德国的盐浴氮碳处理生产线。国内生产的氮碳共渗盐、再生盐、氧化盐等商品盐，其性能与进口盐相比不差上下，因此目前部分化学热处理企业已开始采用国产氮碳共渗盐处理工件，渗层硬度等技术指标均符合要求，应用范围不断扩大，一般氮碳共渗后工件的使用寿命比不处理的提高 2～10 倍，产生了巨大的经济效益和社会效益。

液体氮碳共渗的工艺参数有四个：盐浴成分、共渗温度、共渗时间和冷却方法。

① 盐浴成分。直接对渗层和硬度产生决定性的作用，是实现氮碳共渗的基础和关键。其主要的技术指标为 CN$^-$ 和 CNO$^-$ 的含量。CN$^-$ 的含量若小于 0.5％，化合物层会出现由 ε 和 γ 氮化物组成的两相化合物层，长时间处理时，微孔占的百分比可能增加。CNO$^-$ 的含量在氮碳共渗过程中分解游离出来的氧或二氧化碳会强烈地与钢发生反应，造成工件表面的严重腐蚀。CNO$^-$ 的含量若低于 36％，尤其是降到 30％以下时，盐浴渗氮活性将降低；高于 38％时会发生强烈的氧化反应，盐浴成分消耗过快，工件的表面会形成大量的微孔，在这种情况下，会有贫氮的 Fe$_4$N 在化合物层中出现，见图 5.14。开始共渗工件前盐浴中应调整有足够高的 CNO$^-$ 含量，否则会造成渗速慢，表面硬度低。一般应控制在 CN$^-$ 含量＝1％～6％；CNO$^-$ 含量＝36％～38％，在实际生产中，根据工件的要求允许偏离上述指标，但应以工件表面没有腐蚀为准。

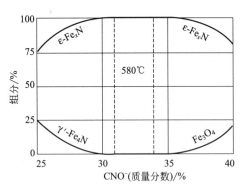

图 5.14　化合物层的各个相区与氰酸根含量的关系

② 共渗温度。盐浴氮碳共渗通常的温度为 560～580℃，在生产中应不使用更低的温度，否则会降低氮、碳原子的扩散速度，造成渗层过薄。若低于 520℃，会出现盐浴成分的偏析，例如碳酸盐的沉淀。该条件下生成的化合物表现反常，如生成两层化合物，会出现较多的 Fe$_4$N 以及多孔等，工件的表面甚至显现出类似腐蚀破坏的情况。温度对渗层的影响较大，若温度升高到 580℃以上时，为了形成深层单相 ε 氮化物层，盐浴氮碳共渗中的氮的供应应当充分，因此盐浴中的 CNO$^-$ 会下降很快，造成盐浴中的成分波动大，工件表面形成的渗层前后差别增大，同时还会出现附加的含氮马氏体。在较高的温度下盐的消耗几乎不会增加，其化合物层明显变的较厚，组

织仍然为单相状态, 微孔所占比例甚至会减小。一般共渗温度为 $550 \sim 575℃$, 温度太高或太低, 均会造成渗速减慢、渗层变薄, 影响共渗质量, 降低生产效率。

③ 共渗时间。根据所要求的渗层厚度来确定, 而渗层厚度又取决于待处理工件合金成分的种类、含量和盐浴成分及处理温度。一般随着合金元素和碳含量的增加, 氮原子的渗透深度降低, 化合物层减薄, 总渗氮层变薄。盐浴共渗在很短的时间内已经形成了化合物层, 其氮碳的含量及其组织与处理的时间长短几乎没有差别, 一般几分钟后即形成氮化物, 在工件中的变化是跳跃的, 时间太短渗层浅, 浓度低, 通常保温时间为 $10 \sim 240min$; 随着时间的延长, 化合物层增厚, 脆性增加; 时间太长, 会使工件表面产生腐蚀或粗糙度差。共渗时间对各种材料的共渗性能的影响见图 5.15 和图 5.16, 硬度分布与保温时间的关系见图 5.17。硬度分布曲线明显地反映了氮碳共渗时温度和时间的影响, 工件的表面硬度在 6h 以后随保温时间的延长而降低, 并将延至与表面有较大的距离。

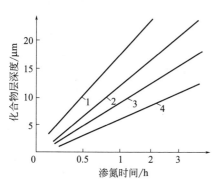

图 5.15 各种材料化合物层的深度 (580℃渗氮)

1—C15～C45; 2—合金钢; 3—Cr12; 4—铸铁

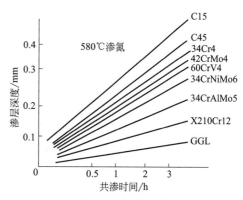

图 5.16 共渗时间对渗层深度的影响

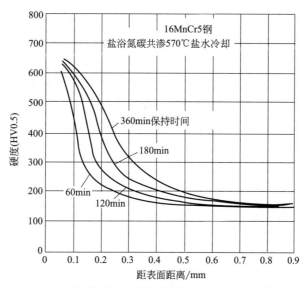

图 5.17 16MnCr5 钢盐浴氮碳共渗时硬度分布与保温时间之间的关系

④ 冷却方法。按冷却介质不同冷却方法可分为四种。在生产过程中应根据其工作条件对工件尺寸和疲劳强度要求的差异, 选择相应的处理方法, 详见表 5.10。

表 5.10 不同冷却方法的特点及性能的比较

冷却介质	主要特点	对共渗层性能的影响
空气	冷速快,在沸水中洗净盐渍需 10~30min	尺寸变化小,疲劳强度小于 90%
油	冷速较快,在沸水中洗净盐渍需 30~60min	尺寸变化小,疲劳强度 90%~95%
水	冷速较快,在沸水中洗净盐渍需 3~10min	尺寸变化大,疲劳强度提高
AB1 盐浴 (或 Y-1 盐浴)	冷速较快,氧化浴中等温 5~20min,CN$^-$ 含量小于 0.5%,CNO$^-$ 少许,小于 15%。在沸水中洗净盐渍需 5~15min	尺寸变化小,疲劳强度为水冷的 95%~98%,防锈效果佳

所有的含铁材料都可进行液体氮碳共渗,但也有一些特殊情况。有的适用于所有的氮碳共渗,有的只适合用熔盐处理。液体氮碳共渗形成的渗层由两个区域组成:表面是氮碳化合物区,内部为扩散区。共渗过程的主要合金化组元是氮,而碳主要是饱和表面的氮碳化合物层。据报道,氮碳化合物区疏松的主要原因是氮使 ε 相过饱和,调整液体介质的活性能使氮碳化合物层的紧密度、组织和厚度等趋于合理化。氮碳化合物层的质量取决于氮碳共渗的温度和时间,可以根据最佳工艺规范来确定,见图 5.18。

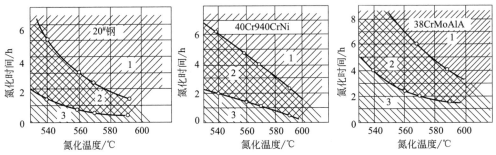

图 5.18 钢的液体氮碳共渗最佳规范图
1—多孔性渗层区;2—最佳规范区;3—渗层未充分发展的区域

在实际生产过程中,提高温度和延长时间超过图 5.18 上的第 2 区的最佳范围时,则形成氮碳化合物的厚度大于 18μm,并有疏松层,弯曲试验有层状剥落;当温度不高和时间合理时,将在表面形成细致的氮碳化合物层,其厚度越为 3~7μm。合理的工艺可得到以下两种形式的氮碳化合物层:渗层没有疏松,厚度为 8~12μm,该渗层具有良好的塑性,在弯曲角度很大的情况下也不会产生裂纹和剥落;渗层厚度为 12~17μm,在 ε 相表面有数量不多的点状孔隙,但并不影响氮碳化合物的硬度、塑性和扩散层下的附着强度。由于表面的孔隙可储存(保存)一些润滑油,改善了氮化工件的使用性能。

应当注意的是,在合金钢中渗层的形成受到抑制,随着钢中合金化程度的增加,最佳工艺规范的范围将进一步扩大。

(3) 几类材料液体氮碳共渗的特点

① 碳素结构钢。它具有最好的可渗氮特性,化合物层和渗氮层在相同时间内都是最厚的,但由于氮化物的形成元素少,表面硬度提高不大。非合金钢零部件大多在正火或调质状态下在盐浴中渗氮,心部硬度低,不能承受高的压力。一般多利用氮碳共渗提高其耐磨性、滑动性、耐腐蚀性和疲劳强度。

② 合金表面硬化钢及调质钢。该类钢种加入了钼,对缓慢冷却不敏感,因此可以抑制从温度高于 500℃缓慢冷却时出现的脆性,疲劳强度显著提高,而调质钢优于表面硬化钢。

③ 合金工具钢。过饱和固溶体中的碳和合金元素的数量较多,晶格内产生大量缺陷、

空位、碳化物相质点等，因而该类钢具有良好的可氮化能力，其氮化效果比较明显。在调质状态下进行渗氮，如冷冲模具、滚压及冲压工具，同样也适合于拉伸模。常用材质为4Cr14Mo2WVSi、Cr12MoV、3Cr2W8V 等，在 560～580℃保温 2～3h，碳的浓度将增加到1.5%～2.2%，氮的浓度增加到 3%～3.5%，氮主要集中在形成的氮化物中。工具钢在盐浴中共渗时，其表面氧化膜的溶解加快了工艺过程的进行，温度升高或时间延长可使化合物层和扩散层的加厚，在化合物层有牢固黏附的氧化层，除可提高耐磨性外，氧化层还可以抑制表面金属微粒的黏附。

④ 热模具钢。多用作模具用钢，如热锻（挤）模。该类钢盐浴氮碳共渗已取得了良好的效果。压铸模具经盐浴氮碳共渗后将减少加工材料在型腔上的黏附，从而使芯棒容易拔出和使顶出机的顶杆有良好的润滑性。热模具钢氮碳共渗扩散层的硬度高，即使回火或工作温度达到 600℃，其硬度仍可保持不变，当化合物被磨损后，由于它比心部有较高的硬度，同样可起到抗磨损的作用。一般要求渗后的化合物层为 5～8μm，扩散层为 0.07～0.25mm，硬度为 1075～1100HV，其使用寿命最高。

⑤ 高速钢。该钢中有较多的氮化物形成元素，氮和碳的增加使表面硬度显著提高，降低了工件的韧性，因此共渗时间一般为 1～25min，即使在 570℃共渗 7min，表面硬度也可达 1100～1250HV，耐磨性提高 2 倍以上。共渗前在 500℃预热可有效保证表面获得均匀的理想结果。对于冷却速度，应尽可能缓慢地冷却，在氧化盐中冷却后，使它保持了相似于蒸汽处理的具有黑色的表层，能进一步提高工具的使用寿命，减少刀瘤的出现，改善铁屑的排出。

⑥ 耐热钢和不锈钢。不需特殊的预处理即可进行盐浴氮碳共渗，同气体氮碳共渗一样，不需要进行除去钝化膜的处理。盐浴本身具有去除钝化膜的作用，可降低表面极薄氧化铬层的保护作用，2～3h 可有 0.05～0.10mm 的渗层，常用于液压传动件、挤压模具和发动机上的高温零件。

⑦ 铸铁。氮碳共渗可以改变耐磨性，降低咬蚀倾向，减小摩擦系数，而与铸铁类型没有关系。在共渗前通过特殊的工艺方法，去掉铸铁表面的石墨。氮的富集可增加疲劳强度，进一步提高其使用效果。

需要特别注意的是，在汽车制造业中液体氮碳共渗在数量上仍占多数，如曲轴（45）、进气阀和排气阀、凸轮轴、挺杆、挺杆轴、汽缸头、链轮、剪切工具、锻模等。该工艺用于对上述零件的制造和修复或重新加工。有些工件将合金钢改为非合金钢进行氮碳共渗，降低了零件的制造成本，提高了零件的表面质量及使用寿命。如液体氮碳共渗的气门与镀铬的气门相比，前者成本仅为后者的几分之一，充分显示了液体氮碳共渗的优越性。

（4）液体氮碳共渗的工艺流程　一般液体氮碳共渗的工艺流程为：预热→氮碳共渗→氧化→清洗→光饰（抛光或擦拭）/吊装抛丸→煮油（防锈）。

① 预热。将清洗干净的工件在井式炉或箱式炉内加热，炉内装有强迫气体循环装置，以保证预热炉的上下或左右温度一致。对于中小型工件，其温度为 350～380℃，时间为30～60min；

② 氮碳共渗。共渗温度 550～575℃，时间 0.5～3h，用通气管向盐浴内通空气或氧气，以得到 [N]、[C] 活性原子，对工件进行氮碳共渗；

③ 氧化。氧化盐的使用温度范围在 300～400℃之间，通常采用温度为 350～370℃，在氧化盐浴中等温氧化时间为 15～20min，使工件表面形成氧化层，同时用它与带入的氮碳共渗盐反应，将氰根氧化为碳酸根，使工件清洗后的水质符合国家环保要求；

④ 清洗。洗净工件和工装所黏附的氧化盐，防止出现腐蚀；

⑤ 光饰（抛光或擦拭）/吊装抛丸。除去工件上的残盐和炭灰，提高工件表面的清洁度；

⑥ 煮油（防锈）。除掉水分，增强过程防锈能力，保证工件表面质量。

所用设备有：预热炉、氮化炉、氧化炉、热水槽及油炉等，设备操作简单方便，生产效率高，质量稳定，渗层和硬度完全符合工艺要求，劳动条件好，还可实现自动化或半自动化。

5.2.2.2 其他液体（盐浴）氮碳共渗

其他盐浴还有德国产 TF-1 基盐（共渗基盐）、REG-1 再生盐（调整成分用）、AB-1 冷却盐。TF-1 基盐用碳酸盐、尿素等合成，盐浴中含有 47%～49% 的 CNO^-。REG-1 为有机合成物。使用过程中 CN^- 含量≤3%。新盐应在 620℃ 空载陈化 2～4h，使 CNO^- 降至 36%～40%，以降低其活性，否则会对工件表面产生腐蚀，粗糙度超过工艺要求。工件经共渗处理后，应在 AB1 氧化盐浴中冷却，可实现无污染作业。CNO^- 含量可控制在最佳值 ±(1%～2%)，强化效果稳定。

国产基盐有 TJ-2 等，再生盐有 Z-1。TJ-2 用多种碳酸盐及尿素等原料合成，CNO^- 含量≈40%～42%。Z-1 是以 C-N-H 有机化合物为主的再生盐，在盐浴活性低于标准时用于恢复其盐浴活性。使用过程中 CN^- 含量低于 TF-1，盐浴中产生的 CN^- 低，系目前优质的低氰氮碳共渗盐浴，共渗后在国产的 Y-1 氧化浴中冷却，可实现无污染生产作业，CNO^- 含量可控制在 ±(1%～2%)，强化效果非常稳定。

碳酸盐与尿素反应生成了氰酸盐，原料无毒，但氰酸盐分解与氧化均产生氰化物。共渗过程中 CH^- 不断增加，因此 CN^- 的浓度≥10%，国内一般控制范围是 CNO^- 含量＝18%～45%，其成分波动大，强化效果不稳定，盐浴中的 CN^- 含量≥10%，无法降低，远超出国家环保的 CN^- 含量低于 0.5% 的排放要求。盐浴成分如下：40%[$(NH_2)_2CO$]＋30% Na_2CO_3＋20% K_2CO_3＋10% KOH 或 37.5%[$(NH_2)_2CO$]＋37.5% KCl＋25% Na_2CO_3。另外推荐的以尿素为基本成分的盐浴配方还有：

① 盐浴的原始成分 55% $(NH_2)_2CO$＋45% K_2CO_3，盐浴的工作成分 65%～75% KCNO＋25%～35% K_2CO_3，盐浴的工作温度为 560～580℃；

② 盐浴的原始成分 55% $(NH_2)_2CO$＋45% Na_2CO_3，盐浴的工作成分为 20%～40% NaCNO＋50%～60% K_2CO_3＋12%～20% NaCN，工作温度为 560～580℃，多用于处理低碳或合金结构钢；

③ 盐浴的原始成分 40% $(NH_2)_2CO$＋48% Na_2CO_3＋12% NaCl，多用于处理高速钢；

④ 盐浴的原始成分 25%～35% NaCNO＋25%～35% Na_2CO_3＋28%～40% KCl；

⑤ 盐浴的原始成分 60%～75% KCNO＋25%～40% K_2CO_3，盐浴的工作成分为 60%～75% KCNO＋25%～40% K_2CO_3＋≤1% KCN，多用于处理结构钢。

可以看出，以尿素为基本成分的盐浴中均含有氰酸盐、碳酸盐和氯化盐。前三种配方的盐浴配料中有尿素，因此在配制时要按以下要求操作：把原料先进行干燥处理后，按要求的配比混合均匀，先将坩埚加热到 300～350℃，再向坩埚内加入混合盐，其高度应小于坩埚的 3/4，然后定温在 380℃（尿素的熔点为 380℃），逐渐加入混合盐直到全部熔化为止。用专用的不锈钢勺从坩埚底部向上提起，慢慢搅拌使盐浴充分流动并保证上下炉温均匀一致。待盐全部熔化后将炉温升到 560～580℃，保温 4～6h，即可进行工件的氮碳共渗，此时盐浴中氰酸盐的含量为 98% 左右。尿素与碳酸钾熔化后会放出大量的氨气和一氧化碳及二氧化碳，因此盐浴槽必须配备可靠的抽风装置。这三种盐浴既可在坩埚中制备，亦可在专门的浴槽内进行。将氰酸盐舀出倒在高度为 50～60mm 的耐热钢盘中，冷却后敲成 30mm 以下的盐块，装入防潮的容器或塑料袋中，并加以密封，可实现专业化的生产，同时也保证了盐浴成分的稳定。

制备④号盐浴时，预先将尿素和焙烧的苏打按 3∶2 的比例放入已加热的坩埚中，并不断添加新盐，混合盐完全熔化后，要再加新盐必须等到熔盐表面结成硬壳，方可添加剩余的混合盐，并将温度提高到 550～570℃。熔化后的熔盐中含有 86%～98% 的氰酸钠，1.0%～1.5% 的氰化钠。

连续工作的盐浴要定期检查盐浴成分。当铁的含量高于 0.08% 时，应将盐浴加热到 620～630℃ 使形成的铁盐沉淀，用专用的干燥有孔的不锈钢勺捞出铁盐和杂质，保持炉内成分的稳定。同样，捞出的盐渣和清洗工件的废水要经过解毒后，才能倒掉。

配比为 85% NS-1 盐（40% KCNO+60% NaCN）+15% Na_2CO_3 的盐浴为德固塞公司生产的粒状氰盐-氰酸盐，按比例分装，熔化后即可得到指定成分的盐浴。钢件渗氮的基础盐是 NS-1，用 NS-2（NaCN 75%+KCN 25%）再生盐来调整成分，可恢复基盐的活性。铸铁渗氮时，用 NS-3 盐（NaCN 30%+KCN 45%），在盐浴中通入空气，通过氧化，$2CN^- + O_2 \longrightarrow 2CNO^-$，$CN^-$ 的含量高达 20%～25%，工作时成分（KCNO+NaCNO）占 42%～48%，（KCN+NaCN）约 50%，其余 2%～8% CO_3^{2-}。成分和处理效果比较稳定，但有废盐产生，有废渣和废水消毒设备方可采用。在钛坩埚中熔配该盐时，首先将 85% 的 NS-1 放入坩埚，再加 15% 的催化剂（例如无水碳酸钠等），在 570～575℃ 将盐浴熔化好，此时的盐浴成分为 67%～70% KCN+28%～32% KCNO。为了获得最佳的氰酸钾含量（42%～48%）和盐浴的稳定性，盐浴要进行 40～80h 的陈化处理，向盐浴中通入大量的空气。为了控制氰盐和氰酸盐的比例，一般加入 0.05%～2.0% 的氧化铁，其作用是氧化氰盐，搅动盐浴。在盐浴氮碳共渗过程中，要向盐浴中通入净化的空气（通入盐浴中的空气必须是干燥、无油污和其他脏物的空气，是由工厂的空压站管路直接供应的空气），以加快氮碳共渗速度，同时也能保证坩埚内盐浴成分的均匀，改变空气进给量还能调整盐浴的成分。经验表明，此种熔盐每工作 24h 氰盐的含量降低 1.5%～4%，其减少量用 NS-2 盐进行恢复。以 100kg 盐浴为例，基本要求为：CN^- 含量低于 50% 时，每降低 1%，加 1.3kg NS-2 再生盐。连续工作 24h，必须对盐浴进行一次化验，测定盐浴中氰盐、氰酸盐及铁、硫等杂质的含量。氰酸盐的含量为 44%～48% 时，盐浴只能用 NS-2 盐来调整，若氰酸盐的含量低于 38%，必须用 NS-1 基盐调节。氮碳共渗工艺为：

① 温度 565～575℃。若温度过低，会降低 N、C 原子的扩散速度，渗层浅，性能降低；若温度过高，盐浴的消耗大，其成分消耗快，零件的硬度下降，扩散层中的气孔增加。

② 时间为 60～180min。根据零件的大小、厚薄等时间而有不同，薄壁零件为 10～30min，而对于铸铁件，由于含有碳、硅元素，阻碍了 N、C 原子的渗入，所需时间约为 3～5h，大尺寸的齿轮亦是如此。在盐浴中的零件若能旋转或振动则使零件表面的渗层更加均匀。渗后的冷却方式取决于零件的材质、形状和尺寸，除铸铁需预冷 5～10min 外，其他渗后均可油冷。用 NS 盐处理的工具钢的工艺见表 5.11。

表 5.11　工具钢的氮碳共渗工艺

钢号	温度/℃	时间/min	渗层深度/mm	硬度（HV0.2）	适用范围
W18Cr4V W6Mo5Cr4V2	560～580	5～15 30～60	0.03～0.08 0.065～0.095	1250～1400 1350～1400	处理切削刀具
3Cr2W8V 4Cr14Mo2WVSi Cr12W	560 560～580 540 560	120～180 60～120 120～180 60～120	0.105～0.140 0.10～0.15 0.08～0.11 0.080～0.095	1185～1260 1150～1310 1100～1115 1075～1110	各种模具和压铸模

注：由于高速钢的氮碳共渗时间较短，因此共渗前的预热要充分，渗后空冷。

配比为 34% $(NH_2)_2CO+23\%$ $K_2CO_3+43\%$ NaCN 的盐浴，NaCN 被氧化，与碳酸钾、尿素反应生成 CNO^-，氰根含量 $>25\%$，属于高氰盐浴，成分较稳定，但必须有全套中和消毒设备才能使用。

该配方为高氰盐浴，主要用于处理高速钢刀具，增加高速钢的使用寿命，但其工艺性不好，氰盐的消耗大，盐浴活性高，即使时间很短也能造成工件表面的氮、碳原子浓度的剧增，脆性大。故在实际生产中多采用中氰盐浴，其配方列于表 5.12。

表 5.12 中氰盐浴的配方

序号	盐浴组成	熔点/℃	降低速度/(%/h)	工作温度/℃
1	$50\%\sim60\%$ NaCN,$25\%\sim30\%$ Na_2CO_3 $10\%\sim15\%$ NaCl	515	0.6NaCN	$540\sim560$
2	$50\%\sim60\%$ NaCN,$10\%\sim15\%$ Na_2CO_3 $30\%\sim35\%$ KOH	$470\sim490$	0.57NaCN	$540\sim560$
3	$20\%\sim30\%$ NaCN,$40\%\sim45\%$ Na_2CO_3 $20\%\sim25\%$ NaCl	535	$0.28\sim0.50$ NaCN	$540\sim560$
4	$90\%\sim92\%$ $K_4[Fe(CN)_6]$,$8\%\sim10\%$ KOH	500	1.25KCN	$540\sim560$
5	75% $K_4[Fe(CN)_6]$,25% KOH	490	0.50KCN	$540\sim560$

其配制方法同上，但还需要注意以下几点：

① 盐浴化开后，用不锈钢网捞出盐浴表面的漂浮渣，保持液面的正常流动；

② 生产过程中应检查氰化物的含量和盐浴的流动情况，放入工件后盐浴面与坩埚上口的距离不小于 150mm，以确保炉温的均匀性；

③ 每班加盐的数量为被处理工件质量的 2%，并加入高氰盐（$96\%\sim98\%$）恢复一次活性；

④ 溶解到盐浴中的铁形成络合物沉到坩埚的底部成为废渣，要及时捞出。

用中氰盐处理高速钢工具的氮碳共渗规范见表 5.13。

表 5.13 在中氰盐浴中推荐的高速钢工具的氮碳共渗规范

工具的名称	工具的直径/mm	共渗时间/min	工具的名称	工具的直径/mm	共渗时间/min
钻头 扩孔钻头 绞刀	$3\sim5$ $20\sim30$ >20	6 15 $16\sim23$	铣刀： 圆柱铣刀 端面铣刀	<50 >75	$10\sim15$ $25\sim30$
丝锥	$5\sim8$ $12\sim20$ >30	5 10 $14\sim18$	片状铣刀	$1\sim5$ $5\sim15$ >15	$6\sim8$ $12\sim15$ $18\sim23$
拉刀	$5\sim10$ $20\sim30$ >30	8 16 $20\sim25$			

表 5.13 中主要处理高速钢工具，使用的共渗温度为 $540\sim560℃$，时间为 $5\sim40min$，刀具表面可形成 $0.015\sim0.035mm$ 的扩散层，其时间的长短同工件的形状、尺寸大小有关。实践证明，对丝锥和螺纹等切削铣刀建议其渗层深度为 $0.010\sim0.015mm$；而切削刀具如钻头、铰刀和拉刀等以 $0.015\sim0.020mm$ 为最佳。

从上述五种盐浴来看，前两种因其无污染，渗速快，质量稳定，成分易于控制等优点得到一定的应用，如模具、刀具、量具及耐磨抗蚀工件。表 5.14 列出了常见材料液体氮碳共渗的有关数据。

表 5.14　常见材料液体氮碳共渗后的技术指标

钢号	共渗前状态	化合物层厚度/mm	扩散层厚度/mm	硬度
20	正火	0.010～0.020	0.30～0.50	450～500HV0.1
20Cr	调质	0.010～0.020	0.15～0.25	600～650HV0.1
20CrMnTi	调质	0.008～0.012	0.10～0.20	600～620HV0.05
40Cr	调质	0.010～0.020	0.25～0.40	500～620HV0.1
45	调质	0.010～0.017	0.30～0.40	500～550HV0.1
38CrMoAl	调质	0.008～0.014	0.15～0.25	950～1200HV0.2
3Cr13	调质	0.008～0.012	0.08～0.15	900～1100HV0.2
3Cr2W8V	调质	0.008～0.012	0.10～0.15	850～1050HV0.2
W18Cr4V	淬火+回火	0.001～0.002	0.025～0.040	1000～1300HV0.2
HT250	退火	0.010～0.015	0.18～0.25	600～650HV0.2
4Cr9Si2	调质	0.015～0.025	0.05～0.08	900～1145HV0.2
4Cr10Si2Mo	调质	0.015～0.025	0.05～0.08	900～1145HV0.2
5Cr8Si2	调质	0.015～0.025	0.05～0.08	900～1145HV0.2
1Cr18Ni9Ti	固溶+时效	0.008～0.014	0.06～0.10	1049HV0.05
4Cr14Ni14W2Mo	固溶+时效	0.010～0.012	0.06～0.08	770HV1.0
5Cr21Mn4Ni4N	固溶+时效	0.01～0.02	0.05～0.08	1000～1145HV0.2
5Cr21Mn4WNbN	固溶+时效	0.01～0.02	0.05～0.08	1000～1145HV0.2
6Cr21Mn10MoVN-bN	固溶+时效	0.01～0.02	0.05～0.08	1000～1145HV0.2

注：奥氏体耐热钢（560～570）℃×3h；高速工具钢（545～555）℃×（20～30）min；其余材质为（560～575）℃×（1.5～2.0）h。

盐浴氮碳共渗后工件表面形成的化合物层（VS）的表面富集了大量的氮原子，与合金元素结合成合金氮化物，提高了渗层表面的硬度，同时降低了形变能力。根据形成氮化物的合金元素种类和数量的不同，硬度也不同，有时可达 1200HV，化合物层下面硬度降低，相应的氮浓度分布随距表面距离的增加而降低。非合金钢硬度的提高是由于在室温下析出了不稳定的氮化物颗粒。氮化物层或化合物层经硝酸乙醇腐蚀，用光学显微镜观察是光亮及几乎无组织的化合物层，即所谓的"白亮层"。

氮碳共渗后的工件，必须进入氧化盐浴槽中冷却，在几分钟内氧化盐可将工件上的黏附的氰化物和氰酸盐氧化掉，生成了无毒的碳酸盐，即完成了解毒过程；冷却液中的氧还能使化合物层表面氧化，形成 0.001～0.0025mm 厚的由磁性氧化物（Fe_3O_4）构成的氧化物膜，表面呈蓝黑色，与蒸汽回火相似，使工件具有良好的耐摩擦性能，氧化层上的微孔能吸取润滑油或其他润滑剂，提高耐磨性。

总结液体氮碳共渗的特点不难发现，只要控制好相关的工艺参数，其处理的工件完全满足工艺的规定，操作简便，生产效率高，易于实现机械化。同时，处理后的废水符合国家环保的要求，即水中 CN^- 的含量<0.5%。氮碳共渗后的产品质量稳定。对于液体氮碳共渗后的工件，必须采用水煮的方法才能除掉黏附的残盐，并应用磨料对工件抛光或光饰，目的是降低工件表面的粗糙度和提高清洁度，然后再浸入热油中以除去水分，以防止表面出现空洞被腐蚀。

5.2.3　离子氮碳共渗工艺

该工艺是在离子渗氮的气氛中添加含碳气氛来实现离子氮碳共渗。同气体氮化一样，离子氮碳共渗是在铁素体状态下（α 相）进行的，所用的介质为氮气、氢气和甲烷或丙烷的混合气体，也可用氨气和乙醇的挥发混合气体或氨气与丙酮的混合气，是在离子氮炉中完成的。

5.2.3.1 工艺参数与渗层质量的关系

① 由于离子气体碳氮共渗主要以渗氮为主，渗碳为辅，气氛中碳势若过高，会在工件表面形成炭黑，不利于操作和控制渗速，通常碳氮比在（1∶9）～（2∶8）之间。

② 温度对渗层的质量影响较大，一般在铁-碳-氮三元状态图的共析温度 565℃附近，超过该温度则发生 α—γ 相变。氮原子在两相中扩散速度不同，导致渗后的结果存在差异。在570℃以下，温度升高，氮原子的扩散速度加快，化合物层和扩散层增厚；570℃以上，虽然温度的提高使渗层的化合物层厚度增加，但会出现疏松和硬度的下降。由于 α 相向 γ 相转变，氮原子扩散困难，扩散层减薄。合适的温度在 570℃左右。

③ 保温时间对化合物层与扩散层厚度的影响，符合一般的氮碳共渗规律。在相同的时间内，该工艺可得到更厚的化合物层，而对扩散层的影响不大。短时高温氮碳共渗并不会严重引起化合物层的疏松和硬度的下降，因此离子气体碳氮共渗比一般氮碳共渗温度高。据报道在 620～650℃ 范围内进行 15～30min 的处理，随后快冷，可以得到较厚的化合物层和含氮马氏体。

5.2.3.2 按介质进行的工艺分类

（1）氮气＋氢气＋丙烷的混合气 该混合气体的成分对渗层表面相的成分有明显的影响，形成的氮碳化合物层中的 ε 相的含量随氮气及丙烷在气氛中含量的增加而增加。

（2）乙醇＋氨或丙醇＋氨的混合气 试验表明，对于 20、40、40Cr 钢，当气体流量比在 1/9～3/7 范围波动时，乙醇或丙醇的比值增大，则渗层中的白亮层厚度减薄，表面硬度在 2/8 处出现最高值。一般根据铁-氮-碳三元状态图，考虑到温度对氮和碳两种元素在各渗氮相中扩散的影响，在丙酮∶氨气＝2∶8 的气氛中，研究了 20、40、40Cr 钢在不同的氮碳共渗温度下对渗层组织和硬度的影响。在 600℃ 以下渗氮渗层的化合物深度随温度的提高而增加，在 580℃ 以上出现共析层，因此其温度控制在 600℃ 以下比较合适，保温时间同气体氮碳共渗一样，时间延长则渗层增厚，而对渗层化合物硬度的影响不大。离子碳氮共渗的结果见表 5.15。从表中可知该工艺对碳钢和合金钢均有较好的效果。

表 5.15　几种材料离子气体碳氮共渗结果

材料	表面硬度（HV）	化合物层厚/mm	扩散层厚度/mm
45	633	0.022	0.45
40Cr	666	0.021	0.40
20MnVB	894	0.020	0.3
A3	598	0.023	

工件经离子碳氮共渗后，可提高工件表面的硬度和耐磨性，使其具有良好的抗咬合性能和疲劳强度。因此该工艺也得到了广泛的应用。

5.2.3.3 离子氮碳共渗的应用

表 5.16 列出了部分材料离子渗氮与离子氮碳共渗处理的常用渗层深度与硬度，以供参考。

表 5.16　　离子渗氮与离子氮碳共渗处理的常用渗层深度与硬度

材料	心部硬度 HBS	离子渗氮			离子氮碳共渗		
		化合物层厚度/μm	总渗层深度/mm	表面硬度 HV	化合物层厚度/μm	总渗层深度/mm	表面硬度 HV
15	约 140	8～12	0.4	250～350	7.5～10.5	0.4	400～500
45	约 150	8～12	0.4	300～450	10～15	0.4～0.5	600～700
60	约 180	8～10	0.4	300～450	8～12	0.4	600～700
15CrMn	约 180	4～8	0.5	500～650	8～11	0.4	600～700
35CrMo	220～300	4～8	0.4	500～700	12～18	0.4～0.5	650～750
42CrMo	240～320	4～8	0.4	550～750	12～18	0.4～0.5	700～800
40Cr	240～300	4～8	0.4	500～700	10～13	0.4	600～700
30Cr2MoV	300～380	3～6	0.4	600～800	—	—	—
38CrAl	260～330	6～10	0.4	800～1100	—	—	—
38CrMoAl	260～330	6～10	0.4	800～1100	—	—	—
50CrVA	40HRC	4～8	0.4	450～600	—	—	—
5CrNiMo	30～40HRC	5～7.5	0.25～0.5	600～750	—	—	—
3Cr2W8V	40～50HRC	4～6	0.2	900～1100	6～8	0.2～0.3	1000～1200
4Cr5MoV1Si	40～51HRC	4～6	0.2	900～1200	6～8	0.2～0.3	1000～1200
Cr12MoV	约 58HRC	—	0.12～0.2	950～1200	—	—	—
9Mn2V	约 40HRC	—	0.25～0.62	450～600	—	—	—
GCr15	—	1～4	0.1	600～800	—	—	—
W6Mo5Cr4V2	63～66HRC	—	0.025～0.1	900～1200	—	—	—
W18Cr4V	64～66HRC	—	0.025～0.1	900～1200	—	—	—
CrWMnV	—	1～4	0.1	450～500	—	—	—
马氏体时效钢	52～55HRC	2.5～5	0.1	800～950	—	—	—
1Cr13	250～300	—	0.12～0.25	900～1100	—	—	—
1Cr18Ni9	约 170	—	0.08～0.12	950～1200	—	—	—
3Cr17Mo	280～340	—	0.12～0.25	950～1100	—	—	—
4Cr14Ni14W2Mo	250～270	4～6	0.08～0.11	795～871	4～6	0.08～0.12	800～1200
QT600-2	240～350	—	—	—	5～10	0.1～0.2	550～800HV0.1
HT250	约 200	—	—	—	10～15	0.1～0.15	500～700HV0.1

5.2.4　真空脉冲氮碳共渗工艺

真空脉冲氮碳共渗工艺与真空脉冲渗氮工艺基本相同，是将低真空与氮碳共渗结合的热处理方法，即为低真空氮碳共渗工艺。在炉子真空状态下，气体分子具有更多的运动机会，而且平均自由程增加，故扩散速度加快。同时，由于脉冲式送气与抽气，使得钢件与新鲜气氛充分接触，避免了滞留气氛的出现，从而强化了工艺效果，提高了渗层组织的均匀性。结构钢的低真空脉冲氮碳共渗工艺曲线见图 5.19。结构钢通过（体积分数）65% NH_3＋30% N_2＋5% CO_2 气氛，脉冲周期为 3min，570℃×3h 的低真空氮碳共渗，表面化合物层厚度

为 $10\sim15\mu m$，均匀致密，表面硬度 $500\sim1000HV0.2$，其扭转强度与疲劳强度均有所增加，耐磨性优于其他氮碳共渗工艺。

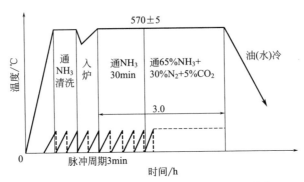

图 5.19 结构钢低真空脉冲氮碳共渗工艺曲线

5.3 氮碳共渗后的性能与组织

5.3.1 氮碳共渗后的组织

氮碳共渗组织与渗氮组织大致相同，但由于碳的作用，化合物成分有所变化。钢铁件在 $500\sim600℃$ 进行 N-C 共渗时，大量的活性 N、C 原子同时渗入工件表面，并向基体内扩散，与铁素体、Fe_3C、合金元素等不断进行化合、溶解，C 原子在 α-Fe 中的扩散速度比 N 原子大，但固溶度小；N 在 α-Fe 中溶解度是 C 在 α-Fe 中的 10 倍。C 原子渗入表面后形成 Fe_3C 及合金化合物，而 N 原子则以 Fe_3C 颗粒为核心依次形成薄而硬的化合物层 Fe_4N（γ 相）、$Fe_{2\sim3}N$（ϵ 相），并可固溶 $\geq4\%$ 的碳。ϵ 相的形成为 [C] 的渗入创造了条件。钢铁件碳氮共渗组织为：$Fe_{2\sim3}(N,C)$、Fe_3N 及 Fe_4N 构成的化合物层，合金钢还有 Cr、W、V、Al、Mo 等合金氮化物。主扩散层为 N 在 α-Fe 中的固溶体 $\alpha(N)$，次扩散层中有针状析出。

氮碳化合物层、扩散层或基体中回火析出的化合物，均以极其细小的颗粒分布在碳氮共渗层中。合金氮碳化合物与 $Fe_3N(C)$ 集中分布在渗层极薄的表面层，与 $Fe_3C(N)$、$\gamma'(Fe_4N)$ 形成了白亮层。钢铁的含碳量对氮碳共渗的组织与性能有很大的影响，随着含碳量的增加，临界点的高低、左右位置都有明显的变化，因此渗氮层中组织成分也有相应的变化。纯铁或碳钢渗氮的扩散层虽然比较厚，但因钢中不含合金氮化物，故表现为表面硬度低，有效硬化厚度薄；而合金钢渗氮后的扩散层则具有较高的表面硬度，从氮碳共渗层的截面来看，硬度梯度也比较小，因此有效硬化厚度比碳钢明显增加，这说明在氮碳共渗时工件中的合金元素对扩散层的影响很大。采用同样的氮碳共渗工艺进行处理，二者的差别也就比较明显，具体见表 5.17。

表 5.17 几种常用材料成分（碳与合金元素）对渗层厚度及表面硬度的影响

材料	表面硬度		渗层厚度/mm	
	HV0.1	换算成 HRC	化合物层	扩散层
纯铁	$600\sim750$	$55\sim62$	$0.007\sim0.020$	$0.30\sim0.70$
20	$550\sim700$	$52\sim60$	$0.007\sim0.015$	$0.20\sim0.40$
20Cr3	$650\sim800$	$57\sim64$	$0.005\sim0.012$	$0.10\sim0.20$

材料	表面硬度		渗层厚度/mm	
	HV0.1	换算成 HRC	化合物层	扩散层
35CrMo	650~800	57~64	0.005~0.012	0.10~0.20
40	550~700	52~60	0.006~0.015	0.15~0.25
40Cr	650~800	57~64	0.005~0.012	0.12~0.20
38CrMoAl	900~1100	>67	0.005~0.012	0.10~0.20
45	550~700	52~60	0.006~0.018	0.15~0.30
T10	650~720	57~60	0.005~0.010	0.15~0.20
W18Cr4V	950~1200	>68	0.001~0.003	0.05~0.10
HT	550~750	52~62	0.002~0.006	0.04~0.06
QT60-2	550~750	52~62	0.002~0.006	0.04~0.06

钢中的碳有助于共渗层硬度的提高。铸铁中的硅元素溶入 α-Fe 中形成含硅的铁素体，氮碳共渗时形成硅的氮化物 Si_3N_4，氮的扩散受到硅元素的影响，故硅含量愈高则化合物层的厚度越薄。铬、钨和钒都是氮碳化合物的形成元素，它们与氮、碳原子有较强的亲和力，可显著提高抗回火能力，形成十分稳定的合金碳氮化合物。它们成为碳氮共渗件表面弥散硬化的质点，由于其本身分布在化合物层中具有很高硬度，故有助于表面硬度的提高。从表 5.18 中可以看出这些差别。氮碳共渗工艺已得到了广泛的应用，获得了良好的效果。对于形状复杂、受载不太大、要求耐磨的工件，氮碳共渗工艺是一种比较适合的热处理工艺。

表 5.18　低温气体氮碳共渗处理的几种材料的试验结果

（氮碳共渗处理温度为 570℃，设备为井式渗氮炉）

序号	材料	处理时间/h	表面硬度(HV0.1)	化合层厚度/μm	渗层深度/mm
1	20	3	634~643	15	0.55
2	45	3	690~724	12	0.5
3	50	3	482~824	10	0.5
4	30CrNiMo	3	715~724	8	0.35
5	35CrMo	3	690~724	8	0.26
6	40CrNiMoA	3	847~858	10	0.3
7	45CrMoAl	3	1081~1097	4	0.25
8	W6Mo5Cr4V2	3	1033~1081	8	0.3
9	HT25-47	1.5	772~824	6~10	0.25
10	Cr18Ni9	1.5	1018	40	0.05
11	Cr18Ni12Mo2Cu2	1.5	1026	40	0.05
12	40Cr15Ni14W2	1.5	1033	50	0.09

钢氮碳共渗后的组织自表面向里大致分为三层：最外层为白色化合物层氮化物 ε 相（Fe_3N）或 γ 相（Fe_4N）和 Fe_3C，大部分为 Fe_3（C、N）化合物；中间为扩散层 γ 相（Fe_4N）和 N 在 α-Fe 中的固溶体，没有 Fe_2N 的存在，故脆性降低；最里层为基体组织，图 5.20 为 40Cr 钢气体氮碳共渗的金相组织。

5.3.2　氮碳共渗后的性能

5.3.2.1　耐磨性提高

氮碳共渗后，表面形成了一层高硬度的氮碳化合物，亚表层是较厚的扩散层，表面硬度

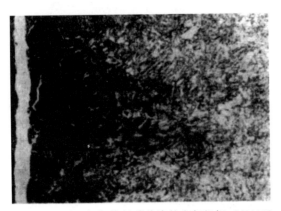

图 5.20　40Cr 钢气体氮碳共渗的金相组织（400×）
工艺：560～570℃，4h，甲醇 60 滴/min，氨气 620L/h

的显著提高带来了耐磨性的大幅度提高。磨损性能取决于化合物或扩散层的硬度，于是形成氮化物就显得尤为重要。工件表面有较多 ε 氮化物的化合物层，比有较高比例的 γ′氮化物的化合物层，有更好的性能。与调质、高频淬火、渗碳淬火等热处理工艺相比，磨损失重分别减少 1～2 个数量级或成倍降低，图 5.21 和图 5.22 给出了 10 钢和 40Cr 钢经不同的热处理后的磨损试验结果。可见，盐浴氮碳共渗比正火和渗碳淬火的耐磨性高得多。将汽车发动机、内燃机所用的进、排气门分别进

行镀铬和盐浴氮碳共渗，在相同的磨损条件下，24h 后检查发现，后者的失重仅为前者的 1/3，充分体现了氮碳共渗的优越性。

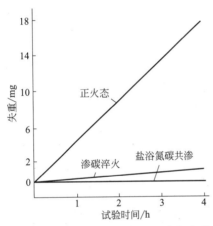

图 5.21　10 钢经不同处理后的磨损失重

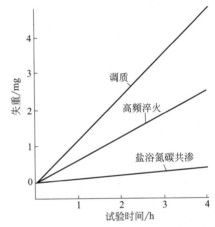

图 5.22　40Cr 钢经不同处理后的磨损失重

5.3.2.2　工件表面的抗咬合性和抗擦伤能力提高

工件氮碳共渗后，化合物层小孔的形成不仅是盐浴处理的特点，而且同样出现在气体氮碳共渗中，这与氧的反应有关。氰酸盐分解时，具有氧化作用的碳酸盐和钢的表面发生作用，盐浴中氰化物与氧具有一定的亲和力，但其数量不多，故氮碳共渗中出现小孔。气体氮碳共渗炉气中出现二氧化碳和水时，使氮碳共渗表层形成小孔贮油，对承受摩擦载荷的零件，可以减轻滑动面的摩擦。

5.3.2.3　疲劳性能提高

氮碳共渗提高了表面层硬度、强化了表面层，并在工件表面处产生压应力，而使疲劳强度显著提高，这与氮在 α-Fe 中的固溶强化有关。氮溶于 α-Fe 中使屈服强度明显提高，增大了位错运动的阻力，从而延续了疲劳裂纹的产生与扩展。固溶在渗层中的氮、碳原子和产生的氮碳化合物造成较大的残余压应力，可部分抵消外加载荷作用在下零件的表面拉应力，因

此提高了疲劳抗力。疲劳强度的提高还同工艺、冷却速度有关。冷却速度增加，使得 γ 相等弥散析出物阻碍位错的滑动。扩散层增厚可使氮在 α-Fe 中溶解度增加，也使疲劳强度提高。共渗时间与疲劳强度的关系示于图 5.23。氮碳共渗后疲劳抗力优于其他表面处理工艺，低中碳钢提高 60%～80%，合金结构钢提高 30%～35%，不锈钢提高 30%～40%，铸铁提高 20%～60%。

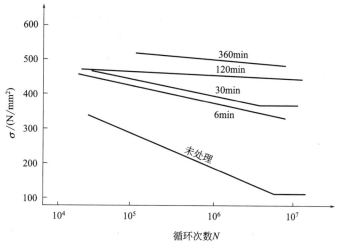

图 5.23　氮碳共渗的时间对疲劳强度的影响

5.3.2.4　耐蚀性提高

氮碳共渗后表面组织以 ε 相为主，具有极强的抗腐蚀性，在工件表面形成氧化铁，在静载荷和动载荷下表现出良好的防腐蚀性能，故化合物层具有抗大气、雨水（与镀锌、碱性发蓝、发黑相当）及海水腐蚀（与镀镉相当）的能力。氮碳共渗化合物层比扩散层具有更好的抗腐蚀性。不同方法处理的 42CrMo 试样在含 3%NaCl 及 0.1%H_2O_2 的水溶液浸泡 22h 的腐蚀状况见表 5.19。

表 5.19　不同表面处理方法的 570℃ 耐蚀性结果对比

表面处理方法	腐蚀失重/(g/m^2)	试样外观
镀硬铝(0.02mm)	5.9	3h 后出现蚀点,17h 后出现蚀斑,22h 后有 50% 的表面腐蚀
氮碳共渗-氧化	痕量	目测无锈迹
氮碳共渗-氧化-抛光	0.24	边缘上有少量锈斑
氮碳共渗-氧化-抛光-氧化	痕量	光学显微镜下无锈斑

5.4　氮碳共渗的质量控制

5.4.1　氮碳共渗件的质量检验

氮碳共渗件与渗氮件的质量检验是一致的，这里不再赘述，具体参见本书 4.2.5 小节内容。

5.4.2 氮碳共渗件常见缺陷及质量控制

5.4.2.1 气体氮碳共渗中常见缺陷原因分析和预防措施

气体氮碳共渗常见缺陷原因分析和预防措施见表5.20。

表 5.20 气体氮碳共渗常见缺陷原因分析和预防措施

序号	缺陷名称	原因分析	预防措施
1	硬度低,渗层不足	1.炉罐漏气或炉内压力小。 2.零件的表面粗糙度差。 3.零件表面切削液(或乳化液)清洗不干净黏附在表面上,或表面有锈蚀、表面脱碳。 4.工件表面的氮势和碳势低,渗层氮含量太低,炉内气体循环不良。 5.气氛中氮势不够。 6.氮碳共渗时间短或温度过低。 7.零件的截面尺寸过大或装炉不合理。 8.氮碳共渗结束后冷却速度低。 9.材料选择不当	1.定期检查设备,确保设备的密封性能。 2.零件表面的粗糙度 Ra 控制在 $0.5\mu m$ 以下。 3.工件要清洗干净,不得留有铁锈,去除脱碳层。 4.改善炉子的密封性,加大渗剂的滴入量和流量,提高介质的浓度,增加含量,使表层的含碳量大于 0.7%,炉内零件的摆放要确保气体流动畅通。 5.增加氨的供应量,使表层的含氮量达到 $0.2\%\sim0.4\%$。 6.选择正确的温度和时间,重新进行氮碳共渗处理。 7.改变设计,合理装炉,提高炉内气氛的流动性。 8.氮碳共渗后进行水冷或油冷,改善冷却效果或选用理想的冷却介质。 9.选择符合要求的材料,确保氮碳共渗质量符合技术要求。 补救措施:按正常的氮碳共渗工艺重新处理
2	零件呈红色或锈蚀	1.所用的渗剂内水分过多(液氨干燥剂失效)。 2.尿素在下落过程中,黏附在零件上。 3.出炉温度过高,在空气中冷却	1.对渗剂需进行脱水处理,更换新的干燥剂。 2.注意零件在炉内的位置,避开落料口。 3.冷却到200℃出炉冷却或进行油冷。 补救措施:将零件除锈后清洗干净
3	表面花斑	1.零件渗前未清洗干净。 2.零件彼此之间相互接触或与夹具、工装接触	1.入炉前应将零件清洗干净。 2.合理装炉,确保零件之间有一定的间隙
4	零件变形大	1.零件的加热速度过快,复杂零件的内外温差过大,造成热应力增加。 2.机械加工(车削或磨削)残余应力太大,渗前未进行去应力退火或退火不充分。 3.工件尺寸大,形状和截面复杂,吊挂或放置不垂直,或者工件自重的影响。 4.零件不对称或进行局部处理。 5.罐内温度均匀性差。 6.氨气流通不畅,装炉不当。 7.氮碳共渗处理后的冷却速度太快	1.缓慢升温或阶段加热,在 300℃ 以上,每升100℃保温1h,控制加热和冷却速度,保证炉温的均匀一致。 2.粗加工后进行去应力处理,工艺为(590~620)℃×(2~3)h,应高于正常的氮碳共渗温度。 3.改进设计,吊挂时注意重心的位置,放置平稳、牢固。 4.采用捆绑、填塞或其他方法,保证零件的均匀对称,也可在共渗前去掉硬化层。 5.合理装炉,不允许叠压,应有利于炉内气体的流通,确保风扇运转正常。 6.改变零件的装炉方式或通气管的位置,确保零件进行均匀的氮碳共渗。 7.根据要求选择冷却介质或合理控制冷却速度
5	渗层脆性大	氨的供应量过大,渗层表面的氮浓度过高,形成了大量的壳状碳氮化合物	提高共渗温度,减少氨的供应量

序号	缺陷名称	原因分析	预防措施
6	渗层残余奥氏体过多	1. 共渗温度过高,碳浓度过高。 2. 共渗温度过低,氮浓度过高	1. 调整炉温和气氛的碳势。 2. 调整炉温和供氨量
7	表面出现托氏体组织	零件的表层合金元素内氧化	1. 改善炉子的密封性,加速排气,控制炉气成分的含量,确保渗层的氮浓度。 2. 加快淬火冷却介质的搅拌,或改变介质,采用含有氧化倾向小的钨、钼的钢材
8	表面疏松	1. 氮的含量过高(主要原因)。 2. 氮碳共渗的温度过高。 3. 氮碳共渗的时间过长。 4. 原材料为铝脱氧者,容易产生表面疏松	1. 气体氮碳共渗要严格控制通氨量。 2. 执行正确的工艺参数。 3. 合理控制氮碳共渗的温度和时间。 4. 合理选择符合要求的原材料。 补救措施:磨去疏松层

5.4.2.2 盐浴氮碳共渗中常见缺陷原因分析和预防措施

盐浴氮碳共渗常见缺陷原因分析和预防措施见表 5.21。

表 5.21 盐浴氮碳共渗常见缺陷原因分析和预防措施

序号	缺陷名称	原因分析	预防措施
1	化合物层薄或无化合物层	1. CNO^- 含量低或过高; 2. 温度低或时间短	1. 加再生盐还原或换盐; 2. 调整温度和时间
2	CNO^- 下降太快	1. 温度高或超温; 2. 未捞渣或捞渣不彻底; 3. 通气量大	1. 加报警装置; 2. 停炉捞渣或抽出废盐; 3. 调节流量计使符合要求
3	CN^- 太高	1. 未通气或通气量小; 2. 氮碳共渗盐浴老化; 3. 盐浴过热; 4. 清渣不良	1. 增大通气量; 2. 整锅更换新盐; 3. 严格控制氮碳共渗的温度; 4. 彻底清渣或定期捞渣
	CN^- 太低	1. 新氮化盐未陈化处理; 2. 通气量大	1. 在 $600\sim620℃$ 空载运行 $2\sim3h$; 2. 按要求通气
4	表面疏松严重、起皮或粗糙度高(腐蚀)	1. CNO^- 含量超出工艺要求; 2. 新盐未陈化、CN^- 含量太低; 3. 氮碳共渗温度超过 575℃; 4. 氮碳共渗时间长; 5. 漂洗时间长; 6. 沉渣或极细的颗粒浮渣太多	1. 空载运行使 CNO^- 降到 $\leqslant38\%$; 2. 在 $600\sim620℃$ 空载运行 $2\sim3h$ 后,降至工艺温度; 3. 在工艺温度范围内进行,控制盐浴配比和浓度; 4. 按工艺要求执行; 5. 漂洗 $1min$ 即可; 6. 挖渣和滤掉漂浮渣,使盐浴成分符合要求
5	调整成分时有氨臭味	添加再生盐时有 NH_3、CO_2、H_2O 的逸出	开启抽风装置
6	炉内有过量废渣	1. 工夹具未抛丸处理; 2. 油污或金属屑带入炉内	1. 工夹具每三班抛丸一次; 2. 清洗干净油污、去掉金属屑
7	有花斑或颜色不一致	1. 未除净工件上的锈迹或沾有磁粉; 2. 工件之间有叠压或堆积; 3. 氮碳共渗盐浴中渣多; 4. 工件光饰出料时有划伤; 5. 工件表面黏附的切削液或乳化液未洗净; 6. 氧化盐失去作用,反应效果差; 7. 预热温度低或共渗时间短	1. 用稀盐酸、喷砂或砂纸除去锈迹; 2. 工件之间要有一定的间隙,采用双层装卡; 3. 停炉彻底捞渣,添加基盐或更换部分盐; 4. 精心操作,轻拿轻放,严格执行工艺; 5. 清洗剂失效,去污效果差,更换清洗剂或将工件在光饰机内加水运转 $5\sim10min$; 6. 添加新氧化盐或换盐; 7. 提高预热温度或延长共渗时间,也可提高 CNO^- 的浓度

续表

序号	缺陷名称	原因分析	预防措施
8	表面锈蚀	盐浴氮碳共渗后未及时清洗或清洗不干净	要用80℃以上的热水煮沸清洗,时间在15min以上,及时进行光饰或抛丸处理

5.5 氮碳共渗应用实例

5.5.1 ［实例5.1］ W9Cr4Mo3V 钢制十字槽冲头的真空脉冲氮碳共渗表面强化

(1) 工件名称与使用材料 M5 十字槽冲头（图 5.24）是十分重要的标准件专用工艺装备,采用 W9Cr4Mo3V 钢制造。十字槽冲头在服役过程中,要承受大的冲击、压缩、拉伸和弯曲等应力的作用,失效形式为槽筋疲劳断裂,因磨损失效的情况较少。

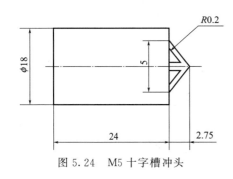

图 5.24 M5 十字槽冲头

(2) 热处理技术要求 原采用 T10 钢制造的 M5 十字槽冲头盐浴处理后平均寿命为 3 万件,采用真空淬火处理的寿命为 9 万件。

W9Cr4Mo3V 钢制冲头热处理后:基体硬度 60～64HRC,回火充分,表面无氧化脱碳;整体真空脉冲氮碳共渗后表面硬度 850～1100HV0.2,渗层深度 0.10～0.25mm,脆性≤2 级。

(3) 加工工艺流程 该十字槽冲头的加工流程为:下料→锻造→球化退火→齐端面→粗车外圆→车圆锥→铣十字槽→钳修→去应力退火→半精加工→热处理→发蓝处理→磨削加工→真空脉冲氮碳共渗→磨削加工→防锈处理→成品包装。

(4) 热处理工艺规范与分析 冲头在进行氮碳共渗前,应进行淬火、回火处理,其球化退火及真空淬火、真空回火工艺曲线见图 5.25 和图 5.26。

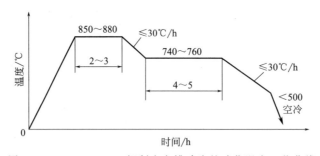

图 5.25 W9Cr4Mo3V 钢制十字槽冲头的球化退火工艺曲线

W9Cr4Mo3V 钢制冲头进行球化退火的目的是降低锻造毛坯的硬度,细化晶粒,消除热加工应力,为最后的热处理做好组织准备。为防止锻坯退火过程中表面氧化脱碳,应封箱退火。

W9Cr4Mo3V 钢制冲头的真空热处理是为了防止表面氧化脱碳,获得要求的基体硬度与晶粒度,随炉升温一次预热,淬火冷却先气冷后入油,有助于减少淬火变形,而二次高温回火则将淬火马氏体与残留奥氏体转变为回火马氏体,满足要求的硬度与韧性等力学性能。注意回火后应冷却到室温,再进行第二次回火处理。退火后硬度 207～255HBW,真空回火后

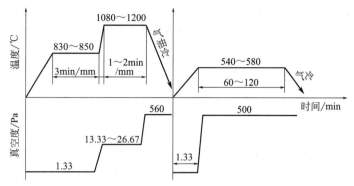

图 5.26 W9Cr4Mo3V 钢制十字槽冲头的真空淬火、真空高温回火工艺曲线

硬度 60～65HRC。

真空淬火＋真空高温回火可确保零件基本不变形，无氧化脱碳，因此可明显减小后续的磨削加工量，甚至基本不加工。

（5）化学热处理工艺剖析

① 真空氮碳共渗处理可使冲头表面净化，有利于氮、碳原子被钢件的表面吸收，可增加渗速。此外，真空加热中气体分子的平均自由能大，气体扩散迅速，亦可增加渗速。

② 真空氮碳共渗在 ZCT65 双室真空渗碳炉中进行，工作室真空度为 2.67Pa，流量与压力应符合工艺要求。冲头向上垂直放入专用夹具中，以获得均匀一致的氮碳共渗层。

③ 渗剂（体积分数）为 50% C_3H_8＋50% NH_3，工艺规范见图 5.27。采用脉冲法氮碳共渗，以脉冲式充气与送气，使得钢件与新鲜气氛充分接触，有助于增加气氛的均匀性，避免了滞留气氛的出现，提高了渗层组织的均匀性。W9Cr4Mo3V 钢制十字槽冲头进行真空脉冲氮碳共渗后，使用寿命达 30 万件，提高寿命近 10 倍（比 T10 钢制冲头）。

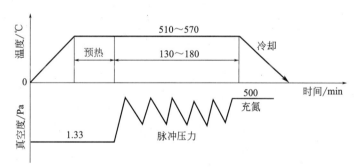

图 5.27 W9Cr4Mo3V 钢制十字槽冲头的真空脉冲氮碳共渗工艺曲线
（流量：800～2000L/h；压力：20～51kPa）

（6）化学热处理工艺技术实施要点

① 真空氮碳共渗处理应在 ZCT65 双室渗碳炉中进行，工作真空度为 2.67Pa。

② 在氮碳共渗过程中，要严格控制氨气的流量，超过或低于工艺要求容易造成渗层深度与硬度的不一致，而脉冲压力则是确保渗速的重要参数，故应重点控制。

③ 脉冲氮碳共渗后进行充氮气冷却，使过饱和的固溶体发生时效，从而大大提高扩散层的硬度，使渗层硬度梯度趋于平缓。

④ W9Cr4Mo3V 钢制 M5 十字槽冲头经真空脉冲氮碳共渗后的效果如表 5.22 所示。

T10 钢冲头盐浴处理的平均寿命为 3 万件，W9Cr4Mo3V 钢冲头气体氮碳共渗的平均寿命为 18 万件，而经过真空氮碳共渗后使用寿命提高到 26～30 万件，可见效果十分明显。

表 5.22　W9Cr4Mo3V 钢制十字槽冲头真空脉冲氮碳共渗后的应用效果

模具材料	加工产品				处理工艺	寿命/万件	失效形式
	型号	规格	材料	硬度（HBW）			
W9Cr4Mo3V	GB819	M5	Q235	143～200	气体氮碳共渗	0.9～38（平均 18）	掉芯掉块
	GB819	M5	Q235	189～190	真空氮碳共渗	7.8～45（平均 26）	掉芯断头

注：W9Cr4Mo3V 模具盐浴淬火、回火处理的寿命为 3 万件；真空淬火、回火处理的寿命为 9 万件。

5.5.2　[实例 5.2]　40Cr 钢主驱动齿轮气体氮碳共渗表面强化

（1）工件名称与使用材料　工件为摩托车主驱动齿轮，所使用的材料为 40Cr 低合金调质钢。

（2）热处理技术条件　工件经气体氮碳共渗后，产品应达到表 5.23 规定的要求。

表 5.23　主驱动齿轮氮碳共渗技术要求

白亮层厚度/μm	表层硬度（HV0.2）	表面疏松等级/级	表面颜色	变形/μm	
				公法线	齿形齿向
≥10	≥450	≤2	银白色	<30	≤3

（3）加工工艺流程　下料→锻造→正火→粗车→调质（24～28HRC）→精车→滚齿→剃齿。

（4）主驱动齿轮氮碳共渗工艺及效果

① 设备规格参数。选用 WLV-45Ⅰ低真空变压渗氮炉，其主要技术参数见表 5.24。

表 5.24　WLV-45Ⅰ型渗氮炉主要技术参数

额定功率/kW	额定温度/℃	工作区尺寸/mm	炉温均匀性/℃	极限真空度/MPa	最大装炉量/kg
45	650	ϕ550×1000	±3	−0.08	400

② 氮碳共渗的渗剂和供气、抽气方式。经过多次试验和不同批次的试生产验证，确定采用 NH_3＋CO_2 的气体氮碳共渗气氛，即以 NH_3 为主作为供应 [N] 的气体，以少量的 CO_2 为辅作为供应 [C] 的气体。该炉服役时，NH_3、CO_2 两种气体分别按设置的流程以一定的方式间断供气和抽气，全部操作自动循环完成。

③ 氮碳共渗工艺。主驱动齿轮按"清洗→烘干→装炉→预氧化→排气→氮碳共渗→鼓风降温→换气→出炉"的工艺流程进行批量生产，其优化的工艺参数见表 5.25。工艺曲线见图 5.28。

表 5.25　主驱动齿轮氮碳共渗工艺参数

预氧化		氮碳共渗								降温（满载）			
温度/℃	时间/h	温度/℃	时间/h	渗剂流量/(L/h)		真空压力/MPa		上压保持时间/s	每周期供气时间/min	温度/℃	时间/h	炉压/MPa	NH_3流量/(L/h)
				NH_3	CO_2	上压	下压						
360	1.0	570±10	5.0	>1.8	<0.50	0.02	−0.07	>30	2.5～3.0	<150	<3.0	+0.01	<0.30

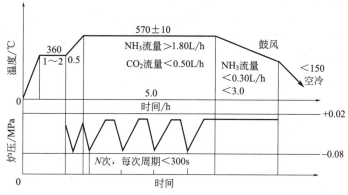

图 5.28 40Cr 主驱动齿轮气体氮碳共渗工艺曲线

④ 氮碳共渗质量检验结果。抽取产品制样，采用 MM6 金相显微镜测定氮碳共渗层深度和检验表面疏松情况，采用 HX-1000 型显微硬度计测定表面硬度，载荷砝码为 300g。采用齿轮专用量具检查变形，其主驱动齿轮氮碳共渗批量生产后的检查结果如表 5.26 所示，渗层金相组织见图 5.29，满足表 5.23 的技术要求。

表 5.26　主驱动齿轮氮碳共渗检验结果

检查项目	白亮层/μm	表面硬度（HV0.2）	表面疏松等级/级	表面颜色	变形/μm	
					公法线	齿形齿向
实测值	15～20	550～600	1	银白色	<25	<3

注：采用不腐蚀的方法检查表面疏松。

（5）低真空变压化学热处理的主要特点

① 提高渗层质量。加热下的低真空变压式的抽空和供气可迅速排出工件各处的老化气氛，并代以新鲜空气，易使工件各表面与新鲜气氛接触，与常规炉相比，可获得更致密均匀的渗层，进一步减少脆性、疏松，并防止内氧化。

② 提高渗速，缩短生产周期，显著提高质量。在加热下的变压抽气不但对钢件表面有脱气和净化作用，提高了工件表面活性和对所渗元素的吸附能力，而且在炉内低真空状态下，气体分子的平均自由程增加，扩散速度加快，一般提高渗层 15％以上。如 40Cr 钢件在 580℃×

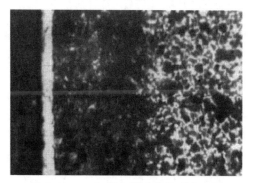

图 5.29　40Cr 钢主驱动齿轮真空变压氮碳共渗层（150×）

4h 低真空变压氮碳共渗，其白亮层厚度＞0.012mm，而常规氮碳共渗则需用 8h；38CrMoAl 钢件在 540℃×10h 低真空变压渗氮，其渗层厚度＞0.3mm，相当于常规渗氮 40h 的效果。

配置的抽真空装置，可迅速抽出炉内的空气及老化气氛，换气时间比常规缩短 60％以上。该设备在炉底侧装有大风量的鼓风机，渗氮结束后可立即实现罐内强制快冷，即炉罐外用吹强风加速罐内工件冷却，缩短冷却时间。炉壳上部的排气孔排气散热。如 45kW 低真空变压渗氮炉在满装（400kg/炉）的情况下，由 580℃降温至 150℃，仅需 3h，而常规炉仅靠自然炉冷则需要 10h 以上。

③ 装炉量大，可密装。在低真空变压渗氮处理过程中，工件各处的老化气氛可迅速排出，新鲜气氛可渗透到罐内的任一角落，工件可密装或堆积，如两块 15mm×15mm 的刨加工平板件相互紧贴渗氮后，其紧贴面与裸露面的渗氮质量无明显差别；装炉量较常规炉增加一倍以上，如 75kW 低真空变压渗氮炉可装 1000kg，而常规同样大小的炉仅装 400kg。

④ 盲孔、深孔、狭缝等工件可获得均匀的渗氮层。由于工件在设定的低真空上下限的范围内自行循环变压加热渗氮，炉气在设定的周期自行反复吐故纳新，使盲孔、狭缝等工件的工作面仍可获得均匀的渗氮层。如宽 0.16mm，深 10mm 的狭缝件，缝壁处于外表面的渗氮质量几乎无差异。

⑤ 辅料消耗少、处理成本极低。排气阶段借助于抽真空系统，且在渗氮处理过程中气体渗剂为间断通入（每一变压周期，供气时间所占比例约为 60%），可大幅度降低辅料（如 HN_3、CO_2 等）消耗，与常规炉相比可节约辅料 40% 左右，大大降低了生产成本。

⑥ 功能多。仅改变工艺和渗剂就可实现渗氮、氮碳共渗、氧氮共渗、两类元素（提高表面硬度的强化型元素 N、C、B，降低表面摩擦系数的润滑型元素 S、O）的多元素共渗、低温奥氏体碳氮共渗、薄壁件浅层强化及使用蒸馏水的蒸汽氧化处理和少无氧化光亮加热等原在常规炉需要几台才能完成的工艺。

⑦ 无污染。工作期间产生的废气抽到室外的密封水箱中溶解（水中加有消毒物的无毒化学药品），经处理后废水无毒、无污染，可任意排放，且可作为农用肥料，为绿色热处理。

⑧ 操作简单。工作期间，按照经试验确定的渗剂流量进行自动"抽气-供气-保压"的循环低真空变压，无需测分解率；一段渗氮具有常规炉二、三段渗氮的特点。一般情况下，无需采用二、三段渗氮，简化了工艺，一人可操作多台设备。

（6）提高产品质量和优化工艺的讨论

① 工件渗氮前的调质处理。在对 40Cr、35CrMo、38CrMoAl 钢等常用渗氮材料对渗氮硬度和渗层深度影响的研究表明：提高调质处理硬度，渗氮层表面硬度将随之提高，渗氮层硬度梯度明显改善。生产中应重视工件渗氮前的调质硬度，将 40Cr 钢件的调质硬度控制在 250～280HBW（25～29.5HRC），可有效解决渗氮件表面硬度不足的问题。在同一调质热处理工艺规范下，原材料的分炉管理是保证工件调质硬度均匀性的重要措施之一。

② 工件表面预氧化。工件入炉后，在无保护气氛的情况下，将工件加热到 350～450℃ 保温一段时间，使工件表面被空气氧化成一层薄的氧化膜（$3Fe+2O_2 \longrightarrow Fe_3O_4$），该膜在渗氮气氛中会优先被还原成新生态的铁（$Fe_3O_4+4CO \longrightarrow 3Fe+4CO_2$）。新生态的铁具有很强的表面活性，可促使 [N]、[C] 工件被表面吸收，显著提高了渗氮件的渗层均匀性，实现催渗，缩短渗氮时间。40Cr 钢主驱动齿轮在同一条件下若达到同一深度，经预氧化较未经预氧化的时间缩短 20% 左右。

另外，工件入炉后的预氧化加热可消除工件渗氮前的残余应力，同时缓慢升温可减少应力，对减少工件变形有一定作用。

③ 低真空变压幅度大小。研究表明，在保压时间固定的情况下，渗氮件的表面白亮层深度在一范围内随着变压幅度的增加而增加。40Cr 钢主驱动齿轮低真空变压气体氮碳共渗原工艺的上下变压幅度范围为 −0.07～−0.01MPa，现加大到 −0.07～+0.02MPa，在其他同一工艺条件下的白亮层平均深度由 $12\mu m$ 提高到 $20\mu m$。当炉腔体积和共渗剂（如 NH_3）流量一定的情况下，变压幅度的提高使得渗剂通入时间增加，氨分解率降低，气氛氮势增加。

④ 渗氮所用渗剂。40Cr 钢主驱动齿轮低真空变压气体氮碳共渗原工艺所用渗剂为氨加乙醇与三乙醇胺的混合液 [$NH_3 + C_2H_5OH + (C_2H_4OH)_3N$]，现改为氨加二氧化碳

（NH$_3$＋CO$_2$），在其他条件不变的情况下，当达到同一渗层深度时，因加入的 CO$_2$ 与 H$_2$ 发生水煤气反应而减小了 H$_2$ 的分压(NH$_3$ ⟶ 3/2H$_2$＋[N],CO$_2$＋H$_2$ ⟶ CO＋H$_2$O)，由 [N]＝Kp(NH$_3$)/p(H$_2$)$^{3/2}$ 可知，气氛的氮势提高了，从而加快了渗速，渗氮时间由原来的 8h 缩短到 5h，提高生产率 30％左右。另外，采用 CO$_2$ 气体来代替 C$_2$H$_5$OH 与 (C$_2$H$_4$OH)$_3$N 的混合液，可降低渗剂成本 50％以上。

另外，应对所用渗剂进行净化，以去除其中对所处理产品质量有影响的水分、有机硫、无机硫等有害物质，这对提高产品质量（如减少疏松和黑色组织）是十分重要的。

⑤ 渗氮件的表面颜色。为了达到工件渗氮后的色泽为银白色的要求，在生产过程中首先应保证渗氮前工件的表面光洁度和良好的除油、除锈清洗效果；在渗氮件入炉预氧化后应对低真空变压渗氮炉进行抽气检漏，以保证炉子不漏气；对所用渗剂进行干燥脱水净化处理；在渗氮降温过程中，关掉真空泵后应通少量 NH$_3$，视炉膛大小，一般为≤500L/h，以维持炉内正压为＋0.01MPa 左右，以防止空气进入炉膛；出炉温度控制在 150℃以下；应经常清洗炉膛和吊具。如需提高工件使用时的耐磨性和耐腐蚀性，应在渗氮结束后采用蒸馏水加乙醇的方法对工件进行蒸汽氧化处理得到深蓝色，不但可缩短渗氮周期，而且可提高减磨抗蚀性能。

（7）小结 生产实践证明，WLV-45 I 型低真空变压渗氮炉具有炉温和炉气的"四性"（均匀性、稳定性、可控性和快速可调性），它是质量型、节能型、环保型、安全型和经济型的热处理设备，是"老三炉"更新换代的理想产品。

① 采用 WLV-45 I 型低真空变压渗氮炉，40Cr 钢主驱动齿轮低真空变压气体氮碳共渗优化工艺为：(570±10)℃、保温 5h，渗剂使用 NH$_3$＋CO$_2$，真空变压范围为－0.07～＋0.02MPa，上压保持时间为 30～40s，批量生产产品质量稳定，工艺更经济。

② 与原常规炉相比，WLV-45 I 型低真空变压渗氮炉不但装炉量提高一倍以上，而且其特有的装置可大幅度缩短渗氮过程的换气、保温、降温等时间，减少渗剂消耗，节能 30％以上。

③ WLV-45 I 型低真空变压渗氮炉服役时可自行消除炉气中有毒成分，对环境无污染。

④ 生产中应重视工件渗氮前的调质硬度、预氧化、渗剂的含水量及其他有害物质的影响等，以保证和进一步提高产品质量。

5.5.3 ［实例 5.3］ 粉碎机筛片的氮碳共渗化学热处理强化

（1）工件名称与使用材料 粉碎机筛片的形状见图 5.30，材料为 20 钢、Q235 钢等低碳钢。

（2）热处理技术要求 进行氮碳共渗，不同材料的技术要求存在差异，具体见表 5.27。

（3）加工工艺流程 粉碎机筛片是采用 20 钢、Q235 钢钢板制造的，其加工工艺流程为：下料→冷冲成形→检验→整形→氮碳共渗→防锈包装。

（4）热处理工艺规范与分析 从粉碎机筛片的工作环境和条件可知，在服役中会受到谷物、饲料以及夹杂的砂粒的撞击、摩擦而磨损，还要抵抗物料冲击变形和破坏等，其失效形式为磨损与断裂等，选用

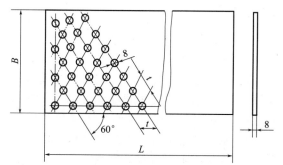

图 5.30 粉碎机筛片的形状

的材料为 20 钢、Q235 等退火材料。

（5）化学热处理工艺剖析　筛片选用退火料冲压成形，为了提高其抗磨损、撞击以及摩擦能力，进行表面气体氮碳共渗处理，筛片的氮碳共渗工艺与技术要求见表 5.27。GB 3943 对筛片的热处理与技术要求有明确规定。

表 5.27　筛片的氮碳共渗工艺规范与技术要求

筛片种类	加热设备	热处理工艺规范		硬度和组织
		淬火或氮碳共渗	回火工艺	
20 钢粉碎机筛片	气体渗氮炉	氮碳共渗，工艺曲线见图 5.31(a)	—	表面硬度≥500HV，化合物层厚度为 0.008～0.024mm，扩散层厚度 0.12～0.20mm
Q235 钢米筛		650℃氮碳共渗，工艺曲线见图 5.31(b)	200℃×4h	表面硬度 800～1000HV，表层厚度 0.045～0.10mm，其中 ε＋γ′约 0.025mm，次表层含氮马氏体约 0.02mm

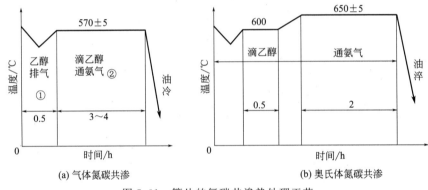

图 5.31　筛片的氮碳共渗热处理工艺

（6）化学热处理工艺技术实施要点

① 筛片进行气体氮碳共渗时，应垂直吊挂在专用挂具上，彼此之间有一定的间隙，目的是确保炉内气氛的流动性。

② 筛片氮碳共渗结束后油冷，可获得表面硬化与定型的效果，可避免空冷造成筛片表面氧化。

5.5.4　[实例 5.4]　内燃机气门的液体氮碳共渗表面强化

（1）工件名称与使用材料　内燃机气门是在内燃机工作过程中密封燃烧室和控制内燃机气体交换的精密零件，是保证内燃机动力性能、可靠性和耐久性的关键部件。材质为马氏体耐热钢、奥氏体耐热钢等。

（2）热处理技术要求　对气门热处理的基本要求是表面的含碳量始终保持原来的水平，即不脱碳和无氧化。整体硬度为 28～40HRC，液体氮碳共渗层厚度为 0.01～0.06mm，表面硬度≥600HV，脆性≤2 级，无表面腐蚀及外观缺陷。

（3）加工工艺流程　气门材料种类较多，故加工流程也不同，这里以整体马氏体耐热钢气门为例介绍其加工流程，具体参见表 5.28。

表 5.28 6102 发动机进气门加工工艺流程

工序号	工序名称	使用设备	工序号	工序名称	使用设备
1	粗磨杆部外圆	无心磨床	16	中间检查	
2	二次磨杆部外圆	无心磨床	17	第五次磨杆部外圆	无心磨床
3	粗车大端锥面	普通车床	18	精磨杆端面	无心磨床
4	车大端端面和外圆	车床	19	粗磨大端锥面	锥面磨床
5	车小端端面	专用自动车床	20	第六次磨杆部外圆	无心磨床
6	粗磨小端端面	平面磨床	21	探伤	磁粉探伤机
7	小端倒角	砂轮机	22	精磨大端锥面	锥面磨床
8	车大端锥面和外圆	专用自动车床	23	半精磨杆部外圆	无心磨床
9	车锥面与杆部圆弧过渡处	专用自动车床	24	去锁夹槽毛刺	专用车床
10	第三次磨杆部外圆	无心磨床	25	精磨杆部外圆	无心磨床
11	第四次磨杆部外圆	无心磨床	26	去毛刺	抛丸机或油石
12	车锁夹槽及小头倒角	专用自动车床	27	清洗	清洗机
13	滚挤压锁夹槽	专用滚压机	28	密封	密封试验机
14	清洗	清洗机	29	成品检验	气门检验机
15	小端淬火	高频淬火机床			

（4）热处理工艺规范与分析 为了获得要求的硬度与表面状态，气门的淬火（或固溶）和回火（或时效）应在可控气氛炉或盐浴炉内进行。国外采用的气门淬火或调质处理设备为连续热处理炉与多用炉。

① 马氏体耐热钢的淬火与回火（调质处理）。对整体低合金结构钢和马氏体耐热钢制造的气门，热处理的方式为调质处理（淬火＋高温回火）以得到回火索氏体组织，基体硬度为 28～40HRC。热处理工艺流程为：淬火→次回火→抛丸→调直→二次回火→二次抛丸→调直。

气门淬火采用连续式网带炉、深井式高温电阻炉等，其处理马氏体耐热钢效果良好，但需要通保护性气体，以防止气门的氧化和脱碳，氮气的纯度必须高于 98%。气门的回火在低温井式炉中进行，保温结束后要水冷，防止 42Cr9Si2、40Cr10Si2Mo 等马氏体耐热钢在 450～700℃范围内有二次回火脆性。马氏体耐热钢制气门一般热处理规范列于表 5.29 中，以供参考。

表 5.29 常见气门用马氏体耐热钢的热处理工艺规范

材料牌号	淬火工艺规范			回火工艺规范			备注
	加热温度/℃	冷却介质	淬火硬度（HRC）	回火温度/℃	冷却介质	回火硬度（HRC）	
42Cr9Si2 40Cr10Si2Mo 45Cr8Si2 45Cr8Si3	1030～1050	7号机械油或0号柴油，油温≤80℃	≥54	550 590 610 630 650 670 690 710	循环水，温度＜50℃	41～45 35～40 33～38 31～36 29～35 28～33 26～31 24～30	气门的硬度是指圆柱面硬度，通常最终的硬度为平面硬度，因此可按圆柱面与平面硬度的修正值，编制相应的回火温度和硬度范围
80Cr20Si2Ni	1040～1070						
90Cr18Mo2V	1060～1080			650 670 690 710		34～39 32～37 30～37 28～33	

② 奥氏体耐热钢的固溶＋时效（或仅时效）。对整体（或大头）奥氏体耐热钢，其热处

理方式为固溶＋时效处理或仅时效处理，一般晶粒度控制在 4～10 级，其在 700℃ 以下具有良好的强度、硬度和较好的抗腐蚀性能。该类材料如加热温度低于 980℃，表面易形成裂纹；如温度超过 1200℃，因大量晶间存在 M_7C_3 的薄片沉淀晶界而出现裂纹。

时效处理后的气门平面硬度为 23～38HRC，层状析出物≤15％。奥氏体耐热钢气门的热处理工艺见表 5.30。

表 5.30　常见的气门用奥氏体耐热钢的热处理工艺规范

材料	固溶工艺规范				时效处理工艺规范				
	温度/℃	晶粒度/级	硬度HRC	冷却介质	温度/℃	时间/min	硬度 HRC	析出/%	冷却介质
45Cr14Ni14	1150～1180	6～9			750～770		220～280 HBW		
21—2N 21—4N	1140～1160	≤36			760～790		≥30	≤10	
21—4N+WNb	1160～1200	5～10		盐水	750～780	450	≥28		空气
21—12N	1150～1180	4～8	25		770～800		≥16		
23—8N	1130～1150	4～10			760～790		≥24		
60Cr21Mn10MoV	1150～1170	5～9	36		700～730		≥33		
GH145 (NiCr20TiAl)	1000～1100	7～10			690～710	960	≥35	≤15	

（5）化学热处理工艺剖析　根据气门的工作条件可知，气门应具有高的热强性和良好的耐腐蚀性；锥面要经受热腐蚀、热疲劳、热磨损的作用，应具有良好的综合力学性能；气门杆部和杆端面与气门导管、摇臂接触，为重要的磨损区，要求有良好的减摩和耐磨性。因此，气门需要进行表面氮碳共渗处理。

气门氮碳共渗的目的为提高气门杆部的硬度，在干摩擦条件下具有抗擦伤和抗咬合性能，具有耐磨和抗氧化性。

气门氮碳共渗质量要求如下：氮碳共渗层深度为 0.010～0.060mm；表面硬度≥600HV0.2，脆性等级小于 2 级，渗氮层疏松和氮化物等级为 1～3 级；杆部的变形量或涨量≤0.005mm；杆部、杆端面粗糙度 $Ra0.5\mu m$ 以下；外观为均匀一致的黑色，无锈蚀、杆部花斑、表面划伤或磕碰伤、表面腐蚀、表面掉色等，不得出现影响产品质量的外观缺陷。

氮碳共渗的工艺流程：浸泡→漂洗→喷淋→预热→氮碳共渗→氧化→冷却→清洗→光饰或抛丸→煮油，其氮碳共渗工艺曲线见图 5.32，其中的三个关键工序为：预热、氮碳共渗、氧化处理。

表 5.31 为几种材料在氮碳共渗盐浴中的性能对比，以供参考。

表 5.31　采用国产 TJ-2 氮碳共渗基盐处理的气门的各项技术指标

材料	保温时间/h	表面硬度 (HV0.2)	渗层深度/mm	杆部硬度 (HRC) 渗前/渗后	渗层组织		直径变形量	直线度
40Cr	0.5	947	0.035	28/24			−0.004	
45Cr9Si2	0.6	1045	0.025	35/35.4	脆性一级	疏松一级	+0.003	0.002
40Cr10Si2Mo	0.6	1071	0.025	36/36.2			+0.004	
53Cr21Mn9Ni4N	0.7	1145	0.0175	38/37			+0.002	

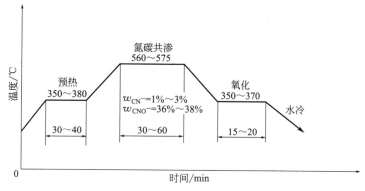

图 5.32　气门液体氮碳共渗工艺曲线

由表中数据可知，液体氮碳共渗的渗层厚度、硬度均大于气体氮碳共渗，变形量很小，渗层组织符合工艺要求。

（6）化学热处理工艺技术实施要点

① 气门进行液体氮碳共渗时，应重点关注渗氮温度、氰酸根浓度以及时间，其中氰酸根浓度应控制在 30%～36% 范围内，过高则造成气门表面的腐蚀，过低则出现氮碳共渗层浅、表面硬度低，影响气门的耐磨性、抗咬合性与抗腐蚀能力。应每班化验。

② 盐浴的捞渣是进行盐浴保养的关键，盐渣为氮碳过程中的反应产物，其与再生盐反应，使得盐浴中氰酸根含量无法提高，故应每班彻底挖渣与捞漂浮渣。

③ 气门的前后清洗也会影响气门的表面氮碳共渗质量，如表面的花斑、水印、清洁度超差等，会造成返工与影响表面质量，将消耗更多的氮碳共渗基盐与人力。因此，需要从每道工序落实工作标准，将过程质量抓好。

5.5.5　[实例 5.5]　气门锻模的液体氮碳共渗表面强化

（1）工件名称与使用材料　内燃机气门锻模（见图 5.33），使用材料为 3Cr2W8V 或 H13。气门成型近似于精密锻造，气门采用热锻模将热镦后呈蒜头状的气门毛坯，锻造成要求的气门形状，气门材料的加热温度高达 1100～1200℃，服役过程中模具的内腔表面温度也在 600～700℃，气门型腔表面与炽热的金属反复接触，在成型过程中要承受冲击力和摩擦力的作用，还要承受弯曲、拉伸、压缩、挤压等周期性冲击作用，表面的应力大，因此其工作条件恶劣，对性能的要求十分严格，是气门制造企业的易损工装。从图 5.33 可知，该模具由四部分组成，下模常采用 3Cr2W8V 钢制造，本身含有铬、钨和钒等合金碳化物形成元素，故具有高的硬度、冲击韧性和耐热疲劳性，同时导热性好，因此适用于制作气门锻模。

（2）热处理技术要求　气门锻模应具有足够的强度和高的硬度，有良好的导热性和尺寸稳定性，具有高的断裂抗力和抗压、抗拉和屈服强度，良好的冲击及断裂韧度，抗回火软化能力和高温强度高，室温的高温硬度高。另外，锻模要有小的热膨胀系数以及高的相变点，抗氧化性好等。

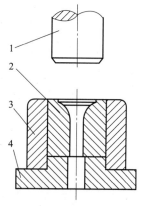

图 5.33　气门的热锻模结构示意图
1—上模（凸模）；2—凹模；
3—下模套；4—下模座

热处理后锻模基体硬度 48～52HRC；表面无脱碳、无磕碰伤；进行液体氮碳共渗后表面硬度在 850～1100HV0.2、脆性小于 2 级，无表面腐蚀等。

（3）加工工艺流程　气门锻模的加工是采用棒料加工的，通常比较成熟的流程为：棒料下料→锻造→退火→车加工→微机车床加工（钻孔、车内孔）→热处理→砂磨型腔→磨加工→探伤→磨外圆→软氮化→尺寸检验→成品包装入库。需要说明的是，凸模的加工工序比凹模少，这里不再赘述。

（4）热处理工艺规范与分析　锻模的热处理工艺路线：捆绑→一次预热→二次预热→淬火加热（盐浴）→冷却→热水煮沸→时效处理→热水清洗→两次高温回火→硬度与变形检验。

上模（或称为凸模）通常模面为球形，用来减轻气门的重量。上模调质处理工艺为：盐浴炉（850±10）℃预热 20min，（1080±10）℃加热 15min，预冷后油冷，封箱后（570±10）℃加热保温两次回火，时间为每次保温 6h，硬度为 46～52HRC。

下模调质处理工艺：盐浴炉（850±10）℃预热 20min，（1140±10）℃加热 15min，空冷后油冷，封箱后（610±10）℃加热保温两次回火，每次时间为 6h，硬度为 46～52HRC。考虑到锻模本身要受到强烈的冲击，对下模的热稳定性要求较高，因此要求有高的硬度和良好的耐磨性。将加热温度提高到 1140℃左右可使碳化物充分溶解。实践证明，经过处理的锻模使用寿命比低温处理的寿命提高 3～10 倍。目前该工艺在气门生产中得到了普遍应用。

常见的典型 3Cr2W8V 钢气门锻模（凹模）的热处理工艺曲线见图 5.34。热锻模的直径在 100～120mm，高度大致为 70～90mm。

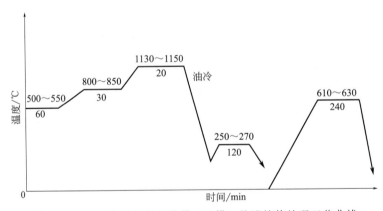

图 5.34　3Cr2W8V 钢气门锻模（凹模）盐浴炉热处理工艺曲线

① 一次预热在箱式电阻炉内进行。由于内部合金元素多，形成了大量的合金碳化物和金属化合物等，导热性差。为了减少热应力的作用，通常预热温度定在 500～550℃（弹性变形区域），保温时间应为二次预热的 2～3 倍。二次预热则多采用中温盐浴炉进行，加热温度在 840～860℃，为确保锻模均匀受热，同时便于操作和减少变形，应采取吊挂加热的方式。

② 淬火加热是在高温盐浴炉中进行的，气门上模的加热温度为 1070～1080℃，下模的加热温度为 1130～1140℃。这是考虑到上模要具有好的冲击韧性，而下模则应保持高的硬度、红硬性以及足够的强度，故要求尽可能多的碳化物溶解到奥氏体中，使锻模保持高的硬度、红硬性以及足够的强度，因此上下模的淬火加热温度有较大差异。

③ 为满足锻模的表面要求，对于中温炉和高温盐浴炉，都必须进行脱氧处理，其氧化钡的含量分别小于 0.5% 和 0.3%。也可采用薄刀片进行炉内氧化物的检验。锻模出现盐浴

腐蚀麻点（或坑）是由于淬火后没有及时擦干净型腔表面的残盐，在回火过程中对表面产生了腐蚀。

④ 气门锻模宜采用热油进行淬火，否则会造成冷却不充分而降低基体的硬度，容易造成热磨损与型腔塌陷。当基体硬度低于 35HRC 时，无法满足正常的服役需要。冷却过程中要上下晃动锻模，待表面冷到 200℃ 左右出油后（冒青烟而不起火），及时放进时效炉内加热（250～350℃），保温 2h，目的是防止模具的变形和开裂。

⑤ 回火温度的确定是以其服役和失效方式等为依据，一般上模回火温度在 560～580℃，下模回火温度在 610～630℃。

（5）化学热处理工艺剖析　气门锻模氮碳共渗可使型腔表面抗热疲劳、抗腐蚀，气门与模具不粘连，基体的强度高，延长模具的使用寿命。对气门锻模进行液体氮碳共渗是十分必要的，液体氮碳共渗处理后的技术要求为：氮碳共渗层深度为 0.07～0.15mm，表面硬度为 850～1000HV0.2，型腔表面光洁、无腐蚀、无裂纹。具体的气门锻模液体氮碳共渗工艺曲线见图 5.35。

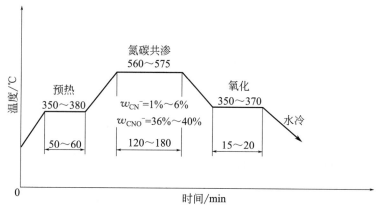

图 5.35　气门锻模液体氮碳共渗工艺曲线

经金相检查，气体氮碳共渗的表面大多部位没有白亮层，扩散层厚度为 0.19～0.20mm，有三级脉状氮化物，马氏体相比较粗大；而液体氮碳共渗有明显的白亮层，厚度一般为 0.01～0.03mm，与基体结合较好，扩散层厚度为 0.25mm，有较小的脉状氮化物等。

（6）化学热处理工艺技术实施要点

① 热磨损和塌陷是气门热锻模的主要失效形式，因此提高淬火温度可增加奥氏体的含碳量及合金化程度，高温回火马氏体的分解、晶粒再结晶长大和碳化物的析出聚集粗化过程将被推迟并减慢，使锻模具有更高的稳定性。进行液体氮碳共渗后的锻模，被赋予了高的硬度、良好的耐磨性、高的疲劳强度和抗咬合性等，故使用寿命提高了 2～3 倍。目前气门锻模均进行液体氮碳共渗处理，有的用液体氮碳共渗来代替第二次回火，也取得了不错的效果。

② 对于圆弧部位保留锻造加工流线而不允许机械加工（车削或磨削），又要求较高的外观质量的气门而言，其对热锻模的型腔的要求是必须抗热磨损，同时又要防止液体氮碳共渗处理后渗氮层在圆弧部位附近产生微观开裂，影响精密气门锻模的外观质量。因此，其渗层深度、硬度和脆性等应符合技术要求，才能满足锻模应具有的高使用寿命。

③ 气门锻模进行液体氮碳共渗后，在氧化后的水冷阶段不要直接如水，而是缓慢冷却后，待锻模整体温度降至 100℃ 以下再进行水冷与清洗，否则会造成批量地开裂。

5.5.6 ［实例5.6］ 40Cr高速柴油机凸轮轴双联齿轮的盐浴氮碳共渗表面强化

（1）工件名称与使用材料　某型号高速柴油机凸轮轴双联齿轮，其尺寸结构简图如图5.36所示。所使用材料为40Cr钢，模锻后正火处理。

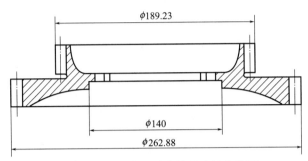

图5.36　凸轮轴双联齿轮尺寸结构简图

（2）热处理技术条件　心部强度R_m为750～900MPa，表面硬度≥500HV0.3，化合物层厚度25～35μm，齿轮装配孔精度$\phi140^{+0.025}$mm。

（3）加工工艺流程　模锻、正火→调质→粗加工端面→稳定回火→车外形、粗加工内孔→精车外形、磨内孔→滚齿、钻铰定位孔、粗插齿→低温时效→加工大端齿、精插小端齿→盐浴氮碳共渗→入库。

（4）热处理工艺规范

① 调质。两层零件平放于淬火架上，经（850±10）℃×（2.5～3.0）h油冷淬火（零件与淬火架同时入油）；回火采用（620±10）℃×（3～4）h，水冷。

② 稳定回火。（590±10）℃×（3～4）h，炉冷。

③ 低温时效。（250±10）℃×（3～4）h，空冷。

④ 盐浴氮碳共渗。（570±10）℃×5h。

（5）实际生产检验结果与分析

① 力学性能。实际生产中，将设计要求的齿轮抗拉强度750～900MPa，按强度与硬度对照表转换成布氏硬度222～263HBW，对齿轮端面进行HBW硬度检测，结果为222～242HBW。对随炉盐浴氮碳共渗试样进行表面硬度和化合物层检验，表面硬度为520～600HV0.2，化合物层厚度25～32μm，符合图纸要求。

② 盐浴氮碳共渗后$\phi140$mm处装配孔尺寸变化。同批次齿轮氮碳共渗后随机抽10件，用内径千分尺分别沿垂直方向检测$\phi140$mm内孔氮碳共渗前后的尺寸变化，结果见表5.32。由表5.32中可以看出，氮碳共渗后内孔的变化主要表现为形状的畸变，椭圆度从0.003mm到0.013mm；其次还有内孔的胀大，胀大量无规律性。实际生产中内孔变形不合格率达35%～40%。

表5.32　氮碳共渗前后齿轮内孔直径变化量　　　　单位：mm

齿轮编号		1	2	3	4	5	6	7	8	9	10
共渗前		+0.007	+0.017	+0.005	+0.015	+0.010	+0.025	+0.007	+0.021	+0.011	+0.020
共渗后	a	+0.012	+0.016	0.008	+0.023	+0.022	+0.032	+0.016	+0.028	+0.017	+0.033
	b	+0.018	+0.029	0.015	+0.028	+0.28	+0.039	+0.019	+0.033	+0.022	+0.036
椭圆度		0.006	0.013	0.007	0.005	0.006	0.007	0.003	0.005	0.005	0.004

③ 齿轮内孔变形原因分析。

a.加工工序。锻造毛坯直接进行调质处理，尺寸较大且氧化脱碳严重，淬硬层深度较浅。粗加工在调质之后进行，而稳定回火后仍有较大的切削加工量，加工过程中产生残余应力不能再随后较低温度的时效过程中消除，由此引起齿轮内部存在较大的残余应力。氮碳共渗过程中随温度升高，残余应力释放，引起齿轮的不均匀塑性变形而造成形状畸变。

b.调质及性能检验。齿轮毛坯孔部最大厚度为 28mm，而 40Cr 钢油淬 50％马氏体的临界直径约为 25mm，齿轮毛坯表面的氧化脱碳进一步降低了淬硬能力。因此，调质处理后，齿轮实际淬硬层深度较浅，虽然表面硬度合格，但心部硬度较低，材料高温塑变抗力较差。

c.盐浴氮碳共渗。氮原子的渗入使渗层比体积增大，因此，渗氮工件最常见的变形是工件表面产生膨胀，对于齿轮主要表现为内孔的胀大或缩小。当预先热处理和氮碳共渗工艺合理时，内孔的胀大或收缩量一般约为 0.005mm，对齿轮精度影响不大；但如果齿轮预先调质处理不当，造成齿轮不同部位组织出现差异，甚至影响渗层体积的变化，增加了氮碳共渗过程中内孔变形的趋势。

（6）齿轮畸变控制工艺调整与试验验证 根据双联齿轮内孔氮碳共渗变形原因分析，对加工工序和调质处理工艺参数进行了调整，以提高齿轮刚性，并减小机加工应力，达到减小齿轮盐浴氮碳共渗变形的目的。试验过程中机加工工艺方法、稳定回火、时效及盐浴氮碳共渗工艺参数保持不变。

① 加工工艺的调整（调质处理工艺参数的调整）。

a.加工工序。粗加工后进行调质处理，稳定回火在外形半精加工后进行，可有效消除加工应力。

b.调质。零件垂直吊挂，淬火采用 860℃×（1.5～2.0）h，垂直入油冷却；回火采用620℃×（3～4）h 后水冷。

调质在齿轮毛坯粗加工后进行，消除了毛坯脱碳对淬透性的影响，并进一步减小了零件厚度，提高了淬硬效果。在操作上采取吊挂并垂直入油的方法，以保证齿轮的整体淬火组织的均匀一致。

c.性能检测。试验表明，当调质处理工艺稳定时，控制齿轮表面硬度在 242～269HBW范围内，即可保证齿轮精度。

② 试验结果。

a.力学性能。齿轮表面硬度检验结果为 248～263HBW。抽取不同调质炉次齿轮进行力学性能检测，并与原氮碳共渗变形报废的齿轮进行对比，结果见表 5.33。原工艺处理的齿轮心部硬度与实际检测的表面硬度相差较大，硬度低于技术要求；而工艺调整后，表面硬度得到严格控制，从而保证强度满足设计要求。

b.心部组织。图 5.37（a）为原工艺处理后的齿轮心部组织，回火索氏体中存在较多的铁素体；图 5.37（b）为工艺调整后齿轮心部均匀细小的回火索氏体组织。可以看出，工艺调整后齿轮心部淬硬效果有较大改善。

表 5.33 齿轮的力学性能

齿轮状态		换算 Rm/MPa	硬度（HBW）
工艺调整前	1 号	710	214
	2 号	690	201
工艺调整后	3 号	860	254
	4 号	885	260

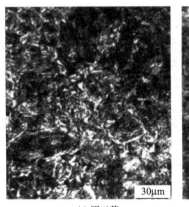 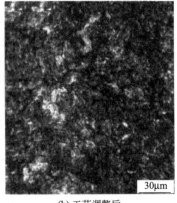

(a) 原工艺　　　　　　　　　　　　　　　　(b) 工艺调整后

图 5.37　不同工艺处理后齿轮心部组织

　　c. 盐浴氮碳共渗表面硬度及化合物层。试样表面硬度、化合物层深度符合图纸要求。

　　d. 氮碳共渗后 $\phi140mm$ 装配孔的变化。表 5.34 为从试验的 10 个炉次内抽检的齿轮内孔的变化。由试验结果可知，$\phi140mm$ 内孔盐浴氮碳共渗后基本无形状畸变，而仅有直径方向的胀大，胀大量在 $0.005\sim0.010mm$ 范围内。

表 5.34　工艺调整后内孔的变化量　　　　　　　　　　单位：mm

齿轮编号	1	2	3	4	5	6	7	8	9	10
共渗前	+0.009	+0.015	+0.017	+0.011	+0.008	+0.018	+0.017	+0.012	+0.015	+0.007
共渗后	+0.017	+0.020	+0.022	+0.021	+0.017	+0.028	+0.027	+0.022	+0.027	+0.014
胀大量	0.008	0.005	0.005	0.010	0.009	0.010	0.010	0.010	0.007	0.007

　　实际生产过程采取调整措施后，齿轮合格率达 90% 以上，不仅降低了废品率，而且对于提高柴油机传动系统精度和提高柴油机整机寿命具有重要意义。

　　(7) 小结

　　① 调整加工工序、调质工艺及硬度检测标准后，凸轮轴双联齿轮强度得到了较大提高，盐浴氮碳共渗畸变得到了有效控制，解决了困扰生产多年的难题。

　　② 由于不同炉次氮碳共渗齿轮内孔胀大的不一致性会造成尺寸的超差，需要对其做进一步的研究。

5.5.7　[实例 5.7]　凸轮轴的气体氮碳共渗化学热处理强化

　　(1) 工件名称与使用材料　某发动机凸轮轴及凸轮形状见图 5.38。凸轮轴是发动机配气系统中的重要部件，凸轮轴的旋转是依靠曲轴带动的，用来保证各个汽缸内进、排气门按一定的时间正常开启和关闭，以保证发动机充分换气，使进、排气门持久地确保燃烧室的密封性，保证发动机具有良好的可持续性和动力。这里介绍合金铸铁凸轮轴的热处理。

　　(2) 热处理技术要求　凸轮轴的主要损坏形式为接触疲劳损坏（黏着磨损，即擦伤）、凸轮磨损、表面压应力反复作用造成麻点和块状剥落等。因此，要求凸轮轴必须具有以下特性：良好的接触疲劳强度和抗擦伤性能；高硬度和较好的耐磨性；接触表面具有足够的强度和刚性，可承受气门开启的周期性冲击载荷的作用。合金铸铁凸轮轴氮碳共渗层深度 $0.10\sim0.15mm$，化合物层厚度为 $4\sim6\mu m$，硬度在 900HV 以上。

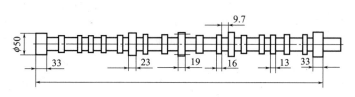

(a) 凸轮轴　　　　　　　　　(b) 凸轮剖面及硬化层分布

图 5.38　某发动机凸轮轴及凸轮形状

（3）加工工艺流程　合金铸铁凸轮轴的工艺流程：铸造→去应力退火（590℃×5h 加热后炉冷，200℃出炉空冷）→机械加工→等温淬火（870℃加热，在 240～300℃硝盐浴中冷却 60min 后提出空冷）→回火（590℃×5h）→机械加工→氮碳共渗→检验→防锈包装。

（4）热处理工艺规范与分析　合金铸铁制造的凸轮轴种类有镍铬钼合金铸铁、铜钒钼合金铸铁等，其热处理方式为感应加热表面淬火或等温淬火＋高温回火＋气体氮碳共渗。

① 合金铸铁制作的凸轮轴大多进行等温淬火，以获得贝氏体组织，其等温冷却介质为硝盐浴。凸轮轴在盐浴中加热，淬火时带入的氯化盐使硝盐的老化明显加快，因此要定期捞渣和补充新硝盐。

② 据报道，合金铸铁凸轮轴可采用等温淬火处理（ADI），具有提高韧性、变形小、耐磨性良好等特点。在 260～290℃的硝盐浴中进行等温淬火处理后，当出现淬裂现象时，在化学成分合格的前提下，确保井式炉温度均匀，加热炉与等温硝盐浴温差控制在 5～10℃，等温硝盐槽温度控制在要求的温度范围内，即可使凸轮轴等温淬火裂纹得到有效控制。

（5）化学热处理工艺剖析　凸轮轴在表面处理前要进行正火或调质处理，以使其得到良好的力学性能。为提高凸轮轴的耐磨性和抗腐蚀性，可对其进行氮碳共渗，图 5.39 为凸轮轴的氮碳共渗工艺曲线，材质为合金铸铁，要求氮碳共渗层深度 0.10～0.15mm，化合物层厚度为 4～6μm，硬度在 900HV 以上，在表面形成 CrN、MnN 等合金氮化物，使用寿命提高三倍以上。

对凸轮轴进行低温氮碳共渗处理，可明显提高抗擦伤性能，防止出现热咬合。

（6）化学热处理工艺技术实施要点

① 凸轮轴氮碳共渗时，尿素的添加量应均匀，采用漏斗式可快速和有效控制添加量。要及时关闭进口阀，防止空气的进入与气体的挥发。

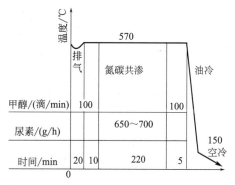

图 5.39　SH760 汽车凸轮轴的氮碳共渗
工艺曲线

② 凸轮轴应垂直吊挂加热，或采用夹具等固定，目的是防止其氮碳共渗中摆放或放置不当而变形。凸轮轴之间应留有一定的间隙，以利于气氛的流动。

③ 氮碳共渗结束后应在静止的油中冷却，并上下运动，但不允许左右晃动，否则会造成变形增加以及凸轮轴磕碰伤。

5.5.8　［实例 5.8］W6Mo5Cr4V2 钢等制活塞销冷挤凸模的氮碳共渗表面强化

（1）工件名称与使用材料　活塞销冷挤凸模及成形图见图 5.40，材料为 W6Mo5Cr4V2 钢等。

（2）热处理技术要求　活塞销的材料为 20 钢、20Cr 等低碳钢，采用 W6Mo5Cr4V2 钢

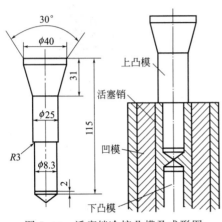

图 5.40　活塞销冷挤凸模及成形图

等凸模冷挤压成形，要求凸模基体硬度在 60～64HRC，表面氮碳共渗，氮碳共渗层深度≥0.02mm，表面硬度≥1000HV，脆性≤2 级。

（3）加工工艺流程　冷挤凸模材质为 W6Mo5Cr4V2 钢等，属于细长轴类成形工具，工艺流程为：下料→车削加工→粗磨削加工→热处理→检验→表面清理→发蓝处理→磨削加工→检验。

（4）热处理工艺规范与分析　冷挤凸模应具有高的硬度、良好的淬透性和耐磨性、高的热稳定性、适当的韧性与强度，以满足其服役需要。考虑到挤压过程中容易断裂与弯曲，故采用低温淬火处理。具体热处理工艺为：盐浴炉（550～570)℃×40min＋盐浴炉（840～860)℃×20min＋盐浴炉（1180～1200)℃×6min，采用分级淬火（580～620)℃×6min，最后进行（540～560)℃×80min×3 次高温回火处理，可获得要求的硬度与力学性能。要求回火充分，变形量＜0.15mm，无表面腐蚀与烧伤等。

由于 W6Mo5Cr4V2 钢等热导率低，合金元素含量高，形成了大量的合金碳化物，应经过两次或三次预热，以缩小内外温差，减小热应力的作用，避免造成淬火开裂。低温淬火可不使碳化物过多地溶解到基体中，从而提高冷挤压模的冲击强度。

（5）化学热处理工艺剖析　活塞销冷挤压凸模基体需要具有要求的硬度与强度等力学性能。另外，由于表面与活塞销材料反复挤压成形，坯料在型腔内流动，对于冷挤压凸模而言，既要求有高的耐磨性又要求有较高的强韧性，对于高速钢制凸模采用氮碳共渗处理，可解决韧性与耐磨性之间的矛盾，可显著提高冷挤压凸模的使用寿命。表 5.35 为几种高速钢材料制作的冷挤凸模热处理与氮碳共渗工艺后的使用寿命对比。

表 5.35　氮碳共渗处理几种高速钢材料制作的活塞销冷挤凸模的寿命对比

材料	热处理工艺	气体氮碳共渗工艺	寿命/件	失效形式
W6Mo5Cr4V2	1220～1230℃淬火,560℃回火 4 次	未经氮碳共渗处理	400	碎裂
	1190℃淬火,560℃回火 4 次 1170℃淬火,560℃回火 4 次 1150℃淬火,540℃回火 3 次		1404～3500	折断
	1190℃淬火,560℃回火 3 次	560℃×1h	10000	折断
W6Mo5Cr4V2Al	1190℃淬火,560℃回火 2 次 1150℃淬火,580℃回火 2 次	未经氮碳共渗处理	400～1300	碎裂
65Cr4W3Mo2VNb	1170℃淬火,540℃回火 2 次	未经氮碳共渗处理	1100～1500	折断
	1160℃淬火,540℃回火 4 次	540℃×1.5h	6120	折断
6W6Mo5Cr4V	1200℃淬火,540℃回火 4 次	—	1050	折断
	1200℃淬火,540℃回火 4 次	560℃×1h	6200～5100	折断
	1200℃淬火,540℃回火 2 次	560℃×1.5h	10480	仍可用
	1200℃淬火,540℃回火 2 次	560℃×1.5h	20680（使用 1 万件后，经第二次氮碳共渗）	折断

（6）化学热处理工艺技术实施要点

① 经氮碳共渗工艺处理的冷挤凸模的使用寿命明显提高，其失效形式为正常的折断，表明该凸模表面处理的工艺与参数是合理的。

② 冷挤凸模进行氮碳共渗后，减少了凸模的摩擦系数和成形压力，从而克服了模具的早期磨损与镦粗等缺陷，但应注意防止表面粗糙度超差。

5.5.9 ［实例 5.9］ H13 钢制压铸模的稀土离子氮碳共渗表面强化

（1）工件名称与使用材料 某有色金属压铸模具，所使用模具材料为 H13（4Cr5MoSiV1）热作模具钢，其化学成分如表 5.36 所示。

表 5.36 试验材料化学成分   单位：%（质量分数）

C	Mn	Si	Cr	Mo	V	P	S
0.32～0.45	0.30～0.40	0.75～1.20	4.50～5.30	1.05～1.50	0.35～0.50	≤0.03	≤0.03

（2）试验方法 模坯由棒料锻打成型，经正火后，再经机械加工而成，通过钼丝切割从模坯上截取试样，试样粗磨后 550℃ 去应力退火，调质处理（1020℃淬火＋560℃×3h 回火）待用。

稀土离子氮碳共渗在工业中用 LDMC150 型辉光离子渗氮炉进行，采用大功率脉冲电源，共渗介质为热分解氨＋尿素＋自配的稀土有机溶液。经对比试验采用的最佳工艺参数为：4%RE、520℃×2h、1.05kPa。

渗层组织用光学显微镜进行金相观察；用 HV-120 型维氏硬度计检测渗层硬度；用增重法测量渗层 650℃ 抗氧化性；用显微裂纹观察法对比 700℃ 至室温的冷热疲劳性能；在 AUTO 型摩擦磨损试验机上进行共渗层耐磨性能测试，磨损载荷为 10N，销头为 5mm 的 WC 球，干摩擦，转速 200r/min，时间 10min。在室温下进行全浸泡腐蚀试验，选用同样大小的经不同处理的 4Cr5MoSiv1 钢作为对比材料，腐蚀介质为 3% 氯化钠水溶液，腐蚀时间 48h。腐蚀质量采用分析天平测量，精度 0.1mg。

采用腐蚀速率 R 来衡量材料的耐腐蚀性能：

$$R = W_0 - W_1 / (At)$$

式中，W_0 为初始质量；W_1 为腐蚀后质量；A 为试样表面积；t 为腐蚀时间。

（3）试验结果及分析

① 硬度试验。图 5.41 为 4Cr5MoSiV1 钢添加稀土和未添加稀土的离子氮碳共渗及处理前后的显微硬度对比图。由图 5.41 可知，经稀土离子氮碳共渗处理后的显微硬度明显提高。

这主要是因为添加稀土离子氮碳共渗后，化合物层硬质相的含量明显增加，且在扩散层存在许多小位错环、位错和胞状亚结构。另外，氮碳共渗时稀土元素原子周围将形成包含氮、碳的原子气团，当稀土含量较低时，这种气团不饱和，稀土元素将阻止氮、碳向钢内部扩散，从而为形成大量细小弥散分布的合金氮化物提供了浓度条件，而且这些稳定氮化物与 α-Fe 保持完全共格关系，在渗层内呈高度弥散分布状析出，使得强度和硬度大幅提高。

② 摩擦磨损试验。图 5.42 为相同磨损条件下有、无稀土添加的共渗层的摩擦系数随时间的变化曲线。与添加稀土的共渗处理试样相比，离子氮碳共渗试样摩擦系数明显较低，即摩擦系数从 0.2 降至 0.1 左右。说明 4Cr5MoSiV1 钢经离子氮碳共渗处理后摩擦性能得到明显提高。

由图 5.42 可见，稀土氮碳共渗层在摩擦磨损初期，摩擦系数上升较快，但经一定时间后逐渐达到稳定。而无稀土添加的氮碳共渗层初期低，但随时间延长不断增加；摩擦 8min 后，其摩擦系数反而比添加稀土的更高，摩擦性能明显降低。这与它们表面强化层的组织结构有关。无稀土添加共渗层组织较为粗大，磨损过程中摩擦系数随时间不断增加；而稀土共渗层表面为 Fe-Cr-N 颗粒及其团簇，磨损初期易产生磨粒磨损，摩擦系数上升较快，该表面层磨去后随时间延长摩擦系数变化不大。另外，由于稀土有很高的化学活性，在扩渗过程中容易与钢中 O、S、P、C 等元素发生反应，起到改善化合物夹杂的形貌和分布、净化基体的作用，从而提高了渗层的韧性。稀土的渗入可以提高氮碳共渗层硬度，化合物颗粒细小，分布弥散，因而具有良好的耐黏着磨损性能和减摩性。

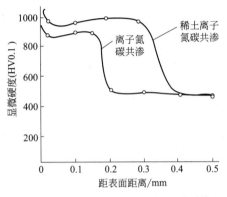

图 5.41　520℃×2h、1.05kPa 下两种
不同处理试样的显微硬度

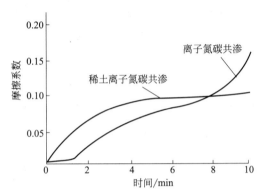

5.42　经不同处理试样的摩擦系数

③ 抗氧化性试验。表 5.37 为不同渗剂处理后的试样在 650℃静态氧化试验的氧化增重。结果表明，添加 4%稀土的离子氮碳共渗层的高温抗氧化性能最佳。这是因为稀土元素与氧、氢等杂质元素有较强的亲和力，抑制了这些元素导致组织疏松的作用，从而使渗层组织致密。另外，稀土可使新相的形核率增加，有利于渗层组织的细化，再加上稀土元素有净化晶界、降低界面能的作用，因而加入少量的稀土就可以降低发生晶间腐蚀的趋势。稀土的加入还可抑制和延缓氧化膜与基体之间孔洞的形成，提高了氧化膜与基体的结合强度及致密性，从而改善了渗层的抗氧化性。

但稀土添加量较多时，与其他成分形成的内部夹杂物也增多，造成渗层表面和内部质量的下降，增加了形成表面孔蚀和在内部夹杂物附近引起腐蚀的趋势，从而降低了渗层高温抗氧化性。

表 5.37　稀土含量对渗层氧化增量的影响　　　　　　　　单位：g/cm²

稀土含量/%	氧化时间/h			
	2	5	10	20
0	5.7	11.4	13.8	18.5
2	4.9	10.1	12.4	16.3
4	4.6	9.2	11.1	15.2
6	5.0	10.3	12.7	16.7
8	5.3	11.0	13.3	17.5

④ 冷热疲劳试验。表 5.38 为循环过程中萌生裂纹数的情况。将处理好的试样在 700℃ 保温 10min，然后水冷，反复循环，每个周期间用光学显微镜（100×）观察裂纹萌生和扩

展的情况。

表 5.38   稀土含量对渗层冷热疲劳裂纹数的影响

稀土含量/%	循环次数/次						
	14	15	16	17	18	19	20
0	1	2	3	出现交叉裂纹	6	9	裂纹急剧增加
2	无	无	1	3	5	出现交叉裂纹	8
4	无	无	无	无	1	2	3
6	无	无	无	1	3	5	出现交叉裂纹
8	无	1	3	6	出现交叉裂纹	9	13

由表 5.38 中数据可见，稀土离子氮碳共渗层的冷热疲劳性能较离子氮碳共渗好。但并不是稀土浓度越高越好，当渗剂中稀土浓度达 8% 时，其渗层冷热疲劳性能仅略优于未加稀土时；而稀土浓度为 4% 时，裂纹不易形成且扩展速度慢，其冷热疲劳性能也最佳。冷热疲劳性能的提高主要有以下几个方面的原因：稀土的加入，不仅提高了渗层表面硬度，更重要的是降低了硬度梯度，减少了脆性；稀土原子能改变渗层中硫化物的形态，使其趋于球状，可减少应力集中，裂纹的形成和扩散均变慢；氮碳共渗层由于固溶强化和表面压应力的作用，也显著提高了试样表层的疲劳强度。

⑤ 腐蚀试验。图 5.43 为 4Cr5MoSiV1 钢经稀土离子氮碳共渗处理前后试样在 3% 氯化钠水溶液中浸泡 48h 的腐蚀速率直方图。由图 5.43 可见，4Cr5MoSiV1 钢经稀土离子氮碳共渗后其耐蚀性可提高 1~2 倍。这是因为氮碳共渗处理的试样表面形成的合金氮碳化合物层（含有大量的 ε 相，其电极电位高，耐蚀性好）连续而致密，且这些化合物本身高温稳定性好。因而稀土离子氮碳共渗处理后的试样表面具有优良的耐腐蚀性能。

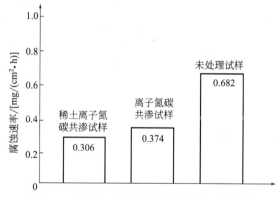

图 5.43   试样在 3% 氯化钠水溶液中腐蚀速率

（4）实际应用试验   将该工艺应用于汽车车灯座 4Cr5MoSiV1 钢制铝合金压铸模具，得到了满意的结果。原处理工艺为普通氮碳共渗，模具使用寿命仅 3 万件左右；后改为稀土离子氮碳共渗工艺（工艺参数为：520℃ 处理温度，2h 保温，4% RE，气压 1.05kPa），模具使用寿命达到 10 万件。模具失效分析还发现，未加稀土的氮碳共渗处理的模具表面出现粗大的网状裂纹；而加稀土的氮碳共渗处理的模具表面的裂纹明显少于前者，且裂纹细小，渗层表面化合物层具有良好的减摩性和抗咬合抗擦伤能力。

（5）小结

① H13（4Cr5MoSiV1）钢进行稀土离子氮碳共渗处理后，其表面硬度、耐磨性、高温抗氧化性、冷热疲劳性能和耐蚀性能都有了显著的提高。

② H13（4Cr5MoSiV1）钢进行稀土离子氮碳共渗处理的工艺参数为：520℃ 保温温度，保温时间 2h，4%RE，气压为 1.05kPa 是合理的。

③ 生产应用表明：H13（4Cr5MoSiV1）钢制汽车车灯座铝合金压铸模具采用大功率脉冲电源进行稀土离子氮碳共渗，处理效果优良，使用寿命可提高 3~4 倍。

5.5.10 ［实例 5.10］ 6Cr5Mo3W2VSiTi 钢制六方下冲模真空脉冲氮碳共渗表面强化

（1）工件名称与使用材料　六方下冲模（见图 5.44）工作时，要承受周期性的轴向压力、冲击应力及弯曲应力的作用，材质为 6Cr5Mo3W2VSiTi（简称 LM2）。

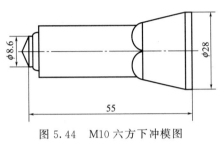

图 5.44　M10 六方下冲模图

（2）加工工艺流程　下料→锻造→车端面→钻中心孔→车锥面→车外圆→磨外圆→铣六方→真空淬火＋真空回火→磨削加工→真空脉冲氮碳共渗→检验。

（3）热处理技术要求　基体硬度 58～65HRC；进行表面强化处理后，氮碳共渗层深度 0.10～0.20mm，表面硬度≥850HV0.2。

（4）热处理工艺规范与分析　该下冲模的工作条件十分苛刻。在使用 T10、9SiCr、Cr12MoV 以及 W18Cr4V 等钢制造时，硬度在 58～63HRC，失效形式多为崩块和磨损，平均寿命在 3 万件左右。

① 采用 LM2 钢制造的下冲模，其热处理工艺为：真空 850℃预热→1160～1200℃高压气淬油冷→（540～580）℃×90min 真空回火，具体见图 5.45。热处理后硬度为 60～63HRC。真空热处理确保了工件表面无氧化脱碳，同时也控制了变形量。

② 该硬度具有一定的耐磨性，真空热处理可在 ZC30 及 ZCT-65 双室真空炉中进行。

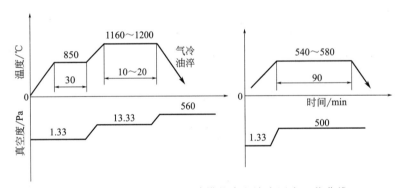

图 5.45　LM2 钢制六方下冲模的真空淬火回火工艺曲线

（5）化学热处理工艺剖析　真空脉冲氮碳共渗时，因在渗氮同时还渗有少量的碳原子，产生的 ε-$Fe_{2\sim3}$（N、C）化合物具有良好的耐磨性、耐蚀性。采用两段真空脉冲氮碳共渗，先采用较低温度（520±10）℃高氮、碳势共渗，使表面获得较高的氮、碳浓度；然后再提高共渗温度（560±10）℃，降低氮碳势，使表面的氮原子、碳原子加快向里扩散。可见氮碳共渗的浓度与深度呈阶梯状分布，提高了下冲模的表面硬度和耐磨性。

（6）化学热处理工艺技术实施要点

① 采用两段真空脉冲氮碳共渗，满足了技术要求，表明在满足氮碳共渗层深度与硬度的前提下，下冲模没有出现之前几种材料出现的缺陷（崩块与磨损），使基体硬度与表面硬度获得了合理的匹配。

② 冲模采用 LM2 钢制造，并进行真空氮碳共渗处理后，可显著提高模具的使用寿命。真空氮碳共渗六方下冲模的寿命见表 5.39。

表 5.39　不同钢种制造的 M10 六方下冲模进行不同处理工艺后的寿命

| 模具材料 | 使用设备 | | 加工零件 | | | 处理工艺 | 寿命/万件 | 失效形式 |
	型号	处理能力(件/min)	规格	材料	硬度(HBW)			
7Cr7Mo3V2Si	241-12	70	M10	15	215	真空氮碳共渗	24～54	过渡处开裂
6Cr5Mo3W2VSiTi	241-12	70	M10	15	197～215	真空氮碳共渗	35～43	开裂、剥落
6Cr5Mo3W2VSiTi	241-12	70	M10	15	197	气体氮碳共渗	22～26	开裂
7Cr7Mo3V2Si	241-12	70	M10	15	197～215	离子氮碳共渗	23～25	剥落
6Cr5Mo3W2VSiTi	241-12	70	M10	15	197～215	真空离子渗氮	33～38	开裂、掉块

第 6 章

渗硼、渗金属等奥氏体状态的化学热处理工艺及其应用

6.1 渗硼工艺及应用

6.1.1 渗硼及其适用范围、技术要求

6.1.1.1 定义及目的

将硼渗入工件表层的化学热处理工艺称为渗硼，即将钢铁材料工件置于含硼介质中，经过加热，通过它们之间的化学或电化学反应，将硼元素渗入工件表层以获得铁的硼化物的化学热处理工艺。渗硼和其他化学热处理一样，含硼介质（如 $Na_2B_4O_7$、B_4C、Fe-B 等）与活化剂发生化学反应产生活性硼原子 [B]，被吸附到工件表面后经扩散形成渗硼层。

渗硼的目的在于显著提高钢件表面硬度（1300～2000HV）、耐磨性、红硬性（即使加热至 600℃ 仍能保持很高的硬度）及耐蚀性，特别是耐磨粒磨损能力。

6.1.1.2 适用范围

渗硼是目前工业生产中常用的一种化学热处理工艺，主要用于提高各种钢、铸铁和粉末冶金等材料制作工件的耐磨性，如探矿和石油化工机械、汽车拖拉机制造、纺织机械、工模具等要求耐磨粒磨损、耐高温磨损和耐高温腐蚀的工件，渗硼常用钢材见表 6.1。不同钢材膏剂渗硼的渗硼层深度比较见表 6.2，从表中可以看出中碳钢和中碳合金钢的渗层深度较厚，故目前国内渗硼工件多用此类钢制造。

表 6.1 渗硼常用钢材

钢材种类	牌　号	钢材种类	牌　号
碳素结构钢	Q235,35,45,65	碳素工具钢	T7,T8,T10,T12
合金结构钢	35Mn2,30CrMo,40Cr,42CrMo	合金工具钢	CrWMn,Cr12MoV,3Cr2W8
不锈钢	12Cr13,20Cr13,30Cr13	轴承钢	GCr9,GCr15

表 6.2 不同钢材膏剂渗硼的渗硼层深度比较（930℃×4h）

材料	20	45	T10	20CrMnTi	40Cr	60Si2Mn	3Cr2W8	Cr12MoV
渗硼层深度/mm	0.100	0.120	0.060	0.085	0.110	0.095	0.030	0.045

表 6.3 系渗硼与未渗硼滚压模的寿命比较，可见渗硼后使用寿命均得到了不同程度的提高。

表 6.3　渗硼与未渗硼滚压模的寿命比较

模具材料	淬火、回火后的硬度 HBW	渗硼层深度/mm	渗层硬度 HV	热轧锉刀毛坯件数	
				渗硼	淬火
T8	64HRC	0.11～0.17	1700～1850	22500	3500
5CrNiW	390～430	0.06～0.09	2100～2150	13000	5000
30CrMnSi	380～400	0.08～0.12	2000～2100	13000	4000
8Cr3	390～430	0.07～0.1	1950～2000	16000	4200

6.1.1.3　技术要求

① 工件渗硼后，其维氏硬度达 900～1200HV0.1 以上。
② 金相组织为致密的单相 Fe_2B，但允许有 $\leqslant 5\mu m$ 厚度不连续的 FeB 相存在。
③ 渗硼层深度应符合产品图样的规定，一般为 40～100μm。

6.1.2　渗硼方法及其特点

6.1.2.1　概述

渗硼可分为固体法（其中，用粉末制成球状、圆粒状等各种形状的粒状渗硼剂，其对环境污染较小、工件无残留物，故应用最多）、液体法、气体法、真空法和离子法等。表 6.4 列出了渗硼的常用方法及特点。渗硼的不足之处是渗硼层脆性较大，零件渗硼后其表面的残留物不易清洗（液体法）。实际生产中常用的是固体（包括膏剂）渗硼和盐浴渗硼。

表 6.4　渗硼方法及特点

渗硼方法			特点	应用状况	常用设备
固体法	粉末法	装箱进行，冷却后开箱直接使用或重新加热淬火	工艺简单，但劳动条件差	应用较多	箱式、井式电阻炉，保护气氛炉
		在流态床中进行，直接淬火或随炉冷却	工艺简单，劳动条件好，但设备复杂	应用不多	流态床加热炉
	粒状法	装箱进行，冷却后开箱或直接淬火	工艺简单，劳动条件比粉末法好	应用较多	箱式、井式电阻炉
	膏剂法	装箱加热或在保护气氛炉、真空炉中进行，可直接淬火或随炉冷却	用于局部、单件、小批量的生产	应用不多	箱式、井式电阻炉，保护气氛炉等，离子加热炉
液体法	盐浴法	浸入熔盐进行，可直接淬火或出炉空冷	操作简便，渗层组织均匀，渗后残盐清洗较难	应用较多	坩埚盐炉、内热式盐炉
	电解法	浸入电解熔盐中进行，可直接淬火或出炉空冷	可在较低温度下进行，适用于形状简单的工件	应用不多	坩埚盐炉＋直流电源
气体法		放入密封罐中进行，可直接淬火或随炉冷却	渗剂有毒或易爆，设备复杂	应用不多	密封加热炉

渗硼方法		特点	应用状况	常用设备
流态床法	在流态床中进行,直接淬火或随炉冷却	渗剂有毒或易爆,设备复杂	应用不多	流态床加热炉
离子法	在离子加热炉中进行,随炉冷却。渗剂有气体和膏剂两种	渗速快,劳动条件好;但复杂工件较难处理,操作复杂	应用很少	离子加热炉

6.1.2.2 固体渗硼法

固体渗硼是将工件置于含硼的粉末（或制成粒状）或膏剂中，装箱密封，放入加热炉中加热至 $950\sim1050$℃，保温一定时间后，使工件表面获得一定厚度的渗硼层的渗硼方法。该方法和固体渗碳法相似，将工件表面清洗并干燥后，埋入装有渗硼剂的罐或箱中并密封。渗硼箱选用双层盖为佳，这样密封箱盖用的黏土所含的湿气不易进入箱内，有利于改善渗硼质量。

固体渗硼不用专用设备，可用箱式炉和井式炉加热，工艺操作简便，工件表面干净，适用于各种形状的工件，并能实现局部渗硼。但其能耗大、热效率和生产效率低、操作者劳动强度大、工作环境差、渗层组织和深度较难控制、成本高。

固体渗硼根据渗剂的特点，又可分为粉末法、粒状法和膏剂法三种。

（1）固体渗硼剂的组成　目前固体渗硼剂有粉末状、粒状和膏剂（料浆）三种。固体渗硼剂一般由供硼剂、活化剂和填充剂三部分组成（见表6.5），粒状和膏剂渗硼剂还需添加黏结剂。

表 6.5　固体渗硼剂的组成

序号	项目	说　明
1	供硼剂	其作用是产生活性硼原子。常用的供硼剂主要是硼铁、碳化硼、硼砂、硼酐和非晶硼，其硼含量及熔点见表6.6。根据我国资源情况，多数固体渗硼剂选用硼铁为供硼剂，形成了具有我国特色的固体渗硼工艺。 i.硼铁可分为高硼铁（含B量>20%）和低硼铁（含B量<14%）两种。目前渗硼多数选用高硼铁。硼铁中含Al、Si不能过高，否则将出现Si、Al的固溶体软层。实验证明，使用硼铁作为供硼剂容易得到单相 Fe_2B 组织。硼铁资源丰富，价格较低，是一种理想的供硼剂。 ii.碳化硼（B_4C）含硼量可高达78%，具还原性，是一种较好的供硼剂。但使用 B_4C 渗硼剂易形成 FeB+Fe_2B 双相层，使渗硼层脆性增加。此外，B_4C 是一种磨料，价格较贵。国外应用较多。 iii.脱水硼砂和硼酐，其含硼量高于硼铁，如果能选用适宜的还原剂和填充剂，解决好渗剂结块的问题，可成为一种廉价的渗硼剂。我国已出现商品化的，以硼砂为供硼剂、氟硅酸钠为活化剂，石墨为填充剂的固体渗硼剂，渗硼速度快，成本低，处于世界领先水平。 iv.非晶硼，其含硼量高，渗硼能力比结晶硼强得多，如果与氟化钡和氧化铝组成渗剂，不但渗硼能力强，而且渗后工件容易清洗。但价格高，目前工业上很少使用
2	活化剂	其作用是使被渗工件表面保持"活化"状态，使硼原子容易吸附于金属表面并向内部扩散，而在由还原剂组成的渗剂中兼有促进还原反应进行的作用。它是影响渗硼速度的主要因素。氟硼酸钾既是活化剂又是供硼剂。用氟硅酸钠代替氟硼酸钾作活化剂，活化效果相近，但成本降低很多。采用几种活化剂复合催渗，如 KBF_4-NH_4HCO_3、KBF_4-Fe_3O_4、KBF_4-NH_4Cl 复合催渗等，都可不同程度地加快渗速，降低渗硼温度，促进渗硼工艺在生产上的使用与发展。氟硅酸钠的活化效果与氟硼酸钾相近，但价格低，是较好的活化剂
3	填充剂	其作用是防止渗剂烧结及与工件的粘连，保持渗剂的松散性。填充剂一般用碳化硅、氧化铝或炭材料（木炭、活性炭、石墨）等

常用固体渗硼剂种类、配方和参考渗硼工艺见表6.6、表6.7。

表 6.6 固体供硼剂的硼含量及熔点

品名	硼铁	碳化硼	脱水硼砂	硼酐	非结晶硼	硼镍合金	含 Si、Al 硼铁合金	氟硼酸钾	氟硼酸钠
符号	Fe-B	B_4C	$Na_2B_4O_7$	B_2O_3	B	B-Ni	B-Si-Al-Fe	KBF_4	$NaBF_4$
含硼量/%	17~23	78	20	37	95~97	约 7	约 14	约 10	10
熔点/℃			741	450	2050			分解	分解

表 6.7 固体渗硼剂配方及参考渗硼工艺

序号	配方/%	处理钢材	参考工艺	硼化层深/μm	组织
1	20~30 木炭粉+5KBF_4+0.5~3NH_4Cl,余量为硼铁	45	700~900℃,3h	40~184	双相($FeB+Fe_2B$)
2	KBF_4+5 B_4C+90 SiC	45	700~900℃,3h	20~100	双相
3	KBF_4+50~80 SiC,余量为硼铁	45	850℃,4h	90~100	单相(Fe_2B)
4	KBF_4+NH_4HCO_3+Al_2O_3,余量为硼铁	45	850℃,4h	90~120	单相(Fe_2B)
5	5~20 KBF_4,余量为硼铁	55	750~950℃,6h	40~230	双相
6	80 B_4C+20 Na_2CO_3	20	900~1100℃,3h	90~320	双相
7	95 B_4C+2.5 Al_2O_3+2.5 NH_4Cl	45	950℃,5h	160	双相
8	80 B 粉+16$Na_2B_4O_7$+4KBF_4	40Cr	900℃,1~2h	130~160	双相
9	57~58 B_4C+40 Al_2O_3+2~3 HN_4Cl	45	950~1050℃,3~5h	100~300	双相
10	66 B_4C+16 $Na_2B_4O_7$+10 KF+8 C 黏结剂(木炭焦油)	45	900℃,5h	190~240	双相

(2) 粒状渗硼剂 为解决渗剂结块和进一步增加透气性,在粉末渗硼剂基础上添加一定比例的黏结剂,将渗剂制成粒状、球状或圆柱状,是一种较理想的固体渗硼剂。

(3) 膏剂渗硼 它是将渗硼剂与黏结剂一起制成膏糊状或料浆状,涂或喷涂在需要渗硼的工件表面,经烘干后加热渗硼。可在箱式电炉、高频设备或保护气氛炉中加热。

膏剂渗硼的突出优点是可实现局部渗硼,渗剂消耗少。

膏剂渗硼时涂层厚度应为 13mm 左右,在 120~150℃烘干。其惰性填料以在高温条件下无氧化脱碳为宜。常用钢膏剂渗硼剂成分和渗硼工艺及渗层性能见表 6.8。感应加热渗硼虽可大大缩短渗硼时间,但温度和加热时间难以控制,因而应用很少。膏剂渗硼的应用示例见表 6.9。

表 6.8 常用钢膏剂渗硼剂成分和渗硼工艺及渗层性能

牌 号	工艺规程	渗层深度/mm	表面硬度 HV0.1
20SiMn2MoV		0.0616	1263
37SiMn2MoVA		0.077	1531
35CrMo	膏剂成分(质量分数):50% B_4C,35% CaF,15% Na_2SiF_6。(920~940℃)×4h	0.077	1482
20Cr13		0.070	1730
45		0.108	1331
20		0.162	1482

表 6.9　膏剂渗硼应用示例

序号	应用示例
1	中科院金属所用压缩空气喷涂料浆($90\%\sim92\%$ $B_4C+5\%$ $KBF_4+3\%\sim5\%$硝化纤维黏结剂),喷涂于工件表面后用红外灯烘干,在真空炉中通入氩气保护加热,渗硼后不需清理,渗层致密,可用于生产。 用 50% $B_4C+25\%$($3NaF\cdot AlF_3$)$+25\%CaF_2$制成膏剂后涂覆于工件表面,加热后也可得到良好结果
2	用 $B_4C+Na_3AlF_6$加硅酸乙酯黏结剂配成膏糊状涂在 T8 钢试样上,选用 350kHz 高频感应加热,于 1200℃ 加热 3min 便能得到 125μm 厚的硼化层。用高频感应加热渗硼所形成的渗层脆性小,其组织主要是 Fe_2B,不产生 FeB 相。这是因工件被迅速加热到高温时,晶粒来不及长大,被高度细化,晶界总长度大大增加,硼沿晶间向内扩散的速度快,以致硼不易达到形成 FeB 所必需的浓度。如感应加热时间稍长,将产生共晶组织

6.1.2.3　盐浴渗硼法

盐浴渗硼一般用不锈钢坩埚,在井式电炉中加热,具有设备简单,操作方便,渗层结构易于控制等优点。缺点是硼砂盐浴对坩埚浸蚀严重,流动性太差,粘盐多,难清洗等,因而逐渐不再使用。

(1) 以硼砂为供硼剂的盐浴　在熔融的硼砂盐浴中,加入硅钙铁、碳化硅、碳化硼、硅铁、锰铁、硅、铝、镁、钙等还原剂,使盐浴中产生活性硼原子 [B],达到渗硼目的。

在加碳化硅的硼砂盐浴中存在下述反应:

$$Na_2B_4O_7+SiC \Longrightarrow Na_2O\cdot SiO_2+4[B]+CO_2+O_2$$
$$Na_2B_4O_7+2SiC \Longrightarrow Na_2O\cdot 2SiO_2+2CO+4[B]$$
$$2CO+O_2 \Longrightarrow 2CO_2$$

活性硼原子被工件表面吸附后,生成 FeB 或 Fe_2B。

表 6.10 给出了一些盐浴渗硼的渗硼剂成分,研究使用较多的是硼砂+碳化硅还原剂的盐浴(配方 1),这种盐浴在 950℃流动性很差,特别是液面会结盖,工件出入都有困难,工件粘盐多,很难清洗,渗硼能力也不稳定,难以操作。由于渗硼温度高,坩埚寿命比较短。硼砂加碳化硼盐浴中碳化硼既有还原剂作用,又有供硼剂作用,渗硼能力加强,对盐浴流动性改变不大,但成本太高,使用得很少。

表 6.10　盐浴渗硼剂成分与渗硼温度

序号	盐浴渗硼剂成分/%	渗硼温度/℃	工艺性能
1	$(60\sim90)Na_2B_4O_7+(10\sim40)SiC$	$950\sim1000$	渗硼能力差,流动性太差,粘盐多
2	$(60\sim90)Na_2B_4O_7+(10\sim40)B_4C$	950	渗硼能力较好,流动性差,粘盐多
3	$60Na_2B_4O_7+10(Si-Fe)+15NaCl+15Na_2CO_3$	$900\sim950$	渗硼能力较好,流动性较好,粘盐较少
4	$24Na_2B_4O_7+24(Si-Fe)+12NaCl+40BaCl_2$	$900\sim950$	渗硼能力较好,流动性较好,粘盐较少,分层
5	$(75\sim79)Na_2B_4O_7+(11\sim15)[SiC+(Si-Fe)]+10NaCl$	$900\sim950$	渗硼能力一般,流动性太差,粘盐较多
6	$(65\sim70)Na_2B_4O_7+(10\sim15)Na_2SiF_6+20SiC$	$900\sim940$	渗硼能力较好,流动性太差,粘盐多
7	$50Na_2B_4O_7+5B_4C+20Na_3AlF_6$(或 Na_2SiF_6)$+5Cr_2O_3+10NaCl+10SiC$	950	渗硼能力好,流动性较好,偏析重
8	$15KBF_4+5B_4C+80NaCl$	850	渗硼能力好,流动性较好

为改善盐浴流动性,减少工件粘盐,降低渗硼温度,常在硼砂盐浴中添加 NaCl、$BaCl_2$、Na_2CO_3 等,如配方 3 中加入了 NaCl 和 Na_2CO_3,明显改善了流动性,将渗硼温度由 950℃降低到 900℃,粘盐少很多,大件渗硼后在开水中煮 1h 后可用拖把擦洗干净。配方

4 改添 $NaCl+BaCl_2$，效果也较好。配方 6 和 7 中添加了氟硅酸钠或氟铝酸钠，既有增加流动性作用，又有催化作用，可促进活性硼原子的生成，渗硼能力要强一些。配方 8 是以中性盐 $NaCl$ 为主的非硼砂渗硼盐浴，用氟硼酸钾和碳化硼为供硼剂，碳化硼又是还原剂，不仅流动性得到改善，而且减轻了对坩埚的浸蚀，值得重视。图 6.1 给出了渗硼层深度与渗硼时间的关系曲线。

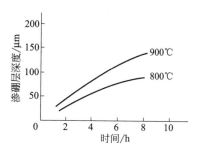

图 6.1　渗硼层深度与渗硼时间的关系

(2) 常用钢盐浴渗硼剂成分、渗硼工艺及特点

常用钢盐浴渗硼剂的成分和渗硼工艺见表 6.11。

表 6.11　常用钢盐浴渗硼剂成分和渗硼工艺

盐浴成分(质量分数)	渗硼规范	牌　　号	渗层深度/mm	表面硬度 HV0.1
10% B_4C + 10% $NaBF_4$ + 65% $NaCl$ + 15% KCl	(920～940)℃×4h	10	0.115	—
		45	0.115	—
		35CrMo	0.154	—
		37SiMn2MoV	0.107	1263
5% B_4C+15% $NaBF_4$+80% $NaCl$	(920～940)℃×4h	10	0.098	1482
		T10	0.042	1402
10% $CaSi$ + 10% $NaCl$ + 10% Na_2SiF_6+70% $Na_2B_4O_7$	(940～960)℃×6h	45	0.138	1877
		37SiMn2MoV	0.128	1877
		20Cr13	0.036	1098
30%SiC+20%Na_2SiF_6+50%$Na_2B_4O_2$	(940～950)℃×6h	纯铁	0.195	1331
		37SiMn2MoV	0.115	1266

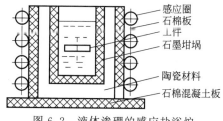

图 6.2　液体渗硼的感应盐浴炉

盐浴渗硼设备简单，操作容易，适用于大批量生产。适当调整盐浴配比和控制工艺参数，可减少渗层中的 FeB 量，甚至可得到单相 Fe_2B，但盐浴的活性差，得到同样渗硼层深度所需加热温度较高，时间较长，工件清洗困难，坩埚寿命较短。大量生产中盐浴温度的均匀性及盐浴成分的补充和调整等需进一步研究改进。

(3) 感应加热盐浴渗硼　苏联研究了感应加热盐浴渗硼法，采用廉价而又耐用的石墨坩埚代替金属坩埚（图 6.2），将其置于高频感应圈中，在交变电流的作用下，使工件表面产生感应涡流，而将工件迅速加热到渗硼温度，从而降低了生产成本。

6.1.2.4　电解渗硼法

电解渗硼是在硼砂熔盐中，以工件为阴极、石墨棒或不锈钢为阳极（见图 6.3），在外电源作用下，熔融的硼砂发生热分解和电解，在阳极上有氧气放出，在阴极（工件）上电解析出的钠将与工件表面附近的 B_2O_3 发生置换反应，生成的活性硼原子被工件表面吸收，扩散形成渗硼层。电解渗硼的电流密度为 $0.1～0.5A/cm^2$，电压为 $10～20V$，于 $930～950$℃

保温 2~6h，硼化物层深度可达 0.15~0.35mm，电解渗硼比非电解盐浴渗硼速度快，但不适于形状复杂的工件。

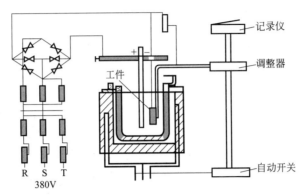

图 6.3　电解法盐浴渗硼示意图

电解渗硼时硼砂受热分解并电离：

$$Na_2B_4O_7 \longrightarrow Na_2O + 2B_2O_3 \qquad Na_2B_4O_7 \longrightarrow 2Na^+ + B_4O_7^-$$

在阳极上发生的反应：$2B_4O_7^- - 2e^- \longrightarrow 2B_4O_7 \longrightarrow 4B_2O_3 + O_2 \uparrow$

在阴极（工件）上发生的反应：$6Na^+ + 6e^- \longrightarrow 6Na \uparrow$

$$6Na + B_2O_3 \longrightarrow 3Na_2O + 2[B]$$

上述反应产生的活性硼原子 [B] 扩散进入工件，形成渗硼层。电解渗硼工艺见表 6.12。

表 6.12　电解渗硼工艺

电解渗硼剂中成分及其质量分数/%	渗硼温度/℃	渗硼保温时间/h	渗硼层组织	渗层深度/μm
$100Na_2B_4O_7$	800~1000	2~6	$FeB + Fe_2B$	60~450
$80Na_2B_4O_7 + 20NaCl$	800~950	2~4	$FeB + Fe_2B$	50~300
$90Na_2B_4O_7 + 10NaCl$	600~800	4~6	$FeB + Fe_2B$	25~100

电解渗硼的优点是速度快、处理温度范围宽，渗层易于控制。缺点是坩埚寿命短，形状复杂零件的渗层不均匀，盐浴易老化。

6.1.2.5　离子渗硼法

离子渗硼是指在较低的真空条件下，利用工件（阴极）与阳极之间辉光放电，在工件表面渗入硼的过程。该方法和所有其他渗硼法相比，不仅渗速更高、操作简单、处理时间短、渗硼温度较低，而且可以调节工艺参数、表面不受沾污、渗后无需清洗，节约能源和气体消耗。采用离子轰击进行渗硼，比包括电解渗硼在内的其他方法具有更高的渗速，并可在较低的温度下获得渗硼层。

近年来开发的膏剂离子渗硼工艺具有较好的实用性。离子渗硼膏剂由供硼剂（B_4C、$Na_2B_4O_7$、Fe-B 等）、活化剂 [KBF_4、Na_3AlF_6、NaF、NH_4Cl、$(NH_2)_2CS$ 等]、填充剂（SiC、CaF_2、ZrO_2 等）及黏结剂（纤维素、明胶、水玻璃等）等组成。将供硼剂、活化剂及填充剂按一定比例混合均匀，加入黏结剂调制成糊膏状涂覆在工件表面，膏剂厚度为 2~3mm，自然晾干或放在 100~200℃ 的温度下烘干后装入离子渗氮炉，通入 N_2、H_2 或 Ar 气进行辉光放电，进行离子渗硼。

6.1.2.6 气体渗硼法

（1）概述 气体渗硼是把工件置于含硼气体介质中加热，实现硼原子渗入工件表面的过程。含硼气体有乙硼烷、三氯化硼、烷基硼化物、三溴化硼等。气体渗硼的过程是含硼气体在渗硼罐中于一定温度下不断分解出活性硼原子、活性硼原子与工件接触并渗入的过程。气体渗硼的工艺装置见图6.4。

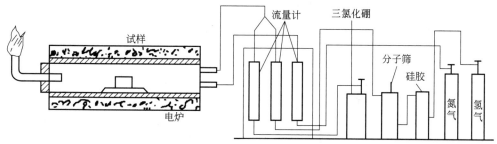

图6.4 气体渗硼工艺装置图

（2）工艺特点 气体渗硼工艺曲线示意图见图6.5。气体渗硼时加入一定比例的不含硼气体（如氢气、氩气、氮气等）具有稀释作用，以防止单质硼层在反应罐的内壁和被渗工件上沉积形成单质硼层而降低渗入速度。用氢气作为稀释剂时，渗入速度最快。用氢气、氮气时爆炸的危险性最小。气体渗硼介质的性能见表6.13。图6.6是碳含量不同的两种钢在850℃的（$B_2H_6+H_2$）混合气体中渗硼的结果，温度高于850℃时，渗层质量下降；乙硼烷价格很高，易爆炸，难以用于生产。

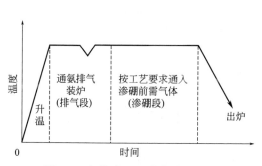

图6.5 气体渗硼工艺曲线示意图

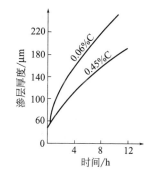

图6.6 碳钢气体渗硼层厚度与时间关系

表6.13 气体渗硼介质的性能

名称	分子式	分子量	理论含硼量/%	熔点/℃	沸点/℃	备注
三氟化硼	BF_2	67.82	15.95	−128.8	−101	遇湿气易分解
三氯化硼	BCl_3	117.19	9.23	−107.3	13	遇湿气易分解
三溴化硼	BBr_3	250.57	4.32	−46	90.1	遇湿气易分解
乙硼烷	B_2H_6	27.69	39.08	−165.5	−92.5	毒性大，对温度敏感
三甲硼	$(CH_3)_3B$	55.92	19.25	−161.5	−20	
三乙硼	$(C_2H_5)_3B$	98.01	11.04	−95	95	

（3）操作注意事项 由于含硼气体乙硼烷、三氯化硼、烷基硼化物、三溴化硼等都是剧毒或易爆气体，气体渗硼工艺过程和设备要求与气体渗氮类似，即渗硼工件必须放在密封良好的容器中，加热到渗硼温度后通入含硼气体，保温一段时间（废气必须烧掉或通入装有水的收集器中）后，停止含硼气体的供给。通入惰性气体降温或5～10min后取出淬火。气体渗硼的工件渗层深度均匀，易控制，容易实现机械化生产，但设备一次性投资较大。

（4）应用 气体渗硼工艺广泛应用于机械工业中的柴油机的针阀偶件、收割机刀片、气动测量头、冷拔模具、连接环热锻模以及耐腐蚀和耐高温的磨损件等零件，并在食品加工、化工、纺织、轻工和石油等工业部门发挥着作用。

6.1.2.7 真空渗硼法

真空渗硼，亦称真空硼化。与普通渗硼方法比较，真空渗硼渗速快，渗层质量好，国内外已有一些单位对模具和某些零件进行了真空渗硼应用研究，取得了一定效果。

真空渗硼有真空气相渗硼和真空固相渗硼两种。

（1）真空气相渗硼 采用冷壁式电阻真空炉，以三氯化硼和氢气的1:15（体积比）混合气体作为渗剂，气体流量为40L/h（与炉子大小、装料量有关）。真空度控制在2.6×10^4Pa左右。在2.6×10^4Pa以下，随压力升高，渗层厚度增加。当渗硼温度为850～900℃时，保温2h，渗层深度为0.08mm；保温6h，渗层深度可达0.18mm。

（2）真空固相渗硼 真空固相渗硼设备见图6.7。它以非结晶硼粉（纯度>99.5％）、硼砂（质量分数为16％～18％）和碳化物（质量分数为12％～14％）粉末为渗硼剂。

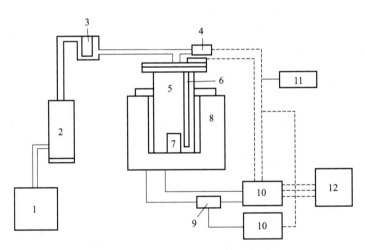

图6.7 真空固相渗硼设备示意图

1、2—真空泵；3—分离器；4—真空硅管；5—真空马弗炉；6—热电偶；7—试样及渗剂杯
8—电阻炉；9—磁力启动器；10—真空电位计；11—真空压力表；12—电源

某研究所曾以0.074mm（200目）粒度的碳化物（质量分数为40％）、氧化铝（质量分数为60％）粉末作为渗剂进行试验，1000℃处理5h。试验结果表明，45钢渗硼层呈针叶状，硬度为1600HV以上，渗层深度为0.17mm；纯铁的渗硼层也呈针叶状，硬度高达2000HV，渗层深度达0.20mm。

6.1.3 渗硼工艺及其控制

（1）渗硼工艺参数 渗硼工艺主要的工艺参数为温度、时间及渗硼剂等，见表6.14。

表 6.14　渗硼工艺的主要工艺参数

序号	项目	主要内容
1	概述	由图 6.8 所示的 Fe-B 相图可看出,硼在 γ 铁和 α 铁中的溶解度低于 0.002%,易与铁形成楔形的硼化物 Fe_2B[含合金元素则以 $(Fe,M)_2B$ 表示]。若渗硼剂活性高,在渗层中还会出现第二种硼化物 FeB,即渗层中存在 $FeB+Fe_2B$ 双相硼化物。图 6.9 系渗硼层硬度与浓度分布曲线,可看出曲线上出现 3 个台阶,分别对应 3 种不同的结构:第 1 个台阶硬度 1800～2200HV,硼含量 16.25%,对应于 FeB 相;第 2 个台阶硬度 1200～1800HV,硼含量 8.84%,对应于 Fe_2B 相;第 3 个台阶硬度与硼含量均较低,对应于扩散层和基体。FeB 和 Fe_2B 硬度高、脆性大,其中 FeB 的脆性比 Fe_2B 更大。为了减少渗层脆性,一般渗硼件都希望 FeB 尽可能少
2	温度和时间	固体渗硼的工艺曲线见图 6.10。温度和时间对渗层深度的影响是一致的,温度比时间对渗硼质量影响更大(见图 6.11),可以看出,不同渗硼方法和渗剂,不同钢种,不同的渗硼温度,其曲线的形状基本一致。这说明它们的渗入机理是一样的,随着温度的升高,渗层深度增加,即温度越高越有利于渗硼。但硼铁在高温下会产生共晶(Fe-B 的共晶温度约为 1161℃),且合金元素将会使共晶点进一步下降,故渗硼温度一般在 1000℃ 以下。因此,渗硼温度一般选择在 750～950℃ 之间,生产上常用温度为 850～950℃。温度过低渗速太慢;温度过高会导致渗硼层组织疏松和材料组织晶粒长大,甚至出现共晶,影响基体强度。 　　在相同温度下,渗硼层深度随保温时间的延长而增加,但超过一定时间(5h)后,渗硼层深度增加缓慢,实际生产过程中一般选用 3～5h 为宜。
3	渗硼剂	渗硼剂的成分对渗硼的影响较大。渗硼剂活性越强,渗层越厚,FeB 比例越大;反之,渗层越薄,FeB 越少,甚至渗层中无 FeB。表 6.15 是常用的几种固体渗硼剂成分与渗硼工艺

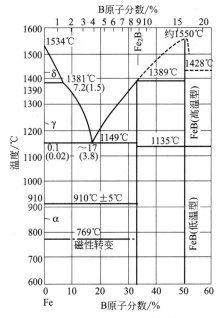

图 6.8　Fe-B 二元相图

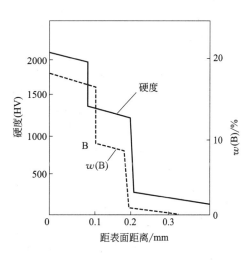

图 6.9　40 钢渗硼层硬度与浓度分布曲线（950℃×3h）

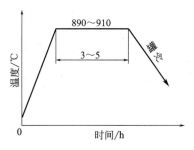

图 6.10　固体渗硼工艺曲线

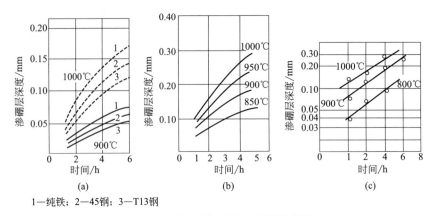

1—纯铁；2—45钢；3—T13钢

图 6.11 温度和时间对渗硼层深度的影响

（a）粉末法［在 H_2 中，97%（质量分数）硼铁+3%（质量分数）氯化铵］；（b）盐浴法［60%（质量分数）$Na_2B_4O_7$+40%（质量分数）B_4C］；（c）气体法（H_2+BCl_3，H_2：0.90mol/h，BCl_3：0.05mol/h）

表 6.15 常用固体渗硼剂成分和渗硼工艺

渗硼剂成分（质量分数）	处理工艺		渗层厚度/mm	渗层组织
	温度/℃	时间/h		
95%B_4C,2.5%Al_2O_3,2.5%NH_4Cl	950	5	0.06	$FeB+Fe_2B$
80%B_4C,20%Na_2CO_3	900~1100	3	0.09~0.32	$FeB+Fe_2B$
5%B_4C,5%KBF_4,90%SiC	700~900	3	0.02~0.1	$FeB+Fe_2B$
30%硼铁,10%KBF_4,60%SiC	800~950	4	0.09~0.1	Fe_2B
13%$Na_2B_4O_7$,13%催渗剂,10%还原剂,54%SiC,10%石墨	850	4	0.1	Fe_2B

（2）碳及合金元素的影响 由于钢件渗硼时必须将基体中的碳向内排挤以形成 Fe-B 化合物，因此钢中碳含量越高，渗硼层越薄。合金元素 W、Ti 和 Mo 会急剧降低渗硼层厚度，是阻碍硼化物形成元素；Cr、Al、Si 影响较小；而 Mn、Co、Ni 影响甚微。需要指出的是，在渗硼过程中 Si 被 B 原子置换，向基体内扩散。Si 含量高的钢材在渗硼层下会形成铁素体软带，$w(Si) \geqslant 1\%$ 的钢材渗硼时，应针对工件的服役条件考虑这种铁素体软带的影响。Si 还被认为是渗硼层中产生孔洞的根源之一。

随钢中碳含量及合金元素的增加，所形成的齿状渗硼组织前沿平坦化，会阻碍硼的扩散，减小渗硼层的厚度。渗硼过程中碳被挤向基体，在过渡区形成富碳区。中、低碳钢在渗硼后空冷，过渡区会形成过共析组织。

（3）渗硼工艺实施注意事项 渗硼工艺实施注意事项见表 6.16。

表 6.16 渗硼工艺实施注意事项

序号	项目	说　　明
1	渗硼的前处理	i.工件渗硼前应去除表面的氧化皮、油渍和其他污垢,保证待渗部位洁净。 ii.对不需渗硼的部位必须进行防渗处理。渗硼件局部防渗方法见表 6.17。 iii.渗硼层硬度高、渗层薄,因此工件渗硼前,还应进行精机械加工和消除应力处理,以避免渗层不均和渗硼后工件变形。 iv.对于精密件,渗硼后还要进行少量磨、研加工。为此,精密件渗硼前要根据变形规律,留出合适的加工余量。普通碳钢和低合金钢渗硼前后变量大约是渗硼层厚度的 10%~20%（Fe_2B 单相渗层）或 20%~30%（$FeB+Fe_2B$ 双相渗层）。 v.应对工件进行清洗

序号	项目	说　明
2	渗硼的后处理	ⅰ.由于渗硼层脆性较大,渗后冷速不能太快,否则会造成渗硼层剥落。碳钢渗硼后一般采用缓冷作为最终热处理工艺。 ⅱ.高合金工具钢多为 980℃渗硼淬火或者先行整体淬火后再在 700℃左右进行渗硼。渗硼件二次加热淬火要防止氧化脱硼。 ⅲ.对于承受较大载荷的零件,为提高基体的力学性能,使薄硼化物层获得强有力支承,渗硼后一般需淬、回火处理或经渗硼后空冷、再重新加热淬、回火处理。 ⅳ.渗硼件淬火工艺要根据基体材料的化学成分确定,淬火温度应取常规淬火温度的下限。为防止硼化层过烧,渗硼件淬火加热必须低于 Fe 和 Fe₂B 的共晶转变温度。 ⅴ.渗硼后的热处理对渗层硬度和耐磨性能基本无影响,但在一定程度上可调整渗硼层的脆性。回火温度提高,基体比体积减小,表面残余压应力增大,脆性减少。回火温度的选择,应根据渗硼件服役条件和失效形式而定。 ⅵ.渗硼层可用碳化硅砂轮、人造金刚石珩磨条、电镀金刚石研具进行磨研加工,其中电镀金刚石研具加工渗硼层既具良好加工性能,又可达到相当高光洁度和精度。精研加工渗硼层时可选用碳化硼、金刚石研磨膏。渗硼层精研加工后,可达±0.001mm 精度,$Ra<0.02\sim0.04\mu m$,$Rz<0.1\sim0.2\mu m$。目前应用于渗硼量仪测头、针阀偶件和柱塞偶件等精密件

表 6.17　渗硼件局部防渗方法

序号	防渗材料(质量分数)	涂覆方法	厚度/mm
1	铜	电　镀	0.08~0.15
2	铬	电　镀	0.02~0.04
3	10%~60%酚醛塑料有机溶液+40%~90%三氧化二铝	刷涂、喷涂	0.5~1.0
4	石墨+耐火泥+石蜡+凡士林	刷涂、喷涂	0.5~1.0

6.1.4　渗硼层的组织和性能

6.1.4.1　渗硼层的结构与组织

(1) 渗硼层的结构　铁和碳钢经渗硼处理后可形成的化合物有 FeB、Fe₂B、Fe₃(C，B)、Fe₂₃(C，B)₆ 等四种,其结构特点见表 6.18。

表 6.18　铁和碳钢经渗硼处理后所形成渗硼层的结构特点

化学式	晶格类型	结构特点
FeB	斜方晶格	晶格常数 $a=0.40583nm$,$b=0.5495nm$,$c=0.2946nm$;其晶格由 4 个 Fe 原子和 4 个 B 原子组成
Fe₂B	正方晶格(见图 6.12)	晶格常数 $a=0.5078nm$,$c=0.4249nm$
Fe₃(C，B)	正交晶格	具有与渗碳体相同的正交晶格,晶格常数 $a=0.4253nm$,$b=0.5089nm$,$c=0.6743nm$。它是含硼渗碳体,其中包括 Fe₃(C₀.₂,B₀.₈),此时硼含量最高
Fe₂₃(C，B)₆	面心立方晶格	晶格常数为 $a=(1.062\pm0.02)nm$

(2) 渗硼层(硼化物层)的组织特征　硼势高时,钢渗硼后,渗硼层结构主要由 FeB 和 Fe₂B 两相组成;硼势较低时,可得到单相 Fe₂B 层(见图 6.13)。渗硼时,硼在 FeB 和 Fe₂B 中的扩散导致沿 [001] 方向迅速生长,形成楔入基体且垂直于表面的锯齿状组织。因此,渗硼层具有方向性,齿针方向为 [001],垂直于表面。硼化物层和心部之间存在含硼量

低于硼化物层的过渡区，其中存在的含硼渗碳体［$Fe_3(C、B)$］主要有两种形态：一种是紧接硼化物层的锯齿状结晶的前沿，呈大致平行的羽毛状，它比珠光体中的渗碳体粗大得多，这类含硼渗碳体与硼化物有一定的位向关系；钢中碳含量较高时，可出现另一种形态的含硼渗碳体，沿原奥氏体晶界向内延伸，形成半网状或断续网状。X 衍射内标法发现过渡区还存在铁与富集的碳硼形成的 $Fe_{23}(C、B)_6$ 型碳化物。

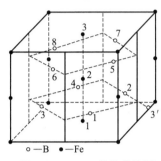

图 6.12　Fe_2B 晶胞结构图

图 6.13　渗硼层的组织（200×，3％硝酸乙醇溶液浸蚀）

① 碳钢渗硼后的显微组织特征。　见表 6.19。

表 6.19　碳钢渗硼后的显微组织特征

序号	项目	显微组织特征
1	硼化物层	低、中碳钢渗硼后，硼化物均呈齿状，这种齿状化合物以长短不齐的方式楔入基体，与基体牢固结合。钢中碳的质量分数＞0.8％时，渗硼速度明显减慢，齿状趋于平坦化而呈舌状，硼化物与基体接触面减小，削弱了与基体的结合强度。 碳虽不溶于 FeB 或 Fe_2B，但它可在硼化物的结晶面上析出游离的渗碳体（Fe_3C）；同时，B 可取代渗碳体（Fe_3C）中相当数量的碳原子而形成 $Fe_3(C、B)$。因此，在硼化物的齿向和齿尖（末端）还分布着点状、块状或羽毛状的 Fe_3C 和 $Fe_3(C、B)$ 型碳化物，这种情况在碳含量较高的钢中比较明显
2	过渡区	由于碳原子的富集和扩散进入的微量 B 的影响，过渡区组织与基体组织有明显差别，其特点是低、中碳钢渗硼后，过渡区组织中的珠光体数量增加；高碳钢渗硼后，过渡区组织中的碳化物［包括 Fe_3C 和 $Fe_3(C、B)$］型碳化物的数量增加。另外，由于 B 的渗入，除了缩小 $Fe-Fe_3C$ 相图中的 γ 区外，还促使奥氏体晶粒长大，使过渡区珠光体晶粒粗大且与基体组织界线分明

图 6.14 为 20、45、T8 钢渗硼层的金相组织图片，可以看出渗硼层中的硼化物形态随碳含量增加而发生变化。

20钢

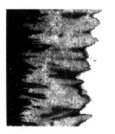

45钢　　　　　　　　　　　　T8钢

图 6.14　20、45、T8 钢硼化物层的金相形态（三钾试剂侵蚀，250×）

② 合金钢渗硼后的显微组织特征。见表 6.20。

表 6.20 合金钢渗硼后的显微组织特征

序号	项目	显微组织特征
1	硼化物层	合金钢渗硼后,硼化物的基体形态特征与碳钢相似,特别是低、中碳低合金钢,其硼化物的形态几乎与碳钢相同。对于碳含量或合金元素含量较高的中、高合金钢,大量合金元素对 B 的扩散有阻碍作用,故渗硼速度减慢,硼化物层厚度变薄,并使硼化物齿状平坦化或无明显齿状特征,从而使渗硼层与基体的结合力降低,脆性增大。合金元素中,Mo、W、Cr、Al、Si 等缩小 γ 相区的元素都会阻碍 B 的扩散,特别是 Mo 和 W,当钢中的这些元素含量较高时,渗硼速率会明显降低,硼化物层厚度减小;而扩大 γ 相区的元素 Mn、Ni、Co、N 等,对硼化物层厚度影响不大。例如,在相同工艺条件下,合金元素含量较少的 CrWMn 钢、GCr15 钢,可获得较厚的硼化物层;而 Cr12MoV 与 3Cr2W8VA 钢,由于含有大量阻碍渗硼的 Cr、W 等合金元素,渗硼层均较薄。 合金钢中的大部分合金元素,特别是碳化物形成元素 W、Mo、V、Ti 等,在渗硼过程中从表层被挤入过渡区。同时,Si 和 C 一样也明显地向内迁移,其含量在过渡区中明显增加。而 Mn 和 Cr 没有明显的向内迁移,它们除部分溶入软的硼化物中外,大部分形成 $M_3(C,B)$ 型碳硼化合物,呈颗粒状弥散分布于硼化物层中
2	过渡区	过渡区也是合金元素和碳的富集区。这些元素都会降低 B 在 A 中的扩散速度,从而减小过渡区的厚度。又因大多数合金元素在一定程度上都能抑制 C 和 B 促使 A 晶粒长大的倾向,特别是 Ti 的作用最大,其次是 Mo 和 Cr,故合金钢渗硼后的过渡区较碳钢薄,晶粒无明显粗化现象。 高碳合金钢渗硼后,过渡区中的碳化物增多。过渡区中富集的碳化物形成元素 Cr、W、Mo、V、Ti 等形成 M_3C 型碳化物(合金渗碳体),以及 $(Fe,Cr)_{23}(B,C)_6$、WC、VC 等类型碳化物,这些碳化物呈点状、块状分布在过渡区中。所以,合金钢过渡区中的碳化物明显多于碳钢,过渡区的强度、硬度显著高于碳钢。 含 Si 较高的合金钢渗硼时,被挤入过渡区中的 Si 在铁硼化合物内侧形成富 Si 区。Si 是强烈缩小 γ 相区、促使铁素体形成的元素,因此在富 Si 区域内形成铁素体软化区,在渗硼层承受较大外力时被压陷和剥落。所以 Si 的质量分数≥2%的中碳含 Si 合金钢(如 60Si2Mn)不适宜进行渗硼处理
3	合金元素在渗硼层中的再分布	图 6.15 为不同元素在渗硼层中的再分布图,可以看出,Mn、Cr 变化不大,而 Si、C 则被挤入过渡区。亚共析钢过渡区含碳量的增加,使渗层的硬度梯度变缓,改善了渗层的应力状态,有利于疲劳强度的提高。图 6.16 为几种合金钢渗硼层的金相组织图

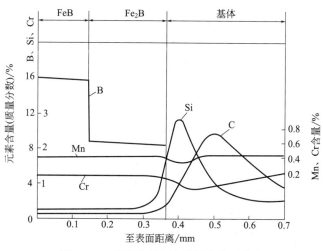

图 6.15 不同元素在渗硼层中的再分布

（3）实际应用中渗硼层的组织 渗硼层（硼化物层）通常由 Fe_2B 单相（图 6.13）或 $FeB+Fe_2B$ 双相组成,呈针状楔入基体中。40Cr 钢 850℃固体渗硼 5h 后空冷、油冷的金相显微组织见图 6.17。

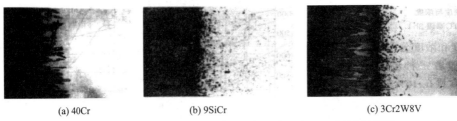

(a) 40Cr   (b) 9SiCr   (c) 3Cr2W8V

图 6.16　40Cr、9Si Cr、3Cr2W8V 钢渗硼后的金相组织（三钾试剂侵蚀，250×）

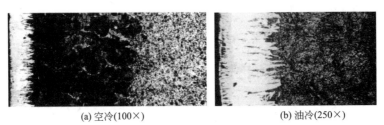

(a) 空冷(100×)   (b) 油冷(250×)

图 6.17　40Cr 钢 850℃ 固体渗硼 5h 后空冷、油冷的金相显微组织

6.1.4.2　渗硼层的性能

渗硼层的性能及应用见表 6.21。

表 6.21　渗硼层的性能及应用

序号	项目	说　明
1	物理性能	表 6.22、表 6.23 分别是硼化铁的一般物理性能和不同温度下的线膨胀系数。Fe₂B 和 FeB 与钢铁的晶体结构和点阵常数相差较大，线膨胀系数与钢铁的差别也较大，当淬火冷却速度太快时，渗硼层会出现剥落现象
2	硬度	图 6.18 为硼化物层的硬度分布曲线，与渗碳淬火层相比，硬度高，由硼化物层向内硬度急剧降低。 ①钢的碳含量对硼化物层硬度的影响。随钢的碳含量增加，两相硼化物层中 FeB 的相对量减少，并且 FeB 的硬度也随着降低(表 6.24)；从表 6.25 中看出，随着钢的碳含量增加，单相硼化层的硬度也不断下降。 ②合金元素对硼化物层硬度的影响(见表 6.26)。 ⅰ. Ni 降低硼化物层中 FeB 的硬度。 ⅱ. Mn 在硼化物层中富集，主要溶解在 Fe₂B 中，从而提高硬度。 ⅲ. Co 与 Mn 有相似的作用。 ⅳ. 在所研究的合金元素中，Cu 降低两相硼化物层中 FeB 的硬度最为强烈，在单相硼化物层中，Cu 也会降低 Fe₂B 的硬度。 ⅴ. Al 减少渗层中 FeB 的含量并降低其硬度，而对 Fe₂B 的硬度影响并不明显。 ⅵ. Cr 增加两相硼化物层表面硬度，而强烈地降低两相硼化物层中 Fe₂B 的硬度。对于单相 Fe₂B 硼化物层，Cr 显著降低其硬度。 ⅶ. 在硼化物形成过程中，Ti 富集在 FeB 中，增加渗层中 FeB 的硬度。 ⅷ. Si 含量高时，能提高中碳钢两相硼化层中 FeB 和 Fe₂B 的硬度；但 Si 含量少时，对渗硼层硬度的影响不大。 ⅸ. 钢中加 Mo 和 W 可增加硼化物层中 FeB 的硬度，但降低 Fe₂B 的硬度
3	耐磨性	渗硼层具有较小的摩擦系数、较高的硬度，所以具有良好的耐磨性。硼化物具有极高硬度，因此具有很好的抗磨粒磨损性能。研究表明，层深为 20～300μm 时，耐磨性能数倍提高，主要用于减少磨粒磨损场合，如塑料加工成型零件、水泵及阀门等零件。同时，渗硼层具有低的冷焊倾向，广泛用于金属冷加工的零件中。渗硼层的耐磨性非常好，超过渗碳层、渗氮层和碳氮共渗层的耐磨性。例如工业用工具钢的耐磨性和渗硼条件的关系见图 6.19。无缝钢管冷拔模在工作时受到的压应力很大，磨损十

序号	项目	说　　明
3	耐磨性	分严重。现用液体法渗硼处理,使模具表面有 0.11mm 渗硼层深度,表面硬度可达 1200～1400HV,使用寿命大幅提高(见表 6.27)。45 钢的磨料磨损量与单位载荷的关系见图 6.20,可以看出渗硼的抗磨料磨损性能优于淬火＋低温回火,与渗铬相当。渗硼层深度远大于渗铬等碳化物层,故经渗硼处理的瓷砖模、泥浆泵体等的使用寿命比形成碳化物渗层的渗铬等处理方法高。硅碳棒模具在 180～230℃ 的温度下进行工作,受金刚砂磨粉磨损的作用,工作压力为 500MPa 左右,正常失效形式为磨料磨损。应用膏剂渗硼[(960～980)℃×(8～10)h],使模具表面获得约 200～300μm 的渗硼层深度,使用寿命比不渗硼提高 5 倍左右(见表 6.28)。 渗硼方法或工艺参数不同,耐磨性略有不同。图 6.21 系 45 钢试样经同样渗剂、不同温度渗硼的耐磨对比曲线。低温渗硼耐磨性更好是因为其致密性更好。一般情况下,液体法、气体法比固体法的渗层组织致密、耐磨性更好。双相渗硼层组织的硬度更高,耐磨性比单相好
4	脆性	硼化物具较高脆性(其脆性一般用剥落倾向来评价)。当渗硼层深度相同时,硼化物的显微脆性与渗硼的方式无关。显微脆性随渗层深度的增加而增加。FeB 比 Fe$_2$B 的脆性大,即 FeB 相更易剥落,研磨加工困难。为减少渗层脆性,一般渗硼件都希望渗硼层只由单相 Fe$_2$B 组成。合金元素 Al、Cu、Ni 可降低 FeB 的显微脆性,而 Cr、Mn、Mo 增大 FeB 的显微脆性。合金元素(Cr 除外)都可降低 Fe$_2$B 的显微脆性,但影响较弱。在渗剂中加入 Al、Cr、Ti、RE 等金属物质,使得 Al、Cr、Ti、RE 等金属与 B 进行共渗,可降低渗硼造成的表面脆性。表面先镀镍或镀钴后再渗硼,也可改善渗硼层脆性。将这一技术应用于冲模处理,可极大提高冲模的使用寿命
5	强度和塑韧性	钢件经渗硼处理后抗拉强度和塑韧性降低,但抗压、抗扭强度提高。当渗硼试样的基体金属塑性较高时,例如经渗硼后空冷或调质处理的中、低碳钢试样,其抗拉强度较基体材料略高或基本不变,而塑性则有较大下降。其中,渗硼后基体经调质处理的试样强度增加较多,塑性下降幅度较小。当渗硼的基体脆性较大时,例如高碳、合金工具钢渗硼后空冷或中碳钢渗硼后淬火＋低温回火,其强度及塑性均下降,其中中碳钢渗硼后淬火＋低温回火降得最大。低碳合金钢渗硼后淬火＋低温回火,强度及塑性下降较少。渗硼后的冷却速度,对冲击韧度影响很大。42CrMo 钢渗硼后缓冷的 $\alpha_K = 0.49J/cm^2$;渗后调质的 $\alpha_K = 49J/cm^2$;未渗硼调质的 $\alpha_K = 68.6J/cm^2$
6	疲劳强度	硼化物层组织、厚度及渗后热处理均影响钢的疲劳极限。Fe$_2$B 单相硼化物层的疲劳极限最高(见图 6.22 及图 6.23),FeB＋Fe$_2$B 两相硼化物层次之,未渗最低。钢渗硼后空冷,表面压应力为(20～40)×10^{6}Pa,疲劳强度提高(18.5～24.5)×10^{6}Pa。渗层深度为 40～50μm,疲劳强度提高 33%。渗后淬火＋180℃ 低温回火,形成马氏体,使体积胀大,表面变为拉应力,疲劳强度降低;而淬火＋高温回火(580℃),基体组织为回火索氏体,表面变为压应力,疲劳强度有所提高。渗硼提高疲劳强度的程度因钢种而异,合金元素含量高的钢,疲劳强度显著提高。但如渗硼层太厚会引起龟裂,所以一般要求渗硼层在 100μm 左右。从提高渗硼层疲劳强度的角度来看,渗硼处理时最好获得单相 Fe$_2$B 层
7	耐蚀性能	渗硼可提高工件的耐腐蚀性。钢件渗硼后耐蚀性大幅度提高,除硝酸和海水外,在所有酸、碱、盐中都具良好耐蚀性。在硫酸、盐酸、磷酸等水溶液中,渗硼工件比未渗硼工件的耐蚀性提高 30～50 倍。在氯化钠溶液、氢氧化钠溶液中,渗硼工件的耐蚀性均有明显提高。但耐硝酸及海水腐蚀性能提高不显著。表 6.29 中数据显示,单相硼化物渗层与双相硼化物渗层的耐蚀性相差不大
8	红硬性和抗氧化性能	渗硼能提高钢的红硬性和抗高温氧化能力,使渗硼工件能在高温下工作。图 6.24 系 45 钢渗硼层硬度与温度的关系,可看出单相和双相渗硼层的硬度随温度升高而下降的速度较缓慢,Fe$_2$B 和 FeB 都具有良好的红硬性。例如经渗硼处理的热冲模,其使用寿命显著提高。用高温 X 射线衍射试验也证明了在温度加热至 700℃ 时,Fe$_2$B 的平面间距($d = 0.213nm$)尚不发生变化,这直接印证了 Fe$_2$B 金属间化合物原子间结合力在高温下仍是很强的,即具有一定的抗氧化能力。因此,硼化物的热稳定性高,硼化物层在 900～950℃ 时,硬度也不降低。45 钢渗硼层深度对高温氧化速度的影响见表 6.30。 随温度升高,氧化加剧;随硼化物层厚度减小,氧化速度增加。为进一步提高渗硼件的抗氧化性,人们常采用硼铝共渗、硼镍共渗等方法,效果也很明显

表 6.22　硼化铁的一般物理性能

类型	晶体结构	点阵常数/nm	密度/(g/cm³)	熔点/℃	备注
Fe₂B	正方晶格	5.109~4.249	7.32	1389	脆性较小
FeB	斜方晶格	4.061~5.506	7.15	1540	脆性大

表 6.23　不同温度下硼化铁的线膨胀系数

温度/℃		20~200	20~300	20~400	20~500	20~600	20~700	20~800	20~900
$\alpha/10^{-6}\text{K}^{-1}$	FeB	9.33	9.36	9.97	10.27	10.58	10.9	11.2	11.53
	Fe₂B	7.30	7.47	7.67	7.87	8.03	8.23	8.43	8.60

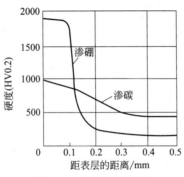

图 6.18　硬度变化曲线

表 6.24　碳含量对渗层中 FeB、Fe₂B 的相对量及硬度的影响

试样	含碳量/%	渗硼温度/℃	渗硼时间/h	相对量/%		显微硬度(HV)	
				FeB	Fe₂B	FeB	Fe₂B
工业纯铁	0.06	950	3	64	36	2100	1450
15 钢	0.13	950	3	58	42	2030	1440
40 钢	0.42	950	3	56	44	1860	1450
T7 钢	0.74	950	3	54	45	1750	1430

表 6.25　钢中碳含量对 Fe₂B 的显微硬度的影响

钢的碳含量/%	0.07	0.44	0.76
Fe₂B 的显微硬度(HV)	1740	1550	1380

表 6.26　不同钢号渗硼后的显微硬度

材料	铁	CrWMn	Cr12Mo	W12Cr4V2	W18Cr4V	含 0.41%Ni 钢	含 12%Ni 钢	2%C,12%N 钢
显微硬度 HV	1800~2290	2450~2630	2630~2830	2630~3045	2630~3435	2250	1200	847

表 6.27　45 钢渗硼冷拔模的使用寿命

模具类型	处理工艺	冷拔管规格:(直径/mm)×(壁厚/mm)	寿命/t
外模	碳氮共渗	φ57×3.5	1.6
	渗硼	φ57×3.5	6.6

模具类型	处理工艺	冷拔管规格:(直径/mm)×(壁厚/mm)	寿命/t
内模	碳氮共渗	$\phi 25 \times 3$	9
	渗硼	$\phi 25 \times 3$	33

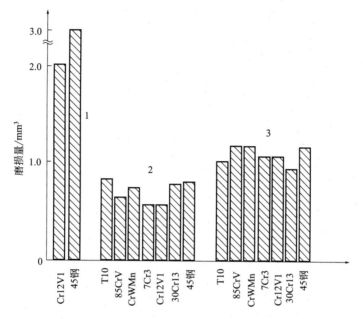

图 6.19　工业用工具钢的耐磨性和渗硼条件的关系

1—淬火和低温回火；2—在 $w(B_4C)\ 30\% + w(Na_2B_4O_7)70\%$ 混合物中经 1000℃×5h 渗硼；

3—在 $w(SiC)\ 30\% + w(Na_2B_4O_7)70\%$ 混合物中经 1000℃×5h 渗硼

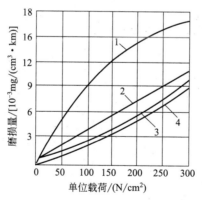

图 6.20　45 钢磨料磨损量与单位载荷的关系

1—淬火+低温回火；2—单相渗硼；3—双相渗硼；4—渗铬

表 6.28　膏剂渗硼 45 钢硅碳棒成形模的使用寿命

热处理工艺	表面金相组织	表面硬度（HV）	平均使用寿命/件
正火	珠光体+铁素体	200	250
淬火	马氏体	600	400

热处理工艺	表面金相组织	表面硬度(HV)	平均使用寿命/件
960℃×8h 渗硼,空冷	Fe₂B(渗层深度为 320μm)	1600	800
960℃×8h 渗硼,淬火	Fe₂B(渗层深度为 320μm)	1600	780
960℃×10h 渗硼,空冷	Fe₂B+FeB(渗层深度为 400μm)	2200	1250

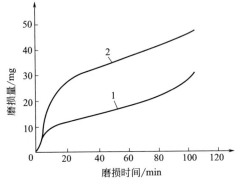

图 6.21　45 钢试样经同样渗剂、不同温度渗硼的耐磨性对比曲线
1—650℃渗硼；2—900℃渗硼

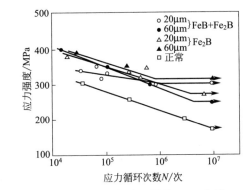

图 6.22　S50C 钢渗硼层的 S-N 曲线
（旋转弯曲疲劳试验）

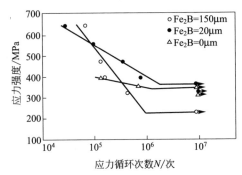

图 6.23　S35C（35）钢渗硼层的 S-N 曲线
（平面弯曲疲劳试验）

表 6.29　不同材料的耐蚀性比较

材料	状态	腐蚀速度/[g/(m²·h)]			
		10%(质量分数) H₂SO₄	30%(质量分数) HCl	10%(质量分数) HNO₃	40%(质量分数) H₃PO₄
纯铁	未渗硼	2.3	8.2	87.5	0.6
45 钢		11.1	15.0	82.1	15.9
T8 钢		17.2	16.6	81.7	15.5
纯铁	单相硼化物渗层	0.23	0.14	36.9	0.09
45 钢		0.20	0.14	22.4	0.27
T8 钢		0.33	0.24	21.9	0.40

续表

材料	状态	腐蚀速度/[g/(m² · h)]			
		10%(质量分数)H₂SO₄	30%(质量分数)HCl	10%(质量分数)HNO₃	40%(质量分数)H₃PO₄
纯铁	双相硼化物渗层	0.20	0.15	19.9	—
45 钢		0.26	0.16	25.5	0.20
T8 钢		0.30	0.20	23.4	—

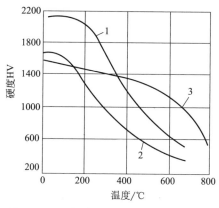

图 6.24　45 钢渗硼层硬度与温度的关系
1—单相渗硼层；2—双相渗硼层；3—渗铬

表 6.30　45 钢渗硼层深度对高温氧化速度的影响

渗硼层深度/μm	高温氧化速度/[mg/(cm² · h)]		
	600℃	700℃	800℃
100	0.05	0.100	0.462
150	0.025	0.135	0.261
200	0.013	0.110	0.200

6.1.5　渗硼工艺的应用及实例分析

6.1.5.1　渗硼工艺的应用

　　渗硼工艺可在工模具、泥浆泵缸套、柴油机燃油系统中的针阀偶件、农机犁铧、地质牙轮钻头、矿山机械等要求耐磨抗腐蚀的零件上应用，也可将普通碳钢或低合金钢经渗硼处理后代替部分合金工模具钢、不锈钢使用。根据国内外已经采用的渗硼应用实例，推荐以下零件采用渗硼工艺，以提高零件的使用寿命（表 6.31）。渗硼在模具上的应用及效果见表 6.32。

表 6.31　推荐采用渗硼的零件

工业部门	零件名称
机械工业	芯棒、涡轮衬套、夹辊、导向衬套、导向杆、滑道滑块、夹板、热蒸气喷管、斜齿轮、离合器衬片、支承板、支承辊子、冲头、深冲阴模、磨盘、混料盘、螺旋传动件、冲压工具、导环、螺栓、销子、柱塞偶件、油嘴偶件、卡规、塞规、标准件冲模
汽车工业	气门摇臂

工业部门	零件名称
农机工业	犁铧、履带、收割机刀片
建筑工业	水泥输送及制备装置的零件、制砖模板
化学工业	V泵壳、耐酸泵轴衬、叶轮、螺旋壳
塑料纺织工业	喷头、喷口板、引线器、外壳、挡板、管件、圆盘、蜗杆、圆筒、塑料制品成型模
食品工业	输送管、弯头、磨盘、筛板
陶瓷工业	孔板、阴模、冲头管件
铸造工业	衬套、芯棒、喷注口、浇注管、流嘴、浇铸塞、底板、硬模、导流件、搅拌器、护管、下浇铸口
轻工业	缝纫机耐磨易损件、卷烟机、电影放映机易损件、打火机火石轮、自行车辐条冲模、火表壳成型模
航空工业	涡流导向叶片
石油工业	钻井设备的泥浆泵

表 6.32　渗硼在模具上的应用及效果

模具名称	被加工零件	模具材料及工艺	使用寿命	效果
冷拔模外模	$\phi 56mm \times (2\sim 4)mm$ 30CrMnSiA 无缝管	45 钢,碳氮共渗	400m/模	提高寿命近 3 倍
		45 钢,渗硼	1500m/模	
冷镦模凹模	M8 六角螺母	Cr12MoV,淬火、回火	2～3 万件	提高寿命 6 倍
		Cr12MoV,渗硼	14～22 万件	
螺母冲孔顶头	M6 螺栓	65Mn,淬火、回火	0.3～0.4 万件	提高寿命 4 倍
		65Mn,渗硼	2 万件	
热冲压模	六角螺母	3Cr2W8V,碳氮共渗	1 万件	提高寿命 5 倍
		3Cr2W8V,渗硼	6 万件	
挤压模	偏心螺杆	Cr12MoV,淬火、回火	0.1～0.15 万件	提高寿命 1～2 倍
		T10 钢,渗硼	>0.32 万件	

6.1.5.2　[实例 6.1]　六角螺母凹模冷挤压模具的盐浴渗硼工艺及应用

六角螺母凹模冷挤压模具的盐浴渗硼工艺及应用见表 6.33。

表 6.33　六角螺母凹模冷挤压模具的盐浴渗硼工艺及应用

序号	项目	内容说明
1	模具名称与使用材料	六角螺母凹模形状见图 6.25。使用材料为 Cr12 钢
2	模具工作条件及失效分析	工作时模具主要承受挤压应力和金属流动对模壁的强烈磨损,凹模失效的主要原因是拉毛
3	盐浴渗硼工艺试验	①盐浴渗硼剂的配制。配方(质量分数)为:75% 硼砂、15% 碳化硅、10% 碳酸钠。可能的化学反应如下: $Na_2B_4O_7 + 2SiC \longrightarrow Na_2O \cdot 2SiO_2 + 4B + 2CO$ $Na_2B_4O_7 + SiC \longrightarrow Na_2O \cdot SiO_2 + 4B + CO_2 + O_2$ 硼砂为工业用硼砂,其量按脱水后计算;碳化硅要绿色纯净的,粒度 120 目(124μm);碳酸钠不发生化学反应,它的加入有利于渗硼零件的清洗。试验是在焊制的不锈钢罐中进行,配制时,先把不锈钢罐加热至 800℃,把含有结晶水的硼砂逐次加入,每次加入少量,以免飞溅伤人,待全部熔融后再将碳化硅逐次少量加入,并用不锈钢棒不断搅拌,均匀即可使用。

续表

序号	项目	内容说明
3	盐浴渗硼工艺试验	②盐浴渗硼操作程序。工件检验(毛刺一定要清除干净)→清洗→渗硼(940℃,3～5h)→淬火→清洗→回火→清洗→检验硬度、渗层组织及畸变情况。 ③盐浴渗硼后的热处理。渗硼后,表面形成很硬的硼化层,作为模具,在工作时要承受较大的镦锻力和挤压力,若仅有表面硬化层而模具基体硬度不足,工作时会导致渗硼层的凹陷和剥落,因此,渗硼后一般均需再对模具基体进行淬火、回火处理,其温度和时间取决于模具所选用的钢材和模具的尺寸大小。渗硼给零件热处理带来不便,渗硼后淬火处理时基体发生马氏体转变,并伴随体积的膨胀,而零件表层由坚硬的硼化物层构成的外壳没有相变和体积的变化,此时零件表层硼化物外壳就会受到拉应力的作用,应力过大就会在渗硼层中产生裂纹,所以淬火应尽量采取缓慢冷却,例如采取油冷、分级冷却或等温冷却,淬火后应及时回火。 ④盐浴渗硼的清洗。熔融的硼砂盐浴黏附在工件表面,冷却后形成硬壳,极难清洗,在沸水中需要煮2～3天。在渗硼剂中添加10%Na$_2$CO$_3$,可大大改善清洗性能,在火碱水(NaOH)溶液中煮2～3h就能清洗干净
4	试验结果及分析	选用碳钢(45,T10)、含硅钢(60Si2Mn,9SiCr)、高合金钢(Cr12)进行了940℃×4h渗硼试验,研究其组织特点、合金元素的影响以及渗硼层的性能。在所有试样中只要合乎操作规程,均未发现脆性两相层,渗层的组织形貌见图6.26,试验数据见表6.34。 ①渗硼层的组织及合金元素对渗硼的影响。本试验所得渗硼层均为Fe$_2$B单相渗层,Fe$_2$B呈舌状垂直于工件表面,插入基体晶粒之中。这是因为硼化物沿此方向快速成长,而在平行于表面的方向上发展较慢,这种结构特征使硼化物层与基体金属结合牢固,不易剥落[见图6.26(a)]。含硅钢渗硼时,在Fe$_2$B层与基体金属之间存在一过渡区,这是碳和硅不溶于硼化物之故,表层形成Fe$_2$B后,引起碳原子和硅原子的内迁,碳原子的内迁对渗硼层无坏的影响,而硅原子的内迁往往在渗硼层下面形成一软带,例如60Si2Mn钢渗硼后,硼化铁和基体之间有一明显的软带,其显微组织为铁素体[见图6.26(b)],Fe$_2$B硬度为1332HV,而铁素体硬度为354HV,由于硼化层没有坚强的支撑物,在受力时易于剥落,形成软带的原因可能是因为Si是铁素体形成元素,硅原子的内迁,在硼化层下面形成硅富集区,当加热到奥氏体化温度时,仍保持铁素体状态,在淬火冷却时,这种铁素体不产生相变,并被保留下来。 碳和合金元素都有阻碍硼扩散的作用,因此钢中碳和合金元素含量越高,渗硼速度越小,由表6.34可见,在渗硼温度和时间相同的情况下,高合金钢(Cr12)比低合金钢和碳钢的渗层厚度薄得多。另外,Cr12钢的渗硼层[见图6.26(c)]和T10钢的渗硼层[见图6.26(a)]比较,前者Fe$_2$B与过渡层的边界趋于一条线,后者Fe$_2$B与过渡层呈锯齿状交错排列。原因可能是碳和合金元素加大了硼的扩散阻力,使硼化物的前进速度变慢,显然这种结构不利,它使渗硼层与过渡区的结合不牢,易剥落。 ②渗硼层的性能。渗硼层不仅有很高的硬度和耐磨性,而且还具有很高的热稳定性和红硬性,例如把渗硼层加热到900℃空冷,其硬度仍不下降。在测试渗硼层的显微硬度时发现,显微压痕都很整齐,棱角清晰,这一事实说明硼化物相本身脆性并不大,渗硼工件所呈现的脆性可能与渗硼层结构形态、过渡层的性能以及这两层间的内应力有关。因此,在Fe$_2$B单相组织基础上改善过渡层的性能,增强过渡层和渗硼层的结合强度,淬火时力求减小这两层间的内应力,可大大提高渗硼层的性能,从而可扩大应用到带有刃口的受冲击工件上,例如冷冲模等
5	渗硼模具的应用	在样品试验的基础上,对六角螺母凹模(见图6.25)进行了寿命试验。原先使用一般淬火方法,即980℃淬火,180℃回火,硬度为62～64HRC,寿命仅1000多件。后改用盐浴氮碳共渗淬火工艺,即把Cr12凹模在高浓度氰盐浴中,于880℃氮碳共渗2h淬火,不回火直接使用,硬度为68～69HRC,寿命达5～7万件。 现采用图6.27所示渗硼＋淬火＋回火工艺曲线,渗硼层深度0.042mm,硬度1341HV。渗硼层为Fe$_2$B单相组织,使用寿命达17～22万件,比盐浴氮碳共渗淬火提高2倍多
6	小结	ⅰ.要获得Fe$_2$B单相组织应掌握3个关键点:渗硼介质活性不能太强;渗硼温度不能太高;渗硼时间不能太长。 ⅱ.由于渗硼组织的超高硬度,能大幅度提高零件的使用寿命。 ⅲ.含硅钢不适宜进行渗硼处理

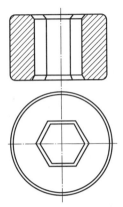

图 6.25　六角螺母凹模外形简图

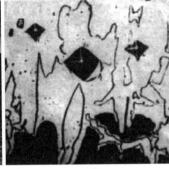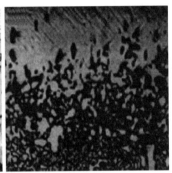

(a) T10 钢(100×)　　　　(b) 60Si2Mn钢(500×)　　　　(c) Cr12 钢(500×)

图 6.26　940℃×4h 渗硼后空冷渗层的显微组织

表 6.34　不同材料渗硼层的组织和性能

| 试验材料 | 渗硼工艺 | 渗后热处理工艺 | | | | 渗硼层组织 | 渗硼层厚度/mm | 硬度(HV0.1) |
		淬火加热温度/℃	冷却介质	回火温度/℃	回火时间/h			
45 钢	940℃×4h	820～840	水剂淬火液	180～200	2	Fe$_2$B	0.100	1432
T10 钢		780～800	水剂淬火液	160～180	2	Fe$_2$B	0.088	1332
60Si2Mn 钢		850～870	油剂淬火液	200～220	2	Fe$_2$B＋铁素体软带	0.090	1332＋354(软带)
9SiCr 钢		850～870	油剂淬火液	180～200	2	Fe$_2$B＋铁素体软带	0.060	
Cr12 钢		960～980	油剂淬火液	160～200	2	Fe$_2$B	0.036	1341

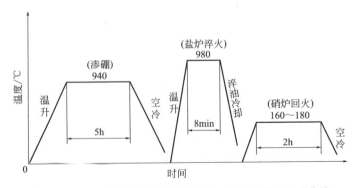

图 6.27　Cr12 钢六角螺母凹模渗硼、淬火及回火工艺曲线

6.1.6　渗硼质量控制

6.1.6.1　渗硼件的质量要求和检验

渗硼件的质量要求和检验见表 6.35。

表 6.35　渗硼件的质量要求和检验

序号	项目	具体内容
1	外观检验	零件渗硼后表面色泽应呈现较均匀的灰色或深灰色,渗层无剥落、裂纹等缺陷
2	金相组织	对脆性有要求的耐磨件,原则上应为单相 Fe_2B 组织,允许少量疏松。抗腐蚀件渗硼层组织为单相 Fe_2B 或双相 Fe_2B+FeB 均可,但渗层要求致密。渗硼层使用三钾试剂检验时,在 60℃ 侵蚀 10～15s 或在室温中侵蚀 10min 后,硼化物层的 FeB 为深褐色,Fe_2B 为黄色,基体从不着色逐渐变为浅蓝色,Fe_2B 由黄色变为棕色。如需要同时显现渗硼层两相和基体组织,可将试样腐蚀两次,即先用三钾试剂腐蚀,再用 2% 的硝酸乙醇溶液做浅腐蚀。渗硼层的类型鉴别见图 6.28 及表 6.36
3	表面硬度	采用显微硬度计测试硼化物层的硬度,载荷一般选用 0.1N。在制备好的金相试样横截面上选择致密无疏松处进行测定。FeB 相区的显微硬度为 1500～2200HV0.1,Fe_2B 相区的显微硬度为 1100～1700HV0.1。当工件不宜破坏时,也可在渗硼件表面测定硬度,表面粗糙度应保证 $Ra \leqslant 0.32\mu m$,显微硬度范围为 1200～2000HV0.1。检查渗层 FeB 及 Fe_2B 相硬度时,应采用三钾{黄血盐[$K_4Fe(CN)_6 \cdot 3H_2O$]1g,赤血盐[$K_3Fe(CN)_6$]10g,氢氧化钾(KOH)30g,水(H_2O)100mL}试剂侵蚀
4	渗层深度及测量	渗层深度应满足零件图样或工艺文件的规定。硼化物层偏差不大于表 6.37 规定。侵蚀剂采用 2%～4% 硝酸乙醇溶液。在制备好的试样横截面上测量渗硼层深度。在放大 200～300 倍的金相显微镜下,将视场分为 6 等分,在 5 个等分点上测量深度,计算算术平均值:$h=(h_1+h_2+h_3+h_4+h_5)/5$。式中,$h$ 为渗层深度。渗硼工件表面形成的 Fe_2B 或 Fe_2B+FeB 化合物层深度为硼化物层总深度。测量具有代表性的 5 个硼化物针的峰值,取其平均值
5	渗层疏松和孔洞的检验	疏松和孔洞是影响渗硼层质量的主要问题之一。目前,对渗硼层中疏松的存在形式、大小与分布及对渗硼层的脆性、耐磨性和耐蚀性的影响等均缺乏系统的研究。因此,只原则上规定耐磨件允许出现疏松区,但致密区厚度应大于疏松区,抗腐蚀件的渗硼层应力求致密,只允许有轻微的疏松,而无具体指标。一般认为 $FeB+Fe_2B$ 双相硼化物层耐磨性优于单相 Fe_2B,特别是磨粒磨损时,$FeB+Fe_2B$ 双相硼化物层更要好一些。但承受一定冲击载荷和交变载荷的工件,其单相 Fe_2B 的耐磨性则优于 $FeB+Fe_2B$ 双相硼化物层。从减少脆性角度考虑,多数场合宜采用单相 Fe_2B 硼化物层

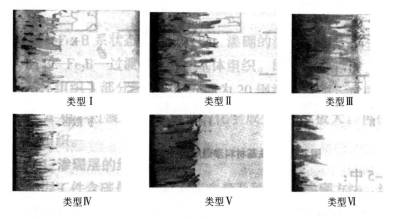

图 6.28　渗硼层类型 (JB/T 7709—1995,250×,侵蚀剂:三钾试剂)

表 6.36　渗硼层类型的说明

类　　型	说　　　　明
I	单相 Fe_2B
II	双相 $FeB+Fe_2B$，FeB 约占 1/3
III	双相 $FeB+Fe_2B$，FeB 约占 1/2
IV	双相 $FeB+Fe_2B$，FeB 约占 2/3
V	齿状渗层
VI	不完整渗层

表 6.37　硼化物层偏差　　　　　　　　　　　单位：μm

硼化物层深度范围	单件	同批(工件和材质相同)
100 以下	±5	±10
100 以上	±10	±10

6.1.6.2　硼化物层常见的缺陷及其预防措施

渗硼常见缺陷及其预防措施见表 6.38。

表 6.38　渗硼常见缺陷及其预防措施

缺陷名称	产生原因	预防措施
渗硼层深度不够	①渗硼温度低； ②保温时间短； ③渗剂活性不足	①按工艺正确定温,检查或鉴定仪表； ②延长保温时间； ③检查渗剂的活性及质量
渗硼层存在疏松及孔洞	①渗硼温度高； ②渗硼剂中氟硼酸钾及硫脲等活化剂较多； ③与钢种有关	①适当降低渗硼温度； ②降低渗硼剂中氟硼酸钾及硫脲的含量； ③采用高碳钢或高碳合金钢,比采用中碳钢渗硼好些
垂直于表面的裂纹	渗硼后冷速过快	渗硼后采用较缓和的冷速,如油冷或空冷
平行于表面的裂纹	渗硼层中 FeB 和 Fe_2B 之间存在相间应力	获得 Fe_2B 单相渗硼层组织；渗硼后 600℃ 去应力
渗硼层剥落	①渗硼层太深； ②渗硼层存在严重疏松裂纹或软带等缺陷	①适当控制渗硼层深度； ②获得单相 Fe_2B 渗硼层,避免产生疏松、裂纹或软带等缺陷
硼化物层与基体之间有软带	合金元素硅在渗硼过程中向内部扩散,富集于硼化物层下面。硅为铁素体形成元素,硅元素富集区在高温时为铁素体状态,冷却后仍为铁素体状态,故在硼化物层与基体之间形成软带	渗硼工件选材时的硅含量应在 0.5%(质量分数)以下
渗硼层过烧	①渗硼温度太高； ②渗硼后重新加热淬火温度过高	①控制渗硼温度在正常范围内； ②重新淬火的加热温度不得超过 1080℃

6.2 渗金属工艺及应用

6.2.1 概述

6.2.1.1 定义、目的及作用

工件在含有被渗金属元素的渗剂中加热到适当温度并保温，使这些元素渗入表层的化学热处理工艺，称为渗金属。它可实现工件表面的合金化，达到提高工件工作面的性能、节约贵重金属的目的。

渗层的性能和用途取决于渗入原子的性质及作用机理。渗入强碳化物形成元素 Cr、V、Nb、Ti 等，可在零件表面形成合金固溶体和合金碳化物，提高力学性能（见表 6.39）；渗入与氧亲和力高的 Al、Zn 等，能在表面形成致密的氧化膜，提高零件在多种介质中的腐蚀防护能力。

渗金属是钢铁零件表面强化工艺方法之一。渗金属可提高其抗大气腐蚀、抗高温氧化能力和耐磨性，以低廉材料代替昂贵材料。除钢铁材料外，航空工业常用的镍基、钴基合金也常需渗金属以提高其抗高温氧化和耐腐蚀能力等。

表 6.39　几种渗金属层与渗硼、淬火钢的性能对比

渗层种类	渗层深度/μm	表面硬度（HV）	耐磨性	抗热黏着	耐蚀性	抗高温氧化性
VC	5~15	2500~2800	高	高	较高	差
NbC	5~15	2400	高	高	较高	差
TiC	5~15	3200	高	高	高	高
$(Cr、Fe)_{23}C_6$	10~20	1520~1800	较高	较高	较高	较高
渗硼	50~100	1200~2000	较高	中	中	中
淬火钢	—	600~700	一般	差	差	差

6.2.1.2 适用材料

渗金属可用于碳钢、合金钢、铸铁、镍基合金、钴基合金、钛合金、铜合金、铝合金等。其中以强化为目的的应用于黑色金属最为常见。

渗金属主要适用于碳含量较高的钢铁件，渗入元素大多数为 W、Mo、Ta、V、Nb 等碳化物形成元素，主要利用其与碳的亲和力比铁强，能从铁中获得碳原子的能力，从而形成金属碳化物［如 $(Cr、Fe)_7C_3$、VC、TiC、NbC 等］渗层。为获得碳化物层，基材中碳的质量分数必须＞0.45%。

6.2.1.3 渗金属方法及特点

渗金属方法包括渗铝、渗锌、渗铬、渗钛、渗钒、渗钨、渗锰和渗镍等。钢件渗金属的工艺方法有多种，按照渗剂的状态可分为固体法、液体法、气体法和离子法等，我国常用的是液体法和固体法。各种方法及其特点见表 6.40。

表 6.40　各种渗金属方法和特点

方法	渗剂组分	特点
粉末法	金属粉或金属化合物和还原剂(如:铝粉)、卤化铵、氧化铝等	一般装箱在高温箱式炉、井式炉中进行加热保温。装箱和出炉时劳动强度大
膏剂法	金属粉或金属合金粉、活化剂、黏结剂	多用感应加热,应用不多
硼砂熔盐法	以 $Na_2B_4O_7$ 为基,加入金属粉或金属化合物和还原剂(如:铝粉)	一般用坩埚盐浴炉。熔盐稳定,渗层均匀,盐挥发少,不易老化,无公害。缺点是工件取出时粘盐较多。应用较广
中性熔盐法	以中性盐为基,加入金属粉或金属化合物和还原剂(如:铝粉)	可在坩埚盐浴炉或电极盐炉中渗金属。盐浴流动性好,工件取出时粘盐较少;盐浴上下成分不太均匀
电解熔盐法	以 $Na_2B_4O_7$ 为基,金属(扩散元素)板作为阳极	在电解坩埚盐浴炉中渗金属。熔盐稳定,无公害;工装夹具较复杂。应用不多
气体法	金属的卤化物气体	含有毒、有腐蚀、易爆炸气体,对设备要求高,操作时必须注意安全
离子法	用欲渗金属作中间极(源极)	渗速快,渗层均匀,劳动条件好。应用不多

6.2.2　常用渗金属工艺方法

表 6.41 系三种渗金属工艺方法常用的渗剂成分和工艺参数。用固体法、液体法渗金属获得的渗层表面粗糙度与处理前相差不大。由于渗层深度一般只有 $5\sim15\mu m$,需处理的工件在处理前必须加工到要求的表面粗糙度。固体法、液体法渗金属设备简单、操作方便、成本低、应用广泛。三种渗金属工艺方法的特点见表 6.42。

表 6.41　三种渗金属工艺方法常用的渗剂成分和工艺参数

工艺方法	渗剂成分(质量分数)	温度/℃	时间/h	渗层深度/mm	基体材料
固体法	$Cr50\%+Al_2O_348\%\sim49\%+NH_4Cl$ $1\%\sim2\%$	$980\sim1100$	$6\sim10$	$0.05\sim0.15$ $0.02\sim0.04$	低碳钢 高碳钢
	$Cr73.5\%+Al_2O_323\%+NH_4Cl$ $2\%+NaF$ $1\%+$ $KHF_20.5\%$	$1000\sim1100$	$4\sim8$	0.05	低碳钢
	Cr-Fe(Cr 65%,C 0.1%)$60\%+$陶土 $39.8\%+$ NH_4I 0.2%	$850\sim1100$	15	$0.04\sim0.06$	低碳钢
	铁钒合金粉(含钒 30%)$60\%+Al_2O_340\%$	1100	10	$0.012\sim0.016$	碳钢
	铁钒合金粉(含钒 30%)$98\%+NH_4Cl$ 2%	1050	3	$0.012\sim0.016$	碳钢
	金属钒粉 $98\%+NH_4Cl$ 2%	$900\sim1150$	$3\sim9$	$0.008\sim0.038$	06Cr18Ni10Ti
	金属钒粉 $50\%+Al_2O_348\%+NH_4Cl$ 2%	1150	3	0.01	06Cr18Ni10Ti
	铌铁粉(含铌 51%)$60\%+Al_2O_335\%+NH_4Cl$ 5%	960	4	0.025	碳钢
	Nb15%+Na_3AlF_6 $10\%+Al$ $1\%+$硼砂余量,醇酸清漆	1000	4	0.020	GCr15 钢
	Ti-Fe 粉 $50\%+NH_4Cl$ $5\%+$过氯乙烯 $5\%+Al_2O_340\%$	1100	8	0.007	碳钢
	$TiO_249\%+Al_2O_329\%+Al$ $20\%+NH_4Cl$ 2%	1000	6	0.01	碳钢

续表

工艺方法	渗剂成分(质量分数)	温度/℃	时间/h	渗层深度/mm	基体材料
液体法	Cr 粉 10%＋Na$_2$B$_4$O$_2$90%	1000	5.5	17.5	T12 钢
	Cr$_2$O$_3$12%＋Al 粉 5%＋Na$_2$B$_4$O$_7$83%	950～1050	4～6	0.015～0.02	T12 钢
	Cr$_2$O$_3$10%＋Al 4%＋(BaCl$_2$50%＋Na$_2$B$_4$O$_7$20%＋KCl 30%)86%	950	5	0.02	碳钢
	V 粉 10%＋Na$_2$B$_4$O$_7$90%	1000	5.5	22～24.5	T12 钢
	V-Fe 10%＋Na$_2$B$_4$O$_7$90%	1000	5.5	22	T12 钢
	V$_2$O$_5$10%＋Al 粉 5%＋Na$_2$B$_4$O$_7$85%	1000	5.5	17	T12 钢
	V$_2$O$_5$10%＋Al 粉 5%＋Na$_2$B$_4$O$_7$55%＋中性盐 30%	820～880	5	5～16	T10 钢
	V$_2$O$_5$10%＋NaF 9%＋Si-Ca-RE 9%＋NaCl 7.2%＋BaCl$_2$64.8%	950	6	12	T12 钢
	Nb 粉 10%＋Na$_2$B$_4$O$_7$90%	1000	5.5	20	T12 钢
气体法	CrCl$_2$,N$_2$(或 H$_2$＋N$_2$)	1100	5	0.04	42CrMo
	(TiCl$_2$＋H$_2$)或 Ti 粉,CCl$_4$ 蒸气	1000	1～3	0.015～0.025	T12 钢
	Cr 块(经 NH$_4$F・HF 活化处理),NH$_4$Cl,H$_2$	1050	6～8	0.02～0.03	35CrMo

表 6.42　三种渗金属工艺方法的特点

工艺方法	特　点
固体法	通过固体渗剂中预渗金属原子与被渗金属相互作用进行渗金属,或者通过渗剂中反应还原出的金属原子在工件表面吸附、扩散而渗入工件表面。前者渗剂主要由金属粉末或金属合金粉末、活化剂等组成,渗剂稳定性高,成本也高;后者由金属的化合物、还原剂、活化剂等组成,成本较低。 　　固体渗金属由于可不考虑坩埚、马弗罐等设备的使用寿命,渗金属温度可在 1000℃ 以上进行,这将极大提高渗金属的速度和渗层深度。固体法渗剂可用金属粉末作为供渗剂,使得渗剂中金属原子浓度提高,也提高了渗金属速度和向内扩散的动力,故用固体法容易获得较深的渗层。常用的粉末渗金属用剂的成分见表 6.43
液体法（熔盐法（非电解法））	通过悬浮在熔盐中的预渗金属原子与被渗金属相互作用形成渗层(熔盐主要由金属或金属合金粉末、活化剂等组成);或者渗剂中反应还原出的金属原子在工件表面吸附、扩散而渗入工件表面(熔盐主要由金属的化合物、还原剂、活化剂等组成)。由于加热保温时,热运动造成熔盐不断地对流,使得工件各处表面都能保持一定量的活性金属原子,故熔盐渗金属具有均匀性较好和渗金属速度较高的优点。熔盐渗金属一般在坩埚加热炉中进行,这就限制了加热温度的提高,一般加热保温≤980℃。熔盐法渗金属根据基盐的组成,可分为硼砂熔盐渗金属和中性盐渗金属等。 　　①硼砂熔盐渗金属(俗称 TD 法)。它是在高温下将钢铁件放入硼砂熔盐浴中保温一定时间后,可在材料表面形成几微米到数十微米的金属碳化物层的工艺技术。其中应用最多的是在硼砂盐浴中形成 Cr、V、Nb、Ti 等的碳化物渗层。由于碳化物渗层具有高硬度、高耐磨性等特性,TD 法很快受到了广泛重视。 　　ⅰ.碳化物的形成。渗金属时碳化物的形成是扩渗的金属原子与钢铁表面层中的碳原子结合的过程。碳化物的形成过程大体可分为: 　　a.在熔盐等介质中产生形成碳化物金属元素的活性原子,并向钢件表面扩散; 　　b.形成的碳化物金属元素活性原子被钢件表面吸附,与表面层碳原子结合生成金属碳化物; 　　c.基体金属中碳原子和形成碳化物金属原子(M)相互扩散,使金属碳化物层不断增厚。 　　ⅱ.形成碳化物渗层的方法与工艺。硼砂熔盐浴具有稳定性好,无公害,能溶解工件表面氧化物使表面活化,有利于金属元素吸附,操作简便,可直接淬火,成本低等优点,是最常用的方法。将钢件(钢、铸铁、钴合金、镍合金、硬质合金等)浸入以硼砂为基,含有铬、钒、铌、钛等铁合金粉末或其氧化物与还原剂的熔盐中,在一定温度(800～1000℃)下加热并保温,使钢件表面形成金属碳化物(V、Cr、Nb、Ti 的碳化物)渗层的过程即称熔盐碳化物渗层法,其工艺与渗剂示例见表 6.44。粉末和硼砂熔盐渗金属的温度和保持时间列于表 6.45。温度、时间、渗剂活性及钢材碳含量等对碳化物渗层深度都有影响。通常工具钢件一般要求碳化物渗层深达 4～7μm,使用效果较好

续表

工艺方法		特　点
液体法	熔盐法（非电解法）	②中性盐渗金属。它是在中性盐浴中加入由金属、金属合金粉末或者金属化合物和还原剂组成的渗剂，进行渗金属的工艺技术。中性盐渗金属的盐浴流动性好，工件的粘盐少，工件上的残盐较易清洗，但渗剂容易沉淀，造成位于盐浴上下的工件渗层不均匀。为改善此状况，可在中性盐中加入一定量的硼砂，并用金属化合物和还原剂组成渗剂。硼砂的加入提高了盐浴的密度和黏度，从而提高了盐浴承载渗剂的能力；降低了盐浴的氧含量，延缓了渗剂老化时间。金属化合物和还原剂组成的渗剂，降低了渗剂密度，提高了渗剂在盐浴中的均匀性。由中性盐、硼砂、金属化合物和还原剂组成的渗金属盐浴，具有良好的工艺性能和渗金属效果
	电解法	将预渗金属放在电解质熔盐中，通过电场作用产生预渗金属离子，使之与工件接触并扩散进入基体。其方法之一是用硼砂熔盐作为电解质熔盐，用预渗金属作为阳极并通电（电流密度为 $0.1 \sim 1.0 A/cm^2$），使金属溶入熔盐中，再渗入工件。此法在我国研究和生产应用中都不多
气体法		利用金属的卤化物气体同氢气的还原反应，或与工件材料间的置换反应，在工件表面上析出活性金属原子而进行渗金属的方法。金属卤化物气体的获得方法主要有两种：ⅰ.将卤化物气体与加热到高温的金属块反应获得；ⅱ.将金属卤化物盐加热到高温产生金属卤化物气体。 气体渗金属周期短，速度快，劳动强度小，便于自动控制工艺参数，适合于大批量生产。由于气体渗金属使用氢气，易爆炸，会产生有毒、有腐蚀的卤化氢等卤化物气体，在使用时需要特殊设备，操作必须规范，注意安全

表 6.43　粉末渗金属用剂的成分

序号	类别	渗剂成分（质量分数）/%
1	渗 Cr	①Cr 粉 50（供铬剂）、NH_4Cl 1～2（催渗剂）、Al_2O_3 48～49（填充剂）； ②Cr-Fe 粉 48～50（供铬剂）、NH_4Cl 2（催渗剂）、Al_2O_3 48～50（填充剂）； ③Cr-Fe 粉 60（含 Cr65，C 0.1，供铬剂）、NH_4I 0.2（催渗剂）、陶土 39.8； ④Cr 粉 51～52（供铬剂）、AlF_3 2～3（催渗剂）、Al_2O_3 45～47（填充剂）； ⑤Cr-Fe 粉 60（供铬剂）、NH_4Cl 2～5、KBF_4 5～10、NH_4Fl 1～2（催渗剂）、Al_2O_3 余量（填充剂）
2	渗 Ti	①TiO_2 50（供钛剂）、$(NH_4)_2SO_4$ 2.5、NH_4Cl 0.5（催渗剂）、Al18、Al_2O_3 29（填充剂）； ②Ti-Fe 75（供钛剂）、NaF 4、HCl 6（催渗剂）、CaF_2 15（填充剂）
3	渗 Nb	Nb50（供铌剂）、NH_4Cl 1（催渗剂）、Al_2O_3 49（填充剂）
4	渗 V	V-Fe 粉 60（供钒剂）、NH_4Cl 3（催渗剂）、高岭土 37（填充剂）
5	B-Al 共渗	①Al13.5、B_2O_3 16（供 A1、B 剂）、NaF0.5（催渗剂）、Al_2O_3 70（填充剂）； ②Al16、B_2O_3 13.5（供 A1、B 剂）、NaF0.5（催渗剂）、Al_2O_3 70（填充剂）
6	Cr-Al 共渗	Al-Fe 粉 75，Cr-Fe 粉 25，另加 NH_4Cl 1.5（催渗剂）

表 6.44　熔盐碳化物渗层法的工艺与渗剂示例

方法	渗剂组分（质量分数）/%	处理工艺		渗层深度/μm	备注
		温度/℃	时间/h		
硼砂熔盐法	$Na_2B_4O_7$ 为基，金属粉（如 V、Nb、Ti、Ta、Cr 等）8～10；或 V_2O_5、Nb_2O_3、TiO_2、Cr_2O_3 等 10，加 Al 粉 5（或 Al-Fe、B-Fe）	950～1000	3～6	10～20	TD 法，质量稳定，熔盐流动性稍差
中性熔盐法	KCl、NaCl（或 $BaCl_2$）组成的中性熔盐，加金属粉或金属盐类	950～1000	3～6	10～15	熔盐流动性较好，活性及稳定性稍差

表 6.45　粉末和硼砂熔盐渗金属的温度和保持时间

金属类别	渗金属工艺			冷却方式
	装炉温度/℃	加热温度/℃	保持时间/h	
渗铬	700	950～1100	6～10	粉末渗时可随炉冷至室温；熔盐渗时，完
渗铝	700	850～950	2～6	成保温取出空冷

6.2.3　钢件渗金属后的热处理

碳化物渗层渗后一般都需进行淬火和回火。

（1）熔盐渗金属　对 Cr12 钢，可从熔盐中取出后直接油中淬火，再回火。如果粘盐太多，亦可空冷、清洗后再重新加热淬火。

（2）固体渗金属　一般不宜开箱直接淬火，原因是劳动条件太差，有的渗剂热开箱气味太大，甚至有毒，对身体有害；有的渗剂热开箱易结块，易粘在工件表面上，不易清洗；有的渗剂热开箱影响重复使用。

（3）渗钒、渗铌、渗铬、渗钛等渗金属　大多需要重新加热淬火。

（4）渗后热处理应注意点

ⅰ.渗金属工件最好采用防氧化、脱碳能力强的盐浴加热。如果条件限制，也可用渗金属渗箱，用旧渗剂或木炭末保护，密封不必太严，以便开箱出件淬火。

ⅱ.渗后淬火件的淬火温度取该钢常规淬火温度下限。淬火加热时间和冷却介质与常规淬火一样。

ⅲ.回火温度可取常规温度上限，回火时间相同。

ⅳ.为延长使用寿命，有的渗前增加基体的强韧化处理。如为提高 Cr12 钢搓丝板的强韧性，950℃×4.5h 渗钒前，先进行 1050℃油淬＋680℃×2h 回火的强韧化处理，使其使用寿命比一般淬火提高 3～4 倍。

6.2.4　常见渗金属层的组织和性能

6.2.4.1　常见渗金属层的组织特征

渗金属层的组织和渗入金属的浓度分布主要与基体材料成分有关，而渗金属工艺的影响较小。钢的渗金属层组织和渗入金属浓度分布受碳含量的影响最大。

常见渗金属法所形成的碳化物型渗层致密但很薄（约 0.005～0.02mm），与基体相接触的界面呈直线状，仅有微量的扩散。图 6.29 系常见钢的渗金属层的金相组织。经液体介质扩渗的渗层组织光滑而致密，呈白亮色。当工件中碳的质量分数为 0.45% 时，工件表面除碳化物层外，还有一层极薄的贫碳 α 层。当工件碳的质量分数＞1% 时，只有碳化物层。表 6.46 系几种渗层的相组成。

表 6.46　几种碳化物渗层的相组成

类型	钒碳化物渗层	碳化铌渗层	钛碳化物渗层	碳化钽渗层	铬碳化物渗层
相组成	VC，$VC+V_2C$	NbC	TC，$TiC+FeTi_2$	TaC	$(Cr,Fe)_{23}C_6$，$(Cr,Fe)_{23}C_6+(Cr,Fe)_7C_3$

图 6.30(a) 为 T12 钢渗钛后空冷的金相组织。渗钛后表面白亮层主要是碳化钛。白亮层与基体之间有明显的比较宽的黑色过渡区，与基体的界面高低不平，再往里是基体；

(a) 35CrMo钢粉末渗铬(1100℃×8h)层 (b) T12钢熔盐渗钒层 (c) GCr15钢熔盐渗铌层

图 6.29　钢的渗金属层的金相组织（500×）

图 6.30(b) 系碳化钒渗层的光学金相组织，可以看出其由三部分组成：表面的白亮层内部有一些麻点，呈轻微的海绵状。白亮层与基体之间存在很窄的易腐蚀过渡层，与基体之间有微呈高低不平的边界，界线明显。在显微镜下的碳化钒渗层为近似直线状的白亮带。

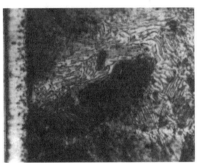

(a) 渗钛后空冷的金相组织 (b) 渗钒层的金相组织

图 6.30　T12 钢碳化钛、碳化钒渗层的光学金相组织特征（×400）

6.2.4.2　渗金属层的性能

渗金属层硬度极高，耐磨性很好，抗咬合和抗擦伤能力也很高，且具有摩擦系数小等优点。常见的碳化物渗层的性能特征见表 6.47。

表 6.47　常见碳化物渗层的性能特征

序号	项目	性能特征
1	高硬度与优异的耐磨性能	钢中碳化物大多是以化合物为基的固溶体。表 6.48 给出了一些碳化物的硬度范围，并与硼化层做了比较。碳化物渗层还具有优良的高温硬度，如在 800℃高温下仍具 1000HV 硬度。碳化物渗层的高硬度、较低摩擦系数和高残余压应力(如碳含量为 1.6％的钢钒碳化物渗层，其残余压应力可达 2400MPa)，赋予其很好的耐磨性、抗擦伤性和抗剥落性能。试验结果表明，VC、NbC 和 TiC 渗层的耐磨性均可与硬质合金相当；所有碳化物渗层的耐磨性都比工具钢淬火、渗氮等硬化层好。碳化物渗层具高熔点和高硬度，因而还具优良的抗咬合性能
2	较低的脆性	许多研究者先后用不同方法测定了碳化物渗层的剥落脆性和断裂脆性，几乎所有的试验都得出相同的结论，碳化物层脆性小，与基体结合牢固。例如用 $\phi6.4mm$ 淬火钢球打击渗钒和渗铬的碳化物渗层，承受 20 万次打击后都未产生裂纹和剥落。TD 法的粉末法和 CVD、PVD 法沉积的 TiC 层，经 5～10 万次反复打击后才产生裂纹和剥落，而镀铬层中只承受反复打击五万次后便产生剥落
3	比基体有所降低的疲劳强度和冲击韧度	钢经渗钒后的疲劳强度与冲击韧度，比未处理的基体(淬火加回火时)都要有所降低。如碳化钒渗层的疲劳强度约为其基体的 65％～95％

序号	项目	性能特征
4	良好的耐蚀性与抗高温氧化性	渗钒层、渗铌层在盐酸、硫酸、磷酸、氢氧化钠、氯化钡、氯化钠等水溶液中均有优良的耐蚀性。VC 和 NbC 渗层对水、室外露水也具有优良的耐蚀性。VC 和 NbC 渗层在浓盐酸、浓硫酸中比 SUS304（0Cr19Ni9Mn2）奥氏体不锈钢的耐蚀性好。碳化物渗层不易被熔融金属浸蚀。碳化物（VC、NbC、TiC 等）渗层在低于 500℃ 的空气中加热时，几乎不氧化，增重很少。VC 渗层在 600℃ 加热时，因生成氧化物而增重；NbC 渗层在 600℃ 加热因发生剥落而失重；铬的碳化物渗层加热到 900℃ 时质量变化很少，因而它们均具有良好的抗高温氧化性。钛、锰、钨等碳化物的抗高温性与 VC、NbC 相近

表 6.48　渗层的硬度　　　　单位：HV

渗层化合物	硬度	渗层化合物	硬度
碳化钛	3000～3800	碳化铬	1400～2200
碳化钒	3800	FeB	1600～2200
碳化钨	2400～3000	Fe_2B	1300～1800
碳化铌	2400～3000	碳化锰	1200～1700
碳化锆	2400～2800	碳化铁	1200～1500
碳化钽	1600～2400		

6.2.5　渗铬工艺及应用

6.2.5.1　渗铬工艺特点

渗铬是指将工件放在能产生活性铬原子的介质中，经一定温度的加热并保温，使铬元素渗入工件表面的热处理工艺，即在高温下，将活性铬原子通过金属工件表面吸收，以及铬、铁和碳的相互扩散，在工件表面生成一层结合牢固的铁-铬-碳的合金层。

渗铬的主要目的是提高钢铁件的耐蚀性、抗高温氧化性和耐磨性。渗铬适用于碳钢，合金钢，铸铁，镍基、钴基合金，难熔金属及有色金属等工件，是提高工件表面性能，延长使用寿命，以廉价材料代替不锈钢和耐热钢的重要途径。

（1）常用渗铬方法与处理工艺　渗铬与其他化学热处理一样，随渗铬温度的升高和保温时间的延长，渗铬层深度增加。渗铬层深度也是温度和时间的函数。几种常用的渗铬方法、渗铬剂与处理工艺见表 6.49。

表 6.49　几种常用的渗铬方法、渗剂成分、处理工艺与渗层深度

方法	渗剂成分（质量分数）（%）	处理工艺		渗层深度 /mm	备　注
		温度/℃	时间/h		
粉末法	Cr 粉 50，Al_2O_3 48～49，NH_4Cl 1～2	980～1050 980～1050	6～10 6～10	0.05～0.15 0.02～0.04	低碳钢渗铬层深度 中、高碳钢渗铬层深度
	Cr 粉 73.5，Al_2O_3 23，NH_4Cl 2，NaF 1，KHF_2 0.5	1000～1050	4～8	0.05	NaF，KHF_2 是清洁剂
	Cr 粉∶Fe 粉∶Al_2O_3＝2∶1∶7，另加 NH_4Cl 1～2，通 H_2	1050	20	0.03～0.04	渗层表面 Cr 的质量分数可达 80%（8590 合金）
	Cr-Fe 粉 60，NH_4Cl 2～5，KBF_4 5～10，NH_4F 1～2，余量 Al_2O_3				添加黏结剂成粒状渗剂，可减少 Cr 粉消耗，加快渗速
	Cr-Fe 粉（含 Cr65，C 0.1）60，陶土 39.8，NH_4F 0.2	850～1050	8～15	0.04～0.06	英国 DAL 法低熔点玻璃封罐

续表

方法	渗剂成分(质量分数)(%)	处理工艺		渗层深度 /mm	备　注
		温度/℃	时间/h		
溶盐法	Cr_2O_3 粉 10～12, Al 粉 3～5, $Na_2B_4O_7$ 85～90	950～1050	4～6	0.015～0.02	熔盐稳定,但流动性稍差
	$BaCl_2$ 70, NaCl 30, 另加盐酸处理过的 Cr 粉(或 Cr-Fe 粉)	1050	1～5		用还原气氛保护
气体法	Cr 块(经 $NH_4F \cdot HF$ 活化处理),间断加入 NH_4Cl, 通 H_2	1050	6～8	0.02～0.03	用于抗 H_2S 腐蚀阀杆等
	α 合金(活性铬源)氟化物(清洁剂)通卤化氢, H_2	900～1000	5～12	0.254～0.38	Alphatized 法:生产渗铬钢带
	$CrCl_2$, N_2(或 H_2+N_2)	1000	4	0.04	42CrMo,铬势控制,日本
喷涂热扩散法	Cr-Fe 粉(含 Cr>80%)静电喷涂或涂覆于钢带上,压实通 Cl_2, H_2 气扩散	880～950	12～16		表层含 Cr 26%～28%,建立生产线,生产渗铬钢板
离子法	纯 Cr 块为铬源,通 Ar	900～1100	2～5	20～200	双层辉光离子渗,铬块放置中间极(源极)。真空度 10^{-3}Pa

（2）几种渗铬方法的特点　见表 6.50。

表 6.50　几种渗铬方法的特点

序号	方法	特　点
1	固体渗铬法	将渗铬剂与工件一起装箱,密封,放在箱式或井式高温炉中加热进行渗铬。固体渗铬剂有粉末、粒状和膏剂三种。防止渗铬剂结块和铬粉氧化是渗铬工艺的关键,为此,渗铬剂混合后要在 150～200℃先烘干 1～2h,并应注意密封渗箱。 　　固体粉末通入氢气渗铬,像一般固体渗铬一样装箱。在渗箱上安置上进出气管。渗铬剂成分为 2%氯化铵＋43%氧化铬,其余为填充剂。加热到 1000℃,保温 0.5h 后定期通氢排氧。氢气使氯化铵与氧化铬反应生成氯化亚铬,再还原成新生态铬原子进行渗铬,即 $$CrCl_2 + H_2 \longrightarrow 2HCl + [Cr]$$
2	真空渗铬法	将工件与粒度为 3～5mm 的纯铬一起放在真空炉膛中,真空度达到 0.013Pa 时,开始升温渗铬,温度为 1100～1150℃。铬在真空和高温下会升华,形成气相。蒸发的铬通过工件吸附进行渗铬。如 1150℃×12h 渗铬,20 钢渗铬层深度为 300μm,T12 钢为 10μm,保温后炉冷到 250℃以下出炉。真空渗铬还可采用下列方法。 　　i. 膏剂渗铬真空炉加热。将铬粉与氧化高碳铬铁粉,加过氯乙烯水溶液调匀后喷涂于钢板上,涂层厚度为 50～80μm,干燥后放在 13.33Pa 真空度的真空炉中加热,在 1200℃保温 40min,可得到银白色的渗铬钢件,渗层厚度为 15～20μm。氧化高碳铬铁是将高碳铬铁放入氧化性气氛电炉中,于 800～1100℃加热,使其中一部分铬和铁氧化成 Cr_2O_3 和 Fe_2O_3。氧化铬与氧化铁在渗铬过程中能使工件表面脱碳,从而加快了渗铬过程,缩短了保温时间。 　　ii. 高频电流感应加热渗铬。95%铬粉＋1%氯化铵＋4%氯化铁,用水解硅酸乙酯制成膏剂。涂覆于工件表面,涂层厚度为 0.25mm。干燥后,在氢气保护下,高频电流感应加热到 1200℃,保温 2min。渗铬层深为 28～30μm,渗层均匀,表面光泽发亮,膏剂在热水中很容易被洗掉。还可将 75%铬粉＋25%氟铝酸钠渗铬剂;95%铬粉＋4%氯化亚铁＋1%氯化铵渗铬剂;或 97%铬铁＋3%氯化铵渗铬剂,用正硅酸乙酯湿涂覆于工件表面,高频电流感应加热进行渗铬。将工件埋在 50%铬铁＋50%耐火黏土中,放入石英容器中,在真空度为 0.133Pa 下感应加热到 1000℃,保温 20min,靠铬的蒸气渗铬,渗铬层深为 30μm。将工件先镀铬,再高频电流感应加热进行扩散退火,如镀铬的工业纯铁,以 50℃/s 的速度加热到 1200℃,保温 2min 可得到 61μm 的渗铬层。

序号	方法	特　　点
2	真空渗铬法	ⅲ.工件直接通电加热。工件放在盛有 50%铬铁＋(1%～2%)氯化铵＋(48%～49%)氧化铝的容器中,容器两端与电焊机的电极相接,以渗剂粉末和工件为回路,靠工件本身电阻,粉末之间及粉末与工件之间产生的微电弧,将工件加热。这种微电弧的高温作用,可使渗剂中活性物质加速分解和电离,从而加速渗铬过程。如:T8 钢于 1000℃保温 50min,渗铬层为 29μm。自来水厂水下工作的液压蝶阀长轴,用 45 钢渗铬代替 1Cr13 不锈钢,提高了经济效益。造纸厂纸机长网部件上 M14 螺钉,改用 45 钢渗铬,寿命提高 4 倍多
3	双层辉光离子渗铬法	装置见图 6.31。在阴极与阳极、中间极(源极)之间分别起辉放电,称为双层辉光放电。源极(预渗的铬源)以原子或离子方式溅射产生铬,沉积在工件(阴极)表面,并向基体内扩散形成渗铬层。它具有渗速快、生产周期短、劳动条件好等优点。通常用纯铬块为铬源,通入氩气,炉压 1.33～1330Pa,电压＜1000V,电源取决于工件数量、尺寸等
4	静电喷涂热扩散渗铬法	将钢带喷湿,静电喷上铬铁粉(含铬 80%以上),烘干并压实后,在高温炉中热扩散。图 6.32 系其生产工艺流程。钢带经辊式涂刷机后,表面浸上一层卤化物,加热至 400℃、保温 6h 时,铬粉被活化,同时通入氢气或氩气,然后经 900～950℃、12～20h 热扩散,形成渗铬钢带

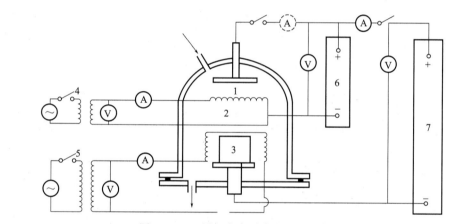

图 6.31　双层辉光离子渗金属试验装置

1—阳极；2—源极；3—阴极（工件）；4—源极加热电源；

5—阴极加热电源；6—源极电源；7—阴极电源

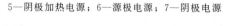

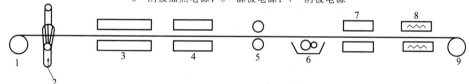

图 6.32　静电喷涂热扩散渗铬法生产工艺流程示意图

1—钢带；2—喷水润湿；3—静电喷铬粉；4—辐射干燥；5—压结机；

6—辊式涂刷机；7—干燥炉；8—高温炉；9—钢卷

6.2.5.2　渗铬工艺参数及其影响因素

渗铬工艺中的工艺参数为温度、保温时间。渗铬为金属间的相互作用,原子半径相差不大,故原子的迁移困难,因此必须提高渗铬温度和延长时间。渗铬的工艺曲线见图 6.33。渗铬工艺参数的影响因素见表 6.51。

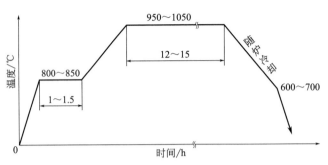

图 6.33　渗铬的工艺曲线示意图

表 6.51　渗铬工艺参数的影响因素

序号	影响因素	说　明
1	温度	在渗铬过程中,温度的高低对渗层的影响十分明显。采用的设备不同,其温度也有差异,通常的规律为:固体渗铬温度高于液体和气体渗铬温度;合金钢的渗铬温度高于碳钢;高熔点的合金渗铬温度高于钢。由图 6.34 可知,随着温度的升高,钢件表面的渗层增厚。综合考虑设备因素和渗层等技术要求,一般选用的渗铬温度为 900～1100℃
2	时间	渗铬时的保温时间是确定渗铬层深度十分关键的因素。在渗铬过程中,铬原子需克服钢中碳、合金元素的扩散阻力,渗入零件的表面。随着时间的延长,开始阶段渗层深度增加很快,随后速度缓慢,时间与渗层深度呈对数曲线关系,见图 6.35。要达到渗层深度 0.005～0.040mm,一般保温时间为 3～6h 为宜
3	合金元素	合金元素对渗铬层的影响很大,合金元素含量越高则渗层越浅,因此渗铬件的合金元素含量不宜过高。渗铬件化学成分不同,影响也不同。对低碳钢和低碳合金钢而言,铬固溶于钢的基体中,与碳结合为 $Cr_{23}C_6$ 碳化物,阻碍铬原子的扩散进行,渗铬层的深度变薄,合金元素对渗铬层深度的影响见图 6.36;对中、高碳钢和中、高合金钢而言,其渗层全为金属碳化物覆盖层,渗铬层深度取决于碳原子的扩散速度,碳原子的含量增加,渗层增厚。研究表明,可通过对零件进行预处理,提高工件表面的碳含量,从而提高渗铬的速度和厚度等,如预渗碳、预碳氮共渗或预氮碳共渗等,表 6.52 为两种材料进行不同预处理后的结果比较
4	小结	钢中含有形成碳化物的合金元素越多,含量越高,则碳在钢中的扩散速度越慢,金属碳化物覆盖层越薄;而钢中硅元素含量越高,将促使碳原子扩散能力越强,金属碳化物覆盖层越厚。不同钢种试样的渗铬层深度见表 6.53

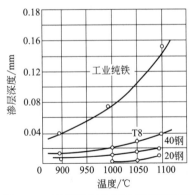

图 6.34　渗铬温度对渗层深度的影响

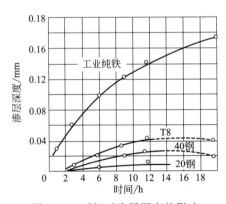

图 6.35　时间对渗层深度的影响

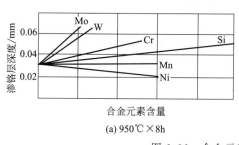 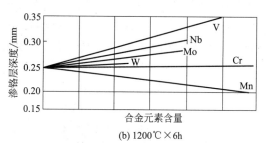

(a) 950℃×8h   (b) 1200℃×6h

图 6.36   合金元素对渗铬层深度的影响

表 6.52   20CrMnTi 和 T10 钢进行不同预处理后的渗层比较

材料牌号	20CrMnTi		T10	
预渗情况	碳氮共渗	未处理	碳氮共渗	未处理
渗铬层深度/mm	21.7	6.9	31.4	21.5

表 6.53   不同钢种试样的渗铬层深度

钢种	T10	CrWMnV	GCr15	65Mn	Cr12MoV	3Cr2W8V	W18Cr4V
渗铬层深度/μm	22	15.0	18	12.2	12	8.2	7.8

6.2.5.3   渗铬层的组织与性能

（1）渗铬层的组织

① 渗铬层的组织和渗入金属含量分布。这主要与基体材料成分有关，受钢中碳含量影响最大。

对于低碳钢和低碳合金钢渗铬，表面形成固溶体，并有游离分布的碳化物，渗入元素含量分布由表及里逐渐减少。

对于中、高碳（合金）钢渗铬，表面形成碳化物型渗层，渗层中渗入元素含量极高，几乎不含基体金属，界面浓度陡降。

② 渗铬层的组织特征。钢的碳含量对渗铬层的组织和平均铬、碳含量的影响见表 6.54。

表 6.54   钢的碳含量对渗铬层的组织和平均铬、碳含量的关系

钢中碳含量 $w(C)/\%$	0.05	0.15	0.41	0.61	1.04	1.18
渗铬层的组织结构	α	α $(Cr,Fe)_{23}C_6$	$(Cr,Fe)_{23}C_6$ $(Cr,Fe)_7C_3$ $(Fe,Cr)_7C_3$	$(Cr,Fe)_{23}C_6$ $(Cr,Fe)_7C_3$ $(Fe,Cr)_7C_3$	$(Cr,Fe)_{23}C_6$ $(Cr,Fe)_7C_3$ $(Fe,Cr)_7C_3$	$(Cr,Fe)_{23}C_6$ $(Cr,Fe)_7C_3$ $(Fe,Cr)_7C_3$
渗铬层中平均铬含量 $w(Cr)/\%$	25	24.5	30	36.5	70.0	60
渗铬层中平均碳含量 $w(C)/\%$		2～3	5～7	6～8	8	8

纯铁渗铬时，渗铬层是铬在 α-Fe 中的固溶体，呈柱状，渗层深度可达 $500\mu m$，硬度为 $200\sim 300HV$。铬在钢中是较强碳化物形成元素，高碳钢渗铬时会形成 $(Cr，Fe)_7C_3$、$(Cr，Fe)_{23}C_6$ 及 $(Fe，Cr)_3C$ 等组成的碳化物层，硬度约为 $1500HV$。随着钢中碳含量的增加，当碳含量为 0.05% 时，就会在 α 柱状晶界上产生铬碳化物；当钢碳含量 $>0.1\%$ 时，渗层表面出现连续

铬铁碳化物相。图 6.37 系 20 钢真空粉末法渗铬层组织，图中箭头 A 表示（Cr，Fe）$_{23}$C$_6$，B 表示（Cr，Fe）$_7$C$_3$，C 表示（Cr，Fe）$_3$C，E 表示 Cr$_2$（N，C），D 表示包晶组织。由于粉末渗剂中卤化铵分解时提供活性氮原子，往往在渗层表面出现 Cr$_2$（N，C）相。

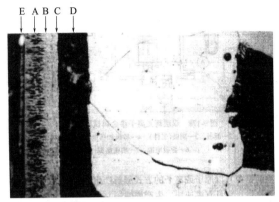

图 6.37　20 钢真空粉末法渗铬层组织（1050℃加热、保温 6h，炉冷）（500×）

渗层浸蚀剂：铁氰化钾 15g，氢氧化钾 5g，水 100mL，电解浸蚀

钢件渗铬形成的碳化物型渗层致密，与基体的界面呈直线状，见图 6.38。

图 6.38　35CrMo 钢粉末渗铬层金相组织（500×，1100℃×8h）

（2）渗铬层的性能

渗铬层的性能见表 6.55。

表 6.55　渗铬层的性能

序号	性能	说　明
1	硬度	渗铬层的硬度由渗层组织及相对含量决定。基体材料的化学成分是决定渗铬层组织的主要因素，也是影响渗铬层硬度的主要因素。钢的渗铬层硬度主要受钢的碳含量影响。图 6.39 系不同钢种的渗铬层硬度分布，曲线形状基本一样，即渗铬层与基体界面处的硬度陡降。这是由于渗层相结构是铬的碳化物，铬的碳化物具有很高的硬度，远远高于基体硬度。与渗硼相比，铬的碳化物韧性较好，渗层的应力也小，故渗层脆性较小，不易造成工件的早期失效。钢的渗铬层具有很高的硬度，见表 6.56
2	耐磨性	渗铬层具有较低的摩擦系数和较高的硬度，耐磨性很好。图 6.40 系不同钢种渗铬以及 45 钢渗碳淬火的耐磨性对比，可以看出各种钢渗铬后耐磨性相差不大，但都明显高于 45 钢渗碳淬火。这说明各种钢渗铬层组织相同，耐磨性相近。例如 T8A、Cr12 钢制拉伸模经渗铬处理［渗剂成分（质量分数）：铬粉 50%＋氧化铝粉 48%＋氯化铵 2%］，渗层表面硬度 1560HV0.2，延长使用寿命 3～10 倍（见表 6.57）

序号	性能	说　　明
3	耐蚀性	渗铬层具有良好的耐蚀性。对于低碳钢和低碳低合金钢渗铬,表面的高铬含量极大地提高了耐蚀性;对于中、高碳钢,中、高碳合金钢,表面的碳化物涂覆层也具有很高的耐蚀性。渗铬层在大气、过热蒸汽、有机酸、硝酸、碱及含硫气体等介质中,均具有良好的耐蚀性,但对盐酸的耐蚀性则很不好。将 CrWMn 钢渗铬后的试件与未处理的试样以及 12Cr13 不锈钢放入不同腐蚀介质中浸蚀 24h,耐蚀性比较见表 6.58。由表中可看出,CrWMn 钢经渗铬处理后具有比 12Cr13 不锈钢更佳的耐蚀性
4	抗高温氧化性	渗铬层具有优良的抗高温氧化性能。在空气中,700～800℃ 温度范围内,渗铬低碳钢可长期使用(见表 6.59);温度达到或超过 900℃ 时,氧化速率较快,寿命有限。这是因为在高温下发生铬的二次扩散,同时铁也向表层扩散,降低了表面层中铬的浓度。 　　钢中碳含量不同,渗铬后其抗高温氧化性能有较大差别。实验证明,渗铬高碳钢的抗高温氧化性能优于渗铬低碳钢。除碳钢外,不锈钢经渗铬后,其抗高温氧化性能也有明显提高。将 CrWMn 钢渗铬后的试样与未处理的试样在不同温度下加热 2h 进行氧化,其抗高温氧化对比曲线见图 6.41,可以看出渗铬试样抗氧化性能明显优于未处理试样,在 700℃ 以下,渗铬试样几乎无氧化失重。 　　渗铬件在 750℃ 可长期使用,在 750℃ 以上渗铬件的抗高温氧化性比渗铝件差。因此,当工件的技术要求以抗氧化性为主时,应采用比较经济的渗铝为好。如同时还要求耐磨性、耐蚀性和抗氧化性,则可用渗铬。α 固溶体渗铬层具有良好的塑性和延展性,可轧、拉、弯曲加工
5	热硬性	高碳钢渗铬层的突出优点是具有高的热硬性,加热到 850℃ 时,其硬度仍保持 1200HV 左右。它的热硬性不仅远高于高速钢,而且在硼化物、碳化物渗层中也居首位

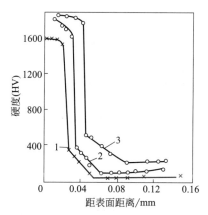

图 6.39　不同钢种的渗铬层硬度分布
1—20 钢;2—45 钢;3—T8 钢

表 6.56　钢的渗铬层硬度

钢的牌号	45	T8	T12	GCr15	Cr12
硬度(HV0.1)	1331～1404	1404～1482	1404～1482	1404～1665	1765～1877

表 6.57　拉伸模具渗铬的应用效果

模具名称	模具材料	被加工件材料	渗铬工艺	淬火与回火工艺	硬度 HRC	使用效果
罩壳拉深模	T8A	0.5mm 厚 08F 钢	1100℃×8h	820℃ 淬入 160℃ 碱浴,低温回火	65～67	可拉伸 10000 件以上
			—		58～62	每拉伸 100～200 件需修模一次,总寿命 1500 件
铁盒拉深模	Cr12	1.0mm 厚 08F 钢	1100℃×10h	1000℃ 淬油,低温回火	66～67	可拉伸 900 件以上
			—		60～62	<100 件

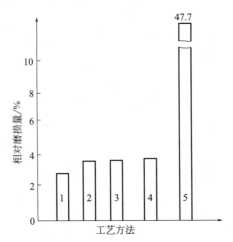

图 6.40　不同钢渗铬以及 45 钢渗碳淬火的耐磨性对比

1—45 钢渗碳渗铬；2—T12 钢渗铬；3—Cr12MoV 钢渗铬；4—45 钢渗硼；5—45 钢渗碳淬火

表 6.58　耐蚀性的比较

腐蚀介质(质量分数)		10%HCl	10%H$_2$SO$_4$	10%HCl+10%H$_2$SO$_4$+10%HNO$_3$
腐蚀失重/g	原始状态 CrWMn 钢	1.863	1.142	0.889
	渗铬处理 CrWMn 钢	0.035	0.026	0.065
	12Cr13 不锈钢	0.443	0.731	0.721

表 6.59　渗铬对低碳钢抗高温氧化性的影响

处理方法	氧化增重/(mg/cm^2)	
	700℃ 保持 100h	700℃ 保持 1000h
未渗铬	40.4	147.7
喷镀后退火渗铬	6.68	13.8
喷镀后退火渗铬再进行补充热处理	4.06	9.33
渗铬	0.04	0.15

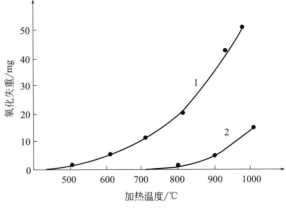

图 6.41　CrWMn 钢抗高温氧化对比曲线

1—未处理；2—渗铬

6.2.5.4 渗铬工艺的应用

渗铬工艺的应用见表 6.60。

表 6.60 渗铬工艺的应用

序号	项目	说　明
1	概述	渗铬工艺在耐腐蚀、抗高温氧化与高温腐蚀、耐磨损及工模具等方面均获得了广泛应用,如应用于汽车消声器、换热器,化学工业中各类容器,食品工业中各种食品储槽与机械零件,厨房用具等,可提高工作可靠性与耐久性;应用于燃气轮机叶片、喷嘴、喷气管、增压器、高温管道、火花塞、阀门、标准件等,可延长其使用寿命;应用于透平钻机零件、传动链条、木材电动锯、纺机钢领、气缸套、丝杆、磨刀棒等,可提高其耐磨性能和使用寿命;应用于各种模具如冷冲模、拉伸与弯曲模、挤压模及锌、铝、铜合金压铸模等,可延长使用寿命 0.5～5 倍,甚至十几倍
2	碳钢渗铬	传统渗铬温度为 900～980℃,对于碳钢存在温度偏高造成组织粗大等问题。现通过稀土催渗或改进渗剂成分,可在 700～860℃获得 6～10μm 的渗层,使工件性能得到较大改善。工件碳含量越高,渗铬层越深,硬度及耐磨性就越好。对于 Q235 等低碳钢,通过渗碳或氮碳共渗+渗铬,不但可获得较深的渗层,而且具有更好的表面硬度和耐磨性
3	工模具钢渗铬	将渗铬工艺应用于工模具,可获得良好效果。如 Cr12、Cr12MoV 等高铬冷作模具钢,通过加入稀土改进渗剂配方或增加渗氮预处理等方法,渗铬层深度由几个微米增至 17～20μm,表面硬度>1500HV,使模具耐磨性成倍增加,使用寿命和加工精度明显提高。 对于 4Cr5MoSiv1 钢制铝挤压模,经预渗碳后再渗铬+淬火+二次回火处理,与淬火+回火+渗氮的模具比较,使用寿命提高了 50%以上。近年来广泛开展了低温渗铬研究,通过淬火+回火+8h 离子渗氮+560℃低温盐浴渗铬,获得了 6μm 的渗铬层,硬度可达 1450～1550HV。螺丝攻耐磨性的试验结果见表 6.61。可见渗铬能显著改善工具钢的性能
4	渗铬钢可代替高合金钢	渗铬钢可代替部分耐酸钢、耐热钢等,可节约合金材料。例如用低碳钢渗铬代替 11%铬钢制造汽车消音器获得成功,消音器的废气腐蚀试验结果见表 6.62,可见渗铬钢的耐蚀性、抗氧化性能比 11%Cr 铬钢还要好

表 6.61 渗铬与未渗铬螺丝攻的抗磨试验结果

工具类型	未渗铬	渗　铬					
		1	2	3	4	5	6
使用次数	250	2125	4250	3400	2690	3040	7665
改进系数	×1	×8.5	×17	×13.5	×10.5	×12	×30.5
备注	沿齿的整个侧面磨损	仅沿齿的前沿磨损,重磨后可再用					

采用粉末渗铬,被切削材料为酚醛塑料。

表 6.62 汽车消音器的废气腐蚀试验结果

钢板种类	腐蚀失重量/(g/m²)
碳　钢	285.3
镀锌钢	188.4
11%Cr 铬钢	34.4
17%Cr 不锈钢	10.8
渗铬钢	21.5

6.2.6 渗钒工艺及应用

6.2.6.1 渗钒的含义、目的与技术要求

渗钒是将工件放在产生钒原子的介质中，在一定温度下加热并保温，使钒渗入其表面的化学热处理工艺（见图6.42）。其主要目的在于提高各种钢制工件的耐磨性和耐蚀性。

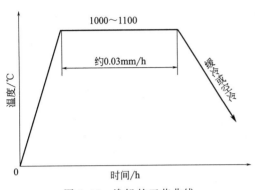

图 6.42　渗钒的工艺曲线

渗钒的技术要求：①低碳钢渗钒后，表面组织为钒在铁素体中的固溶体；中高碳钢为碳化钒或碳化钒与铁素体的混合物。②工件渗钒后，耐酸、盐腐蚀。③中高碳钢渗钒后，硬度不低于2000HV。

6.2.6.2 渗钒工艺及影响因素

渗钒的方法主要有盐浴渗钒、固体渗钒和气体渗钒等，目前国内主要是硼砂盐浴法和固体粉末法。常用渗钒剂成分与工艺规范见表6.63。

表 6.63　常用渗钒剂成分与工艺规范

方　　法		渗钒剂成分	工艺规范	
			温度/℃	时间/h
固体粉末渗钒	1	铁钒合金（含30%V）60%＋Al_2O_3 33%＋NH_4Cl 7%	1100	10
	2	铁钒合金（含30%V）98%＋NH_4Cl 2%	1050	3
	3	钒98%＋NH_4Cl 2%	900～1150	3～9
	4	钒50%＋Al_2O_3 48%＋NH_4Cl 2%	900～1150	3～9
	5	钒49%＋TiO_2 49%＋NH_4Cl 2%	900～1150	3～9
硼砂盐浴渗钒	1	无水硼砂90%＋钒10%	900～1050	6
	2	无水硼砂90%＋铁钒合金（含67%V）10%	900～1050	6
	3	无水硼砂90%＋钒401 10%	900～1050	6

渗钒层薄，工件渗钒前需将表面清理干净，不得有油污和锈迹等污物。为增加渗层深度和硬度，也可进行渗碳或渗氮处理。渗钒时，影响渗钒层深度的主要因素是温度、时间、工件的化学成分等。随温度升高，渗钒层深度增加（见表6.64）。硼砂盐浴渗钒温度为900～980℃，固体粉末渗钒温度为950～1100℃。增加保温时间，渗钒层深度呈对数曲线增加，见表6.65。一般渗钒时间为5～7h。

表 6.64　T10 钢不同温度的渗层深度（保温时间5h）

温度/℃	820	840	860	880
渗层深度/μm	5～6	9～10	12～13	15～16

表 6.65　T10 钢不同保温时间对渗层深度的影响（860℃）

时间/h	3	4	5	6	7	8	9
渗层深度/μm	5～6	6～7.5	10	12～12.5	12.5	3	13～13.5

钢的碳含量越高，固体（液体）渗钒的渗层深度越深；反之则渗层深度越浅。图 6.43 为碳含量和温度对渗钒层深度的影响。预先渗碳或碳氮共渗、氮碳共渗，可增加渗层硬度和渗层深度（见表 6.66）。表 6.67 是不同钢种试样经 860℃×6h 盐浴渗钒所获得的渗层深度。

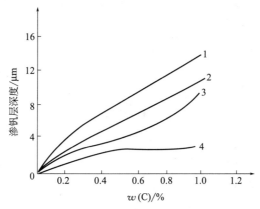

图 6.43 碳含量和温度对渗钒层深度的影响
1—1000℃；2—950℃；3—900℃；4—850℃

表 6.66 预处理工艺对渗钒层深度及硬度的影响（渗钒工艺：960℃×4h）

材料	35CrMnTi		T8	
预处理	氮碳共渗	无	氮碳共渗	无
渗层深度/μm	22.5	12.5	25.0	17.5
渗层硬度(HV0.2)	2421	356	2875	2780

表 6.67 不同钢种试样经 860℃×6h 盐浴渗钒的渗层深度   单位：μm

牌号	20	45	T10	9SiCr	65Mn
渗层深度	3	7.5	13.7~16	13.7~15	11.3
牌号	CrWMnV	GCr15	Cr12	3Cr2W8V	W18Cr4V
渗层深度	15	11.3~13.7	7~7.5	6	5

6.2.6.3 渗钒层的组织与性能

（1）渗钒层的组织特征 渗钒层的组织和渗入金属的含量分布主要与基体材料的成分有关。钢的渗钒层组织和渗钒层渗入金属含量分布受钢中碳含量影响最大。中、高碳（合金）钢渗钒，表面形成碳化物型渗层，渗层中渗入金属含量极高，渗层中几乎不含基体金属。钢的渗钒层的组织为 VC 或 VC＋V_2C。钢件渗钒形成的碳化物渗层致密，与基体的界面呈直线状，见图 6.44。

（2）渗钒层的性能

① 硬度。钢的渗钒层具有很高的硬度。基体材料化学成分是决定渗金属层组织的主要因素，也是影响渗层硬度的主要因素。表 6.68 为典型钢材渗钒层的硬度值，可以看出渗钒层的硬度主要受钢碳含量的影响。随钢中碳含量的增加，渗金属层硬度增加，合金含量增加对硬度的影响不大。

表 6.68   典型钢材渗钒层的硬度值

钢材的牌号	45	T8	T12	GCr15	Cr12
渗钒层硬度(HV0.1)	1560～1870	2136～2288	2422～3380	2422～3259	2136～3380

注：渗钒工艺为 1000℃×6h。

渗钒层硬度由表及里逐渐降低，在渗层交界处，形成硬度陡降。图 6.45 是 T12 钢渗钒层的硬度分布曲线（用盐浴法渗钒）。

图 6.44   T12 钢盐浴渗钒层的金相显微组织（500×）

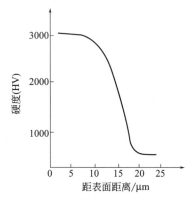

图 6.45   T12 钢渗钒层的硬度分布曲线

② 耐磨性。渗钒等渗金属形成的碳化物覆层具有较低摩擦系数，耐磨性很好。几种材料不同处理工艺的摩擦系数见表 6.69。图 6.46 系不同钢渗金属与经其他工艺强化后的耐磨性比较，可以看出渗钒层的耐磨性不但远高于渗碳淬火，且明显优于渗硼、渗铬。这是因为渗钒处理的硬度更高，摩擦系数也更小（表 6.69），故渗钒较广泛应用于工模具等高耐磨工件。渗钒具有比液体渗氮、离子渗氮更好的耐磨性，高合金钢渗钒具有比低合金钢更好的耐磨性。

表 6.69   几种材料不同处理工艺的摩擦系数（以低合金钢为摩擦偶件）

试样	Cr12MoV 模具钢淬火＋回火	钢渗铬	钢渗钒	钢渗铌
摩擦系数	0.36～0.37	0.27～0.33	0.28～0.32	0.30～0.31

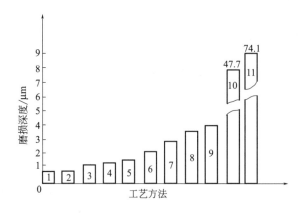

图 6.46   不同钢渗金属与其他工艺强化后的耐磨性比较

1—45 钢渗 C 渗 V；2—T12 钢渗 V；3—Cr12 钢渗 V；4—Cr12 钢渗 Nb；5—T12A 钢渗 V；6—45 钢渗 C 渗 Nb；
7—45 钢渗 C 渗 Cr；8—Cr12 钢渗 Cr；9—45 钢渗 B；10—45 钢渗 C 淬火；11—45 钢液体 C-N 共渗淬火

③ 耐蚀性。渗钒形成的金属碳化物层具有很好的耐蚀性，表 6.70 列出了渗钒、渗铬、渗铌的金属碳化物渗层和不同渗硼层的耐蚀性对比。从表中可以看出，金属碳化物覆层具有比合金、渗硼层更好的耐蚀性。在碳化物覆层中，渗钒层略低于渗铬层。

表 6.70　渗钒、渗铬、渗铌的金属碳化物渗层和不同渗硼层的耐蚀性对比

腐蚀介质（体积分数）	腐蚀时间/h	腐蚀失重/g						
		06Cr19Ni10	T10	VC 层	NbC 层	铬铁碳化物层	FeB	Fe₂B
10%HCl	25	1.1	53.2	0.5	0.7	0.2	0.8	1.3
20%HCl	25	36.1	144.7	4.1	0.7	2.8	2.3	10.0
浓 HCl	25	86.9	—	0.3	0.3	5.0	—	—
10%H₂SO₄	50	3.5	226.6	2.4	3.3	2.7	1.1	1.6
20%H₂SO₄	50	18.8	—	0.3	0.8	0.2	3.1	1.6
10%HNO₃	25	0	—	1.9	—	3.9	—	—
10%H₃PO₄	50	0	49.0	1.0	0.4	0.9	2.2	3.2
5%BaCl₂	50	0	0.1	0.15	0.3	0.3	0.3	0.5
5%NaCl	50	0	0.3	0.4	0.5	0.1	0.4	0.6
10%NaOH	50	0	0	0.04	—	0.03	0.1	0.7

④ 抗高温氧化性能。渗金属渗层的抗高温氧化性能因碳化物种类不同而不同。碳化钒渗层在 600℃内都有良好的抗高温氧化性能。

6.2.6.4　渗钒件的热处理及应用

工件渗钒后应进行淬火＋回火等强化处理。对于零件淬火温度低于渗钒温度的，为使工件心部获得一定的强度和韧性，渗钒后应空冷正火，随之进行细化晶粒（或球化）退火，然后按正常的温度对工件进行淬火与回火。但加热应在中性盐浴中进行，以免降低渗层性能。

对于零件淬火温度高于渗钒温度的，如高合金钢（淬火温度在 970℃以上的 Cr12MoV 和 W18Cr4V 钢等）可在渗钒后，继续升温至其正常淬火温度后进行保温及冷却，然后回火。

渗钒工艺主要应用于工模具等高耐磨类工件。

6.2.7　渗金属工艺的工业应用

6.2.7.1　渗金属工艺的选用

碳化物渗层具有良好的抗咬合性和抗黏着性、较低的渗层脆性。良好的抗蚀性，而且渗铬、渗钒、渗铌等渗金属工艺具有设备简单、操作方便、无环境污染以及被渗零件可重复处理等优点，因而越来越受到人们的重视，其应用范围不断扩大。表 6.71 大致比较了钒、铌、铬等碳化物渗层、硼化物与淬火钢的有关性能，可供选用时参考。

表 6.71　几种渗层的性能比较

渗层	渗层深度/μm	耐磨性	抗黏着性	抗蚀性	抗氧化性	用　　途
VC	5～15	好	较好	较好	较差	400℃以下，耐磨、抗黏着、抗蚀
NbC	5～15	好	较好	较好	中	500℃以下，耐磨、抗黏着、抗蚀

渗层	渗层深度/μm	耐磨性	抗黏着性	抗蚀性	抗氧化性	用　　途
Cr-C	5～15	中	中	较好	好	600℃以下,抗氧化、抗蚀、耐磨
渗硼	50～150	中	中	较好	中	600℃以下,耐磨、抗蚀
淬火钢	—	较差	较差	较差	较差	

6.2.7.2　碳化物渗层工艺应用示例

硼砂熔盐碳化物渗层工艺（TD法）已得到较广泛应用，不仅可提高工模具寿命几倍乃至几十倍，而且在机械、汽车、冶金、石化、纺织等工业中都有应用，效果很好，部分应用示例见表6.72、表6.73。

表 6.72　碳化物渗层工艺应用举例

应用领域	工件名称
各种机械的耐磨件	柱塞、液压缸、喷嘴、叶片、阀、侧板、凸轮、轴承、轴棘爪、导轨、链条、衬套、芯棒等
板材冲压、线材与管材等加工	落料模、弯曲模、深冲模、拔丝模、切边模、轧制成形辊、导块、导销、卷绕接缝辊、卷绕铁芯、送料辊、卡盘爪、轿直辊等
热作模与成型模	锻压模、温挤模、轧锻模、压铸模、橡胶成型模、注塑模、玻璃模、粉末冶金成形模、重力铸造套筒销等
刀具	切削刀具、剪切刀生、钻头、丝锥

表 6.73　工模具碳化钒、碳化铌渗层提高使用寿命效果举例

工　件	原材料与工艺	现材料与覆层	提高寿命倍数	备　注
落料模	Cr12 钢淬火＋回火	Cr12 VC层	＞10	冲 1.5mm 厚缝纫机面板
冲头	Cr12MnV 钢淬火＋回火	Cr5MoV NbC层	10	冲热轧钢汽车零件
精整冲头	W6Mo5Cr4V2 钢淬火＋回火	Cr12MoV VC层	5～10	冲制壁厚 2mm 件
橡胶成型阴模	T9 钢淬火＋回火	T9 钢 VC层	20	
缩杆模	Cr12MoV 钢淬火＋回火	Cr12MoV VC层	＞2.5	用于 Q235 钢螺钉缩杆
落料模	Cr12MoV 钢淬火＋回火	Cr12MoV NbC层	＞10	冲裁 3.2mm 厚 08F 钢板
挤压凹模	GCr15 钢淬火＋回火	GCr15 VC层	4.5～6	挤 201 轴承环

6.2.7.3　渗金属工艺实施注意事项

渗金属工艺实施注意事项见表6.74。

表 6.74　渗金属工艺实施注意事项

序号	项目	说　　明
1	基体材料的合理选择	碳含量＞0.4％的碳钢和碳含量＞0.3％合金钢，原则上都适用于渗钒、渗铌等形成碳化物金属元素。基体材料成分基本上不改变碳化物渗层的性能，因而采用渗钒、渗铌时在许多情况下都可用低合金钢，甚至可用碳钢代替高合金钢制作模具等，以降低成本。碳化物渗层塑性很小，使用过程中如基体材料产生少量变形，都可引起碳化物渗层产生显微裂纹。为此渗钒、渗铌件的基体材料需具足够的硬度和强度。从该角度出发，承受重载的模具应选用压缩屈服强度高的钢种，如 Cr12、Cr12MoV 钢等。承受负荷很重，如加工负荷超过 15t/cm^2 的冷模，不宜采用渗钒和渗铌。为保证具有足够硬度，渗钒、渗铌后的模具一般要进行渗后热处理。从减少淬火变形出发，应选用具一定淬透性的合金钢

序号	项目	说　明
2	变形问题	渗钒、渗铌处理温度(一般在 900~1000℃)较高,所以渗钒、渗铌处理过程中以及随后热处理所产生的变形,是需要重视的问题。渗钒、渗铌处理过程中的变形,主要是渗层体积增加引起的尺寸变化,其规律性较强,与渗层厚度有关。一般可通过合理调整加工余量的办法得到解决。渗后淬火变形与一般淬火变形相似,比较复杂,为此应选用高淬透性钢,尽可能使其淬火时缓慢冷却,减少淬火变形。除尺寸精度要求特别严格的工件外,渗钒、渗铌后一般不进行机械加工,就能达到尺寸精度要求。对特别精密工件,渗钒、渗铌处理难以达到精度要求。例如,外径尺寸精度要求为 $\pm 5\mu m$ 的零件,内径尺精度为 $\pm 10\mu m$ 的大件,选用这种处理就应特别谨慎
3	碳化物渗层的表面粗糙度	处理后与处理前粗糙度相差不大。因渗层很薄,只有 0.005~0.02mm,所以在处理前应加工到要求的表面粗糙度。表面粗糙度对使用性影响很大,需尽可能减小零件摩擦部位的表面粗糙度。对易发生咬合的模具,更应该进行精加工。特别需要时,渗钒、渗铌后可进行金刚砂抛光到镜面粗糙度
4	重新处理	碳化物渗层很薄,许多模具使用一定时间后,工作部位的渗层局部咬合,可对这些部位抛光,随后再重新进行渗钒或渗铌处理,继续使用。但随重复处理次数的增加,渗层容易产生裂纹。目前已有重复处理 7 次的实例

6.3　渗铝、渗硅工艺及应用

6.3.1　渗铝、渗硅的含义与作用

渗铝是指在一定温度下将铝原子渗入工件表面的化学热处理工艺,即铝在金属或合金表面扩散渗入的过程。渗铝层能形成致密的氧化膜,旨在提高钢铁零件的耐热性、耐蚀性和抗高温氧化能力,渗铝后零件表面呈银灰色,硬度为 500HV 左右。渗铝既可保持工件基体的韧性,又可提高工件的抗高温氧化和抗热蚀能力,适用于石油、化工、冶金等工业管道、炉底板、热电偶套管、盐浴坩埚和叶片等工件。

渗硅系指工件在一定比例的含硅介质中加热,使硅渗入其表面层的化学热处理工艺。渗硅可提高各种钢、铸铁和粉末合金等材料制作的工件在硫酸、硝酸、海水及多数盐、碱液中的耐蚀性;在一定程度上,还可提高钢和铸铁件的高温抗氧化能力。

6.3.2　渗铝工艺的分类与特点

按照渗铝层组织结构,渗铝可分为热镀型渗铝(即热浸镀铝)和扩散型渗铝(如粉末渗铝等)。热镀型渗铝主要用于材料在 600℃以下服役时的腐蚀防护。扩散型渗铝主要用于提高材料在高温条件下的耐蚀性。

6.3.2.1　热浸镀铝

热浸镀铝扩散法(液体渗铝,亦称热浸铝、热镀铝),即将经表面预处理的钢件浸入熔融的液态铝(及其他附加元素)液内,保温一定时间后取出空冷,再经高温扩散退火处理的化学热处理工艺方法。

（1）热浸镀铝工艺及特点　见表 6.75。

表 6.75　热浸镀铝工艺及特点

序号	项目	主要内容
1	特点	钢材表面热浸镀铝后不仅把铝的耐蚀性和钢的强度结合起来，而且使钢材具有新的性能，如耐热性，对光、热良好的反射性等。工件热浸镀铝后经过扩散，具有耐蚀性高、抗高温氧化性好、耐磨、硬度高等优点。与粉末法、热喷涂法等相比，热浸镀铝是目前国内采用最多的材料化学热处理工艺方法，约占渗铝产品的 85%，其因质优价廉的特点成为世界各国金属材料的主要防腐方法。其优点是渗入时间短，温度不高；缺点是坩埚寿命短，工件上易黏附熔融物和氧化膜，形成脆性的金属化合物
2	工艺流程	工件→脱脂→去锈→预处理→热浸镀铝
3	热浸镀铝层的形成	首先将待镀的钢铁材料进行表面清洗，除去油污、锈垢及其他可能存在的附着物；然后开始浸镀处理，使铝液在钢件表面浸润；在镀液中保持一段时间以使钢件形成由铝铁金属间化合物组成的扩散层；钢件从铝液中取出时表面附着一层与铝液成分相同的覆层。因此，热浸镀铝层由表面铝覆层＋扩散层共同组成
4	浸渍工艺参数	热浸镀铝液的温度一般控制在 700～850℃ 之间，保温 10～20min，浸镀时发生铝液对钢表面的浸润、铁原子溶解与铝原子的相互扩散和反应，形成由 FeAl$_3$（θ 相）和 Fe$_2$Al$_5$（η 相）组成的铁铝化合物扩散层。热浸镀铝层深度与钢件从铝液中提出时的提升速度有关（见图 6.47）。扩散层深度则与热浸镀铝温度、时间、铝液成分及钢中合金元素有关，其相互关系见图 6.48、图 6.49。由于扩散层塑性较差，对于热浸镀铝后还需进行塑性加工的工件，应尽量减薄扩散层
5	扩散处理	为减少渗铝层脆性，提高渗铝层与基体的结合力，增加渗铝层深度，并使表面光洁美观，渗铝后要在 850～930℃ 进行 3～5h 的扩散退火，冷却方式为炉冷或空冷。扩散处理是使浸渍型热浸镀铝层转变为扩散型热浸镀铝层的一道重要工序。生产中实用的热浸渗铝方法有：在 100% 铝浴槽中以 760～780℃ 热浸；质量分数为 92%～94% 铝＋6%～8% 硅，另加总质量的 2% 氯化铵，在 760～820℃ 浴槽中热浸。例如，20 钢热浸镀件（760℃ 热浸镀铝 12min）经 850℃ 扩散处理 3h 后测得热浸镀铝层深度分别为 0.22mm、0.24mm、0.27mm。降低扩散保温温度，有利于减少热浸铝层孔隙、裂纹，也有利于保证基体金属强度和节能，并降低成本
6	热浸镀铝工艺	①早期是将脱脂、除锈后的工件镀覆金属底镀层（铜、锡、锌等），然后再浸入熔融的铝液中。但金属底镀层会熔入铝液中而影响镀层性能，而且该法工艺复杂，故不适于工业化生产。 ②现主要采用保护气法和熔剂法。 ⅰ.保护气法是一种氧化还原表面处理技术，首先将工件送入具氧化气氛的加热炉中，在 400～500℃ 条件下，工件表面的油污被碳化处理掉，或变为在后续步骤中易于除掉的形态，然后再将工件送入具还原气氛的加热炉中，在 800～850℃ 条件下，工件的表面氧化物被还原，露出纯的铁表面，最后放入镀液中进行浸镀。虽然这种工艺的自动化程度和生产效率较高，产品质量稳定，但设备投资较大且工艺复杂。 ⅱ.熔剂法是首先对工件进行除油、除锈处理，然后在净化的钢铁表面上浸涂助镀剂，形成一层完整无隙的熔剂薄膜，保护基体表面不被氧化污染。当钢件浸入熔融铝液中时，熔剂薄膜熔解并自行脱除，露出清洁的钢表面，并立刻被浸渗液所润湿，便形成了镀层。这种工艺具有操作及设备简单，生产灵活的特点，是目前所有镀铝方法中最经济、最有发展潜力的工艺。使用专用助镀剂是此法的主要特点，助镀剂性能的优劣直接影响着镀层的质量。该工艺可用于钢丝等的连续镀铝过程，也适用于钢板、钢管和钢铁制件的间断式镀铝

（2）新型热浸镀工艺　针对热浸镀铝中熔体保护和生产线自动化过程中出现的问题，新型热浸镀铝工艺相继推出，详见表 6.76。

表 6.76　几种新型热浸镀铝工艺

序号	工艺名称	具体内容
1	无覆盖熔剂的热浸镀铝技术	熔剂法热浸镀铝的覆盖剂大都由氟盐和氯盐组成，其蒸气不仅腐蚀设备，对操作人员的毒害也较大，而且镀件出浴时会带出许多熔盐，难以清洗，影响热浸镀渗层质量。鉴于以上问题，研究者通过在铝液中加入微量合金元素（如 Ga、In、Re、Si），使铝液面的抗氧化性显著提高，且随元素的质量分数的变化而有所不同。与传统覆盖熔剂法相比，采用添加微量抗氧化合金元素的无覆盖熔剂热浸镀铝，镀件表面白亮无杂色，平整无挂皮和漏镀现象，并长时间保持光泽而不发灰，且该法具有工艺流程短、成本低、产品质量较高的优点

续表

序号	工艺名称	具体内容
2	超声波热浸镀铝技术	传统的热浸镀铝主要用于高温、高腐蚀工作条件下的管件和一些结构简单的工件。对于复杂工件,因铝液流动性差、渗入能力不够而导致工件的孔洞、缝隙、内壁得不到充分处理,影响镀件质量。超声波热浸镀铝的出现,使热浸镀铝技术在外场作用力下有了新的突破。研究者发现超声波对液体凝固过程影响的基本机理是声空化效应和声流效应。通过这两种效应,超声振动对于凝固过程具有晶粒细化、除气及组织均匀化等作用。超声波的引入不但缩短了热浸镀铝时间,而且由于液体中无所不在的超声波强烈空化效果,使得复杂工件的各个部分均可得到充分处理,极大地提高了热浸镀渗层表面质量和结合力。如今,超声空化已成为多种学科的基础研究热点
3	计算机数值模拟热浸镀铝技术	科研工作者采用计算机数值模拟方法来研究热浸镀铝工艺,建立了热浸镀提出过程中镀层厚度的模型,通过简化的动态模型,推导热浸镀条件下的膜层厚度控制过程,并通过实验验证了此模型。该模型作为工程快速估算是可行的,为热浸镀铝产品质量提供了可靠保障。研究者又采用铁铝扩散偶,研究铁、铝原子在化合反应中的扩散和金属间化合物的形成机理,发现铁、铝原子首先沿晶界扩散,在晶界上发生反应并生成化合物,然后由晶界向晶内扩散并进行化合反应。这些研究为热浸镀铝的形成机理和扩散模型提供了重要依据
4	稀土对热浸镀铝的催渗作用	稀土对热浸镀铝具有良好的催渗作用,渗层具良好耐腐蚀性。例如含 0.3％富 Ce 混合稀土的铝合金具更好耐腐蚀性,其耐腐蚀性是纯铝的 2～3 倍,且随着稀土含量(0％～1％)的增加,渗层的耐高温氧化性能也逐渐提高。稀土可抑制界面孔洞的形核和生长,阻止孔洞向渗层纵深扩展,从而提高渗铝钢的抗高温氧化性能。稀土 La 可提高热浸镀铝钢的抗腐蚀性能,扩散层中存在非晶态相,且稀土 La 的添加可使扩散层中的非晶含量增加,而扩散层中存在大量的非晶态合金是稀土 La 提高扩散型热浸镀铝钢抗腐蚀性能的主要原因

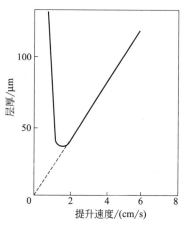

图 6.47 提升速度与热浸镀铝层深度关系

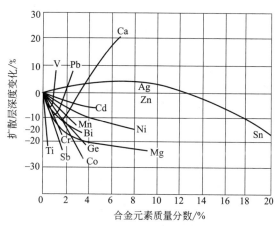

图 6.48 铝液中合金元素对扩散层深度的影响

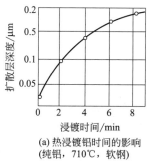

(a) 热浸镀铝时间的影响
(纯铝,710℃,软钢)

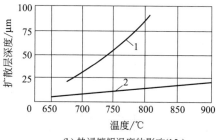

(b) 热浸镀铝温度的影响(15s)

图 6.49 热浸镀铝温度和时间对扩散层深度的影响

1—纯铝；2—Al＋6％Si

6.3.2.2 固体渗铝法

将钢铁件（或高温合金）和渗剂（粉末状混合物）一起装入专用的密封料罐中，经加热（800～1100℃）、保温和扩散（3～12h）处理，冷却后可获得扩散型渗铝层，此法称为固体（粉末）渗铝法。

渗剂主要由铝粉、铝铁合金或铝钼合金粉末、氯化物或其活性剂、氧化铝（惰性添加剂）等成分组成。渗剂为固体粉末，采用填充法。它是扩散型渗铝的主要工艺之一。

(1) 常用的固体渗铝法　生产中常用的固体渗铝剂有：60%铝铁合金＋39%～39.5%氧化铝＋0.5%～1.0%氯化铵（质量分数）；50%铝粉＋49%～49.5%氧化铝＋0.5%～1.0%氯化铵（质量分数）。常用的粉末渗铝剂的成分、工艺规范及渗层深度见表6.77。

表 6.77　常用的粉末渗铝剂的成分、工艺规范及渗层深度

序号	渗剂成分（质量分数）	温度/℃	时间/h	渗层深度/μm
1	（铝粉14.2%＋氧化铝84.8%）99%＋氯化铵0.5%＋KHF$_2$0.5%	750	6	40
2	铝铁粉34.5%＋氧化铝64%＋氯化铵1%＋KHF$_2$0.5%	960～980	6	400
3	（铝铁粉＋铝粉）78%＋氧化铝21%＋氯化铵1%	900～1000	6～10	—
4	铝粉40%～60%＋（陶土＋氧化铝）37%～58%＋氯化铵1.5%～2%	900～1000	6～10	—
5	铝铁粉39%～99%＋氯化铵0.5%～1%＋氧化铝余量	850～1050	2～6	250～600

固体渗铝剂一般由供铝剂（铝粉或铝铁合金粉）、催渗剂（氯化铵或KHF$_2$等）和填充剂（氧化铝或陶土类物质即高岭土粉末）三部分组成。固体渗铝装箱方法与固体渗碳方法类似，只是在盖上留一小孔即可。例如在900℃固体渗铝时，渗层深度与时间的关系见表6.78。

表 6.78　900℃固体渗铝时，渗层深度与时间的关系

渗层深度/mm	0.13	0.17	0.19	0.21	0.22	0.24	0.25	0.27	0.28
时间/h	3	4	5	6	7	8	9	10	11

影响渗铝层深度的因素有材质、温度、时间、渗剂成分及加热方式等。图6.50为不同碳含量的钢渗铝时，温度和时间对渗铝层深度的影响，图中曲线显示随温度的升高，渗铝层深度增加；随时间增加，渗铝层深度呈对数关系增加；在低于950℃温度下渗铝或钢的碳含量较低时，碳含量的变化对渗铝层影响不大；对于中、高碳钢，随着碳含量的增加，渗铝层深度减小。因此，渗铝最好用低碳钢，渗铝温度尽可能提高，保温时间要适度。渗铝剂中氯化铵含量、钢中合金元素含量对渗铝层深度的影响，分别见图6.51、图6.52。

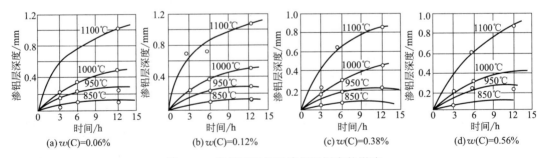

图 6.50　温度和时间对渗铝层深度的影响

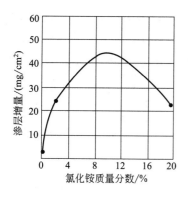

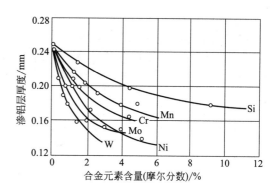

图 6.51　渗铝剂中氯化铵含量对渗层深度影响　　图 6.52　钢中合金元素含量对渗层深度影响

粉末渗铝不仅适用于钢和高温合金，还可用于铜合金、钛合金及难熔金属铂、铌等，其粉末渗铝工艺见表 6.79。

表 6.79　铜合金、钛合金及铂、铌的粉末渗铝工艺

材料	渗剂成分(质量分数)	温度/℃	时间/h	渗层性能
钛合金	Al 50%＋Al$_2$O$_3$ 50%(真空处理)	850～1000	10	抗氧化,耐磨损
铜	Al 2%＋Al$_2$O$_3$ 96%＋NH$_4$Cl 2%	900	4	耐磨损
铜合金	Al 50%＋Al$_2$O$_3$ 49%＋NH$_4$Cl 1%	650～750	1～3	抗氧化
铌	Al 68%＋Al$_2$O$_3$ 29%＋NH$_4$Cl 3%	1100	8	抗氧化
铂	Al 75%＋Si 25%	1000～1300	10～60(s)	抗氧化

铜渗铝＋后处理后，可用作触点材料，不仅有良好的导电性，还有良好的耐电弧侵蚀性和耐磨性。温度和时间对纯铜渗铝层深度的影响见表 6.80、表 6.81。随着温度升高、时间延长，渗铝层深度增加。铝渗入铜形成 Al-Cu 的 α 固溶体。

表 6.80　温度对纯铜渗铝层深度的影响（保温时间 4h）

温度/℃	840	860	880	900
渗铝层深度/μm	12	16	22	25

表 6.81　时间对纯铜渗铝层深度的影响（保温温度 900℃）

时间/h	2	3	4	6
渗铝层深度/μm	15	18	25	30

（2）几种新型固体渗铝法　固体渗铝是一传统工艺，方法简单，但由于扩渗温度太高、工件变形大，心部组织太粗而应用不太多。几种新型固体渗铝法见表 6.82。

表 6.82　几种新型固体（粉末）渗铝工艺方法

序号	名称	内容说明
1	膏剂(料浆)渗铝法	固体渗铝法的一种派生。将固体渗铝剂加黏结剂和水调成料浆，然后涂覆在工件表面，经加热进行扩散渗铝

序号	名称	内容说明
2	快速电加热（如高频加热）渗铝法	用快速电加热可实现快速渗铝，是将电流直接通过工件和渗剂，或用高频感应电流将有铝涂层的工件加热。利用快速电加热可缩短渗铝周期。例如用电加热到1100℃，保温5min，渗层可达160～170μm。快速加热渗铝可通过调整加热速度改变渗层的铝含量、相的成分和渗层组织，消除表面脆性区等。快速加热可进行局部渗铝，不需对整个零件加热，从而可保持零件的心部组织与性能不变，减少零件变形。快速电加热可对长几十米的管、条、带等工件进行连续渗铝。快速电加热渗铝易实现自动化，不会像箱式炉渗铝那样，存在提高温度会减少炉子寿命的不足。快速渗铝可用于： i . 先喷涂层，热镀铝，用高频感应电流加热进行扩散退火。 ii . 在气体介质中用高频感应加热渗铝。 iii . 涂覆一层膏剂渗铝剂，再用高频感应加热进行渗铝。所用的渗铝膏剂有80%铝铁＋20%氟铝酸钠(Na_2AlF_6)；68%铝铁＋20%氟铝酸钠＋10%石英粉＋2%氯化铵；75%铝铁＋25%氟铝酸钠，加水解乙酸乙酯稀释成料浆，涂在工件上。膏剂涂层厚度2～3mm，70～100℃干燥20～30min。为了防止膏剂氧化，表面再涂一层熔化温度不同(990～1100℃)的玻璃粉混合物。加热时玻璃粉熔化形成保护膜
3	机械能助渗铝法	研究者利用运动中的粉末粒子的机械能冲击工件表面进行助渗铝，渗铝温度由700～800℃降低至460～600℃，渗层相结构仍然是$Fe_2Al_5(\eta)$，经800℃扩散退火后渗层组织为FeAl相。机械能助渗铝处理的能耗少，产品质量高，设备投资较少，可成为替代传统化学热处理的新技术。 　　机械能助渗铝法是将工件与冲击粉末、渗铝剂一起装在滚筒内，边滚动边加热和保温。运动的粉末粒子冲击被加热的工件表面，将其机械能(动能)传给表面层点阵原子，使其激活脱位，形成大量原子扩散所需的空位、位错及晶体缺陷，降低了扩散激活能。将机械能与热能(温度)巧妙地结合起来，使渗铝温度由常规的1000℃左右，降低到600℃左右，渗铝时间在6～10h缩短到2～4h，节能2/3以上。对基材组织、性能影响小，甚至无影响，提高了产品质量；渗铝后一般变形很小，可直接装配使用。 　　机械能助渗铝时采用特定的渗剂，580℃×4h，20钢获得90～100μm渗铝层，渗铝层含50%铝，为Fe_2Al_5相。表6.83给出了机械能助渗的抗高温氧化试验结果。可见，20钢和Cr18Ni9Ti不锈钢渗铝与未渗前相比，抗高温氧化性均有大幅度提高，在700℃、800℃加热24h氧化轻微，20钢渗铝后比未渗铝的Cr18Ni9Ti不锈钢抗氧化性还好；但在900℃×24h时，20钢氧化速度明显加快，不锈钢渗铝还是氧化轻微，说明机械能助渗铝与常规渗铝一样，20钢在780℃以下可长期使用。用机械能助渗铝处理长250mm的锅炉热水管，在某工厂装在工作条件最差的部位试用3个月，周围未渗铝的管道已锈蚀较重，而渗铝部分管尚未氧化，完好无损。 　　总之，机械能助渗铝将渗铝温度降至600℃左右，将透烧＋扩渗时间总和缩短到1～4h，节能显著，工件基本上无变形，产品质量高，可能逐步代替热镀铝在工业上推广应用

表6.83　抗高温氧化性比较

温度/℃	单位面积质量增值/(g/m^2)			
	20钢	Cr18Ni9Ti钢	20钢渗铝	Cr18Ni9Ti钢渗铝
700	229.780	115.480	26.115	10.009
800	278.021	63.941	42.017	13.918
900	731.366	115.738	255.745	15.537

（3）其他渗铝方法　见表6.84。

表6.84　其他渗铝方法

序号	名称	渗铝方法
1	热镀扩散法	将钢铁工件热浸镀铝后再在800～950℃温度下进行扩散，使得热镀铝表面的铝覆盖层全部转变成铝铁化合物层，形成扩散型渗铝层
2	热喷涂扩散法	采用热喷涂或静电喷涂法，在工件表面上涂覆一层铝，然后再加热扩散渗铝

序号	名称	渗铝方法
3	电泳 扩散法	利用电泳法将铝粉均匀涂覆在工件表面,然后加热扩散渗铝。加热温度低于 500℃时,只能形成铝烧结涂层;加热温度高于 600℃时,可形成扩散型渗铝层。

6.3.3 渗铝层的组织与性能

6.3.3.1 渗铝层的组织特征

渗铝层组织及相结构与渗铝方法、渗铝剂成分、渗铝温度和基体材料等有关。一般情况下由表面到心部的渗层组织为:最外层是不易腐蚀的铝铁金属间化合物,主要是 Fe_2Al_5 或 $FeAl_3$;次表层是由针状或网状组织组成的一薄层,是铁铝化合物 Fe_3Al、超结构固溶体 FeAl 与 α 固溶体(含铝的铁素体)两相混合;再往里是柱状晶的含铝 α 固溶体;心部是基体原始组织。图 6.53 所示系 08 钢深冲板渗铝扩散退火后的金相显微组织图,图中最表层为富铝含铁铝合金,次表层为灰色层即铝铁固溶体,心部组织为铁素体+少量珠光体,总渗铝层深度为 $30\mu m$。

值得注意的是,随钢中碳含量的增加渗层深度减小,同时碳被挤向深处,在渗层下面形成富碳区。另外,几乎所有合金元素都不同程度地降低渗铝层深度,尤其是 W、Ni 及 Mo 的影响最为强烈。

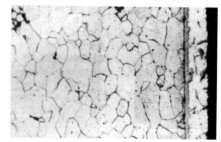

图 6.53　08 钢深冲板渗铝扩散退火后的金相显微组织(400×)

6.3.3.2 渗铝层的性能

铝在室温下就能发生氧化,形成 Al_2O_3 膜,膜厚约 $2\times10^{-5}cm$,能紧密地与基体金属结合在一起。钢中铝含量在 8% 以上时,也能在其表面形成致密的氧化膜,因而具有良好的耐蚀性和抗氧化性。但钢中铝含量过高时,脆性大。

钢件渗铝后,其表面能生成致密、坚固、连续的 Al_2O_3 薄膜,使工件内部不继续氧化。渗铝能显著提高工件的抗高温氧化性能以及在空气、SO_2 气体以及其他介质中的热稳定性、耐蚀性和抗侵蚀性。渗铝层紧固致密,具有良好的防护作用,既可提高表面抗氧化性、耐蚀性,又可保持心部韧性。正因如此,低碳钢渗铝后可能代替价格较高的、高合金的铬不锈钢和镍铬不锈钢,用来制造某些抗高温氧化和耐热的零件。渗铝层抗大气腐蚀性能优于渗锌。渗铝层还能抗 H_2S、SO_2、CO_2、碳酸、硝酸、液氨、水煤气的腐蚀,特别是抗硫化氢腐蚀的能力尤为显著。具有强抗氧化能力的渗铝层的铝含量不能小于 12%,最好是 32～33%。

渗铝层的性能详见表 6.85。

表 6.85　渗铝层各项性能的变化

序号	项目	说　　明
1	耐大气、水溶液腐蚀性能	渗铝层在大气中耐蚀性比锌层好。表 6.86 给出了热浸锌、热浸铝在不同大气中暴晒 20 年或 23 年的腐蚀试验对比。可见热浸铝在工业大气、海洋大气,特别是农村大气中的腐蚀率比较低,比热浸锌降低 2 倍到十几倍;铝硅合金浸镀层腐蚀率比热浸锌层降低 5～9 倍。表 6.87 系热浸铝钢与碳钢、不锈钢在 10℃时 3%氯化钠水溶液中腐蚀试验结果,可见热浸铝钢浸渍 24h、72h 的腐蚀量不仅远小于碳钢,而且也小于 Cr13 不锈钢;浸渍 480h 热浸铝钢腐蚀量还远小于碳钢,而与 Cr13 不锈钢相近

序号	项目	说　明
2	硬度和耐磨性	渗铝层硬度有一定提高,表面硬度400～800HV。钢在不同工艺条件下(渗铝层深度不同)的渗铝层的硬度分布见图6.54,可见渗铝层随保温时间的增加,渗铝层深度增加,硬度提高。渗铝钢件的耐磨性随表面硬度的提高而提高
3	抗高温蠕变性能	表6.88给出了一些钢渗铝前后的力学性能,除个别钢种(如淬火、回火的弹簧钢外),大多钢渗铝后力学性能变化不大。但钢件渗铝后其抗高温蠕变性能有所提高,试验结果见表6.89。
4	抗氧化性能	渗铝层在氧化性环境中形成致密稳定、与基体结合良好的Al_2O_3薄膜。Al_2O_3薄膜具有良好的抗高温氧化性能。钢铁及耐热合金渗铝后,与原未渗铝的同种钢相比,使用温度一般可提高200～300℃。不同材料渗铝与未渗铝的氧化速度与抗高温氧化性能见表6.90、表6.91,可以看出20钢渗铝比未渗铝的抗高温氧化性能提高了100倍以上;不锈钢、镍基或钴基合金渗铝后,其抗高温氧化性能可得到显著的提高
5	耐大气和海水腐蚀性能	在大气条件下热浸铝钢比热浸锌钢具有更好的耐蚀性。如热浸铝钢在工厂地区大气暴露5年,其腐蚀量是热浸锌钢的1/10;在海洋地区暴露2年,其腐蚀量是热浸锌钢的1/20。热浸铝钢在硫化物环境下的耐蚀性优于热浸锌钢(见图6.55)。渗铝是提高耐海水腐蚀的方法之一,Q235钢渗铝与未渗铝在海水中的腐蚀数据见表6.92。
6	耐高温腐蚀性能	渗铝主要用于提高钢铁材料及高温合金在SO_2、H_2S及熔盐等环境下的耐腐蚀性能,见表9.93～表6.96。渗铝还能提高钢在含V_2O_5及Na_2SO_4的燃气中的耐腐蚀性能(见表6.97)。试验证明,渗铝是目前提高钢材耐硫化物腐蚀的有效手段,特别是在高温硫化物介质中,显示了很好的耐蚀性

表 6.86　热浸锌、热浸铝和热浸铝硅在不同大气中暴晒 20 年或 23 年的腐蚀试验对比

大气类别	腐蚀率/(μm/年)		腐蚀率之比	大气类别	腐蚀率/(μm/年)		腐蚀率之比
	热浸 Zn 层	热浸 Al 层			热浸 Zn 层	热浸 Al-Si 层	
农村	1.041	0.0635	16.4	农村	1.194	0.127	9.4
农村	0.178	0.0254	7.0	半农村	1.880	0.203	9.3
工业	6.096	1.016	6.0	半工业	1.702	0.254	6.7
工业	5.588	0.9650	5.8	工业	4.039	0.508	8.0
海洋	1.626	0.254	6.4	海洋	1.549	0.305	5.1
海洋	0.559	0.0889	6.3				
海洋	1.753	0.0737	2.4				

表 6.87　热浸铝钢与碳钢、不锈钢在 10℃ 时 3% 氯化钠水溶液中腐蚀试验结果

材　料	腐蚀量/(mg/cm²)		
	24h	72h	480h
碳钢	0.260	0.600	4.860
热浸铝钢	0.061	0.057	0.100
Cr13 钢	0.115	0.532	0.0934

表 6.88　渗铝前后钢的力学性能变化

钢　种	镀铝前				镀铝后			
	σ_b/MPa	σ_s/MPa	δ/%	硬度(HB)	σ_b/MPa	σ_s/MPa	δ/%	硬度(HB)
低碳钢板	339	265	32.0	124	337	270	35.0	113

续表

钢 种	镀铝前				镀铝后			
	σ_b/MPa	σ_s/MPa	δ/%	硬度(HB)	σ_b/MPa	σ_s/MPa	δ/%	硬度(HB)
锻钢(55-60钢)	624	315	25.6	169	612	336	28.0	161
锻钢(45钢)	472	340	35.2	131	467	335	37.2	138
锻钢(40钢)	458	313	37.0	0	453	334	36.4	
锻钢(34钢)	416	294	30.2	112	428	295	36.6	121
铸钢(41钢)	505	307	29.5		512	316	27.3	
弹簧钢(淬火、回火)	1203	1072	14.0	341	888	710	23.6	272
弹簧钢(退火)	852	492	22.0	230	847	516	21.6	230
铬铸钢(13Cr)	532		28.7		470		24.0	
Ni12Cr24铸钢	659		7.1		647		92	
高锰钢5Mn	755		37.2		561		15.8	

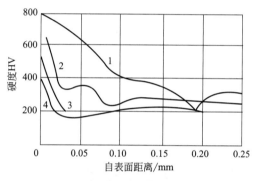

图 6.54　渗铝层的硬度分布

1—900℃粉末渗铝,6h;2—900℃粉末渗铝,3h;3—900℃粉末渗铝,1h;4—940℃膏剂渗铝,4h

表 6.89　渗铝钢与未渗铝钢抗高温蠕变性能对比

项 目	试样断裂时间/h	试验条件
未渗铝	59	温度760℃,
渗铝	995	载荷1400N/cm²

表 6.90　不同材料渗铝与未渗铝的氧化速度

材料	主要成分(质量分数)	处理状态	处理工艺	氧化速度/[g/(m²·h)]
20钢	—	未渗铝	—	+29
		渗铝	900℃×100h	+0.19
304不锈钢	C 0.07%~0.09%,Ni 8%~11%,Cr 17%~20%	未渗铝	—	-2.9
		渗铝	1040℃×69h	-0.56
Haymes Co基合金	C 0.4%~0.5%,Cr 20%~22%,W 10%~12%,Nb 1.5%~2.0%,Fe 1%~2.5%,Co余量	未渗铝	—	-24.85
		渗铝	1040℃×69h	+0.217
Inconel 713C Ni基合金	C 0.12%,Cr 13%,Mo 4.5%,Nb 2%,Al 6%,Fe 1%,Ti 0.6%,B 0.01%,Ni余量	未渗铝	—	+0.217
		渗铝	1040℃×69h	+0.058

表 6.91　不同材料经渗铝与未渗铝抗高温氧化性能对比

材　料	590℃×1000h		650℃×1000h		800℃×1000h		900℃×1000h	
	未渗铝	渗铝	未渗铝	渗铝	未渗铝	渗铝	未渗铝	渗铝
低碳钢	0.41	0.043	—	—	(100h) 8.59	0.048	(100h) 28.5	0.1475
1.0Mo	0.353		0.836					
5.0Cr-0.5Mo	0.163	—	0.366	0.008	—			
18Cr-8Ni	—	—	0.011	0.006	—	0.033	(200h) 0.5240	0.0444

注：表中数据为失重，单位 mg/cm²。

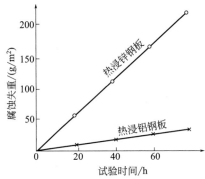

图 6.55　热浸铝钢与热浸锌钢在 SO₂ 气氛下的耐蚀性对比

试验条件：SO₂ 体积分数 0.04%，空气和 SO₂ 流量 20L/min，温度 40℃，湿度 95%

表 6.92　Q235 钢渗铝与未渗铝在海水中的腐蚀数据

材料	温度/℃	时间/h	腐蚀失重/(g/m²)
Q235	100	1157	0.15
Q235 渗铝	100	1157	0.02

表 6.93　渗铝与未渗铝钢抗高温 H₂S 腐蚀性能对比

材　料	试验条件	腐蚀量/(mg/cm²)	
		未渗铝	渗铝
低碳钢	H₂S 6%,480℃,24h	1.02	0.035
	H₂S 100%,50℃,24h	1.735	0.6
1Cr18Ni9Ti	H₂S 6%,480℃,24h	0.29	0.12
	H₂S 100%,650℃,24h	36.5	0.1

表 6.94　热浸铝钢板与 3 种不锈钢在高温 SO₂ 中的腐蚀试验对比

钢材类别	温度/℃	时间/h	质量变化/%
Cr18Ni8 钢	723	24	−17.0
Cr25Ni20 钢	723	24	−8.3
Cr27 钢	723	24	−8.4
热浸铝钢板(碳钢)	723	192	0.1
热浸铝钢板(碳钢)	927	48	0.3

表 6.95　碳钢、不锈钢与渗铝碳钢在 SO₂ 中的腐蚀试验对比　　单位：mg/cm²

钢材类别	500℃	600℃	700℃	钢材类别	500℃	600℃	700℃
碳钢	19			Cr18Ni8	6.5	18	
Cr3Ni2.5	13	73		渗铝钢板（碳钢）		0.02	0.2
Cr18Ni2.5	4.2	11					

表 6.96　镍基高温合金 GH135 渗铝和未渗铝耐熔盐热腐蚀性能对比

腐蚀介质	温度/℃	时间/h	腐蚀失重/(g/m²)	
			未渗铝	渗铝
w(NaCl) 25% + w(Na₂SO₄) 75%	700	3	24.1	5.5
	750		43.1	5.0
	800		75.7	15.2

表 6.97　在含 V₂O₅ 及 Na₂SO₄ 的燃气介质中的氧化试验结果　　单位：mg/m²

材料	600℃×10h		700℃×10h		800℃×10h		800℃×100h	
	未渗铝	渗铝	未渗铝	渗铝	未渗铝	渗铝	未渗铝	渗铝
12Cr13	−5.62	+0.09	−8.85	+0.95	−6.27	+2.56	−32.35	+3.90
07Cr18Ni11Ti	−1.25	+0.68	−8.40	+1.37	−6.33	+2.80	−29.00	+3.66
07Cr18Ni11Nb	−0.65	+0.47	−8.24	+1.00	−4.56	+2.00	−25.80	+8.48

注：1. 表中数据为两个试样的平均值。在试样上涂抹等量的 V₂O₅ 及 Na₂SO₄ 粉末 10mg。
　　2. "+" 表示氧化增重，"−" 表示氧化减重。

6.3.4　渗铝常用热处理工艺与应用

6.3.4.1　常用热处理工艺

（1）扩散退火　工件渗铝后表面铝含量很高，可达 40%～50% 左右，使渗层变脆。为了减小脆性，降低表面铝浓度，渗铝件需进行一次扩散退火。退火温度一般等于或稍高于渗铝温度，约为 950～1050℃，保温时间 4～6h。经扩散退火后渗铝层深度有明显增加。

（2）正火　由于多数渗铝工艺的温度（1000℃左右）都很高，往往造成工件心部组织粗大。一些在不太高温度下使用的重要零件，为细化其心部晶粒，在扩散退火后最好再进行一次正火热处理。正火温度一般在 870～890℃，保温时间为 15～60min。

（3）注意事项　薄壁零件在退火或正火时，应防止铝扩散到整个截面，而使零件变脆。此类零件的正火温度和时间一般为 650～750℃、30～60min。

6.3.4.2　工业应用

无论是碳钢、铸铁，还是合金钢，经渗铝后，其表面的抗高温氧化性、耐蚀性、耐磨性都将得到提高，正是这些性能的提高使得许多金属材料经渗铝后将会有更广泛的用途。热浸镀铝生产效率高，适用于处理形状简单的管材、丝材、板材、型材，此类工件在 600℃ 以上使用时应采用热浸镀-扩散法获得扩散型渗铝层。粉末法生产效率低，操作比较麻烦，但渗层比热浸镀-扩散法易控制，一般用于渗层要求较高，形状复杂，特别是有不通孔、螺纹的工件。渗铝的应用见表 6.98 及表 6.99。

表 6.98 渗铝的应用实例

工件名称	渗铝方法	用途
高速公路护栏、电力输变电铁塔、桥梁钢结构、海上钻井塔架、自来水管、架空通信电缆、钢芯铝绞线的芯线、船用钢丝绳、编织网用钢丝、瓦楞板	热镀铝	耐各种大气腐蚀,耐自来水、河水、海水腐蚀
化工生产用乙酸、柠檬酸、丙酸、苯甲酸等有机酸输送管道,煤气及含硫气体输送管道	热镀铝	耐有机酸、煤气、含硫气体腐蚀
汽车消声器、排气管、食品烤箱、粮食烘干设备烟筒	热镀铝	低于 600℃ 的耐热腐蚀和抗氧化
加热炉管、退火钢包、各类热交换器、炼钢炉吹氧管、硫酸转化器	热镀-扩散法或粉末法	高于 600℃ 的抗高温氧化,抗高温含硫气氛热腐蚀
燃气轮机叶片、炉用结构件、高温紧固件、燃气、燃油烧嘴	粉末法、料浆法	抗高温氧化及热腐蚀

表 6.99 渗铝在金属防腐蚀方面的应用

应用方面	要求的耐蚀性	用途举例
石油,石油化学	耐工业用水腐蚀(冷、温);耐海水腐蚀(冷、温)	管道(上水管、排水管)、冷凝器
	耐硫化氢腐蚀	冷凝器、换热器、硫黄回收装置
	耐高温水腐蚀;耐含硫化氢的原油腐蚀;耐含氯化物的原油腐蚀	换热器、蛇形管(加热)
化工设备	耐海水腐蚀(冷、温);耐工业用水腐蚀(冷、温);耐试剂腐蚀;耐气体腐蚀;耐氨腐蚀;耐工业用水腐蚀	中间冷凝器、液体冷凝器、气体冷凝器、分配器、冷凝器、筛条或地面网板
电力,煤气	耐海水腐蚀(冷、温)	灰分处理装置(封板、水洗排水管)
	耐冲刷腐蚀	海水管、冷凝管、消防塔架内轨条、脱硫装置
	耐硫化氢腐蚀;耐工业用水腐蚀;耐煤气腐蚀;耐试剂腐蚀	冷凝器、分配器、脱苯装置
	耐大气腐蚀	送电用阿尔德雷芯铝合金绞线
冶炼	耐海水腐蚀 耐工业用水腐蚀 耐腐蚀性气体	高炉炉体冷却用管道,循环管道 冷却水管道(加热炉、制氧设备) 排风装置
船舶设备	耐热水、耐海水腐蚀 耐水腐蚀(冷,温,热) 耐海水、耐油腐蚀 耐油腐蚀 耐应力腐蚀破裂	油轮用甲板蒸汽管道 船上生活区管道、阶式蒸发器 加热蛇形管(油轮) 油压机管道 不锈钢换热器、管
冷冻设施	耐海水和氨腐蚀	氨冷冻机的恒温器、储槽
温泉	耐硫化物腐蚀	温泉管道,换热器
屋外建筑	耐大气腐蚀 耐大气腐蚀,耐热腐蚀	海岸护栏、海岸缆索、海岸结构物 排气筒、烟囱
水厂设备	耐海水腐蚀(温) 耐盐水腐蚀(温)	海水进水管、盐水排水管 蒸汽管、温水管
电机	耐温水腐蚀	温水锅炉(兼耐热)热水管道

6.3.5 渗硅工艺、适用范围、技术要求与操作守则

金属和合金渗硅使工件表面获得硅化物渗层。硅化物具有很好的抗高温氧化性、耐蚀性，但含硅的铁素体层耐蚀性较低。在钢铁材料表面很难获得高硅含量 [$w(Si) > 11\%$] 的无孔隙渗层（具有极其优异的耐酸性），因而渗硅在工业上只得到了有限应用。渗硅机理与渗铝相似，是将含硅的化合物通过置换、还原和热分解得到活性硅，沉积于工件表面，然后通过热扩散向金属内部扩散，而形成一定深度渗层的过程。

渗硅同样可分为固体、液体和气体三种方法，但在工业上应用多为固体粉末法和液体（熔盐）法。渗硅常用的渗剂成分与工艺见表 6.100。

表 6.100 渗硅常用的渗剂成分与工艺

渗硅方法	渗剂成分（质量分数）/%	基体材料	温度/℃	时间/h	渗层深度/mm	备注
固体法	硅铁 80＋氧化铝 8＋氯化铵 12	Q235A、45 及 T8 钢	950	1～4	0.3～0.4	孔隙度达 44%～54%，减摩性良好
	硅铁粉 40～60＋石墨粉 38～57＋氯化铵 13	钢	1050	4	0.95～1.1	黏结层易清理
	硅粉 97＋氯化铵 3	Mo、Ti	900～1100	4	0.05～0.127	$MoSi_2$，Mo_5Si_3 或 $TiSi_2$、Ti_5Si_4
	硅粉 15＋Al_2O_3 85（真空压力 5×10^{-3} Pa）	Ti48Al	1250	4	0.014	$Ti_5Si_3 + Al_2O_3$
	硅粉 10＋NaF 3＋SiC 87（真空压力 5Pa）	Nb	1050	5	0.005	$NbSi_2$
	SiO_2 45.5＋Al_2O_3 18.2＋Al 27.3＋NaF 2.7＋NH_4Cl 4.5＋CeO_2 1.8	Cu	850	12	0.2～0.6	Cu_4Si 和 $Cu_{6.69}Si$
	煤矸石 70＋Al_2O_3 20＋NH_4Cl 5＋NaF 3＋CeO_2 2	Cu	850	12	0.2～0.6	Cu_4Si 和 $Cu_{6.69}Si$
熔盐法	$BaCl_2$ 50＋NaCl 30～35＋硅铁 15～20[$w(Si)$ 20～15]	10 钢	1000	2	0.35	硅铁粒度为 0.3～0.6mm
	(2/3 硅酸钠＋1/3 $BaCl_2$) 65＋SiC 35	工业纯铁	950～1050	2～6	0.05～0.44	—
	(1/3 硅酸钠＋2/3 氯化钠) 80～85＋硅钙合金 15～20	工业纯铁	950～1050	2～6	0.044～0.31	硅钙粒度为 0.1～1.4mm
	(2/3 硅酸钠＋1/3 氯化钠) 90＋硅铁合金 10	工业纯铁	950～1050	2～6	0.04～0.2	硅铁粒度为 0.32～0.63mm
电解法	硅酸钠 100 或硅酸钠 95＋氟化钠 5（电流密度为 0.2～0.35A/cm²）	—	1050～1070	1.5～2	—	可得到无孔隙渗硅层

6.3.5.1 固体渗硅

固体渗硅的优点是能根据工件材料和技术要求配制渗剂；适用于各种形状的工件，并能实现局部渗硅；不需专用设备。因此它是目前国内应用最多的渗硅方法。固体渗硅剂主要由供硅剂、催渗剂和填充剂组成，粒状和膏剂渗硅剂还含有一定比例的黏结剂。

在固体渗硅剂中，常用的供硅剂有硅铁粉、硅粉（主要用于膏剂渗硅或有色金属渗硅）等；催渗剂一般为卤化物，其中氯化铵催渗能力强、价格便宜、来源方便，故应用最多；填充剂一般用氧化铝或石墨等，其作用主要是减少渗剂的板结和渗剂与工件的粘连，方便工件的取出。

固体渗硅时，增加渗剂中的催渗剂和硅含量或延长渗硅时间，都会使渗层中的多孔区加厚。因此要获得一定厚度的无孔渗层，必须选择适当的工艺参数。

固体渗硅一般装箱在箱式、井式电阻炉内进行加热，也可用感应加热、真空加热。箱式或井式电阻炉加热渗硅一般是将工件装箱，四周填充 50mm 以上厚度的渗剂，箱盖密封（可用水玻璃调和耐火泥或用硅酸盐、碎玻璃组成的密封剂）后加热保温进行。其渗硅工艺曲线见图 6.56。

真空加热渗硅是将工件和渗剂放置在真空罐中加热进行渗硅。此法主要用于有色金属的渗硅，渗剂多用硅粉。

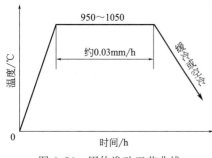

图 6.56　固体渗硅工艺曲线

（图中标注：温度/℃；950～1050；约0.03mm/h；随炉冷或空冷；时间/h）

6.3.5.2 液体渗硅

将工件浸在熔融液体中，使表面渗硅的工艺方法称为液体渗硅。液体渗硅具有设备简单、操作方便、渗层组织容易控制等优点。其根据是否配置电解电源分为熔盐法和电解法两种。

（1）熔盐法　根据熔盐成分，可将熔盐渗硅分为硅酸盐盐浴渗硅和渗硅剂＋中性盐盐浴渗硅。

硅酸盐盐浴渗硅。多以碱金属硅酸盐为基，并加入含硅物质（如硅粉、硅铁粉、硅钙合金粉末、碳化硅）组成渗剂。工业硅酸盐是含水晶体，自制硅酸盐盐浴时，在加入熔盐前必须仔细脱水，加入时必须少量多次缓慢进行，以防爆炸发生。

渗硅剂＋中性盐盐浴渗硅。它是用盐浴作为载体，另加入渗硅剂，使之悬浮于盐浴中，利用盐浴的热运动使渗剂与工件表面接触，实现渗硅。常用的配方由含硅物质（如硅粉、硅铁粉）和中性盐（如氯化钠、氯化钾、氯化钡等）组成。自制渗硅剂＋中性盐盐浴渗硅是先将中性盐熔化，再不断缓慢加入含硅物质，并不断搅拌。

在熔盐渗硅过程中有气体析出，因此盐浴炉上方应当加装抽风装置。

（2）电解法　渗硅时先将熔盐加热熔化，放入阴极保护电极，到温后放入工件，并接阴极，保温一段时间后切断电源，把工件从盐浴中取出淬火或空冷。

电解法渗硅熔盐采用碱金属硅酸盐（常加入碱金属和碱土金属或其他物质的氯化物和氟化物，以提高硅酸盐的流动性）。其配制熔盐方法与硅酸盐熔盐一样，工作的电流密度为 $0.1\sim0.3A/cm^2$。电解法具有生产率高，处理加工稳定，渗层质量好，适合大规模生产的优点；主要缺点是坩埚和夹具的使用寿命低，夹具的装卸工作量大，形状复杂的工件难以获得均匀的渗硅层。

6.3.5.3 钢铁渗硅工艺的影响因素

铁硅合金具有较高的熔点和较大的溶解度。硅在 γ-Fe 中的最大溶解度约为 2%（1150℃），当 Si 含量大于此数值就会形成稳定的含硅铁素体；Si 含量进一步提高将形成无序固溶体 α_2 及有序固溶体 α_1（Fe_3Si）。提高渗硅温度和渗剂中硅浓度是提高渗硅效果的有效途径。而钢铁材料中的合金元素影响 γ-Fe 和 α-Fe 相区的扩大和缩小，也影响渗硅效果。因此，渗硅层的组织、形成速度和性能取决于渗硅温度、保温时间、钢的化学成分、渗入介质的成分、渗入方法等。

（1）渗硅温度和时间对渗硅层深度的影响见图 6.57。

（2）钢的化学成分中，碳含量的影响最大

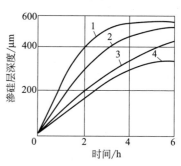

图 6.57 渗硅温度和时间对渗硅层深度的影响
1—1000℃；2—930℃；3—900℃；4—850℃

不管渗硅方法和参数如何，碳含量越高，对渗层形成的障碍越大。图 6.58 示出了在不同温度下碳含量对渗硅层深度的影响。

（3）无孔隙渗硅层的形成　无孔隙渗硅层具有良好的耐蚀性，但其形成不但与钢中碳含量有关，而且与渗硅温度、时间有关，见图 6.59。钢中碳含量越高，无孔隙渗层形成温度范围越宽。

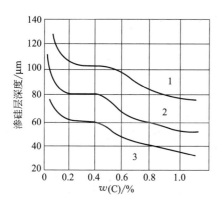

图 6.58 碳含量对渗硅层深度的影响
1—1050℃×1h 电解渗硅；2—950℃×6h
熔盐渗硅；3—1000℃×4h 粉末渗硅

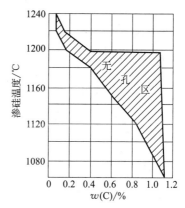

图 6.59 钢中的碳含量和渗硅温度对形成无孔隙渗硅层的影响

6.3.5.4 适用范围

① 提高各种钢、铸铁和粉末冶金材料制作的工件在硫酸、硝酸、海水及多数盐、碱液中的耐蚀性。

② 在一定程度上提高钢和铸铁件的抗高温氧化能力。

③ 渗硅后，经 170~200℃ 油中浸煮，有较好的减摩性。

④ 硅含量低的硅钢片，渗硅含量达 7%（质量分数）时，可显著降低铁损。

6.3.5.5 技术要求

① 工件渗硅后，其表面硬度为 250～300HBW。

② 渗硅层的金相组织：表层为含硅的 F，过渡区为含碳量增多的 P 和 F。

③ 渗硅层深度应满足产品图样规定的要求，一般为 0.4～1.4mm。

6.3.5.6 操作守则

① 渗硅前均需将工件表面清理干净，不得有油污和锈迹等污物。

② 应根据不同场合，选择适宜的固体渗硅配方（质量分数）：

ⅰ.对于普通渗硅，可选用 75％硅铁＋20％耐火土＋5％氯化铵；80％硅铁＋15％氧化铝＋5％氯化铵。

ⅱ.对于多孔减摩渗硅，可选用 80％硅铁＋8％氧化铝＋12％氯化铵。

ⅲ.对于消除孔隙渗硅，可选用 30％硅粉＋60％氧化铁＋10％氯化铵，另加适量的氧化铝或耐火土。

③ 固体渗硅时，通常将配方中各组分研成粒度小于 50 目（粒径约 0.097mm）的粉末装箱进行，其装箱方法同固体渗碳；渗硅时间，视产品图样要求而定：在 1100～1200℃加热时，按 0.08～0.10mm/h 计算。

④ 液体渗硅可在以下配方（质量分数）的盐浴中进行。以不同比例的混合盐（2 质量份硅酸钠＋1 质量份氯化钠）为基盐，另加含硅的其他物质。例如：

ⅰ.配方 1：65％基盐＋35％碳化硅。

ⅱ.配方 2：80％～85％基盐＋15％～20％硅钙合金。

ⅲ.配方 3：90％基盐＋10％硅铁合金。

使用上述配方时，应将其研磨成 1.0～1.4mm 的粒度。

⑤ 用工业纯铁进行渗硅试验表明，在上述配方的盐浴中处理时，均可在 950～1050℃温度下进行，保温 2～6h，一般可获得 0.04～0.44mm 的渗层。

⑥ 渗硅后的工件，可以缓冷或出炉空冷。

6.3.6 渗硅的组织、性能与应用

6.3.6.1 组织与性能

（1）组织　钢铁材料渗硅层的组织取决于硅含量，通常由有序固溶体 α_1（Fe_3Si）及无序固溶体 α_2 组成，也可由单相（α_2 相或 α_1 相）组成，渗层下有增碳区，与基体间有明显的重结晶线。图 6.60 系 B3F 钢固体粉末渗硅（70％硅粉＋30％石墨，另加 0.5％氯化钠与 0.1％氟氢化钾）所获得的金相组织图。可以看出，其表面白亮层为 $\alpha_2＋\alpha_1$ 固溶体，渗层内部靠近基体有孔隙，与基体间有明显的重结晶线，后为增碳区。

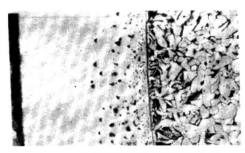

图 6.60　B3F 钢固体粉末渗硅的金相
显微组织（100×）

（2）性能

① 硬度。钢铁材料的渗硅层硬度不高。图 6.61 系渗硅层的硬度分布和相组成。

② 耐磨性。钢的渗硅层硬度虽不高，但耐磨性较好。如 45 钢渗硅后，得到多孔渗硅层，经

170～200℃油中浸煮后有着较好的自润滑作用，其耐磨性与未渗硅相比提高了1～7倍。在磨损条件下工作的铸铁件进行渗硅后，耐磨性可提高2.5倍。

③ 耐蚀性。渗硅层在完整无孔条件下，在海水、硝酸、硫酸及大多数盐及稀碱液中都有良好的耐蚀性，特别是对盐酸的耐蚀性最强。这是因为渗硅层与介质作用后，在工件表面形成了一层 SiO_2 薄膜。该氧化膜结构致密，具有高的电阻率和优良的化学稳定性，能阻止介质进一步腐蚀基体。由于渗硅层容易产生孔隙，在上述环境下多孔渗硅层易出现点蚀。对于能溶解 SiO_2 薄膜的介质或能穿透 SiO_2 薄膜的离子（如氯氟酸、氯化物、碱等），无孔渗硅层也不耐腐蚀。表 6.101 系渗硅与未渗硅的工业纯铁的耐蚀性比较。

④ 抗氧化性能。渗硅层具有较高的抗氧化能力。试验表明，铁碳合金 $[w(Cr)$ 为 $15\%]$ 的渗硅层中硅含量从0.5%增至3%时，其抗氧化温度可由800℃提高至1000℃。

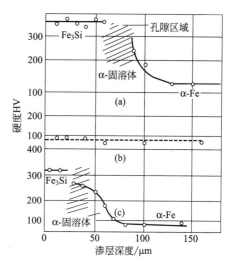

图 6.61　渗硅层的硬度分布和相组成
(a) 在 $SiCl_4 + H_2$ 中；(b) 在 $SiCl_4 +$ Ar 中；(c) 在 $SiCl_4 + Ar + Si$ 中

表 6.101　渗硅与未渗硅的工业纯铁的耐蚀性比较

试验时间/d	失重量/(mg/cm^2)					
	未渗硅	渗硅	未渗硅	渗硅	未渗硅	渗硅
	10%(质量分数)盐酸		10%(质量分数)硫酸		10%(质量分数)磷酸	
1	4.7	0	12.2	0.06	0.73	0.07
3	13.6	0	34.8	0.16	3.33	0.21
6	26.8	0	67.3	0.32	4.08	0.35
10	61.4	0.08	103.1	0.36	7.02	0.41
试验时间/d	失重量/(mg/cm^2)					
	未渗硅	渗硅	未渗硅	渗硅	未渗硅	渗硅
	3%(质量分数)氯化钠		5%(质量分数)氯化钾		5%(质量分数)硫酸钠	
1	0.3	0.08	0.20	0.01		
3	0.5	0.25	0.457	0.03	0.71	0.04
6	0.8	0.43	0.93	0.05	1.27	0.12
10	1.4	0.48	1.72	0.06	2.15	0.12

6.3.6.2　渗硅的工业应用与不锈钢及有色金属的渗硅

（1）渗硅的工业应用　渗硅可用于化学、造纸、石油及炼油工业的零部件，用海水冷却的发动机管子，内燃发动机的水泵套管，以及其他要求耐酸蚀的钢铁制件上；还可用于汽车、拖拉机零件的减摩和提高难熔金属（钼、钨、铌等）的抗高温氧化性能等方面。

另外，低碳电工钢渗硅，使硅含量达到7%时，可以获得电磁性能优良的高硅硅钢片，这是其他方法得不到的。

（2）不锈钢与有色金属的渗硅

① 不锈钢渗硅。不锈钢渗硅不但能提高表面的耐蚀性，更能大幅度提高耐磨性。

06Cr19Ni10、12Cr18Ni9 奥氏体不锈钢经固体渗硅或液体渗硅后，可获得 0.04～0.06mm、硬度为 400～480HV 的渗硅层。渗硅层相结构主要为 α_1（Fe_3Si），使得工件表面的耐磨性和抗高温氧化性显著提高。

② 有色金属渗硅。铜、钛、钼、铌、钽、铼等有色金属的渗硅工艺见表 6.102。其渗硅层深度和结构取决于硅的渗入条件（即温度、时间和渗剂活性）。要得到高质量的工件表面和渗硅层，渗硅方法及渗剂的选择尤为重要，特别是渗剂中的催渗剂，虽可增加渗层的生长速度，但也降低了对金属表面的保护性能，还增加了表面粗糙度，故催渗剂的一般用量为渗剂的 1%～3%。真空渗硅对渗层有良好的保护作用。难熔金属渗硅一般要在真空条件下进行。真空渗硅时，渗剂中硅粉中的杂质会降低渗层的形成速度和渗层深度，难熔金属渗硅剂一般用高纯度硅粉。

表 6.102　有色金属工件的渗硅工艺特点

材料	渗剂成分（质量分数）	工艺规范		渗层深度/mm	渗层结构
		温度/℃	时间/h		
铜	硅 40%＋氧化铝 59%＋氯化铵 1%	850	1～2	0.45～0.50	$\alpha+(\alpha+\gamma)$
钛	硅 50%＋氧化铝 50%（真空法）	950～1000	10	0.01～0.03	
	硅 97%＋氯化铵 3%	900～1100	4	0.046～0.070	$TiSi_2$，$TiSi$
钼	硅 60%＋耐火黏土 37%＋氯化铵 3%	1100	6	0.11～0.12	$MoSi_2$
	Na_2SiF_6 14%＋Si 20%＋NaCl 33%＋KCl 33%	1000	10	0.02～0.03	$MoSi_2$
铌	硅 20%＋氧化铝 78%＋氯化铵 2%	1100～1150	3	0.093～0.097	$NbSi_2$
钨	硅 85%＋氟化钠 10%＋氯化铵 5%	1010～1065	4～8	0.04	WSi_2
钨	Na_2SiF_6 14%＋Si 20%＋NaCl 33%＋KCl 33%	1000	10	0.035	WSi_2
钽	硅 97%＋氯化铵 3%（在氢或氩气中）	1100～1200	4	0.12～0.27	$TaSi_2$
铼	硅 58.2%＋耐火黏土 38.8%＋氯化铵 3%	1000～1100	8	0.12～0.14	

表 6.103 为有色金属渗硅层的组织结构，可见其多为化合物，但钴及钴基合金渗硅层组织为固溶体。

表 6.103　有色金属渗硅层的组织结构

金属	Mo	W	Ta	Nb	Ni	Co
渗层组织	$MoSi_2$，Mo_5Si_3	WSi_2，W_5Si_3	$TaSi_2$	$NbSi_2$	$NiSi_2$	α，$\alpha+\gamma$

渗硅能提高金属的抗氧化能力。铜渗硅后，表面形成铜硅化合物，在高温下形成 SiO_2 膜，可提高铜的抗氧化能力。镍基合金渗硅后，渗层的硅含量（质量分数）<3% 时，合金使用温度可由 800℃ 提高至 1100℃；但当硅含量（质量分数）>3%，则会使其抗氧化能力减弱。难熔金属及其合金渗硅后，其抗氧化性能也有显著提高。例如，当温度高于 600℃ 时，钼在空气中很快就被氧化；但钼渗硅后在大气中加热至 1400℃ 持续数百小时也不被氧化。在钨上的硅化物层可使其在 1700℃ 以下的温度下免于氧化；在钽上的硅化物层可使其在 1100～1400℃ 以下的温度下免于氧化；在钛和锆上的硅化物层可使其在 800～1100℃ 以下的温度下免于氧化。

渗硅还可提高铜的耐磨性。纯铜表面渗硅后，硬度由原来的 <100HV 提高到 >350HV，试验表明其耐磨性和抗自来水冲蚀能力提高 2 倍以上。

6.4 渗金属实例分析与质量控制

6.4.1 渗金属实例分析

6.4.1.1 ［实例6.2］ 机械能助渗铝的试验研究

采用运动粉末粒子的机械能冲击工件表面,使粉末渗铝速度提高6～10倍。利用机械能助渗装置实现粉末渗铝,详见表6.104。

表6.104 机械能助渗铝的试验研究

序号	项目	具体内容
1	试验内容	用自制的小型机械能助渗装置,开发了机械能助渗用的渗铝剂,较系统地研究它的工艺参数及扩散退火。用光学显微镜和JXA-840扫描电镜分析渗层组织;用DMAX型X射线衍射仪(Cu靶)确定渗层相组成;测试渗铝层的抗高温氧化性
2	渗铝工艺参数	ⅰ.渗铝温度对渗层深度的影响。由图6.62可见,机械能助渗的渗铝温度降至500℃左右。试验中,经440℃加热4h,20钢已获10～15μm的渗铝层。460℃加热4h,20钢渗层深度达21～24μm。在440～540℃温度范围内,温度对渗层深度影响不大。渗铝温度提高到560℃时,20钢的渗层深度增至60～75μm;提高到580℃时则达90～100μm。在560～600℃温度范围内,温度对渗层深度影响也不大。这可能是机械能助渗的一个特点。 ⅱ.渗铝时间对渗层深度的影响。由图6.63可见,1～4h,特别是1～2h内,随时间的增加,渗层深度增加得较快,4h后渗层深度的增加十分缓慢。机械能助渗在较短时间内就能得到足够厚的渗层。机械能助渗生产设备的生产过程也充分证实了这一点,保温时间可缩短至1～3h。实践证明,机械能助渗铝不仅可将渗铝温度由950～1100℃降至440～600℃,而且还将加热和保温时间由15h缩至4h以内,节能效果十分显著,能耗仅为常规渗铝的1/3～1/5,同时还有利于渗铝件质量的提高,设备投资和消耗减少。机械能助渗铝不仅可替代固体渗铝,也可替代热浸铝工艺
3	机械能助渗铝理论分析	化学热处理(扩渗处理),特别是温度较低时,大多受扩散过程控制。温度和扩散激活能是决定扩散系数的重要因素。化学热处理时,由于扩散激活能大,为得到足够渗速,往往需采用相当高的温度。渗金属时扩散是空位迁移机制。扩散激活能由空位形成功和扩散原子迁移能两部分组成。运动的粉末粒子冲击工件表面时,将其机械能(动能)传给表面的点阵原子,使点阵原子激活脱位,形成空位。运动粒子的不断冲击,其机械能将使工件表面产生大量扩散所需空位。另外,粒子冲击的机械能增加了表面层的空位浓度,甚至形成扩散通道,改善了扩散原子的路径,还能降低扩散原子迁移能。许多研究结果也证明,晶体缺陷密度越大,扩散激活能越小。粉末粒子冲击的机械能提高了表面层的空位浓度,形成原子稀疏区,使扩散激活能显著降低,所以要求具有足够渗速的扩渗温度则必然大幅度降低。试验中将粉末渗铝由常规的950～1100℃降至440～600℃,渗铝时间也由10h以上减至4h内。随后,在渗铬、渗硅、渗锰及Zn-Al共渗方面也得到相近结果。 应该强调的是,机械能助渗不是将机械能转变为热能,而是靠粒子所带的机械能(动能),传给表面层点阵原子,使其激活脱位形成空位。形成的空位浓度与粒子所带的动能大小和冲击频率等因素有关。为得到扩散所需空位浓度需用的机械能相对热能来说是很小的。而单纯依赖热扩散,其空位浓度与温度呈指数关系,为满足扩散需要,则要求加热到相当高的温度。常规化学热处理的能耗主要用于高温加热,其中包括炉体加热和散热、夹具和工件整体加热等,真正用于扩散所需能量的比例是很少的。可见,机械能助渗是巧用机械能与温度相结合,具有十分显著的节能效果,是扩渗处理的发展方向
4	渗铝层的组织结构	ⅰ.渗铝层组织。图6.64为20钢机械能助渗铝层的显微组织。渗铝层与基体组织紧密相接,有明显的界线,为均一的组织。显微硬度为420HV 0.1左右。 ⅱ.能谱分析。表6.105为20钢和Cr18Ni9Ti不锈钢的能谱分析结果。20钢机械能助渗铝层的铝含量(质量分数)高达55%～56%,内外层成分差别不大。Cr18Ni9Ti不锈钢渗铝层含铝量也高达50%以上,同时还含有质量分数8%左右的铬和质量分数2%左右的镍。这说明钢基体中的铬和镍部分地进入了渗层。钢中合金元素,特别是铬进入渗铝层,将进一步提高渗铝层的耐蚀和抗高温氧化能力。 ⅲ.渗铝层的相结构。图6.65为20钢渗铝层的X射线衍射谱图。经X射线衍射分析表明,20钢渗铝层为斜方结构的Fe_2Al_5相。Cr18Ni9Ti不锈钢渗铝层主要也是Fe_2Al_5相,其中有几个弱可能是与镍铬有关的相

序号	项目	具体内容
5	渗铝层的扩散退火	为降低渗铝层脆性,分别于700℃、800℃和900℃进行退火,结果见表6.106。在700℃进行扩散退火时,试样表面颜色和显微硬度基本不变,渗层厚度也增加不多。800℃退火时,表面颜色变为淡黄,显微硬度降低,渗层厚度增加,并且时间越长变化越大。900℃退火时,渗层厚度进一步增加,显微硬度继续降低。可见,机械能助渗铝的扩散退火可采用800℃×4h,比一般固体渗铝的扩散退火温度(900～1100℃)低100～300℃。 　　图6.66为机械能助渗铝层800℃扩散退火后的组织,其特点是在表面渗铝层内部存在一个晶粒粗大的扩散层。由表6.107可见,700℃退火8h后20钢渗铝层中铝含量减少到38%左右;800℃退火4h后则减少到32%左右,仍大于30%,远远大于抗高温氧化要求的临界浓度8%。 　　对机械能助渗铝后分别于700℃×8h和800℃×4h扩散退火的渗铝层进行X射线衍射分析表明,两种渗铝层均为FeAl相
6	抗高温氧化性	将20钢、20钢渗铝、Cr18Ni9Ti钢和Cr18Ni9Ti钢渗铝试样,分别装在带盖的坩埚中称重,然后放入空气介质的箱式电阻炉内,分别于700℃、800℃、900℃加热120h,炉冷后再称重。以单位面积的质量增值表示其抗高温氧化性,质量增值越小,抗高温氧化性越好。由表6.108可见,在700℃和800℃的空气介质中加热120h,20钢已经氧化比较严重,而20钢渗铝试样只发生轻微氧化,其氧化质量增值低于Cr18Ni9Ti不锈钢。这与低碳钢渗铝可在780℃以下长期使用的结论是一致的。在900℃加热120h,各种试样均严重氧化。但不锈钢和不锈钢渗铝试样的质量增值相对要小一些
7	小结	ⅰ.用自动的机械能助渗装置和研制的渗铝剂,将渗铝温度由常规的900～1100℃降低到460～600℃。经560℃×4h渗铝,20钢可得到>60μm的渗铝层。 　　ⅱ.渗铝温度在560～600℃范围内变化,渗层深度变化不大;保温时间大于4h,渗层深度增加不大。机械能助渗铝可采用560℃×(2～4)h。 　　ⅲ.机械能助渗铝层是Fe_2Al_5相,含铝量(质量分数)>50%。800℃扩散退火后,渗层层为FeAl相,含铝量(质量分数)>30%。 　　ⅳ.20钢机械能助渗铝层在700℃、800℃加热120h,氧化轻微,抗氧化性优于Cr18Ni9Ti不锈钢。与常规渗铝和热镀铝一样,能在780℃以下长期使用

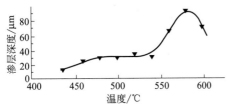

图6.62　20钢渗铝温度与渗层
深度关系（渗铝4h）

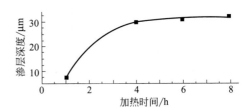

图6.63　20钢渗铝时间与渗层
深度关系（540℃）

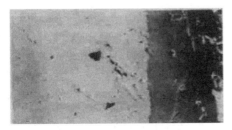

图6.64　20钢机械能助渗铝
层显微组织（200×）

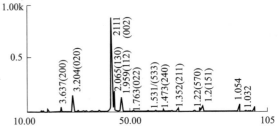

图6.65　20钢渗铝层的X射线
衍射谱图（Cu靶）

表 6.105　渗铝层的成分

钢号		20 钢		Cr18Ni9Ti 钢	
含量		质量分数/%	原子分数/%	质量分数/%	原子分数/%
部位		渗层表面			
成分	AlK	55.72	72.26	53.49	70.19
	CrK			8.49	5.78
	FeK	44.28	27.74	35.88	22.74
	NiK			2.14	1.29
部位		渗层内部			
成分	AlK	56.48	72.87	51.99	68.90
	CrK			8.75	6.02
	FeK	43.52	27.13	37.36	23.92
	NiK			1.89	1.15

表 6.106　扩散退火时渗铝层的变化（20 钢，540℃×4h 渗铝）

退火温度/℃	700		800		900	
退火时间/h	4	8	4	8	4	8
渗层厚度/μm	15	18	60	75	75	84
硬度(HV0.1)	364.3~481.3	360.9~420.4	274.5~401.2	235.6~285.2	199.8~250.6	166.3~200.6
表面颜色	灰黑	黑褐	淡黄	淡黄	淡黄	淡黄

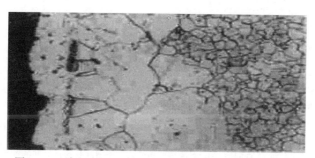

图 6.66　渗铝层 800℃扩散退火后的显微组织（200×）

表 6.107　20 钢渗铝层能谱成分（质量分数）分析结果

退火工艺	700℃×8h		800℃×4h	
分析位置	表层	内部	表层	内部
AlK/%	39.13	37.17	34.82	30.05
FeK/%	60.17	62.22	64.28	69.01

表 6.108　抗高温氧化性比较（120h）

温度/℃	单位面积质量增值/(g/m²)			
	20 钢	Cr18Ni9Ti 钢	20 钢渗铝	Cr18Ni9Ti 钢渗铝
700	229.780	115.480	26.155	10.009
800	278.021	63.941	42.017	13.918
900	731.366	115.738	255.745	15.537

6.4.1.2 ［实例 6.3］ 65Mn 钢农机旋耕刀的表面渗铬工艺及其耐磨性

65Mn 钢农机旋耕刀的表面渗铬工艺及其耐磨性见表 6.109。

表 6.109　65Mn 钢农机旋耕刀的表面渗铬工艺及其耐磨性

序号	项目	详细说明
1	概述	耕深大于 20cm 的旋耕刀是大耕深旋耕复式作业机械的关键部件之一。65Mn 钢具有良好综合力学性能，是旋耕刀的首选用材之一。但现有 65Mn 钢制旋耕刀的热处理工艺(整体淬火＋低温回火)不能满足大耕深旋耕作业对旋耕刀表面硬心韧的性能要求。因此，适于 65Mn 钢制大耕深旋耕刀的热处理工艺成为迫切需要解决的关键问题之一。 渗铬处理是一种典型的化学热处理工艺，其表面渗层具有优良的耐磨性、耐蚀性和抗高温氧化性能，已广泛应用到多种金属材料的表面耐磨处理中。本试验旨在通过对旋耕刀用 65Mn 钢表面渗铬工艺进行优化，并考察渗铬层的摩擦磨损性能，并与旋耕刀现有工艺(整体淬火＋低温回火)进行了比较，为采用渗铬处理制造大耕深旋耕刀奠定基础
2	工件名称与使用材料	大耕深旋耕复式作业机械的关键部件之一旋耕刀，其外形结构见图 6.67。试验材料为 65Mn 弹簧钢棒料，其名义化学成分见表 6.110
3	渗剂、试验方法与设备	固体粉末渗铬剂，其主要成分为 50％铬粉、48％氧化铝和 2％氯化铵。试样尺寸为 10mm×10mm×6mm。渗铬处理前，用金相砂纸打磨试样表面，并将其置于无水乙醇中进行超声波清洗，清洗干净后的试样冷风吹干后装箱进行渗铬处理。采用 JSM-7001F 场发射扫描电镜(配有 IE-350 型能谱仪)观察横剖面形貌；采用 HXD-1000TMB 显微硬度计测量表面硬度，载荷为 0.1kg。摩擦磨损实验采用 UMT-2 型摩擦磨损试验机。试验中，测试载荷为 500g，转速为 300r/min，实验时间为 20min，无润滑状态，对磨料为 ϕ4mm 的 Si_3N_4 陶瓷球。采用 ADE Micro XAM 3D Profiler 观测磨痕三维形貌，并获取磨痕横截面轮廓；采用自编软件计算磨痕截面面积，以 3 个截面面积的平均值作为试验结果
4	渗铬工艺参数的优化	渗铬处理的工艺参数主要包括渗铬时间和渗铬温度。根据渗铬剂生产厂家说明书及查阅相关文献，初始渗铬温度选定为 850℃，保温时间分别为 1h、3h、6h、9h、12h。以渗层深度和表面硬度为评价指标，首先对渗铬时间进行优化，在此基础上再进一步优化渗铬温度。其中，渗层深度的测量方法为采用扫描电镜获取渗铬处理后试样的横剖面形貌，对比其上标尺测量渗铬层的厚度，以 3 个不同区域的平均值作为实验结果。 ①不同时间渗铬处理后的渗层厚度和表面硬度。图 6.68 和图 6.69 分别是 850℃下 65Mn 钢渗铬处理后的渗层深度和表面硬度与渗铬时间的关系曲线。 从图 6.68 可以看出，随着渗铬时间的延长，渗层深度在不断增加。在最初的 1h 内，渗层深度快速增加；随后的 2h 内，渗层深度增加缓慢；3~9h 内，渗层深度则又以较大速度增加；9h 后，渗层深度再次缓慢增加。分析认为：对于中高碳钢而言，经渗铬处理后其表面渗层为金属碳化物覆盖，其厚度主要取决于碳原子的扩散速度。在渗铬初期，渗剂中的铬原子在工件表面吸附、扩散而渗入工件表面，与基体中的碳形成金属碳化物；随着渗铬时间的延长，基体中的碳不断向外扩散，表面渗层不断增厚；碳在钢中的扩散能力远高于其在金属碳化物中的扩散能力，随着渗层深度的增加其扩散能力减弱，渗层深度增加速率逐渐减缓。 图 6.69 是在 850℃下 65Mn 钢渗铬处理后的表面硬度与渗铬时间的关系曲线，可以看出，随着渗铬时间的延长，表面硬度的变化总体上与渗层厚度变化呈现相同规律。在渗铬时间为 3h 时，出现硬度最低点，其原因可能是此时渗层不均匀，部分测量值所测硬度为渗层较薄区域。 ②不同温度渗铬处理后的渗层深度和表面硬度。根据前述结果并综合考虑经济性因素可知，在本试验条件下渗铬时间以 9h 为最优。渗铬温度对渗层深度有着较大的影响，这一观点已被业内普遍接受。所以，现进一步研究 65Mn 钢在 950℃ 和 1050℃ 下的渗铬处理。 表 6.111 是不同温度下渗铬处理 9h 后的渗层深度和表面硬度，可以看出：当渗铬温度提高到 950℃ 时，渗层厚度约为 850℃下渗铬处理的 2 倍；但当渗铬温度进一步提高到 1050℃ 时，渗层深度没有继续增加，且还略小于 950℃下的渗铬处理。分析认为：随渗铬温度的提高，碳原子的扩散能力增强，渗层深度增加，但并非温度越高渗层厚度越大，这里存在一个阈值。本试验条件下，以低于 1050℃ 为宜。此外，从表 6.111 中还可以看出，渗铬层表面硬度随渗铬温度的提高呈同向增长。 图 6.70 为不同温度下渗铬处理后试样的横切面 SEM 形貌及 Cr 和 Fe 元素分布情况，可以看出：950℃渗铬时，渗铬层中 Cr 和 Fe 元素分布梯度均很大，表层中 Cr 元素的含量远高于 Fe 元素；1050℃ 时，渗铬层中 Cr 和 Fe 元素分布梯度显著变缓，表层中 Cr 元素的含量降低，而 Fe 元素含量增加。这就不难解释，随着温度的提高，渗铬层表面硬度随着渗铬温度呈同向增长的现象。进一步对比图 6.70 中(a)和(b)发现，1050℃渗铬处理后，渗层孔洞明显多于 950℃渗铬处理所获得的渗层，渗层致密性的下降势必会影响渗层的机械性能。分析认为，随着温度的提高，金属中空位的浓度相应增加，当渗入元素不足以填充时，就会促使渗层中孔洞聚集。工业界和学术界都希望在保持原有渗铬的综合性能基础上追求低温和短时间渗铬。结合上述实验结果，可以认为在 950℃下经过 9h 保温处理的渗铬工艺最优

序号	项目	详细说明
5	渗铬层的摩擦磨损性能	ⅰ．摩擦系数。图6.71(a)和(b)分别是低温回火态和渗铬态在相同实验条件下的摩擦系数随时间变化的关系曲线，从图中可以看出：低温回火态试样的摩擦系数在很短时间内就进入了稳定阶段，其值保持在0.6左右，且在整个实验周期中相对稳定；渗铬态试样的摩擦系数则在大约150s后进入稳定阶段，其值约为0.52；当摩擦时间达到800s时，摩擦系数起伏较大且呈现出迅速增加趋势。分析认为，在相同实验条件下，渗铬态的摩擦系数低于低温回火态，与其表面硬度不同有着直接关系。低温回火后，试样表面硬度为57.5HRC（约相当于690HV）；而渗铬之后，试样表面硬度达到1786.8HV0.1。试样表面硬度提高，表面塑性变形抗力增大，试样表面在与对磨件摩擦时趋于光滑，有利于摩擦系数的下降。当磨损时间达到800s后，呈现起伏加大且有上升趋势，这可能与对磨件转移层不断黏附和剥落有关。 ⅱ．磨痕形貌。图6.72(a)和(b)分别是低温回火态试样磨痕截面轮廓和SEM形貌，图6.72(c)和(d)分别是渗铬态试样磨痕截面轮廓和SEM形貌。对比图6.72(a)和(c)可以看出，渗铬态试样磨痕无论是深度还是宽度均小于低温回火态，且渗铬态试样磨痕轮廓较为光滑，而低温回火态试样磨痕轮廓呈现较大起伏。进一步对比图6.72(b)和(d)可以看出，低温回火态试样磨痕表面呈现典型的"犁沟"特征，而渗铬态试样磨痕表面较为光滑，且其上存在大量黑色黏附物。对黑色黏附物进行EDS分析，发现含有大量的Si，可以推断这些黏附物为对磨件Si_3N_4陶瓷球的转移物。可见，在本研究试验条件下，渗铬态主要以黏结磨损为主，而低温回火态则主要以磨粒磨损为主。 ⅲ．磨损率。经计算，低温回火态磨痕截面积为$283.1\mu m^2$，渗铬态磨痕截面积为$148.9\mu m^2$。若以低温回火态的磨损率为1，渗铬态的相对磨损率仅为0.526
6	小结	ⅰ．65Mn钢表面渗铬处理的最优工艺参数为渗铬时间9h，渗铬温度950℃。 ⅱ．经950℃×9h渗铬处理后，65Mn钢的耐磨性较现有旋耕刀制造采用的淬火＋低温回火处理明显提高，其相对磨损率仅为0.526

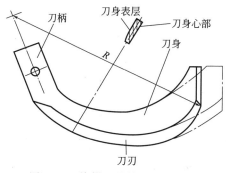

图6.67　旋耕刀的外形结构简图

表6.110　65Mn钢的名义化学成分（质量分数）　　　　单位：%

C	Si	Mn	S	P	Cr	Ni	Cu
0.62～0.7	0.17～0.37	0.9～1.2	≤0.035	≤0.035	≤0.25	≤0.30	≤0.25

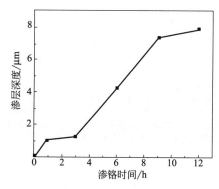

图6.68　渗层深度与渗铬时间的关系

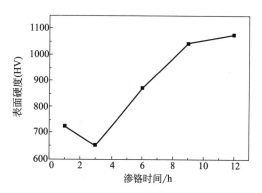

图6.69　表面硬度与渗铬时间的关系

表 6.111　不同温度下渗铬处理 9h 后的渗层深度和表面硬度

渗铬温度/℃	渗层深度/μm	表面硬度(HV0.1)
850	7.4	1045.2
950	14.7	1786.8
1050	14.2	1929.1

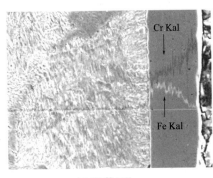
(a) 950℃×9h

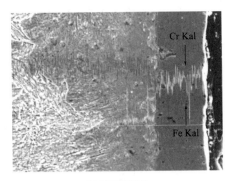
(b) 1050℃×9h

图 6.70　不同温度下渗铬试样横切面 SEM 形貌及元素分布

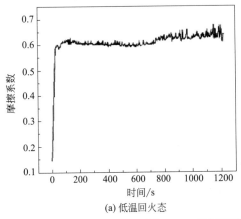
(a) 低温回火态

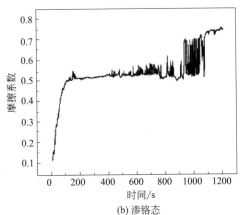
(b) 渗铬态

图 6.71　摩擦系数与时间的关系曲线

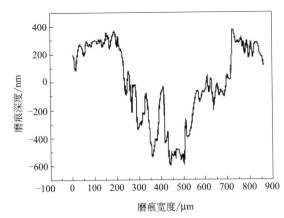
(a) 低温回火态磨痕截面轮廓

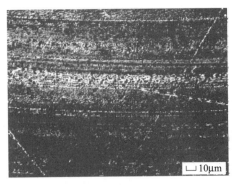
(b) 低温回火态SEM形貌

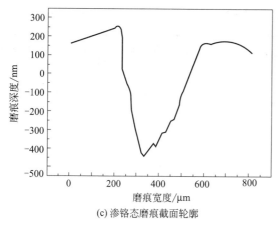

(c) 渗铬态磨痕截面轮廓

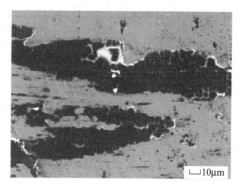

(d) 渗铬态SEM形貌

图 6.72　磨痕截面轮廓及 SEM 形貌

6.4.2　渗金属质量控制

6.4.2.1　渗金属工件的质量检验

渗金属工件的质量检验内容为渗金属工件的表面状况（外观、色泽等），表面和心部硬度，渗层深度和渗层金相组织等。

表面状况包括工件表面渗层无剥落、裂纹等缺陷；渗层色泽正常（见表 6.112）。表面和心部硬度用洛氏硬度计检验，同一工件和同一炉次工件的硬度波动范围分别为 3～4HRC 和 3～5HRC。渗层组织和渗层深度主要是检测渗层是否完整，渗层下是否有贫碳区，并测量渗层深度、基体的晶粒度等。渗层的孔隙度和致密性也是一项重要质量指标。可用浸硫酸铜溶液（质量分数 15%）方法检验致密性，用磁性仪检查渗层深度。

表 6.112　各种渗金属表面的色泽

处理工艺	渗铬	渗钒	渗铌	渗钛
色泽(颜色)	银白色	浅金黄	浅金黄	银白色

6.4.2.2　渗金属层的常见缺陷及防止措施

渗金属层的常见缺陷及防止措施见表 6.113。

表 6.113　渗金属层常见缺陷及防止措施

缺陷类型	产生原因	防止措施
表面黏附渗剂	粉末渗时,渗剂中有水分和低熔点杂质	Al_2O_3 粉应焙烧,装罐前烘干渗剂
渗层剥落	渗层过厚,工件在尖角和截面突变处易剥落	减少渗层深度,改进零件形状,采用渗后正火或等温淬火处理
无渗层或渗层不连贯	渗剂失效,渗罐未密封	更换渗剂,密封渗罐
表面有腐蚀斑	催渗剂用量过多;渗剂中有有害腐蚀性杂质	控制催渗剂用量,渗剂要烘干,减少有害杂质

续表

缺陷类型	产生原因	防止措施
点蚀	渗金属件在大气中长期放置,这是微孔所致	工件渗前仔细清洁或适当增加渗层深度;渗后进行封闭处理
脱碳	粉末渗剂使用多次后易脱碳;气体渗铬时水汽、载气过量	加强密封或通保护气体,防止金属粉氧化,补加新渗剂;严防水汽出现,调整载气
裂纹	渗后冷却太快	采用合理淬火介质或改用正火、等温淬火等
渗层下面贫碳严重	碳化物形成元素渗入钢表面,将心部碳吸至表层形成碳化物,造成层下出现贫碳	正确制定工艺,渗层不要太厚;改用碳含量高的钢或采用含钛、铌的专用钢;渗金属后增加扩散处理或预先适量渗碳

6.4.2.3 渗铝质量控制

(1) 热浸镀铝件的质量要求

① 对热浸镀铝件(钢和铁)材料质量要求。在热浸镀铝前应对所使用材料进行检查验收。检查项目包括:化学成分、力学性能、金相组织、焊缝质量、宏观缺陷、尺寸规格和偏差等。

② 对热浸镀铝用铝锭的质量要求。铝锭的铝含量≥99.5%。与 ASTM A676 的指标相同。选材时,可按照 GB/T 1196—2008《重熔用铝锭》选用特 1 级、特 2 级或 1 级铝锭。

(2) 热浸镀铝层的质量检测　见表 6.114。

表 6.114　热浸镀铝层的质量检测

序号	项目	说　明
1	宏观检验	ASTM A676 规定,A 型(相当于标准中的浸渍型)热浸镀铝层应牢固附着在铁基体上。使用坚硬的刀尖刻划并穿透热浸铝表面层,如果涂层在刻划线两边的任何一侧 1/16(1.59mm)以外的地方从铁基体上脱落或分层剥落,则认为附着力不够。根据该标准,规定"在刻划线两侧 2.0mm 以外的铝覆盖层不应起皮或脱落"
2	渗层涂覆量测定	热浸镀铝层的涂覆量技术要求,美、日标准都根据各自的产品类型分别作了规定。检验采用 ASTM A676 中相应热浸镀铝层的涂覆量要求。计量单位采用 g/m², 与 JIS H 8642 相同。 热浸镀铝层的涂覆量计算(称重法): $C = \dfrac{W_2 - W_1}{S} K$ 式中,C 为涂覆量,g/m²;W_1 为热浸镀铝前试样质量,g;W_2 为热浸铝后试样质量,g;S 为涂覆面积,mm²;K 为 1×10^6
3	渗层深度测定	ⅰ.热浸镀铝层深度的规定见表 6.115。 ⅱ.显微镜测厚法。从待测检件上指定的位置切割一块试样,镶嵌后对横断面进行研磨、抛光和浸蚀,用校正过的标尺测量覆盖层横断面的厚度。具体测定按 GB/T 6462—2005《金属和氧化物覆盖层 厚度测量 显微镜法》执行。 ⅲ.无损检测测厚仪。推荐使用 DWH-B 型无损测厚仪。测厚时,应以已知厚度的表面粗糙度值与被测件相当的标准试样校验测量数值。考虑到热浸铝件表面粗糙度值对测厚仪检测精度的影响,故明确规定"对测厚仪检测法测厚结果有争议时,应以显微镜测厚法测定结果为准"

续表

序号	项目	说　明
4	渗层孔隙级别评定	在热浸镀铝工艺(主要指扩散处理)过程中,由于铝、铁及其他原子扩散速度的差异,在化合物层中不可避免地产生孔隙。孔隙尺寸、数量、层厚及孔隙总面积的大小,主要与热浸镀渗剂的化学成分和扩散处理工艺有关。孔隙级别的大小直接影响热浸铝件的焊接性能、使用性能与寿命。因此,热浸铝层孔隙是一个非常重要的质量指标。标准中建立了扩散型热浸铝层孔隙级别显微镜评定法。孔隙级别主要以最大孔隙尺寸是否构成网络为判据。考虑到热浸铝层对基体金属的可靠防护,所以规定了有孔隙层厚度不得大于热浸铝层厚度的3/4,意在近基体部位应有无孔隙的致密防护层。另考虑到局部热浸铝层失效会导致整个热浸铝件失效,也规定了以试样最大孔隙级别来判定合格级别。扩散型热浸铝层中有时亦出现颗粒状的石墨或碳化物,其形貌与孔隙有些相似,判别时应注意区别。评定方法按孔隙级别分为1~6级。由于热浸铝件应用范围广,对质量要求也有所不同。标准中一般规定的孔隙(与裂纹)合格级别是对产品的一般要求,也可根据产品使用条件适当提高或降低合格级别,但应在产品订货技术条件中加以规定
5	渗层裂纹级别评定	在热浸镀铝工艺(主要指扩散处理)过程中,由于铝、铁及其他原子扩散与化合,产生相变硬化及其他致脆因素,在化合物层产生裂纹的概率较大。裂纹长度、条数、分布的状态和深度与热浸镀铝渗剂的化学成分、扩散处理工艺以及基体金属的成分与结构有关,裂纹级别的高低亦直接影响热浸镀铝件的焊接性能、使用性能与寿命。扩散型热浸镀铝层裂纹级别评定主要以热浸镀铝层单位面积内裂纹的总长度与裂纹宽度以及是否构成网络为判据,并规定裂纹深度不得大于热浸镀铝层厚度的3/4,以试样最大裂纹级别来判定合格级别。 裂纹级别分为两个系列:①甲系列裂纹分为0~6级,适用于碳素钢及低合金钢扩散型热浸铝层裂纹级别评定;②乙系列裂纹分为1~7级,适用于中、高合金钢扩散型热浸铝层裂纹级别评定
6	渗层与基体金属界面类型评定	界面类型评定是从金相角度判定扩散型热浸镀铝层与基体金属结合性能的质量指标,根据扩散层界面线形状分为5种类型。实验证明,热浸镀铝层与基体金属的结合性能以曲面结合(即界面线为曲线)为佳,平面结合(即界面线为直线)较差。结合性能由A型至E型依次降低。E型与前4型差异较大,为受压及受力状态所不允许。故一般规定A、B、C型合格,E型不合格。这是对产品的基本要求。D型合格与否可由用户与生产厂治商,预先在产品订货技术条件中加以规定。本方法还可用来帮助分析扩散处理工艺是否正常,以及对其他质量指标的影响
7	渗件力学性能试验	拉力试验时,规定试样保留热浸镀铝层。因产品一般是根据基体金属壁厚来核定强度指标的,所以在计算强度时,因热浸镀铝工艺产生的增厚尺寸不应叠加入试样截面尺寸中。浸铝件的表面增厚尺寸大致与铝覆盖层厚相当;扩散型热浸镀铝层厚为 0.2~0.25mm 的浸渗铝件表面增厚尺寸约为 0.05mm 左右

表 6.115　热浸镀铝层深度　　　　　　　　单位:mm

热浸铝层类型		标准名称		
		JB/T 9206—2001	ASTM A 676	JIS H 8642
浸渍型	铝 铝-硅	≥0.08 ≥0.040	≥0.076 ≥0.038	HDA1≥0.06 HDA2≥0.07
扩　散　型		≥0.100	≥0.076	HDA3≥0.05

注:JB/T 9206—2001 与 ASTM A 676 中的数字为对应关系,与 JIS H 8642 数字不是对应关系。

(3) 固体渗铝件的质量检测　工件渗铝后应检测外观是否为银白(灰)色,表面有无渗剂黏结、剥落等现象。必要时应检查渗层组织、渗层深度及均匀性、耐蚀性等。

(4) 渗铝常见的缺陷、产生原因及其防止措施　钢铁工件渗铝常见缺陷、产生原因及防止措施见表 6.116。

表 6.116　渗铝常见缺陷、产生原因及防止措施

缺陷类型	产生原因	防止措施
粘渗剂或表面粗糙	温度过高或渗剂中较多低熔点杂质; 使用铝粉时易出现	选择合适的渗铝温度; 用铝铁粉代替铝粉

缺陷类型	产生原因	防止措施
漏渗	添加的新渗剂与旧渗剂未混合均匀	新渗剂与旧渗剂充分混合均匀
脆断	工件薄,渗铝层太厚	控制渗铝层厚度

6.4.2.4 渗铬质量控制

（1）渗铬层的质量要求及检验　渗铬层应连续、致密,达到使用环境对渗层结构和深度的要求。渗铬层的检验方法以金相法为准,作为一般情况下的生产控制可采用硫酸铜法（浸入质量分数为15%的硫酸铜水溶液中）检测渗层的致密性和连续性,用磁性测厚仪检测碳化铬层的厚度。

（2）渗铬层常见缺陷及防止措施　见表6.117。

表 6.117　渗铬层常见缺陷及防止措施

缺陷类型	产生原因	防止措施
表面粘渗剂	粉末渗铬时渗剂中有水分和低熔点杂质	焙烧氧化铝、装罐前烘干渗剂
渗层剥落	碳化物层过厚,特别容易出现在尖角、淬火等条件下	减少碳化物层厚度,改进工件结构设计,选用正火或等温淬火
无渗层或渗层不连续表面有腐蚀斑	粉末渗铬剂失效、渗铬罐密封不好;NH_4Cl用量过多、表面残留量大	更换渗铬剂,密封渗铬罐减少 NH_4Cl 用量
脱碳	ⅰ.固体渗铬剂使用次数太多,易导致脱碳; ⅱ.铬粉氧化; ⅲ.气相渗铬时水汽、氢气过量	ⅰ.补充新渗剂; ⅱ.加强渗罐的密封或通入保护气体,防氧化; ⅲ.严防水汽出现,调整载气
贫碳	铬渗入钢的表面后与基体中的碳形成碳化铬,致使渗铬层下面出现贫碳区	使用含钛、钒、铬、钼的钢,以阻止碳向外扩散

第 **7** 章

渗硫、渗锌等铁素体状态的
化学热处理工艺及其应用

渗硫、渗锌及前述渗氮、氮碳共渗等低温化学热处理是指钢在铁素体状态（<600℃）下施行的工艺。该类工艺具有温度低、节能、工件畸变小、耐腐蚀和抗咬合性好、硬度高、耐磨、减摩性能好等优点。低温化学热处理工艺除采用增加表面硬度的表面强化方法外，还可从改善表面润滑性能方面入手，即通过在工件表面形成一层硬度不高，摩擦系数低的薄层来减少工件的磨损，从而提高其耐磨性、抗擦伤能力及抗咬合能力。这类渗层（如渗硫层）的硬度低，厚度薄，因而其工件内部需要高硬度、高强度和较好韧性与之配合。

7.1 渗硫工艺及应用

渗硫是在含硫的介质中加热，使钢和铸铁表面形成铁的硫化物层，即：使硫渗入工件表层的化学热处理工艺，渗硫亦称"硫化"。渗硫层是铁与硫反应形成的硫铁化合物覆层。已硬化的钢铁工件渗硫，表层可形成厚度为 $5\sim50\mu m$ 的以 FeS 为主的多孔化学转化膜（渗硫层），以达到降低摩擦系数，提高抗擦伤和抗咬合性能的目的。

7.1.1 渗硫工艺的分类与特点

渗硫工艺主要适用于提高低速、轻载工作条件下的机械零件和工模具（如滑动轴承、活塞、气缸套及低速齿轮等）的减摩性和抗咬合性。

渗硫方法种类较多，常用的有液体法（其又有一般液体法和电解法之分）、固体法、气体法及离子法等，见表 7.1。

表 7.1　渗硫常用的几种方法

序号	项目	具体说明
1	液体渗硫法	液体渗硫是目前应用较多的渗硫方法。常见盐浴配方见表 7.2。 　　低温液体渗硫一般在 150～200℃进行,主要用于提高碳钢和合金工具钢及冷冲模具的耐磨性。其盐浴中大都含有毒物质,但由于处理温度低,氰盐蒸发量较少,危害较小。低温液体渗硫不会导致零件硬度的明显下降,可与淬火后的低温回火同时进行。该方法成本较低,易实现流水线生产,比中温盐浴液体渗硫适用性更广。但由于低温液体渗硫工艺时间较长,盐浴存在易污染、易老化变质、成分和活性难以控制、处理后工件的质量不够稳定等问题。常用 75％KSCN＋25％NaSCN 盐浴,另加 0.1％$K_4Fe(CN)_6$＋0.1％$K_3Fe(CN)_6$。为提高 FeS 膜与基体结合力及盐浴稳定性,再加入 0.5％～4％氰化物。在 150～200℃盐浴中处理 10～20min。渗硫处理变形小,尺寸变化<0.003mm,基体硬度无变化。除含铬>13％的不锈钢外,各种钢铁件和工模具均可在淬火加回火、渗碳、淬火加回火以及渗氮后再进行渗硫。渗硫前工件要严格除锈、去油,最好用脱脂能力强的三氯乙烯(C_2HCl_3)和蒸汽(或先浸渍再进入蒸汽)除尽油污,渗硫后洗净的工件需在高于 100℃下脱水。

序号	项目	具体说明
1	液体渗硫法	低温液体渗硫盐浴是在成分为 10%～15% 硫氰酸钾(KSCN)的硫酸铝钾 $AlK(SO_4)_2 \cdot 2(H_2O)$ 或加低熔点中性盐的混合盐中,低于 200℃ 加热,对已淬火的工件(如 40Cr 钢)进行硫化处理,仍保持高硬度,又可获得良好的抗黏着、抗摩擦、减摩性。低温渗硫也可用 $100\%(NH_2)_2CS$ 于 180℃ 及 $50\%(NH_2)_2CS+50\%(NH_2)_2CO$ 于 140～180℃ 进行
2	低温电解渗硫法	在低熔点盐浴中,于 180～200℃ 温度下用电解法(工件为阳极,盐槽为阴极)使工件表面生成一层 FeS,达到抗咬合、减摩和抗磨损的目的。其反应机理是电化学反应。因 FeS 层形成速度很快,保温 10min 后增厚甚微,故每次无需超过 20min。常用低温电解渗硫工艺规范见表 7.3。 低温电解渗硫装置简单,仅需一外热式的盐浴槽和低压直流电源。电流密度一般为 $1.5～3.5A/dm^2$,电压控制在 2V 以下,到温后仅需保温 10～20min 即可得到满意渗硫层(渗硫层深度为 5～15μm)。渗硫后,零件表面呈灰白色;不影响零件基体硬度。 低温电解渗硫法操作简单、生产周期短、零件变形小、质量稳定,但存在电解渗硫所用盐浴各组分易与铁及空气中的 CO_2 等反应形成沉渣而老化的问题。沉渣的主要成分为 $Fe_3[Fe(CN)_6]_2$ 外,还有 $Fe_4[Fe(CN)_6]_3$、及 FeS_3FeCO_3 等,这些杂质在水中溶解度非常小或几乎不溶于水。盐浴中允许沉渣含量为 2.5%～3.5%(质量分数),如超过就必须将旧盐过滤回收再用或换新盐,否则渗硫层质量就会降低。老化的旧盐回收后可与新盐按 1:1 比例配制使用。旧盐按下述工艺回收:旧盐→溶解于蒸馏水中→过滤除渣→加活性炭脱色→二次过滤除渣→加热(<200℃)蒸发水分→减压蒸馏浓缩→冷却结晶→过滤干燥→回收盐成品密封包装。此法回收率可达 65% 左右,并可循环回收使用。 但应注意,电解渗硫前,工件必须脱脂,否则不仅会影响渗硫质量,而且还会污染盐浴。渗硫盐浴含水时,渗硫层的耐磨和抗咬合性能都将明显下降。所以工件渗硫之前应烘干。新配制的盐浴或放置时间较长的盐浴也应空载加热 4～24h 充分脱水
3	气体渗硫法	将含硫气体(如 H_2S、CS_2 等)通入密封炉罐,加热使之分解出活性原子进行渗硫的工艺方法。根据工艺温度,可将其分为中温气体渗硫(520～620℃)和低温气体渗硫(180～200℃),前者多用于硫和其他元素的共渗处理。 中温气体渗硫气源为混合气化气体,现已开发的典型工艺包括滴注式、离子共渗两大类。滴注式气体硫氮共渗在热锻模、压铸模上获得应用。离子硫氮共渗用于处理高铬高镍不锈钢时,无需去除钝化膜即可达到良好的渗入效果。 低温气体渗硫操作简单,劳动条件较液体渗硫好,渗后清洗容易。但其缺点是渗速低,工艺时间长,难以得到稳定的渗硫层
4	固体渗硫法	将工件埋入 92% 硫酸亚铁、1%～2% 二硫化铁 3% 氯化铵、3%～4% 石墨的渗硫剂中,装箱加热。550℃ 对淬火高速钢渗硫,提高刀具使用寿命效果显著
5	低温离子渗硫法	采用辉光放电原理,在真空条件下对钢铁零件进行硫化处理,使其表面产生厚度约 5～20μm 的硫化物层,可进一步提高或改善摩擦副零部件的使用寿命。 ①工艺特点。 i.处理温度低。一般在 200℃ 以下,不改变零件的组织和硬度,变形量颇小。 ii.在真空条件下进行。确保不改变零件表面粗糙度,作为零件的最终工序处理不影响零件尺寸精度。 iii.无污染排放。保证绿色环保的生产要求。 iv.根据使用要求,可通过调节工艺参数达到满意的渗层质量。 v.设备(在真空条件下,采用辉光放电原理加热零件达到工艺温度)操控性优良,质量稳定可靠。 vi.离子渗硫的反应气体通常为 H_2S、CS_2 及固体硫蒸气。渗硫时,工件接阴极,炉壁接阳极,当真空度达到 1Torr(1Torr=133.322Pa)时,在阴阳极之间加高压直流电。电压在 450～1500V 之间,电流大小取决于零件表面积。 ②硫化物层的结构特征。 i.硫化物层中的 FeS 为密排六方晶体结构,剪切强度低。在剪切应力作用下极易发生滑动,具有良好的自润滑性。 ii.硫化物层质地疏松、多微孔,有利于油脂的储藏与油膜的形成和保持。 iii.硫化物层硬度低(90～100HV),可软化摩擦副表面的微凸体,减缓硬金属表面微凸体对软金属表面的犁削作用。 iv.硫化物中的 FeS 具有极好的热稳定性,在大气环境下,600℃ 也不会发生氧化分解,可在高温工况下起到润滑作用。 v.在受压和摩擦生热的条件下,FeS 再生,沿着晶界向内扩散,使 FeS 层的润滑和防止黏着作用能够维持。

续表

序号	项目	具体说明
5	低温离子渗硫法	ⅵ.零件表面形成硫化物层,其摩擦系数大幅度减小,摩擦产生的温升明显下降,可大大提高零件的使用寿命和稳定性 ③应用及效果。用于冶金、汽车、纺织机械、石油零部件、轴承、柴油发动机等诸多工业领域。例如,首钢将辊径246mm、辊长480mm的精轧辊渗硫处理,发现换辊周期由96h提高到192h,换槽周期由16h提高到32h,平均周期产量由1991.25t提高到4227.65t。东风11型高速机车柴油机偶件经渗硫处理,提高偶件寿命3倍以上,实现东风11型机车喷油器10万千米免拆检。某发动机公司XN480柴油机4台,曲轴、汽缸、活塞环、凸轮轴、曲轴齿轮、凸轮轴齿轮、惰轮等经渗硫处理,在柴油机磨合后的动力性、省油、排气温度和扭矩等方面均有明显改善。 ④需注意点。 ⅰ.真空低温离子渗硫的效果得到充分的发挥,应该在硬化(渗碳、渗氮和其他表面硬化)处理后进行,即在硬基面的基础上实施为最佳。 ⅱ.对于回火的工件,渗硫温度应低于回火温度20℃以上,以不改变工件的基本性能。 ⅲ.离子渗硫技术还不能在工业生产中大幅推广,这是因为其对设备要求高,设备投资较大,成本高,不适于工业化大量生产

表 7.2　不同液体渗硫工艺中的渗硫剂成分　　　　　单位:%

序号		渗流剂成分(质量分数)	处理温度/℃
中温渗硫	1	$30\%NaCl+18\%Na_2SO_4+32\%NaOH+20\%FeS$	$540\sim550$
	2	$17\%NaCl+25\%BaCl_2+38\%CaCl_2+13.2\%FeS+3.4\%Na_2SO_4+3.4\%K_4Fe(CN)_6$	$540\sim560$
低温渗硫	1	$1.5\%S+50\%NaOH+48.5\%H_2O$	130
	2	$85\%\sim90\%KSCN+10\%\sim15\%[Al_2(SO_4)_3\cdot K_2SO_4\cdot 2H_2O]$	$175\sim210$
	3	$50\%(NH_2)_2CS+50\%(NH_2)_2CO$	$140\sim185$

表 7.3　常用低温电解渗硫工艺规范

序号	渗硫剂成分 (质量分数)	工艺参数	
		温度/℃	电流密度/(A/dm²)
1	$75\%KCNS+25\%NaCNS$,另加 $0.1\%K_4Fe(CN)_6+0.9\%K_3Fe(CN)_6$	$190\sim200$	$2.0\sim3.5$
2	$60\%KCNS+38\%NaCNS+1.0\%K_4Fe(CN)_6+0.6\%KCN+0.4\%NaCN$	$200\sim250$	$1.5\sim3.0$
	$73\%KCNS+24\%NaCNS+2\%K_4Fe(CN)_6+3\%NaCN$		
3	通氨气搅拌,流量 $59m^3/h$	$180\sim200$	$2.5\sim4.5$
4	$60\%\sim80\%KCNS+20\%\sim40\%NaCNS$,另加 $1\%\sim4\%K_4Fe(CN)_6+S_x$ 添加剂	$180\sim250$	$2.5\sim4.5$
5	$30\%\sim70\%NH_4CNS+30\%\sim70\%KCNS$	$180\sim200$	$3.0\sim6.0$

　　具有工业应用价值的渗硫方法及其工艺参数见表7.4。渗硫又可分低温渗硫(160～205℃)、中温渗硫(520～600℃)以及高温渗硫(>600℃)。为保证渗硫不影响基体的力学性能,渗硫温度一般采用略低于工件的回火温度。其中应用最多的是低温电解渗硫。

表 7.4　渗硫方法及工艺参数

方　法	渗硫剂成分 (质量分数)/%	工艺参数			备　注
		温度/℃	时间/min	电流密度/(A/dm²)	
低温电解渗硫	$KSCN75+NaSCN25$ 另加 $K_4Fe(CN)_6$ 0.1 $K_3Fe(CN)_6$ 0.9	$190\sim200$	$10\sim20$	$1.5\sim2.5$	法国发明 Sulf-BT 法。 渗硫过程中盐浴连续过滤,解决了盐浴老化问题。盐浴消耗要添加氰化物

续表

方 法	渗硫剂成分 （质量分数）/%	工艺参数			备 注
		温度/℃	时间/min	电流密度/(A/dm²)	
低温电解 渗硫	含硫氰盐的专用硫化剂	180~200	20	0.3 （电压1~3V）	盐浴损耗,只需补充专用硫化剂
	KSCN 66＋NaSCN 32＋ K₃Fe(CN)₆ 2,另加 Sₓ 3	180~200	10~20	2.5~3.5 （电压0.8~4V）	盐浴中沉渣定期过滤,添加 (CN)₆Sₓ
离子渗硫	H₂S＋H₂＋Ar	500~560	60~120	—	可形成深度为 25~50μm 的渗硫 层,添加 Ar 气可增大铁的溅射量
气体渗硫	H₂S 0.1~5＋N₂ （或以 H₂ 代 N₂）	150~650	10~180		炉膛有效容积越大,H₂S 用量越 低,避免形成 FeS₂＋S 组成的、妨碍 渗硫的结硫层

7.1.2　渗硫层的组织与性能

渗硫层是一种以 FeS 为主的硫铁化学反应覆层。250℃以下渗硫（低温渗硫）时，渗硫层深度（厚度）为 5~15μm，硬度低于 100HV0.05，没有明显的过渡层。500℃以上（中温渗硫）的盐浴渗硫、气相渗硫或离子渗硫层深度（厚度）可达 25~50μm。当处理不当时，渗硫层中会出现 FeS₂、FeSO₄ 相等，使工件的减摩性能明显下降。低温电解渗硫层的扫描电镜组织见图 7.1，可以看出：渗硫层断面呈有孔隙的鳞片状。进一步通过透射电镜观察，这些多孔的鳞片状呈纳米级微孔、蜂窝状形貌，有利于储油；另外，FeS 系六方晶系，与石墨、MoS₂ 等固体润滑剂一样，故有良好的减摩和润滑性能。

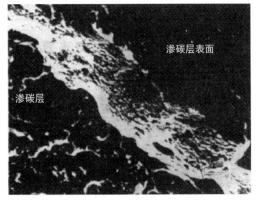

图 7.1　SCM420 渗碳钢低温电解渗硫层的
SEM 组织（横断面，电解条件：标准）

因此，渗硫层摩擦系数小（约为 0.05），具有良好的润滑减摩作用和抗擦伤能力。易于形变的渗硫层还可在工件与工件之间起隔绝作用，避免金属与金属接触摩擦发热而造成咬死。渗硫层的减摩、抗咬死性能见表 7.5。

表 7.5　渗硫层的减摩、抗咬死性能

钢 号	处理工艺	试验方法	试验结果	备 注
35CrMo	调质	连续加载在 Falex 试验机上进行	18620N·s,咬合咬死前 μ=0.4	N·s 为牛顿·秒,单位之前的数字称为品质系数 F 的值,F 越大,摩擦性能越好,μ 为摩擦系数
	调质后低温电解渗硫		31200N·s,尚未咬合,μ=0.15	
15CrNi	V 形块与销形试样都渗碳,淬火,回火至(63±1)HRC	干摩擦条件下连续加载	承载 3500~5500N 试样发生蠕变,仍未咬合	在 Falex 试验机上进行试验
QT600-2	等温淬火	加载至 490N 后恒载运行	μ=0.35	
	等温淬火然后电解渗硫		μ=0.35	

续表

钢　号	处理工艺	试验方法	试验结果	备　注
W6Mo5Cr4 V2	V形块与销形试样均为淬火、回火	加载至 500N 后恒载运行	14.5min 咬合	试验在通氮气的条件下,于(540±10)℃进行
	淬火、回火后进行渗硫		120min 开始咬合,但未咬死	

但是,渗硫的这些优点,需要在工件表面具有高硬度的条件下才能充分发挥出来。因此渗硫大多是在工件整体强化或表面淬火、渗碳＋淬火、渗氮和氮碳共渗等表面强化之后进行;或者与渗氮、氮碳共渗同时进行,前者叫复合处理,后者分别叫作硫氮共渗、硫氮碳共渗。

7.1.3　渗硫质量控制

7.1.3.1　钢铁渗硫件的质量检测

钢铁渗硫件的质量检测见表 7.6。

表 7.6　钢铁渗硫件的质量检测

序号	项目	具体要求
1	外观	均匀的深灰黑色,略显粗糙。外观用肉眼或低倍放大镜观察
2	金相组织	渗硫层为以 FeS 为主的硫铁化学反应覆层。由于渗硫层有许多孔径为 17nm 的微孔,能吸附润滑油,故具良好润滑减摩作用。但不应有 FeS_2、$FeSO_3$ 出现,否则会使减摩性明显降低
3	渗层深度	一般为 5～15μm(250℃以下渗硫),如在 500℃以上渗硫,深度可达 25～50μm
4	表面硬度	由于 FeS 为六方晶系,硬度低于 100HV0.05。软的渗硫层易于形变,可在工件与工件之间起隔绝作用,防止工件之间因接触摩擦发热,出现咬死现象
5	减摩、抗咬合试验	按产品技术要求,在专用摩擦磨损试验机上进行

7.1.3.2　低温电解渗硫工艺过程及特点

（1）工艺流程　零件脱脂→热水漂洗→冷水漂洗→酸洗除锈→水洗中和→热水煮沸→烘干→渗硫→冷水洗→热水洗→烘干→浸油。

（2）电解渗硫特点

ⅰ.渗硫后零件表面呈灰白色;

ⅱ.渗硫层组织为 FeS 或 FeS 与 Fe_2S 混合物;

ⅲ.渗层深度为 5～15μm;

ⅳ.渗硫在 180～200℃温度下进行,其后不影响零件基体硬度。

7.1.3.3　低温电解渗硫工艺的质量控制

常用低温电解渗硫工艺规范见表 7.3,应在实际生产中严格把控。

7.1.4　渗硫工艺的应用与实例分析

渗硫适合于各种钢和铸铁制作的零件和模具等,如滑动轴承、低速变速箱齿轮、活塞、气缸套等。由于低温电解渗硫的工件畸变小,无氢脆现象,适用材料范围广等特点,已在工业生产中获得了广泛应用，用来处理已经硬化的工件表层如发动机齿轮、缸套、凸轮、挺杆、锭杆、叶轮泵定子以及工模具等，并获得较好效果。

[**实例 7.1**]　GCr15 钢制 NUP311NRV/C3 满装滚子轴承的低温离子渗硫工艺

满装滚子轴承由于没有保持架，滚动表面的接触面积较大，润滑条件差，使用过程中表面易产生磨损、烧伤，轴承易发生早期疲劳，使用寿命较低。为提高满装滚子轴承寿命，可通过对其进行低温离子渗硫表面处理，以获得良好的减摩抗咬合性能。

（1）工件名称与使用材料　NUP311NRV/C3 满装滚子轴承（轴承外圈、内圈及疲劳失效形貌见图 7.2、图 7.3），系 GCr15 钢制造。

图 7.2　未渗硫处理轴承外圈及疲劳失效形貌　　图 7.3　未渗硫处理轴承内圈及疲劳失效形貌

（2）试验用轴承及试验条件　取 GCr15 钢制 NUP311NRV/C3 轴承 8 套，将其中 4 套（编号为 1#～4#）按图 7.4 工艺进行低温离子渗硫表面处理，另外 4 套（编号为 5#～8#）不处理。

（3）低温离子渗硫表面处理工艺　低温离子渗硫表面处理原理为：将待渗硫的干净零件放在低真空容器内的阴极板上（载物台），将低真空容器的外壳接阳极，在低真空容器内通入含硫气体，由脉冲电源在阴阳极两端加高电压，当电压达到某一数值时，硫气氛在电场作用下电离成硫离子，运动到阴极附近时受极压作用而加速，被加速的硫离子轰击金属表面，与铁原子发生反应，形成 $3\sim30\mu m$ 的 FeS 渗硫层。

FeS 膜具有低剪切强度和高熔点（1100℃），是优良的固体润滑剂，有大量微孔，可储存润滑油，易形成稳定的油膜，使油膜的耐压能力提高 2～3 倍，防止摩擦副之间的直接接触。在载荷作用下，软质渗硫层易发生塑性变形，不但具有很低的摩擦系数（渗硫后的摩擦系数可降低 20%～40%），而且增加了承载面的实际接触面积，从而降低了摩擦副的摩擦力，有效减少了摩擦热。

低温离子渗硫工艺见图 7.4。低温离子渗硫在低温离子渗硫炉中进行。渗硫过程中，套圈与滚子（非套装）放在密闭加热炉中，套圈采用摆摆的方式。加热、保温及冷却期间均应保证炉内为真空状态。

（4）试验结果

① 渗硫层深度测量及组织分析。在光学显微镜下观察发现，轴承试样表面形成渗硫层，其厚度为 $5\mu m$。轴承低温离子渗硫后的金相组织见图 7.5。

② 渗硫处理前后的性能对比。低温离子渗硫表面处理后的轴承经浸油后包装发货，渗硫处理为轴承的最终处理，要求轴承的尺寸、圆度、圆柱度、表面粗糙度、硬度、金相组织保持不变。为此应将渗硫前后的轴承进行对比（表 7.7、表 7.8），以便检验低温离子渗硫表面处理后的轴承能否达到成品轴承的要求，从而证明低温离子渗硫表面处理技术可以用于轴承。

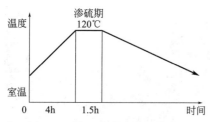

图 7.4　低温离子渗硫工艺曲线

图 7.5　轴承渗硫后金相组织（500×）

表 7.7　渗硫处理前后的内、外圈滚道尺寸偏差、圆度、圆柱度等对比　　　单位：μm

编号	内　圈								外　圈					
	Δd_{is}		V_{dip}		V_{dimp}		Ra		ΔD_{em}		V_{Dep}		V_{Demp}	
	渗硫前	渗硫后	渗硫前	渗硫后	渗硫前	渗硫后	渗硫前	渗硫后	渗硫前	渗硫后	渗硫前	渗硫后	渗硫前	渗硫后
1	−68	−62	2	2	0	2	0.095	0.078	+4.5	+1	5	2	1	1
2	−69	−64	2	2	0	1	0.088	0.075	+4	+2.5	2	3	0	2.5
3	−66	−65	2	2	2	1	0.093	0.080	0	+1	2	2	4	1
4	−68	−65	2	2	2	1	0.125	0.083	+3	+3.5	4	3	2	2

表 7.8　渗硫前后 1# 轴承的硬度、淬火组织对比

状态	零件	硬度（HRC）	淬火马氏体/级
渗硫前	内圈	61.0	3
	外圈	61.0	3
	滚子	61.5	2
渗硫后	内圈	61.0	3
	外圈	61.0	3
	滚子	61.5	2

（5）疲劳寿命对比试验　将低温离子渗硫处理与未渗硫处理的 NUP311 NRV/C3 轴承各 4 套分别在 2 台 ABLT-1 型试验机上进行完全寿命试验，为避免互相影响，每台试验机安装 2 套被测轴承，2 种轴承均独立安装。因试验机无法自动变速，故采用恒定转速。为了防止轴承在启动瞬间产生严重磨损和烧伤，1#、2#、5#、6# 轴承载荷由低到高由人工手动逐渐增加到试验条件。3#、4#、7#、8# 轴承直接加载至试验载荷条件下试验。试验过程中由计算机自动监控轴承的运转情况，直至轴承疲劳失效。试验结果见表 7.9，轴承疲劳失效状态见图 7.2、图 7.3 及图 7.6，图 7.7。

表 7.9　疲劳寿命对比试验结果

处理方法	轴承编号	不同试验载荷下的疲劳寿命			总寿命/h
		25kN	42.5kN	46.2kN	
渗硫	1#	28.5	10	138.5	150
	2#	28.5	10	429.5	440.5
	3#			292	292
	4#			337	337
未渗硫	5#	48	30	24	52
	6#	40	30	2	30
	7#			30	30
	8#			20	20

图 7.6　经渗硫处理后轴承内圈的疲劳失效

图 7.7　经渗硫处理后滚子的疲劳失效（磨损烧伤）

（6）试验结果小结

① 低温离子渗硫的速度较快，一般经过 1.5～4h 处理即可获得 3～20μm 左右的 FeS 渗硫层。该工艺稳定，简单且易于操作。

② 低温离子渗硫表面处理对轴承的形状及尺寸、圆度、圆柱度没有影响，表面粗糙度好于未处理轴承，减小了轴承摩擦系数和阻力。

③ 低温离子渗硫表面处理对轴承的金相组织、硬度均没有影响；处理后轴承的寿命指标均远远好于未处理轴承，疲劳寿命试验值均为未处理轴承的 10 倍左右，非常适用于满装滚子轴承。

7.2　渗锌工艺及应用

渗锌系指在一定温度下用热扩散方法，将锌原子渗入工件表面而获得锌铁合金层的化学热处理工艺。渗锌层具有比钢铁材料更负的电极电位，可对工件形成一种良好的阴极保护层。

渗锌主要用于提高钢铁材料、粉末冶金、硬质合金和非铁金属制件在大气、水（淡水、海水）、硫化氢及一些有机介质（如苯、油类）环境中的耐蚀性能，是最经济、应用最广泛的一种保护方法。例如，水管、铁塔型材和螺栓等零件常进行渗锌处理。渗锌具有比电镀锌更高的表面硬度和耐磨性，还可提高铜、铝及其合金的表面性能。渗锌具有温度低、变形小、设备简单等优点。

7.2.1　渗锌工艺的分类与特点

渗锌的工艺方法类似于渗铝，可分为浸镀型和扩散型两种。热浸镀锌所获得的表面组织由扩散层和锌镀层组成，属于浸镀型渗锌。扩散型渗锌层则完全由扩散层组成，采用粉末渗锌、真空渗锌等工艺获得。

7.2.1.1　热浸镀锌（液体渗锌）

将表面洁净的工件浸入熔融的锌或锌合金熔液中，从而获得渗锌层的表面化学热处理工艺，称为热浸镀锌。钢带、钢丝等采用连续式热浸镀锌，一般在钢厂中进行；钢铁制件，如型钢、紧固件等机械零件则采用批量式热浸镀锌，通常由各机械零件加工厂家完成。

批量式热浸镀锌工艺流程为：钢铁制件→脱脂→除锈→预处理→干燥→热浸镀锌→冷却→钝化→成品。热浸镀锌的工艺特点见表 7.10。

表 7.10 热浸镀锌的工艺特点

序号	项目	工艺特点
1	预处理	为改善工件与锌液的浸润性,应在脱脂、除锈后,采用熔剂浸渍法或微氧化脱脂,用氢气还原活化法进行预处理。其主要作用为:去除钢铁表面残存的氧化铁;改善工件与锌液的浸润性。熔剂的主要成分为 NH_4Cl,目前一般采用湿法熔剂,即将钢铁工件浸入熔剂的水溶液中,取出后干燥,再进行热镀锌。进入锌液后,NH_4Cl 分解为 NH_3 和 HCl
2	温度和时间	在锌液中,钢铁制件表面的铁与锌发生扩散反应形成扩散层,其主要成分为:η 相(Fe_5Zn_{26})、δ 相($FeZn_{17}$)、ζ 相($FeZn_{13}$)。钢铁制件从锌液中提出时,表面覆盖了一层镀锌层,镀锌层为 η 相,其主要成分与锌液成分基本相同。热浸镀锌层就是由上述扩散层和镀锌层组成。锌铁反应扩散形成的 ζ 相很脆,它的一部分存在于扩散层中,一部分则脱落进入锌液形成锌渣。ζ 相的形成量大时不仅会增加渗层的脆性,而且会使锌渣量增大,锌耗量增加。扩散层中铁含量与锌渣中铁含量之和称为铁损量,铁损量与热浸镀锌温度的关系见图 7.8。为避免铁损量过大,镀锌温度应避开铁损量的峰值温度。普通结构钢采用 470℃ 以下的低温镀锌,常用温度为 440~460℃,浸镀数分钟即可获得 0.02~0.03mm 的渗层。铸铁采用 540℃ 以上的高温浸镀锌。热浸镀锌温度越高则流动性越好,对于形状复杂的零件,如螺栓,也采用高温浸镀锌。为减少铁损,镀锌时间也应尽量短,铁损量与热浸镀锌时间的关系见图 7.9。对普通结构钢而言,浸渍时间为 1~10min。温度较低时所得的镀层质量较差,而且耗锌量大。 热浸镀锌层(即 η 相)的厚度与工件的提升速度和锌液的流动性有关,提升速度越快,镀锌层越厚;锌液的流动性越好,浸镀锌层越薄。 热浸镀锌所用的基材大多是含 0.05%~0.15%C 的低碳钢,这些钢的热镀锌层,基本上与纯铁相似。镀锌制品除需较高耐蚀性外,有的还要求具有较高强度,如镀锌钢丝绳和电缆用镀锌钢丝,其碳含量为 1%。还有一些铸铁和可锻铸铁的热镀锌产品,碳含量更高。钢中碳含量对热镀锌有较大影响,一般来说,碳含量越高,铁锌反应越剧烈,铁损越大,热镀锌层越厚。ζ 相和 δ 相的成长越快,因而热镀锌层变脆,塑性降低,碳在钢中存在的状态对铁锌反应影响也比较大
3	浸镀锌液成分	应用最广的是以锌为基,适量添加铝、镁、硅、钛、锡、锑、铅等合金元素的锌基合金浴。添加 0.03%~0.12%(质量分数)时可抑制合金浴面的氧化;加入约 0.05%(质量分数)时可改善外观;$w(Mg)\leqslant 0.01\%$ 可提高耐蚀性。渗锌层由表面的锌基固溶体[$w(Zn)\geqslant 99\%$]及依次形成的铁锌化合物组成
4	扩散处理	渗锌后应进行(550±20)℃、10~60min 的扩散处理,可大幅度提高渗层的塑性及耐蚀性

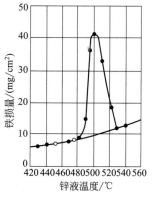

图 7.8 铁损量与热浸镀锌温度的关系

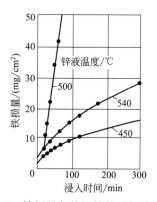

图 7.9 铁损量与热浸镀锌时间的关系

7.2.1.2 固体粉末渗锌

固体粉末渗锌的工艺特点见表 7.11。

表 7.11　固体粉末渗锌的工艺特点

序号	项目	工艺特点
1	固体渗剂及工艺曲线	粉末渗锌是将表面清洁的工件埋入装有粉末渗锌剂的密封容器中,加热至 300～400℃,保温一段时间,获得一定厚度的渗层,然后随炉冷却到室温(见图 7.10)。粉末渗锌渗剂成分及工艺见表 7.12。但应注意渗剂中水分含量应低于 1%(质量分数),因此渗剂使用前必须烘干。每使用一次,渗剂中锌含量下降 1%～2%(质量分数),因此使用时应及时补加新渗剂
2	工艺参数	温度及时间对渗锌层的影响见图 7.11
3	优缺点	粉末渗锌具有温度低、变形小、不用特殊设备、操作简单的优点。其最突出的优点是渗层均匀,没有氢脆,几乎没有变形,因此适合于形状复杂的工件。例如铁粉末冶金制品渗锌代替黄铜制作弹子锁的锁芯,对大气和潮湿空气的抗性效果良好,在生产上采用经济效果很好。 粉末渗锌的缺点是工件装箱和操作时粉尘大,工作环境差
4	应注意点	①每次使用需加(质量分数)1%～2%的新渗剂。连续使用时,用过 18～20 次后去除 1/3 旧渗剂,以等量新渗剂补充即可。 ②配制新渗剂时,需先将氯化铵在 80～100℃烘干,去除水分后研成粉末并筛选,然后撒入锌粉中混合。 ③长时间存放的渗锌剂,使用前应在 100～150℃烘干。连续使用 5～6 次后应化验其成分,确保渗锌剂中的锌含量≥50%(质量分数)

表 7.12　几种常用粉末渗锌剂及处理工艺

渗剂成分(质量分数)	处理工艺			备 注
	温度/℃	时间/h	渗层深度/μm	
97%～100% Zn(工业锌粉)+0～3%NH₄Cl	390±10	2～6	20～80	在静止的渗箱中渗锌速率仅为可倾斜、滚动的回转炉中的 1/3～1/2;渗锌可在 340～440℃ 进行
50%～75%锌粉+25%～50%氧化铝(氧化锌);另加 0.05%～1% NH₄Cl	340～440	1.5～8	12～100	温度低于 360℃,色泽银白,表面光亮,高于 420℃ 呈灰色且表面较粗糙
50% Zn 粉+30% Al₂O₃+20% ZnO	380～440	2～6	20～70	

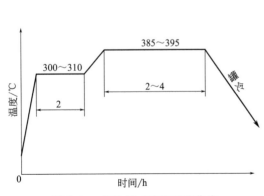

图 7.10　固体粉末渗锌工艺曲线

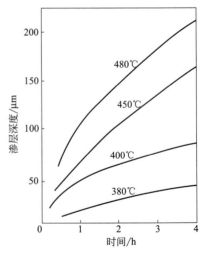

图 7.11　粉末渗锌温度及时间对渗层深度的影响

7.2.1.3　机械能助渗锌

机械能助渗锌是 90 年代初我国开发的新技术。图 7.12 为机械能助渗锌装置示意图。将工件放在滚筒里用渗剂埋好后密封。滚筒安装在加热炉的炉膛里。电机经减速器减速后，带动滚筒边加热边滚动进行渗锌。机械能助渗锌的渗锌剂由渗剂和冲击粒子粉末组成。机械能助渗锌比常规渗锌温度变化不大，仍为 400℃左右，但加热和保温时间却明显缩短。如 $\phi 500mm \times 3000mm$ 的滚筒加热到温后，再保温 1.5h（包括透烧和扩渗时间），即可达到 $100\mu m$ 以上的渗锌层，保温时间大幅度缩短，仅为常规的 $1/8 \sim 1/10$，节能效果十分显著。其机理为滚动的粉末粒子不但增加了滚筒内部温度的均匀性，缩短了加热时间，而且增加了渗剂各成分间的接触机会，增加了渗剂的活性。重要的是运动的粒子将其动能（机械能）传递给工件表面，激活表面点

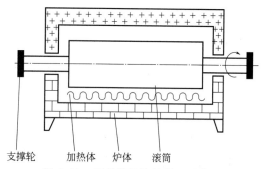

图 7.12　机械能助渗锌装置示意图

支撑轮　加热体　炉体　滚筒

阵原子，使其脱位形成空位等晶体缺陷，为原子扩散创造了有利条件，大幅度降低了扩散激活能，特别是空位式扩散激活能，将纯热扩散的点阵扩散变为点阵缺陷扩散，从而明显缩短扩散时间，节能效果十分显著。

机械能助渗锌的渗锌剂是供锌剂（60～200 目）、活化剂和冲击粒子。供锌剂主要是锌粉。冲击粒子多采用在渗锌温度范围内惰性大的物质，如氧化铝、氧化硅、炉渣粉末、黏土等。由于滚筒内部和渗剂中有残留空气，致使渗锌出来的工件表面发灰、发黑，不白。为此，分别采用预抽真空和加添加剂的方法。预抽真空法是在炉子升温前先用机械泵将滚筒内空气排出，然后再边加热边滚动进行渗锌。预抽真空法也称为真空渗锌。真空法需增添一台机械泵，设备结构稍复杂一点。添加剂法是在渗锌剂中添加一种低温分解、气化的物质，用它产生的气体排出滚筒里的空气，使渗锌出来的工件表面呈白色、灰白色。表 7.13 和表 7.14 给出了一种添加剂的试验结果。按规定比例加入添加剂，在 420～480℃渗锌处理 20 钢和可锻铸铁，工件表面都变为白色或灰白色。连续使用五次和在使用多次的旧渗剂中使用效果一样，都可得到白或灰白色表面。机械能助渗锌再经钝化处理后表面颜色变浅、光滑，具有金属光泽，如再经抛光，金属光泽更加显著、美观。

表 7.13　加入添加剂的试验结果（1.5h）

温度℃	430		440		460		480	
试验结果	渗层厚度/μm	颜色	渗层厚度/μm	颜色	渗层厚度/μm	颜色	渗层厚度/μm	颜色
20 钢	30	白	45	白	63	灰白	90	灰白
马口铁	45	白	30～39	白	60	局部黑	90	灰白

表 7.14　渗锌连续使用添加剂的试验结果（430℃，1.5h）

渗锌剂使用次数	1	2	3	4	5	旧渗剂
渗层厚度/μm	45	30	45	45～54	40～60	45
颜色	白	白	白	灰白	白	白

7.2.1.4 渗锌的后处理

钝化是将金属放在铬酸、铬酸盐或重铬酸盐和活化剂的水溶液中处理，在金属表面生成三价和六价的铬化合物与基体金属的铬酸盐组成的转化膜，也称为铬酸盐处理。在铬酸盐转化膜中，不溶性的三价铬构成膜的骨架，使膜具有一定厚度，由于它具有较高的稳定性使膜具有良好的机械强度。六价铬分散在膜的内部起填充作用，当膜受到轻度损伤时，六价铬化合物能使该处再钝化。各种金属在铬酸盐溶液中形成铬酸盐转化膜的过程大致相同。

铬酸盐膜具有良好的耐蚀性。首先，铬酸盐膜结构致密，化学稳定性好，在腐蚀介质中对基体金属起防护作用；其次，铬酸盐膜中可溶性的六价铬在潮湿空气中金属表面凝露时，会慢慢溶入凝结水形成铬酸，使露出的金属重新钝化，对裸露金属元素起缓蚀作用。盐雾和潮湿试验表明，钝化的锌层比未钝化耐蚀性要高 10 倍，甚至更多。钝化膜在大气中耐蚀性虽然提高不多，但在各种大气中也显著地延长了锌表面出现锈蚀的时间和锌层内部钢基体出现锈蚀的时间。钝化可使锌层更有效地防护钢件的腐蚀。不同处理条件获得的锌的铬酸盐膜的颜色不同，厚度与单位质量也不同。透明膜薄，单位质量为 0.5mg/dm^2；橄榄色膜厚，单位质量为 30mg/dm^2；一般的黄色膜为 $10\sim18\text{mg/dm}^2$。铬酸盐膜与基体金属结合良好，具有一定的韧性。承受压缩或成形加工时具有一定延展性。铬酸盐膜的耐磨性非常差，特别自铬酸盐槽中取出的工件在未干燥之前要防止磨伤。

另外，可将镀锌件清洗后先浸入乙醇、再浸入含香水的特制溶液中，使香水浸入钝化膜，形成带香味的锌层钝化膜。

锌层也可进行磷化处理（磷酸盐处理），通过磷化膜提高锌层与漆膜之间的结合力，以提高工件整体耐蚀性。

7.2.2 渗锌层的组织与性能

7.2.2.1 钢铁渗锌层的组织结构特征

渗锌层主要由锌铁化合物组成，锌铁含量不同，其化合物的结构也不同。其组织随渗入锌浓度的逐渐减少，由表及里依次为 η 相（Fe_5Zn_{26}，含 Fe 量$<0.02\%$，近于纯锌或以锌为基含少量铝、铁的固溶体）、ζ 相（$FeZn_{13}$，含 $6.0\%\sim6.2\%$ Fe）、δ 相（$FeZn_7$，含 $6.3\%\sim11.5\%$ Fe）、Γ 相（Fe_5Zn_{21}，含 $20\%\sim28\%$Fe）以及 α 固溶体（含锌$\geqslant5\%$）（以上均为质量分数）。其中，η 相为镀锌层，其成分与锌液成分基本相同；δ 相致密，韧性较好，其硬度约为 $266\sim330\text{HBW}$；ζ 相脆性较大，其硬度约为 $142\sim208\text{HBW}$。

不同的渗锌温度形成的相结构亦不同。在 $340\sim360℃$ 渗锌时，Γ 相成长较快。$420\sim480℃$ 渗锌时，渗锌层最表层为 ζ 相，中间为 δ 相，靠近基体部分为 Γ 相。图 7.13 是工业纯铁的粉末渗锌层（试验条件为 $380℃$、16h 粉末渗锌；浸蚀剂为苛性钠 25g、苦味酸 2g、水 100mL，再加水稀释 5 倍）的光学金相组织，可以看出其最外层为（ζ+η）相，其中柱状相为 ζ；次外层为垂直于表面的 ζ 相；靠近基体的是垂直于基体的 $δ_1$ 相（铁原子在 Γ 相中扩散形成）。$550℃$ 以上渗锌时，ζ 相消失，渗锌层由 Γ+δ 相组成。渗锌温度达 $600℃$ 时，Γ 和 δ 相无明显边界，金相分析很难将两者区分开来。

表 7.15 列出了热镀锌层各相的结构特征与性质，供分析以下组织时参考。图 7.14 系在 $450℃$ 下热浸镀锌时形成的典型金相显微组织图，浸镀锌层各合金相的排列顺序为：$Γ_1$、$Γ_2$、δ、ζ、η 相。表层的 η 相是镀件从锌液中提出时，附着在 ζ 相上的纯锌层（铁含量极微

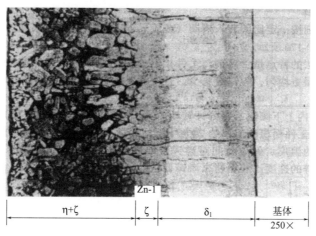

图 7.13 工业纯铁粉末渗锌层的光学金相组织（250×）

的固溶体）。（$\Gamma_1 + \Gamma_2$）是一薄层相，当浸镀时间较短时通常不会形成 Γ 相。δ 相呈柱状，垂直于基体或 Γ 相界面，呈栅栏状，故又称栅栏层。ζ 相位于 δ 相与纯锌层 η 相之间，呈柱状或针束状，但没有 δ 相那么致密，在热浸镀锌过程中，随时间的延长 ζ 结晶会部分地从合金层上脱落下来，并漂于锌液中，故被称为漂移层；在液态锌中这些 ζ 晶粒由于密度大于纯锌（液态锌）而沉于锌锅底部，称为底渣，漂浮于锌液中的称为浮渣，底渣和浮渣统称为锌渣。表层 η 相层的形成只是随着冷却而凝固于 δ 相或 ζ 相层上，通常称为纯锌层。

表 7.15 热浸镀锌层各相的结构特征与性质

项目	相层					
	α-Fe	Γ_1	Γ_2	δ	ζ	η
相的名称	铁素体	黏附层	中间层	栅状层	漂移层	纯锌层
分子式	Fe	Fe_3Zn_{10}	Fe_5Zn_{21}	$FeZn_8$	$FeZn_{15}$	Zn
晶格类型	体心立方	体心立方	面心立方	六方	单斜	密排六方
晶格常数/nm	$a=0.286$	$a=0.897$	$a=1.796$	$a=1.28$ $c=5.77$	$a=1.36$ $b=0.76$ $c=0.51$	$a=0.266$ $c=0.49$
铁含量(质量分数)/%	—	29～32	18～26	9～14	7.2～7.5	<0.003
密度/(g/cm³)	7.87	7.5	7.36	7.25	7.18	7.13
熔点(或相变温度)/℃	1538	782	550	665	530	419.58
硬度(HV)	104～159	283～326	493～515	244～358	182～208	37～50
力学特征	—	塑性	脆性	塑性	脆性	塑性

注：1. 锌的晶体结构和电子排列的原因，大部分元素在固相锌中的溶解度很低，所以 η 相实质上就是纯锌层。
2. α-Fe 或 γ-Fe 均为锌溶于铁中的固溶体。在高铁端，当温度为 782℃时，α-Fe 的区域扩展到锌的溶解度 40%，并在该温度下形成 α-Fe 与 Γ 相的机械混合物；在 400℃时，锌在铁中溶解度约为 3.8%；在室温下几乎为零。
3. 表中数据系在常温下测得，其中硬度值是综合文献资料和实测而得出的。
4. 对 α-Fe 或 η 相而言，固液相相变点可称为熔点，对四种金属间化合物而言，表中所给出的温度值，在冷却时为相变的起始点，在加热时为相变的终止点（理论值）。

7.2.2.2 渗锌层的性能

渗锌层与电镀锌层、喷涂锌层相比，具有更好的结合强度、更强的耐蚀性、更高的硬度。这也是许多零件必须使用渗锌处理的原因。

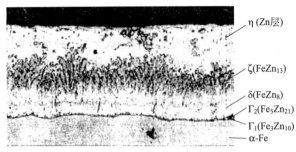

图7.14 低碳钢450℃、6min热镀锌的显微组织（500×）

（1）耐蚀性 渗锌是钢铁材料防腐蚀的一种最经济和最普遍的方法。锌在大气中能在表面形成一层致密、坚固、耐腐蚀的 $ZnCO_3 \cdot 3Zn(OH)_3$ 保护层，既减少了锌的腐蚀，又保护了渗锌层下的铁免受腐蚀；即使渗锌层有少许破坏而不完整时，由于锌层的电极电位比被保护工件的电位更负，渗锌层对钢铁也会起到电化学保护作用。所以渗锌对在大气中使用的钢材的防腐蚀效果是十分显著的。表7.16是渗锌层抗大气腐蚀和盐雾试验数据。实践证明，渗锌件的抗大气腐蚀能力与渗层深（厚）度以及所处的大气环境等因素密切相关。

表7.16 渗锌层抗大气腐蚀与盐雾试验数据

材　质	处理方法	腐蚀试验		
		试验条件	时间	试片腐蚀形貌
10钢	退火	暴露于工业大气中	8d 56d	表面严重锈蚀 表面布满锈点
	渗锌		56d 600d	表面色泽稍变暗，无锈点 表面色泽变暗，无锈点
铁基粉末冶金件	未渗锌		9d 60d	表面严重锈蚀 表面布满锈点
	渗锌		2a 4.4a	表面色泽稍变暗，无锈点 表面色泽变暗，局部有锈迹
10钢	退火	间断喷盐雾（NaCl 15%水溶液，相对湿度95%，温度32～35℃，压力0.15MPa）	2h	80%以上表面生锈
	渗锌		165h	20%以下表面生锈
铁基粉末冶金件	未渗锌		165h	100%表面生锈
	渗锌		165h	1/3表面生锈
黄铜锁芯、铁基粉末冶金锁芯	未渗锌		10d	10件全有锈斑，无法开启
	渗锌		10d	10件全无锈斑，开启灵活

（2）硬度和耐磨性 渗锌层的硬度与渗层组织直接有关，图7.15是铁锌合金硬度曲线和组织分布。粉末渗锌比电镀锌、热浸镀锌的硬度更高，耐磨性更好，表7.17是三者的比较数据。

表7.17 粉末渗锌层、热浸镀锌层和电镀锌的硬度和耐磨性的比较

渗锌方法	粉末渗锌	热浸锌	电镀锌
表面硬度（HV0.05）	200～450	约70	119
磨痕宽度/mm	0.628	0.923	1.07

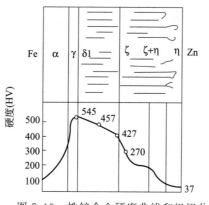

图 7.15　铁锌合金硬度曲线和组织分布

7.2.3　渗锌质量控制

7.2.3.1　渗锌件的质量检测

渗锌件的质量检测见表 7.18。

表 7.18　渗锌件的质量检测

序号	项目	检测内容
1	外观	表面光滑,呈较均匀的银灰色,无黏结、龟裂、隔层、孔隙、漏浸等现象。渗件经钝化处理:表面光滑呈银灰色,有光泽;再经化学抛光和钝化处理:表面有光泽,呈银白色;渗锌后经化学或机械抛光:表面光滑细致,有金属光泽。外观用肉眼或低倍放大镜检查
2	渗层表面硬度	渗层表面硬度为 $250\sim550HV0.05$,其硬度偏差不得超过 $50HV0.05$。表面硬度的测定应按 GB/T 9790—1988《金属覆盖层及其他有关覆盖层维氏和努氏显微硬度试验》规定进行
3	渗层深度	一般在 $0.02\sim0.08mm$ 范围内,深度的测定按 JB/T 5069—2007《钢铁零件渗金属层金相检验方法》的规定进行
4	耐蚀性	按设计、工艺要求而定。中性盐雾试验按 GB/T 10125—2012《人造气氛腐蚀试验 盐雾试验》进行
5	结合强度	按设计、工艺要求而定
6	金相组织	金相组织检查视设计、工艺要求而定,一般不进行

7.2.3.2　固体渗锌介质及工艺的质量控制

（1）固体渗锌介质的质量控制　固体渗锌介质,一般采用以下两种配方:①100%纯锌粉,另加质量分数为 0.05%氯化铵。②质量分数为 50%纯锌粉＋30%Al_2O_3 粉＋20%ZnO 粉。应注意点见表 7.11。

（2）固体渗锌工艺的控制　固体渗锌可在较宽的温度范围进行,见图 7.11。通常是根据渗层深度要求和生产条件等确定其加热温度和保温时间。

7.2.3.3　热浸渗锌介质及工艺的质量控制

热浸渗锌,一般在 $430\sim460℃$ 熔融的锌浴中浸渍数分钟,即可获得 $0.02\sim0.03mm$ 的渗锌层。具体时间,应根据所需渗层深度要求,通过试验和经验确定。

7.2.3.4　渗锌件常见缺陷、产生原因及防止措施

渗锌件常见缺陷、产生原因及防止措施见表7.19。

表 7.19　渗锌件常见缺陷、产生原因及防止措施

缺陷类型	产生原因	防止措施
粘渗剂或表面粗糙	温度过高或渗剂中低熔点杂质较多	选择合适渗锌温度
漏渗	添加的新渗剂与旧渗剂未混合均匀	新渗剂与旧渗剂充分混合均匀

7.2.4　渗锌工艺的应用及实例分析

7.2.4.1　渗锌工艺的应用

渗锌可应用在大气、雨水、海水中服役的钢铁件，如电力线路五金、水暖器件、野外构件、管子、弹簧、紧固件、无线电元件以及大量生产的镀锌钢板、钢管、钢丝及其制品。渗锌还用于含硫石油的开采以及在含硫化氢、二氧化碳介质中工作的钢铁件，如海上采油结构件、钢桩、紧固件、泵杆、保护套等。渗锌管道在535℃的10%硫化氢气体中工作一年不发生损坏。渗锌能提高铜及铜合金模具、薄壁管件、铝合金活塞、钢丝绳等的耐磨性。渗锌能使铜模具表面硬度提高5倍。

固体粉末渗锌虽渗层质量高、耐蚀性好，但由于加热和保温时间太长、加工成本高，只能在要求特别高的工件上使用。大多采用热镀锌和电镀锌，大件采用热喷涂锌。电镀锌层太薄，耐蚀性不足。我国科技工作者开发的机械能助渗锌技术，其加热和保温时间较短，如直径500mm大滚筒到温后透烧时间与扩渗时间之和仅1.5h，能耗很低；耗锌量与粉末渗锌一样低，不超过件重的4%，一般为2%~3%，仅为热镀锌的1/2，甚至更低，成本低而且渗锌层质量高，相当于热镀锌加扩散退火，耐蚀性最好。机械能助渗锌克服了粉末渗锌保温时间长，耗能大的缺点，大幅度降低了成本，成本比热镀锌、热喷涂锌都低得多，而且组织结构与性能完全保持了粉末渗锌的优点。机械能助渗锌可代替热镀锌、电镀锌，广泛用于电路五金、高速公路护栏、螺栓等较长、较大件；特别适用于带螺纹的工件，如大量的五金件、水暖件、三通、弯头的螺栓也能渗锌，渗锌后螺纹不变形。改变了先热镀锌再攻丝的传统办法，增加了螺栓的耐蚀性。应该注意的是，机械能助渗锌不适于薄板材和细丝材。表7.20给出热浸镀锌的使用情况，其中除薄板和细丝外，大多都能用机械能助渗锌代替。

表 7.20　热浸镀锌的使用情况

种　类	用　途
板、带材	建筑业:屋顶板、外壁、内壁材料，百叶窗门，排水道等 交通运输业:汽车车体的面板与底板 机器制造业:各种机器、家用电器与通风的壳体，仪表箱、信号箱与开关箱等 器具方面:橱柜、槽、罐、水桶、烟囱等
管材	水、煤气、蒸汽与空气用管，电线套管与农田喷管等 石油管、化工管、油井管、油井套管、输油管及架设线桥的管桩、油加热器、冷凝冷却器等 建筑业:脚手架、建筑构件、暖房结构架、电视塔及桥梁结构等
钢丝	通信与电力工程:电话、有线广播及铁道闭塞信号与架空线、安装电线与电缆、高压输电线 牵拉、编织、结扎、捆绑以及一般民用等
热镀锌件	水暖件、电信构件、灯塔与一般日用五金件

7.2.4.2 ［实例 7.2］　纳米复合粉末渗锌技术在铁路道岔转换设备上的应用

纳米复合粉末渗锌技术在铁路道岔转换设备上的应用实例见表 7.21。

表 7.21　纳米复合粉末渗锌技术在铁路道岔转换设备上的应用实例

序号	项目	说　明
1	概述	铁路道岔转换设备安装在道岔侧面,风吹日晒雨淋,工作条件恶劣。传统的镀锌、油漆等工艺易产生锈蚀,不能满足产品的防腐要求。随着我国国民经济的飞速发展,对铁路提速和客运专线的建设乃至对道岔转换设备的防腐性能都提出了更高的要求。面对这种情况,采用纳米复合粉末渗锌防腐技术在道岔转换设备产品上应用,保证了产品零件表面耐蚀防腐性能满足要求
2	防腐技术原理	利用加热状态下金属原子的渗透扩散作用,在温度低于 A_{c1} 和基体金属无相变的条件下,将锌元素渗入钢铁零件表面,形成不同 Zn-Fe 合金保护层以改善和提高钢铁零件表面的抗腐蚀、抗表面氧化及耐磨损性能
3	工艺特点	①零件前处理工艺。包括除油、除锈、水洗、防锈、烘干(晾干)等。前处理工艺的具体内容为:在渗锌前将零件表面的油污、氧化皮及锈蚀清除干净,可用化学法和机械法进行清除,除油、除锈和冲洗干净后,进行干燥处理。 　②粉末渗锌工艺。包括配制渗锌剂、装真空炉、渗锌过程、冷却出炉、分离出零件。渗锌工艺过程的具体内容为: 　i.依据渗锌零件表面积,配制渗锌剂;将零件和渗锌剂一同装入渗锌真空炉。 　ii.开始渗锌过程,渗锌真空炉边旋转,边加热,当温度升至 350～450℃ 时,保持温度恒定 40～150min(按装炉量确定),然后随炉冷却(见图 7.16)。 　渗锌过程,加热温度和保温时间决定渗层深度和质量,加热曲线的加热段速率(时间)、分段加热方式、加热最高温度和保温时间等,都会影响渗层合金化程度和组织结构。在一定加热范围内(350～450℃)和给定渗锌时间条件下,渗层深度与最高加热温度之间呈线性变化规律,为通过加热温度控制渗层深度提供依据。渗锌过程为热扩散金属过程,是一种很复杂的物理-化学过程,在此过程中锌原子向被渗零件表面的扩散渗入,是通过加热含锌粉状混合物产生的气相进行的。因此,渗剂的配制是纳米复合粉末热扩散渗锌工艺的关键。纳米复合粉末渗剂是在传统粉末渗剂基础上,通过添加纳米复合材料活化剂和催化剂以实现低成本、高效率和低能耗的纳米复合粉末热扩散渗锌工艺。炉温冷至 50℃ 左右时出炉,并采用专用设备分离出零件。渗锌显微组织主要取决于加热最高温度,当渗锌温度高于 450℃ 后,渗层中 δ 相具有明显的柱状组织结构。加热保温时间不影响渗层组织结构,但随渗锌温度和保温时间的增加,渗层的力学性能和与基体金属的结合强度将明显降低,渗层变得很脆,在较小的机械载荷作用下就会出现龟裂,并从零件上脱落。因此必须合理控制加热规范和保温时间。 　③零件后处理工艺。包括冲洗、抛光、钝化、晾干。后处理工艺具体内容为:冲洗清除零件表面附着物,改善零件表面状态;通过对零件进行抛光、钝化或有机涂层等后处理,进一步提高渗锌层的耐蚀性能。纳米复合粉末渗锌工艺流程图见图 7.17
4	与其他工艺比较	i.通过对常用电镀锌、热镀锌、热喷锌工艺与纳米复合渗锌技术进行对比,不同点见表 7.22。 　ii.将纳米复合渗锌与电镀锌和近几年使用的达克罗技术相比较,不同点见表 7.23。表 7.23 中的"达克罗",是 DACROMET 译音和缩写,简称达克罗、达克锈、迪克龙。达克罗涂层指的是锌铬涂层,是一种以锌粉、铝粉、铬酸和去离子水为主要成分的新型防腐涂料,浸涂、刷涂或喷涂于钢铁工件表面,经 320℃ 左右高温烘烤烧结,形成裹覆在表面的涂层,厚度一般为 6～15μm
5	技术特点	i.渗锌层外观平整、光滑。纳米复合粉末渗锌克服了热浸锌所具有的锌瘤、毛刺等缺陷,使渗锌件外观平整、光滑,即使渗锌后不经任何其他表面处理,渗锌层外观也非常美观。 　ii.渗锌层厚度可控。在 10～110μm 范围内,可按用户要求控制渗锌层的厚度,其误差在 ±10% 以内。对带螺纹、有配合要求的工件,可保证其互换性。而热浸锌工艺厚度则难以控制,难以保证互换性,而且需工件预留较大的配合间隙,会损害配合件的结合强度。 　iii.渗锌层厚度均匀。纳米复合粉末渗锌即使在螺纹、盲孔、转角部位也与其他部位的厚度一致。在使用过程中,不会出现局部过早锈蚀,而且可防止高压输电的尖端放电危害。这是热浸镀锌等工艺所不能解决的问题,特别是螺纹、盲孔等部位优势更为突出

序号	项目	说　明
5	技术特点	ⅳ.渗锌层结构致密。渗锌层为锌铁合金层,结构十分致密,与钢铁基体结合牢固,电极电位低于铁高于锌,表面硬度高,耐磨性能好,其硬度比钢铁基体高1倍以上,比热浸镀锌层高4倍以上。在运输、装配和拆卸使用过程中,渗锌层不易磨损、擦伤、脱落。 　ⅴ.综合防腐性能优越。 　a.腐蚀速度低,耐腐寿命长。由纳米复合粉末渗锌和热浸镀锌产品对比检测结果可看出:中性盐雾实验,渗锌件1600h(两个多月)未见锈迹,而热浸锌件96h(4天)即出现锈迹;硫酸铜实验,渗锌件7次连续浸泡24h未见露铜,而热浸锌件5次即出现露铜;工业大气腐蚀实验,渗锌件600天(近两年)未见锈蚀,而热浸锌件600天表面已锈迹斑斑;流动水冲刷实验,同样pH值为7.17、60℃条件下流动水冲刷3000h(4个多月),渗锌件腐蚀深度仅9.6μm,腐蚀速度0.0230g/(m²·h),而热浸锌件腐蚀深度已达15.1μm,腐蚀速度0.0358g/(m²·h)。 　b.耐海水腐蚀和抗高温氧化性能强。海水浸泡实验表明,在相同条件下,渗锌件600天(近两年)未见锈迹,而热浸锌件600天,1/3以上表面已生锈;高温气流腐蚀实验,渗锌件耐高温≥750℃,而热浸锌件耐高温≤300℃;抗高温氧化实验,在600℃炉中2h,渗锌件表面完好,而热浸锌件表面已氧化、紧固件被烧死,在900℃炉中2h,渗锌件出现少许火花、紧固件拆卸自如,而热浸锌件根本不可能再做这样的实验。 　ⅵ.渗锌层涂装性能好。渗锌层可不经任何处理直接涂漆、涂塑或包覆高分子材料,涂层结合力比热浸锌件高3～4级,结合力达到国家标准一级。 　ⅶ.渗锌工艺不改变钢铁基体材料力学性能。渗锌层形成的温度低于钢铁的相变温度,不损伤钢铁基体的力学性能,无氢脆现象,可处理煅烧零件、组装件、异形件、高强钢件、铸铁和铸钢件(不断裂)、弹簧钢(不失弹性)和型钢(不变形)等。 　ⅷ.符合环保标准。纳米复合粉末渗锌是在密闭容器中进行的,生产安全,劳动条件好,渗锌层无毒无害,对人体无危害,对环境无污染。它避免了热浸锌工艺中的锌蒸气中毒、高温作业、锌灰和锌液飞溅、污染环境等缺点
6	应用效果	该技术成功应用在客运专线道岔转换设备上。在道岔转换设备外锁闭和安装装置产品上应用纳米复合粉末渗锌防腐技术,对锁闭杆、锁钩、锁闭框、连接铁、表示杆、动作杆、托板、接头等主要零件表面进行热渗锌处理。对于配合要求精度高的孔,热渗锌前进行保护,对于配合要求精度不高的零件,考虑到渗锌层厚度对配合的影响,采取预先留出加工余量的办法进行热渗锌,对螺纹件考虑到渗层对旋合的影响,预先留出加工余量,根据渗锌层厚度,定制非标准的螺纹量规来控制预留尺寸,这样来保证热渗锌后的零件尺寸符合图纸要求,与外协厂家配合来保证外锁闭、安装装置的加工质量。 　热渗锌后处理,是在渗锌层表面喷上一层薄薄的阻锈剂,这样既提高了零件的耐蚀性,又满足了产品的外观要求。 　纳米复合粉末渗锌防腐技术不仅在客运专线上的各种外锁闭、安装装置上应用,而且推广至其他外锁闭、安装装置产品上,如出口的安装装置产品,提速线路所用的外锁闭、安装装置产品等,产品的质量和耐腐蚀性现场使用均反映良好
7	结论	根据上述分析和比较纳米复合粉末渗锌防腐技术在产品上的应用实践,可以认为外锁闭、安装装置等产品,采用纳米复合粉末渗锌防腐技术,对于提高产品表面质量,尤其是产品耐蚀能力有很好效果。这项新技术的应用对于产品满足铁路提速和客运专线项目的要求,起了极其重要的作用,这项技术特别适用于工作环境比较恶劣条件下使用的产品零件表面防腐蚀的处理。 　但要注意,工件在热渗锌之前,要按渗锌层的厚度留出相应的工艺余量,这样才能既保证产品的加工质量,又提高产品的防腐耐蚀能力

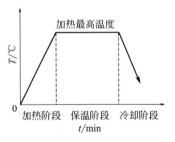

图7.16　典型渗锌工艺规范示意图

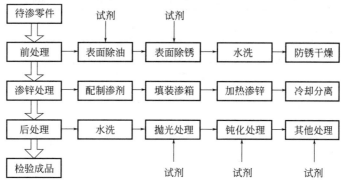

图 7.17 零件纳米复合粉末渗锌工艺流程示意图

表 7.22 电镀锌、热镀锌、热喷锌和纳米复合渗锌性能比较

技术指标	渗层厚度/μm	厚度均匀性	表面状态	镀层特性	硬度(HV)
电镀锌	5~30	较好	银白、表面光洁	机械结合	100 左右
热镀锌	150~300	较差	银白色	冶金结合	70 左右
热喷锌	15~110	差	银灰色	机械结合	70 左右
纳米复合渗锌	20~110	好	灰色或浅灰色	扩散冶金结合	250~420
技术指标	附着强度	氢脆性	耐腐蚀性	耐热性	尺寸变化	螺纹
电镀锌	4 级	有氢脆	6 个月	差	小	不咬牙
热镀锌	3 级	较少氢脆	2~10 年左右	较好	大	易咬牙
热喷锌	3 级	较少氢脆	5~15 年左右	较好	很大	不适合
纳米复合渗锌	1 级	无氢脆	5~20 年左右	好	小	不咬牙

表 7.23 电镀锌、达克罗涂层和纳米复合渗锌的特性比较

综合指标	渗层厚度/μm	表面状态	镀层特性	硬度(HV)	附着强度	氢脆性
电镀锌	5~30	银白、表面光洁	机械结合	100 左右	低	有氢脆
达克罗涂层	3~10	亚光银灰色	高温烧结	2~6	较低	无氢脆
纳米复合渗锌	20~110	灰色或浅灰色	扩散冶金结合	250~420	高	无氢脆
综合指标	耐腐蚀性	耐热性	耐磨损	导电性能	生产成本	环境污染
电镀锌	低	差	好	好	低	很严重
达克罗涂层	很高	较好	差	差	较高	无污染
纳米复合渗锌	高	好	很好	好	较高	有粉尘

7.3 低温化学热处理渗层组织、性能及工艺方法的选择

7.3.1 钢件低温化学热处理的渗层组织和性能

7.3.1.1 低温化学热处理工艺参数和渗层组织结构

五种低温化学热处理工艺参数和渗层组织结构见表 7.24。

表 7.24　五种低温化学热处理工艺参数和渗层的组织结构

工艺名称	工艺参数			渗层深度/μm			渗层主要相组成物
	温度/℃	时间/h	其他参数	化合物层	扩散层(弥散相析出区)	过渡区[①]	
气体渗氮	490～650(通常为520～550)	10～120	控制氨分解率	5～30	50～700	100～1000	ε相:$(Fe,M)_{3～3}N$;γ′相:$(Fe,M)_4N_3$;M_xN_y，M 为合金元素
离子渗氮	500～580	6～70	控制 N_2、H_2、Ar 流量与电参数	0～30	50～700	100～1000	γ′相:α(N)-含氮铁素体:M_xN_y
盐浴硫氮碳共渗	520～580	0.1～4	盐浴成分为 φCNO^- 为 34.5%～37.5%;$(15～40)×10^{-6}S^{2-}$。通空气量按公式 $Q=0.1～0.15G^{\frac{2}{3}}$ 计量	0～25	15～350	50～600	ε相，γ′相，FeS 及 M_xN_y
气体氮碳共渗	500～650	1～6	控制氨分解率及 CO_2 含量	0～25	15～350	50～600	ε相:γ′相及 M_xN_y
低温电解渗硫	180～210	0.2～0.4	电压 0.8～4V;电流密度 2.5～3.5A/dm^2	5～15	0	0	FeS 为主

① 过渡区指增氮的 α 区，其深度一般为扩散层的 1.5～2 倍。

7.3.1.2　渗层的抗咬合性能

图 7.18 为五种钢铁材料经不同工艺处理后的抗咬合性能和弯曲疲劳性能的对比，表 7.25 为几种材料渗层与不同配副材料的抗咬合特性数据。由图 7.18(a) 可以看出，抗咬合性能优劣顺序为：盐浴硫氮碳共渗、气体渗氮、气体氮碳共渗、离子渗氮、离子渗氮＋低温电解渗硫。前三种工艺抗咬合性能优等，离子渗氮良好。

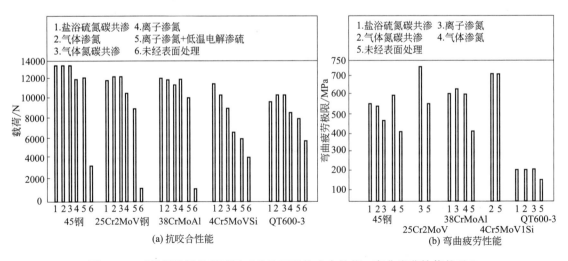

图 7.18　五种钢铁材料经不同工艺处理后抗咬合性能、弯曲疲劳性能的对比

表 7.25　几种材料渗层的抗咬合特性

强化工艺	基体材料（圆柱销）	配副材料（V 形块）	20 号机油润滑			干摩擦		
			咬死载荷/N	咬死前摩擦系数	稳定摩擦系数	咬死载荷/N	咬死前摩擦系数	稳定摩擦系数
盐浴硫氮碳共渗	W18Cr4V	40Cr	11110	0.095	0.092	4580	0.297	0.135
		GCr15	10890	0.089	0.084	4080	0.336	0.132
	45 钢	40Cr	8936	0.136	0.135	4760	0.263	0.218
		GCr15	13150	0.089	0.089	5350	0.265	0.157
盐浴氮碳共渗	W18Cr4V	40Cr	5005	0.132	0.165			
		GCr15	5672	0.163	0.127			
	45 钢	40Cr	11721	0.106	0.110	3781	0.350	0.334
		GCr15	11877	0.104	0.100	3040	0.385	0.391
氧氮共渗	W18Cr4V	40Cr	6050	0.157	0.159			
		GCr15	6517	0.142	0.143			
	45 钢	40Cr	3781	0.278	0.219	2669	0.503	0.478
		GCr15	3892	0.188	0.204	2781	0.353	0.283
气体渗碳	20CrMnTi	40Cr	3180	0.125	0.138	5783	0.190	0.173
		GCr15	3560	0.120	0.127	4669	0.293	0.238

注：W18Cr4V 淬火高温回火；GCr15、40Cr 钢淬火低温回火；45 钢调质。

7.3.1.3　渗层的抗弯曲疲劳性能

承受交变弯曲载荷零件（如轴类件）的使用寿命，主要取决于其抗弯曲疲劳能力。用 7.52mm 旋转弯曲疲劳试样（五种钢铁材料）经不同工艺处理后的弯曲疲劳极限见图 7.18 (b)。几种材料经不同工艺处理渗层的表面应力与弯曲疲劳极限值见表 7.26。

表 7.26　几种材料经不同工艺处理的弯曲疲劳性能及表面应力

处理工艺	45 钢			QT600-3 球墨铸铁			25Cr2MoV	
	层深/mm	疲劳极限/MPa	表面应力/MPa	层深/mm	疲劳极限/MPa	表面应力/MPa	层深/mm	疲劳极限/MPa
盐浴硫氮碳共渗	0.22	555	−341	0.18	186	−243		
气体氮碳共渗	0.22	540	−244	0.16	184	−243		
离子渗氮	0.20	452	−78	0.15	176	−122	0.45	725
未经表面处理		400（调质）			112（正火）			526

7.3.1.4　渗层的抗接触疲劳性能

齿轮、滚动轴承、凸轮等机械零件，在交变接触应力作用下，表面往往产生剥落麻点或裂纹，通过裂纹扩展发生了疲劳损坏。经低温化学热处理的结构钢与合金钢的接触疲劳强度明显提高。几种材料分别经不同工艺处理的滚子接触疲劳试样（凸肚形）进行接触疲劳快速试验，部分结果见表 7.27。

表 7.27　几种材料经不同工艺处理滚子接触疲劳快速试验数据

材料	工艺方法	渗层深度 /mm	接触疲劳 极限/MPa	材料	工艺方法	渗层深度 /mm	接触疲劳 极限/MPa
25Cr2MoV	深层离子渗氮(1)	0.75	2871	45 钢	离子渗氮	0.50	1686
	气体渗氮	0.50	2752		气体氮碳共渗	0.30	1725
	深层离子渗氮(2)	0.75	2663		盐浴硫氮碳共渗	0.20	1666
	常规离子渗氮(1)	0.50	2607	4Cr5MoV1Si	离子渗氮	0.09	4145
	常规离子渗氮(2)	0.50	2647		气体氮碳共渗	0.09	3900
	盐浴硫氮碳共渗	0.20	2430		盐浴硫氮碳共渗	0.09	4028
	气体氮碳共渗	0.20	2381				
	调质态		1500				

应当说明的是，接触疲劳强度的高低，除与基体材料强度直接有关外，还取决于渗层深度与硬度，采用基体强度较高的 25Cr2MoV 钢，经离子渗氮或气体渗氮（渗层深度＞0.5mm），其接触疲劳性能优良。属于浅层（渗层深度≤0.3mm）的盐浴硫氮碳共渗、气体氮碳共渗接触疲劳极限比调质件高，但低于深层渗氮件。

7.3.1.5　渗层的冲击疲劳性能与冷热疲劳性能

W6Mo5Cr4V2 工具钢经气体氮碳共渗、盐浴硫氮碳共渗及离子渗氮三种化学热处理工艺处理后，进行冲击疲劳性能试验。试验结果表明，气体氮碳共渗后在低于 2.7J 的冲击能量下，可提高冲击疲劳寿命；盐浴硫氮碳共渗后冲击能量低于 1.7J 时才能使冲击疲劳寿命有所提高；离子渗氮层的临界冲击能量更低。

4Cr5MoVSi 热作模具钢经上述三种化学热处理工艺处理后，在 Gleeble－1500 型热力模拟机上进行冷热疲劳性能试验，以冷热温差 330℃下表面产生 0.5mm 长的裂纹为判据，结果表明表面强化可显著提高冷热疲劳抗力，化合物层致密的离子渗氮和气体氮碳共渗效果优良，盐浴硫氮碳共渗次之。

7.3.1.6　渗层的抗磨损性能和抗黏着磨损性能

在磨粒磨损的情况下，经热处理的钢材耐磨性与硬度之间存在线性关系，与渗层深度、组织也有关系。在冲击负荷较小时，一般可用硬度作为判断耐磨性的依据。当冲击负荷大到一定值后提高耐磨性除要求高硬度外，还必须考虑强度与韧性的影响。通常硫氮碳共渗或气体氮碳共渗处理的碳素钢或合金结构钢表面硬度达 600～700HV，且渗层较浅（＜0.3mm），在 0.1～0.2mm 渗层处硬度下降较快，一般为 400～500HV。而气体渗氮、离子渗氮处理的合金钢，表面硬度达 950～1000HV，而且渗层较深，可达 0.4～0.6mm（甚至达 0.5～0.8mm），硬度梯度下降平缓，因此可判定气体渗氮或离子渗氮层抗磨粒磨损性能比氮碳共渗或硫氮碳共渗好。

防止或减轻黏着磨损的有效方法是摩擦副不接触或改变接触表面物理化学特性，提高抗拉毛、擦伤能力，使不易发生黏着。而渗氮、氮碳共渗、硫氮碳共渗、渗硫等方法都能使金属表层形成一层化合物，且可增加抗拉毛、擦伤性能。尤其是硫氮碳共渗，其提高抗拉毛、擦伤性能的能力比离子渗氮更显著。

7.3.1.7　渗层的耐腐蚀性能

几种渗层在工业大气、自来水等介质中的耐蚀性能见表 7.28。几种表面处理试样抗盐雾腐蚀性能见表 7.29。

表 7.28　渗层类别和组织对耐蚀性的影响

处理工艺及表层组织	钢　种	介　　质		
		工业大气	自来水	盐雾箱
		耐蚀性与不锈期		
气体渗氮（ε 相）	45 钢、38CrMoAl	良好，2 年以上不锈	良好，6 月以上不锈	良好，120h 不锈
气体渗氮（γ′相）	45 钢、38CrMoAl	差，1～3 月锈	—	—
离子渗氮（γ′相）	25Cr2MoV	差，1～3 月锈	—	—
盐浴硫氮碳共渗（ε＋FeS）致密层＞8μm	45 钢、38CrMoAl	良，2 年以上不锈	良好，6 个月不锈	良好，120h 不锈
盐浴硫氮碳共渗（ε＋FeS）致密层＜5μm	45 钢、38CrMoAl	中，3～6 月不锈	中，1～2 月不锈	中，12～48h 不锈
气体氮碳共渗（ε 相致密层＞10μm）	45 钢、Cr12MoV	良好，2 年以上不锈	良好，6 个月不锈	—
LTC-1 处理（Fe₃O₄＋ε 相）	45 钢	优良，3 年以上不锈	良好，6 个月不锈	良好，140h 不锈，与 Cr13 不锈钢防锈能力相当

表 7.29　不同表面强化方法处理的 45 钢在盐雾中的耐蚀性

表面处理方法	主要参数	开始出现锈斑的时间/h	备　　注
调质		1～2（4 片）	有 1 片在 4h 生锈
发蓝	（145±5）℃×1h	1.5～2.5（新配槽液处理效果较差）	在调至正常状态的"老"槽液中处理可抗蚀 3～5h
磷化	（70±3）℃×15min	3～6	
盐浴硫氮碳共渗	致密化合物区 5～7μm	24～48	耐蚀性与化合物层致密区深度有很大关系
	致密化合物层 10～12μm	100～192	
镀硬铬	镀层深 20～25μm	60～100	镀层深度对耐蚀性影响大
	镀层深 80～100μm	288～480	
LTC-1 处理（硫氮碳共渗＋氧化）	强氧化剂 O₂＝8%～10%	120～312（10 片试样）	
	O₂＞11%	140～480（同上）	
1Cr13 不锈钢（未经表面处理）		192～480	

7.3.2　低温化学热处理工艺方法的选择

7.3.2.1　选择工艺方法的一般原则

　　根据机械零件的服役条件与失效形式、所使用的材料与技术要求、零件的尺寸与生产批量、综合经济效益，并结合各工艺渗层的特性来选择工艺方法，具体包括以下几方面。

　　（1）低温化学热处理渗层性能对比　气体渗氮、离子渗氮、盐浴硫氮碳共渗、气体氮碳共渗、低温电解渗硫这五种低温化学热处理工艺方法的渗层性能对比见表 7.30，可供选用时参考。

表 7.30　五种低温化学热处理的渗层性能对比

工艺名称	减摩、抗咬合及自润滑性能	弯曲疲劳强度	接触疲劳强度	冲击疲劳强度	冷热疲劳强度	抗黏着磨损性能	抗磨粒磨损性能	表面硬度(HV0.1)不低于			渗层深度/mm
								碳素结构钢	合金结构钢	合金工具钢	
气体渗氮	优良	优良	优良	—	良	良	良	400	700	950	一般 0.3~0.5，特殊 0.5~0.7
离子渗氮	良	优良	优良	较差	优良	中	良	400	700	950	一般 0.2~0.4，特殊 0.4~0.8
盐浴硫氮碳共渗	优	良	中	中	良	优良	较差	450	650	950	≤0.3
气体氮碳共渗	优良	优良	中	良	优良	优良	较差	450	650	950	≤0.3
低温电解渗硫	优良	—	—	—	—	抗咬合性能优良、不耐磨	很差	—	—	—	≤0.02

（2）根据零件服役条件、失效形式与渗层特性选择工艺

① 使用碳素结构钢或低合金结构钢制造的、低速或轻载荷条件下工作但有耐磨要求的零件，在成品状态常选用气体氮碳共渗或盐浴硫氮碳共渗。但低合金结构钢也可采用离子渗氮工艺。

② 承受重载荷并要求耐磨性与抗疲劳性高的零件，应采用离子渗氮或气体渗氮工艺。

③ 承受中等弯曲、扭转和一定冲击载荷，且工作表面承受磨损的轴类零件，应采用气体氮碳共渗、盐浴硫氮碳共渗或离子渗氮（碳素结构钢零件除外）。

④ 承受很高的弯曲、扭转和一定冲击载荷，而且工件表面易磨损的零件（如大功率柴油机曲轴），以及承受很高的弯曲、扭转和一定冲击载荷且转速高、精度高的零件（如坐标镗床主轴），宜采用气体渗氮或离子渗氮工艺。

⑤ 对于含铬、钼、钒的合金结构钢制造的、承受高接触载荷和弯曲应力，同时要求畸变小的零件（如大模数重载齿轮、齿轮轴等），应采用深层离子渗氮或气体渗氮工艺。

⑥ 对于要求减摩且自润滑性能要求高的零件，应选用盐浴硫氮碳共渗工艺。

⑦ 对于单纯要求耐蚀性好的零件，可采用碳素钢制造并进行抗蚀渗氮，但化合物层应以 ε 相为主，且致密层厚度在 $10\mu m$ 以上。

⑧ 对于承受较轻及中等载荷且以黏着磨损为主要失效形式的零件，应采用盐浴硫氮碳共渗或气体氮碳共渗工艺。

⑨ 对于以黏着磨损为主要失效形式的模具，如高精度冷冲模、冷挤压模、拉伸模、塑料及非铁金属成型模等和刀具（回火温度低的碳素工具钢、低合金工具钢冷作模具除外），应选用盐浴硫氮碳共渗或气体氮碳共渗工艺；而对于以热磨损与冷热疲劳为主要失效形式的模具（如铜合金挤压模与压铸模等），应选用离子渗氮或气体渗氮工艺。

⑩ 低温电解渗硫主要用于经渗碳、淬火、渗氮、整体或表面淬火或调质处理的零件，可达到降低表面摩擦系数，提高抗擦伤、抗咬合能力的目的。

（3）根据零件的使用材料及技术要求来选择工艺

① 对于碳素钢工件，不宜选用气体渗氮（抗蚀渗氮除外）或离子渗氮，应选用气体氮碳共渗或盐浴硫氮碳共渗工艺。

② 对于铸铁工件以及回火温度低于520℃的弹簧钢等工件，应选用气体氮碳共渗或离子渗氮工艺。

③ 对于形状复杂，有深孔、小孔、细狭缝或盲孔，又需硬化的工件，不宜选用离子渗氮工艺。

④ 对于需要局部渗或局部防渗的工件，不宜选用盐浴硫氮碳共渗工艺。

⑤ 对于要求有效硬化层深度＞0.35mm的工件，应选用离子渗氮或气体渗氮；对于要求渗层较浅的工件，宜选用盐浴硫氮碳共渗，也可选用离子渗氮工艺。

（4）根据零件的尺寸和生产批量来选择工艺

① 对于尺寸较大且批量生产的零件，应选用气体渗氮或离子渗氮工艺。

② 对于品种单一且大批量生产的零件，可选用气体氮碳共渗工艺；对于大小不一、品种多的零件，则宜选用盐浴硫氮碳共渗工艺。

（5）根据综合经济效益来选择工艺　从生产效率、生产周期、能源消耗、设备投资、生产成本以及环境保护等因素综合考虑，因地制宜地合理选择工艺，见表7.31。

表 7.31　五种低温化学热处理工艺方法的综合经济效益比较

工艺名称	设备繁简及投资额	生产周期及节能、节材潜力	生产效率	劳动条件及对环境有无污染	成本	实现连续作业生产难易
气体渗氮	一般，投资额不大	周期长，能耗较大，节材潜力小	较低	较好，无污染	较高	较难
离子渗氮	较复杂，投资额较大	周期较短，比气体渗氮节能约1/3	较高	好，无污染	较高	较难
盐浴硫氮碳共渗	简单，投资额较小	周期短，能耗比气体法小，部分工件可用碳钢制造，经共渗后代替不锈钢、青铜	高	一般，共渗后在氧化浴等温则清洗水可直接排放，否则应先加 $FeSO_4$ 中和	较低	较易
气体氮碳共渗	一般，投资额不大	周期较短，部分工件用碳钢制造，经共渗后代替不锈钢	较高	较好，排气口点燃并先用溶剂萃取氢氰酸时不污染大气	较低	较难
低温电解渗硫	简单，投资额较小	周期短，能耗低	高	较好，无污染	较低	容易

7.3.2.2　几种典型零件低温化学热处理工艺方法的选用参考

① 适用于齿轮的低温化学热处理工艺，见表7.32。

② 适用于轴类零件的低温化学热处理工艺，见表7.33。

③ 适用于模具的低温化学热处理工艺，见表7.34。

表 7.32　适用于齿轮的低温化学热处理工艺

齿轮负荷/MPa	模数范围/mm	材料	渗层主要性能		推荐的工艺	齿轮达到的疲劳强度极限/MPa	
			渗层组织	渗层深度/mm		接触疲劳极限	弯曲疲劳极限
低负荷齿轮＜500	＜3	碳素结构钢、合金结构钢、不锈钢等	表层以ε相为主	＜0.3	盐浴硫氮碳共渗，气体氮碳共渗；气体或离子渗氮等	＜600	＜200

续表

齿轮负荷/MPa	模数范围/mm	材料	渗层主要性能		推荐的工艺	齿轮达到的疲劳强度极限/MPa	
			渗层组织	渗层深度/mm		接触疲劳极限	弯曲疲劳极限
中负荷齿轮 500~1000	4~8	合金结构钢	表层以 γ′ 化合物为主	0.3~0.5	离子渗氮；深层离子渗氮；气体渗氮	600~1200	200~250
高负荷齿轮 >1000	9~12	合金结构钢	表层以 γ′ 化合物为主	>0.5	深层离子渗氮	1200~1500	250~330

表 7.33　适用于轴类零件的低温化学热处理工艺

工件名称	失效形式	材料	渗层主要性能		推荐的工艺
			表面硬度（HV0.1）	渗层深度/mm	
拖拉机曲轴	疲劳、磨损	QT600-3	>700	0.15~0.20	气体氮碳共渗，盐浴硫氮碳共渗
		45 钢	>500	0.25~0.35	
大功率机车及船用柴油机曲轴	疲劳、磨损	38CrMoAl 40CrNiMo 35CrNi3W	>900	0.4~0.6	离子渗氮 气体渗氮
镗床与机床主轴	磨损、疲劳	38CrMoAl 38CrWVAl	>1000	0.4~0.6	气体渗氮 离子渗氮
传动轴 齿轮轴	疲劳	40Cr 38CrMoAl 40CrNiMo	>800	0.2~0.4	离子渗氮 气体氮碳共渗 盐浴硫氮碳共渗
能量调节杆	咬死、磨损、疲劳	45 钢	500~600	0.2~0.3	盐浴硫氮碳共渗

表 7.34　适用于模具的低温化学热处理工艺

模具类型	主要失效形式	材料	渗层主要性能		推荐的工艺
			表面硬度（HV0.1）	渗层深度/mm	
高精度冷冲模	冲击疲劳 黏着磨损	Cr12Mo Cr12MoV W6Mo5Cr4V2 W18Cr4V 65Nb	≥1000	0.08~0.12，化合物层深≤5μm	气体氮碳共渗盐浴硫氮碳共渗
拉伸模（不锈钢、钛等金属加工用）	黏着磨损	Cr12Mo Cr12MoV W6Mo5Cr4V2 W18Cr4V 65Nb	≥1000	0.08~0.12，化合物层深 5~10μm	盐浴硫氮碳共渗气体氮碳共渗
铝（或锌）合金挤压模及压铸模	冷热疲劳 黏着磨损	4Cr5MoSiV1 3Cr2W8V	≥900	≥0.15，化合物层深>8μm	离子渗氮盐浴硫氮碳共渗气体氮碳共渗
塑料成型模	黏着磨损	40Cr,45 钢 40Mn2	≥600	0.20~0.25，化合物层深≥8μm	盐浴硫氮碳共渗气体氮碳共渗

第 **8** 章

多元共渗工艺及其应用

8.1 概述

8.1.1 多元共渗的含义和目的

多元共渗系指在同一工序中两种或两种以上元素渗入金属合金表面。共渗元素为两种时，称二元共渗；三种时称三元共渗。其目的是获得比单元渗更好的渗层综合力学性能，降低生产成本，提高耐热性，提高耐蚀性等。

8.1.2 多元共渗对渗层形成及性能的影响

采用多元共渗工艺不仅可提高渗层的形成速率，而且可改善或提高渗层的性能。例如C-N 共渗或 N-C 共渗与单一渗 C 或 N 比较，均具渗速快和渗层性能好的优点；C-N 共渗速度可比气体渗 C 提高数倍，且共渗层的脆性小，当要求渗层较薄（<1mm）时，即使采用860～880℃较低的工艺温度（常用渗碳温度 900～940℃），其渗层形成速度仍大于渗 C 速度，且由于共渗层含 C、N，有更好的耐磨性，工艺温度的降低还有利于渗 C 后直接淬火，简化工艺；Cr-Al 共渗与单一渗 Cr 比较，不仅渗速快、渗层厚、不易剥落，而且可成倍地提高渗层抗氧化性能。

8.2 含硼的多元共渗及应用

8.2.1 硼铝共渗与硼铬共渗

8.2.1.1 硼铝共渗

（1）目的，工艺特点与相应组织　钢铁和镍基、钴基合金硼铝共渗的主要目的是改善渗层脆性，提高材料表面的耐热性和耐磨性。表 8.1 系常用的硼铝共渗剂及处理工艺，可以看出其渗层组织（由 FeB、Fe_2B、FeAl、Fe_3Al 等组成，并且在 FeB 和 F_2B 硼化物中亦含有铝）随渗剂的成分和配比变化而不同，这是活性硼和铝原子的比例不同所致。在硼铝共渗中，随着温度、时间的增加，钢中碳含量降低，渗层深度增加。

表 8.1 常用的硼铝共渗剂与处理工艺

方法	渗剂成分(质量分数)	工艺		渗层深度/mm			渗层组织或硬度
		温度/℃	时间/h	纯铁	45 钢	T8A 钢	
粉末法	$(B_4C\ 84\% + Na_2B_4O_7\ 16\%)90\%$，$(Al\text{-}Fe\ 97\% + NH_4Cl\ 3\%)10\%$	1050	6	0.386	0.356	0.327	FeB, Fe_2B, Fe_3Al
	$(B_4C\ 84\% + Na_2B_4O_7\ 16\%)70\%$，$(Al\text{-}Fe\ 97\% + NH_4Cl\ 3\%)30\%$	1050	6	0.318	0.287	0.262	$Fe_2B, FeAl$
	$(B_4C\ 84\% + Na_2B_4O_7\ 16\%)50\%$，$(Al\text{-}Fe\ 97\% + NH_4Cl\ 3\%)50\%$	1050	6	0.245	0.227	0.20	$FeAl, Fe_2B$
	$(B_4C\ 84\% + Na_2B_4O_7\ 16\%)25\%$，$(Al\text{-}Fe\ 97\% + NH_4Cl\ 3\%)75\%$	1050	6	0.29	0.273	0.244	—
膏剂法	B_4C、KBF_4、SiC、NaF、Al_2O_3、黏结剂	850	5～6	—	—	T10 钢 0.05～0.10	1500～2000HV
	$B_4C\ 72\%$、$Al\ 8\%$、$Na_3AlF_6\ 20\%$、黏结剂	850	6	0.185	0.050	0.065	Fe_2B, α 固溶体, 1500～1650HV
电解法	$Na_2B_4O_7\ 80\%$、$Al_2O_3\ 20\%$、电流密度 $0.2\ A/cm^2$	900	4	0.140	—		$FeB, Fe_2B, FeAl_3$
	$Na_2B_4O_7\ 18\%$、$Al_2O_3\ 27.5\%$、$Na_2O\cdot K_2O\ 54.5\%$、电流密度 $0.4A/cm^2$	1000	4	0.055	20 钢 0.060	—	5%～20% Fe_2B 和 α 相

（2）性能 硼铝共渗后表层的显微硬度能达到1900～2400HV，脆性有所下降。共渗层的硬度由共渗层组织决定。图 8.1 的硬度分布曲线显示，随着渗剂中 Al_2O_3 的含量提高，渗层中 Al 含量将提高，表面硬度下降。共渗层具有比单一渗硼层更好的抗剥落性、抗氧化性、抗冷热疲劳性，表 8.2 是渗硼和硼铝共渗部分性能的比较。

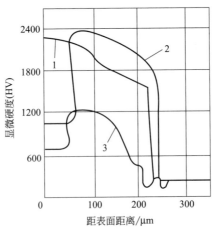

图 8.1 45 钢在不同渗剂中 B-Al 共渗后硬度的分布曲线

1—$Na_2B_4O_7$；2—$Na_2B_4O_7 + Al_2O_3$（≤10%）；

3—$Na_2B_4O_7 + Al_2O_3$（≤20%）

表 8.2　900℃×4h 硼铝共渗与渗硼的抗氧化性和抗冷热疲劳性比较

材料	工艺	氧化增重/[mg/(m²·h)]			冷热循环周次①	
		600℃	800℃	1000℃	裂纹	剥落
45 钢	渗硼	0.428	2.365	12.988	102	110
	硼铝共渗	0.321	1.923	8.877	151	159
T8	渗硼	0.413	2.267	12.013	94	97
	硼铝共渗	0.326	1.746	8.483	114	119
5CrMnMo	渗硼	0.429	1.952	12.681	103	108
	硼铝共渗	0.308	1.087	8.178	155	162
3Cr2W8V	渗硼	0.384	1.435	12.756	112	125
	硼铝共渗	0.303	0.987	7.741	203	203

① 处理方法为 750℃×10min＋水冷的循环处理。

硼铝共渗层的硬度、抗剥落性能、抗氧化性、抗热疲劳性的数据表明，硼铝共渗层具有渗硼层和渗铝层的综合性能。硼铝共渗的碳钢在 10% 的氯化钠、苛性钠、盐酸、硝酸、乙酸和磷酸的水溶液中以及其他侵蚀性介质中均有高的抗腐蚀性。

（3）适用范围及应用实例　硼铝共渗主要用于高温下承受磨损和腐蚀的工件，如燃气轮机叶片、发动机喷射器火管、机架及采用镍铬合金、热强钢材料制零件，以防止高温腐蚀等。45 钢齿轮坯和压轮坯的热锻模（5CrMnMo 钢）在工作中受热冲击和冷热疲劳的影响，虽经渗硼处理，但使用寿命仍不高，其失效形式为工作面变形和磨损。硼铝共渗具有比渗硼更高的抗氧化性和抗冷热疲劳性。在硼砂、氧化铝、硅铁、氟盐组成的熔盐中，经 900℃×4h 进行硼铝共渗，热锻模使用寿命提高 1 倍左右（见表 8.3）。

表 8.3　渗硼、硼铝共渗的热锻模使用寿命对比　　　单位：件

模具名称	渗硼	硼铝共渗
齿轮坯模	518	1064
压轮坯模	382	727

8.2.1.2　硼铬共渗

（1）主要目的　用于改善渗层脆性，提高渗层的耐蚀性和抗高温氧化性。

（2）工艺特点　表 8.4 是常见的硼铬共渗剂与处理工艺，可见与其他化学热处理工艺一样，硼铬共渗渗层深度随着温度、时间的增加而增加。

表 8.4　常见的硼铬共渗剂及处理工艺

渗剂成分(质量分数)	温度/℃	时间/h	渗层深度/mm	表面硬度(HV)
（20% B₄C＋10% Al＋4% CaCl₂＋3% NH₄Cl＋63% Al₂O₃）82%＋15% Cr₂O₃＋3% ReO	950	4	0.200(45 钢) 0.170(T10 钢)	—
75%～80% B₂O₃＋12%～22% NaF＋3%～8% Cr₂O₃,电流密度:0.1～0.2A/cm²	800～1000	1～6	0.080(45 钢)	1900
5% B＋63.5% Cr＋30% Al₂O₃＋1.5% NH₄I	950	4	0.030(4Cr13)	1000

（3）性能 硼铬共渗提高了表面硬度，改善了渗层的脆性，提高了共渗层的耐磨性、耐蚀性、抗氧化性等性能（见表 8.5）。

表 8.5 硼铬共渗与渗硼的磨损失重、腐蚀失重、氧化增量的比较

材料	工艺	磨损失重 /[mg/(cm² · km)]	腐蚀失重/[mg/(cm² · h)]			氧化增重 /[mg/(cm² · h)]
			10% HNO₃	10% H₂SO₄	10% HCl	
T10	渗硼	1.3	75.2	9.8	20.3	3.6
	硼铬共渗	0.7	30.5	4.2	8.5	0.7
45	渗硼	1.8	98.7	11.4	32.1	4.5
	硼铬共渗	1.1	48.5	5.3	16.2	0.8

8.2.2 硼钒、硼锆与硼钛共渗

8.2.2.1 硼钒共渗

（1）主要目的 硼钒共渗的主要目的是既能降低渗硼层引起的脆性，又能提高共渗层硬度、耐磨性、耐蚀性和抗高温氧化能力。

（2）工艺特点 硼钒共渗是在硼砂熔盐中进行，不需特殊设备，工艺简单，操作方便，易于推广。将硼砂（$Na_2B_4O_7 \cdot 10H_2O$）置于坩埚中熔融后，加硼铁粉（24%B，100～150目）、钒铁粉（42%V，100～150目），边加入边搅拌，待炉温达到共渗温度（900～1000℃）后放入零件，在盐浴表面覆盖一层木炭。保温共渗后，将零件取出空冷，煮去残盐。硼矾共渗处理后零件外表面呈深灰色。

（3）相结构与性能 低于950℃共渗时，渗层主要是（FeV）$_2$B 型化合物，表面硬度为（1800～2250）HV0.1；而温度超过950℃时，渗层的相结构则以 V_3B_2 为主，并失去齿状特征，渗层变得平坦并有明显的双层。表面硬度为 2250～2900HV0.1。共渗层深度比渗钒层深，且渗层致密，较之渗硼层有更高的硬度、更好的耐磨性和较低的脆性。

（4）应用 盐浴稀土钒硼共渗可得到组织形态与网相似的共渗层，由表及里主要组成相为 VC、（Fe，Cr）$_2$B、Fe$_2$B+少量 FeB。如表 8.6 所示，模具经稀土钒硼共渗，其使用寿命可提高 3～7 倍，强化效果十分明显。

表 8.6 模具使用寿命比较

模具名称	模具材料	RE-V-B 共渗处理使用寿命	常规热处理使用寿命
M16 冷镦凹模	Cr12MoV 钢	17.8 万件	2.5 万件
M12 六角切边模	Cr12MoV 钢	5.4 万件	1.0 万件
塑料挤切模具	GCr15 钢	35.2t	9.8t

8.2.2.2 硼锆共渗

（1）主要目的 用于改善渗硼层脆性，并提高其抗动载能力。

（2）工艺特点 在渗硼剂中添加适量的供锆剂进行硼锆共渗，采用膏剂法在 950℃保温 2～10h，获得 0.04～0.10mm 共渗层。

（3）性能 渗硼与硼锆共渗脆性对比见表 8.7，可见共渗明显改善了单一渗硼层的脆

性，提高了其抗动载能力。

表 8.7　5CrMnMo 渗硼与硼锆共渗试样三点弯曲声发射、渗层薄片弯曲、冲击试验结果

处理工艺	性能指标				
	开裂点载荷 P_k/N	出现开裂点的位移/mm	弹性变形功 A_e/J	薄片微裂时的挠度/mm	冲击功 A_K/J
950℃×6h 渗硼	1240	0.140	0.09	2.25	10.2
950℃×6h 共渗	12140	1.000	0.07	8.04	19.1

8.2.2.3　硼钛共渗

（1）电解法　工艺为 950～1050℃加热、保温 3～4h，可获得 130μm 的共渗层深度。电解熔盐组成（质量分数）为：90%～95% $Na_2B_4O_7$＋5%～10% TiO_2，电流密度为 0.2～0.4A/cm²。

（2）固体粉末法　常用以碳化硼和钛铁（纯钛）为基的粉末介质。例如采用基本组分为碳化硼、钛铁（47%Ti）、硼砂、氧化铝、氯化铵和氯化钠的介质，见表 8.8。

随着共渗介质中钛铁的增大，渗层深度和显微硬度下降。在 65%钛铁的介质中进行共渗时，所得到的渗层深度和显微硬度最小。

表 8.8　固体硼钛共渗渗剂的成分（质量分数）　　　　　单位：%

B_4C	$Na_2B_4O_7$	NaCl	NH_4Cl	Al_2O_3	钛铁
77.4	14.75	1.39	1.16	1.55	3.75
73.6	14.0	1.3	1.1	2.5	7.5
61.3	11.685	1.1	0.915	6.25	18.75
40.9	7.75	0.74	0.61	12.5	37.5
20.45	3.875	0.37	0.305	18.75	56.25
8.175	1.557	0.146	0.122	22.5	67.5
4.09	0.775	0.074	0.061	23.75	71.25

（3）性能　具有较高的耐磨性。

（4）应用　在旋转拉丝机加热元件的喷嘴上进行渗 B、B-Cr、B-Al 和 B-Ti 共渗等各种渗层的对比试验，其结果表明 B-Ti 共渗层的耐磨性最高。

8.2.3　硼稀土与硼硅共渗

8.2.3.1　硼稀土共渗

（1）目的　稀土元素的渗入降低了渗硼层的脆性（见表 8.9）。

（2）性能　硼稀土共渗层具有比渗硼层更好的耐磨、抗介质腐蚀性能（见表 8.10）。

表 8.9　硼稀土共渗与渗硼层的脆性指标比较

处理方法	出现第 1 条显微裂纹时挠度/mm	对应负荷/N	吸收能量/J	对应的应力/MPa	出现第 1 条宏观裂纹的挠度/mm	脆断载荷/N	脆断吸收能量/J	脆断强度/MPa
渗硼	0.30	2450	0.37	274	0.32	2528	402	284
硼稀土共渗	0.35	2646	0.46	304	0.51	3146	804	352

表 8.10　硼稀土共渗与渗硼层在 10％硫酸中的耐蚀性能比较

处理方法	腐蚀失重/(mg/cm²)		
	24h	48h	96h
未处理	10.6	15.9	22.6
渗硼	1.4	3.0	9.2
硼稀土共渗	0.7	2.3	7.7

8.2.3.2　硼硅共渗

（1）主要目的　提高工件的耐磨性，同时提高耐热性和耐蚀性。

（2）工艺特点　在硼硅共渗渗剂中，硼、硅的配比不同，渗层的组织也不同。通过调整渗剂中硼、硅的配比，可得到不同性能的渗层。

共渗层深度随着保温温度、时间的增加而增加，随着渗剂中渗硅剂的增加而减少。硼硅共渗层中，硅含量的提高对耐磨性的提高存在峰值，即渗层中硅含量有最佳含量。表 8.11 是钢粉末硼硅共渗时共渗剂成分对渗层深度和相对耐磨性的影响。

表 8.11　粉末硼硅共渗剂成分对钢共渗层深度和相对耐磨性的影响

配比(质量分数)/%		渗层深度/μm		相对耐磨性	
$B_4C\ 84+Na_2B_4O_7\ 16$	$Si\ 95+NH_4Cl\ 5$	T8 钢	10 钢	T8 钢	10 钢
100	0	200	240	8.4	4.2
90	10	185	255	6.8	5.5
75	25	180	200	4.6	3.2
50	50	175	195	5.5	4.0

（3）工艺操作方法　将共渗剂和工件装在共渗箱内，用水玻璃调制耐火泥密封箱口。根据所处理的钢种和心部要求的性能，选择共渗温度，一般为 800～1050℃；根据所要求的共渗层深度，保温 4～6h。共渗层深度可达 200～300μm。

（4）硼硅共渗方法　除固体粉末法外，还有盐浴共渗法。盐浴硼硅共渗剂成分（质量分数）：65％Na_2SiO_3＋7％B_4C＋28％SiC 或 35％SiC＋52％Na_2SiO_3＋13％$Na_2B_4O_7$ 等。

（5）性能　共渗剂成分及含量对耐磨性的影响见表 8.12。随共渗剂中硅含量的增加，耐蚀性提高，表 8.12 列出了 20 钢电解硼硅共渗时，共渗剂的成分和共渗温度对共渗层深度、共渗层硼化物相对含量及耐蚀性的影响。

表 8.12　20 钢电解硼硅共渗工艺与渗层性能

硼硅共渗剂的成分(质量分数)	工艺规范			渗层深度/mm	渗层内硼化物相对含量(体积分数)/%	不同溶液(体积分数)中腐蚀失重(腐蚀时间96h)/(mg/cm²)		
	温度/℃	时间/h	电流密度/(A/cm²)			10% NaCl	10% HCl	10% H_2SO_4
$Na_2SiO_3\ 50\%+Na_2B_4O_7\ 50\%$	950	1	0.4	0.19	100	1.05	78	130.0
$Na_2SiO_3\ 50\%+Na_2B_4O_7\ 50\%$	1050	1	0.4	0.21	75	1.30	66.4	87.0
$Na_2SiO_3\ 85\%+Na_2B_4O_7\ 15\%$	950	1	0.4	0.14	25	0.78	38.4	11.9
$Na_2SiO_3\ 85\%+Na_2B_4O_7\ 15\%$	1050	1	0.4	0.28	20	0.80	31.4	22.5

可以看出，共渗层的耐热性能抗腐蚀性能略高于渗硼层，抗腐蚀疲劳强度明显高于渗

硼层。

8.2.4　硼氮共渗

（1）目的　用于比单一渗硼更进一步提高耐磨性、耐蚀性和红硬性等性能。

（2）固体硼氮共渗剂成分　$5\%B_4C+5\%KBF_4+1\%NH_4Cl+5\%(NH_2)_2CO$（质量分数），余量为 SiC。

（3）工艺参数及操作过程　将工件清洗干净，烘干后装入共渗箱内。将工件加热至 $500\sim600℃$ 保持 $2\sim3h$ 预热后，升温至 $860\sim910℃$，保温 $4\sim10h$，然后随炉冷却至 $400℃$ 左右出炉空冷，在室温开箱。通常需重新加热淬火，以满足工件心部的使用性能要求和避免使用时极薄的共渗层被压裂。

（4）应用实例　奥氏体不锈钢模具的硼氮共渗工艺见表 8.13。

表 8.13　奥氏体不锈钢模具的硼氮共渗工艺

序号	项目	说　　明
1	使用材料	12Cr18Ni9，系奥氏体不锈钢
2	工艺特点	将不锈钢模具装入共渗箱内，经 580℃ 预热 3h 后，升温至 900℃，并保温 8h
3	处理结果	工件表面硬度为 1553～1980HV0.2；共渗层深度为 0.05～0.08mm
4	所得组织特征	渗层最外层组织为 $FeB+Fe_2B$，次外层为 $Fe_2B+\alpha\text{-}Fe$，第三层为 $Fe_2B+\alpha\text{-}Fe+\gamma\text{-}Fe$

8.3　含铝、含铬的多元共渗及应用

8.3.1　含铝的多元共渗

8.3.1.1　铝铬共渗

（1）目的　铝铬共渗主要用于提高碳钢、耐热钢、耐热合金与难熔金属及合金的抗高温氧化性能、抗热腐蚀性能以及抗热疲劳性能、疲劳强度等性能，即为了获得比渗铬层或渗铝层更高的耐热性和抗腐蚀性的扩散层。

（2）渗剂、工艺参数与工艺方法　表 8.14 为常见铝铬共渗剂和工艺参数。其工艺方法较多，其中应用最多的是粉末法。采用粉末法进行铝铬共渗时，渗剂中一般含铬粉、铝粉、氧化铝和氯化铵等，也可用铝铁和铬铁合金粉代替铝粉和铬粉。增加渗剂中的铝铁合金粉量时，渗层中的铝含量亦增加。

（3）性能　铝铬共渗可获得比单一渗铝或渗铬更加优良的性能。铝铬共渗的氧化失重比未共渗时小近一个数量级，见表 8.15。图 8.2 表示几种不同铝和铬含量的渗层在 $900℃$ 下于大气中加热时的氧化情况，图中曲线 1 的渗层含 Cr 40%、Al 0.4%，曲线 2、3、4 渗层的铝、铬含量分别为：2—Al 1.8%、Cr 15%；3—Al 5%、Cr 8%；4—Al 8%、Cr 0.2%。从图中可以看出，铝含量高的第 4 种，即 Al 8%、Cr 0.2% 的铝铬共渗层的抗高温氧化性最佳。

（4）应用　铝铬共渗可应用于汽轮机叶片、喷射器、火管、燃烧室。可用碳钢或低合金钢经铝铬共渗代替高合金钢制作一些抗高温氧化和热疲劳的零件，以降低成本。铝铬共渗还可提高钛合金、铜合金的热稳定性、耐蚀性和耐磨性，如钛合金的涡轮空气压缩机、泵的叶片；铜合金的等离子电弧焊和空气等离子切割用喷嘴、风喷、点焊电极、连续浇铸的结晶器等。

表 8.14　铝铬共渗渗剂和工艺参数

材料	共渗剂成分（质量分数）	处理工艺		渗层厚度/mm	表面合金含量		备注
		温度/℃	时间/h		$w(Cr)/\%$	$w(Al)/\%$	
10 钢	48.5%Cr-Fe 粉＋50% Al-Fe 粉＋1.5%NH₄Cl	1025	10	0.37	10	22	—
	78.8%Cr-Fe 粉＋19.7% Al-Fe 粉＋1.5%NH₄Cl	1025	10	0.23	42	—	—
Cr18Ni10Ti	49.25% Cr-Fe 粉＋49.25% Al-Fe 粉＋1.5%NH₄Cl	1025	10	0.22	15	25	—
	78.8%Cr-Fe 粉＋19.7% Al-Fe 粉＋1.5%NH₄Cl	1025	10	0.18	33	15	—
镍基合金	经活化的 Cr-Al 渗剂	975	15	0.035	4	26	法国 CALMICHE Cr-Al 共渗法
	经活化的 Cr-Al 渗剂	1080	8	0.070			
钴基合金	经活化的 Cr-Al 渗剂	1080	20	0.060	18	7	
Cr16Ni36WTi3	49.5% Al-Fe＋49.5% Cr＋1%NH₄Cl	1050	8	0.12～0.16	—	—	
Cr16Ni25Mo6	49.5% Al-Fe＋49.5% Cr＋1%NH₄Cl	1050	8	0.27～0.35	—	—	
M1 钢	49.5% Al-Fe＋49% Cr＋2%NH₄Cl	800	2～6	—	60	30	

表 8.15　部分合金铝铬共渗层的抗高温氧化试验结果

合金类型	试验条件		失重/(mg/cm²)	
	温度/℃	时间/h	铝铬共渗	未共渗
镍基合金	1093	100	1.4	40.0
	1093	100	1.5	10.0
钴基合金	1093	100	8.5	65.0
镍基合金	1205	100	8.0	30h 后已氧化成粉粒状
	1205	100	5.0	50h 后已氧化成粉粒状
钴基合金	1205	100	14.0(起皮)	20h 后已氧化成粉粒状

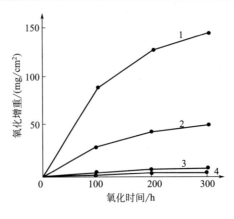

图 8.2　四种 Al-Cr 共渗层的抗氧化性能

8.3.1.2 铝稀土共渗

（1）目的　用于提高钢和镍基合金的耐高温腐蚀性能，其抗热疲劳性能优良。

（2）渗剂、工艺方法与参数　采用真空粉末法或粉末通保护气体法对 GH146、GH44 合金进行共渗，渗剂为 w(Al)40%、w(混合稀土合金)40% 和填料，在 950～1100℃ 保温 2～6h，获得 20～30μm 的共渗层，其表层为富集稀土元素薄层，由表及里为 Ni_2Al_3、NiAl 和铝在镍中的固溶体。

（3）性能　共渗层除大幅度提高抗高温氧化性能和耐熔盐热腐蚀性能外，硬度和耐磨性也显著提高，见表 8.16。

表 8.16　铝稀土共渗对硬度和耐熔盐热腐蚀性能等的影响

合金牌号	处理方法	共渗层		基本硬度 (HV0.1)	熔盐热腐蚀试验结果		1000℃加热 5min,风冷 3min 为一循环时开裂的循环次数
		厚度 /μm	硬度 (HV0.1)		开始破坏时间/h	100h 的失重 /(g/m²)	
CH146	未经共渗处理	—	—	375	15～20	15400	80(已裂)
CH146	铝稀土共渗	24～30	906	375	>150	0.6	200(已裂)
CH44	未经共渗处理	—	—	460	2～3		
CH44	铝稀土共渗	18～22	621	460	40～50		

8.3.1.3 铝硅共渗

（1）主要目的　用于提高金属及其合金的耐热性。铝硅共渗后耐热性比单一渗铝进一步提高。

（2）膏剂铝硅共渗剂成分、制作及涂覆流程　60%～70% 铝铁合金＋28%～38% 硅＋1%～2% 氯化铵（质量分数）。其膏剂制作及涂覆流程为：清除零件表面油污和其他污物及锈迹—将渗剂与黏结剂混合均匀后调成悬浮液状后刷涂于零件表面（厚度约 3mm）—在 150℃ 下烘干 3～10min—零件表面包裹约 4mm 厚度的耐火泥进行密封—在 150℃ 预热 10～15min（如表面有裂纹需重新封补）。

（3）膏剂铝硅共渗工艺　在电阻炉中于 950℃ 加热、保温 2h，然后清除零件表面耐火泥，再重新加热至 1050℃、保温 1h 后在水中淬火冷却。共渗层深度达 115μm。

（4）应用　用于提高由镍铬合金、奥氏体类和铁素体类耐热钢制的燃气轮机零件、火管、炉用构件等的耐热性，以及防止钛、难熔金属及其合金被高温气体腐蚀。例如，可用来提高航空发动机涡轮叶片的使用寿命等。在许多场合下，铝硅共渗使得用碳钢和低合金钢代替高合金耐热钢成为可能，并在提高铜和铜基合金的热稳定性和耐磨性方面是很有效的。

8.3.1.4 机械能助锌铝共渗

（1）工艺参数　采用渗锌和渗铝混合渗剂在 420～480℃ 得到 Zn-Al 共渗层。420℃×4h 可得到 40μm 的 Zn-Al 共渗层。

（2）共渗层的相组成　图 8.3 为锌铝共渗层的 X 射线衍射相分析结果，表明共渗层主要是 $FeZn_4$，并含有部分 $FeAl_3$。

（3）机械能助锌铝共渗的优点　机械能助锌铝的共渗层的锌含量为 50% 左右；铝含量为 5% 左右，锌共渗剂比体积大、耗锌量少、成本低，是一项取代热镀锌、热镀锌铝的新技术。

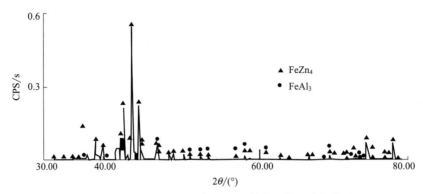

图 8.3　机械能助锌铝共渗层的 X 射线衍射相分析结果

8.3.2　含铬的多元共渗

8.3.2.1　铬钒共渗

（1）目的　铬钒共渗旨在使工件获得比单一渗铬或渗钒更优良的耐磨性、耐蚀性、抗高温氧化性，以及更好的抗热疲劳性能。

（2）盐浴铬钒共渗剂成分和工艺　生产实践中的铬钒共渗常采用盐浴共渗法。盐浴铬钒共渗的渗剂成分和工艺见表 8.17。

表 8.17　盐浴铬钒共渗的渗剂成分和工艺

序号	渗剂成分（质量分数）	工艺：（温度/℃）×（时间/h）	渗层深度/μm	硬度（HV0.1）	备注
1	65％ NaB_4O_7＋10％ V_2O_5＋10％ Cr＋10％ NaF＋5％ B_4C	950×4	10	1950	T8 钢
2	63％ NaB_4O_7＋15％ Cr_2O_3＋15％ V_2O_5＋2％NaF＋300g Al 粒	910×2＋950×2	30	2256	T10 钢

（3）固体（粉末）铬钒共渗渗剂成分、工艺及组织　见表 8.18。

表 8.18　粉末铬钒共渗的渗剂成分、工艺及组织

钢号	渗剂成分（质量分数）	工艺参数 温度/℃	工艺参数 时间/h	渗层深度/μm	表面硬度（HV）	渗层组织
T12	20％ V_2O_5＋5％Cr_2O_3＋2％NH_4Cl＋13％Si-Fe＋2％Si-Ca-Re＋余量 Al_2O_3	950	6	12～15	1897～3700	V_4C_3＋$(Cr,Fe)_7C_3$
T12	7％V-Fe＋12％Cr_2O_3＋8％Na_2SiF_6＋2％NH_4Cl＋3％Si-Fe＋1％Si-Ca-Re＋余量 Al_2O_3	950	6	＞10	2195	$(Cr,Fe)_7C_3$ 为主

8.3.2.2　铬稀土共渗

（1）特点　与渗铬相比，铬稀土共渗中加入了稀土元素，明显提高了渗速。

（2）性能　铬稀土共渗层的抗冲击疲劳、耐高温氧化、耐介质腐蚀等性能均优于渗铬

层。铬稀土共渗层具有比渗铬层更低的摩擦系数。共渗层与单一渗铬层抗高温氧化性能和耐硫酸腐蚀性能见表 8.19。

表 8.19　铬稀土共渗与渗铬层抗高温氧化性能和耐硫酸腐蚀性能对比

处理工艺	腐蚀失重/(mg/cm²)	
	900℃×100h 高温氧化	45％ H₂SO₄ 腐蚀 50h
T12 渗铬	22.64	5.50
T12 铬稀土共渗	12.43	3.78

8.3.2.3　铬钛共渗

（1）目的　铬钛共渗能使钢和合金获得耐热渗层，从而提高热镦模具和铝合金压铸模等工件的使用寿命。

（2）固体渗剂组分及工艺参数　一般采用固体粉末法，可采用铬粉、钛粉、氧化铝和卤化物的粉末渗剂，也可采用含铬和钛的氧化物、卤化物、铝粉和氧化铝的粉末渗剂。合理控制渗剂中铬和钛的比例，可获得性能良好的共渗层。试验表明，用含 40％ Al_2O_3 和 5％ AlF_3、Cr_2O_3、TiO_2 以及 Al 粉的粉末渗剂（其中 Cr_2O_3∶TiO_2＝70∶30），在 1100℃共渗 4h，渗层深度随渗剂中 Al 含量增加而增加；当渗剂中 Al 含量大于 25％时，渗层深度会急剧增加。

（3）性能　共渗层的硬度为 2200HV。铬钛共渗层的抗高温氧化性和高温耐磨性均比单一渗铬好。铬钛共渗层具有良好的耐酸、碱腐蚀性能和抗高温氧化性能，见表 8.20。

表 8.20　几种合金钢渗铬和铬钛共渗后的抗氧化性能比较

钢基体	渗层类型	试验时间/h							
		6	26	46	66	86	100	120	150
		增重/(mg/m²)							
2Cr13	Cr	6.9	10.9	22.1	25.4	32.3	35.2	38.3	44.9
	Cr-Ti	6.3	9.1	11.9	13.2	16.1	16.4	19.2	24.2
Cr25Ti	Cr	4.7	11.9	14.4	17.4	19.3	20.7	29.2	38.0
	Cr-Ti	4.0	11.2	16.8	20.6	23.4	26.4	29.1	32.4
Cr18Ni9Ti	Cr	12.7	16.8	28.4	34.9	40.3	43.9	47.7	54.1
	Cr-Ti	3.8	7.8	9.9	12.7	15.5	16.4	18.9	25.8

8.3.2.4　铬硅共渗

（1）主要目的　提高耐磨性、耐蚀性，使共渗层具有高的热稳定性和耐急冷急热性。

（2）共渗方法　有固体粉末法、气体法和液体（熔盐）法等。

① 固体共渗剂配方与工艺参数。共渗剂配方（质量分数）为：粒径 0.075mm（200 目）的铬粉 15％＋粒径 0.075mm（200 目）的铝粉 5％＋粒径 0.053mm（240 目）的 SiC 粉末 79.4％＋NH₄I 0.4％＋粒径 0.154mm（100 目）的 Al_2O_3 粉末 0.2％；铬粉、硅粉、氧化铝和氯化铵的混合物粉末；铁-铬-硅合金粉末、耐火黏土和氯化铵的粉末混合物；氧化铝、氧化铬、二氧化硅、金属铝和氯化铵等粉末混合物等。共渗温度一般控制在 900～1000℃，共渗时间一般为 3～15h。

② 熔盐法分电解法和非电解法两种。采用的熔盐浴一般含硅酸钠和氧化铬。为提高熔盐浴的流动性，可加入适量的氯化钠。

ⅰ.采用非电解法时，熔盐浴中还需加入约10%的硅钙合金粉（粒度为0.32～1.6mm）作为还原剂。

ⅱ.采用电解法时，阴极电流密度一般控制在0.3A/cm²。

用电解法共渗时，采用含15%Cr_2O_3、75%Na_2SiO_3、10%$NaCl$的熔盐浴，于1050～1100℃共渗5h，可在工业纯铁上形成铬含量为40%～50%、硅含量为8%～10%的共渗层。

（3）性能 铬硅共渗层的抗高温氧化性、耐蚀性优于单一渗铬层，韧性优于渗硅层，共渗层形成的速度比渗铬层快。表8.21系铬硅共渗前后45钢的耐蚀性，在一些介质中，铬硅共渗层的耐蚀性和耐热性均优于单一渗铬层和渗硅层。

表8.21 铬硅共渗前后45钢的耐蚀性

腐蚀介质	腐蚀时间/h	失重/(g/cm²)	
		共渗前	共渗后
10%硫酸	48	0.0604	0.0490
	120	0.1440	0.0679
	408	0.5384	0.0978
96%硫酸	120	0.0031	0.0029
	408	0.0105	0.0049
	648	0.0132	0.0050
	1008	0.01558	0.0061

铬硅共渗层的硬度与钢基体的碳含量有较大关系。在一般情况下，共渗层的硬度随钢基体碳含量的增加而提高。

（4）应用 铬硅共渗的中碳钢和高碳钢不仅具有良好的抗高温氧化性能，而且有较高的硬度，可用作金属热压加工的模具。

8.3.2.5 铬铝硅三元共渗

（1）目的 提高热稳定性、耐蚀性和耐冲蚀磨损能力。

（2）共渗剂组分 铬铝硅共渗一般采用粉末法。铬、铝、硅供剂有两个系列，即Al-Cr_2O_3-SiO_2和Al（或Al-Fe）-Cr（或SiC）；填充剂仍用Al_2O_3，SiC也可兼作填充剂；活化剂采用NH_4Cl或AlF_3。例如，3Cr2W8V钢制不锈钢叶片（2Cr13）压铸模，采用铬铝硅三元共渗处理的渗剂组成为（质量分数）：铬粉40%，100～200目，铬含量98.5%；铝铁粉20%，80目，铝含量45%～50%；硅铁粉10%，80～100目，硅含量75%；三氧化二铝粉30%，100目，经1100℃熔烧、除杂；另加1%脱去结晶水的氯化铵。

（3）共渗剂配方、操作过程及处理结果 铬铝硅共渗可分为高温铬铝硅共渗（见表8.22）和中温铬铝硅共渗（见表8.23）两种。

表8.22 高温铬铝硅共渗的渗剂配方、操作过程及处理结果

序号	项目	说　明
1	渗剂配方（质量分数）	15%Cr[粒度为250目(约为0.057mm)]＋5%Al[粒度为200目(约为0.074mm)]＋79.4%SiC[粒度为240目(约为0.059mm)]＋0.4%溴化铵＋0.2%三氯化铝[粒度为100目(约为0.150mm)]

序号	项目	说　明
2	操作过程	ⅰ.按上述配方将渗剂混合均匀后装箱。 ⅱ.进行高温铬硅共渗,即在箱式炉中于 850℃加热透烧后,炉温升至 1090℃保温 7h,然后冷至 95℃取出工件。 ⅲ.对冷却后的工件进行清刷,并用氢氧化铵溶液清洗
3	处理结果	钴基合金共渗层深度为 25～75μm;镍基合金共渗层深度为 50～100μm;铁基合金共渗层深度为 25～250μm

表 8.23　中温铬铝硅共渗的渗剂配方、技术要求及操作过程

序号	项目	说　明
1	渗剂配方	采用粉末装箱法进行。粉末渗剂配方(质量分数):20%铝粉＋37% Al_2O_3＋32% Cr_2O_3＋8% SiO_2＋2% NH_4Cl＋1% NaF
2	对渗剂的技术要求	ⅰ.铝粉纯度为 99.9%(质量分数)、粒度为 0.09mm。 ⅱ.Cr_2O_3 粉纯度为 99%(质量分数)。 ⅲ.耐火黏土粉中含有不低于 60%(质量分数)的 SiO_2。 ⅳ.氯化铵和氟化钠均为化学纯试剂
3	操作过程	共渗箱在 80～100℃的电阻箱中烘干 2h 后,将炉温升至 750℃并保温 1h,再升温至 850℃保温 2h 后出炉,待共渗箱冷至 200℃以下时拆箱

（4）性能　铬铝硅共渗可提高钢铁和耐热合金的抗高温氧化性能和热疲劳性能。几种渗层耐高温高速气体冲蚀性能对比见表 8.24。

表 8.24　几种渗层耐高温高速气体冲蚀性能对比

渗层种类	无渗层	渗铝	铝铬共渗	铝硅共渗	铬铝硅共渗
冲蚀深度/μm	0.16	0.07	0.06	0.05	0.03

注:试验条件为温度 1150℃,气流速度 610m/s,试验时间 2h。

2Cr13、Cr25Ti 和 Cr18Ni9Ti 等不锈钢经铬铝硅三元共渗后,在 1000℃进行高温氧化试验,试验结果见表 8.25。试验结果表明,2Cr13 和 Cr18Ni9Ti 不锈钢经共渗后,其抗高温氧化性能得到明显改善;但对 Cr25Ti 的影响不大。

表 8.25　铬铝硅三元共渗不锈钢的抗高温氧化性能

钢种	氧化时间/h	在 1000℃的增重/(g/m^2)	
		共渗前	共渗后
2Cr13	100	1480	11
Cr18Ni9Ti	150	205	32
Cr25Ti	100	45	43

（5）应用举例　铬铝硅共渗可用于燃气轮机叶片等。经共渗后压铸模寿命由 20 余件提高到 100 余件。

8.4　含氮、含硫氮的多元共渗工艺及应用

8.4.1　含氮的多元共渗工艺

8.4.1.1　氧氮共渗（氧氮化）

（1）概述

① 含义。渗氮工艺中添加氧的工艺，称为氧氮共渗，即在渗氮介质中添加氧的渗氮工艺。它是蒸汽处理与渗氮相结合的工艺。

② 氧氮共渗的优点。钢件渗氮后其表面虽具高硬度、高耐磨性、高疲劳强度、良好的抗咬合性、高红硬性、良好的耐蚀性和工件变形小等优点，但也存在如工艺周期长（如40Cr 要求渗氮层深度 $0.3\sim0.5mm$，表面硬度 $\geqslant600HV$，需氮化 $35\sim40h$），化合物渗层脆性大等缺点。为克服渗氮的缺点而开发出的氧氮共渗则可明显提高渗氮速度，大幅度缩短渗氮时间，改善渗层的脆性，节能降耗，工艺过程简单，可操作性强，同时还能保持渗氮的诸多优点。

③ 氧氮共渗适用钢材。主要有碳素钢或合金结构钢、工具钢等。而目前主要用于高速钢制刀具。

（2）氧氮共渗工艺特点　氧氮共渗工艺特点见表 8.26。

表 8.26　氧氮共渗工艺特点

序号	项目	具体说明
1	共渗介质	氧氮共渗时采用最多的渗剂是浓度不同的氨水。氮原子向内扩散形成渗氮层,水分解形成的氧原子向内扩散形成氧化层,并在工件表面形成黑色氧化膜
2	共渗设备	氧氮化一般在井式渗碳炉中进行(如 RJJ35-9T 井式气体渗碳炉)
3	工艺特点	目前,氧氮共渗主要用于高速钢制刀具的表面强化。共渗工艺为:直接滴入氨水(氨水质量分数以 25%～30%为宜)或滴入氨水再通氨气,共渗温度为 540～590℃,共渗时间为 60～120min。排气升温期氨水的滴入量应加大,以便迅速排除炉内空气;共渗期氨水的滴量应适中;降温扩散期应减小氨水滴量,使渗层浓度梯度趋于平缓。炉罐应具有良好的密封性,炉内保持 300～1000Pa 的正压。图 8.4 为 RJJ35-9T 井式气体渗碳炉中以氨水为共渗剂的高速钢氧氮共渗工艺曲线。共渗渗层厚度一般为 0.03～0.05mm

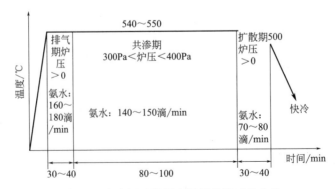

图 8.4　高速钢刀具氨水氧氮共渗工艺曲线

（3）氧氮共渗层的组织结构　氧氮共渗层由表及里依次分为三个区域：表面氧化膜、次表层氧化区和渗氮区。表面氧化膜与次表层氧化区厚度相近，一般为 $2\sim4\mu m$，前者为吸附性氧化膜，后者为渗入性氧化层（在光学金相显微镜下能发现碳化物在该区中的存在），二者的分界面即工件的原始表面。氧氮共渗后形成的多孔 Fe_3O_4 层具有良好的减摩性能、散热性能、抗黏着性能。渗层的内层是渗氮区，具有较高的硬度和耐磨性。由于水蒸气的稀释作用，氧氮共渗层中氮浓度比较低，减小了渗氮层的脆性。图 8.5 系 20CrMo 钢淬火后氧氮共渗的金相组织图，图中最表层为灰色的氧化膜，其内侧连接着白色氮化物层，其上可见灰色细氧化物网络（氧向内扩散通道），这是高氮势下形成的共渗化合物层。次表层为含氮索氏体、铁素体，为扩散层。

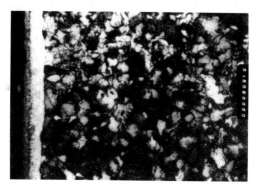

图 8.5　20CrMo 钢淬火后氧氮共渗的
金相组织（500×）

（4）氧氮共渗的应用　氧氮共渗处理 W18Cr4V 高速钢刀具可取得良好效果，用 5% 的氨水为介质处理的刀具表面硬度为 $1000\sim1050HV0.2$，渗层深度为 $0.03\sim0.04mm$，适用于薄刃刀具；在滴入氨水的同时通入氨气，使 $NH_3：H_2O=1：1$ 时，渗层硬度能提高到 $1100\sim1200HV0.2$，渗层深度为 $0.05\sim0.055mm$，适用于厚刃刀具。上述处理方法具有设备简单、成本低、周期短的优点，对机械制造厂处理自用刀具尤为合适。表 8.27 比较了几种氧氮共渗的刀具寿命。使用经验表明，无论用哪种工艺，都是共渗层表面硬度为 $1050\sim1150HV0.2$ 时，使用寿命最长。

表 8.27　氧氮共渗刀具寿命对比

炉号	刀具	加工工件	材料及硬度	加工内容	寿命对比	
					未处理	处理后
14	$\phi40$ 立铣刀	铸钢毛坯	ZG45,200～220HBW	铣平面,劈头	3 件	9 件
9	$\phi45$ 立铣刀	430 轧机机架	ZG45,200～220HBW	铣 65mm 长槽	—	提高 2 倍
9、10 9、10	M18 指形铣刀	调质齿轴	40C,220HBW	粗铣齿 精铣齿	8～10 牙 8～10 牙	12～14 牙 18 牙
12 12 16 16	M12 指形铣刀	内齿圈	ZG65,270HBW	精铣齿 精铣齿 精铣齿 精铣齿	2 牙 不能切削 2 齿 不能切削	8～18 牙 平均 46 齿 平均 23 齿 46～70 牙

（5）氧氮共渗的质量检测　氧氮共渗的质量检测见表 8.28。

表 8.28　氧氮共渗处理的质量检测

序号	项目	具体内容
1	外观	用肉眼或低倍放大镜进行观察。钢件的外观应为均匀的黑色,工作面及切削刃等部位不允许碰伤和划伤
2	渗层组织	共分三区：表面氧化膜（吸附性）、次表面的氧化区（渗入性,主要为 Fe_3O_4、少量 $\alpha\text{-}Fe_2O_3$ 及 Fe_3C）和渗氮区。表面氧化膜与次表层氧化区厚度相近,二者的分界面即工件的原始表面,多孔的 Fe_3O_4 可明显提高工件的减摩、散热、抗黏着性能

序号	项目	具体内容
3	渗层深度	氧化膜厚度为 $0.002\sim0.004mm$（与次表面氧化区厚度相近）。氮的扩散层厚度为 $0.01\sim$ $0.03mm$（高速钢直柄钻头扩散层厚度为 $0.015\sim0.045mm$，氧化膜厚度为 $0.001\sim0.005mm$）
4	扩散层硬度	一般比基体高 $100\sim200HV$（高速钢直柄钻头为 $900\sim1150HV$）
5	耐蚀性	按产品要求确定
6	切削性	按产品要求确定

8.4.1.2 氧氮碳三元共渗

氧氮碳三元共渗工艺及其组织结构与分类特点见表 8.29。

表 8.29 氧氮碳三元共渗工艺及其组织结构与分类特点

序号	项目	具体内容
1	概述	氧参与渗入的氮碳共渗工艺，称为氧氮碳共渗。它是氧化和气体氮碳工艺的复合，其化合物层新增加了 Fe_3O_4 相或 Fe_2O_3 相，可大幅度提高钢件表面的耐蚀性、摩擦磨损时的承载能力，不仅硬度高、韧性好、抗咬合性好，而且共渗时间短、温度较低、工件畸变较小。该工艺绿色环保、原料来源方便、成本低廉
2	共渗特点	它是一种先进的化学热处理工艺，其处理温度一般在 $560\sim580℃$，炉内气氛加热后在氧的促进下，形成大量活性 N、C 原子，通过扩散进入材料表面。碳渗入后形成细微 K，可促进氮的扩散，加快高氮化合物的形成；同时，形成的高氮化合物又能提高碳的溶解度，两者相互促进，最终大幅度提高渗入效率。常用的氧氮碳共渗法有气体法和离子法等
3	共渗层组织结构	由表及里一般为表面化合物层[最表层 Fe_3O_4 相或 Fe_2O_3 相组成的多孔疏松氧化物薄层+次表层 $\varepsilon\text{-}Fe_{2\sim3}(N,C)$ 相与 $\gamma\text{-}Fe_4N$ 相等组成的亮白色、具一定厚度的化合物层]，黑色的氮碳扩散层，及基体组织三部分。传统氮碳共渗后一般生成由 $\varepsilon\text{-}Fe_{2\sim3}(N,C)+\gamma\text{-}Fe_4N$ 混合相等组成的亮白色化合物层。研究发现，单一 $\varepsilon\text{-}Fe_{2\sim3}(N,C)$ 相组成的化合物层拥有更高硬度与更加优良的摩擦特性，同时还具优异的耐腐蚀性能。研究结果表明，通过控制化合物层的生长工艺，可生成主要由单一 $\varepsilon\text{-}Fe_{2\sim3}(N,C)$ 相组成的化合物层。氧气的添加便是促进化合物层生长的有效手段之一
4	气体氧氮碳共渗	采用保护气氛炉或自制的低温气体多元渗金属炉进行共渗处理，共渗气氛为氨气 NH_3、丙烷 C_3H_8 气体、经过无油与干燥处理的洁净空气（氧的来源）及纯度 $\geqslant99.9\%$ 的 N_2。通过合理调控空气与 C_3H_8 的添加量，采用优化的热处理工艺路线，可获得单一 $\varepsilon\text{-}Fe_{2\sim3}(N,C)$ 相的化合物层。如，S20C 钢[其化学成分（质量分数，%）为：$0.21C$，$0.43Mn$，$0.19Si$，$0.008P$，$0.008S$，$0.107Cr$]，以 NH_3、空气、C_3H_8 与 N_2 的混合气体作为气源，采用两段式气体氧氮碳三元共渗方法（$580℃$ 加热 2h，随后降温至 $540℃$ 继续加热 1.5h），保持通入气体总流量、空气与 C_3H_8 添加比例不变，通过改变空气与 C_3H_8 的总含量，在工件表面形成了具良好耐摩擦、耐腐蚀性能的较为均匀、致密的亮白色化合物层，该化合物层具单一 $\varepsilon\text{-}Fe_{2\sim3}(N,C)$ 相，其厚度随空气与 C_3H_8 的总含量的增加而增加
5	离子氧氮碳共渗	所用设备为直流辉光离子渗氮炉，使用空气+乙炔（或乙醇、汽油等）挥发气所形成的混合气体作为气源，进行离子氧氮碳共渗。如 40Cr 钢在适当条件下，经空气+乙醇离子氧氮碳共渗工艺后，渗层的金相组织由白亮层、扩散层和基体组成。共渗层的物相由 $Fe_{2\sim3}N$、Fe_4N、Fe_3C 和少量 Fe_3O_4 等组成，共渗后表面硬度可达 $510HV0.2$

8.4.2 含硫氮的多元共渗工艺

8.4.2.1 硫氮共渗

（1）概述 在工件表层同时渗入硫和氮的化学热处理工艺，称为硫氮共渗。硫氮共渗的外层主要是渗硫层，摩擦系数小，抗咬合能力、抗擦伤能力强，耐磨性好；渗层的里层是硬度高的渗氮层，起支承作用，耐磨性好。因而硫氮共渗层兼具渗硫层和渗氮层两方面的优点。

但应注意，硫氮共渗层若出现白亮层则脆性大，生产上应尽可能避免。高速钢刀具 W18Cr4V 硫氮共渗时，共渗温度低，时间短，共渗层不出现白亮层，如（480±10）℃×45min；（550±10）℃×30min 硫氮共渗层就未出现白亮层。

（2）工艺特点及应用 常用的硫氮共渗及复合处理的介质与工艺参数见表8.30。各种硫氮共渗方法的成分特点及应用见表8.31。

表 8.30 硫氮共渗及复合处理的介质与工艺参数

方法	介质成分的质量分数/%	处理温度/℃	保温时间/h	生产周期/h	备注
无氰盐浴硫氮共渗	$CaCl_2$ 50＋$BaCl_2$ 30＋NaCl 20；另加 FeS 8～10，并将 NH_3 导入盐浴	520～600	0.25～2	0.5～2.5	强化效果好，无污染，但防锈能力较差
气体硫氮共渗	H_2S（＜0.5～10） NH_3（余量）	500～650	0.5～3	2～5	炉膛容积越大，H_2S 或 SO_2 用量越低
	SO_2（1～2） NH_3（98～99）				
离子硫氮共渗	N_2：H_2 为 1:1，H_2S 分压 1～2Pa	500～570	1～2		已用于工模具，摩擦件，速度快、效率高
气体硫氮共渗与蒸汽处理相结合的复合处理	共渗时 NH_3：H_2S＝9:1，蒸汽处理时介质为过热蒸汽	用于高速钢商品刀具时为 540～560	1～1.5	2～2.5	硫氮共渗前、后各进行一次蒸汽处理，可用于处理高速钢刀具

表 8.31 各种硫氮共渗方法的特点及应用

方法	特 点	应 用
液体硫氮共渗	在成分（质量分数）为 20%NaCl＋30%$BaCl_2$＋50%$CaCl_2$ 的熔盐中添加 8%～10%FeS，并以 1～3L/min 的流量在盐浴底部导入氨气（盐浴容量较多时取上限），在 540～560℃ 将氯化盐熔化后，再加 0.05%K_2S 升温到 560℃，通入适当空气，使盐浴中保持有微量的活性硫和硫化物，将盐浴成分调到含 25%～35%CNO^-，18%～20%CO_3^{2-}，1.2%～2%Li^+，22%～25%Na^+，16%～19%K^+，0.05%CN^-，微量 S。共渗温度为 520～600℃，保温时间为 0.25～2.0h。 突出优点是抗咬合、耐磨损、耐疲劳、耐腐蚀等，处理时间短，设备简单，操作简便，盐浴毒性小，氰根含量为 0.05%～0.10%，是低污染盐浴	硫氮共渗处理的 W6Mo5Cr4V 钢链片冲头的使用寿命成倍提高。硫氮共渗处理的 3Cr2W8V 钢铝合金压铸模，比氮碳共渗的使用寿命提高 3 倍
气体硫氮共渗	介质是氨气和硫化氢气体，按比例 $\varphi(NH_3)$：$\varphi(H_2S)$＝（9～12）:1 通入炉中。氨的分解率约为 15%，硫化氢由盐酸与硫化铁反应产生后通入炉内	高速钢刀具经（530～560）℃×（1～1.5）h 硫氮共渗处理后，可获得 0.02～0.04mm 的共渗层，其表面硬度达 950～1050HV

续表

方法	特　　　点	应　　用
离子硫氮共渗	一般采用 NH_3 和 H_2S 作为共渗剂进行离子硫氮共渗，$\varphi(NH_3)$：$\varphi(H_2S)=(10:1)\sim(30:1)$。图 8.6 系 20CrMnTi 钢在不同气氛下离子硫氮共渗层的硬度分布。气氛配比对离子硫氮共渗层硬度、深度和硫含量的影响见表 8.32。硫的渗入，不仅可在工件表面形成硫化物层，而且还有一定催渗作用。气氛中硫含量存在一最佳配比，硫含量太高易形成脆性相，出现表层(白亮层)剥落。其热处理工艺为(520~600)℃×2h 加热，炉内压力为(7~8)×133.32Pa，冷却到室温出炉；电参数为电压 700~750V，电流密度为 1.7~2.0mA/cm²	离子硫氮共渗已用于处理工具、模具及一些摩擦件，具有比其他共渗方法更高的效率(见表 8.33)

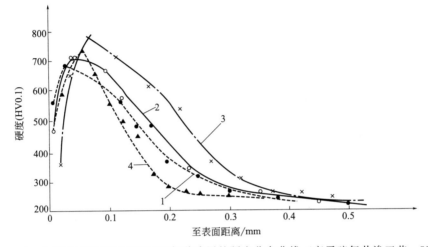

图 8.6　20CrMnTi 钢在不同气氛下离子硫氮共渗层的硬度分布曲线（离子硫氮共渗工艺：570℃×2h）

1—$\varphi(NH_3)$：$\varphi(H_2S)=10:1$；2—$\varphi(NH_3)$：$\varphi(H_2S)=20:1$；

3—$\varphi(NH_3)$：$\varphi(H_2S)=30:1$；4—$\varphi(NH_3)$：$\varphi(H_2S)=60:1$

表 8.32　气氛配比对离子硫氮共渗的共渗层硬度、深度及硫含量的影响 [(520±10)℃×4h]

气氛配比 $\varphi(NH_3)$：$\varphi(H_2S)$	表面硫含量 $w(S)/\%$	W18Cr4V		40Cr		脆性等级 (HV5 压痕)
		渗层深度/mm	表面硬度(HV)	渗层深度/mm	表面硬度(HV)	
氨	—	0.110	1302	0.28	692	Ⅰ
15:1	0.057~0.060	0.110	1302	0.28	698	Ⅰ
10:1	0.079~0.093	0.116	1283	0.31	676	Ⅰ
5:1	0.13~0.18	0.130	1275	0.32	644	Ⅰ
3:1	—	0.107	1197	0.27	575	Ⅰ-Ⅱ
2:1	0.36	0.093	1095	0.23	539	Ⅰ

表 8.33　高速钢不同共渗方法的渗速比较

共渗工艺	离子硫氮共渗	液体硫氮共渗	气体硫氮共渗	气体硫氮共渗	碳氮氧硫硼共渗
	(550±10)℃，15~30min	530~550℃ 1.5~3h	570℃，6h	550~560℃，3h	560~570℃，2h
渗层深度/mm	0.051~0.067	0.03~0.06	0.097	0.04~0.07	0.03~0.07

（3）组织与性能

① 组织。钢铁件硫氮共渗层的最表层是 FeS_2，表层是连续的 $Fe_{1-x}S$ 层（介质中硫的

含量较低时无 FeS_2 出现），亚表层是硫化物与氮化物共存层，接着是渗氮层。

② 性能。W18Cr4V 钢试样的耐磨与减摩性能见表 8.34，表 8.35 是 45 钢经几种工艺处理后试样的摩擦磨损性能对比。45 钢和 3Cr2W8V 钢试样的抗咬合性能见表 8.36。

表 8.34　W18Cr4V 钢试样在 Amsler 磨损试验机上的试验结果

试样的热处理工艺	硫氮共渗参数			对磨 200 转后的试验结果		备注
	温度/℃	时间/h	p_{NH_3}/p_{H_2S}	失重/mg	摩擦系数	
淬火、回火	—	—	—	100.80	0.065	L-AN22 全损耗系统用油润滑。气体硫氮共渗在小井式炉中进行，因 $\varphi(H_2S)$ 高达 10%，表层 FeS 层较盐浴法厚，故失重较大，但摩擦系数更小
淬火、回火，无氰盐浴硫氮共渗	560±10	1	—	13.10	0.030	
淬火、回火，气体硫氮共渗	500±10	1	10	45.00	0.025	

表 8.35　45 钢经几种工艺处理后试样的摩擦磨损性能对比

表面处理条件	润滑摩擦			非润滑摩擦		
	最大载荷/N	摩擦系数	摩擦表面状态	最大载荷/N	摩擦系数	摩擦表面状态
离子渗氮 560℃，16h	2500	0.032	部分表面发生剧烈划伤	400	0.16	有热黏着
气体氮碳共渗 570℃，5h	1200	0.038	发生热黏着	200	0.40	试样一开始就发生热黏着
盐浴渗氮 570℃，1.5h	2000	0.035	部分表面发生热黏着	470	0.28	热黏着使摩擦系数增大，有细磨屑出现
盐浴硫氮共渗 570℃，2h	2500	0.032	有少数划伤	780	0.13	有塑性变形和局部划痕
盐浴硫氮共渗 570℃，1.5h	2500	0.030	几乎没有划伤	1150	0.11	有塑性变形和浅划痕

表 8.36　试样经不同工艺处理的抗咬合性能

材料	调质试样的表面处理工艺	润滑剂	Falex 试验持续时间/s		停机时试样的情况		
			连续加载	恒载 3336N	载荷/N	试验力矩/N·m	试样表面状况
45 钢	氧氮碳共渗	L-AN22	—	2	3336	7.9	咬合
	氧氮碳共渗	L-AN22	—	9	3336	9.0	咬合
	硫氮共渗	L-AN22	—	500	3336	4.5	尚未咬合
3Cr2W8V	氧氮碳共渗	L-AN22	140	—	11120	9.3	尚未咬合
	硫氮共渗	L-AN22	152	—	13345	8.5	尚未咬合
	氧氮碳共渗	干摩擦	—	—	2669	6.8	咬合
	硫氮共渗	干摩擦	—	—	2669	4.1	尚未咬合

（4）质量检测　硫氮共渗工艺质量检测内容见表 8.37。

表 8.37　硫氮共渗工艺质量检测内容

序号	项目	具体内容
1	外观	表面呈灰黑色,色泽应均匀,不应有明显的花斑、锈迹、划伤、磕碰等现象;蒸汽处理后表面呈蓝灰黑色,色泽应均匀,不应有明显的花斑、锈迹或发红。经 10%(质量分数)中性 $CuSO_4$ 溶液浸蚀 10min 后,工件表面不得有铜析出。外观检测可用肉眼或低倍放大镜观察
2	表面硬度	视钢种而定,可参照 JB/T 6050—2006《钢铁热处理零件硬度检验规则》进行。高速钢硬度为 900～1200HV0.05
3	共渗层深度	共渗层深度一般为 0.05～0.3mm,可参照 GB/T 9451—2005《钢件薄表面总硬化层深度或有效硬化层深度的测定》进行。蒸汽处理后的膜层厚度为 <0.005mm,膜层应均匀致密且与基体结合牢固
4	共渗层组织	最表层应为很薄的 FeS_2(介质中 S 的含量较低时,无 FeS_2 出现),表层为连续的 $Fe_{1-x}S$ 层,亚表层为硫化物与氮化物($Fe_{2\sim3}N$、Fe_4N)的共存层,再往里为氮的扩散层

8.4.2.2　硫氮碳三元共渗

（1）概述　在氮碳共渗的基础上加入含硫的物质,实现硫、氮、碳三种元素同时渗入工件表面的化学热处理工艺,称为硫氮碳共渗,亦称渗硫软氮化。硫氮碳共渗兼有氮碳共渗与渗硫的特点,能赋予钢件优良的耐磨、减摩、抗咬死、抗疲劳等性能,并改善其耐蚀性。经硫氮碳共渗后的工件,其性能和使用寿命明显优于氮碳共渗。

硫氮碳共渗的预备热处理：结构钢件可调质处理；刃具及模具经淬火＋回火处理；要求不高的结构钢件可正火或退火处理；不锈钢件可采用固溶＋时效处理或淬火＋回火处理；形状复杂件或精密零件精磨前需进行去应力退火。以上所有回火、退火、时效温度均不得低于共渗温度。

（2）硫氮碳共渗的类型及其工艺特点　硫氮碳共渗常用的方法有：盐浴共渗法、气体共渗法、离子共渗法及固体共渗法等。常见的硫氮碳共渗工艺参数及共渗剂见表 8.38。表中,CR4、J-1 为基盐,CR2、Z-1 为再生盐,都已商品化。

表 8.38　硫氮碳共渗剂与工艺参数

方法	渗剂成分或配方(质量分数)	工艺参数 温度/℃	工艺参数 时间/h	备注
熔盐法 Sur-Sulf	工作盐浴由钾、钠、锂的氰酸盐与碳酸盐和少量硫化钾组成(CR4 基盐);再生盐用于调整成分 再生盐:CNO^- 31%～39%,S^{2-} 为 (5～40)×10^{-4}%	500～590 (常用 560～580)	0.2～3	废渣和清洗共渗工件黏附残盐的废水应中和以消除氰根
熔盐法(LT)法	工作盐浴由钾、钠、锂的氰酸盐与碳酸盐和少量硫化钾组成(J-1 基盐);再生盐(Z-1)用于调整成分 再生盐:CNO^- 34%～38%,S^{2-}(15～40)×10^{-4}%	500～590 (常用 550～580)	0.2～3	盐渣和清洗工件黏附残盐的废水,应加中和盐,以消除少量氰盐,使 CN^- 低于 0.5mg/L,方可排放
气体法	NH_3 5%,H_2S 0.02%～2%,余量为丙烷与空气制备的载气	500～650	1～4	必要时可滴煤油或苯,以提高碳势
气体法	甲酰胺与乙醇的比例为 2.5:1,另加混合液质量 1% 的硫脲	500～650	1～4	在 35kW 井式炉中进行

续表

方法	渗剂成分或配方（质量分数）	工艺参数		备注
		温度/℃	时间/h	
离子法	CS_2 NH_3	500～650	1～4	可用含 S 的有机液体代替 CS_2

① 气体硫氮碳共渗。它是在气体氮碳共渗的基础上加入含硫物质实现的。

ⅰ.甲酰胺与无水乙醇以 3:1（体积比）混合，加入 8～10g/L 硫脲作为渗剂滴进炉内，3Cr2W8V 钢经 570℃×3h 共渗处理后，表面形成一薄层 FeS，化合物层厚 9.6μm，总渗层为 0.13mm（测至 550HV 处）。

ⅱ.将三乙醇胺、无水乙醇及硫脲以 100:100:2（体积比）混合制成滴注剂，共渗时通入 0.1m^3/h 氨及 100 滴/min 的滴注剂，W18C4V 高速钢经（550～560）℃×3h 的硫氮碳共渗处理后，表面硬度可达 1190HV，共渗层深度 0.052mm。

② 离子硫氮碳共渗。可用 NH_3（或 N_2、H_2 等）加入 H_2S 及 CH_4（或 C_3H_8 等）作为处理介质。如 20CrMo 钢在 $\varphi(N_2)$ 20%～80%、$\varphi(H_2S)$ 0.1%～2%、$\varphi(C_3H_8)$ 0.1%～7% 及余量 H_2（或 Ar）的气氛中进行 400～600℃ 离子硫氮碳共渗，硫化物层深度可达 3～50μm，表面硬度为 600～700HV。由于采用硫化亚铁与稀盐酸反应制备 H_2S 的方法工艺性较差，且 H_2S 对管路的腐蚀和环境污染严重，在实际生产中，大多采用 CS_2 作为供硫及供碳剂。可将无水乙醇与 CS_2 按 2:1（体积比）的比例混合，依靠炉内负压吸入，再以氨气与混合气按（20:1）～（30:1）（体积比）的比例送入炉内，即可进行硫氮碳共渗。共渗时硫的通入量不能太大，否则将引起表面剥落。

3Cr2W8V 钢制铝合金压铸模实例分析见表 8.39。

表 8.39　3Cr2W8V 钢制铝合金压铸模的淬、回火工艺及硫氮碳共渗工艺

工艺名称		具体内容
最终热处理工艺		淬、回火工艺曲线见图 8.7
离子硫氮碳共渗	渗剂的制备	在 HLD-50 型离子渗氮炉中，利用氨气及乙醇＋CS_2 的混合蒸气为渗剂，进行离子硫氮碳共渗。首先将乙醇（C_2H_5OH）与 CS_2 按 2:1（体积比）制成混合液，再将混合液与氨气（NH_3）按 1:20（体积比）制成混合气通入炉内
	工艺操作	首先通氨气（500L/h），在 520～540℃ 加热进行渗氮 2～3h；然后炉内负压吸入制备好的共渗混合气，继续保持 1h 后再进行油中冷却，见图 8.8
	处理结果	获得共渗层深度为 0.18～0.20mm，化合物层深度为 15μm，表面硬度为 500～600HV0.1，抛光后硬度为 1000～1500HV0.1。3Cr2W8V 钢离子硫氮碳共渗层硬度分布曲线见图 8.9

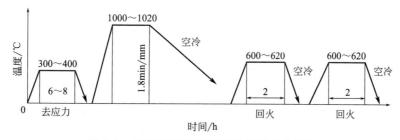

图 8.7　3Cr2W8V 钢压铸模热处理工艺曲线

图 8.8 3Cr2W8V 钢离子硫氮碳共渗
工艺曲线

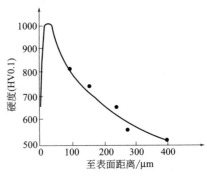

图 8.9 3Cr2W8V 钢离子硫氮碳共渗层
硬度分布曲线

③ 盐浴硫氮碳共渗工艺。它是一种氮碳共渗并兼有渗硫的化学热处理工艺。由于硫的渗入，处理后的工件具有优良的耐磨、减摩、抗咬死、抗疲劳性能，钢铁件（不锈钢除外）的耐蚀性也得到了改善。Sursulf 工艺是进行硫氮碳共渗处理采用较多的方法，由于该工艺原料中不含氰盐或氰酸盐，盐浴的反应产物中氰酸根含量很低（$w_{CN^-} < 0.8\%$），清洗残盐的水只含微量氰化物，在添加少量中和去氰剂后可直接排放，是一种无污染盐浴硫氮碳共渗。盐浴硫氮碳共渗类型及工艺参数见表 8.40。大多数结构钢和不锈钢以（560±5）℃、保温 1～3h 的工艺较好；高速钢刀具保温时间不超过 0.5h，盐浴中氰酸根（CNO^-）控制在 30%～39%。不同工件的无污染硫氮碳共渗工艺规范见表 8.41。

表 8.40 盐浴硫氮碳共渗类型及工艺参数

类型	渗剂成分（质量分数）或配方	工艺参数		备注
		温度/℃	保温时间/h	
氰盐型	NaCN 66%＋KCN 22%＋Na_2S 4%＋K_2S 4%＋$NaSO_4$ 4%	540～560	0.1～1	剧毒，目前已极少采用
	NaCN 95%＋$Na_2S_2O_3$ 5%	560～580	—	
原料无毒型	（NH_2）$_2$CO 57%＋K_2CO_3 38%＋$Na_2S_2O_3$ 5%	500～590	0.5～3	俄罗斯 JTNBT-6a 法，原料无毒，但使用时产生大量氰盐，有较大毒性
无污染型	工作盐浴（基盐）由钾、钠、锂的氰酸盐与碳酸盐以及少量的硫化钾组成，用再生盐调节共渗盐浴成分	500～590（常用 550～580）	0.2～3	法国的 Sursulf 法及我国的 LT 法，应用较广

表 8.41 无污染硫氮碳共渗工艺规范

工件名称	材质	主要工艺参数		共渗层深度/μm			化合物层致密区最高硬度（$HV0.025_{max}$）
		温度/℃	时间/h	化合物层	主扩散层	渗层总深度	
冷冻机能量调节阀	45 钢	565±10	1.5～2	18～24	180～290	400～600	650
齿轮	35GrMoV	550±10	1.5	13～17			
链板	20 钢	565±10	2～3	20～28	200～320	650～1000	500
铝合金压铸及挤压模	3Cr2W8(V)	565±10	2～3				1000
冷冲模	Cr12MoV	520±10	3～4				1050

续表

工件名称	材质	主要工艺参数		共渗层深度/μm			化合物层致密区最高硬度(HV0.025$_{max}$)
		温度/℃	时间/h	化合物层	主扩散层	渗层总深度	
刀具	W18Cr4V	560±10	0.2~0.6		20~50	—	1100
齿轮缸套及轴	1Cr18Ni9Ti	565±10	2~3				
潜卤泵叶轮	ZGCr28	565±10	3	10~14	15~20	—	
曲轴	QT600-2	565±10	1.5~2	14~18	60~100	200~300	900
缸套	HT200-400	565±10	1.5~2	12~15	60~100	200~300	800

氰酸根含量（质量分数）对共渗层深度、化合物层疏松区深度及共渗层性能有较大影响，通常以 $36\% \pm (1\sim2)\%$ 为宜。以抗咬合减摩为主要目的时控制在 $38\% \pm (1\sim2)\%$；以提高耐磨性为主的工件选择 $34\% \pm (1\sim2)\%$ 为宜。随着盐浴中 S^{2-} 增多，渗层中 FeS 增加，减摩效果增强，但化合物层疏松区变宽，一般控制 S^{2-} 的质量分数小于 $10\times10^{-4}\%$ 较佳。

盐浴硫氮碳共渗工艺具有工艺简单、渗速快、设备投资小的优点，其处理的工件变形极其微小，并具有极高的耐磨性和耐蚀性，以及优良的抗疲劳性能，从而大量应用于挤压模、冲压模、气门、切削刀具、小模数齿轮、注塑机零件、机械零件等。典型工件的盐浴硫氮碳共渗工艺及强化效果见表 8.42。

表 8.42　典型工件的盐浴硫氮碳共渗工艺及强化效果

工件名称	材质	前处理工艺	盐浴硫氮碳共渗工艺参数				强化效果
			温度/℃	时间/min	$w(CNO^-)/\%$	$w(S)/^{-6}$	
能量调节阀	45	调质	565±10	120	35~38	20~40	寿命提高十几倍,原用 1~3 月,现可用 3 年
轴、齿轮	45、40Cr	调质	565±10	90~180	34~38	15~40	寿命分别提高 1~3 倍,畸变极小
军工齿轮、操作杆	35CrMoV	调质	555±10	90~120	34~37	20~40	全面达到进口件水平,硬度梯度更佳,承载能力 11 级,节约引进费
曲轴	QT60-2	正火	570±10	120~180	34~38	15~40	合格率高于气体或离子氮碳共渗,疲劳强度高于等温淬火或中频淬火
铝合金挤压模与压铸模	4Cr5MoVSi 3Cr2W8V	淬火	550~570	120~180	35~39	20~60	提高寿命 0.7~3 倍
硅钢片冷冲头等高精度冷作模	Cr12MoV Cr12Mo	淬火	520~540	180~240	35~39	20~60	提高寿命 1~4 倍
摆线齿轮	1Cr18Ni12Mo2Ti	固溶处理	570±10	120~180	36~40	≥40	抗咬负荷提高 4~6 倍,台架试验时间延长 3 个数量级
叶轮、中壳	ZGCr28	固溶处理	570±10	180	36~40	≥40	抗咬负荷提高 4~6 倍,台架试验时间延长 3 个数量级

工件名称	材质	前处理工艺	盐浴硫氮碳共渗工艺参数				强化效果
			温度/℃	时间/min	$w(CNO^-)/\%$	$w(S)/^{-6}$	
泵轴、阀门	1Cr18Ni9Ti 1Cr13～3Cr13	固溶处理	570±10	90～180	35～38	20～60	寿命提高2～4倍
刀具	W18Cr4V W6Mo5Cr4V2	淬火、两次回火	550±10	10～30	32～35	<20	寿命分别提高0.5～4倍

④ 固体硫氮碳共渗。固体硫氮碳共渗可分为粉末法和膏剂法。

ⅰ.粉末法。渗剂配方：a. 35%～40%FeS＋10%$K_4Fe(CN)_6$＋50%～55%石墨；

b. 90%FeS＋5%$K_4Fe(CN)_6$＋5%$(NH_2)_2CS$；

c. 50%FeS＋50%$K_4Fe(CN)_6$；

d. 90%FeS＋10%硫代氰酸钾。

共渗剂使用温度范围为500～930℃，共渗保温时间为4～12h。共渗温度低于600℃时，也称渗硫软氮化。

ⅱ.膏剂法。渗剂配方：33%$ZnSO_4$＋18.5%Na_2SO_4＋18.5%K_2SO_4＋2.25%KSCN＋3.75%$Na_2S_2O_3$＋20%高岭土和水。膏剂涂覆厚度为0.5～2mm，使用温度为500～600℃，保温时间为3～4h。

固体硫氮碳共渗简便易行，成本低，但质量不易控制，在生产中应用不多。

（3）共渗层的组织、性能与应用　硫氮碳共渗层的组织结构为：最外层为0～10μm左右的FeS，次表层为FeS、$Fe_{2\sim3}$（N，C）、M_xN_y、Fe_4N和Fe_3O_4组成的化合物层，再往里为氮的扩散层。

该渗层在盐、碱和工业大气中均具有一定的耐蚀性。其应用范围为以黏着磨损疲劳和擦伤、咬合为主要失效形式的零件，如汽车、拖拉机曲轴，机床变速箱齿轮，液压系统气缸、活塞等。适用钢种为碳素钢、合金钢（包括模具钢、高速钢、不锈钢等）等各种钢铁材料（回火温度低于510℃的钢种不适合）。

（4）硫氮碳共渗件的质量控制

① 硫氮碳共渗层的质量检验。硫氮碳共渗层的质量检验内容见表8.43。

表 8.43　硫氮碳共渗层的质量检验内容

序号	项目	具体内容
1	外观	ⅰ.共渗后工件呈均匀黑色或黑灰色,高速钢刃具呈灰褐色。 ⅱ.不通孔、狭缝、螺纹等处不得滞留残盐。 ⅲ.工作面或切削刃等关键部位不允许碰伤和有划痕。 ⅳ.经氧化后的工件呈均匀的黑色、蓝黑色或棕黑色
2	表面硬度	ⅰ.表面硬度可检测HV10、HV5或HV1,显微硬度检测HV0.1或HV0.05。 ⅱ.重要工件要逐件检测表面硬度,或每炉随机抽检装炉工件的10%～20%;一般工件每炉或每班至少抽检一件。显微硬度仅在测定共渗层硬度梯度的仲裁质量合格与否时检查。 ⅲ.几种常用钢材的共渗层硬度见表8.44
3	共渗层深度	ⅰ.化合物层及扩散层深度的测量采用有关标准推荐的腐蚀剂和测量方法。 ⅱ.一般钢铁牌号的硫氮碳共渗件,通常只需测定化合物层与弥散层析出层深度。这两层深度之和与从试样表面垂直测至比基体显微硬度值高30～50HV处距离大致相同。不锈钢、耐热钢通常只测化合物层深度,高速钢刀具一般只测弥散析出层深度。 ⅲ.测定共渗层总深度时,采用显微硬度法:载荷100g或50g,沿着与试样表面垂直的方向测量显微硬度,并以出现第一个低于基体硬度的点为过渡层的终点。 ⅳ.几种常用钢材的共渗层深度见表8.44

序号	项目	具体内容
4	化合物层显微组织	i.工件经硫氮碳共渗处理后,最表层为 $0 \sim 10 \mu m$ 的富集 FeS 层,次表层为化合物层,它由 FeS、$Fe_{2 \sim 3}(N,C)$、$M_x N_y$、$Fe_4 N$ 及 $Fe_3 O_4$ 组成,以下是氮的扩散层。$Fe_{2 \sim 3}(N,C)$ 及 $Fe_3 O_4$ 相在碱、盐、工业大气中具有一定的耐蚀性,故共渗后再经氧化处理,可明显提高在非酸性介质中的耐蚀性。 ii.化合物层疏松区深度(δ_{cp})、致密区深度(δ_{cd})和化合物层总深度(δ_c)的控制指标,因工件服役条件对性能的要求而异。关于硫氮碳共渗化合物层的特点见表 8.45
5	畸变	工件的畸变应在设计要素和工艺规定的范围。如遇超差应加压热校正。加热温度应低于共渗温度。经矫正后的工件随后应进行消除应力处理

表 8.44 几种常用钢材硫氮碳共渗层的硬度和深度

钢材	预备热处理	共渗工艺	冷却方式	共渗层深度/μm		共渗层硬度		
				化合物层	扩散层	HV0.05	HV1	HV10
45	调质	$565 ℃,120 \sim 180min$	空冷、水冷或氧化盐分级冷却	$18 \sim 25$	$300 \sim 420$	620	360	290
38CrMoAl		$550 ℃,90 \sim 120min$		$12 \sim 16$	$170 \sim 240$	850	640	550
QT600-3	正火	$565 ℃,90 \sim 150min$		$8 \sim 13$	$70 \sim 120$	820	410	300
W18Cr4V	淬火、回火	$550 ℃,15 \sim 30min$	空冷或氧化盐分级冷却	$0 \sim 3$	$20 \sim 45$	1120	950	850
3Cr2W8V		$570 ℃,90 \sim 180min$		$8 \sim 15$	$40 \sim 70$	1050	820	700
1Cr18Ni9Ti	固溶	$570 ℃,120 \sim 180min$		$10 \sim 15$	$40 \sim 80$	1070	720	560

表 8.45 硫氮碳共渗化合物层的特点

钢材	预先热处理工艺	共渗化合物层的特点	说明
35CrMoV	调质	以致密区为主,$\delta_{cd} \geqslant 2/3\delta_c$	
		致密区较宽,$\delta_{cd} \geqslant 1/2\delta_c$	
		疏松区较宽,$\delta_{cd} \geqslant 1/2\delta_c$	
06Cr19Ni10	固溶处理	疏松区为主,$\delta_{cd} \geqslant 2/3\delta_c$	旨在解决咬死问题时,疏松区可宽达($2/3 \sim 3/4)\delta_c$
W18Cr4V	淬火、回火	无化合物层	高速钢刀具要求弥散相析出层为主,允许的化合物层深度为 $0 \sim 3\mu m$

注:1.以提高耐磨性、改善耐蚀性为主,提高抗疲劳性能及减摩性为辅时,$\delta_{cd} \geqslant 2/3\delta_c$,且 $\delta_{cd} \geqslant 5\mu m$。
2.要求提高耐磨、减摩、抗疲劳性能时,$\delta_{cd} \geqslant 1/2\delta_c$。
3.以提高减摩、抗擦伤、抗咬死性能为主,改善其他性能为辅时,$\delta_{cp} \geqslant 1/2\delta_c$。

② 硫氮碳共渗常见缺陷及预防。表 8.46 列出了硫氮碳共渗常见缺陷类型、产生原因及预防措施,供使用者参考。

表 8.46 硫氮碳共渗常见缺陷类型、产生原因及预防措施

缺陷类型	产生原因	预防措施及补救方法
渗层薄	CNO^- 含量低,温度偏低,时间短	加 Z-1 或 REG-1,校准温度,酌情提高温度,适当延长时间
CNO^- 下降快	盐浴温度高或发生超温事故,未捞渣	增加超温报警装置,适当降温捞渣
CN^- 含量高	通气或通空气量太小,硫含量太低	增大通气量,添加硫化物
表面疏松、起皮	CNO^- 含量太高	空载陈化至 CNO^- 含量 $\leqslant 38\%$

缺陷类型	产生原因	预防措施及补救方法
花斑	入炉前有大片油渍或锈斑,浴中渣子多,零件紧叠	去锈、除油、捞渣,零件间留有 0.5mm 以上的空隙
锈蚀	共渗件油冷,残盐未洗净,盲孔、狭缝处有盐渍	延长开水煮洗时间,深用 Y-1 或 AB1 氧化浴冷却
调整成分时有氨臭味	有 NH_3、CO_2、H_2O 逸出	开动抽风装置

第 9 章

表面工程与化学热处理的复合处理工艺及其应用

9.1 整体热处理与化学热处理的复合热处理工艺

9.1.1 化学热处理+整体热处理的复合热处理工艺

9.1.1.1 渗氮+整体热处理的复合热处理工艺

(1) 渗氮（氮碳共渗）+整体淬火（高频淬火）　例如，550℃气体渗氮+800℃完全淬火+(180~200)℃低温回火工艺 [图 9.1(a)]或软氮化+完全淬火的复合热处理工艺。渗氮（氮碳共渗）后增加一道完全淬火工艺 [图 9.1(b)]。由于工件表面层组织发生变化，从而使其力学性能提高，工件得到更有效的强化，渗氮（氮碳共渗）的工艺效果得到更充分的发挥。图 9.2 为极软钢氮碳共渗后再在不同温度水淬后的组织变化，括号内的数字为含氮量（质量分数%）。

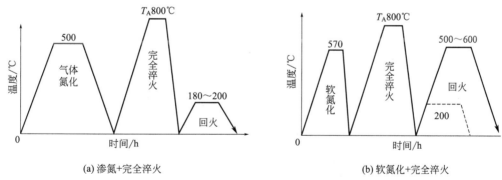

(a) 渗氮+完全淬火　　　　　　　　　　　　　(b) 软氮化+完全淬火

图 9.1　渗氮（氮碳共渗）+完全淬火的复合处理工艺

图 9.3 系极软钢570℃×3h 氮碳共渗后再加热淬火时抗拉强度的变化情况。复合处理使试样的抗拉强度上升，900℃淬火时达到 1108.5MPa。当加热到 700℃附近淬火时强度降低，这是由于氮在 α-Fe 中的固溶度减少，以及 γ 相+M 的存在，成为不完全淬火组织，使强度降低。图 9.4 表明 45 钢经氮碳共渗+整体淬火（高频淬火）的复合处理后，其硬度分布曲线远远优于常规氮碳共渗的硬度分布曲线。

(2) 离子渗氮+回火　高速钢刀具的回火温度为 570℃左右，与渗氮温度一致。可采用离子渗氮来提高高速钢刀具的使用寿命。但离子渗氮后，表面硬度提高，硬度梯度很陡，在

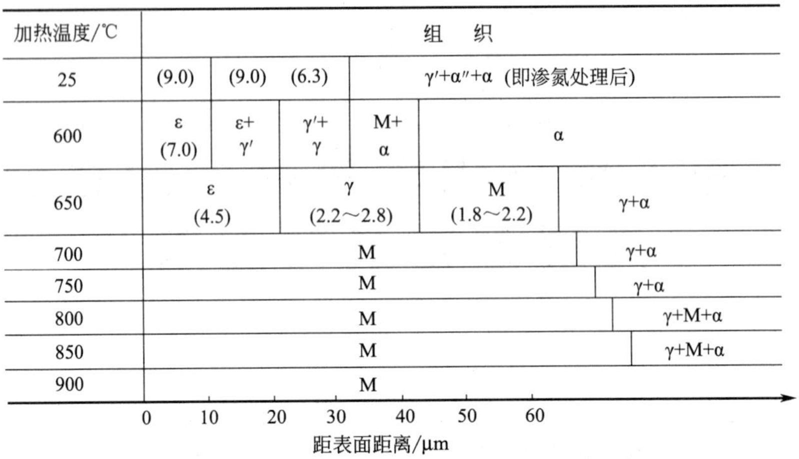

加热温度/℃
组 织
25
(9.0)
(9.0)
(6.3)
γ′+α″+α (即渗氮处理后)
600
ε (7.0)
ε+ γ′
γ′+ γ
M+ α
α
650
ε (4.5)
γ (2.2～2.8)
M (1.8～2.2)
γ+α
700
M
γ+α
750
M
γ+α
800
M
γ+M+α
850
M
γ+M+α
900
M
0
10
20
30
40
50
60
距表面距离/μm

图 9.2 氮碳共渗＋整体淬火所引起组织变化图

1373
1177
981
785
589
392
196
抗拉强度/MPa
4
2
3
1
0
500
600
700
800
900
1000
加热温度/℃

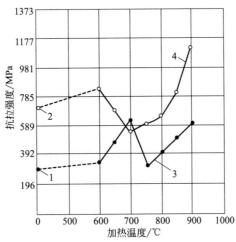

图 9.3 极软钢氮碳共渗＋不同温度淬火时抗拉强度的变化

1—未处理；2—氮碳共渗处理；3—原材料加热水冷；4—氮碳共渗后加热水冷

软氮化+盐浴淬火
软氮化+高频淬火
常规软氮化
700
600
500
400
300
200
100
HV(50g)
0
200
400
600
800
1000
距表面距离/μm

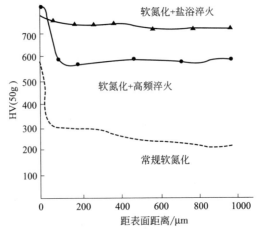

图 9.4 45 钢复合处理与常规热处理的硬度分布曲线

复杂的切削条件下，刀具很容易因产生缺陷而失效。微量改善工件表层的硬度分布，可以应用离子渗氮＋回火的复合处理技术。图 9.5 系复合处理后的硬度分布曲线。

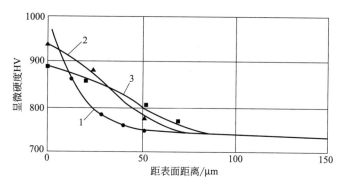

图 9.5　切削试验丝锥表面层中的硬度分布曲线

1—离子渗氮（550℃×20min，$1.33×10^3$Pa，$N_2/H_2=20/80$）；2—离子渗氮＋二次回火（570℃×1h）；

3—离子渗氮＋三次回火（570℃×1h）

（3）氮碳共渗＋时效　工件经氮碳共渗处理后，再加热时效，将析出体心正方氮化物 α''（$Fe_{16}N_2$）相，有一定沉淀硬化效果，使疲劳强度提高。这种时效作用即使在室温下也会发生。但若时效温度过高（例如达到 170℃），由于在疲劳过程中表面塑性变形，残余压应力在疲劳的早期就衰减了，不能对疲劳强度有较大贡献。氮碳共渗＋自然时效时，试样的疲劳强度较退火状态提高 140%，而经 170℃人工时效后，减少到提高 110%。

9.1.1.2　渗碳（碳氮共渗）＋整体热处理的复合热处理工艺

（1）渗碳＋等温＋淬回火　该工艺将渗碳、等温及淬回火结合在一起，不仅简化了工序，缩短了工艺时间，降低了生产能耗，并且能有效控制重载齿轮渗碳热处理的各项技术指标。在选择各阶段工艺参数时，考虑的主要因素有以下几个方面。

ⅰ.渗碳阶段。优化渗碳中强渗、扩散各阶段的碳势、时间等工艺参数，以较快的渗碳速度达到表面碳浓度、渗碳深度、渗层碳浓度梯度等质量指标，尤其是深层渗碳（渗层深度＞4mm）热处理时更应重视这些参数的设定。

ⅱ.渗碳炉冷阶段。随着炉温的缓慢降低，渗碳表层逐步析出少量细网渗碳体，冷至低于 620℃时，会发生 A 向 P 重结晶转变，通过 600～620℃的等温停留，渗碳表面碳化物将发生部分球化作用，为后续淬火做好组织准备。等温阶段碳化物的球化效果主要取决于表层碳含量（控制在 0.85%～1.00%时最佳）。如果表面碳浓度偏高，将会形成粗网或大块状碳化物，则球化效果差，这也是此渗碳复合热处理技术的控制要点之一。

ⅲ.淬火加热阶段。淬火工艺的技术关键是将淬火加热过程分成两段：第一阶段加热温度（840～860℃）较高，有利于工件心部 F 的转变。此时，P 转变成 A，渗层部分碳化物溶入 A，保证了淬火后 M 的高硬度和强度，同时保留了适量的未溶碳化物。第二阶段较低的加热温度（810～830℃）是为了减小淬火应力，同时有利于表面获得高硬度。

ⅳ.回火阶段。通过 200～240℃低温回火，淬火 M 将转变为 $M_{回火}$，同时表面 $A_{残留}$ 将分解为 M。为使 $A_{残留}$ 转变充分，并有利于消除热处理应力，可采用两次回火。

20CrMnMo 钢重载齿轮采用的渗碳＋等温＋淬回火复合热处理工艺曲线见图 9.6。热处理设备采用可控气氛井式渗碳炉。经复合热处理后表面组织为细针 $M_{回火}$ 加少量弥散分布碳化物，心部组织为板条状 $M_{回火}$ 及少量 F。重载齿轮将获得表面高硬度（58～60HRC）、高耐磨性、高疲劳强度、心部较高强韧性的使用性能。

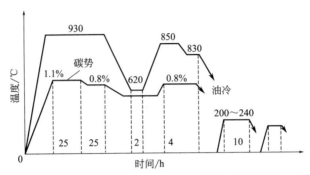

图 9.6 20CrMnMo 钢渗碳＋等温＋淬回火的复合热处理工艺曲线

该复合热处理工艺节能减耗效果明显。经统计，可将原渗碳热处理的工艺周期缩短约20%，能耗降低至少10%，还减少了渗碳剂的消耗，有效降低了热处理生产成本。工艺重复性较好，质量稳定性较高。

（2）碳氮共渗＋淬回火强韧化 常用的有图 9.7 所示的几种方案，大多数工件碳氮共渗后采用直接淬火＋低温回火方案 ［见图 9.7(a)］。

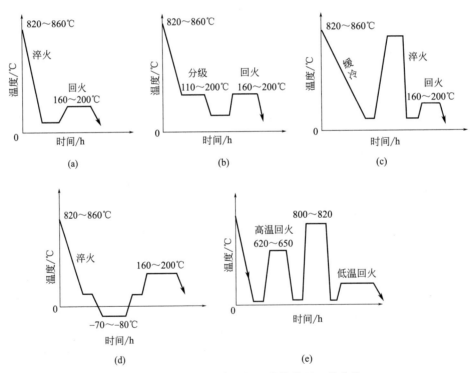

图 9.7 钢件碳氮共渗后的几种热处理工艺曲线

（a）直接淬火；（b）分级淬火；（c）一次淬火；（d）直接淬火＋冷处理；（e）渗后缓冷、高温回火，再加热淬火

例如某 5CrMnMo 钢制汽车转向节用热锻模，其常规热处理工艺曲线见图 9.8(a)，改进后的热处理工艺曲线见图 9.8(b)。

表 9.1 为高温及室温硬度的试验结果。可见，与常规处理相比，新工艺不仅提高了模具样品室温硬度，而且也提高了高温硬度，并且使二者差值更大。

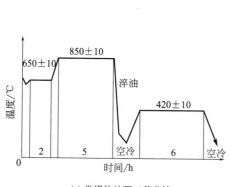

(a) 常规热处理工艺曲线

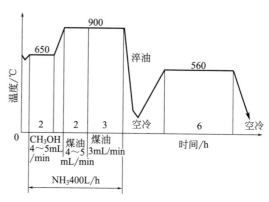

(b) 碳氮共渗+淬回火复合热处理工艺曲线

图 9.8 某 5CrMnMo 钢制汽车转向节用热锻模的两种热处理工艺曲线比较

表 9.1 高温及室温硬度对比

热处理工艺	高温硬度（HV）	室温硬度（HV）
常规碳氮共渗工艺	145	497
碳氮共渗＋淬回火新工艺	187	521
新工艺和常规工艺的硬度差值	42	24

另外，通过两种工艺处理的模具样品经 20～520℃ 之间冷热循环试验表明，新工艺冷热循环稳定性较常规工艺好，在相同循环次数下，新工艺处理的样品硬度值衰减较小。

抗高温氧化性是钢在高温下抵抗氧化腐蚀的能力。热锻模在工作时型腔局部温升约 500～600℃，因而要求具有良好的抗高温氧化性能。在环境介质和温度恒定时，氧化速度主要取决于模具表层的成分。表 9.2 为 20～520℃ 之间冷热循环 300 次引起的氧化失重。高温氧化速度随含碳量的增加而降低，而氮的渗入可提高钢的化学稳定性。碳氮共渗层有较高的含碳量和含氮量，故在 20～520℃ 循环过程中呈现高的抗氧化性。

表 9.2 20～520℃ 之间冷热循环 300 次引起的氧化失重 单位：mg

热处理工艺	样品失重	样品平均失重	单位面积失重
常规工艺	53.2,49.8,53.2,56.0	53.04	5.30
新工艺	49.4,50.4,48.1,49.6	49.3	4.93

热磨损主要有黏着磨损、磨粒磨损和氧化磨损三种。模具在服役过程中，由于热态金属的急剧流动和型腔受热软化，黏着磨损和磨粒磨损十分严重。氧化皮的反复形成和剥落，在造成氧化磨损的同时，进一步加剧了另外两种磨损。提高基体塑性变形抗力和化学稳定性，增大氧化膜与基体的结合力，改善氧化膜的性质，均可减轻氧化磨损。钢经新工艺处理后，首先，共渗层的成分、性能与基体金属有较大区别，减小了对磨材料之间的原子结合力，降低了摩擦系数，减轻了黏着磨损。其次，共渗层的高温硬度和循环热稳定性较好，有利于提高磨粒磨损抗力。此外，共渗层在循环温度下显示了较高的抗氧化性，抗氧化磨损性能比常规工艺要好得多，耐磨性提高十几倍（见表 9.3），这对于提高锻模的使用寿命有重要意义。对比试验中，对磨材料为正火态的 45 钢，载荷为 50N，温度为 550℃，干摩擦行程 154m。

表 9.3　两种工艺处理后热磨损试验对比

热处理工艺	磨痕宽度/mm	磨损体积/m³	平均磨损体积/m³
常规工艺	3.95,4.20,3.17	0.884,1.063,0.465	0.804
新工艺	1.40,1.41,1.51	0.039,0.040,0.049	0.043

　　裂纹冲击韧度表示材料在冲击载荷下裂纹扩展至完全断裂所要消耗的能量，在一定程度上反映了锻模的早期脆断抗力。表 9.4 为两种工艺处理后裂纹冲击韧度试验的对比结果。与常规处理相比，新工艺处理后心部的裂纹冲击韧度有明显提高，常规工艺淬火组织为片状马氏体，回火组织为回火托氏体，心部硬度约 497HV。经新工艺处理后，心部淬火组织主要是板条状马氏体，回火组织为回火托氏体＋回火索氏体，心部硬度为 340HV，后者韧性显然比前者高。通过扫描电镜分析，两者冲断的微观机制有明显的区别。常规工艺处理的断口为韧窝型＋准解理型，新工艺处理的断口是单纯韧窝型，后者在断裂过程中要消耗较大的塑性功，因此，表现出较高的裂纹冲击韧度。

表 9.4　两种工艺处理后裂纹冲击韧度试验对比

热处理工艺	冲击功/N•m	冲击韧度/(MN/m²)	平均冲击韧度/(MN/m²)
常规工艺	20.00,13.20,13.40,13.60	0.250,0.165,0.170,0.168	0.188
新工艺	48.57,34.43,47.14,46.43	0.607,0.430,0.589,0.580	0.552

注：采用 550mm×10mm×10mm 带裂纹的冲击试样，裂纹用直径为 0.1mm 钼丝切割而成，裂纹深 2mm。

　　汽车转向节用热锻模过去采用常规热处理，型腔热磨损问题非常严重，模具平均使用寿命仅 2000 件左右。改用碳氮共渗＋淬回火强韧化复合热处理工艺以后，热磨损大大减轻，早期断裂现象基本消除，模具平均使用寿命提高到 5600 件左右，模具消耗及锻造成本明显下降。据统计，采用新工艺，每年可节约模具材料及制造费用 20000 余元。

9.1.2　整体热处理+化学热处理的复合热处理工艺

9.1.2.1　调质处理+渗氮的复合热处理

　　调质处理中采用高温回火方式，其回火温度范围（500℃～650℃）正好符合渗氮、离子渗氮或氮碳共渗处理的温度范围（一般为 520℃～570℃）。所以，在调质处理过程中进行渗氮、离子渗氮或氮碳共渗，能够在强韧的基体上形成耐磨、耐疲劳的表层。

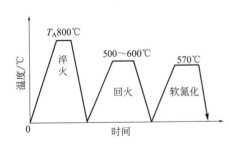

图 9.9　调质＋软氮化的复合热处理工艺

　　同样，对于调质与渗氮的复合热处理工艺有调质＋渗氮、调质＋软氮化（570℃）处理（见图 9.9），以及调质＋离子渗氮等，都可在强韧性钢的基体上再形成耐磨、耐疲劳的表面，而且渗氮处理还可提高工件的红硬性和耐蚀性。因此，调质＋渗氮的复合热处理可以提高工件的使用寿命，是研究和应用最多的一类复合热处理工艺。

9.1.2.2　调质处理+硫氮共渗的复合热处理

　　硫氮共渗通常也在 520～570℃ 温度范围内进行，硫和氮同时渗入工件表层，使工件具有耐磨损、抗疲劳性能，并使表层富有润滑性，增强了合金工件的抗咬合能力。因此，进行调质处理的中碳钢，进行调质和硫氮共渗的合并，在满足性能的前提下，还可以节约能源。

盐浴渗硫氮化法（SUR-SURF 法）是在 570℃ 下硫-氮共渗的一种热处理方法。应当指出，淬火＋高温回火（调质）后，再进行硫氮共渗较好。

9.1.2.3 分级淬火＋氮碳共渗（软氮化）的复合热处理

由高速钢制成的工件经氮碳共渗后，表面获得具有耐磨、抗腐蚀、抗疲劳等性能的渗层。高速钢多属莱氏体钢，热导性很差，淬火加热时为减少热应力，防止变形和开裂，需采用分级淬火。为了减少中间工序、改进工艺和提高效率，可将氮碳共渗与分级淬火或回火复合，不仅可获得较好的工艺效果，同时也达到了节能的目的。

将高速钢工具的分级淬火或回火与软氮化复合，可减少中间工序，提高效率，延长工具寿命。例如 W6Mo5Cr4V2Al 钢刨刀经 820℃ 预热、1230℃～1235℃ 淬火加热，在 560℃ 分级淬火＋软氮化，再在 560℃ 回火＋软氮化三次（每次 1h），硬度为 66～68HRC。加工 60Si2Mn 钢时，使用寿命比常规处理的 W18Cr4V 钢提高 8 倍。

9.1.2.4 整体淬火＋氧氮化处理的复合热处理

蒸汽处理和软氮化复合的工艺方法称为氧氮碳共渗（又叫氧氮化处理）。它是在含有蒸汽和活性氮、碳原子的气氛中，对合金表面同时渗入氧、氮、碳的过程。实验证明，该复合工艺对于提高刀具的使用性能效果明显。高速钢淬火并在最后一次回火过程中与蒸汽处理（通入蒸汽在 550℃ 保持 30～60min）复合起来，工具表面将生成一层均匀、坚实、多孔且带有磁性的蓝色 Fe_3O_4 薄膜（3～5μm），此膜有良好的防锈、储油性能，它可使刀具的切削寿命提高 20%～50%。对于其他类型的工具钢可采用往井式渗碳炉内注入 30%～50% 的甲酰胺水溶液或 20%～40% 的尿素水溶液，在 540～560℃ 保温 60～150min 的工艺方法。经测定，共渗层的外表面为氧化膜（Fe_3O_4），厚度约 3～4μm；内层为高硬度的氮碳扩散层，厚度约 0.03～0.05mm。使用后证明，经该工艺处理的工具具有很好的耐蚀、抗粘屑和耐磨的性能，一般能提高切削寿命一倍以上。

9.1.2.5 整体淬火＋低温多元共渗的复合热处理

这种工艺已被正式使用，效果良好。例如高速钢淬硬后再进行低温硫、氮、碳、氧、硼五元共渗，可使表层生成 Fe_3O_4、FeS、$Cr_{23}C_6$、Fe_2N、Fe_3N、Fe_2B 等化合物，高速钢件表面主要是前两种，有良好的减摩性和抗咬合性能；次表层是后几种高硬度的化合物，红硬性及耐磨性均很好。该法能显著提高工件的耐用度。

9.2 高能束表面热处理强化与化学热处理复合处理工艺及应用

9.2.1 高能束相变硬化与化学热处理的复合处理工艺及应用

9.2.1.1 概述

高能束表面强化是指采用激光束、电子束和离子束等高密度能量源（输出功率范围在 10^3～10^{12}W/cm^2 的能束），照射或注入材料表面，使材料表层发生化学成分、组织及结构变化，从而改变材料的物理、化学与力学性能的一类先进的制造技术。

高能束表面强化主要包括两个方面：一是利用激光器和电子发生器获得极高的加热和冷

却速度（能产生 $10^6 \sim 10^8$ K/cm 的温度梯度），可制成微晶、非晶及其他一些奇特的亚稳态合金，从而赋予材料表面以特殊的性能；二是利用离子注入或等离子体氮碳化技术，将异类原子直接引入表面层中进行表面合金化，以改善材料表面的耐磨性及耐蚀性。其共同特点是：能量源的能量密度特别高，采用非接触式加热，热影响区小，对工件基材的性能及尺寸影响小，工艺可控性强，易于实现自动化、智能化等。

高能束表面强化技术中，激光表面强化技术研究得最为深入、应用最为广泛。众所周知，激光是一种高亮度、高方向性、高单色性和高相干性的新型光源。激光束照射到材料表面，通过与材料的相互作用，实现能量的传递。根据材料种类的不同，调节激光功率密度、激光辐照时间等工艺参数，或增加一定的气氛条件，可进行激光相变硬化（激光淬火）、激光表面熔化（包括激光表面合金化、激光熔凝、激光熔覆等）处理、激光冲击硬化等激光表面处理，其工艺特点见表 9.5。

表 9.5 几种主要激光表面强化方法的特点

工艺方法	功率密度/(W/cm²)	冷却速度/(℃/s)	处理深度/mm	特点
激光表面淬火	$10^3 \sim 10^5$	$10^4 \sim 10^5$	$0.2 \sim 0.5$	相变硬化，提高表面硬度和耐磨性
激光熔凝	$10^5 \sim 10^7$	$10^5 \sim 10^7$	$0.2 \sim 1.0$	在高功率密度激光束作用下，材料表面快速熔化并激冷，获得极细晶粒组织，显著提高硬度和耐磨性
激光非晶化	$10^7 \sim 10^8$	$10^7 \sim 10^{10}$	$0.001 \sim 0.10$	激光束能量密度极高，材料冷却速度极快，获得非晶态表面，显著提高耐蚀性、抗氧化性，具有优良的耐磨性
激光冲击硬化	$10^8 \sim 10^{11}$		$0.05 \sim 0.10$	在极短的激光脉冲作用下，材料表面产生巨大的冲击应力，使材料表面亚结构增加，提高材料的强度、硬度和疲劳极限
激光熔覆	$10^4 \sim 10^6$	$10^4 \sim 10^6$	$0.2 \sim 5.0$	激光加热基材和合金，在很小稀释率的条件下，将合金熔焊于基材上，获得与基材冶金结合的特殊合金层
激光表面合金化	$10^4 \sim 10^6$	$10^4 \sim 10^6$	$0.2 \sim 2.0$	利用多种方法，将添加元素置于基材表面（或吹入合金化气体）。在保护气氛下，激光将二者同时加热熔化，获得与基材冶金结合的特殊合金层

将高能束（激光束、电子束、离子束和电火花等）技术与化学热处理技术相结合的复合处理，利用高能束对工件的表面快速加热作用实现工件化学热处理，不产生烟尘等污染，属无污染、清洁、绿色环保的复合处理。该技术发展迅速，显示出良好的应用前景。高能束技术与化学热处理技术的复合处理，特别是激光与化学热处理（如渗碳、碳氮共渗等）技术的复合处理正处于开发和应用阶段，需进一步扩大其应用范围。

9.2.1.2 激光相变硬化（激光淬火）与化学热处理的复合处理工艺

激光相变硬化亦称激光（表面）淬火，系指当高能激光束照射金属工件表面时，使金属表层温度迅速升高至相变点之上（但低于熔点），由于其具良好导热性，当激光束移开后，工件快速自激冷却淬火，引起相变硬化。其主要特点是：

① 材料快速加热和快速冷却，加热速度可达 $10^4 \sim 10^6 \,℃/s$，冷却速度 $10^4 \,℃/s$；

② 激光淬火件的硬度高，通常比常规淬火高 5%～20%，淬火组织极为细小，硬化层深度范围为 0.1～2.5mm；

③ 由于加热和冷却速度快，热影响区小，对基体的性能及尺寸影响小；

④ 易于实现局部、非接触式处理，特别适于复杂精密零件的硬化加工；

⑤ 生产效率高，易实现自动化操作，无需冷却介质，对环境无污染。

激光表面淬火是一种有效的硬化金属表面的高能束热处理工艺，可广泛用于处理汽车、航空发动机及兵器等耐磨零件，可显著提高零件的硬度、耐磨性、使用寿命和生产效率。

化学热处理（如渗氮等）亦具有优异的耐磨性和耐热性，可使钢件达到内韧外硬。但是，假设渗氮温度 500℃，渗层深度 0.35～0.60mm，则需渗氮 45～60h。因此，缩短渗氮时间一直是热处理工作者努力解决的问题。

如果将零件进行激光淬火＋渗氮复合处理，既可得到较深的硬化层深度，又可保证零件表面具有更高的硬度、耐蚀性和耐磨性等性能。如图 9.10 所示，可采用电子束或激光束等高能束表面强化技术来替代广泛采用的整体热处理，以获得有效的表面硬化层下的支撑层。高能束表面强化技术是精确可编程控制的，所以有可能将热处理（能量传递）精确地限制在零件的高承载区，并使之达到必要的相变硬化深度。因此，它使得零件不会被整体加热到临界温度以上，整个零件所吸收的热量被减至最小，从而能减小甚至避免畸变。

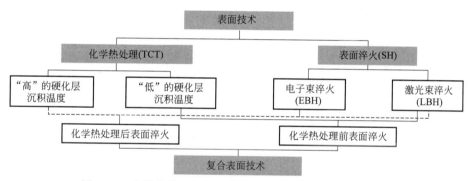

图 9.10　化学热处理与高能束表面强化技术的复合处理技术

（1）激光淬火＋渗氮（离子渗氮）的复合处理工艺　采用激光淬火＋渗氮（包括离子渗氮）或渗氮（包括离子渗氮）＋激光淬火的复合处理工艺，可使工件组织细小，表面硬度提高，硬化层深度加深，硬化处理效果更好，耐磨性和抗腐蚀性能良好，渗氮层的各项性能均得到提高。

例如，将钛的质量分数为 0.2% 的钛合金经激光处理后再进行离子渗氮处理，硬化层硬度从单纯渗氮处理的 600HV 提高至 700HV；钛的质量分数为 1% 的钛合金经激光处理后再进行离子渗氮处理，硬化层硬度从单纯渗氮处理的 645HV 提高至 790HV。

对 35CrMoA 钢采用激光淬火＋渗氮复合处理工艺。激光淬火后工件表层晶粒细小致密，一是晶界增多，N 原子的扩散通道数量和扩散速度增加，二是位错增加，形成氮化物的氮势门槛值降低，N 原子的扩散动力提高；而再经气体渗氮处理后，所获得的渗氮层深度增加，白亮层厚度减小，韧性的 $\varepsilon\text{-Fe}_3\text{N}$ 相含量提高，脆性的 $\zeta\text{-Fe}_2\text{N}$ 相含量降低，表面氮浓度较低，渗氮层中氮分布较均匀，浓度降低趋势平缓。总之，35CrMoA 钢工件经激光淬火＋渗氮复合处理后，组织细小致密，渗氮层深度增加，表面硬度提高，耐磨性、耐蚀性显著提高。

（2）渗氮＋激光淬火的复合处理工艺　例如，38CrMoAlA 钢首先进行气体渗氮，渗氮温度 520℃，氨气分解率 20%～40%，渗氮时间 20h；然后进行激光淬火，激光扫描速度 12.5mm/s，激光光斑直径 5mm，激光功率分别为 600W、800W 和 1000W。经先渗氮后激光淬火的复合处理后，可以大幅度增加硬化层深度，但表面硬度稍有下降（与渗氮相比）。在满足表面硬度大于 856HV，硬化层深度 0.6mm 的前提下，渗氮＋激光淬火复合处理工艺可比单纯渗氮处理的时间缩短 1/2～2/3。

又如，对 18Cr2Ni4WA 钢采用渗氮＋激光表面淬火处理的工艺，即 520℃×20h 渗氮→540℃×20h 渗氮→激光表面淬火（激光功率 1600W，扫描速度：250mm/min，光斑：10mm×2mm）。处理后表面硬度约为 780HV，比常规渗氮处理提高约 50HV；耐磨性较好。该工艺可用于提高零件耐磨性，磨损机理主要为黏着磨损和磨粒磨损。

（3）渗碳＋激光淬火的复合处理工艺　例如，18Cr2Ni4WA 低碳合金钢具有较好的力学性能，经常应用于性能要求较高、存在一定冲击的蜗杆传动中。为了选择合理的热处理技术来提高履带调整器钢蜗轮副的使用寿命，有必要比较各种热处理技术（见表 9.6）对 18Cr2Ni4WA 钢耐磨性的影响和考察新型热处理技术的耐磨性。

试验结果表明，经渗碳＋激光表面淬火复合热处理的试样硬度最高，约为 760HV，这是由于激光淬火使得晶粒细化。由于先进行渗碳处理，使碳呈梯度分布，然后进行激光淬火热处理，其组织特征为：硬化层分 3 个区：第一区为表层完全淬硬区，最表面为针状马氏体（M）十残余奥氏体，次表层为针状 M＋板条状 M＋残余奥氏体；第二区为过渡层，由 M＋回火析出碳化物组成；第三区为高温回火区，由回火索氏体组成。渗碳＋激光淬火处理的试样的组织较为均匀、细小，这是由于激光淬火的冷却速度较快，奥氏体组织还未来得及扩散就转化为马氏体。在试验条件下，磨损体积随着载荷和滑动速度的增加而增大；渗碳＋激光淬火复合热处理试样的耐磨性最好，其次为渗碳＋低温回火和淬火＋低温回火试样；磨损机制主要为磨粒磨损和黏着磨损。

表 9.6　各种热处理工艺名称及主要参数

序号	工艺名称	工艺参数
1	正火＋高温回火	900℃×1h 空冷→650℃×3h
2	淬火＋低温回火	900℃×1h 油淬→180℃低温回火
3	渗碳＋低温回火	910℃渗碳×6h＋850℃渗碳×1.5h 风冷→850℃×50min 油淬→180℃低温回火
4	渗碳＋激光表面淬火	910℃渗碳×6h＋850℃渗碳×1.5h 风冷→850℃×50min 油淬→650℃高温回火→激光表面淬火（激光功率 1600kW，扫描速度：250mm/min，光斑：10mm×2mm）

（4）碳氮共渗＋激光淬火的复合处理工艺　碳氮共渗是应用最广泛的表面硬化方向之一，但也有易出现黑色组织、较脆、磨裂倾向大等缺点。使用激光淬火对碳钢表面进行淬火处理，强化效果虽然比较好，但不能充分发挥材料的潜力。为提高碳氮共渗层的各项性能，使用激光淬火对碳氮共渗层进行强化处理。

试验结果表明，45 钢经碳氮共渗（840℃×6h，共渗后直接淬火）＋激光淬火复合热处理后，工件的表层硬度提高（由原碳氮共渗直接淬火的 780HV 提高至 1156HV），硬化层有良好的耐磨性能、抗蚀性能和强韧性。激光淬火处理产生的超细马氏体、晶粒细化以及碳氮化合物的弥散强化，是硬化层性能提高的原因。

（5）激光淬火＋离子渗硫的复合处理工艺　激光淬火可在提高金属材料表面硬度、耐磨和耐蚀等性能的同时,使其心部仍保持较好的韧性;低温离子渗硫可在钢铁基体表面形成含有 FeS 的自润滑膜层,在摩擦过程中可持久地发挥固体润滑作用。现采用激光相变硬化和低温离子渗硫技术对 35CrMoA 钢表面进行复合强化处理,以提高油田抽油泵柱塞耐磨、耐蚀、自润滑性能。

采用 DL-HL-T5000 型 CO_2 激光加工系统进行激光相变硬化试验,激光功率为 2000W,扫描速度为 2000mm/min,多道搭接率 20%。激光相变硬化试验后,采用 DGLT-15F 多功能离子化学热处理炉对试样进行离子渗硫处理。渗硫工艺:工件接阴极,炉壁接阳极,反应气体为固体硫蒸气,施加 500~800V 的工作电压,真空度控制在 30~70Pa,在 200℃保温 90min。

试验结果表明,35CrMoA 钢复合强化层由激光相变硬化层和表面硫化物层(渗硫层)组成。表面渗硫层平整疏松,是一个连续的黑色带状层,与基体之间没有明显过渡,厚度在 2~5μm 之间,主要成分是 FeS;激光相变硬化层硬与基体过渡良好。渗硫层较软并具有自润滑作用,复合强化层是理想的摩擦表面,与基材 35CrMoA 钢相比,耐蚀性有一定提高。

9.2.1.3　电子束淬火与化学热处理的复合处理工艺

(1)渗氮+电子束淬火复合处理工艺　众所周知,渗氮能显著改善零件的耐磨性,但受到渗氮工艺的制约,渗层不可能很深。渗氮与电子束淬火复合不仅使零件具有良好的表面性能(硬度、耐磨性和耐蚀性),还能产生一种特有的复合性能梯度。在电子与金属材料相互作用,动能转化为热能的过程中,化合物层将依赖输入能量的大小部分或全部发生转变,使化合物层与基体之间缝隙增加。因为电子束处理在真空室中进行,而且处理周期很短,从 0.1s 到几秒,氮的扩散有限。通常,不希望发生完全的相变,因此必须精确控制电子束的能量输入。热量传递到材料内部,由于冷却速度极大(达 10^4K/s),可自淬火而获得马氏体组织。由于渗氮+电子束淬火复合处理后扩散层是富氮的,其硬度比单独进行渗氮或电子束淬火的硬度都要高。

经渗氮处理的钢再进行局部电子束淬火,能使其局部承载能力提高,电子束的"深度效应",可使马氏体相变达到所需要的深度(<1.0~1.5mm)。对回火稳定性较差的碳钢和低合金钢,如需较大的深度效应和耐磨渗氮层,则最好进行渗氮+电子束淬火的复合处理。考虑到冶金的相容性,电子束淬火仅仅是一种有效的后处理工艺。为了提高磨合运转性能,对摩擦学性能起决定性作用的表面化合物层不应受到影响或发生特殊的转变。

渗氮+电子束淬火复合处理技术可广泛应用于汽车工业和机械工程领域,如凸轮、轴类和螺栓等。

(2)电子束淬火+渗氮复合处理工艺　电子束淬火+渗氮复合处理工艺具有广泛的工业应用,例如应用于处理挤压工具和冷成形模具等的工业生产。

在许多情况下,零件局部需要承受重载荷,如与高局部压应力相关、与腐蚀部分相关的磨料磨损/滑动磨损。经电子束淬火+渗氮复合处理的工具或零件,不仅硬化层具有良好的性能,而且由于电子束(能量传递场)仅局部作用于工件,工件畸变较小。因渗氮是第二道工序,化合物层不会由于随后的加热而受影响并发生转变,仍能保持其良好的耐蚀性。

要进行电子束淬火+渗氮复合处理的钢需具良好回火稳定性,以便随后高达 450℃的渗氮不影响电子束淬硬层的性能。电子束淬火+渗氮复合处理工艺首次用于处理挤压机螺杆,该工件的所有表面均要承受磨损和腐蚀,因此需进行复合处理。能量传递通过上述连续相互作用电子束偏转技术实现。螺杆的表面形状非常复杂,因此渗氮前的电子束淬火分两步进行。电子束以一定的角度入射,且电子束参数能适应挤压机螺杆的形状,故螺杆的电子束淬硬层深度非常均匀。

9.2.1.4　离子渗氮+离子注入复合处理

离子渗氮技术是提高金属材料表面硬度和耐磨性的有效手段，但受平衡条件的限制，渗氮层的氮含量有限。而离子注入就是在离子注入机中把所需的 N、C 等离子加速成具有几万甚至几百万电子伏特能量的载能束，并注入金属固体材料的表面层，从而引起材料表层的成分和结构的变化，及原子环境和电子组态等微观状态的扰动，进而导致材料的物理、化学或力学性能发生变化。

通过对渗氮层进行离子注入处理，可较大幅度地提高材料表面的氮含量，获得耐磨性更高的表面强化层。例如对 25Cr3MoA 钢首先进行离子渗氮处理，表面获得深度为 0.35～0.55mm、最高氮含量达 10%（摩尔分数）的渗氮层，然后进行温度为 250℃ 的高温离子注入，离子注入层的深度超过 400nm，氮含量达 15%（摩尔分数）。通过对比试验发现，复合处理的耐磨性可比单纯离子渗氮提高 10.5%。

9.2.2　高能束表面熔覆与化学热处理的复合处理工艺及应用

9.2.2.1　概述

激光表面熔覆（亦称激光包覆或激光熔覆）是指将具有特殊性能（如耐磨、耐腐蚀、耐疲劳、抗氧化等）的合金粉末预置在基材表面或者与激光束同步送粉，使其在高能密度（$>10^4 \mathrm{W/cm^2}$）的激光束作用下迅速熔化、扩展及快速凝固（冷却速度通常达 $10^2 \sim 10^6 \mathrm{℃/s}$），在基材表面得到无裂纹气孔的冶金结合层，从而形成与常规性能不同的优异合金层的热处理工艺技术。

通过激光熔覆与化学热处理技术的复合，可产生"1+1>2"的功效，不仅可弥补激光熔覆工艺和材料等自身的不足，而且能拓宽激光熔覆的应用领域，提高复合涂层的耐磨、耐蚀及抗氧化等性能，以达到工业应用的目的。例如激光熔覆与活化屏等离子渗氮复合处理就是一典型实例。

9.2.2.2　[实例9.1]　45钢的激光熔覆+活化屏等离子体复合处理工艺

活化屏等离子体（ASP）处理是一项新兴的离子渗氮技术，其气体离子在处理过程中是轰击在铁制网状圆筒上的，而不是直接轰击工件的表面，解决了直流离子渗氮技术中存在工件打弧、空心阴极效应、电场效应、温度测量等诸多问题，不仅降低了对离子渗氮电源的要求，还显著提高了材料的耐磨性能。激光熔覆（LC）技术具有与基体形成冶金结合、稀释率低、基体变形小等特点，但当制备软涂层时其高耐磨性的表面要求则受到限制。现将两者复合来提高软涂层的耐磨性能。

（1）试验材料及处理方法　基体材料为 45 钢，激光熔覆材料选用 Fe90 铁基合金粉末，粉末粒度为 $-140 \sim +325$ 目，其化学成分如表 9.7。

表 9.7　铁基合金粉末材料的化学成分（质量分数）　单位：%

材料	C	Cr	Ni	B	Si	Fe
Fe90	0.15	13.5	—	1.62	1.15	余量

45 钢试样表面用砂纸打磨平整，用乙醇、丙酮清洗。采用同步送粉激光熔覆法，通过

多道搭接法获得大面积激光熔覆层。采用 1kW 连续波 Nd：YAG 固体激光器进行激光熔覆，激光束波长 $1.06\mu m$，光斑直径 2mm，采用氩气保护激光熔池。铁基合金粉末 Fe90 优化的激光熔覆处理工艺参数为：功率 1kW，扫描速度 6mm/s，送粉量 5.2g/s，搭接率 40%。

对激光熔覆层表面进行精磨、抛光处理后，再进行活化屏等离子渗氮处理，其工艺参数为：处理温度 500℃，处理时间 10h，反应室压强为 500Pa，气体的体积比 N_2：$H_2 = 20$：80。

（2）复合涂层的表面硬度和耐磨性　表 9.8 系经激光熔覆和复合处理后 45 钢表面的显微硬度和耐磨性。与单一激光熔覆层相比，经复合处理后铁基合金涂层的硬度得到极大提高；干摩擦条件下 Fe90 的耐磨性提高了 1.2 倍。

表 9.8　45 钢表面激光熔覆层和复合处理层的显微硬度和耐磨性

性能		显微硬度（HV）	摩擦磨损性能		
			摩擦系数	磨痕宽度/mm	磨损体积/mm³
处理方法	45 钢	220	0.50～0.60	1.10	0.2557
	LC 处理 Fe90	750	0.375～0.40	0.428	0.0118
	LC＋ASP 处理 Fe90	1350	0.35～0.40	0.408	0.0099

（3）表面硬度和耐磨性等性能提高的原因　由于激光熔覆具有快速加热、快速冷却凝固的特点，形成的组织较为细小，固溶度大，固溶强化效应显著，有利于氮原子的注入，表面形成了致密的渗氮层，因此活化屏离子渗氮处理后熔覆层的显微硬度提高显著。

降低金属表面的摩擦系数和提高表面抗变形能力都是减小磨损的重要途径，氮注入钢中降低摩擦系数的作用有限，提高金属表面强度是减少磨损的主要方式。复合处理 Fe90 后耐磨性得到提高是因为复合处理提高了表面强度，增强了金属表面的变形抗力，从而提高了耐磨性。

显然，只有在激光熔覆层能够提供较好支撑情况下，复合处理才能显著提高复合涂层的耐磨性。

（4）复合处理工艺小结　激光熔覆＋活化屏等离子体复合处理工艺能提高耐磨性的关键在于激光熔覆层与离子渗氮层的合理配合，保证了在高应力作用下渗氮层不被破坏。渗氮层不仅可以提高硬度，还可形成残余压应力，有利于提高金属表面的接触疲劳性能，故复合处理在提高接触疲劳性能方面也具较大优势。

9.2.3　激光表面熔凝与化学热处理的复合处理工艺及应用

9.2.3.1　概述

激光表面熔凝（重熔）是利用高能激光束在金属表面连续扫描，使表面薄层快速熔化，并在很高的温度梯度下，以 $10^5 \sim 10^7$℃/s 的速度快速冷却、凝固，从而使材料表面产生特殊的微观组织结构。与激光相变硬化相比，激光表面熔凝所需激光能量更高，冷却速度更快；熔凝层组织非常细小，从而提高了材料的综合力学性能；熔凝层中马氏体转变产生的压应力更大，提高了工件的抗疲劳、耐磨等性能；表面的裂纹和缺陷可在熔化过程中焊合，表层成分偏析减少，形成高度过饱和固溶体等亚稳相乃至非晶相；熔凝层下为相变强化层，使强化层的总深度增加。因此，它可用来改善材料表面的耐磨性、疲劳强度和耐蚀性等性能。

将激光表面熔凝与化学热处理复合，可进一步加深化学热处理渗层深度，使渗层的硬度分布趋于平缓，并可提高复合涂层的耐磨性、耐蚀性等，而且还可减小复合渗层的脆性。例如，模具钢 5CrNiMo 表面渗硼层在激光重熔处理后，与原始渗硼层相比，强化层深度增加，强化层硬度趋于平缓，渗硼层的脆性得以改善。

9.2.3.2 渗硼与激光重熔的复合处理工艺

化学热处理渗硼可在金属表面获得具有特殊物理性能的硼化物层。但表面硼化物属金属间化合物，硬度高、脆性大，在冲击载荷下硼化物易产生裂纹和剥落。如何充分利用渗硼层的特性并适当降低脆性是众多研究者的目标。激光重熔可使渗硼层的相对脆性降低 71.3%。通过改变渗硼层的形貌和组织结构，消除 FeB 和渗层内缺陷，改善界面结合强度和适当降低表层硬度，使硼原子重新分布等方式，均能降低渗硼层脆性。

9.2.3.3 稀土扩渗与激光熔凝的复合处理工艺

将稀土扩渗于钢铁材料表面，可以达到提高材料表面耐蚀性的目的。而采用稀土扩渗＋激光熔凝复合处理工艺，可以克服其他激光处理方法易造成的渗入元素在材料表层局部偏聚等诸多不足，更加充分地发挥稀土"活性元素"效应和激光快速熔凝的协同作用，使材料具有优良的综合表面性能。

9.2.3.4 渗碳或碳氮共渗与激光熔凝（重熔）的复合处理工艺

渗碳或碳氮共渗均是经典的、用途最为广泛的化学热处理方法，它能在保持工件内部具有较高韧性的条件下，得到高硬度、高强度的表面层，但容易出现表层组织粗大、有网状化合物合成、产生黑带等缺陷；而且工件长期工作后会发生接触疲劳磨损而失效，因缺乏有效的修复方法，此类零件磨损失效后，往往会成为废品回炉处理，这样造成的损失也是相当巨大的。

激光熔凝技术与堆焊、热喷涂、电镀等传统表面处理工艺相比，具有冷却速度快，微观组织细小，基体变形小，与基体成冶金结合，裂痕产生少，组织致密等特点，可在材料表面形成一层具有特殊物理性质以及力学性质的表面层。试验证明，渗碳或碳氮共渗层经激光重熔后能有效地防止渗碳或碳氮共渗层的某些缺陷，而且还为激光表面修复处理或强化渗碳或碳氮共渗的淬火零件提供了基础。

9.2.4 激光表面合金化与化学热处理的复合处理工艺及应用

9.2.4.1 概述

激光表面合金化是在高能量激光束的照射下，使基体材料表面的薄层与根据需要加入的合金元素同时快速熔化、混合，形成 $10 \sim 1000 \mu m$ 厚的表面熔化层，熔化层在凝固时获得的冷却速度可达 $10^5 \sim 10^8 ℃/s$，相当于急冷淬火技术所能达到的冷却速度；由于熔化层液体内存在扩散和表面张力等现象，使材料表面仅在很短时间（$50 \mu s \sim 2ms$）内就形成了具有要求深度和化学成分的表面合金层。

激光表面合金化层与基体之间为冶金结合，具有很强的结合力。激光表面合金化工艺的最大特点是仅在熔化区和很小的影响区内发生成分、组织和性能的变化，对基体的热效应可减少到最低限度，引起的变形也极小。它既可满足表面的使用需要，同时又不牺牲结构的整体特性。它的另一显著特点是所用的激光功率密度很高（约 $10^5 W/cm^2$）。熔化深度可达 $0.5 \sim 2.0mm$，可由激光功率和照射时间来控制。冷却速度快，使偏析最小化，并显著细化晶粒，因此材料表面耐磨性和耐腐蚀性能更为优异。

20 钢加入 Ni 和 WC 粉末进行表面合金化处理，耐磨性可提高 5 倍以上。45 钢表面加入 Cr 和 C 元素进行激光表面合金化，可生成类似不锈钢材料的表面，在 15％ HNO_3 溶液中浸泡 3h 仍保持良好的金属光泽。激光表面合金化与激光熔覆有许多相似之处，但激光熔覆后，基体成分基本上不进入涂层，而激光表面合金化形成的表面层是合金涂层与基体共同形成的混合层。

激光表面合金化工艺可以在一些价格便宜、表面性能不够优越的基材表面制备出耐磨、耐蚀、耐高温的表面合金层，用于取代昂贵的整体合金，从而节约贵重金属材料，使廉价合金获得更广泛的应用，进而大幅度降低成本。激光合金化技术比较适合用于零件的重要部位，如模具的刀刃等。与常规热处理相比，激光表面合金化能够进行局部处理，而且具有工件变形小、冷却速度快、工作效率高、合金元素消耗少、不需要淬火介质、清洁无污染、易于实现自动化等优点，具有很好的发展前景。

9.2.4.2　预渗涂层+激光合金化的复合处理工艺

在预先涂覆层（用黏结剂预先涂覆固相添加物、热喷涂等）上进行激光合金化，已进行了大量研究。覆层材料通常采用 Ni 基、Co 基或 Fe 基材料，也有添加陶瓷材料的。基材可选用廉价的普碳钢或铸铁，也可选用 Al 合金、Ti 合金甚至 Ni 基高温合金，以满足耐磨、热障、耐蚀等多种苛刻服役性能要求。但这种复合处理技术的主要问题是制备的覆层材料易产生孔隙及裂纹。目前，这方面的研究已取得一些进展，一旦突破，将显现出巨大的工程应用价值。

9.2.5　激光冲击硬化与化学热处理的复合处理工艺及应用

激光冲击硬化（亦称激光喷丸，缩写为 LSP）是采用短脉冲（几十纳秒）、强激光束（功率密度 $>10^9 W/cm^2$）照射金属表面，使金属表面薄层迅速气化，在表面原子逸出期间，发生动量脉冲，产生高强度压力（大于 1GPa）冲击波或应力波，使金属材料表面产生强烈的塑性变形，在表层造成非弹性应变，其显微组织呈现位错的缠结网络亚结构，在较深的厚度上残留压应力，而使金属材料强化和硬化，从而显著提高金属材料的抗疲劳、耐磨损和防应力腐蚀等性能。

激光冲击硬化具有应变影响层深，冲击区域和压力可控，对表面粗糙度影响小，易于自动化等特点。与喷丸相比，它获得的残余压应力层可达 1mm，是喷丸的 2～5 倍。挤压、撞击强化等强化技术只能用于平面或规则回转面。另外，激光冲击硬化能很好地保持强化位置的表面粗糙度和尺寸精度。因此，该技术目前在工业应用中发展迅速。

9.2.6　离子束表面强化与化学热处理的复合处理工艺及应用

9.2.6.1　概述

离子束表面强化是指在真空中利用离子束技术改变材料表面的形态、化学成分、组织结构和应力状况，赋予材料或工件表面以特定的性能，使其表面和心部材质最优组合的系统工程，能最经济有效地提高产品质量和延长使用寿命。

离子束表面工程技术的分类方法很多，根据处理表面的功能性可分为 3 类：离子注入、离子束沉积以及注入与沉积的复合处理。离子注入技术包括常规离子注入技术、等离子体源离子注入技术、等离子体基离子混合技术；离子束沉积镀膜技术包括离子镀技术、溅射镀膜技术和离子束辅助沉积技术；离子束复合强化技术包括了蒸镀＋离子注入，离子镀＋离子注入，渗氮＋等离子体源离子注入，离子氮化＋离子镀以及离子镀＋离子束增强沉积等。现以离子注入与离子镀为代表，简述其与化学热处理复合的处理效果。

9.2.6.2　离子注入与化学热处理的复合处理工艺

离子注入技术是将某些气体或金属元素的蒸气进行电离产生正离子，经高压电场加速，使离子获得很高速度后射入工件表面，以改变其表层成分和相结构，从而改变工件表面的物理、化学及力学性能。

离子注入在改善工件表面的耐磨性、抗摩擦、抗腐蚀、抗疲劳性能及光电性能等方面展示出明显的优势。但离子注入工艺所固有的注入层浅的问题限制了它在工业中的广泛使用。而众所周知的化学热处理，如离子渗氮等技术，是提高金属材料表面硬度和耐磨性的有效手段，但受平衡条件的限制，渗氮层的氮含量有限。因此，通过对渗氮层进行离子注入处理，可较大幅度地提高工件表面的氮含量，获得耐磨性更高的表面强化层。因此，欲获得较为理想的表面强化层，离子注入技术必须与离子渗氮等化学热处理表面强化方法相结合。

例如，对 25Cr3MoA 钢首先进行离子渗氮化学热处理，使表面获得深度为 $0.35\sim0.55\text{mm}$、最高氮含量达 10%（摩尔分数）的表面渗氮层，然后再进行温度为 250℃ 的高温离子注入，离子注入层的深度超过 400nm，氮含量达 15%（摩尔分数）。试验表明，复合处理的耐磨性可比单一离子渗氮层提高 10.5%。

9.2.6.3　离子镀与化学热处理的复合处理工艺

离子镀是在真空条件下，利用气体放电使气体或被蒸发物质部分分离，在气体离子或被蒸发物质离子轰击作用的同时，把蒸发物或其反应物沉积在基底上。它兼具蒸发镀的沉积速度快和溅射镀的离子轰击清洁表面的特点，特别是具有膜层附着力强、绕射性好、可镀材料广泛等特点，是应用最广泛的一种表面强化技术。离子镀 TiN 涂层具有高硬度、高黏着强度、低摩擦系数、良好的抗腐蚀性的特点，已广泛应用于各个领域。但是在一些具有特殊高性能要求的成形冲头、冲压模具中，单纯依靠某一种处理已不能满足其高疲劳强度、高弯曲强度、高红硬性、低摩擦磨损以及承受高速重载的要求，原因在于一般模具钢基体较软，或涂层与基体的结合力不够，在工作中不能有力支撑离子镀涂层而发生早期破坏。

为了增强基体对硬质涂层的支撑作用和改善膜层与基体之间的结合力，仅靠优化涂层的成分和结构是不够的，还必须从涂层和基体整个体系来考虑，即在硬质涂层与基体间制备一个中间强化层。采用化学热处理＋离子镀复合表面处理工艺，即应用两种表面、次表面强化工艺对工件进行表面强化处理，成为获得所需性能的一种方法。

例如钢铁材料经渗氮化学热处理后，在其表面形成氮的化合物层和扩散层，提高了零件表层硬度。氮化件较未渗氮件，更适合作为离子镀硬质膜的基体。

9.2.6.4　[实例 9.2]　Cr12MoV 模具钢渗硼＋离子注入复合处理工艺的组织与性能

渗硼是一种有效的化学热处理表面强化技术，能使钢表面获得厚度达 $150\mu\text{m}$、与基体之间具有良好冶金结合的硬化层，可大幅度提高模具的使用寿命。但一般渗硼层的硬度值不会超过 2000HV。离子注入亦是一种先进的材料表面强化技术，具有处理温度低（200℃左右）、处理后的工件变形小等优点，适用于精密零件的表面强化，但其主要缺点是注入层深度仅 $0.1\mu\text{m}$ 左右，表面抗压能力有限，难以适用于重载摩擦件。

若将 Cr12MoV 模具钢进行渗硼＋氮离子注入复合处理，即对其预先进行固体渗硼化学热处理，然后对渗硼层进行氮离子注入（等离子体源离子注入，PS Ⅱ），通过高能氮离子的轰击，使活性的硼从硼化铁中溅射出来，与注入的氮离子化合成具有超硬立方氮化硼（C-BN），可显著提高硬化层的硬度。

（1）试验材料及复合处理（渗硼＋等离子体源离子注入）工艺　试验材料为 Cr12MoV 模具钢。采用固体渗硼工艺，将 Cr12MoV 模具钢试样与固体渗硼剂混合装入钢盒内，用耐火泥密封后送入箱式炉中加热至 900℃，保温 5h 后出炉空冷至室温，再进行 200℃ 去应力回火。将渗硼试样打磨抛光和超声波清洗后，放入 PS Ⅱ 型等离子体源离子注入设备的真空室内，先将室内的真空度抽至 1×10^{-5} Pa，再注入氮离子，注入能量为 40keV，注入剂量为 8×10^{17} N^{+}/cm^{2}，注入过程中样品温度保持在 200℃ 左右。

（2）复合处理硬化层的相组成　Cr12MoV 模具钢复合处理涂层的相组成主要是 C-BN 相和 FeB 相。随着复合层纵截面深度的增加，C-BN 相的相对含量减少而 FeB 相的相对含量增加。在渗硼后的氮离子注入过程中，入射的氮离子对靶材表层硼化铁层进行高能轰击，从中溅射出活性硼离子。尽管入射的氮离子在与靶材内原子产生随机碰撞的过程中要损失部分能量，但在一定深度范围内，仍有相当数量的入射氮离子有多余的能量破坏渗硼层中硼化铁的铁硼结合键。随后，被溅射出的活性硼离子与入射的氮离子以急剧形核成长的方式化合成亚稳态的 C-BN，即使在低温条件下也足以提供 C-BN 化合所需的能量。随着靶材复合层纵截面深度的增加，入射氮离子的能量损失越来越大，形成 C-BN 的可能性就越小，C-BN 的相对含量就越少。

（3）复合处理硬化层的性能（显微硬度和耐磨性）和磨痕宽度见图 9.11～图 9.13。与单独经 PS Ⅱ 氮离子注入或渗硼处理的 Cr12MoV 模具钢表层相比，复合处理的硬化层的硬度和耐磨性均有较大的提高，摩擦系数也显著降低，这是由于复合处理时硬化层中产生了超高硬度的 C-BN 相。此外，由于氮离子对靶材的轰击，靶材表层产生大量的位错堆积，从而产生强烈的辐照损伤强化。复合处理层与基体之间是冶金结合，在摩擦中不易发生剥离现象，这一特点明显优于气相沉积，甚至优于离子束增强沉积法制备的 C-BN 薄膜。虽然 C-BN 相只存在于复合层的有限深度内，但是当其覆盖在较硬、较厚的渗硼层上时，C-BN 分布区域形成了良好的硬度过渡区，从而具有了较高的抵抗重载磨损的能力。

不同处理工艺下的硬度、摩擦系数

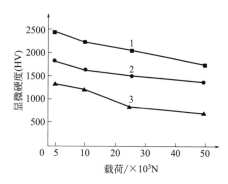

图 9.11　不同工艺下钢的硬度
1—渗硼＋PS Ⅱ复合处理；2—渗硼；3—PS Ⅱ

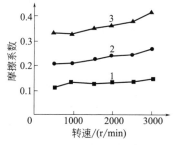

图 9.12　不同工艺下钢的摩擦系数
1—渗硼＋PS Ⅱ复合处理；2—渗硼；3—PS Ⅱ

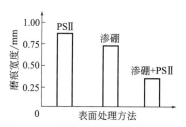

图 9.13　不同工艺下钢的磨痕宽度

9.3 表面热处理与化学热处理的复合热处理工艺及应用

9.3.1 化学热处理+表面淬火的复合热处理工艺

9.3.1.1 渗碳+高频淬火的复合热处理工艺

一般渗碳后，通常采用预冷、直接淬火或者重新加热淬火的热处理工艺方法。此法虽然淬硬层深度深、表面淬硬，但因是整体淬火，故工件变形大。若采用渗碳+高频淬火的复合热处理工艺（见图9.14），则由于是表层加热、冷却，淬火变形减小，表面硬化充分。这对于渗碳齿轮等工件是十分有利的。

例如，某20CrNi2MoA钢制花键齿轮轴（其外形尺寸结构见图9.15），采用差值渗碳与"一次渗碳+感应淬火"复合热处理的比较。表9.9系其经差值渗碳及淬、回火后的变形数据；表9.10是采用一次渗碳+花键感应淬火复合热处理工艺后的齿轮轴变形数据。从两表中的数据对比可以看出，渗碳淬火处理齿轮轴的变形量大于复合热处理齿轮轴。差值渗碳由于采用两次渗碳处理，加剧了轮齿和花键部分的变形量，特别是二者的同心度变化，有的甚至达到2.44mm。这种"麻花状"变形轻时会给精加工带来困难，严重时还会因同心度无法修正而导致产品报废。而实施复合热处理工艺后，不仅使花键变形量减小，齿轮轴的合格率达到了100%，而且简化了工艺，降低了制造成本，提高了生产效率。

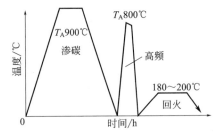

图 9.14 渗碳＋高频淬火的复合热处理工艺曲线

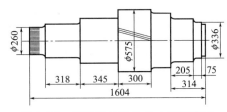

图 9.15 花键齿轮轴的尺寸结构简图

表 9.9 齿轮轴经差值渗碳及淬、回火后的变形数据

序号	外径尺寸(键/齿)/mm	键/齿外端间距/mm	模数 m_B 键/齿	公法线长度/mm 键	公法线长度/mm 齿	渗层深度/mm 键	渗层深度/mm 齿
1	320/625	754	6/20	170.287	214.794	1.1~1.7	2.8~3.5
2	340/567	620	6/20	170.296	172.997	1.1~1.7	2.8~3.5
3	225/429	600	5/12	127.132	129.905	1.1~1.7	2.8~3.5
4	188/364	537	4/12	90.059	128.771	0.9~1.2	1.8~2.4
5	188/364	469	4/12	90.059	128.771	0.9~1.2	1.8~2.4

序号	外径变量(键/齿)/mm	键/齿同心度/mm	公法线变量(键/齿)/mm	齿间跳动/mm	长端二阶跳动/mm
1	1.01/1.14	1.45	0.145/1.06	0.20	0.40
2	1.08/1.26	1.52	0.201/1.03	0.20	0.42
3	0.97/1.03	2.44	0.197/0.89	0.18	0.42
4	0.86/1.03	2.32	0.175/0.72	0.16	0.30
5	0.76/0.95	1.85	0.231/0.82	0.18	0.36

表 9.10 采用一次渗碳＋花键感应淬火的复合热处理工艺后的齿轮轴变形数据

序号	齿部热后变形量			花键热后变形量		
	轮齿外径	公法线长度	径向跳动	花键外径	公法线长度	径向跳动
1	0.61	0.61	0.94	0.20	0.21	≤0.20
2	0.62	0.58	0.91	0.23	0.20	≤0.20
3	0.74	0.47	0.52	0.27	0.18	≤0.20
4	0.78	0.12	0.61	0.24	0.18	≤0.20
5	0.69	0.48	0.45	0.29	0.16	≤0.20

表9.11系两种试验方案经济效益的对比，可以看出复合热处理工艺从生产成本、效率、成品合格率到加工工艺，都优于差值渗碳＋淬火工艺。

表 9.11 两种试验方案的经济效益对比

热处理工艺	生产效率/(h/件)	生产成本/(元/kg)	成品合格率/%	工艺特点
差值渗碳＋淬火	35	8	70	复杂
一次渗碳＋感应淬火	25	5	100	简单

9.3.1.2 渗氮（离子渗氮）+高频淬火的复合热处理工艺

（1）渗氮＋高频淬火复合热处理 工件渗氮获得的渗氮层虽然硬度高，但其渗氮层薄（一般为0.2～0.5mm）而脆，在一定程度上制约了渗氮件的使用。若在渗氮后再进行高频淬火（见图9.16），高频加热时表层氮原子将向心部基体扩散，有利于消除氮化白亮层，减小脆性；淬火后可得到固溶氮的微细马氏体，不仅增加了工件淬硬层深度，而且表面硬化效果也有所提高。由此可见，采用较强硬的基体能充分发挥坚硬的氮化层的潜力。渗氮＋高频淬火复合热处理工艺的另一突出优点是可以提高工件的疲劳强度，特别是滚动接触疲劳强度，这对于齿轮这一类承受滚动疲劳载荷的工件来说，有非常重要的意义。

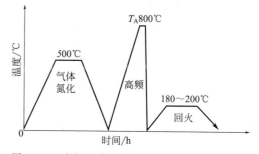

图9.16 渗氮＋高频淬回火的复合热处理工艺

（2）离子渗氮＋高频淬火复合热处理 离子渗氮是由氮离子轰击零件表面，产生辉光放电而使零件表面加热。由于离子的轰击作用，从零件表面溅射出的Fe原子和活性N原子结合成FeN，吸附在零件表面，使表面氮势增高；同时由于离子的轰击作用，零件表面形成大量的晶内空位和其他晶体缺陷，从而使氮渗入向内扩散的过程加速，使渗氮时间大大缩短。与一般的气体氮化或气体软氮化相比，氮化层十分致密。而经离子渗氮、再经高频淬火＋低温回火的复合热处理后，钢表层显微组织较单一氮化或高频淬火时细，可形成含N马氏体和细密分布的$\varepsilon\text{-Fe}_{2\sim4}N$、$\gamma'\text{-Fe}_4N$、$Fe_3(C，N)$化合物。如高频淬火加热时间短，表面的白亮化合物层可保持为断续的锯齿状或颗粒状。

复合热处理强化后钢的表面和渗层的硬度均高于单一处理，硬化层深度也大于单一处理（N的渗入提高了淬透性），因此提高了钢的耐磨性，降低了摩擦系数，从而提高了零件的使用寿命。复合热处理强化后，零件表层具有很高的残留压应力。对45、40Cr、20CrMo钢来说，其表面残留压应力比离子渗氮提高 2～6 倍，因而大大提高了钢件的疲劳强度和使用寿命。

9.3.1.3　碳氮共渗+高频淬火复合热处理工艺

液体碳氮共渗可提高工件的表面硬度、耐磨性和疲劳强度，但该工艺存在渗层浅、硬度不理想等缺点，若将液体碳氮共渗＋感应淬火复合，则工件表面硬度可达 60～65HRC，硬化层深度达 1.2～2.0mm，零件的疲劳强度也比单纯高频淬火的零件明显增加，其弯曲疲劳强度提高了 10%～15%，接触疲劳强度提高了 15%～20%。

9.3.1.4　氮碳共渗+高频淬火的复合热处理工艺

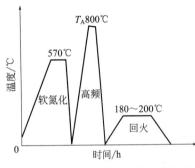

图 9.17　氮碳共渗＋高频淬回火的复合热处理工艺

一般认为，工件氮碳共渗后不再进行其他热处理。然而，氮碳共渗后再进行高频淬火（见图 9.17）将得到比单纯高频淬火更高的疲劳强度。试验表明，中碳钢经氮碳共渗＋高频淬火复合热处理后的疲劳强度比单纯高频淬火可提高 10%～15%。其作用机理是：氮碳共渗的工件表层存在氮化层，再经高频淬火时表层的氮化物因高频加热而完全分解，因而获得马氏体和残余奥氏体组织。试验表明，经复合处理的硬化层硬度比单纯高频淬火高，而且单纯高频淬火的硬化层与心部交界处硬度变化急剧，但采用氮碳共渗＋高频淬火复合热处理的工件，则硬度变化比较连续且平缓，从而也使疲劳强度显著提高。

9.3.1.5　低温多元共渗+高频淬火的复合热处理

多元共渗是在低温和不影响零件基体性能的条件下，将多种元素同时渗入其表面，以提高零件的表面硬度、耐磨性和耐蚀性等。为更好地提高零件表面强化效果，满足零件更高的使用要求，采取低温气体多元共渗＋高频感应淬火的复合处理工艺，可进一步改善低碳钢的显微硬度、耐磨性及耐蚀性等，从而降低了生产成本，拓宽了工业用钢的应用范围。

例如对 20 钢进行低温多元共渗＋高频淬火的复合热处理，首先在 35kW 低温气体多元共渗炉中处理样品，将含有碳、氮、氧、硫等多种元素的氨气、氮气等气体介质和催化剂通入炉内，经机加工成相同尺寸的 2 组试样后，在低温气体多元共渗炉内加热到 610℃，保温 2h，然后油冷。对共渗试样进行高频感应淬火后，进行性能测试。20 钢经低温多元共渗＋高频感应淬火复合处理后的表面硬度与摩擦系数见表 9.12。可以看出，复合处理后零件表面硬度可达 830HV，比单一多元共渗的硬度提高 210HV；摩擦系数也明显降低，由单一多元共渗的 0.65 降至复合处理的 0.20。

表 9.12　20 钢多元共渗与复合处理渗层的硬度与摩擦系数

处理方式	多元共渗	多元共渗＋高频淬火复合处理
显微硬度（HV）	620	830
摩擦系数	0.65	0.20

9.3.2　高频淬火+低温渗硫的复合热处理工艺

　　高频淬火的目的是提高钢件的耐磨性和疲劳强度，而低温渗硫可达到降低摩擦系数、提高工件抗咬合性能的目的。若将高频淬火与低温渗硫组合成复合热处理工艺，更能有效地发挥硬化表层的潜力，而且低温渗硫可与高频淬火后的低温回火（180～200℃）结合起来（见图 9.18），更有利于节能，可获得耐磨性、抗咬合性能及润滑性好的表面。

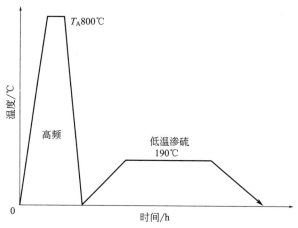

图 9.18　高频淬火＋低温渗硫的复合热处理工艺曲线

9.4　化学转化膜与化学热处理的复合处理工艺及应用

9.4.1　化学转化膜概述

9.4.1.1　金属表面化学转化膜的定义

　　金属表面化学转化膜是指通过化学或电化学方法，使金属与特定的腐蚀液接触，在金属表面形成的一种稳定、致密、附着力良好的化合物膜层。化学转化膜的优点是其与基体金属的结合强度较高，膜与基体的结合力比电镀层和化学镀层这些外加膜层大得多；但其缺点是转化膜较薄，其防腐能力远不如其他镀层，通常还要有另外补充的防护措施。

　　其形成方法是：将金属工件浸渍于化学处理液中，使金属表面的原子层与某些介质的阴离子发生化学或电化学反应，形成一层难溶解的化合物膜层。几乎所有金属都可在特定的介质中通过转化技术得到不同应用目的的化学转化膜。

9.4.1.2　金属表面化学转化膜的分类

　　（1）按转化过程中是否存在外加电流进行分类　可分为化学转化膜（不需外加电源）和电化学转化膜（需要外加电源）两类。

　　（2）按转化膜主要组成物的类型进行分类　可分为氧化物膜、磷酸盐膜、铬酸盐膜等。氧化物膜是金属在含有氧化剂的溶液中形成的膜层，其成膜过程称为氧化；磷酸盐膜是金属在磷酸盐溶液中形成的膜层，其成膜过程称为磷化；铬酸盐膜是金属在含有铬酸或铬酸盐的溶液中形成的膜层，其成膜过程通常称为钝化。金属表面化学转化膜的分类见表 9.13。

表 9.13　金属表面化学转化膜的分类、处理方法、转化膜类型及受转化金属

分类	处理方法	转化膜类型	受转化金属
电化学法	阳极氧化法	氧化物膜	钢、铝及铝合金、镁合金、钛合金、铜及铜合金、锆、钽、锗
化学法(浸液法、喷液法)	化学氧化法	氧化物膜	钢、铝及铝合金、铜及铜合金
	草酸盐处理	草酸盐膜	钢
	磷酸盐处理	磷酸盐膜	钢、铝及铝合金、镁合金、铜及铜合金、锌及锌合金
	铬酸盐处理	铬酸盐膜	钢、铝及铝合金、镁合金、钛合金、铜及铜合金、锌及锌合金、镉、铬、锡、银

9.4.2　氧化处理与渗氮(氮碳共渗)的复合处理工艺

9.4.2.1　氧氮化(渗氮+氧化)处理工艺

(1) 氧氮化处理概述　渗氮化学热处理＋氧化(蒸汽)处理的复合称为氧氮化处理或氧氮共渗处理(见图 9.19)。氧化处理亦称蒸汽处理。在渗氮处理的氮气中加入体积分数为 5%～25% 的水分,处理温度为 550℃,适合于高速工具钢刀具。氧化的目的是加速共渗过程。

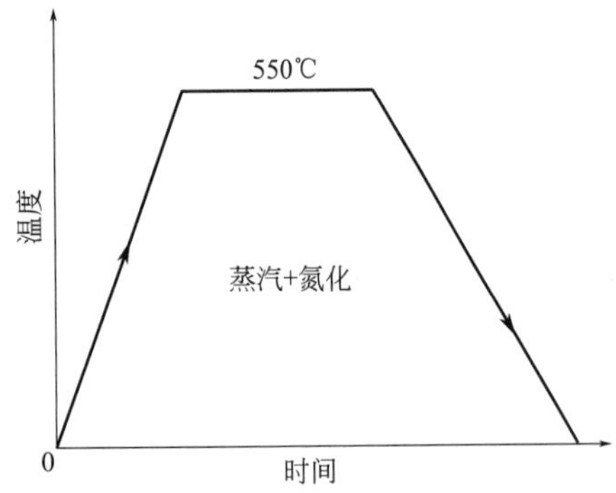

图 9.19　氧氮化复合处理示意图

高速工具钢刀具经此复合处理后,钢的表层被多孔氧化膜(Fe_3O_4)覆盖,其内层形成了由氮与氧富化的渗氮层,故可提高工件的表面硬度,有减摩作用,抗黏着性能好,耐磨性和抗咬合性能均显著提高。氧氮化兼有蒸汽处理和渗氮的双重性能,所以能明显提高高速工具钢刀具的切削性能和某些结构件的使用寿命。

氧氮化所采用的介质有氨水(氨最高质量分数可达 35.28%)、水蒸气＋氨气、甲酰胺水溶液或氨＋氧等,常用的处理温度为 550℃。

(2) 盐浴氧氮化(盐浴渗氮＋盐浴氧化)处理　还有一种氧氮化处理,是将钢铁工件先进行盐浴渗氮处理,然后进行盐浴氧化处理,可获得良好的氧氮共渗效果,使结构钢、工模具钢以及铸铁工件表面具有高硬度、良好的耐磨性和耐蚀性,已在工业中得到广泛的应用。

9.4.2.2　盐浴氮碳共渗＋盐浴氧化处理的复合处理工艺

图 9.20 是盐浴软氮化＋氧化处理(TFI/ABI)的复合热处理工艺。氧化处理是在一种专门的氧化性盐浴中进行的。这种盐浴德国固萨(Degussa)公司称为 ABI 盐浴,科莱恩(Kolene)公司称 KQ-500 盐浴。工件先在空气中预热,再用 580～610℃ 的 TFI 盐浴(一种低毒软氮化盐浴)软氮化处理 60～90min,然后浸入温度为 330～400℃ 的 ABI 盐浴中处理 10～20min。接着,工件在冷水(<40℃)中冷却,最后在热水中清洗。

为进一步提高耐蚀性,还可在上述处理后研磨表面,再次浸入 400℃ 的 ABI 盐浴中处理 20min(见图 9.20 中的Ⅱ)。这种复合热处理后,在软氮化层表面形成极薄的致密富氧层,获得硬而润滑、耐蚀的表面。由于氧化处理在盐浴软氮化后的冷却过程中进行,工件本身的

热量被用来补充 ABI 盐浴散失的热量,因而具有节能的作用。

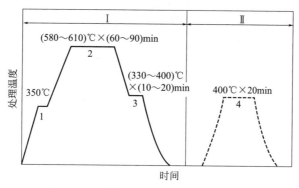

图 9.20 典型的 TFI/ABI 复合处理工艺
1—空气;2—TFI;3—ABI;4—ABI

9.4.2.3 氧化(蒸汽)处理+气体氮碳共渗的复合处理工艺

为提高烧结材料的耐磨性而进行氮碳共渗处理时,由于材料密度低、内部间隙大,需进行深部氮碳共渗,这将引起热处理变形问题。在气体氮碳共渗前先进行高压蒸汽处理,可减少材料内部间隙,再进行氮碳共渗处理,可使膨胀量减少,硬度明显提高。烧结材料蒸汽处理+气体氮碳共渗处理的复合热处理工艺是 540℃×1h 蒸汽处理后,于 570℃进行气体氮碳共渗处理。

9.4.2.4 离子氮碳共渗+离子氧化的复合处理工艺

离子氮碳共渗化学热处理可在工件表面形成化合物层,有效地提高了工件表面的耐磨性、抗咬合性和抗擦伤性。但离子氮碳共渗处理后的氮碳化合物层或多或少地存在疏松问题,这会对耐磨性和耐蚀性造成不利影响。新型的离子氮碳共渗+离子氧化复合处理技术,是先经离子氮碳共渗处理形成 ε 化合物层,再进行离子氧化处理,从而在氮碳共渗硬化层上再生成一层黑色致密的 Fe_3O_4 膜。这样可在工件表面高硬度、高耐磨性基础上,大幅度提高钢的耐蚀性,其耐蚀性超过镀硬铬处理。与 QPQ 技术相比,该技术解决了其环保问题。

在离子氧化过程中,由于通入的工作介质是氧气或水蒸气这样一类电负性较强的气体,离子导电性下降,离子轰击作用减弱,因此进行离子氧化处理时应采用带有辅助加热或保温装置的离子化学热处理炉。45 钢采用表 9.14 所示的工艺进行该复合处理后,试样表面可获得 $18\mu m$ 的 ε 化合物层,最表面为 $2\sim3\mu m$ 致密的 Fe_3O_4 层,其渗层硬度分布见图 9.21。可以看出,图中表面硬度较低的区域为氧化层,它的摩擦系数低,且多孔易于储油,提高了抗咬合性能。5% NaCl 浸泡试验表明,其耐蚀性能比单一离子氮碳共渗提高 13 倍,比发黑处理提高 17 倍,比镀硬铬提高 2 倍,是奥氏体不锈钢的 1.1 倍。

该复合处理解决了环境污染问题,国外已将该技术用于汽车零部件的表面耐磨耐蚀处理。保温式多功能离子热处理装置结构简单,节能效果显著,适用于各种离子热处理工艺。

表 9.14 离子氮碳共渗+离子氧化复合处理工艺参数

工艺参数	离子氮碳共渗	离子氧化处理
电压/V	700～800	700～800
电流/A	约 20	约 20

续表

工艺参数	离子氮碳共渗	离子氧化处理
NH₃：N₂（体积比）	4:1	—
H₂：O₂（体积比）	—	9:1
炉压/Pa	约 500	约 500
处理温度/℃	570	520
处理时间/h	3	1

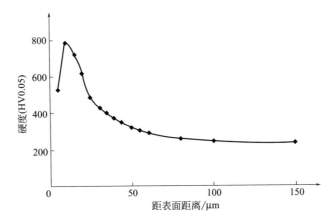

图 9.21　离子氮碳共渗＋离子氧化的复合处理渗层的硬度分布曲线

9.4.3　预氧化+渗碳的复合处理工艺

零件渗碳表面的清洁程度对渗碳零件的渗碳层质量影响很大，传统的 Na_2CO_3 水溶液清洗工艺难以有效清除表面附着的油脂和清洗剂，渗碳时会阻碍和延缓碳元素在该表面部位的吸附，降低了渗碳层中碳的浓度，淬火后不仅会在工作面上出现"软点"，而且渗碳层的厚度均匀性较差，影响了零件质量。因此，采用预氧化＋渗碳复合处理工艺，不仅可有效去除零件表面的残留物，还可以提高零件渗碳层的均匀性，从而极大地提高零件的渗碳质量。

某公司由于汽车变速器齿轮渗碳层不均匀及表面硬度达不到技术要求，近一半以上零件返修，废品损失高达 26 元/辆，返修费用为 20 元/辆。后采用"预氧化＋渗碳"复合处理后彻底解决了渗碳层不均匀的问题，提高了汽车渗碳零件的产品质量，并取得了可观的经济效益。按年产 10 万辆计算每年可节约返修费 100 万元，废品损失费 20 万元，共计节约费用近120 万元。另外，由于采用预氧化处理的零件渗碳层深度增加了 10%～20%，缩短了渗碳周期，提高了生产效率，也带来了可观的经济效益。

9.4.4　硫氮共渗与氧化（蒸汽）处理的复合处理工艺

硫氮共渗是工件表层同时渗入硫和氮的化学热处理工艺。蒸汽处理是指钢件在 500～560℃的过热蒸汽中加热，并保持一定时间使工件表面形成一层致密氧化膜的工艺。蒸汽处理作为硫氮共渗的后续工艺，可进一步提高共渗层的减摩与耐蚀性能。常用的硫氮共渗及复合处理工艺的介质与工艺参数见表 9.15。

表 9.15　硫氮共渗及复合处理工艺介质与工艺参数

方法	介质成分的质量分数/%	处理温度/℃	保温时间/h	生产周期/h	备注
无氰盐溶硫氮共渗	CaCl₂ 50 + BaCl₂ 30 + NaCl 20;另加 FeS 8～10,并将 NH₃ 导入盐浴	520～600	0.25～2	0.5～2.5	强化效果好,无污染,但防锈能力较差
气体硫氮共渗	H_2S(<0.5～10) NH_3(余量)	500～650	0.5～3	2～5	炉膛容积越大,H_2S 或 SO_2 用量越少
	SO_2 1～2 NH_3 98～99				
离子硫氮共渗	N_2:H_2 为 1:1,H_2S 分压 1～2Pa	500～570	1～2		已用于工模具、摩擦件、速度快、效率高
气体硫氮共渗与蒸汽处理相结合的复合处理	共渗时 NH_3:H_2S = 9:1,蒸汽处理时介质为过热蒸汽	用于高速钢刀具时为 540～560	1～1.5	2～2.5	硫氮共渗前、后各进行一次蒸汽处理,可用于处理高速钢刀具

9.4.5　渗氮与磷化处理的复合处理工艺

为进一步提高工具钢的耐磨性,还可采用在渗氮化学热处理后再进行磷化处理的方法,使渗氮层表面形成一层磷酸盐膜,该膜具有良好的减摩作用。

渗氮+磷化的复合热处理工艺过程如下:先进行渗氮处理,渗氮温度 500～600℃。渗氮后,在浓度为 30～40g/L 的马日夫盐溶液中进行磷化处理,处理温度 90～100℃、时间 20～30min。之后,再浸入含二硫化钼的仪表油中处理 10～40min。二硫化钼的含量为 5%～10%(质量分数),处理温度为 100～150℃。

9.4.6　QPQ 复合处理工艺

9.4.6.1　概述

QPQ(quench-polish-quench)意为淬火—抛光—淬火,国内一般将其称作 QPQ 复合热处理技术。它系指在盐浴氮碳共渗或硫氮碳共渗后再进行氧化、抛光、再氧化的复合热处理技术。QPQ 复合热处理技术是近年来兴起的一项新的金属表面强化技术,它是金属材料领域的一项重大突破。

QPQ 复合热处理技术具有高耐磨、高耐蚀、抗疲劳、微变形、节能、绿色环保的优点,因此该项技术在汽车、摩托车、机车、工程机械、轻化工机械、纺织机械、仪器仪表、机床、齿轮、枪械、工具、模具等行业都得到了广泛应用。它凭借其在提高产品耐蚀性和耐磨性、减少产品变形以及消除环境污染等方面的优势,广泛地应用于材料的表面强化中。

9.4.6.2　QPQ 复合热处理工艺及其特点

QPQ 复合热处理工艺及其特点见表 9.16、表 9.17。

表 9.16 QPQ 复合热处理的基本工艺流程和工艺参数

序号	项目	主要内容
1	基本工艺流程	工件去油→清洗→装料(或装料清洗)→预热(非精密件可免去)→530~580℃盐浴氮碳共渗或硫氮碳共渗→在 350~430℃的氧化盐浴中氧化 10~30min→空冷(或水冷或油冷)→清洗→漂洗→机械抛光→清洗→在 350~430℃的氧化盐浴中二次氧化 10~20min→清洗→漂洗→脱水(浸热油或乳化油)→装料或装箱。 图 9.22 示出了 QPQ 复合热处理工艺曲线。氧化的目的是消除工件表面残留的微量 CN⁻ 及 CNO⁻,使废水可直接排放,工件表面生成致密的 Fe_3O_4 膜。机械抛光的目的在于降低工件表面的粗糙度,除去呈拉应力的氧化膜。这是因为在实际工件上,工件的表面总是凹凸不平的,凸起部位的氧化膜一般呈拉应力,易剥落,通过抛光处理,既可除去氧化膜,又可降低表面粗糙度。而经二次氧化后生成的氧化膜产生拉应力的可能性减小,因此,二次氧化处理极为关键
2	基本工艺参数	大量工艺参数试验和生产实践表明,大批量生产选择复合盐浴渗氮 QPQ 处理主要工序的工艺参数如下: ⅰ.预热:350~400℃,20~40min; ⅱ.渗氮:530~580℃,10~180min; ⅲ.氧化:350~430℃,15~20min; ⅳ.氰酸根含量:32%~37%(33%~35%为佳,切削刀具可用下限)

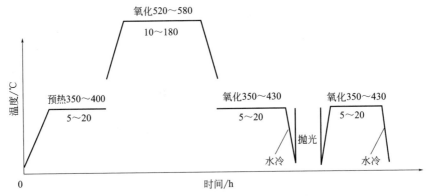

图 9.22 QPQ 复合热处理工艺曲线示意图

表 9.17 QPQ 复合热处理工艺性能特点

序号	项目	主要内容
1	盐浴配方无污染、无公害	国内复合盐浴渗氮 QPQ 处理技术具有独特的氮化盐浴配方,其中添加了一种特殊的氧化剂,使盐浴中的氰根含量仅为德国的 1/10,无公害水平更高
2	渗速快	例如,用进口盐浴处理的欧Ⅱ型号的进气门,在 570℃保温 1h,氮化层深 16~20μm,用武汉某研究所研制的盐浴处理在 560℃保温 50min,层深同样可达 16~20μm
3	设备简单实用	国产设备结构简单,操作方便,维修简易可行,成套设备的价格不到德国的五分之一
4	极高的耐磨性	40Cr 钢经 QPQ 处理后,耐磨性可达常规淬火的 30 倍,是低碳钢渗碳淬火的 14 倍,离子渗氮的 2.8 倍,镀硬铬的 2.1 倍
5	极好的抗蚀性	45 钢经 QPQ 处理后,抗蚀性是镀硬铬的 16 倍,1Cr13 不锈钢的 26 倍,1Cr18Ni9Ti 不锈钢的 4.5 倍。经 QPQ 处理的 45 钢抗盐雾腐蚀能力为 1Cr18Ni9Ti 不锈钢的 5 倍,镀装饰铬的 35 倍,1Cr13 不锈钢的 40 倍,镀硬铬的 70 倍,发黑的 280 倍

续表

序号	项目	主要内容
6	良好的耐疲劳性	QPQ 技术可使钢、铁、铁基粉末冶金材料的疲劳强度提高 20%~200%。疲劳强度提高幅度的大小受基体材料的种类、预备热处理、QPQ 盐浴复合处理的工艺参数等因素影响。试验表明,调质状态的 45 钢经 QPQ 盐浴复合热处理后疲劳强度提高了 40% 以上
7	极微小的变形	由于复合盐浴渗氮 QPQ 处理技术的处理温度低于钢的相变温度,处理过程中基体不会发生组织转变,因此没有组织应力产生,所以它比发生组织转变的常规淬火、高频淬火、渗碳淬火所产生的变形小得多
8	可同时代替多道工序	经 QPQ 复合热处理后工件表面具有高抗腐蚀性、高耐磨性,因此进行一次处理可以同时代替表面硬化工序(如高频淬火、渗碳淬火、气体渗氮、离子渗氮等)和表面抗蚀工序(如发黑、镀铬等)

9.4.6.3 QPQ 复合热处理的基本原理与渗层组织特征

QPQ 复合热处理的基本原理和渗层组织特征见表 9.18。

表 9.18 QPQ 复合热处理的基本原理和渗层组织特征

序号	项目	主要内容
1	基本原理	QPQ 复合热处理技术最重要的工序是渗氮工序和氧化工序。在渗氮工序中,盐浴中的氰酸根分解产生活性氮原子并渗入工件表面,同时还有碳、氧及其他微量元素渗入工件表面。 盐浴中氧化工序的作用是消除工件从渗氮炉中带出来的少量氰根,达到工艺过程无公害,同时也可在工件表面形成致密的黑色 Fe_3O_4 氧化膜。这层氧化膜有很高的耐蚀性,它与化合物层一起构成了耐蚀性极高的综合耐蚀层。这就是 QPQ 复合热处理件的耐蚀性远远高于镀铬防腐件、甚至超过不锈钢的主要原因,同时这层氧化膜也可促进耐磨性的提高
2	渗层组织特征	工件最外层为氧化膜,氧化膜以下为渗氮时形成的化合物层,通常称为白亮层。这一层应为 $Fe_{2~3}N$ 相,耐磨性极高,耐蚀性也极高,这是渗层中最重要的部分,通常渗层质量的好坏多以化合物层深度和致密度来衡量。图 9.23 为 20 钢经 QPQ 复合热处理的渗层组织。 常见材料的化合物层深度如下: ⅰ.碳钢、低合金钢(代表钢号有 20、45、T10、20Cr、40Cr 等),其化合物层深度为 15~20μm; ⅱ.合金钢(代表钢号有 3Cr2W8V、Cr12MoV、38CrMoAl、1Cr13~4Cr13 等),其化合物层深度为 8~10μm; ⅲ.高速钢、奥氏体不锈钢(代表钢号有 W18Cr4V、W6Mo5Cr4V2、1Cr18Ni9Ti 等),其化合物层深度为 0~6μm。 对于高合金钢,不仅化合物层深度浅,扩散层也浅,高速钢刀具一般表面不应生成化合物层。在化合物层以下是氮元素渗入形成的扩散层,即氮在 α-Fe 中的间隙固溶体。扩散层可大大提高金属的疲劳强度,对小件、薄件整体强度的提高也有一定作用。 总之,QPQ 复合热处理件的渗层由氧化膜、化合物层和扩散层组成,形成了具有良好耐磨性、极高耐蚀性和较好疲劳性能的复合渗层

图 9.23 20 钢经 QPQ 复合热处理的渗层组织 (400×)

9.4.6.4 QPQ复合热处理钢件的性能与应用

（1）QPQ复合热处理钢件的性能　QPQ复合热处理可使工件表面的粗糙度大大降低，显著地提高了耐蚀性，并保持了盐浴氮碳共渗或硫氮碳共渗层的耐磨性、抗疲劳性能及抗咬合性，可获得赏心悦目的白亮色、蓝黑色及黑亮色。表9.19列出了常用材料的QPQ复合热处理规范及渗层的主要性能。

表9.19　常用材料的QPQ复合热处理规范及渗层主要性能

材料种类	钢种牌号	前处理工序	氮化温度/℃	氮化时间/h	表面硬度（HV）	化合层深度/μm
纯铁			550～580	1～3	500～650	12～20
低碳钢	Q235、20、20Cr	—	550～580	1～3	500～700	12～20
中碳钢 中碳合金钢	45 40Cr	不处理或调质	550～580	1～3	500～700	12～20
高碳钢	T8、T10、T12	不处理或调质	550～580	1～3	500～700	12～20
氮化钢	38CrMoAl	调质	550～580	2～4	500～700	9～15
铸模钢	3Cr2W8V	淬火	550～580	2～4	500～700	6～10
热模钢	5CrMnMo	淬火	550～580	2～4	900～1000	9～15
冷模钢	Cr12MoV	高温淬火	520～540	2～4	900～1000	6～15
高速钢	W6Mo5Cr4V2 （刀具）	淬火	530～560	0.5～1	1000～1200	5～10
高速钢	W6Mo5Cr4V2 （耐磨件）	淬火	550～580	0.5～1	1200～1500	6～8
不锈钢	1Cr13,4Cr13	—	550～580	1～3	900～1000	6～8
不锈钢	1Cr18Ni9Ti	—	550～580	1～3	960～1100	6～10
不锈钢	0Cr18Ni12Mo2Ti	—	550～580	1～3	950～1100	总深:20～25
气门钢	5Cr21Mn9Ni4N	固溶	550～580	1～3	900～1100	5～20
灰口铸铁	HT200	不处理或淬火	550～580	1～3	500～700	总深:8～15
球墨铸铁	QT500-7、QT600-3	不处理或 正火或调质	550～580	1～3	500～700	总深:8～15

（2）QPQ复合热处理技术的应用　QPQ复合热处理技术适用于各种钢铁材料（表9.20），可以替代软氮化、离子氮化等表面强化工艺，还可代替高频淬火、渗碳淬火等硬化工艺，以及代替发黑、镀硬铬、镀装饰铬、镀镍等表面防腐技术，可大大降低生产成本，提高生产效率，因此具有广阔的应用前景。

表9.20　QPQ复合热处理工艺的应用

序号	行业名称	主要内容
1	汽车及摩托车	汽车及摩托车行业是QPQ复合热处理技术应用最多的行业,目前国内主要应用的零件有: ①发动机零部件:曲轴、凸轮轴、挺柱、气门、气缸套、活塞环、气缸盖套、齿轮、螺栓、摇臂、活塞杆、连杆等; ②变速箱和传动系统:垫片、齿轮、拨叉、轮毂、衬套、齿轮轴托架等; ③离合器零件:支撑盘、花键轴衬套等; ④制动系统:气缸、活塞等; ⑤其他:气弹簧、刮雨器等

序号	行业名称	主要内容
2	机械工程	机床丝杠、导轨、轴类零件、摩擦片、机床电器铁心、齿轮、拨叉、衬套、法兰、蜗杆、刀具、轴承、滑块、调节阀杆、烟机导轨、收割器刀片等
3	钢铁及矿山	轴承、齿轮、轴、调节活塞、模具、滚轮、反螺母、压力活塞、钻床等零部件
4	工装模具和低碳钢冲压件	切削模具,如丝锥、铰刀、钻头、锯头、铣刀等;铝挤压或喷注类零件,如铝活塞、衬套、喷注器、冲模、挤压模等;注塑机类零件,如活塞、衬套、螺栓、司筒、顶针、模具等;锻压设备类零件,如模具、冲头、垫板等;其他类零件,如打字机、摄影机、相机、射钉机等冲压钢制零件等
5	军事枪械类零件	枪管、炮身、杠杆、齿轮、弹盒、导管、锁具、拨叉、减速螺栓等
6	航空航天工业	齿轮、齿轮轴、连杆、轴、螺母、泵体、叶轮轴、发动机转子、定子、衬套、液压杠杆、推动轴承等
7	纺织机械类零件	主要零件有齿轮、齿轮轴、轴、螺母、齿轮、偏心轮、导线钩、片梭夹等
8	油井钻探、铁路和化工	主要零件有螺母、螺栓、钻杆头、阀体、垫片、推力轴承、气阀、连接头、轴、销塞等
9	液压工业和公共设施	主要零件有齿轮、齿轮轴、连杆、轴、螺栓、螺母、泵体、导管、连接器、销子、垫片、轴承、液压头杆等
10	其他类零件	如弹力丝机热轨、汽车内齿圈、印刷线路板的层压夹具等

9.4.6.5　深层 QPQ 复合热处理工艺及应用

深层 QPQ 复合热处理工艺及应用见表 9.21。

表 9.21　深层 QPQ 复合热处理工艺及应用

序号	项目	主要内容
1	概述	QPQ 复合热处理技术在耐磨和抗腐蚀方面虽具较好的综合性能,但其最大缺点就是化合物层太薄(一般在 $15\sim20\mu m$ 之间),无法满足如石油钻探、飞机起落架、风力发电设备关键零部件等产品耐磨性和耐蚀性更高的使用要求,这就大大限制了普通 QPQ 技术的应用范围。因此,需要进一步开发化合物层更深的 QPQ 复合热处理工艺。 要提高化合物层深度达到 $30\mu m$ 以上,通常将渗氮或氮碳共渗温度由 $520\sim580℃$ 提高至 $600℃$ 以上,并随后进行盐浴氧化处理,必要时还可加入抛光工序,再进行二次氧化,即实现 $600℃$ 以上的 QPQ 处理,即为深层 QPQ 复合热处理技术。 深层 QPQ 复合热处理技术主要包括以下几道工序:在 $600\sim700℃$ 的深层 QPQ 渗氮盐浴中进行渗氮,在 $300\sim500℃$ 氧化盐浴中进行氧化,然后抛光,再进行二次氧化。如果没有氧化工序,只是一般的深层渗氮或氮碳共渗,不可能有很高的耐蚀性
2	渗层组织特征	深层 QPQ 复合热处理的渗层组织与普通 QPQ 复合热处理技术的渗层组织相比,除黑色氧化膜、疏松层、化合物层、扩散层外,在化合物层与扩散层之间多了一层含氮的奥氏体层。在金相显微镜下的低碳钢渗层组织见图 9.24。 深层 QPQ 复合热处理技术最外层的氧化膜与普通 QPQ 复合热处理时形成的氧化膜的性质是一样的,是铁的氧化物 Fe_3O_4,具有很高的耐蚀性,氧化膜与化合物层相配合具有极高的耐蚀性,同时它对提高金属表面的耐磨性和降低摩擦系数也有一定的作用。在显微镜下观察到的深层 QPQ 复合热处理的化合物层与 $570\sim580℃$ 时形成的化合物层在本质上基本相同,都是铁的氮化物,经 X 射线衍射试验证明主要为 ε 相。化合物层氮的质量分数为 $6\%\sim7\%$。化合物层表面的显微硬度约为 870HV,靠近奥氏体边界处降为 600HV。化合物层深度一般为 $35\sim40\mu m$。化合物层里面的一层组织是氮在铁中的间隙固溶体,由于氮的含量较低,不足以形成化合物,仅能形成氮的固溶体,有人把这一层组织称为中间层,也称作奥氏体层。但应注意,奥氏体层只在 590℃ 以上存在,当冷却至室温时,由于冷却速度不同,它会转变成不同的产物:冷却速度大于临界速度时形成马氏体+残余奥氏体组织;在水冷条件下形成淬火马氏体(未回火)+残余奥氏体,在金相显微镜下观察呈不易腐蚀的白色组织;当冷却速度小于临界速度时形成一种混合组织;在等温分解时会形成贝氏体组织。 深层 QPQ 复合处理技术中的扩散层是指在奥氏体层以内至心部的这一区域,是氮在铁中的间隙固溶体,但其含量还不足以形成奥氏体层,其硬度由奥氏体层向心部基体缓慢降低,最后与心部硬度一致

序号	项目	主要内容
3	性能及应用前景	深层 QPQ 盐浴复合热处理技术比普通 QPQ 盐浴复合热处理技术有更高的耐磨性、更强的耐蚀性、更好的强化效果,提高了疲劳强度,并且与普通 QPQ 盐浴复合热处理相比改善了韧性和塑性,因此深层 QPQ 复合热处理比普通 QPQ 复合热处理技术有着更为广阔的用途和应用前景。 　　普通 QPQ 复合热处理技术的最大弱点就是渗层太薄,因而许多零件不能采用 QPQ 复合热处理技术。深层 QPQ 复合热处理技术可以用于比普通 QPQ 复合热处理技术更大负荷、更高速度、磨损量更大的零件。普通 QPQ 复合热处理的零件不能承受磨削,但深层 QPQ 复合热处理的零件可以承受精磨,因此更有可能用于精密零件。深层 QPQ 复合热处理技术的渗层更深(一般为 35～40μm),特别是经时效的奥氏体层有淬硬的贝氏体组织,因此它有更好的强化作用,特别是薄件的强化,可以直接代替渗碳淬火等工序。在耐蚀性方面,由于化合物层深度增加 1 倍,耐蚀性的提高是必然的。在失重腐蚀试验中,深层 QPQ 复合热处理技术的耐蚀性比普通 QPQ 热处理提高 1.6 倍。在盐雾试验中,深层 QPQ 复合热处理技术的生锈时间是未处理的原材料的 200 多倍。奥氏体具有很强的耐蚀性,若使奥氏体层保持下来,深层 QPQ 复合热处理技术的耐蚀性会更高。 　　总之,深层 QPQ 盐浴复合热处理技术的潜在市场和应用前景将是十分巨大的

9.4.6.6　超深层 QPQ 复合热处理技术的开发

随着高速机械、重载机械和石油、矿山、化工、农业等野外作业机械的零件对耐磨性和防腐性能要求的进一步提高,在现有第二代 QPQ 技术——深层 QPQ 技术基础上,开发出了应用范围更广、性能更优的超深层 QPQ 复合热处理技术,即第三代 QPQ 技术。通过开发新的盐浴配方,试验新的催化剂等方法夹加快渗层的形成速度,不仅大大加深了渗层的深度,而且改善了渗层质量,化合物层深度达到 70～80μm,中间层厚度达到 20μm 以上,中性盐雾试验抗蚀性达到 1200h 以上。

图 9.24　低碳钢深层 QPQ 热处理（630℃、2h）的渗层组织（400×）

试验证明,45 钢、40Cr 钢和 20 钢经超深层 QPQ 热处理后,耐磨性比深层 QPQ 热处理后的耐磨性提高 2 倍以上。但 45 钢试样经超深层 QPQ 处理后的疲劳强度仅比经深层 QPQ 热处理提高了 18MPa,这说明化合物层对疲劳强度的提高不起主导作用。

随着试验的不断深入,超深层 QPQ 复合热处理技术必将日臻完善,为我国的现代化工业生产发挥更大的作用。

9.5　电镀与化学热处理的复合处理工艺及应用

9.5.1　概述

电镀是利用电解的方式,使金属或合金沉积在工件表面,从而获得均匀、致密、结合力良好的金属层的过程。电镀与化学热处理的复合处理工艺是指在金属工件表面首先电镀一层金属材料,然后再进行化学热处理的过程。电刷镀是指依靠一个与阳极接触的垫或刷提供电镀需要的电解液的电镀方法,即在不断供应电解液的情况下,用与电源正极相接的镀笔,在与负极相接的零件表面上擦拭,通过电化学反应快速沉积金属镀层的工艺。必要时,工件在电镀（电刷镀）之前或之后还需进行淬火-回火的整体热处理。

电镀（电刷镀）与化学热处理的复合处理工艺是在镀覆层与金属基体机械结合的基础上，通过化学热处理产生的原子扩散转变为冶金结合，不仅增加了镀覆层与金属基体的结合强度，同时还能改变金属工件表面电镀（电刷镀）层本身的化学、组织结构，防止镀覆层剥落并获得较高的强韧性，并提高工件的抗擦伤、耐磨损和耐蚀能力。

电镀（电刷镀）与化学热处理的复合处理工艺与单一电镀（电刷镀）比较有以下优点：

① 复合镀渗层和金属基体的结合为冶金结合，较单一电镀（电刷镀）层与金属基体的机械结合具有更高的结合强度。

② 复合镀渗层在性能上具有更广的多样性，而且优于单一电镀（电刷镀）层或常规化学热处理渗层。

③ 采用复合处理工艺，可在有色金属工件表面获得耐热合金和各种化学热处理的渗层，扩大了化学热处理的应用范围。例如，在铜或铜合金表面，预先镀镍再镀铬并进行扩散处理，可获得牢固结合的镍铬合金的耐热层。又如，在铝合金表面镀铁，可获得类似钢铁化学热处理的各种渗层。

9.5.2　电镀铬+化学热处理的复合处理工艺及应用

电镀+化学热处理的复合处理工艺及所获得的复合层的性能比较见表 9.22。可以看出，复合处理的表层硬度比镀铬、离子渗氮、离子碳氮共渗都高，弥散镀铬+离子碳氮共渗复合处理所形成的表层还具有较高的热硬性，400℃时高温显微硬度为 7000MPa，而普通硬铬层仅为 4000MPa；复合处理的表层耐磨性和边界润滑条件下的抗擦伤负荷也有明显提高。

表 9.22　电镀铬+化学热处理的复合处理工艺及所获得复合层的性能比较

序号	基体材料	复合处理工艺	性　能				
			硬度(HV)	$Ra/\mu m$	f	TWI	擦伤比压(N/mm²)
1	42CrMo4	电镀硬 Cr 30μm	1000	0.45	0.21		
2	42CrMo4	电镀硬 Cr+560℃辉光离子氮化	1200	0.52	0.58		
3	42CrMo4	电镀硬 Cr+950℃离子碳氮共渗	2000	0.50	0.58		
4	Cr12	电镀弥散铬	1000			3.0	158
5	Cr12	电镀弥散铬+900℃离子碳氮共渗	1650			1.44	320

9.5.3　离子渗氮+电刷镀的复合处理工艺及应用

为了增加镀层与基体的结合强度，并利用 Cu 元素的选择性转移，在 Ni-P 非晶镀层的基础上研究发展了新型的 Ni-Cu-P 刷镀层。但对不同的基体，该镀层表现出明显不同的摩擦学行为。为了系统研究不同基体的影响，展示复合表面技术的效果，研究者在"球-盘"试验机上进行了全面的摩擦磨损试验。上试样是固定的用 GCr15 钢做成的钢球，下试样是旋转的用 45 钢做成的圆盘。盘试样的不同制备方法见表 9.23。图 9.25 为表 9.23 中不同盘试样的承载能力曲线。

表 9.23　盘试样的不同制备工艺与硬度

试样号	热处理	硬度(HV)	表面处理	硬度(HV)
1	860℃水淬和 200℃回火	627		627

试样号	热处理	硬度（HV）	表面处理	硬度（HV）
2	860℃水淬和200℃回火	627	刷镀 Ni-Cu-P 层 Ni-64%,Cu-34%,P-2%	961
3	860℃水淬和590℃回火	243	刷镀 Ni-Cu-P 层	904
4	860℃水淬和550℃回火	487	离子氮化 电压：370V,电流：7.6A 温度：540～560℃ 保持时间：13h	478
5	860℃水淬和550℃回火	487	离子氮化加 刷镀 Ni-Cu-P 层	502

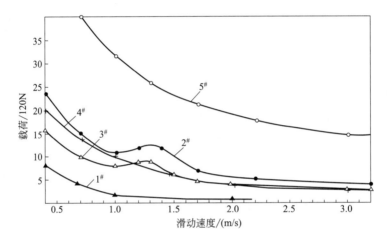

图 9.25　不同盘试样的承载能力曲线

由表 9.23 及图 9.25 可见，在离子渗氮 45 钢表面刷镀 Ni-Cu-P 镀层的承载能力最好，大约相当于 2#、3# 或 4# 试样的 2 或 3 倍。如果与没有进行表面处理的 1# 试样相比，5# 试样的承载能力提高了约 10 倍。试验证明，5# 试样具有最低的摩擦系数，大约相当于 1# 和 4# 试样的 1/2 和 1/3。5# 试样对磨钢球的磨损率大约是 4# 试样的 1/20。

图 9.26 和图 9.27 表示了 2# 与 5# 试样磨痕的截面形貌。由图 9.26 可见，在试样表层发生了严重的塑性变形，并在镀层与基体界面上出现了大裂纹，这将导致镀层的剥落。这种现象表明，虽然镀层很硬，但由于承载能力下降，其耐磨性难以发挥。相反，在 5# 试样中，虽然镀层硬度只有 500HV，但完全看不到这种现象，界面的结合非常良好。正是由于镀层硬度较低，内应力下降，抵抗裂纹扩展的能力提高，从而使摩擦学性能明显改善。

9.5.4　电刷镀 Ni-W+氮碳共渗的复合处理工艺及应用

电刷镀是一种设备投资不大、工艺简单、能较好提高工件表面性能的表面处理方法。但由于电刷镀层的硬度、耐磨性和结合强度等不够理想，其应用受到了限制。现将电刷镀与氮碳共渗工艺相结合，不仅可利用 N、C 原子向镀层的扩散，形成氮碳化物，改善镀层的组织结构，提高硬度、耐磨性等性能，还可使镀层金属原子向基体扩散而增强镀层与基体的结合强度。

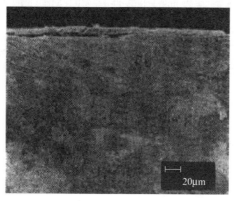

图 9.26　2# 试样磨痕的扫描电镜形貌
（$V = 1m/s$，$P = 1200N$）

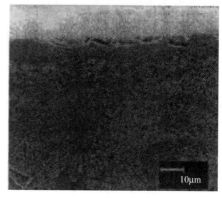

图 9.27　5# 试样磨痕的截面扫描电镜形貌
（$V = 1m/s$，$P = 3840N$）

（1）试验材料与工艺　试验材料为 38CrMoAl 钢，于 940℃淬火，600℃×1h 回火 2 次。试样表面的电刷镀工艺流程：表面准备→电净→冷水冲洗→强活化液活化→冷水冲洗→弱活化液活化→冷水冲洗→电刷镀 Ni-W 工作层。其中，电净的工作电压为 14～16V，正极法接法；活化的工作电压为 12～14V，反极性接法；电刷镀的工作电压为 10～12V，正极法接法，所用刷镀液组成见表 9.24。

表 9.24　电刷镀 Ni-W 合金溶液的组成

组分	含量/(g/L)	组分	含量/(g/L)
硫酸镍($NiSO_4 \cdot 7H_2O$)	393	硫酸钴($CoSO_4 \cdot 7H_2O$)	2
钨酸钠($Na_2WO_4 \cdot 2H_2O$)	23	乙酸(CH_3COOH)/(mL/L)	20
硼酸(H_3BO_3)	31	甲酸($HCOOH$)/(mL/L)	35
柠檬酸($C_6H_8O_7 \cdot H_2O$)	42	氟化钠(NaF)	5
硫酸钠(Na_2SO_4)	6.5		

刷镀后的试样于 540℃进行氮碳共渗。为考察刷镀层厚度、氮碳共渗时间对 38CrMoAl 钢表面 Ni-W 合金层的组织、性能的影响，刷镀层的厚度分别为 $10\mu m$、$20\mu m$、$30\mu m$、$40\mu m$、$60\mu m$ 和 $80\mu m$，氮碳共渗时间分别为 40min、80min、120min 和 160min。

（2）复合处理渗层的组织结构　电刷镀层由 Ni、W 及少量 Co 组成，而氮碳共渗处理后的电刷镀层由 Ni、Co、W、WC 和 WN 组成。在镀层与基体的界面结合处有 W、Ni 的扩散，表明经复合处理后电刷镀层与基体由原机械结合转变为冶金结合。

（3）复合处理渗层的性能　38CrMoAl 钢基体硬度为 300HV，单一电刷镀层的硬度为 475HV，电刷镀＋氮碳共渗复合处理后渗层的硬度有了明显的提高，达到 1150HV。38CrMoAl 钢表面刷镀 Ni-W 合金＋氮碳共渗复合处理后，刷镀层的结构和组织及其与基体的结合发生了改变。刷镀层中合金元素与 C、N 的亲和力从大到小的排列顺序为 W、Ni、Co，因此在钢件表面一般不形成 Ni、Co 的碳氮化物。在 38CrMoAl 钢表面电刷镀 Ni-W 合金后再经氮碳共渗处理时，W 较容易形成稳定、弥散分布的氮碳化物，并以推移形式形成一定的渗入深度，因而在刷镀层中得到了一定含量的 WC、WN 硬质相质点，其硬度和耐磨性得到了显著的提高。

由图 9.28 可知，耐磨性最佳的复合处理层厚度为 $20\mu m$，而且在此厚度下氮碳共渗时间为 80min 时的耐磨性最好。同时，经复合处理后其表面的耐磨性是 38CrMoAl 钢单一氮碳共渗或单一电刷镀表面耐磨性的 5 倍以上。

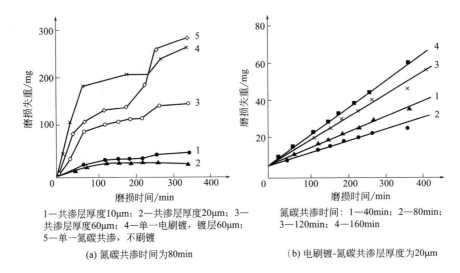

1—共渗层厚度10μm；2—共渗层厚度20μm；3—共渗层厚度60μm；4—单一电刷镀，镀层60μm；5—单一氮碳共渗，不刷镀

(a) 氮碳共渗时间为80min

氮碳共渗时间：1—40min；2—80min；3—120min；4—160min

(b) 电刷镀-氮碳共渗层厚度为20μm

图 9.28　电刷镀＋氮碳共渗复合处理 38CrMoAl 钢表面的耐磨性

（4）实际生产应用注意点　实际生产中，应控制合适的刷镀层厚度和氮碳共渗时间。

① 刷镀层太厚，刷镀层与基体的应力增加，会造成在随后的氮碳共渗中刷镀层剥落；刷镀层太薄，达不到强化表面的目的。

② 氮碳共渗时间太短，电刷镀层中形成的 WC、WN 数量较少，表面层的硬度不高，耐磨性较低，并且刷镀层与基体的扩散不充分，使刷镀层与基体的结合没有完全转变为冶金结合；氮碳共渗时间太长，表面将形成脆性组织，从而使表面的耐磨性下降。

9.6　复合化学热处理工艺及应用

复合化学热处理（复合渗）就是把工件先后置于相应渗剂中，经数次加热扩散过程，使多种元素先后渗入工件表面的化学热处理工艺。其目的是利用各种单元渗的优点，弥补其不足之处，使工件表面达到更高的综合性能指标。

9.6.1　与渗金属有关的复合渗工艺

9.6.1.1　离子钨钼共渗+渗碳的复合渗工艺

基材为 20 钢或 20C 钢的手用钢锯条，采用的复合处理工艺为：离子钨钼共渗温度为 950～1100℃，炉压为 133Pa，工作气体为氩气，工业纯钨和纯钼为源极，离子渗金属后进行渗碳处理。处理效果：表面硬度为 790～850HV，渗层深度＞150μm，$w(Mo)=8\%$～10%，$w(W)=2.6\%$～3.0%。经该复合处理后切削寿命与高速钢锯条相当，但成本仅为后者的 17%。

9.6.1.2　渗碳+渗铌的复合渗工艺

化学热处理渗碳及相应热处理可提高工件表面的硬度（860IIV）与耐磨性，渗层深度可达 1.0～2.0mm，但对于某些特定的承受强烈摩擦磨损的工况（如采煤机截齿等），其耐磨等性能的提高就显得微不足道。而渗铌化学热处理虽然可大幅度提高工件的硬度（2800HV）与耐磨性，但其渗层深度仅 14～17μm，而且渗层与基体硬度相差悬殊，其渗层易剥落。渗碳＋渗铌复合化学热处理即可满足此种复杂工况。

例如，40CrNiMo 钢制采煤机截齿零件，进行气体渗碳、渗铌、淬火、回火的碳＋铌复合渗强化处理后研究其耐磨损性能。渗碳在 HOLCROFT/LOFTUR 密封箱式炉中进行，渗碳工艺为 925℃×7h 油冷＋600℃高温回火，将渗碳试样喷砂处理后再进行渗铌。渗铌剂为固体粉末状，配制的原料主要有铌铁、稀土氧化物催化剂、NH_4Cl 活化剂和 Al_2O_3 填充剂。渗铌工艺为 980℃×7h，出炉随罐空冷。将碳＋铌复合渗试样经 840℃淬火＋200℃回火后进行耐磨性试验，并与 40CrNiMo 钢制截齿的常规强化试样作耐磨性对比。在某专业截齿制造公司配合下，用该公司 40CrNiMo 钢试制了碳＋铌复合渗强化的截齿产品，在武汉两个工地与该公司的常规强化产品做工况对比试验，结果见表 9.25。

从初步工况对比试验看，碳＋铌复合渗强化的耐磨性明显优于常规强化。碳＋铌复合渗强化在截齿上的应用之所以具有更高的使用寿命，一是截齿锥体表面具有更高的抗磨粒磨损层，可有效保护固定在其上的合金齿不脱落；二是截齿柄部表面硬度高，降低了与弹簧套接触面的摩擦阻力，减少了截齿钻进中的偏磨现象。

表 9.25　40CrNiMo 钢截齿工况对比试验结果

工地名称	地质情况	平均使用寿命/h		寿命提高率/%
		常规强化截齿	碳＋铌复合渗强化截齿	
武汉某立交桥桥墩	沙岩	22.6	38.2	69
武汉某大桥引桥桥墩	微风化岩	15.5	27.6	78

由此试验可得出如下结论：40CrNiMo 钢碳＋铌复合渗处理后，渗铌层深度达 10μm，渗铌层硬度达 2700HV0.05；试验条件下 40CrNiMo 钢碳＋铌复合渗强化试样的磨损量只是常规强化样的 58.4%；工况试验条件下，碳＋铌复合渗强化的截齿使用寿命比常规截齿提高了 69%～78%。

9.6.1.3　渗碳+碳化物涂覆复合渗工艺

在钢材表面涂覆上一层 5～50μm 厚、高硬度（1300～4000HV）的碳化物层（Cr、V、Nb 等的碳化物）的 TD 处理，其涂层与金属基体结合紧密，具有极高的耐磨性、抗咬合性、耐腐蚀性、耐热冲击性和抗剥落性等。在渗金属 TD 处理过程中，溶入硼砂盐浴中的钒、钛、铌等合金元素与工件基体中的碳相结合，在工件表面形成碳化物层，并且靠基体中的碳向碳化物层的不断扩散和碳化物形成元素向表面吸附来加厚碳化物层。所以，TD 法多用于碳含量较高的钢件。

TD 法能赋予工件优良的性能，其应用范围日益扩大。一般机械结构零件应用 TD 法时，因对冷加工性能或心部性能的要求而需要低碳钢或中碳钢时，可在冷加工后，采用渗碳＋碳化物涂覆的复合热处理工艺，可获得良好的耐磨性。其方法是用低、中碳钢加工成所需形状，首先进行渗碳以使表层达到能生成足够碳化物的碳含量，然后再进行 TD 渗金属处理，以获得良好耐磨性。渗碳＋TD 复合热处理工艺可用于低碳钢链条销子、导向轮、凸轮、导管，以及中碳钢塑料模具等，具有明显提高其使用寿命的作用。

9.6.1.4　金属复合渗工艺

以铬钒复合渗为例。铬钒共渗与单一渗铬、渗钒一样，渗层很薄，不适合较大载荷下工

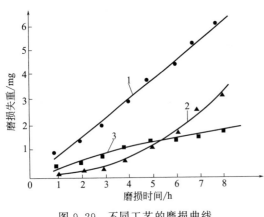

图 9.29 不同工艺的磨损曲线
1—常规淬火；2—渗钒；3—铬钒复合渗

作的工件，用铬钒复合渗即可改进这一缺点。铬钒复合渗可以是先在 950℃×5h 进行固体渗钒，炉冷后取出工件再进行 950℃×5h 渗铬。钢件经复合渗后，其渗层深度增加，并有很高的表面硬度（见表 9.26）。铬钒复合渗的耐磨性比单一渗钒更高（见图 9.29），耐蚀性也有了提高（见表 9.27）。

该工艺也可先渗铬，然后在含钒（或含钛、铌）的熔盐中渗钒（或钛、铌）。例如，工件先渗铬后在含钒的熔盐中渗钒，该熔盐成分（质量分数）为：钒粉 10%，脱水 $Na_2B_4O_7$ 90%。盐浴渗钒的温度范围为 900～1000℃，保温时间 2～8h，复合渗后

工件可获得 5～8μm 的复合渗层，工件表面硬度（VC）可达 3000HV 以上。碳化铬作为中间过渡层，使硬度逐渐过渡。经复合渗工艺处理后的工件抗冲击剥落性能与抗蚀性能高于单一碳化物层。

表 9.26 不同钢种的铬钒复合渗的渗层深度和硬度

钢种	渗层深度/μm	表面硬度（HV0.1）
45	19.6	1358
T10	44	1754
GCr15	33	1782

表 9.27 铬钒复合渗在不同腐蚀介质的腐蚀速度　　　　单位：$mg/(cm^2 \cdot h)$

材料及状态	10%（质量分数）HCl	33%（质量分数）NaOH	20%（质量分数）NaCl
T10（未处理）	1.159	0.0054	0.0062
T10	0.532	0.0012	0.0012
T10	0.037	0.0005	0.0007
07Cr19Ni11Ti	0.1186	0.0009	0.0012

9.6.1.5 渗硼+渗金属的复合渗工艺

渗硼+渗金属的复合渗工艺分两步进行：先用常规方法渗硼，获得厚度至少为 30μm 的致密层，允许出现 FeB 相；然后在粉末混合物（例如渗铬时用铁铬粉、活化剂 NH_4Cl 和稀释剂 Al_2O_3 的混合物）或硼砂盐浴中进行其他元素的扩散。采用粉末混合物时，在反应室中通入氩气或氢气，可防止粉末烧结。

9.6.2 与渗氮（或氮碳共渗）有关的复合渗工艺

9.6.2.1 离子渗碳+离子渗氮复合渗工艺

众所周知，离子渗氮具有较高的耐磨性、耐蚀性和疲劳强度，但其渗层较薄、硬度梯度较陡、表面承载能力较差，而渗碳层具有硬度梯度平缓、承载能力高的特点。故将离子渗碳和离子渗氮复合，可充分发挥二者的优势，扩大材料的服役领域。例如，奥氏体不锈钢是一

种在石油、化工、食品、制药等行业广泛应用的金属材料，但硬度低和耐磨性差是其突出的缺点。对 06Cr17Ni12Mo2 不锈钢分别采用如表 9.28 所示的离子渗碳、离子渗氮以及二者的复合渗工艺，可获得如图 9.30 所示的渗层硬度，其硬度梯度分布曲线见图 9.31（较低的处理温度有利于防止基体中铬的析出，避免材料耐蚀性下降）。通过复合渗工艺，可有效地改善渗层的硬度梯度；与未处理试样相比，耐蚀性大幅度提高（见表 9.29）。

表 9.28　06Cr17Ni12Mo2 不锈钢离子渗碳、离子渗氮及复合处理的工艺参数

工艺参数	离子渗碳	离子渗氮
电压/V	500～700	500～700
电流/A	5	5
$\varphi(H_2):\varphi(CH_4)$	95.5：1.5	—
$\varphi(H_2):\varphi(N_2)$	—	75：25
炉压/Pa	540	450
处理温度/℃	500	500
处理时间/h	12	12

表 9.29　06Cr17Ni12Mo2 不锈钢不同化学热处理工艺前后的耐磨性能

工艺	磨损体积/$10^{-3}mm^3$
未处理	6.69
离子渗氮	0.0488
离子渗碳	0.0318
离子渗碳＋离子渗氮复合处理	0.0486

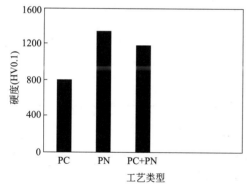

图 9.30　离子渗碳（PC）、离子渗氮（PN）及离子渗碳＋离子渗氮复合处理（PC＋PN）的渗层硬度

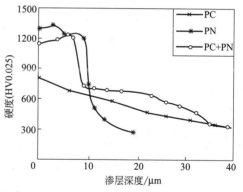

图 9.31　不同化学热处理工艺的渗层硬度分布曲线

9.6.2.2　渗钛与离子渗氮的复合渗工艺

先将工件进行渗钛再进行离子渗氮，经此复合热处理后，可在工件表面形成硬度极高、耐磨性很好且具有较好耐蚀性的金黄色 TN 化合物层，其性能明显高于单一渗钛和单一渗氮的性能。

9.6.2.3　渗铬+渗氮的复合渗工艺

渗铬＋渗氮的复合渗（铬氮复合渗）工艺是先渗铬，然后在 520～560℃保温 6h 进行气

体渗氮处理。复合渗后工件表面铬的质量分数为 50%，氮的质量分数为 5%~6%。镍基合金经铬氮复合渗后，不仅工件表面硬度与耐磨性提高了，而且其抗高温氧化性能比单一渗铬提高了 1/3~2/3。

9.6.2.4　氮碳共渗+渗碳淬火的复合渗工艺

工件在 570℃氮碳共渗后，立即升温至 820℃，同时炉气改为渗碳性气体，渗碳 2h 后直接油冷淬火。经过复合渗处理后，最表层（约 20μm 厚）是含碳、氮的化合物层，存在大量细孔，次表层是渗碳淬火产生的极细的 M 组织。试样的耐磨性优于单一的渗氮（氮碳共渗）或渗碳化学热处理。

9.6.3　与渗硼有关的复合渗工艺

9.6.3.1　碳硼稀土复合渗工艺

渗硼层具有极高的硬度，但渗硼层很薄。若在渗硼前先渗碳，使渗硼层下有坚硬的基体支撑，渗碳层外又有更硬的渗硼层覆盖，可显著提高工件的抗磨粒磨损性能。此外，先渗碳后渗硼可提高渗硼的速度。相同的钢种和渗硼工艺，经预渗碳的硼化物层厚度增加，硼化物齿形特性减弱，渗层致密程度增加。

例如，焊条生产线机头上的 45 钢制粉碗采用 930℃×7h 固体渗碳后，再经 950℃×（5~6）h 硼-稀土共渗，然后进行淬火（800℃×20min）、回火（170℃×2h）复合处理后，粉碗抗磨粒磨损性能进一步提高，约为单一渗硼的 8 倍。又如，20CrMnTi 钢试样经 930℃×3h 气体渗碳获得 1.6~1.8mm 的渗碳层，然后经（850~950）℃×（4~6）h 液体渗硼，获得 80~160μm 的渗硼层，其耐磨性较渗碳处理提高 3.6~5.3 倍。

9.6.3.2　硼铬复合渗工艺

硼铬复合渗层的塑性和耐磨性比单一渗硼层好，尤其是在动载荷作用下更显其优越性。硼铬复合渗工艺见表 9.30。

表 9.30　硼铬复合渗工艺

复合处理工艺名称	渗剂配方(质量分数)	工艺参数
渗硼（膏剂法）+ 渗铬（粉末法）	渗硼膏剂：B_4C 10%+Na_3AlF_6 10%+CaF_2 80% 渗铬剂：铬铁 50%+Al_2O_3 43%+NH_4Cl 7%	900℃×（1~2）h 1050℃×3h
渗铬（粉末法）+ 渗硼（电解法）	渗铬剂：铬铁 50%+Al_2O_3 43%+NH_4Cl 7% 渗硼盐浴：硼砂 50%+B_4C 50%	1050℃×6h 900℃×2h，电流密度 0.24×10^{-4} A/m^2

9.6.3.3　硼氮复合渗工艺

（1）复合渗剂的组成　粉末硼氮复合渗渗剂由 B-Fe（或 B_4C）、$(NH_2)_2CO$、Al_2O_3（或 SiC）、KBF_4、NaF 等组成。

（2）两段工艺法　先于 570~630℃保温 3h 渗氮，然后升温于 850~900℃保温 5~6h 渗硼。

（3）复合渗层深度及相组成　渗层深度达 0.15mm，由 FeB、Fe_2B、Fe_3（CB）、Fe_3N 等相组成。

9.6.3.4　碳硼复合渗工艺

碳硼复合渗（先渗碳，后渗硼）用于既要有高的接触疲劳强度又要有高的耐磨性的牙轮钻头（轴颈部分）等零件。碳硼复合渗工艺见表 9.31。

表 9.31　碳硼复合渗工艺

材料	渗 碳				渗 硼			
	渗碳剂配方(质量分数)	处理工艺		渗层深度/mm	渗硼剂配方(质量分数)	处理工艺		渗层深度/mm
		温度/℃	时间/h			温度/℃	时间/h	
20CrMnTi	木炭 94%＋Na_2CO_3 6%	930	6	1.5～1.8	B_4C 4%＋KBF_4 2%＋Na_2CO_3 0.2%＋SiC 93.8%	950	4～6	0.08～0.14
20CrMnTi	氮气＋甲醇＋丙烷	930	17	2.5	颗粒状渗硼剂	930	12	0.1～0.14

9.6.4　与低温渗硫（硫氮共渗）有关的复合渗工艺

众所周知，渗碳、碳氮共渗、渗氮对提高零件表面的强度和硬度有十分显著的效果，但这些渗层表面抗黏着能力并不十分令人满意。在渗碳层、碳氮共渗层、渗氮层上再进行低温渗硫处理（见表 9.32），可以降低摩擦系数，提高抗黏着磨损的能力，提高耐磨性。

表 9.32　与低温渗硫有关的复合渗工艺及应用

序号	复合渗工艺	主要内容
1	渗碳＋低温(电解)渗硫的复合渗工艺	金属工件渗碳淬火(例如，930℃渗碳，预冷至 800℃淬火)后，在其回火过程中再渗入硫原子，可增加润滑性，使工件具有耐磨、抗咬合性能(见图 9.32)。低温渗硫(180℃～190℃)与低温回火工序结合，既提高了产品性能，又节约了能源。 又如渗碳淬火＋低温电解渗硫复合渗工艺，先将工件按技术条件要求进行渗碳淬火，使其表面获得高硬度、高耐磨性和较高的疲劳性能，再将工件置于温度为(190±5)℃的盐浴中进行电解渗硫。盐浴成分(质量分数)为 75% KSCN＋25% NaSCN，电流密度为 2.5～3A/dm² ，时间为 15min。渗硫后获得的复合渗层，其表层为渗硫层，由呈多孔鳞片状的硫化物组成，其中的间隙和孔洞能储存润滑油，因此具有很好的自润滑性能，有利于降低摩擦系数，改善润滑性能和抗咬合性能，减少磨损
2	渗氮(碳氮共渗)＋低温电解渗硫的复合渗工艺	渗氮能使合金工件获得极硬的表层。例如图 9.33 所示的渗氮(550℃气体渗氮)＋低温(190℃)电解渗硫复合渗工艺，以及碳氮共渗、淬火＋低温电解渗硫复合渗工艺(例如，850～880℃碳氮共渗后直接淬火＋190℃低温电解渗硫)等复合热处理工艺均能使工件表层兼有耐磨性和润滑性，使工件呈现优良的表面性能，提高产品附加值。 对于严酷条件下工作的钢件，其理想的硬度分布曲线如图 9.34 所示。第 1 层是易发生塑性变形、导热性好的软质层；第 2 层是具有必要的力学强度的硬化层；第 3 层是硬度梯度平缓的扩散层。渗碳淬火、渗氮、碳氮共渗等，都是为了得到有较高强度的第 2 层和硬度梯度平缓的第 3 层。而低温(电解)渗硫则可生成减摩性良好的第 1 层。复合渗处理成为了理想的组合，大大提高了工件的使用寿命
3	离子渗氮(离子氮碳共渗)＋低温渗硫(硫氮共渗)的复合渗工艺	①离子氮碳共渗＋离子渗硫复合处理。对于 ϕ10mm 的 W18Cr4V 直柄钻头，采用下述复合处理工艺：离子氮碳共渗工艺参数为 520℃×45min，氨气 3L/min＋丙酮挥发气 0.23L/min；离子渗硫工艺参数为 220℃×60min，氮气 0.52L/min＋含硫介质挥发气 0.7L/min。处理效果：灰黑色硫化物层深度为 10～12μm，硬度为 203～216HV；化合物层深度为 12～15μm，硬度为 1200～1400HV；扩散层深度为 90～100μm。经复合处理的钻头在调质 45 钢上钻孔，比未经复合处理的钻头寿命提高 0.5～0.8 倍。 ②离子渗氮＋离子硫氮共渗复合处理。对于 3Cr2W8V 钢制铝合金型材挤压模，采用下述离子渗氮＋离子硫氮共渗复合处理：先进行 2～3h 离子渗氮处理，接着进行 1h 离子硫氮共渗(500L/h NH₃＋20L/h 乙醇与 CS₂ 的混合液)处理。其处理效果：表面层深度为 15μm，硬度为 100～150HV；总渗层深度为 0.2mm，使用寿命成倍提高

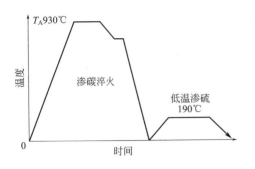

图 9.32　渗碳淬火＋低温渗硫的复合渗工艺曲线

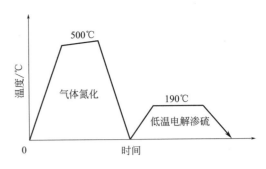

图 9.33　渗氮＋低温电解渗硫的复合渗工艺曲线

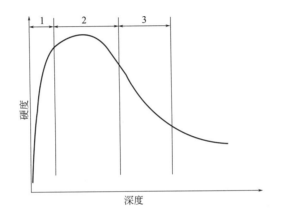

区间	目的	层的种类	深度/μm	表面处理内容
1	抗烧伤、抗咬合	软质层	1～10	$Fe_{1-x}S$、MoS_2、石墨、Sn、Pb、In、Cu镀、磷化膜
2	抗磨损、抗疲劳	硬化层	50～1000	HCQT、HNG、HCNG、HQT
3	抗剥离	扩散层	10～100	

图 9.34　钢件理想的硬度分布曲线

9.7　表面形变与化学热处理的复合处理工艺及应用

9.7.1　形变过程对扩散作用的影响

形变和应力均可增加钢中铁原子和碳原子的扩散能力。这是由于随形变和应力的增加，钢中的缺陷（位错密度）增加，使得铁原子扩散能力增强。形变对间隙原子扩散能力的影响较复杂，常需要选择适当的形变和后热处理条件，以增加碳或氮元素的扩散能力。图 9.35 为 22CrNiMo 钢渗碳层深度和形变量的关系曲线图。

9.7.2　形变强化与化学热处理的复合处理工艺

9.7.2.1　表面形变（喷丸，强力喷丸）＋化学热处理的复合处理工艺

工件经表面喷丸强化＋离子渗氮复合处理后，虽然表面硬度提高不明显，但能明显增加

渗层深度，缩短化学热处理的时间，具有较好的工程实际意义。又如冷形变＋渗碳复合热处理工艺，选择适当的冷形变条件，可以使渗碳化学热处理过程加速而强化渗碳工艺。

同样，高温形变淬火＋低温碳氮共渗的复合热处理工艺，可增加渗层深度，提高复合热处理渗层的表面硬度及疲劳强度，即强化了化学热处理工艺过程。

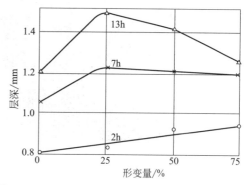

图 9.35　22CrNiMo 钢渗碳层深度和形变量的关系

例如，4Cr5MoSiV1 钢采用强力喷丸＋离子渗氮复合处理工艺，强力喷丸和未喷丸试样经 520℃离子渗氮 1h 后的金相组织见图 9.36，可以看出，两种渗氮层深度有明显差别。未喷丸试样渗氮层深度为 $31.6\mu m$，喷丸试样的渗氮层深度为 $52.5\mu m$，强力喷丸处理可大大加速渗氮过程。两种化合物层也存在差异，喷丸试样上的化合物层深度比未喷丸试样深，这是由于喷丸增加了试样表面的比表面积，提高了原子活性。喷丸后的工件表面会产生残余压应力，点阵严重畸变，位错密度显著增加，并出现大小不等的坑洼，沿晶界处尤为突出，这种表面缺陷的存在，促进了氮的扩散过程。此外，喷丸后离子渗氮过程中溅射出铁原子需要的能量较低，因此铁原子的溅射效率更高。等离子体中铁离子的含量增加，与氮离子形成化合物的概率也相应提高，使得更多的铁氮化合物沉积于喷丸试样表面，因此喷丸表面渗氮后化合物层深度较深。

为进一步了解强力喷丸对渗氮的促进作用，采用 JEM-100CX 型透射电子显微镜观测喷丸处理后 4Cr5MoSiV1 钢试样亚表层的显微组织，结果见图 9.37。电子衍射分析表明，强力喷丸试样和未喷丸试样都存在位错，其位错组态相同，主要是线性位错。两试样表面的位错都位于板条状马氏体内部。在某些区域，位错密度较高，位错互相缠结形成网状。比较图 9.37 中（a）、（b）可知，强力喷丸试样中，马氏体的微观亚结构被细化，相变膨胀量较大；同时，位错密度增加，亚晶更细化，晶格畸变加剧，由此产生的残余压应力及硬度提高幅度也较大，疲劳寿命相应提高。

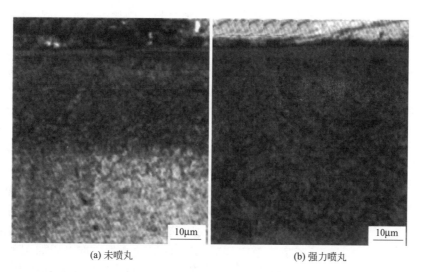

(a) 未喷丸　　　　　　　　　　　(b) 强力喷丸

图 9.36　4Cr5MoSiV1 钢经 520℃离子渗氮 1h 后的金相组织

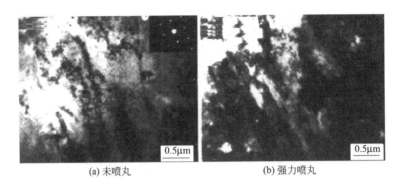

| (a) 未喷丸 | (b) 强力喷丸 |

图 9.37　未喷丸和强力喷丸处理后试样亚表层的 TEM 组织

9.7.2.2　化学热处理+冷形变或高温形变强化的复合处理工艺

（1）化学热处理＋冷形变的复合处理工艺　钢件经渗碳、渗氮等化学热处理工艺后，经滚压、喷丸等表面冷变形，可获得进一步的强化效果，得到更高的表面强度和更好的耐磨性和疲劳强度等性能。冷形变可促使渗层内亚结构发生变化，部分残余奥氏体转变为马氏体，从而在表面层形成巨大的压应力。对经过表面化学热处理的模具，再进行表面形变强化，可使模具的硬度、疲劳强度和抗应力腐蚀能力进一步提高。例如，冷挤压活塞销凸模失效形式为疲劳断裂，经热处理＋渗氮处理后寿命仅 3100 件；后改用热处理＋渗氮处理＋滚压形变冷变形强化处理的复合热处理工艺，由于滚压工艺在表面产生了残余压应力，提高了模具的疲劳抗力，模具寿命提高到 12300 件。

又如，奥氏体高锰钢（13％Mn、1％C）丝，直径 5mm。经 190℃ 低温渗硫后，在常温下压延成厚 2.5mm 的片状，使之加工硬化（冷形变），同时卷曲成紧密的螺旋圈，压入圆筒内侧，获得硬化而有润滑性的表面，可用于建设机械的铰链。

（2）复合渗＋冷形变的复合处理工艺　复合渗是用于渗碳结构钢的一种表面复合化学热处理方法，它改变了通常的渗碳淬火工件热处理方法中尽量减少残余奥氏体的做法，反而在渗碳后增加碳氮共渗工序，以期在随后的淬火中在工件表面形成一层含大量残余奥氏体的表层。复合渗后进行冷形变（加工硬化）处理，如压延或喷丸，可使含残余奥氏体的表面进一步硬化。复合渗工艺曲线见图 9.38，工件 930℃ 渗碳后，降温至 750～850℃ 碳氮共渗 1～5h，然后直接油淬或水冷淬火。工件经复合渗后，在渗碳层的表面形成含有大量（20％～30％）残余奥氏体的表层，然后进行加工硬化，其特点是能控制仅在表面形成大量残余奥氏体，而渗层内部残余奥氏体少，因而加工硬化效果好。图 9.39 是渗碳＋碳氮共渗的复合渗后试样的碳、氮含量分布。图 9.40 是试样加工硬化处理前后的渗层硬度分布。

一般渗碳淬火处理时，要在钢的表面附近（0.1～0.5mm）获得 50％ 的残余奥氏体，就必须使表面碳含量达到 1.2％，渗层深度达到 3mm。这时，在表层 1mm 深的范围内，碳浓度几乎相等，且相当高。在随后的淬火中，不仅表面附近会形成大量残余奥氏体，而且在 1mm 的深处也会发生同样现象。单独用碳氮共渗处理也有类似的结果。（残余）奥氏体层过厚时，难以用加工的方法使其全部硬化，因而不能获得理想的表面强化效果。所以，含大量残余奥氏体的部分要薄。

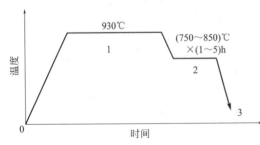

图 9.38　渗碳＋碳氮共渗的复合渗工艺曲线
1—渗碳；2—碳氮共渗；3—直接淬火

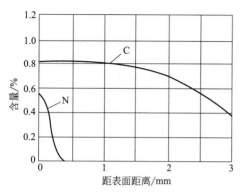

图 9.39 复合渗后试样碳、氮含量分布

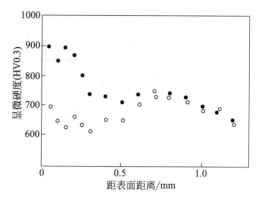

图 9.40 试样复合渗（○）和复合渗＋加工硬化处理后的（●）渗层硬度分布

采用复合渗工艺，渗碳后降温至 $750\sim850℃$ 碳氮共渗，由于温度低，碳的渗入和扩散速度都减慢，而氮的化学势高，于是在钢的表面附近碳氮浓度高，淬火后会形成大量残余奥氏体。而 1mm 深处因碳氮浓度低，残余奥氏体量仅 5％左右，对随后的加工硬化有利。

因此，复合处理工艺可形成极硬而又富有韧性的表层，与单纯渗碳相比，提高了工件的使用寿命。图 9.41 是采用不同处理工艺的试样的旋转弯曲疲劳试验结果。可以看出，采用复合处理工艺的试样，其旋转弯曲疲劳强度最高。

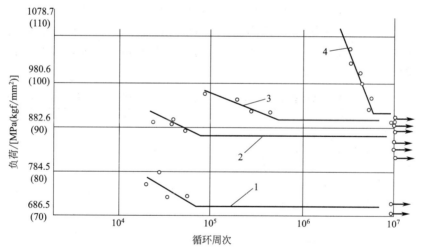

图 9.41 采用不同处理工艺的试样的旋转弯曲疲劳试验结果
1——一般碳氮共渗；2——一般气体渗碳；3—特许公报昭 49—41024；4—渗碳＋碳氮共渗

（3）化学热处理＋高温形变淬火的复合处理工艺 钢件经化学热处理＋高温形变淬火复合处理后，可显著提高结构钢的耐磨性和接触疲劳强度，尤其是对中碳结构钢，更是如此。图 9.42 和图 9.43 为 20CrMnTi 钢渗碳＋高温形变淬火（900℃高频加热，820℃下以 850N 的压力滚压，760℃淬火，最后 200℃回火 1h）对渗层硬度和耐磨性的影响。

（4）离子渗氮＋高频感应淬火复合渗＋表面喷丸的复合处理工艺 采用该工艺，不仅可使工件组织细致，还可获得具有较高硬度和疲劳强度的表面。

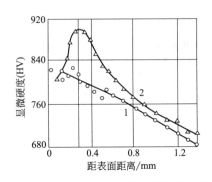

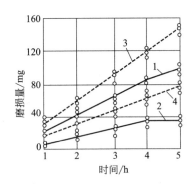

图 9.42　20CrMnTi 钢渗碳＋高温形变淬火
复合热处理的渗层硬度梯度比较

1—普通高频感应淬火；2—渗碳＋表面
高温形变淬火

图 9.43　20CrMnTi 钢渗碳＋高温形变淬火
复合热处理的渗层磨损失重比较

1—普通高频感应淬火；2—渗碳＋表面高温
形变淬火；3,4—与淬火的 45 钢块对磨

9.7.3　晶粒多边化处理＋化学热处理的复合处理工艺

钢件晶粒多边化处理可以有效地提高钢及合金的蠕变抗力及持久强度，如果在已形成多边化亚结构的钢中采用化学热处理的方法渗入间隙原子 C、N，那么由多边化过程建立起来的亚晶界（位错墙）可以被间隙原子所钉扎，从而使钢的蠕变抗力及持久强度得到进一步提高。这一设想已被许多试验结果证实。

例如，对 0.08%C 钢进行多边化处理（拉伸形变 2.1%，600℃×8h 退火）后，再进行化学热处理（400℃×6h 的渗氮），然后进行 550℃×110h 的退火。经过上述处理之后，钢中氮含量由原 0.08% 增加至 0.47%。经上述处理工艺和其他工艺处理后的室温力学性能和持久强度试验结果见表 9.33 及图 9.44。

表 9.33　0.08%C 钢经多边化＋渗氮复合处理工艺和其他工艺处理后的力学性能

处理工艺	σ_b/MPa	σ_n/MPa	δ/%
原始状态	357	195	38.8
多边化处理,室温拉伸 2.1%,600℃退火 8h	372	231	36.9
400℃渗氮 6h,550℃退火 110h	418	246	34.3
室温拉伸 2.1%,600℃退火 8h＋400℃渗氮 6h＋550℃退火 110h	420	272	26.2

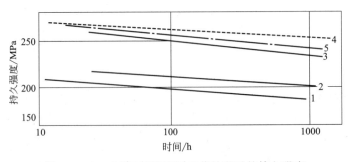

图 9.44　0.08%C 钢经不同工艺处理后的持久强度

1—原始状态；2—多边化处理；3—渗氮；4—多边化＋渗氮复合处理；5—渗氮＋多边化复合处理

9.8　气相沉积与化学热处理的复合处理工艺及应用

9.8.1　概述

气相沉积是利用气相中发生的物理、化学过程，在工件表面形成功能性或装饰性的金属、非金属或化合物涂层。按沉积过程的主要属性可分为化学气相沉积（CVD）和物理气相沉积（PVD）；将等离子体引入化学气相沉积过程中，便形成等离子化学气相沉积（PCVD）。经气相沉积处理，在工件表面覆盖一层厚度为 $0.5 \sim 10 \mu m$ 的过渡族元素（Ti、V、Cr、W、Nb 等）与碳、氮、氧、硼的化合物或单一的金属及非金属涂层。气相沉积生成的硬质涂层（膜）TiN、TiC 类金刚石（DLC）等本身具有很高的硬度和化学稳定性，但其优良的耐磨、减摩、耐蚀等性能能否得到充分发挥，很大程度上取决于膜与基体材料的结合状况。

钢件经化学热处理如渗氮后，在其表面形成氮的化合物层和扩散层，提高了零件的表面硬度。渗氮件较未氮化件更适合作硬质涂层（膜）的基体。因为渗氮提高了基体的承载能力，不仅使膜抗变形能力提高，而且由于在涂层（膜）下形成了一个较平缓的硬度过渡区，当载荷作用时，从膜层到基体的应力分布连续性较好。另外，渗氮时形成的多种氮化物、氮碳化物具有与一些膜相似的晶体结构与相近的晶格常数，这使得随后沉积的膜和基体间的结构匹配优于未渗氮基体，沉积的膜甚至可在这些化合物上外延生长，从而减少膜基界面的应变能，提高膜基结合强度。

复合热处理时，需要考虑工艺的适应性，特别是处理温度。例如化学气相沉积（CVD）的处理温度高（>800℃），经其处理后，钢件需重新淬火。CVD 和随后的淬火加热均使氮化物聚集长大或分解，渗氮层硬度大大降低。因此，渗氮不适合与 CVD 硬质膜复合。理论上，选择适合复合处理的硬质膜，主要应考虑膜与渗氮层的化学组成、组织结构的匹配，及应具有类似的弹性模量、热膨胀系数等性能，但实际上很难同时满足这些要求。目前适用于单纯物理气相沉积（PVD）、等离子化学气相沉积（PCVD）的硬质膜大都也适用于复合处理。目前已研究得到的硬质膜有 TiN、TiC、CrN 等单种膜，Ti(N, C)、Cr(C, N)、(Ti, Al)N、(Ti, Si)N、(Ti, Al, V)N 等复合膜，以及 TiN/Ti(N, C)/TiC 等多层膜。

复合处理不仅适用于高碳高合金钢刀具、模具的表面强化，而且由于渗氮提高了基体强度，也适用于提高中、低碳合金钢零件的耐磨、耐蚀等性能。该复合技术已开始由实验室研究进入工业应用。随着研究的不断深入，基体、涂层（膜）及其配合的不断优化、发展，复合处理将产生更加综合性能的处理层，其应用领域将会进一步扩大。

9.8.2　物理气相沉积（PVD）+化学热处理的复合处理工艺

物理气相沉积（PVD）TiN 具有硬度高、摩擦系数低、附着强度高和化学稳定性好等特点，已成功地应用于刀具钻头等工具上，可平均提高使用寿命 $2 \sim 10$ 倍。但是在一些具有特殊高性能要求的场合，如成形冲头、冲压模具中，单靠 PVD TiN 涂层强化的方式已不能满足其对高疲劳强度、弯曲强度和热硬性的要求，以及低的摩擦磨损和高速重载的要求，原因在于一般模具钢基体较软，或涂层与基体的结合力不够，故在工作中不能有力地支撑 TiN 涂层而发生早期破坏。

为进一步提高涂层与基体的结合力，满足特定的使用条件，采用 PN（等离子渗氮）＋

PVD 复合处理，是改善工件性能的有效途径。例如 W18Cr4V 高速钢刀具在进行 1280℃油淬＋3 次 560℃回火的处理后其平均硬度达 63HRC 的基础上，采用 PN（等离子渗氮）＋PVD（物理气相沉积）复合处理来进一步强化。PN 与 PVD TiN 两种工艺在同一炉中连续进行，采用 Ar-N$_2$ 混合气体进行等离子渗氮，渗氮时炉内气压为 106～200Pa，在不同的时间和温度下进行等离子渗氮；然后采用 Ar-N$_2$ 混合气体进行多弧离子镀沉积 TiN 薄膜，沉积气压为 0.25～1.3Pa，沉积温度为 500℃左右，沉积时间为 1h。

图 9.45 为 PN＋PVD TiN 涂层和单一 TiN 镀层的表面组织形貌特征。可以看出，两者表面虽同为 TiN 层，但 PN＋PVD TiN 涂层表面比较光滑平整，孔洞也少了很多，表面组织更为均匀，所以 PN＋PVD TiN 复合处理在涂层性能上会优于单一 TiN 镀层。

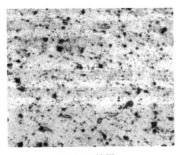
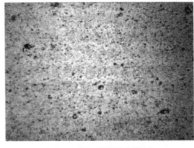

(a) TiN镀层　　　　　　　　　　　　　　(b) PN+PVD TiN复合涂层

图 9.45　不同处理工艺下 W18Cr4V 高速钢的表面组织形貌（500×）

PN＋PVD TiN 复合处理涂层的纵截面组织见图 9.46，在 TiN 涂层与基体之间有一白亮层，这个白亮层是渗氮层，主要为 Fe$_4$N 相；TiN 层与化合物白亮层之间隐约的分界线是过渡层 Ti；最外层即为 TiN 层。复合涂层的渗氮层有一个较厚的扩散区，与 TiN 表层之间也存在界面扩散，但过渡层不存在晶化反应和中间相析出的过程。同时，由于沉积的温度效应，N 原子继续向内扩散，增加了扩散区的厚度。

硬度是评价硬质涂层的主要力学性能指标，涂层与基体的结合力则是决定涂层可靠性和使用寿命的一个重要因素。图 9.47 为渗氮温度和渗氮时间对复合处理涂层显微硬度的影响，可见随着渗氮温度的升高，涂层的显微硬度呈先增大后减小的趋势。当渗氮温度为 500℃时，γ′相达到最多，可以有效提高涂层的显微硬度。显微硬度随着渗氮时间的延长，呈先减小后增大的趋势，但是变化很缓慢。PN＋PVD TiN 复合处理通过等离子渗氮使 W18Cr4V 高速钢表面硬度提高，基体硬度增加，有力地支撑了 TiN 涂层，并且经复合处理后形成了一个合理的硬度梯度分布，有效提高了涂层硬度。随着渗氮时间的延长，氮原子不断向心部扩散，渗氮层深度的增加使硬度梯度分布更加趋于平缓，涂层硬度也有所增加。在温度 500℃左右和时间 2h 以上对 W18Cr4V 进行渗氮处理后再沉积 TiN 涂层，可得到最佳硬度和膜基结合强度的涂层，涂层显微硬度可达 1800～2000HV0.05，涂层与基体的结合力达 50N。

PN＋PVD TiN 复合涂层的摩擦系数低于 TiN 镀层，磨痕宽度仅为 TiN 镀层的 1/2。因此，复合处理比单一 PVD TiN 具有更高的耐磨性，这可能是由于常规沉积涂层并不完全只是 TiN，还存在一定的 Ti$_2$N，Ti$_2$N 的硬度低于 TiN；复合处理沉积 TiN 时，预渗氮基体中的氮可以从基体扩散进入涂层，与 Ti$_2$N 发生反应，生成 TiN，从而提高涂层的硬度，有利于提高涂层的耐磨性。此外，等离子渗氮处理后，在涂层表面形成了弥散的硬质氮化物颗粒，也有利于提高涂层的抗磨损性能，延长使用寿命。

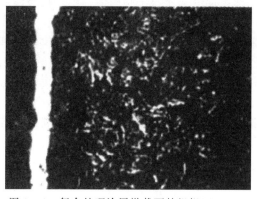

图 9.46 复合处理涂层纵截面的组织（500×）

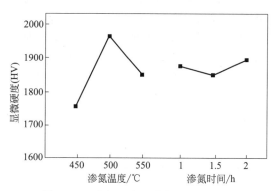

图 9.47 渗氮温度和渗氮时间对复合
处理涂层显微硬度的影响

9.8.3 离子渗氮+等离子化学气相沉积的复合处理工艺

离子渗氮层虽具较高硬度、较好耐磨性，但与气相沉积 TiN、TiC 层相比，差距依然较大。而气相沉积层与基体之间的结合介于机械结合和冶金结合之间，结合强度相对较差，疲劳性能也较低，特别是在较大负荷和冲击载荷作用下，更易出现溃裂。因此，将离子渗氮与等离子化学气相沉积技术（PCVD）结合起来，进行复合处理，可获得许多突出的特性。

复合处理时，首先，将离子渗氮作为预备处理，可为后续 PCVD 处理形成的 TiN 等耐磨层建立良好的硬度梯度，提高涂覆层的疲劳抗力；其次，在渗氮层基础上生长 TiN 层，二者的晶体结构相近，提高了 TiN 层的结合强度，使抗剥落性能提高。试验证明，离子渗氮与 PCVD 复合处理后形成的复合渗层，其耐磨性不仅优于单一的离子渗氮层，而且优于单一的气相沉积层。该项复合处理技术已在许多生产领域获得应用。例如，W6Mo5Cr4V2 钢制 M10 不锈钢挤压模具，采用该复合处理，使用寿命从原 8000 次提高至 16800 次。

9.9 表面纳米化与化学热处理的复合处理工艺及应用

9.9.1 概述

化学热处理是提高钢材表面性能（如耐磨性和耐蚀性等）的有效方法，但为了加速扩散而采取的高温加热往往又带来心部强度下降和变形等副作用，这也成为制约化学热处理在钢铁材料上广泛应用的技术瓶颈。钢材化学热处理中表面化合物层的生长速度取决于化学反应和原子扩散两个因素，经表面纳米化处理后，表面纳米晶粒具有较高的活性，可加快表面化学反应，而表面纳米晶之间高体积分数的界面又为原子扩散提供了理想通道，两种因素共同作用能显著地加快扩散的动力学过程。因此，利用表面纳米化可极大地提高化学热处理特别是低温化学热处理的效果。

近年来关于钢表面纳米化与化学热处理的复合处理工艺研究和应用也越来越多。例如表面纳米化预处理对低碳钢气体渗氮行为的影响研究表明，它可明显提高渗氮速度，在渗氮条件相同的情况下，化合物厚度成倍增加；可提高氮原子在基体中的扩散系数和表面反应传递系数（表面反应传递系数提高幅度较大），而且可降低氮势门槛值。该研究为高速、低温、节能渗氮和渗碳开拓了新思路。表面纳米化处理同样可促进金属原子（如铬、铝）在金属基体中的扩散。

又如表面纳米化处理后，铁在350℃时就可进行渗铬处理。与常规渗铬处理相比，处理温度可降低300～400℃。由此可见，表面纳米化处理能显著降低钢材化学热处理的温度、时间和氮势等，不仅降低了成本，也解决了金属材料因高温变形和心部强度下降而无法进行化学热处理的难题，从而为化学热处理在金属材料上的广泛应用创造了条件。另外，金属表面自纳米化处理能使化学热处理后材料的表面和整体性能进一步提高，这不仅使材料的性能潜力得到了充分的发挥，也使得利用廉价材料取代昂贵材料成为可能。

9.9.2 金属表面纳米化+化学热处理的复合处理效果

金属材料表面自纳米化＋化学热处理的复合处理效果见表9.34。

表9.34 金属材料表面自纳米化＋化学热处理的复合处理效果

序号	项目	主要内容
1	表面纳米化能大幅度降低化学热处理的温度和时间	用表面机械研磨处理(SMAT)法在纯Fe表面形成50μm的纳米晶层后,对其进行表面氮化处理,可使氮化温度从传统的500～550℃降到300℃左右,氮化时间从20～80h缩短到9h(见图9.48)。经新的氮化工艺(300℃,9h)处理后,表面的晶粒尺寸基本没有长大(13nm)。经SMAT处理后的低碳钢的渗Cr温度降到400℃,获得了比常规(860℃)渗Cr更厚的渗层和Cr化合物,这主要归因于表面纳米晶的形成。研究表明在573～653K的温度范围内,铬在α-Fe纳米晶组织的扩散能力比晶内扩散高7～9个数量级,比粗晶界面扩散高4～5个数量级。 据资料介绍,通过表面增压喷丸处理,可在35钢表面形成厚40μm的纳米晶层,对具有纳米晶层的试样进行气体软氮化。结果表明:经增压喷丸处理的试样,化合物层厚度大约为原始试样的2倍,软氮化时间可由10h缩短为3h,渗层硬度也有明显的提高
2	在低于常规化学热处理温度下,温度越低,表面纳米化与粗晶处理结果的差别越明显	例如,经400℃×4h等离子渗氮后,表面纳米化的321不锈钢表面形成的S相的厚度为粗晶样品的2倍;经400℃×5h等离子渗氮后,表面纳米化的304不锈钢表面氮化物层的厚度为粗晶样品的3～4倍;经600℃×120min＋860℃×90min渗铬后,表面纳米化低碳钢表面渗铬层的厚度为粗晶的5倍
3	在相同条件下,外界原子渗入表面纳米结构的浓度和基体的深度一般高于粗晶,且浓度变化更加平缓	粗晶渗氮一般会在钢铁材料表面形成氮化物层和扩散层,二者之间会有明显的组织和性能突变;而经表面纳米化处理后,钢铁材料形成了梯度结构,氮沿着亚表层的亚微晶界面和位错等缺陷扩散,并形成了大量弥散分布的氮化物颗粒,因此在氮化物层和扩散层之间会形成一个过渡层,从而使得组织和性能的变化更加平缓
4	经低温化学热处理后,表面纳米化的表面性能明显优于粗晶,强化层深度大于粗晶,性能变化更加平缓	图9.49为304不锈钢粗晶和表面纳米化样品经过400℃×5h等离子渗氮后的性能试验结果,可以看出粗晶等离子渗氮样品表面硬度为3.7GPa,强化层的厚度约为50μm,而表面纳米化后等离子渗氮样品的表面硬度为5.9GPa,强化层的厚度约150μm,见图9.49(a);粗晶等离子渗氮样品在不同载荷下均有一定的磨损,而表面纳米化后等离子渗氮样品只是在大载荷下有轻微磨损,磨损量只是粗晶样品的1/50,见图9.49(b)。在等离子渗氮321不锈钢、气体氮化纯铁和38CrMoAl钢、低碳钢渗铬等研究中,也有同样的结果。 采用SMAT技术对38CrMoAl钢表面纳米化,并对表面纳米化后的样品进行490℃离子氮碳共渗的复合热处理。试验结果表明,经此复合热处理技术处理后,工件表面产生约60μm的强塑性变形层。通过这种处理,能够使样品表面硬度达1200HV左右,在强塑性变形层范围内的硬度值仍然很高,分布也较平缓,在约50μm处硬度值还能达到800HV以上

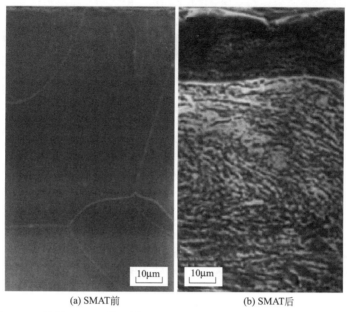

(a) SMAT前　　　　　　　　　　(b) SMAT后

图 9.48　纯铁 SMAT 前后样品经过 300℃×9h 气体渗氮后横截面组织

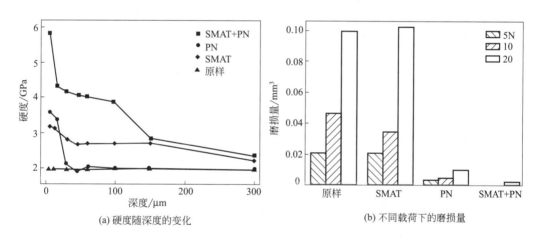

(a) 硬度随深度的变化　　　　　　　　　　(b) 不同载荷下的磨损量

图 9.49　304 不锈钢粗晶和表面纳米化样品经过 400℃×5h 等离子渗氮后的性能变化

◆ 参考文献 ◆

[1]　潘邻.现代表面热处理技术 [M].北京：机械工业出版社，2017.

[2]　李金桂，等.现代表面工程技术与应用 [M].北京：化学工业出版社，2014.

[3]　沈承金，等.材料热处理与表面工程 [M].徐州：中国矿业大学出版社，2017.

[4]　关成，蔡珣，潘继民.表面工程技术工艺方法800种 [M].北京：机械工业出版社，2016.

[5]　唐殿福，等.钢的化学热处理 [M].沈阳：辽宁科学技术出版社，2009.

[6]　胡传炘.表面处理技术手册 [M].北京：北京工业大学出版社，2009.

[7]　王先逵.机械加工工艺手册之材料及其热处理单行本 [M].北京：机械工业出版社，2008.

[8]　苗景国.金属表面处理技术 [M].北京：机械工业出版社，2018.

[9]　刘光明.表面处理技术概论 [M].2版.北京：化学工业出版社，2018.

[10]　潘继民.实用表面工程手册 [M].北京：机械工业出版社，2018.

[11]　钱苗根.现代表面技术 [M].2版.北京：机械工业出版社，2016.

[12]　齐宝森，王忠诚，李玉捷.化学热处理技术及应用实例 [M].北京：化学工业出版社，2014.

[13]　潘邻.化学热处理应用技术 [M].北京：机械工业出版社，2004.

[14]　马伯龙.实用热处理技术及应用 [M].2版.北京：机械工业出版社，2015.

[15]　王忠诚，齐宝森，李扬.典型零件热处理技术 [M].北京：化学工业出版社，2011.

[16]　樊东黎，徐跃明，等.热处理工程师手册 [M].3版.北京：机械工业出版社，2011.

[17]　王兆华，等.材料表面工程 [M].北京：化学工业出版社，2011.

[18]　齐宝森，李玉捷，王忠诚.复合热处理技术与典型实例 [M].北京：化学工业出版社，2015.

[19]　中国机械工程学会热处理学会.热处理手册1：工艺基础 [M].第4版修订本.北京：机械工业出版社，2013.

[20]　中国机械工程学会热处理学会.热处理手册4：热处理质量控制和检验 [M].第4版修订本.北京：机械工业出版社，2013.

[21]　孙希泰，等.材料表面强化技术 [M].北京：化学工业出版社，2005.

[22]　夏立方，高彩桥.钢的渗氮 [M].北京：机械工业出版社，1989.

[23]　潘邻.表面改性热处理技术与应用 [M].北京：机械工业出版社，2006.

[24]　中国机械工程学会热处理学会.渗氮和氮碳共渗 [M].北京：机械工业出版社，1989.

[25]　杨满.实用热处理技术手册 [M].北京：机械工业出版社，2010.

[26]　齐宝森，陈路宾，王忠诚，等.化学热处理技术 [M].北京：化学工业出版社，2006.

[27]　王忠诚，王东.热处理常见缺陷分析与对策 [M].2版.北京：化学工业出版社，2012.

[28]　王忠诚，李扬，尚子民.模具热处理实用手册 [M].北京：化学工业出版社，2010.

[29]　孟繁，黄国靖.热处理设备 [M].北京：机械工业出版社，1988.

[30]　郭铮匀.钢的渗氮 [M].北京：国防工业出版社，1979.

[31]　中国机械工程学会热处理学会.热处理手册3：热处理设备和工辅材料 [M].第4版修订本.北京：机械工业出版社，2013.

[32]　李泉华.热处理技术400问解析 [M].北京：机械工业出版社，2002.

[33]　雷廷权，傅家骐.金属热处理工艺方法500种 [M].北京：机械工业出版社，2002.

[34]　李泉华.实用热处理技术 [M].2版.北京：机械工业出版社，2007.

[35]　王忠诚，孙向东.汽车零部件热处理技术 [M].北京：化学工业出版社，2007.

[36]　姚艳书，唐殿福.工具钢及其热处理 [M].沈阳：辽宁科学技术出版社，2009.

[37]　樊新民.热处理工实用技术手册 [M].2版.南京：江苏科学技术出版社，2010.

[38]　王忠诚.热处理工实用操作手册 [M].北京：化学工业出版社，2008.

[39]　王广生，等.金属热处理缺陷分析及案例 [M].2版.北京：机械工业出版社，2007.

[40]　王德文.提高模具寿命应用技术实例 [M].北京：机械工业出版社，2004.

[41]　邓宏达，等.等温淬火球墨铸铁的生产及应用实例 [M].北京：化学工业出版社.2009.

[42]　曾晓雁，吴懿平.表面工程学 [M].2版.北京：机械工业出版社，2016.

［43］ 卢燕平，于福州.渗镀［M］.北京：机械工业出版社，1985.

［44］ 柳祥训，等.化学热处理问答［M］.北京：国防工业出版社，1991.

［45］ 第一机械工业部.热处理工艺学［M］.北京：科学普及出版社，1983.

［46］ 朱沅浦，侯增寿.金属热处理问答［M］.北京：机械工业出版社，1993.

［47］ 中国机械工程学会热处理学会.热处理手册 2：典型零件热处理［M］.第 4 版修订本.北京：机械工业出版社，2008.

［48］ 李金桂.表面保护层设计与加工指南［M］.北京：化学工业出版社，2012.

［49］ 赵麦群，王瑞红，葛利玲.材料化学处理工艺与设备［M］.北京：化学工业出版社，2011.

［50］ 黄守伦.实用化学热处理与表面强化新技术［M］.北京：机械工业出版社，2002.

［51］ 机械工业部武汉材保所，上海材料研究所.钢铁化学热处理金相图谱［M］.北京：机械工业出版社，1980.

［52］ 宜天鹏.表面工程技术的设计与选择［M］.北京：机械工业出版社，2011.

［53］ 叶卫平，张覃轶.热处理实用数据速查手册［M］.2 版.北京：机械工业出版社，2011.

［54］ 熊剑.国外热处理新技术［M］.北京：冶金工业出版社，1990.

［55］ 姚建华.激光表面改性技术及其应用［M］.北京：国防工业出版社，2012.

［56］ 李惠友，罗德福，吴少旭.QPQ 技术的原理与应用［M］.北京：机械工业出版社，2008.

［57］ 张玉庭.实用热处理操作技术问答［M］.北京：机械工业出版社，2010.

［58］ 杨满.实用热处理技术手册［M］.北京：机械工业出版社，2010.

［59］ 马伯龙.热处理质量控制应用技术［M］.北京：机械工业出版社，2009.

［60］ 刘苹.20CrNi2Mo 渗碳齿轮轴失效分析及对策［J］.金属加工：热加工，2018（1）.

［61］ 蒋诚.碳氮共渗零件淬火裂纹分析［J］.金属加工：热加工，2016，23.

［62］ 黄春峰，等.先进金属热处理节能技术应用与发展［J］.机械，2009，36（增刊）.

［63］ 顾剑锋，潘健生.智能热处理及其发展前景［J］.金属热处理，2013，38（2）.

［64］ 阎承沛.循环经济与热处理节能环保新技术探讨［J］.热处理，2010，25（1）.

［65］ 朱蕴策.汽车工业可持续发展的材料及热处理技术［J］.金属热处理，2010，35（1）.

［66］ 潘健生，等.我国热处理发展战略的探讨［J］.金属热处理，2013，38（1）.

［67］ 吴建军，等.金属材料表面自纳米化研究进展［J］.热处理技术与装备，2013，34（1）.

［68］ 刘刚，等.钢铁材料的表面纳米化［J］.钢铁研究学报，2011，23（8）.

［69］ 徐重，等.双层辉光等离子表面冶金技术［J］.热处理，2009，24（1）.

［70］ 高原，等.双层辉光离子渗金属技术特点［J］.中国工程科学，2008，10（2）.

［71］ 张建国，等.真空热处理实用技术［J］.热处理技术与装备，2007，28（2）.

［72］ 张建国，等.真空碳氮共渗新技术及其应用［J］.金属热处理，2006，31（3）.

［73］ 刘凯.钢铁材料表面快速改性技术研究［J］.产业与科技论坛，2011，10（6）.

［74］ 潘明，等.加强碳势控制以提高零件渗碳质量［J］.金属加工：热加工，2011，9.

［75］ 徐斌，等.采矿钻车快换钎杆凿岩试验与失效分析［J］.矿山机械，2011，39（8）.

［76］ 左传付，等.H13 钢制热作模具高温渗碳工艺试验研究［J］.轴承，2012（12）.

［77］ 周兴国，等.齿轮轴的 BH 催渗工艺研究［J］.建筑机械化，2012，增刊 1.

［78］ 曾晓蕾.主减速从动齿轮低压真空渗碳热处理工艺［J］.现代零部件，2013（12）.

［79］ 赵玉凤，等.旋耕刀用 65Mn 钢表面渗铬优化及耐磨性研究［J］.农机化研究，2012（10）.

［80］ 吕德隆.兵器工业的热处理节能技术现状与展望［J］.热处理技术与装备，2012，33（1）.

［81］ 杨银辉，等.金属材料表面自身纳米化研究进展［J］.材料导报，2009，23（11）.

［82］ 蒋宁.复合热处理工艺与节能环保良性互动［J］.重庆三峡学院学报，2009，25（3）.

［83］ 杨英歌，等.低温气体多元共渗与复合处理技术对比研究［J］.表面技术，2009，38（5）.

［84］ 张伟等.40Cr 钢表面激光合金化及在螺杆强化中应用［J］.金属热处理，2007，32（11）.

［85］ 袁庆龙，等.激光熔覆技术研究进展［J］.材料导报，2010，24（2）.

［86］ 杨文兵，等.汽车零件表面改性 QPQ 复合表面处理研究［J］.润滑与密封，2009，34（9）.

［87］ 谢明强，等.超深层 QPQ 处理的渗层组织和性能［J］.金属热处理，2013，38（4）.

［88］ 李兆祥，等.QPQ 技术的研究现状及展望［J］.铸造技术，2013，34（3）.

［89］ 段艳丽，等.合金激光表面改性的研究进展［J］.材料导报，2010，24（16）.

［90］ 席守谋，等.38CrMoAlA 钢激光淬火＋氮化复合处理［J］.中国激光，2004，31（6）.

［91］ 张光钧.激光表面工程的进展及应用（J）.热处理，2012，27（3）.

［92］　赵振东.低温离子渗硫技术的应用［J］.金属加工（热加工），2008（9）.

［93］　周海，等.铸钢表面多元共渗工艺和性能研究［J］.材料热处理学报，2006，27（5）.

［94］　王红梅，等.20Cr钢变速器二轴表面碳氮共渗工艺改进［J］.金属热处理，2009，34（5）.

［95］　黄周锋.金属材料先进化学热处理技术及应用［J］.科技视界，2012（13）.

［96］　韩靖，等.20钢制纺织钢领C-N-RE共渗研究［J］.材料导报，2012，26（4）.

［97］　邢志松，等.渗硼工艺试验及应用［J］.金属热处理，2013，38（8）.

［98］　李明珠.气门锻模渗硼工艺研究［J］.模具工业，2009，35（7）.

［99］　赖健.氧氮共渗处理工艺实验研究［J］.热加工工艺，2008，37（8）.

［100］　郑周，等.空气与C_3H_8含量对气体氧氮碳三元共渗化合物层结构的影响［J］.热加工工艺，2013，42（10）.

［101］　陈仁德，等.AISI440C钢氧氮碳三元共渗层组织与硬度研究［J］.热加工工艺，2012，41（18）.

［102］　Zenker，著.电子束淬火与渗氮的复合热处理技术［J］.顾剑峰，译.热处理，2012，27（4）.

［103］　李助军，等.氮化激光淬火复合处理对18Cr2Ni4WA钢耐磨性能的影响［J］.热加工工艺，2011，40（14）.

［104］　万盛，等.激光相变硬化-离子渗硫复合改性层的性能［J］.金属热处理，2012，37（1）.

［105］　宁保群，等.形变热处理工艺（TMTP）对T91钢显微组织的影响［J］.材料热处理学报，2007，28（增刊）.

［106］　张世英，等.20CrMnMo钢的复合强化研究［J］.热加工工艺，2007，36（22）.

［107］　黄丽荣，等.汽车转向节热锻模的强韧化复合处理［J］.金属加工：热加工，2009（9）.

［108］　胡月娣，等.节能高效渗碳复合热处理工艺［J］.金属热处理，2010，35（11）.

［109］　王晓青.高速钢亚温淬火与氮碳共渗工艺对性能的影响［J］.金属热处理，2010，35（9）.

［110］　王荣滨，等.钢结硬质合金冷作模具硼-硫复合渗［J］.精密成形工程，2009，1（3）.

［111］　田亚媛，等.齿轮表面强化技术研究现状［J］.热加工工艺，2011，40（24）.

［112］　叶可.浅谈热处理技术在汽车变速器领域的运用［J］.装备制造技术，2013（3）.

［113］　李倩，等.18CrNiMo7-6钢齿轮真空渗碳［J］.金属热处理，2017，42（3）.

［114］　陈希源，等.38CrMoAl主驱动齿轮低真空变压气体渗氮［J］.热处理技术与装备，2012，33（3）.

［115］　匡法正.20CrMnMo风电齿轮碳氮共渗化学热处理探析［J］.甘肃冶金，2018，40（1）.

［116］　李春.柴油机零件的氮碳共渗［J］.热处理，2018，33（2）.

［117］　王伟，等.稀土元素在渗铝工艺中的应用及研究进展［J］.热加工工艺，2018，47（10）.